建筑防灾年鉴

2015

住房和城乡建设部防灾研究中心
中国建筑科学研究院科技发展研究院
联合主编

中国建筑工业出版社

图书在版编目（CIP）数据

建筑防灾年鉴 2015 / 住房和城乡建设部防灾研究中心，中国建筑科学研究院科技发展研究院联合主编．—北京：中国建筑工业出版社，2016.9
ISBN 978-7-112-19683-8

Ⅰ．①建… Ⅱ．①住…②中… Ⅲ．①建筑物—防灾—中国—2015—年鉴 Ⅳ．① TU89-54

中国版本图书馆 CIP 数据核字（2016）第 194977 号

责任编辑：张幼平
责任校对：李欣慰 姜小莲

建筑防灾年鉴

2015

住房和城乡建设部防灾研究中心
中国建筑科学研究院科技发展研究院 联合主编

*

中国建筑工业出版社出版、发行（北京西郊百万庄）
各地新华书店、建筑书店经销
北京京点图文设计有限公司制版
廊坊市海涛印刷有限公司印刷

*

开本：787×1092 毫米 1/16 印张：27¾ 插页：6 字数：693 千字
2016 年 11 月第一版 2016 年 11 月第一次印刷
定价：88.00 元
ISBN 978-7-112-19683-8
（29195）

《建筑防灾年鉴 2015》

前　言

根据联合国亚太经社会理事会2015年3月9日在曼谷发布的《2014年亚太地区自然灾害评估报告》，2014年全球发生的226起自然灾害中，一半以上发生在亚太地区，造成6000多人死亡，7900万人受影响，并给所在地区造成约590亿美元的经济损失。报告显示：中国和印度是受灾最严重的两个国家，自然灾害给中国带来230亿美元的损失，占亚太地区全部损失的39%。因此，采取有效的防灾与减灾措施和手段是国民经济实现可持续发展的重要保障，是国家财产和人民生命安全的重要保证。国务院办公厅于2011年11月26日颁布了《国家综合防灾减灾规划（2011-2015）》，并将防灾减灾人才队伍建设纳入《国家中长期人才发展规划纲要（2010-2020年）》。住房和城乡建设部颁布了《城乡建设防灾减灾十二五规划》，规划要求全面提高城乡建设防灾减灾能力，最大限度地避免和减轻灾害中因房屋建筑、市政公用设施破坏造成的人员伤亡和经济损失。党的十八大报告提出"加强防灾减灾体系建设，提高气象、地质、地震灾害防御能力"。这些都是党和国家对工程防灾减灾领域的殷殷期许，更是工程防灾减灾领域应该急于解决的重大课题与核心任务。

为贯彻《城乡建设防灾减灾"十二五"规划》，促进各地开展建筑防灾的相关工作，提高我国建筑防灾能力，受住房和城乡建设部委托，住房和城乡建设部防灾研究中心（以下简称防灾中心）自2012年起开展《建筑防灾年鉴》的编纂工作。防灾中心专家团队通过共同的辛勤劳动，《建筑防灾年鉴2012》、《建筑防灾年鉴2013》、《建筑防灾年鉴2014》已分别于2013年3月、2014年5月和2015年8月顺利出版发行。《建筑防灾年鉴》的编写，旨在全面系统地总结我国建筑防灾减灾的研究成果与实践经验，交流和借鉴各省市建筑防灾工作的成效与典型事例，增强全国建筑防灾减灾的忧患意识，推动建筑防灾减灾工作的发展与实践应用，使世人更全面了解中央政府和人民为防灾减灾所作的巨大努力。

《建筑防灾年鉴2015》作为我国一本有关建筑防灾减灾总结与发展的年度报告，为力求系统全面地展现我国2014年度建筑防灾工作的发展全景，在编排结构上进行了调整，全书共分为8篇，包括综合篇、政策篇、标准篇、科研篇、成果篇、工程篇、调研篇、附录篇。

第一篇综合篇，选编6篇综述性论文，内容涵盖综合防灾、抗风、地质灾害及信息化减灾等方面。主要对建筑防灾减灾领域研究进展进行全面综合、分析与评述，旨在于概述本领域研究的基本面貌，为研究者了解学科发展现状提供条件，有效促进学科研究品质的提升，科学引导学科研究的发展。

第二篇政策篇，选编国家颁布的有关建设工程方面的管理条例1部；收录国土资源部相关管理办法3部、规定1部，民政部相关指导意见1部；收集北京市建设工程质量条例1部，贵阳市工程抗震管理办法1部。这些政策法规的颁布实施，为防灾减灾事业的发展发挥政策支持、决策参谋和法制保障的作用。

第三篇标准篇，主要收录国家、行业等标准在编或修订情况的简介，主要包括：编制或修编背景、编制原则和指导思想、修编内容与改进等方面内容5篇，便于读者能在第一时间了解到标准规范的最新动态，做到未雨绸缪。

第四篇科研篇，主要选录了重大在研项目、课题的研究进展、关键技术、试验研究和分析方法等方面的文章17篇，集中反映了建筑防灾的新成果、新趋势和新方向，便于读者对近年来建筑防灾减灾领域的研究进展有较为全面的了解和概要式的把握。

第五篇成果篇，“科学技术是第一生产力”，本篇选录了包括综合防灾、抗震技术、耗能减震、地质灾害、防灾信息化在内的13项具有代表性的最新科技成果。通过整理、收录以上成果，希望借助防灾年鉴的出版机会，能够和广大防灾科技工作者充分交流，共同发展、互相促进。

第六篇工程篇，防灾减灾工程案例，对我国防灾减灾技术的推广具有良好的示范作用。本篇选取了有关抗震加固、震害预测、结构抗风、建筑防火、地质灾害等领域的工程案例8个，通过对实际工程如何实现防灾减灾的阐述，介绍了防灾减灾实践经验，以促进防灾减灾事业稳步前进。

第七篇调研篇，为配合各级政府因地制宜地做好建筑的防灾减灾工作，宣传建筑防灾理念，总结实践经验，本篇通过对北京、重庆、海南、广东等地区地方特色的建筑防灾方面的调研与总结，向读者展示各地建筑防灾的发展情况，便于读者对全国的建筑防灾减灾发展有一个概括性的了解。

第八篇附录篇，基于住房和城乡建设部、民政部和国家统计局等相关部门发布的灾害评估权威数据，本篇主要收录了我国2014年到2015年间，住房和城乡建设部抗震防灾2014年工作总结和2015年工作要点；民政部、国家减灾办发布的2015年全国自然灾害基本情况、国家减灾委办公室公布2015年全国十大自然灾害事件。此外，2015年度内建筑防灾减灾领域的研究、实践和重要活动，以大事记的形式进行了总结与展示，读者可简洁阅读大事记而洞察我国建筑防灾减灾的总体概况。

本书可供从事建筑防灾减灾领域研究、规划、设计、施工、管理等专业的技术人员、政府管理部门、大专院校师生参考。

本年鉴在编纂过程中，受到住房和城乡建设部、各地科研院所及高校的大力支持，在此对他们的指导与支持表示由衷的感谢。本书引用和收录了国内大量的统计信息和研究成果，在此对他们的工作表示感谢。

本书是防灾中心专家团队共同辛勤劳动的成果。虽然在编纂过程中几易其稿，但由于建筑防灾减灾信息的浩如烟海，在资料的搜集和筛选过程中难免出现纰漏与不足，恳请广大读者朋友不吝赐教，斧正批评。

住房和城乡建设部防灾研究中心
中心网址：www.dprcmoc.com
邮箱：office@dprcmoc.cn
联系电话：010-64517305
传真：010-84273077
2016 年 3 月 31 日

目　录

第一篇　综合篇 1

1. “十三五”规划的城市防灾减灾综合对策 2
2. 高层建筑抗风设计研究进展——规范、理论与实践 8
3. 近十年西北太平洋热带气旋的变化特征分析 17
4. 基础工程技术的新进展 23
5. 虚拟现实技术及其在防灾减灾中的应用 35
6. 物联网及其在防灾减灾中的应用 40

第二篇　政策篇 47

1. 建设工程勘察设计管理条例 48
2. 地质灾害危险性评估单位资质管理办法 54
3. 地质灾害治理工程勘查设计施工单位资质管理办法 60
4. 地质灾害治理工程监理单位资质管理办法 66
5. 矿山地质环境保护规定 70
6. 民政部等九部门关于加强自然灾害救助物资储备体系建设的指导意见 75
7. 北京市建设工程质量条例 79
8. 贵阳市建设工程抗震管理办法 91

第三篇　标准篇 95

1. 国家标准《蓄滞洪区建筑工程技术规范》修订简介 96
2. 行业标准《长螺旋钻孔压灌桩技术规程》编制简介 99
3. 行业标准《冻土地区建筑地基基础设计规范》修编简介 101
4. 行业标准《建筑地下结构抗浮技术规范》编制简介 107
5.《减隔震建筑施工图设计文件技术审查要点》编制简介 111

第四篇　科研篇 113

1. 双向地震作用下U型金属屈服阻尼器力学性能研究 114
2. 框架—摇摆墙结构受力特点分析及其在抗震加固中的应用 122
3. 新型黏滞阻尼墙在某框架剪力墙结构工程中的应用 133
4. 框架结构填充抗震墙或钢支撑抗震加固振动台试验研究 140

5. 村镇住宅新型抗震节能结构关键技术研究 147
6. 村镇既有建筑节能与抗震改造关键技术研究与示范 154
7. 现代夯土农房抗震性能试验研究 165
8. 新型土坯砖砌体基本力学性能试验研究 172
9. 高层建筑外立面开口火溢流阻隔技术研究 178
10. 地铁站站台火灾时不同火源位置的烟气模拟研究 185
11. 信息化技术在文物建筑火灾风险评估中的应用 193
12. 人群密集场所防止踩踏预警和疏散技术研究——以 2015 年北京地坛庙会为例 198
13. 双柱悬索拉线塔塔线体系风洞试验研究 205
14. 模糊数学评价法在化工园区应急能力评价中的应用 211
15. 高速铁路隧道分段式纵向通风设计及风流短路问题研究 216
16. 基坑工程与地下工程安全及环境影响控制 223
17. 寒带隧道衬砌及围岩温度场分布的模拟研究 242

第五篇　成果篇 247

1. 城市工程建设综合防灾技术与应用 248
2. 基于智能手机和 Web 技术的建筑震害调查系统 249
3. 一种生态型高抗型集成房屋 251
4. 液体黏滞阻尼器在建筑上的防灾减震作用 254
5. 一种可更换的消能连梁 256
6. 高分子芯减震支座 259
7. 一种隐框玻璃幕墙玻璃现场检测方法和装置 261
8. 饱和软土地基预处理关键技术集成 263
9. 地铁隧道下穿建筑物诱发变形及灾害防治技术 265
10. 共振法加固液化地基研技术 267
11. 土钉墙破坏机理 268
12. 柱下梁板式筏基的反力分布特点、变形控制指标及破坏特征 270
13. 矿山应急救援队救援指挥信息平台 271

第六篇　工程篇 275

1. 某少年宫教学楼减震加固分析与设计 276
2. 城市区域震害预测——以西北某城市为例 281
3. 北京新机场抗风雪风洞试验 284
4. 机场航站楼消防安全策略研究 291
5. 泉州某公司厂房火灾后检测鉴定 300
6. 既有建筑加固工程的微型桩技术 309
7. 某小区住宅楼倾斜原因调查与分析 317

8. 某工程地下结构抗浮失效原因分析及加固 326

第七篇 调研篇 333

1. 古村镇的防火安全现状及其对策研究 334
2. 北京市海淀区万柳阳春光华社区枫树园应急避难场所现状调研 342
3. 重庆湖广会馆火灾风险调研 344
4. 典型干栏式民居承载能力评价及加固措施 355
5. 海南省城乡建设抗震减灾发展规划纲要编制 361
6. 台风“苏迪罗”对福建省沿海村镇房屋破坏情况调研 370
7. 广东番禺、佛山龙卷风灾破坏情况调研 379
8. 台风“彩虹”对广东湛江公共及工业建筑灾害调研 387
9. 成都地区泥质软岩地基主要工程特性及利用研究 394

第八篇 附录篇 409

1. 建筑防灾机构简介 410
2. 住房城乡建设部抗震防灾 2014 年工作总结和 2015 年工作要点 424
3. 民政部国家减灾办发布 2015 年全国自然灾害基本情况 427
4. 国家减灾委办公室公布 2015 年全国十大自然灾害事件 429
5. 大事记 430

第一篇　综合篇

建筑防灾减灾是一项复杂的系统工程，大到国家的发展规划、小到具体建筑的防灾设计，贯穿了社会生活的各个层面；同时，它还包含了不同的专业分工和学科门类，具有综合性强、多学科互相渗透等显著特点。本篇选录6篇综述性论文，内容涵盖综合防灾、抗风、地质灾害及信息化减灾等方面。对建筑防灾减灾研究进展进行综合分析与评述，旨在概述本领域研究的基本面貌，为研究者了解学科发展现状提供条件；评价本领域研究的成就得失，有效促进学科研究品质的提升；揭示本领域研究的发展趋势，引导学科研究的发展。

1．“十三五”规划的城市防灾减灾综合对策

金磊
北京市建筑设计研究院有限公司，北京

一、国家“十三五”城市防灾规划的基本编研审视

研究发现，全球每年大约发生各级地震 500 万次，其中有感地震约 1%，这其中能造成轻微破坏的千次左右，而造成巨大破坏的地震十几次。据中国地震局专题报告，中国 1990 ～ 2013 年间发生的地震共造成 10250.17 亿元经济损失（其中 2008 年汶川地震损失最大），平均每年地震灾害事件 12.1 次。地震灾害带来的经济损失越来越严重，已呈现同等震级条件下地震损失越来越高的态势。越来越多的共识是：地震不杀人，是倒塌的建筑物杀人。如在世界上 130 次巨灾地震中，90% ～ 95% 的伤亡是建筑物倒塌所致。在突如其来的地震面前，各类房屋的安全度有着天壤之别。最近美国公布了《气候与社会安全》报告，其核心是探求人类与城市该如何作为才能应对气候威胁。该报告在分析气候是如何影响社会安全的同时，提出了一系列有待展开基础研究的项目，目的在于提升气候等相关灾害的全球综合系统分裂因素对城市安全的影响。另据慕尼黑再保险公司发布的 2015 年上半年巨灾报告：“2015 年上半年，先是尼泊尔地震，后是影响印度和巴基斯坦的热浪，两场自然巨灾致 1.2 万人死亡……截至 6 月底，自然巨灾造成的死亡人数远高于 2014 年同期的 2800 人，也远低于过去 30 年间平均 2.7 万人的水平。4 月 25 日尼泊尔 7.8 级地震，共有 8850 人丧生，大量建筑遗产被毁……”

据此，要以国家正在编研的“十三五”规划为契机，将综合减灾尤其是防御巨灾对城市的侵袭作为规划研究重点，建立涵盖灾害风险评估、规划制度设计、重大隐患排除的对策，使国家在应对“十三五”防灾规划的编制中，既有宏观政策，也有针对提升城乡公众住房安全度的微观操作措施，旨在追求社会治理与应急安全管理的合一。

从宏观上看，虽然 2003 年“非典”事件以来，我国城市防灾、抗灾的综合能力明显提高，防抗救一体化的综合减灾体系初步形成（体制与机制），但由于迄今缺少必要的城市灾害法制建设，总体上应对巨灾（自然与人为）的能力还相当薄弱。如果说“汶川 5.12”自然巨灾应该举全国之力救援，那么更多的“灾事”就不应该不计“成本”地“投入”救援，一个没有防灾减灾“投入产出比”效益分析的城市化减灾战略是可持续发展的有害要素。大量城市频发的灾害说明，中国城市（含城镇）面临的灾难挑战日益突出：气候变化的不确定性导致环境公害巨灾，中国城市化的无序猛增（城市群、一体化等）加剧新型巨灾的风险，全球各类巨灾的影响不可能不影响、不扩展到中国来。这里涉及可持续密度与承载力等命题，具体讲：要正视四大直辖市与“京津冀一体化”的安全问题，尤其要研究城市之灾的复杂性与难预知性；要正视城市生命线系统承载能力的有效性，要研究防治大

城市病的城市防灾常态管理的特殊性；要正视"十三五"规划期内城市防灾立法的可能性及必要性等，特别要探讨面向巨灾的城市综合减灾的处置过程及应急预案的有效性，要从根本上解决城市总体规划防灾篇与"十三五"防灾规划的协调度；尤其要正视集突发事件预防与应急准备、监测与预警、处置与救援于一体的应急产业发展策略的启动机制研究等。作为巨灾应对，城市还必须具备灾害区划及"警戒线"的保障能力，具备最大限度减少人为灾害并造成灾害扩发化的遏制力。

从微观上看，面对建设中国安全居住的大目标，精细化防灾减灾管理无止境。具体讲至少有四点要求：其一，面对自然巨灾，城市规划师、建筑师及防灾规划者要密切配合，做好最充分的准备，即要有最大灾害假想风险分析，树立抗震减灾设计观，选取抗震性能良好的建筑形式，从根本上提升新建项目的安全可靠性。其二，要利用"十三五"规划，使"居者安其屋"真正落实，即要改变全国农村住房不设防的落后局面，要使之形成安全规范的建设标准。此外全国老楼危楼安全已如芒刺在背，必须"治疗"，要用精细化管理之法解决"管新建不管保养、管新房不管老房、管城镇不管农村"的问题。其三，城市防灾能力的获得要改变预案原则规定多、行动细节规定少的弊端。不少超大城市灾难事故证明：在巨灾及其连锁反应面前，再高明的领导指挥长也能力受限，水平再高的专业队伍也捉襟见肘，再完善的预案也难面面俱到。只有通过精细化管理才能做到备灾防灾精细化、应急响应与救援精细化、灾害风险辨识预警精细化，在灾害应对中重视薄弱环节及脆弱人群等。其四，要以人类可接受风险的客观分析为基础，重在减少人为因素的决策失误，倡导城市人为灾害的控制研究。在推进城镇化建设进程中，尤其离不开公共服务体系的载体服务。具体讲，要扎实推进应急避难场所建设，要加强建设以巨灾保险为中心的灾害保险试点，要推进中小学及社区安全救护文化培养教育体系建设，真正补上防灾公共服务之"短板"。

二、京津冀一体化综合减灾的思路与建设途径

1. 京津冀一体化综合灾情认识

事实上，面对"京津冀一体化"发展，业内外有一系列"微词"。这里不仅有京津冀应寻求差异化互补式发展等建言，更有"京津冀协同发展"别光热了房地产等批评之声。从大城市群的整体发展战略上看，京津冀一体化要防止操之过急的负面效应。从各方面看，若模式设计不到位，河北往往"先受其害"；京津冀一体化的区域地形变化大，山前发展带与沿海带都不足以支撑太多的大城市及特大城市发展，规划不善极易重复以往的大城市运动；现有《城乡规划法》只以城市为核心，未涉及跨区域的现实，因此在法律保障上出现了"真空带"。

在2014年10月北京自然科学界和社会科学界联席会议上，笔者围绕京津冀协同发展，发表了"特大城市安全运行的综合减灾对策研究"论文，文中提出要研究"京津冀一体化"的特大城市灾害风险问题。面对"大城市病"，有专家强调大城市是"发动机"，是"大旗舰"，是"孵化器"，为"大有大的好处"辩解，但偏偏看不到由于大到违背客观规律时，往往就可能隐藏了完全无助的脆弱性。"大城市病"来势汹汹，不仅说明人们敬畏自然与历史不够，更表明千篇一律的旧有发展模式、旧管理思想已无法适应大发展的变化。楼群高耸的空间逼仄，寸草难生的广场烈日炙烤，逢雨必涝且堵上加堵的城市道路，生命线系统事故频发且塌陷不断的事实，都使大城市生活失去尊严及保障。试问：京津冀一体化在显现诸多优势中，是否已布置并评估好它的安全保障系统？也就是说我们必须基于自然、生态规划及目标下的现实，研究城市空间及其跨域发展的可能性。

新华社《瞭望》周刊2014年10月13日发表了题为“补齐发展短板，实现冲刺目标”的文章，从全面建成小康倒计时六年角度，调研了全国31个省区市的情况，旨在用“新常态”校准差距，用“新理念”寻找“短板”。从各地发展“短板”一览表中发现：北京攻坚“大城市病”之根源在于，人口过快增长，2012年常住人口达2069万人（比城市总体规划中2020年的1800万人多了近300万人）。推动京津冀协同发展是北京可持续发展的唯一选择，北京发展离不开天津、河北，疏散非首都核心功能，北京别无他途；天津产业结构亟待“跃升”，一方面产业尚未摆脱“散、弱、低、粗、污”的现实，另一方面与民生相关的生态环境风险状况也极为严重；河北要在“京津冀”中找准定位，既要服务，也要受益，在有限的生态安全容量中确定未来转方式、调结构的“防线”，要“绿”字当先，要充分做好系统的顶层规划设计。

在2015年2月上海“两会”上，2014年“12.31”外滩拥挤踩踏事件成为痛定思痛的重要话题，上海市领导用600字描述了上海对外滩拥挤踩踏事件的处理及警醒，在强调安全作为一切工作的底线思维时作了五方面分析，即智慧城市首先是安全城市、城市安全需要精细化管理、确保安全宜从规划起步、探索超大城市特点的安全发展之路、以应急管理单元建设为中心等。北京、天津、河北（石家庄）均有相同的自然生态地理条件，具有严重的地质地震灾害机理。地震重灾区是指烈度≥Ⅷ度的灾区，北京、天津、河北“三地”基本上具有同样的强震感受。1966年3月8日，河北隆尧6.8级地震，Ⅷ度区面积有900平方公里；同年3月22日宁晋7.2级地震，Ⅷ度区面积为6000平方公里，是前者的6.7倍；1976年7月28日唐山7.8级地震，Ⅷ度区面积为7270平方公里，是隆尧6.8级地震Ⅷ度区面积的8.1倍，是宁晋7.2级地震Ⅷ度区面积的1.2倍。唐山地震“京津冀”乃至大半个中国都有强烈震感，京津冀灾度尤重。

在笔者主持的“十二五”期间北京城市安全应急管理规划时，曾归纳了以北京为代表的七大类灾难：(1) 首都地区及周边发生6级地震可能性大；(2) 气象巨灾频发如暴雨洪涝、雷电、城市大气公害等；(3) 能源供给短缺，能源网络事故风险加剧；(4) 巨大的人流物流使城市交通隐患加重；(5) 火灾及爆炸的危险性，伴随旧有楼宇及棚户区隐患；(6) 信息安全及社会恐怖；(7) 由一种灾害诱发多种灾难等。

北京的上述灾害类型及特点也基本上代表着天津、河北的情况，要看到2012年7月21日特大暴雨山洪灾害中，房山区蒙受巨大损失，死亡79人，成为新中国成立后北京历史上的标志性“劫难”；天津蓟县“莱德商厦”火灾，至少致10人死亡，也成为近年来天津影响甚坏的重特大火灾事故；2012年2月28日河北省石家庄市赵县克尔化工厂硝酸胍车间爆炸，致25人死亡，46人受伤，也成为大城市忽视生产安全发展的一个典型例证。面对如此多的事例，无论是人为灾害还是自然灾害，重要的是预防为先，同时面对城市化发展，尤其是面对“京津冀一体化”大格局要想做大发展的盘子，就必须在高度应对各种城市自身灾难的同时，按最大危险可能给出灾害链的发生与发展状况，并要按安全容量的底线思维，为不安全的发展设一道防线，设一条警戒线。要关注安全容量、安全存量（备用）的重要指标值。处理好这些问题等于从安全发展上为北京，也为京津冀找到发展新路。

2.“京津冀一体化”综合减灾规划

需要上升到“国家白皮书”的层面。白皮书是具有官方性质的年度报告、资料或情况综合研究。从科技政策及前沿出发，在我国20世纪90年代有《中国21世纪议程》；20世纪末至21世纪初的7年间，中国科协每年组织科学家完成《中国减灾白皮书》；2013年11月深圳市政府发布《深圳市公共安全白皮书》，将其明确为预防和应对各类突发事件，推动城市安全发展，保护公众生命财产安全的指导性文件和行动方案。因此关于“京津冀一体化”综合减灾白皮书编研的提出，旨在用系统工程之思，在提升“三地”一体化防灾减灾总体目标、落实公共安全责任、加强风险监测预警、积极防御各类灾害、提升应急处置能力等方面找到技术与管理的新策略，实现灾害风险源头的综合治理。“三地”一体化防灾对策，不是“三地”策略的简单逐一叠加，而是更大领域的整合、协调与联动，它是必须由政府统一管理的系统化行动。

历史地看，京津冀协同发展的提法由来已久。20世纪80年代，国家便首次提出“环渤海经济圈规划”；可检索到的最早的“京津冀”学术研讨会是1982年12月2日～8日在石家庄召开的“京津冀”水资源问题学术讨论会；“九五”期间，河北省再提出“两环开放带动战略”（“环京津”、“环渤海”）；2001年10月，建设部组织评审通过了两院院士吴良镛教授主持完成的“京津冀城乡空间发展规划研究（大北京规划）”。但上述这些规划与战略是概念层面的，缺少合作的内涵、方式等实质性进展。2012年末，首都经济圈发展规划被列入国家发改委2012年区域规划审批计划，京津冀合作掀开新的篇章。如今，京津冀携手推进大气雾霾治理标志着“三地”深化“京津冀”新一轮合作的开始。

从“京津冀一体化”城市群的社会经济总体发展上看，不少方面其思路落后于“长三角”和“珠三角”，一体化区域的观念淡薄，缺乏公平合理的区际利益协调机制，缺乏区域组织保障体系的发展规划（含防灾减灾安全规划），缺乏区域发展权威协调体制与机制（如区域性金融市场等）。因此，无论是什么规划战略，“京津冀一体化”就是要以跨域治理为大前提，其意义在于：(1) 跨域治理的目的是弱化边界效应的负面影响，放大积极作用；(2) 跨域治理可以破解资源稀缺、公共品供给不足的诸多治理难题；(3) 联防联控及协同治理，是解决“一体化”目标的重要手段。据此提出确保“京津冀一体化”的安全发展思路，相信会对“三地”已开始编制的“十三五”规划有借鉴意义。

策略1　基于京津冀自然地理要素的安全“域情”之策

京津冀广袤大地，虽有陆海沉浮，区域变迁，但不变的是山水相连的大地。从地脉上看，京津冀地处华北平原，西临黄土高原，东至渤海之滨，南向华北大平原，北接内蒙古高原。尽管“三地”在行政区划上各有疆界，但因同处燕山、太行山与华北平原和渤海的交界地带，是东北、西北、华北联系的咽喉与要道，在地脉上彼此相通。京津冀原本就是一个整体，“三地”都通过海河和南北运河水系连成一体，近代海河作为南粮北运的航道及轻工与农产品输出通道，将天津、河北广大腹地连成一片，北京作为政治文化中心、天津作为对外开放口岸与现代工业摇篮、河北作为工业化发展的广大腹地，三者自然构成一个较为紧密的整体。然而新中国成立后，北京、天津成为直辖市，便割断了京津冀三地原有的合作与分工。

因此，从京津冀协同发展的“困境”看，行政困境、市场困境、文化困境都需由“京津冀一体化”后的策略予以调整，但自然生态地理所形成的发展空间有限、“城市病”日趋严重、缺乏生态建设成本、安全减灾底气不足再加上“三地”一体化的新格局等问题，必须依靠综合减灾的系统化大安全观予以重新确立。当前要解决的问题是：必须站在“三地”一体化的大尺度、大背景下审视京津冀某地灾害发生对“它地”的影响度，要研究综合灾情的后效应与扩大化趋势，要研究灾害发生后京津冀所具有的安全度不同的可承灾能力等。

策略2　基于城市设计的安全“控制”之策

越来越多的实践证明，城市设计对一个城市的未来太过重要，它一方面是城市规划所致，另一方面要体现出城市由建筑、景观、环境组合的综合感受。虽城市设计在中国已有实践，但它仍然没有纳入《城乡规划法》的法定规划体系中。总体规划以文本为主，控制性详细规划以图则为主，而城市设计是以城市空间为规划目标和控制对象，系统解决城市问题的规划过程，它有议程、有政策、有愿景、有策略，是一种能体现从宏观到微观的大设计。

“京津冀一体化”组成的城乡大系统是各种相互关联要素构成的巨系统，具有完整性、关联性、等级结构、动态平衡等特征，从城市设计出发的安全防灾策略就必须强调和体现“三性”：一是控制论的“可控性”，强调在城市设计中要运用政府、公众参与机制，及时对城市设计中的成果“纠偏”，运用反馈及修正机制不断调整该系统的有效性；二是系统论的“综合性”，强调在任何突发事件下关注“三地”城乡系统的宏观完整性并优化控制个体的质量，调动社会及各团体参与，体现“京津冀一体化”后城市的开发及自组织格局；三是管制论的“协调性”，强调城市设计的“弹性控制”，主张在城市系统中自下而上的多方利益的博弈。

之所以在京津冀一体化安全减灾战略研究中引入城市设计的方法，是因为城市设计作为需要落实在实施层面的公共产品，是非要与城市发展政策和各方决策者相协调才能实现公共利益的。所以，通过城市设计可补充城市规划的不足，不仅可明确“什么是好的城市”“什么是安全的城市内涵”“什么是具有抗灾能力的京津冀一体化模式”，还能解答“怎样去建设安全城市”“怎样更有前瞻性地抑制城市的无序增长”。

“京津冀一体化”的城市设计安全之策的根本在于强调“本质安全”，这几乎是现在“大城市病”治理中长久忽视的，为此提三个方面的要点：

一是城市用地的安全选址与再评价。选址安全与否是决定城市本质安全的最核心因素，城市的各类建设用地要把是否为城市营造本质安全的项目置于首位，城市建设要避开洪水淹没区、采空区、软弱地基区、沉陷区、地质断裂带和山洪、泥石流、滑坡、崩塌等地区灾害易发地带，同时工业化灾害易发区要远离大城市系统。

二是合理安排城市功能的安全布局，特别要依据城市致灾因子风险分析与诊断结果，协调优化城市布局，该调整的必须作出重大调整。从大城市防灾抗灾视角出发，要使预安排的建设项目的选址、功能、使用、密度、形态、交通等要素有最充分的安全运行及安全救助的通道，确保“生命线工程”的御灾设计与智能化防范。

三是“大城市病”致灾毁灭了城市的本质，解构了人们过美好安详生活的可能，所以构建起立体防护的应对之策是有价值的。所谓“立体防护”，即同时从防灾规划与城市设计上强调人的安全行为与工程建设的品质。大城市如井喷般的公共安全事件及自然灾害，其后果严重、教训深刻。所以，大城市发展规划的顶层设计，要源于灾变源头治理的顶层推动与常态化机制，源自以灾变最大危险性为先导的防灾规划与应急准备的协调，源自强化灾变责任意识下的全民安全自护文化，即避险能力的提升及其准备。

策略3　基于大交通的安全“畅通”之策

京津冀“三地”历史上形成的以北京为中心的放射状综合交通运输格局，客观上造成北京过境交通压力大，也使河北交通东西不通、南北不畅，在一定程度上制约着京津冀区域协同发展。按照“京津冀一体化”的交通发展构想，旨在推进铁路、公路、地铁（含轻轨）、航空、海运等不同交通方式的有效衔接，实施京津冀交通枢纽功能外分，实现区域交通一体化、城际交通轨道化、通达方式立体化的“畅通”格局。具体讲：要构建大首都区域级的快轨交通网，构建多功能网络化的航空体系（整合首都国际机场、北京新机场、天津滨海机场、石家庄正定机场的运输服务覆盖功能），外分京津交通枢纽功能（要统筹天津港与河北沿海港口的集疏有序的港群功能），完善大首都区公路网（要建成北京大外环，改造提升国省干线公路水平等）。面对这些交通项目，“一体化”的交通安全城市设计要跟上，如：要开展“一体化”都市圈道路网分形的比较研究，不仅涉及交通流的控制方法，更要关注非常态下的应急交通控制策略；“一体化”的京津冀公路网安全生命防护工程，旨在建立综合的安全防护设施分类分级投入制度，创新安全设施相关标准的规范及道路安全隐患的排查；地铁及轨道交通将在“京津冀一体化”大交通网络中担当重要角色，但它越来越高的客流量要充分引起重视。如遇突发事件（地震、火灾、恐怖等），破解人员的疏散瓶颈是最困难的事。研究发现无论是静态瓶颈还是动态瓶颈，都挑战地铁站站点及运行中的安全可靠性。同样，加强水域危化品运输及港口安全也是越来越重要的命题，一方面从城市安全本质设计出发，要重审沿水域的化工产业布局，提高化工园区风险防控能力，同时确保饮用水水源安全；另一方面要综合设计沿水域应急救援力量，即将公安消防、安全监管、环保水利、港口海事等部门应急救援队伍整合，以提升应急救援队伍的快速安全处置能力。

策略4　基于综合减灾应急跨域的安全“管理之策”

国外都市圈协同发展的体制机制建设经验说明，建立统一的行政管理机构、以跨区域发展规划作为引领、创造多元化的参与机制、靠立法体系的支撑等都是“京津冀一体化”应借鉴的经验，以纽约、芝加哥、伦敦、巴黎、东京为代表的世界五大都市圈都是明显的例证。据此从“京津冀”协同发展需要的顶层设计出发，可组建中央牵头的国家层面的京津冀协同发展领导小组；由国务院统筹编制京津冀一体化发展规划；推出京津冀协同发展的国家政策体系；由中央及国务院统筹推动京津冀区域协作机制等。在此前提下要确保所有体制机制的落实，就要有体制与机制上得到充分保障的综合减灾管理机构及应对突发事件的“京津冀一体化”管理机制。具体讲，要担负起“京津冀一体化”综合减灾应急跨域管理的重任就要有创新性制度保障：设立京津冀综合减灾委员会，重点指导并实施《京津冀一体化防灾规划（2015–2030）》编制，其主要使命是落实“一体化”京津冀安全发展战略定位，从源头与本地缺陷上解决因“一体化”给京津冀安全发展带来的新困扰，并明确“一体化”管理的责权利。

2．高层建筑抗风设计研究进展——规范、理论与实践

金新阳　陈凯　唐意　严亚林
中国建筑科学研究院，北京，100013

一、引言

从20世纪70年代我国自主编制的第一部荷载规范《工业与民用建筑结构荷载规范》TJ 9–74至今，《建筑结构荷载规范》经过了若干次修订，关于风荷载的规定也在不断扩充和完善。1987版规范第一次引入了基于等效风振力的顺风向风荷载计算方法；2001版规范扩充了地貌类别，重新定义了基本风压，并引入了圆形截面横风向风荷载的相关内容；2012版[1～3]改变了顺风向风荷载的计算形式，并增加了矩形截面横风向、扭转向风荷载的相关内容，形成了高层建筑抗风计算比较全面的规范体系。

虽然经过多次丰富和完善[4～5]，顺风向风荷载的宣传和应用上还存在一定的问题。一方面，计算理论始终基于等效风振力法，为了便于工程人员掌握和应用该方法，有必要对其计算理论进行梳理。另一方面，部分学者对顺风向风荷载计算理论可能造成的偏差进行了研究，认为顺风向风荷载可能偏小，从而导致结构设计偏于不安全[6]；他们的研究主要基于刚度较大的结构模型，对于此类结构，构成顺风向风荷载的背景风荷载所占比重较高，而荷载规范所考虑的一阶背景风荷载明显小于总的背景风荷载，由此可能带来结构荷载的低估，但对于低估荷载并没有系统的研究。

矩形截面的横风向风荷载是本次修订过程中引入的内容，横风向与顺风向的风荷载计算理论不尽相同，因此对横风向风荷载的计算理论有必要进行简单介绍，以便于工程师理解应用。从另一个角度看，横风向风荷载主要由于结构振动引起，与地震作用较为相似，如果能发展一套与地震作用计算类似并具有足够精度的方法，则利于设计人员的理解和应用。

鉴于对顺风向、横风向风荷载存在的疑问和理解问题，本文详细介绍顺、横风向风荷载计算理论，并对顺风向、横风向背景风荷载对总的风荷载的贡献进行计算和讨论，同时为了进一步发展和完善规范，对顺风向、横风向风荷载计算方法进行新的研究。最后，结合工程实例说明规范及改进方法的应用。

二、顺风向动力风荷载计算方法的比较与改进

1. 理论背景

顺风向风荷载由平均风荷载和动力等效风荷载组成。平均风荷载部分直接通过压力积分，不同的规范或文献对平均风荷载的计算完全相同。规范采用等效风振力法计算动力等效风荷载。等效风振力法的基本原理是用任意时刻的结构反力的反作用力代表这一时刻结构上作用的风荷载，即：

$$\tilde{P}(t)=-Kx(t) \tag{2-1}$$

$\tilde{P}(t)$称之为等效风振力。由于对应任意时刻的等效风振力空间分布形式均不相同，因而通过一定的手段对分布形态进行简化非常必要。

通过振型分解，式（2-1）中的 $x(t)$ 可以表示成式（2-2）

$$X(t)=\sum_{j=1}^{n}\varphi_j q_j(t)=\sum_{j=1}^{n}x_j(t) \tag{2-2}$$

式中 $x_j(t)$ 可以理解为振型第 j 阶振型对应的结构位移。

根据位移求解内力为：

$$\tilde{P}(t)=\sum_{j=1}^{n}w_j^2 Mq_j(t)\varphi_j \tag{2-3}$$

由于高阶项的贡献较小，忽略高阶项

$$\tilde{P}(t)\approx\tilde{P}_1(t)=-Kx_1(t)=w_1^2 Mq_1(t)\varphi_1 \tag{2-4}$$

对应的均方根为：

$$\sigma_{eq}=w_1^2 M\varphi_1\sigma_{q1} \tag{2-5}$$

总的风荷载为：

$$P=\bar{P}+g\sigma_{eq} \tag{2-6}$$

式（2-1）～式（2-6）阐述了荷载规范计算的基本思路。在操作过程中，σ_{q1}通过频域方法求解，同时将荷载表示为风振系数与平均风荷载乘积的形式，规范规定的计算公式据此推导求得。从结构一阶响应来说，采用规范计算方法能够满足结构所有响应的等效。

2. 误差分析

与背景—共振法相比，等效风振力法并没有刻意将等效风荷载划分成共振分量和背景分量两部分加以区分，但从规范计算方法中可以看出，一阶振动中同时包括了一阶的背景响应和共振响应。文献[4]认为中国规范仅考虑一阶振动的背景荷载可能低估基底剪力响应，特别是当结构比较刚性的情况下，误差可能更大。

从顺风向动力风荷载计算原理上来说，如果考虑结构全阶等效风振力，由各阶等效风振力引起的响应通过完全二次型组合能给出结构响应的精确解，而规范计算为了简化计算只考虑了一阶等效风振力，因此可能造成误差。图 1.2-1、图 1.2-2 通过对 50 ～ 300m 高层建筑振型对背景等效基底剪力、共振等效基底剪力的影响研究可以发现：背景响应受参数振型数量影响较大，至少二阶振型才能保证 90% 的背景等效基底剪力；而一阶共振的等效基底剪力对整体共振等效基底剪力贡献达到 97% 以上。因此基底剪力等效风荷载的误差主要来源于背景风荷载。

图 1.2-3 反映了规范计算的整体风荷载与实际风荷载的比值。背景响应的误差对顺风向基底弯矩的影响较小，但基底剪力的影响较大，对于平均荷载相对较小的 D 类地貌条件，结构高度较低的高层建筑的基底剪力会造成 10% 以上的误差，而对于结构高度 200m 以上的建筑，影响不超过 6%。实际上，对于高度不超过 50m 的高层建筑，由于其结构刚度较大，

在基本风压较小的情况下，风荷载并非其控制性水平荷载，因而对结构整体的安全性能影响较小。因此，对于高层建筑而言，直接采用建筑结构荷载规范计算的顺风向风荷载能够满足工程应用要求。但是从理论上来看，对于由背景响应造成的误差也是可以修正的，即在考虑背景响应时，增加振型阶数。

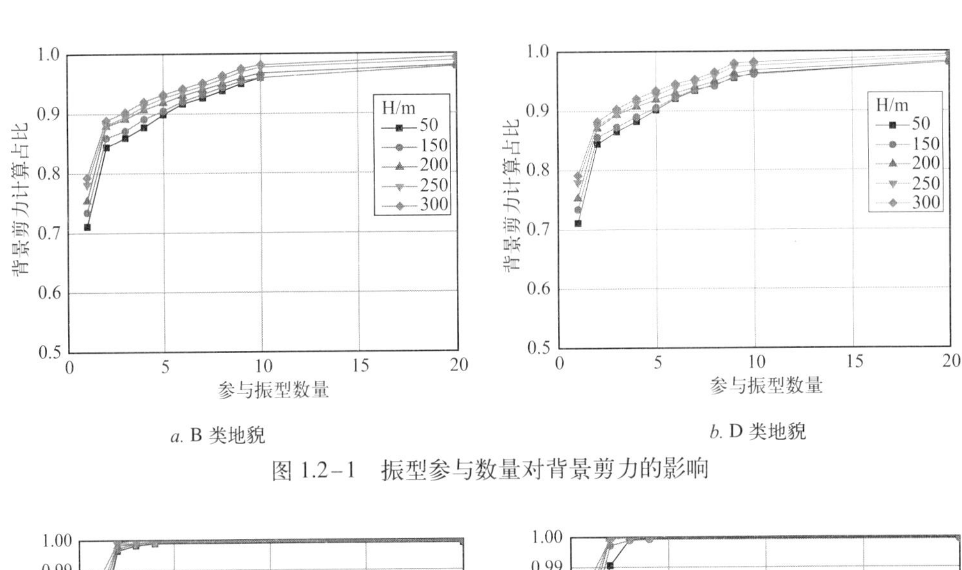

a. B 类地貌　　*b.* D 类地貌

图 1.2-1　振型参与数量对背景剪力的影响

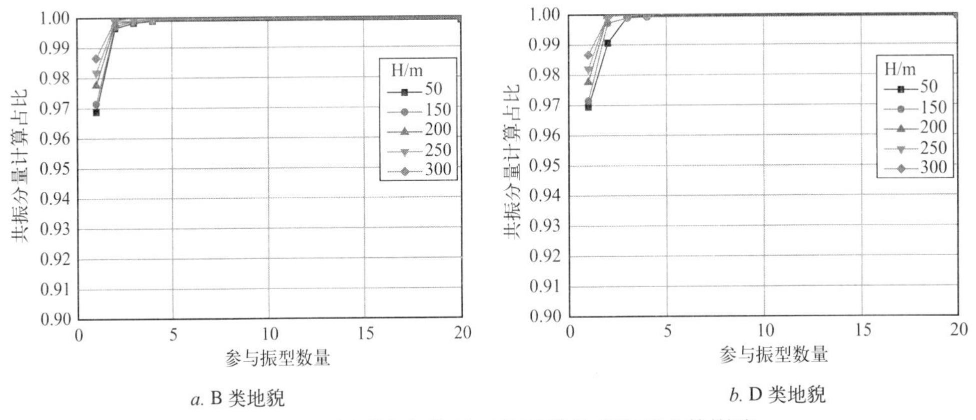

a. B 类地貌　　*b.* D 类地貌

图 1.2-2　振型参与数量对共振等效基底剪力的影响

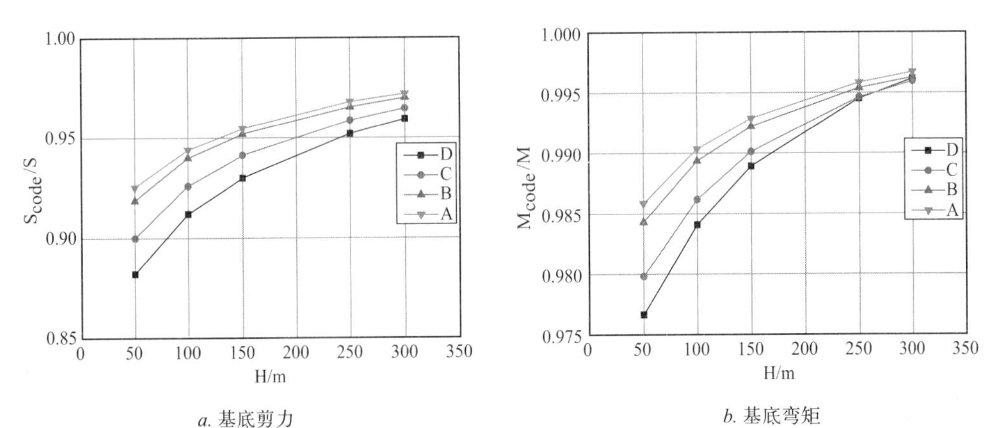

a. 基底剪力　　*b.* 基底弯矩

图 1.2-3　规范计算响应与实际响应的对比

3. 顺风向风荷载计算方法的改进

虽然刚性建筑对基本风压较小地区的风荷载不敏感，但从理论方面和严谨性要求上仍可以对顺风向风荷载进行改进从而提高精度。造成顺风向风荷载偏小的重要原因在于忽略了高阶背景荷载的影响。将等效风振力法的高阶背景响应叠加到一阶背景响应上即可获得更为准确的方法。不同阶背景响应并非完全相关，不能简单线性相加，需要进行一定的简化。考虑到一阶荷载远大于高阶荷载，忽略部分高阶振型的影响，可通过一阶荷载及一阶荷载与高阶荷载交叉项来表示总的背景荷载：

$$\sigma_{\mathrm{B}}=\sqrt{\sum_{i}\sum_{j}\ \rho_{ij}\,\sigma_{\mathrm{B}i}\,\sigma_{\mathrm{B}j}}\approx\sum_{j}\rho_{ij}\ \sigma_{\mathrm{B}j} \tag{2-7}$$

总的等效荷载可表示为：

$$\sigma_{\mathrm{eq}}=\sqrt{\sigma_{\mathrm{R1}}^{2}+\sum_{i}\sum_{j}\rho_{ij}\ \sigma_{\mathrm{B}i}\,\sigma_{\mathrm{B}j}}\approx\sigma_{\mathrm{BR},1}+\sum_{j>1}\frac{\rho_{1j}}{\sqrt{1+R^{2}}}\ \sigma_{\mathrm{B}j} \tag{2-8}$$

如果只考虑前两阶风荷载的组合，则总的荷载可表示成：

$$w(z)=\overline{w}(z)+g\left(\sigma_{\mathrm{BR},1}+\frac{\rho_{12}}{\sqrt{1+R^{2}}}\ \sigma_{\mathrm{B},2}\right) \tag{2-9}$$

式中，σ_{B} 为背景响应均方根；σ_{R} 为共振响应均方根；σ_{BR} 为同时考虑背景和共振的响应均方根；R 为共振响应因子；ρ_{ij} 为第 i 阶背景等效风振力与 j 阶背景等效风振力相关系数；结合规范湍流度及沿高度方向荷载相干函数的取值，可归纳对应的一、二阶振型相关系数为：$\rho_{12}\approx\exp\left(-H/150\right)-\left(\alpha-0.3\right)/4$。

图 1.2-4 是改进后顺风向风荷载计算与实际风荷载对比图。可见增加二阶背景荷载后，结构基底弯矩的最大误差缩小到 1.5% 以下，结构的最大基底剪力误差缩减到 6% 以下，如果计算中增加更多振型，则相应的误差进一步减小。

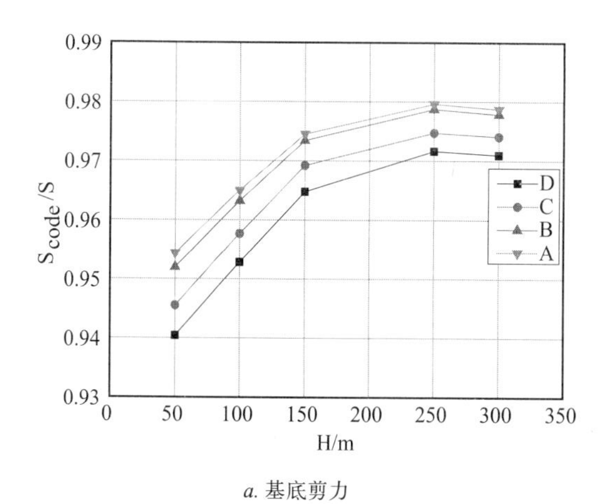

a. 基底剪力

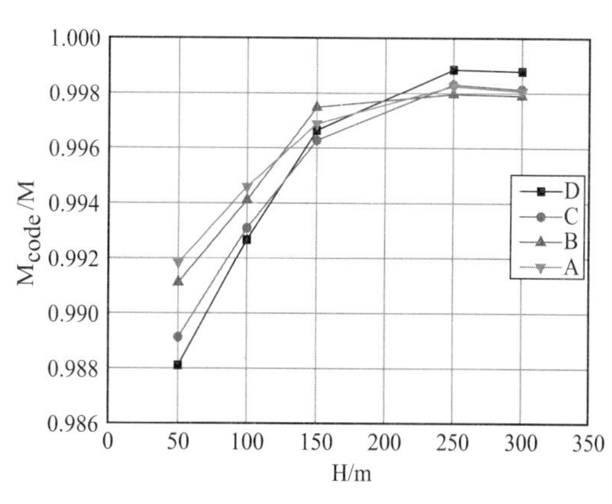

b. 基底弯矩

图 1.2-4　改进方法计算响应与实际响应的对比

三、横风向等效风荷载计算的响应谱法

1. 规范方法

规范横风向风荷载的计算是通过背景荷载分量及共振荷载分量以平方和开方的形式来近似计算，如式（2–10）。其中背景风荷载具有与顺风向指数率相同的分布形式：

$$w(z)=\sqrt{w_{\mathrm{B}}^{2}(z)+w_{\mathrm{R1}}^{2}(z)} \tag{2–10}$$

大量的计算表明，当平均风速剖面指数 α 在 0.12 ~ 0.30 之间，振型指数 β 在 1.0 左右时，式（2–10）的误差小于 0.5%。

虽然式（2–10）具有较好的精度，能够满足工程应用的需求，但从概念上讲，沿结构高度分布的风荷载与顺风向分布指数一致是基于经验的一种做法，而直接对荷载而不是响应进行平方和开方的方法没有明确的物理意义，并不准确。

另一方面，横风向风荷载的特征是平均风荷载为 0，等效风荷载主要由结构振动贡献，与地震作用类似，因而可以借鉴地震作用计算的“响应谱法”。

2. 响应谱法

基于等效风振力方法可以类似地推导出横风向计算方法，其各阶模态位移均方根响应可以由式（2–11）计算：

$$\begin{aligned} s_{\mathrm{q}}^{2} &= \frac{1}{K^{*2}}\grave{O}_{0}^{¥}H\left(iw\right)^{T}s_{\mathrm{F}^{*}}(w)H\left(iw\right)dw \\ &= \frac{s_{\mathrm{F}^{*}}^{2}}{K^{*2}}\grave{O}_{0}^{¥}H\left(iw\right)^{T}\frac{s_{\mathrm{F}^{*}}(w)}{s_{\mathrm{F}^{*}}^{2}}H\left(iw\right)dw \\ &= \frac{s_{\mathrm{F}^{*}}^{2}}{K^{*2}}\grave{O}_{0}^{¥}H\left(if_{\mathrm{L}}\right)^{T}\frac{s_{\mathrm{FL}}\left(f_{\mathrm{L}}\right)}{s_{\mathrm{FL}}^{2}}H\left(f_{\mathrm{L}}\right)df_{\mathrm{L}} \end{aligned} \tag{2–11}$$

式中，K^{*} 为结构广义刚度；$H(\cdot)$ 为传递函数；$s_{\mathrm{F}*}(\cdot)$ 为广义力谱；$s_{\mathrm{F}*}$ 为广义力均方根；f_{L} 为折算频率。

式（2–11）中 $s_{\mathrm{F}*}/K^{*}$ 表示准静力作用于结构的准静力位移响应；积分项相当于对准静力位移的放大因子，对于给定的建筑体型，它只与传递函数中的结构自振周期和阻尼比有关，可将这一部分单独讨论。引入式（2–12）定义的位移响应因子：

$$R_{\mathrm{disp}}=\left(\int_{0}^{\infty}H\left(if_{\mathrm{L}}\right)^{T}\frac{s_{\mathrm{FL}}\left(f_{\mathrm{L}}\right)}{s_{\mathrm{FL}}^{2}}H\left(f_{\mathrm{L}}\right)df_{\mathrm{L}}\right)^{0.5} \tag{2–12}$$

式（2–11）可写成：

$$s_{\mathrm{q}}=\frac{s_{\mathrm{F}^{*}}}{K^{*}}R_{\mathrm{disp}} \tag{2–13}$$

对应的风荷载均方根值 $s_{\mathrm{F,j}}$ 为：

$$s_{\mathrm{BR},j}=Ks_{\mathrm{q},j}f_{j}\ =Mw_{j}^{2}s_{\mathrm{q,j}}f_{j} \tag{2–14}$$

与顺风向风荷载类似，横风向风荷载可以考虑多阶等效风振力，则结构横风向风荷载可以通过式（2–15）计算：

$$w_{\mathrm{L}}(z)=g\left(\sigma_{1}+\sum_{j>1}\frac{\rho_{1j}}{\sqrt{1+R^{2}}}\sigma_{\mathrm{B}j}\right) \tag{2-15}$$

由式(2-11)～式(2-13)可知,结构横风向风荷载由以下几个因素构成:广义力均方根、结构振型以及结构的响应因子。其中广义力均方根可以通过风洞试验总结，结构确定时，可直接获取结构振型信息。而位移响应因子与结构折算周期（或折算频率）和阻尼比有关，当固定阻尼比时，R_{disp} 反映的是结构自振周期对风荷载的影响，与地震反应谱物理性质相同，因此通过求解 R_{disp} 来计算横风向风荷载的方法可以称为“响应谱法”。

3. 位移响应因子 R_{disp} 计算

图 1.2–5*a* 为标准地貌条件下，结构阻尼为 5%（定义为标准条件）时，响应因子随周期变化图。

从图 1.2–5*a* 可以看出厚宽比 $D/B<1$ 时，响应因子明显高于 $D/B>1$ 的情况，其中当厚宽比 $D/B=2/3$ 时，响应因子计算值最大。

图 1.2–5*a* 还反映了结构本身特性对结构响应的影响，当折算频率在 0.1 时，建筑的响应最大，并且这一响应受阻尼比的影响较大。需要注意的是结构自振频率较小的情况（一阶折算频率 <0.1），在这种情况下，对应一阶频率的响应因子并未达到最大，但考虑到高阶频率对应的折算频率可能接近 0.1，说明高阶振型可能出现较强的共振响应，而导致风振响应不可控制，工程设计时应避免这一情况。对于高频区域（$f_{\mathrm{L}}>0.15$），在这一区段内响应因子变化缓慢，可以认为从这一点开始至于频率无限位置响应因子取值为线性变化，而对应 $f_{\mathrm{L}}=\infty$ 时，由于结构刚度无限，结构不会发生振动，对应的 $R_{\mathrm{disp}}=1$。折算频率在 0.1 ～ 0.15 之间时，结构高阶振型对共振响应贡献较小，一阶振型共振响应对结构总体响应的影响较为显著，采用式（2–11）～式（2–15）可准确描述结构的风致响应。根据以上分析，响应因子可划分为图 1.2–5*b* 所示的三个区域:准静态区、共振区及结构调控区。其中，共振区响应因子可通过 R_{disp} 定义计算，准静态区响应因子可通过线性插值计算。

工程应用中，直接采用式（2–12）R_{disp} 的定义计算响应因子涉及复杂的积分，计算较为不便;为简化计算,本文以阻尼比 *z*、厚宽比 D/B 以及折算频率 f_{L} 为自变量对共振区采用“最小二乘法”进行拟合，当结构的折算频率在 0.1 ～ 0.15 时，响应因子可按式（2–16）计算：

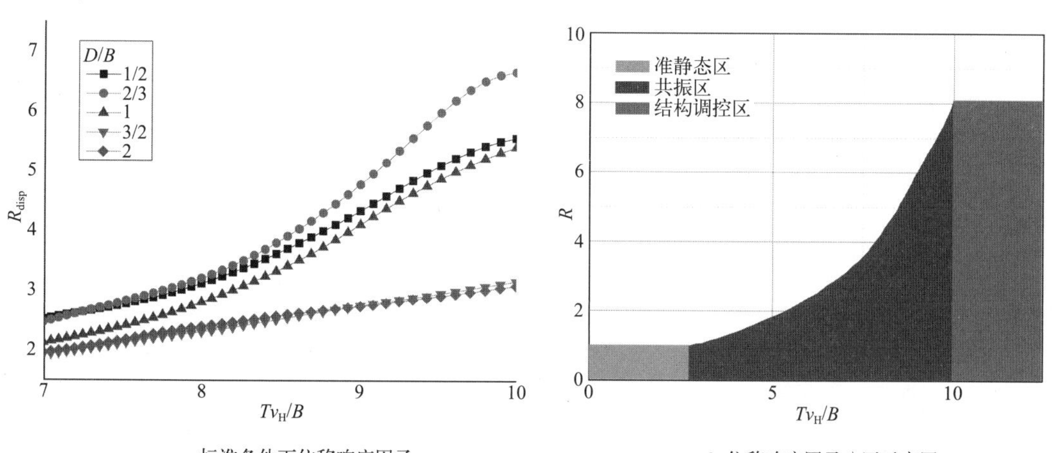

a. 标准条件下位移响应因子　　*b*. 位移响应因子分区示意图

图 1.2–5　R_{disp} 随周期变化图

通过最小二乘法拟合，有

$$R_{\text{disp}} = \begin{cases} -xg_{\text{T}}\left[6.7D/B-4.7(D/B)^2\right]/(1-13.5f_{\text{L}}) & D/B<1 \\ xg_{\text{T}}(10.4-12.3D/B)/\left[1+30.3f_{\text{L}}(1-1.44D/B)\right] & D/B\geqslant 1 \end{cases} \quad (2-16)$$

$$x=1+(0.05-z)/(0.01+2.18z) \quad (2-17)$$

$$g_{\text{T}}=1+10^{-5}(a-0.15)/(-4.75260+21.6a) \quad (2-18)$$

由于响应谱法明确地将结构振动划分为与结构自振周期相关的三个区域，工程人员首先可以通过折算周期定性地判断横风向共振响应是否显著，对规范的推广和应用非常有利。同时由于横风向风荷载的计算过程与地震作用的计算方法类似，因而有利于工程人员对横风向风荷载及地震作用进行对比。

四、工程应用

1. 顺风向常规算例

某一假定的均匀体型和均匀质量高层建筑，$H\times B\times D$ = 42m×24m×24m，钢筋混凝土框架剪力墙结构，14 层，层高 3m，单位高度质量为 838kN/m；第一阶模态周期为 1.28s，临界阻尼比为 0.05；α=0.15，基本风压为 0.55kN/m^2，10m 高度紊流强度 σ_{u}/U_{10}=0.2。

采用改进的 GBJ 方法时，取二阶结构振型参与计算，计算结果如表 1.2–1 所示。表 1.2–1 括号内数据表示不同方法计算值与准确值的比值，可见由于增加了结构振型数量，背景分量误差从 22% 缩减到 10%，结构总基底剪力误差从 6% 减小为 2.8%。

刚性模型基底剪力对比　　表 1.2–1

	平均值（kN）	背景分量（kN）	共振分量（kN）	总剪力（kN）
准确值	968.52	698.77	565.1	1863.41
规范方法	968.52	542.40（0.776）	557.45	1746.31（0.938）
改进算法	968.52	632.20（0.905）	557.45	1810.7（0.972）

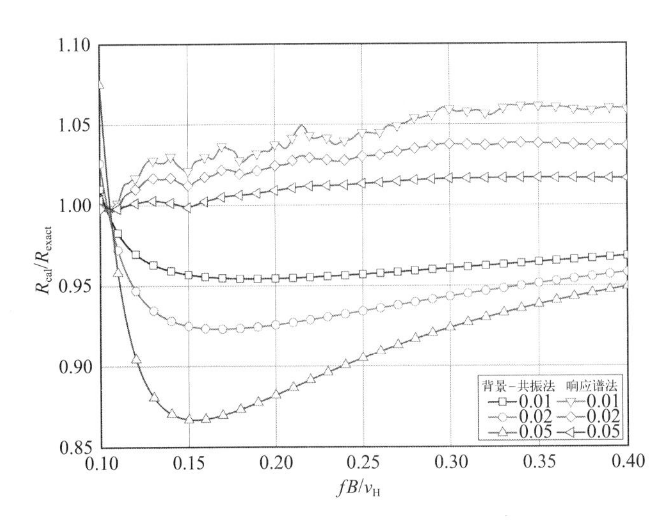

图 1.2–6　B 类地貌下规范计算的响应结果与响应谱法对比

2. 横风向工程算例

以建筑体型为 6∶1∶1 的建筑为例，分析在标准地貌类别下，采用响应谱方法与建筑结构荷载规范结构顶点位移计算结果的对比，如图 1.2–6 所示。图中给出了对应于荷载规范三种不同类别结构阻尼比的计算结果，其中纵坐标为计算响应 R_{cal} 与精确响应 R_{exact} 的比值。由图可知，响应谱法误差随着阻尼比减小而增加，在结构敏感的低频区误差较小，一般不超过 4%，而在高频区误差相对较大，但最大误差不超过 6%。规范计算值误差较大的位置出现在折算频率 0.15 附近，且误差随着阻尼比的减小而增加，当结构阻尼比为 1% 时，二者相差最大，采用荷载规范计算比响应谱法计算值低 14%，说明由于拟合误差的原因，在折算频率为 0.15 附近时，采用规范计算可能低估结构响应。

3. 规范方法与风洞试验结果比较

苏州中南中心项目建筑主体上人高度接近 600m，建筑总高度超过 700m，宽度沿高度缩进，沿高度平均宽度约为 60m；单位高度平均质量约为 1163.5kN/m，阻尼比 3%，C 类地貌类别，基本风压为 $0.55kN/m^2$，σ_u/U_{10}=0.23。结构前两阶周期为 9.26s、9.09s。计算中峰值因子取 3.0。

苏州中南中心是目前在建的国内最高建筑，因为项目的重要性，该项目进行了高频天平测力试验、刚性模型测压试验和气动弹性模型试验，各个试验数据吻合较好，因而可认为测试数据是准确的。

表 1.2–2、表 1.2–3 分别给出了顺风向和横风向基底剪力的对比，需要说明的是规范方法计算时，外加风荷载数据采用的是风洞测压试验数据。对于顺风向基底剪力，采用改进的 GBJ 方法一定程度上提高了计算精度，但需要指出的是直接采用规范方法计算结果误差仅为 1.3%，完全满足工程要求。对于横风向风荷载，响应谱法计算时采用了前两阶振型，因此，背景分量比采用 GBJ 法误差略大，而共振分量误差比 GBJ 方法小，因而整体误差比规范计算略大，但两种方法计算精度均能满足工程应用。

中南中心顺风向基底剪力对比 表 1.2–2

	平均值（kN）	背景分量（kN）	共振分量（kN）	总剪力（kN）
试验结果	16683	9504	17705	36778
规范方法	16683	8458	17580	36192（误差 1.2%）
改进算法	16683	9133	17580	36494（误差 0.8%）

中南中心横风向基底剪力对比 表 1.2–3

	平均值（kN）	背景分量（kN）	共振分量（kN）	总剪力（kN）
试验结果	–5327	10640	45664	–52214
规范方法	–5327	10594	45207	–51769（误差 0.9%）
响应谱法	–5327	9788	45299	–51671（误差 1.0%）

五、总结

本文梳理了规范顺风向、横风向风荷载计算的理论，对规范风荷载的准确性和适用性进行了讨论，并提出了规范风荷载的改进算法。主要结论有：

（1）规范顺风向风荷载计算方法基于等效风振力法，当考虑所有结构振型时，该方法计算的结构响应为精确解。

（2）规范顺风向风荷载计算方法对于较高的建筑误差较小，而对于较低的建筑有可能低估其基底剪力。

（3）顺风向风荷载改进算法考虑多阶等效风振力的组合，可有效减小计算误差，当采用二阶等效风振力组合时，基底剪力的最大误差在6%左右。

（4）横风向风荷载可采用与地震作用类似的响应谱法进行计算，便于工程人员理解和应用。

参考文献

[1] 建筑结构荷载规范 GB 50009–2001 [S]. 北京：中国建筑工业出版社，2012.

[2] 金新阳，陈凯，唐意等 . 建筑风工程研究与应用得到新进展 [J]. 建筑结构，2011，41（11）：111 ~ 117.

[3] 张相庭 . 结构风工程——理论规范实践 . 北京：中国建筑工业出版社，2006.

[4] 陈凯，肖从真，金新阳等 . 超高层建筑三维风振的时域分析方法研究 [J]. 土木工程学报，2012（7）：1 ~ 9.

[5] 王国砚 . 基于等效风振力的结构风振内力计算——关于我国荷载规范中有关风荷载理论的分析 [J]. 建筑结构，2004，34（7）：36 ~ 38.

[6] 周印 . 高层建筑静力等效风荷载和响应的理论与实验研究 [D]. 上海：同济大学，1998.

3. 近十年西北太平洋热带气旋的变化特征分析

方平治　白莉娜　赵兵科　余晖
中国气象局上海台风研究所，上海，200030

引言

气候变化的一个主要特征就是全球变暖。全球变暖后对热带气旋的影响目前还没有定论，研究结论甚至相互对立，比如：有些研究结果认为全球变暖，导致热带气旋频发；而有些研究结果认为全球变暖并没有明显导致热带气旋频发，可能导致更强的热带气旋出现；甚至也有些结论认为从地球气候的角度出发并没有所谓的气候变化，热带气旋在按照自己的规律行事。本文首先对近十年（2005 ~ 2014 年）西北太平洋及登陆我国沿海热带气旋的变化特征进行分析；最后，对 2014 年西北太平洋及登陆我国沿海的热带气旋进行总结。

一、近十年西北太平洋热带气旋的变化特征

近十年西北太平洋常年平均热带气旋有 26.92 个，生成月份主要集中在 7 月、8 月和 9 月份，而每年的 1 月、2 月和 3 月份均有热带气旋生成，但数量很少，如表 1.3–1 所示。近十年南海常年平均热带气旋有 9.68 个，表 1.3–2 给出南海台风的相关统计结果，其中包括在西北太平洋生成进入南海，以及在南海生成的台风。近十年热带气旋的强度有加强趋势，如表 1.3–3 和表 1.3–4 所示。其中，2013 年的 1330 号超强台风海燕，近中心最大风速达到 78m/s，中心气压为 890hPa。

近十年西北太平洋台风、强热带风暴、热带风暴出现次数（2005 ~ 2014 年）　　表 1.3–1

年 \ 月	1	2	3	4	5	6	7	8	9	10	11	12	合计
2005	1		1	1	1		5	5	5	2	2		23
2006					1	1	3	7	4	4	2	2	24
2007				1	1		3	5	5	6	4		25
2008				1	4	1	2	4	4	2	3	1	22
2009					2	2	4	4	7	3	1		23
2010			1				2	5	4	2			14
2011					2	3	4	3	7	1		1	21
2012			1		1	4	4	5	5	3	1	1	25
2013	1	1				4	3	7	7	6	2		31
2014	2	1		2		2	5	1	5	2	2	1	23
常年平均	0.43	0.18	0.38	0.72	1.12	1.75	4.00	5.77	5.03	3.80	2.48	1.25	26.92

近十年南海台风、强热带风暴、热带风暴出现次数（2005 ~ 2014 年） 表 1.3–2

年＼月	1	2	3	4	5	6	7	8	9	10	11	12	合计
2005（A）							1	1	2		1		5
2006（A）					1	1		2	2	1	1	2	10
2007（A）							2	2		2			6
2008（A）				1	1	1		2	2	1	2		10
2009（A）					1	2	2	1	3	2			11
2010（A）							2	2	1	1			6
2011（A）						2	1		2	2		1	8
2012（A）			1			2	1	2	1	1	1	1	10
2013（A）	1	1				2	2	2	2	2	2		14
2014（A）		1				2	1		2		1	2	9
常年平均	0.03	0.00	0.05	0.17	0.47	0.88	1.53	1.52	1.75	1.52	1.28	0.48	9.68
2005（B）							1		1	1			3
2006（B）						1		1	1				3
2007（B）							1	2		1			4
2008（B）				1	1			1	1	1	2		7
2009（B）					1	1	1	1	2				6
2010（B）							1	2	1				4
2011（B）						2			1				3
2012（B）			1			1	1		1				4
2013（B）		1				1	1	1	1		1		6
2014（B）						1					1		2

注：（A）西北太平洋进入南海和南海产生的台风、强热带风暴、热带风暴出现次数；

（B）南海产生的台风、强热带风暴、热带风暴或由西北太平洋产生的热带低压移入南海后增强到热带风暴级的出现次数

近十年台风、强热带风暴、热带风暴中心最大风速极值频率分布出现次数（2005 ~ 2014 年） 表 1.3–3

年＼(m/s)	18 ~ 23	25 ~ 28	30	33 ~ 35	38 ~ 40	42 ~ 45	48 ~ 50	52 ~ 55	58 ~ 60	62 ~ 65	68 ~ 70	72 ~ 75	78 ~ 80	85	≥ 90	合计
2005	13.0	17.4	8.7	4.4	4.4	13.0	21.7	8.7	8.7							100
2006	25.00	8.3	4.2	8.3	8.3	4.2	8.3	12.5	20.8							100
2007	28.0	12.0	4.0	16.0	8.0	4.0	12.0	12.0		4.0						100
2008	36.36	9.09	4.55	9.09	9.09	9.09	9.09	9.09		4.55						100
2009	21.74	13.04	8.70	8.70	17.39	4.35	4.35	4.35	4.35	8.70	4.35					100
2010	14.29	14.29	14.29	21.43		14.29	7.14	7.14				7.14				100
2011	38.10	14.29	9.52	9.52		4.76	4.76	4.76	4.76	9.52						100
2012	12.00	28.00		4.00	12.00	16.00	8.00	4.00	8.00	8.00						100
2013	29.03	12.90	9.68	6.45	3.23	12.90	6.45	3.23	9.68	3.23			3.23			100
2014	26.09	17.39	8.70	4.35	0.00	8.70	4.35	4.35	4.35	4.35	13.04	4.35				100
常年平均	14.92	12.94	9.78	11.39	11.58	8.98	8.48	4.95	5.70	3.34	2.79	2.35	0.93	0.74	1.12	100

近十年台风、强热带风暴、热带风暴中心气压极值频率分布（2005 ~ 2014 年）　表 1.3-4

（百 Pa） 年	1004 ~ 1000	999 ~ 990	989 ~ 980	979 ~ 970	969 ~ 960	959 ~ 950	949 ~ 940	939 ~ 930	929 ~ 920	919 ~ 910	909 ~ 900	<900	合计
2005		8.7	30.4	4.3	4.3	13.0	21.7	8.7	8.7				100
2006		25.0	8.3	12.5	8.3	4.2	8.3	12.5	16.7	4.2			100
2007		28.0	16.0	16.0	8.0	4.0	12.0	12.0	0	4.0			100
2008	4.55	31.82	13.64	9.09	9.09	9.09	9.09	9.09		4.55			100
2009		21.74	17.39	8.70	17.39	8.70	4.35	4.35	4.35	8.70	4.35		100
2010		21.43	21.43	21.43		14.29	7.14	7.14				7.14	100
2011	4.76	28.57	19.05	14.29		4.76	4.76	9.52	4.76	9.52			100
2012		12.00	24.00	8.00	20.00	8.00	8.00		8.00	12.00			100
2013	12.90	12.90	22.58	6.45	3.23	12.90	9.68	3.23	6.45	6.45		3.23	100
2014	4.35	21.74	26.09	4.35	4.35	4.35	4.35	4.35	4.35	4.35	13.04	4.35	100
常年平均	2.54	20.81	17.15	13.50	11.08	8.24	7.62	6.56	4.58	3.22	2.11	2.72	100

二、近十年登陆我国沿海热带气旋的变化特征

表 1.3-5 和表 1.3-6 分别给出近十年登陆我国沿海的热带气旋个数及其地区分布。由表可见：常年平均为 9.08 个；主要集中在 7 月、8 月和 9 月份，而 1 月、2 月和 3 月份没有出现热带气旋。就地区分布而言，广东以及香港最多，其次是海南、台湾和福建。

近十年在我国登陆的热带气旋个数（2005 ~ 2014 年）　表 1.3-5

月 年	1	2	3	4	5	6	7	8	9	10	11	12	合计
2005							2	2	3	1			8
2006					1	1	3	4	1				10
2007							1	3	2	1			7
2008				1		1	2	2	3	1			10
2009						2	3	2	2	2			11
2010							2		4	2			8
2011						3	1	1	1	1			7
2012						1	1	5					7
2013						1	3	4	1	1			10
2014						1	2	1	3				7
常年平均	0.00	0.00	0.00	0.03	0.27	0.90	2.18	2.60	2.20	0.63	0.23	0.03	9.08

近十年热带气旋在我国登陆的地区分布（2005 ~ 2014 年）　表 1.3-6

地区 年	广西	广东、香港	海南	台湾	福建	浙江	上海	江苏	山东	辽宁	天津	合计
2005		1	2	3	0/3	2				0/1		8/12
2006		5	1	3	0/2	1						10/12
2007	0/1	0/2	2	4/5	0/2	1/2						7/14

续表

年 \ 地区	广西	广东、香港	海南	台湾	福建	浙江	上海	江苏	山东	辽宁	天津	合计
2008	0/1	4/7	2	4	0/2							10/16
2009		4/5	4	2	1/3							11/14
2010		1	2	1	4/5							8/9
2011		2/4	3	1	0/1				1			7/10
2012		3		2	0/1	1		1				7/8
2013		3	2	1	3/4	1						10/11
2014	0/1	2/4	2	2/3	1/2	0/1	0/1		0/1			7/15
常年平均	0.03/0.55	3.38/3.97	2.22/2.35	2.07/2.13	0.58/1.82	0.55/0.68	0.02/0.07	0.05/0.08	0.15/0.25	0.05/0.22	0/0.02	9.10/12.13

注：分母为首次和多次登陆次数，分子为第一次登陆次数，如两者相同，则用整数表示

三、2014 年西北太平洋及登陆我国的热带气旋及其特征

表 1.3–7 和表 1.3–8 分别给出 2014 年西北太平洋以及登陆我国沿海的热带气旋纪要。2014 年热带气旋有如下特点：(1) 热带气旋明显偏少、8 月无热带气旋生成；(2) 热带气旋生成源地偏南偏东；(3) 台风级的极值频率显著小于常年，超强台风级的极值频率显著偏高于常年；(4) 登陆数偏少、登陆频次偏多、登陆强度偏强。总体而言，2014 年登陆热带气旋的强度总体上偏强。热带气旋登陆时有 2 次为超强台风级，4 次为强台风级，4 次为强热带风暴级，3 次为热带风暴级，2 次为热带低压级。其中，1409 号超强台风“威马逊”三次登陆我国沿海，均刷新登陆省份强度记录。登陆海南文昌时中心风速达 70 m/s（17 级以上），为 1949 年以来登陆我国最强的台风；登陆广东徐闻时中心风速达 62m/s（17 级以上），为 1949 年以来登陆广东最强的台风；登陆广西防城港时中心风速达 50m/s（15 级），为 1949 年以来登陆广西最强的台风。

2014 年热带气旋纪要　　　　表 1.3–7

	中央台编号	国际编号	中英文名称	起讫日期（月 . 日）	强度	达到热带风暴强度开始日期（月 . 日）	中心气压极值（hPa）	最大风速极值（m/s）	发现点		路径趋势
									北纬（度）	东经（度）	
1	1401	1401	玲玲 Lingling	1.17 ~ 1.19	热带风暴	1.18	1000	18	9.8	127.9	南行
2	1402	1402	剑鱼 Kajiki	1.29 ~ 2.1	热带风暴	1.31	995	23	9.9	143.2	西行
3	1403	1403	法茜 Faxai	2.27 ~ 3.6	台风	2.28	970	35	8.8	147.8	东北行
4				3.22 ~ 3.24	热带低压		1000	15	9.5	126.9	西行
5	1404	1404	琵琶 Peipah	4.3 ~ 4.10	热带风暴	4.5	998	18	1.7	147.4	西行
6	1405	1405	塔巴 Tapah	4.27 ~ 5.2	强热带风暴	4.28	980	30	10	146.2	北行
7	1406	1406	米娜 Mitag	6.9 ~ 6.12	热带风暴	6.11	994	20	20.7	120	东北行

续表

	中央台编号	国际编号	中英文名称	起讫日期（月.日）	强度	达到热带风暴强度开始日期（月.日）	中心气压极值（hPa）	最大风速极值（m/s）	发现点		路径趋势
									北纬（度）	东经（度）	
8	1407	1407	海贝思 Hagibis	6.13 ~ 6.20	热带风暴	6.14	986	23	19.8	116.6	登陆后转向
9	1408	1408	浣熊 Neoguri	7.2 ~ 7.11	超强台风	7.4	930	55	8	146.2	中转向
10	1409	1409	威马逊 Rammasun	7.10 ~ 7.20	超强台风	7.12	888	72	8.8	152.3	西行
11	1410	1410	麦德姆 Matmo	7.17 ~ 7.26	强台风	7.18	955	42	9.8	136	登陆后转向
12	1411	1411	夏浪 Halong	7.28 ~ 8.14	超强台风	7.29	915	62	11.4	151	中转向
13	1412	1412	娜基莉 Nakri	7.29 ~ 8.4	强热带风暴	7.30	982	25	18.3	131.2	北行
14	1413	1413	吉纳维芙* Genevieve	7.25 ~ 8.14	超强台风	8.6	920	60	12	226	西行
15				8.18 ~ 8.21	热带低压		1004	15	20.9	117.2	东北行
16	1414	1414	风神 Fengshen	9.5 ~ 9.11	强热带风暴	9.7	980	30	18.6	128.5	中转向
17				9.6 ~ 9.8	热带低压		1000	15	16.5	116.6	西北行
18	1415	1415	海鸥 Kalmaegi	9.11 ~ 9.17	强台风	9.12	960	42	10	141	西行
19	1416	1416	凤凰 Fung-wong	9.17 ~ 9.25	强热带风暴	9.18	982	28	12.4	132.2	南海转向
20	1417	1417	北冕 Kammuri	9.24 ~ 10.1	强热带风暴	9.24	985	25	18.6	149.8	东转向
21	1418	1418	巴蓬 Phanfone	9.28 ~ 10.7	强台风	9.29	940	50	11.2	157	中转向
22	1419	1419	黄蜂 Vongfong	10.2 ~ 10.16	超强台风	10.3	900	68	7.6	161.3	中转向
23	1420	1420	鹦鹉 Nuri	10.30 ~ 11.7	超强台风	10.31	900	68	12.5	141	中转向
24	1421	1421	森拉克 Sinlaku	11.26 ~ 11.30	强热带风暴	11.28	990	25	8.2	128.1	西行
25	1422	1422	黑格比 Hagupit	11.30 ~ 12.12	超强台风	12.1	900	68	2.8	156	西行
26	1423	1423	蔷薇 Jangmi	2014.12.28 ~ 2015.1.1	热带风暴	12.29	995	20	7.8	129.1	西行

*吉纳维芙（Genevieve）是由东北太平洋（180° E以东）移入西北太平洋（180° E以西）的热带气旋。其中，起讫日期、达到热带风暴强度开始日期、发现点（北纬、东经）和路径趋势均包含其东北太平洋部分。

2014 年登陆中国的热带气旋纪要 表 1.3–8

序号	中央台编号	国际编号	中英文名称	强度	在我国登陆				
					地点	时间	最大		中心气压（hPa）
							风力（级）	风速（m/s）	
1	1407	1407	海贝思 Hagibis	热带风暴	广东汕头	6 月 15 日 16 时 50 分	9	23	986
2	1409	1409	威马逊 Rammasun	超强台风	海南文昌 广东徐闻 广西防城港	7 月 18 日 15 时 30 分 7 月 18 日 19 时 30 分 7 月 19 日 07 时 10 分	>17 >17 15	70 62 50	890 910 945
3	1410	1410	麦德姆 Matmo	强台风	台湾台东 福建福清 山东荣成	7 月 23 日 00 时 15 分 7 月 23 日 15 时 30 分 7 月 25 日 17 时 10 分	14 11 8	42 30 20	955 980 992
4			TD1402	热带低压	福建漳浦	8 月 19 日 10 时 00 分	7	15	1004
5			TD1403	热带低压	广东湛江	9 月 8 日 13 时 10 分	7	15	1000
6	1415	1415	海鸥 Kalmaegi	强台风	海南文昌 广东徐闻	9 月 16 日 9 时 40 分 9 月 16 日 13 时 10 分	14 14	42 42	960 960
7	1416	1416	凤凰 Fung–wong	强热带风暴	台湾恒春半岛 台湾宜兰与新北交界 浙江象山 上海奉贤	9 月 21 日 10 时 00 分 9 月 21 日 22 时 20 分 9 月 22 日 22 时 15 分 9 月 23 日 10 时 45 分	10 10 10 8	28 28 25 18	982 982 985 998

4. 基础工程技术的新进展

滕延京[1] 王卫东[2] 康景文[3] 柳建国[4] 李建民[1]

1. 中国建筑科学研究院地基所，北京，100013；2. 华东建筑设计研究总院，上海，200002；

3. 中国建筑西南勘察设计研究院有限公司，成都，610053；

4. 中冶集团建筑研究总院有限公司，北京，100088

一、前言

基础工程技术是指运用岩土力学和结构力学的基本理论和方法解决地基基础的设计和施工问题，以及改变或改善地基的天然条件，使之符合建筑物的功能要求所采取的工程措施。基础工程技术需要解决的主要问题，包括地基基础选型、地基基础设计参数确定、基础结构内力分析方法、基础结构可靠性设计、天然地基不满足的地基处理技术、基础施工的基坑支护和环境保护技术等。近年来，面对人类生存环境恶化及可供使用资源有限等提出的可持续发展理念、“绿色”理念等，对于基础工程的耐久性设计、面向未来基础功能可改造性以及投入地下的材料更有效利用等研究课题提到了该技术领域应解决问题的日程中。

地基基础选型是指基于工程的地下功能设计及对于结构传递荷载大小、地基强度、地基变形、基础稳定性要求等工程经验，经设计计算分析确定的基础形式，可以看做地基基础“概念设计”的基本内容。随着人类开发地下空间的需求，与地铁车站、地下商场、地下道路等地下结构物的衔接等功能要求，地基基础形式及作用在基础上的荷载类型均发生了较大变化，传统的基础类型的工程经验需要更进一步的工程实践总结和深化。

地基基础设计参数不仅是地基承载力、地基变形计算参数，还应包括地基稳定计算、基础内力计算参数。符合建筑结构受力变形特性及建造过程的地基土应力应变关系及应力历史的地基参数，是进行基础设计可靠性分析的基础。深大基础更要求按照施工条件引起的地基土应力路径进行内力分析和设计。

基础结构内力分析方法，目前主要采用传统的工程经验方法（即采用地基不变形假定得到的上部结构作用力及基于工程经验推荐的地基反力分布进行基础结构内力分析），对于复杂条件的建筑物应采用符合建筑物建造过程变形特点的共同作用分析方法。

基础结构可靠性设计，应从构件可靠性，进一步深化到结构可靠性，直至工程可靠性，切不可把设计表达式的可靠性等同工程可靠性；应在正确确定上部结构传递到基础上的荷载作用前提下进行基础结构可靠性设计的分析研究，不能忽视按照传统的工程经验设计方法（在一定条件下应是安全的设计）带来的设计不确定性对基础结构可靠性设计指标的影响。

天然地基不满足时的地基处理技术，应正确认识工法的适用条件和可能达到的加固效果，按照全面满足建筑物功能要求的地基承载力、变形设计及工程验收评价标准进行地基处理的设计、施工及工程验收。

基础施工需要的支挡结构设计，一般按经验方法进行。按土力学基本理论符合实际应力路径确定岩土力学参数，从而得到符合实际的支挡结构内力及变形，才能进行真正的“优化”设计。

基础工程技术随着土木工程兴起、发展的过程，是伴随着成功与失败的总结而发展。进入新的世纪，在全球应对生存环境恶化、资源日益减少而提出节能减排、可持续发展的人类科技进步的新理念时，对从事这项技术研究的人们提出了新的课题和挑战。

二、基础工程技术的国外动态

2013 年在法国巴黎召开第十八届国际土协会议，对近年世界及各国的土力学基本理论及岩土工程的新进展进行了总结；同时也召开了若干地区及专题的土力学基本理论及岩土工程国际研讨会，总结这些研讨的热点问题，可了解基本的国外动态。

1. 旁压测试技术及其在基础工程中的应用

在 2013 年法国巴黎第十八届国际土力学及岩土工程会议上国际土协主席 Briaud 作了题为“地基旁压测试技术及其在基础工程中的应用”的特邀报告，介绍其研究团队近 20 年针对莫纳德旁压测试技术（简称 PMT）进行的大量深入的研究，得到了应用原位测试的岩土参数进行工程设计的成果[1]，并对基础工程的地基承载力、变形、稳定性计算的工程应用方法进行了介绍。

2. 基础工程的安全性评价

Bilfinger W. Santos M.S. 、Hachich W.[2] 提出了对桩基础的安全性评估的新方法。巴西的 Lorenzo R.、Zubeldia E.H.、Cunha R.P[3] 提出了桩筏基础基于极限状态的岩土工程设计方法。Look B.、Lacey D.[4]（澳大利亚）结合盖特威大桥嵌岩桩工程实例，给出了确定岩石强度的方法。

3. 特殊岩土的工程设计及处理方法

Puech A. 、Benzaria O. [5] 研究了在高度超固结佛兰德黏土中，成桩方式对桩的静态工作性状的影响。Ter–Martirosyan Z.G.、Ter–Martirosyan A.Z.、Sidorov V.V.[6] 在对麦克斯韦方程进行修正的基础上，提出了用以描述饱和硬化－软化黏土的流变方程，考虑了土的蠕变、松弛、动剪，也包含了由剪应力引起的衰减、稳定及渐进蠕变。BobeiD.C.、Locks J.[7] 对新西兰沃特维尔枢纽工程中灵敏性软土的工程特性进行了分析研究。De Silva S. 、Fong L.T.T.[8] 介绍了澳门填埋场的地基处理方法。Juarez–Badillo E.[9] 根据日本关西国际机场 2004 ～ 2011 年连续的观测数据对其进行了沉降分析，并将其分析结果与由自然比例原则得到的理论曲线进行了对比，该自然比例原则是由日本学者在 2005 年大阪举行的第十六届国际土力学及岩土工程会议上通过的“关西国际机场：未来沉降”一文中提出的，经过对比分析，发现该实测数据与由自然比例原则得到的理论曲线具有较好的一致性。Karunawardena A.[10] 结合斯里兰卡南部高速公路工程，介绍了洪水泛滥区域和沼泽区域对软泥炭土、有机质土等不良地质进行地基处理的方法，如置换、预压、竖向排水预压、振动压密、真空预压固结等。

4. 深大基础及桩基础工作性状

Wong P.K.[11] 对嵌岩桩的设计方法进行了对比分析，在中等—坚固岩层中嵌岩桩的设计一般依据沉降控制标准，或者根据标准中假定的使用期限来进行设计。Mendoza M.J.

Rufiar M.、Ibarra E.、Mendoza S. A.[12] 结合墨西哥城地铁 12 号线工程，对一种新型裙式扩展基础的工作性状进行了研究，该基础在墨西哥软土地基中用作立交桥的基础，当地称其为“倒玻璃杯式”基础。Herrmann R.A. 、Lowen M. 、Tinteler T. 、Krumm S.[13] 对不同扩大端钻孔灌注桩承载力性状进行了研究。

5. 强腐蚀环境下桩的耐久性设计

Kang I.–K.、Kim H.–T.、Baek S.–C. 、Park S.–Y.[14] 等对强腐蚀环境下桩的耐久性进行了研究。Perala A.[15] 对聚合物墩进行了研究，这是基础托换施工中的一种新方法，已被广泛发展应用在小型或轻质建筑的加固中，用于上部建筑物的减沉处理，或降低建筑物的沉降速率。

6. 基础桩的多功能设计

Lehtonen J.[16] 介绍了欧洲当前桩基础的几个发展热点及趋势，钢桩在北欧国家的应用越来越多。活跃的科研工作支持了桩基础的发展，并发展出了多种桩基类型和应用方法。

三、我国基础工程技术面临解决的问题

1. 深大基础变形控制设计是城镇化进程对地基基础工程技术的必然要求

我国的城镇化正以较高速度发展，结合我国城市发展“人多地少”及城市生存环境恶化、急需改善的基本条件，基本形成以城市地下交通为纽带，区域整体开发，地上地下一体建设为主体的城市建设格局。对于基础工程技术来说，形成在一个整体大面积基础上建有多栋多层和高层建筑的地基基础形式。随着地下空间的开发利用，基础埋置深度多为地下 3 ～ 6 层结构，埋置深度一般大于 15m。针对这种基础形式的研究和工程实践证明，整体大面积基础上建有多栋多层和高层建筑的地基基础地基反力和地基变形，与单体高层建筑不同，扩大部分的基础可有效扩散上部结构传递的荷载，使得地基反力和地基变形均有大幅减少，但基础的整体挠度增加，差异沉降控制要求严格；共同作用的结果，上部结构传递到基础的作用也形成从内筒到外框柱的荷载再分配，基础结构的冲、剪、弯控制要求更加全面。工程实践证明，采用符合建筑物建造过程变形特点同时得到基底反力、基础变形及基础内力结果的共同作用分析方法进行的基础设计成果，可有效发挥该种基础的优势，提高其整体变形和差异变形的控制能力，大大提高采用天然地基的可行性。

2. 更精准的工程控制是建设节约型和环境友好型社会对基础工程优化设计的基本要求

对建筑物、基础、地基共同作用结果的正确认知，是精准的工程控制的基础，也是工程优化设计的基础。目前对于基础结构的内力分析，对于简单的地基基础条件或较复杂的地基基础条件，在有了大量工程经验时大多采用传统的经验设计方法进行。例如，对于柔性结构（不能形成或形成的结构整体变形刚度较小），上部结构传递到基础的作用采用地基不变形的静力分析得到，地基反力分布采用线性分布或经验的地基反力分布，进行基础结构内力分析；对于能形成结构整体变形刚度的单体高层建筑，上部结构传递到基础的作用采用地基不变形的静力分析得到，地基反力分布采用线性分布或经验的地基反力分布，进行基础结构内力分析，并在构件的弯、剪、冲切设计时，调整荷载作用值或验算断面形状系数的方法调整地基反力和荷载作用的偏差。这种经验方法应用的条件，一定是在正确掌握建筑物、基础、地基共同作用结果的正确认知基础上。对于复杂条件的地基基础设计，没有经验或经验不多，此时要求按照建筑物、基础、地基共同作用分析方法得到与实际相符合的基底反力、基础变形及基础内力结果。传统的经验设计方法仅能保证工程安全性，无法进行真正意义上的优化设计。

3. 基础工程的耐久性设计是可持续发展理念的具体要求

建筑业是我国资源消耗大户，也是我国节能、节地、节水、节材和环境保护的主导行业。对于建筑工程来说，提高建筑物的设计使用年限是最大的节约已形成共识。建筑工程的耐久性设计，不仅要求建筑构件和结构体系的耐久性，还应满足未来使用功能的要求，具有可改造性。可以设想，当我们保证建筑结构的耐久性后，原有的结构体系不能满足未来需要改变其使用功能，这样的建筑结构耐久性仅能满足有限节约的要求。面向未来的建筑工程耐久性设计，一定是既有建筑构件和结构体系的耐久性保证，又有适应未来发展使用功能可改变的建筑结构体系。基础结构的耐久性应满足地下结构土水环境条件的要求。同时应注意到基础工程的拆除和改造对环境的影响很大，即使上部结构进行拆除改造，也应保留基础结构再使用，符合可持续发展的理念和要求。

4. 地下工程的安全性及地基基础防连续倒塌控制技术是工程防灾减灾的重要内容

面对国内国际反恐形势，在上部结构防倒塌控制技术基础上，研究地基基础防倒塌设计的方法很有必要。该项技术不仅需要研究基础结构不出现连续倒塌，还应有可修复的方法及评价技术。

建筑结构的连续倒塌是指由于偶然作用（如煤气爆炸、炸弹袭击、车辆撞击、火灾等）造成结构局部破坏，并引发连锁反应导致破坏向结构的其他部分扩散，最终造成结构的大范围坍塌。近年来，建筑结构的连续倒塌问题受到工程界的广泛关注，并成为当前结构工程和防灾减灾领域的重要研究前沿。

Ellingwood（2006 年）对结构连续倒塌（Progressive collapse）的定义为：由于意外事件（如煤气爆炸、炸弹袭击、车辆撞击、火灾等）导致结构局部破坏或部分子结构损伤，并引发连锁反应导致破坏向结构的其他部分扩散，最终造成结构的大范围坍塌。一般来说，如果结构的最终破坏状态与初始破坏不成比例，即可称之为连续倒塌。连续倒塌往往伴随着严重的生命财产损失和社会影响，比如 2001 年的纽约世界贸易大厦双塔的连续倒塌事件。因此，如何减少局部破坏对整体结构的影响，防止结构因局部破坏而导致结构整体倒塌或与起因不相称的大范围结构倒塌，成为目前结构工程学科和防灾减灾学科研究的热点之一。

目前国际上现有的抗连续倒塌设计方法可分为两类：①不针对灾害荷载作用的抗连续倒塌设计，②针对具体灾害荷载作用的抗连续倒塌设计。针对第一类抗连续倒塌设计方法，分析我国混凝土结构的抗连续倒塌性能，研究混凝土框架结构抗连续倒塌的工作机理，提出了基于能量原理的混凝土框架抗连续倒塌承载力需求分析方法，检验、分析并改进了已有的工程设计方法。针对具体灾害——火灾作用下混凝土结构的连续倒塌问题，建立了混凝土框架结构的火灾连续倒塌数值分析模型，研究了火灾连续倒塌全过程分析的关键影响因素，提出了混凝土框架结构火灾连续倒塌全过程分析的流程。

四、基础工程技术的国内研究成果

1. 复杂条件下的基础结构内力分析方法

传统按照地基不变形假定得到的上部结构和基础内力分析结果在结构构件设计中要考虑其荷载分析的偏差影响，在简化设计中引入若干设计参数。对于简单的地基基础设计条件，或对于较复杂的地基基础设计条件而有了充分的工程经验，采用这种方法可以满足工程安全。但对于复杂的地基基础设计条件，例如存在地基不均匀变形、上部结构刚度或荷载分布差异大、整体大面积基础等情况，按经验调整解决工程设计安全的经验不足，应按照结构、基础、地基共同作用的结果，采取考虑地基变形对基础设计的影响的基础结构内力分析方法。以往的共同作用分析方法研究证明，采用结构单元梁板的有限元离散、基础板采用厚板单元、地基刚度采用变刚度弹簧模拟，可以得到与实测相符合的基础变形形态；而对于地基反力的分析结果，由于采用的地基模型不同，分析结果差异较大。同时该方法得到的基础结构内力与实际也有较大差异。

通过模型试验、工程实测验证，同时得到与实际相符合的基底反力、基础变形及基础内力结果的共同作用分析方法要点如下：

（1）在共同作用分析过程中，结构采用有限元法进行分析，结构梁、柱采用梁单元进行离散，楼板、剪力墙采用平板壳元进行离散，基础筏板采用平板弯曲单元（厚板理论解）进行离散，地基模型采用有限压缩层地基模型。

（2）共同作用方程应满足基础结构单元与地基的位移协调条件。

（3）计算的地基反力应与输入的地基刚度匹配，其偏差不应大于 10%，否则应进行迭代计算，直至满足需要的计算精度。

（4）计算可采用一次形成整体结构刚度，荷载一次施加或分级形成结构刚度、分级施加荷载，分段增量计算，最后叠加计算结果两种方法进行。

（5）判定最终结果可否用于真实结构设计的依据，应该根据地基反力分布形态和大小以及地基变形分布形态和大小均满足本地区工程实测结果来判定。

2. 整体大面积高层建筑基础的荷载传递特征及基础设计控制要素

采用经模型试验、工程实测验证的共同作用分析方法分析，整体大面积高层建筑基础的荷载传递特征及基础设计控制要素如下：

（1）结构相同、基础埋深相同情况下，单体高层建筑的基础变形呈“盆型”，地基反力分布呈“鞍型”；大底盘高层建筑基础变形呈“盆型”，地基反力分布呈“盆型”，内筒部位地基反力相同，而边端部位的地基反力向外扩散。

（2）考虑地基变形的单体高层建筑荷载作用分析结果，与按地基不变形假定计算的上部结构传递到基础的作用力有较大差别，内筒部位竖向荷载向外框柱转移；柱端剪力、弯矩均有增加；大底盘高层建筑主体结构的竖向荷载在考虑地基变形的单体高层建筑荷载分担条件下进一步由内筒部位向外框柱转移；扩大的裙房柱下柱端剪力、弯矩值均有较大增加。

（3）大底盘基础结构的基础挠曲变形增大，应加以控制；主楼、裙楼相邻处的差异沉降应严格控制。

（4）单体高层建筑的基础板厚度由内筒冲切控制，大底盘基础结构的基础板冲剪验算要求基础板刚度趋于均衡，内筒、角柱、边柱部位均需验算。

（5）整体大面积高层建筑基础的基础设计应采用共同作用内力分析方法。

3. 超高层建筑大直径超长灌注桩工程应用技术

随着超高层建筑的大量建造，具有高承载性能的大直径超长灌注桩应用越来越广泛，表 1.4–1 列出了国内超高层建筑采用大直径超长灌注桩的典型实例。

部分超高层建筑大直径超长灌注桩概况　　表 1.4－1

名称	高度（m）	层数	桩径（mm）	桩端埋深（m）	桩端持力层
上海白玉兰广场	320	66	1000	85	含砾中粗砂
天津津塔	336.9	75	1000	85	粉砂
武汉中心	438	88	1000	65	中风化泥岩、砂岩
苏州国际金融中心	450	92	1000	90	细砂
天津 117 大厦	597	117	1000	98	粉砂
上海中心大厦	632	121	1000	88	粉砂夹中粗砂
苏州中南中心	729	137	1100	110	粉细砂

结合国内天津 117 大厦（597m）、上海中心（632m）、苏州中南中心（729m）等工程的实践经验，超高层建筑大直径超长灌注桩工程应用技术总结如下特点：

（1）超高层建筑通常采用抗侧刚度较大的内部核心筒结合外部巨型框架或外筒的结构体系，并采用密集布置的群桩基础，考虑上部结构、筏板基础、桩土地基共同作用的理论来计算筏板沉降与内力，是规范的要求也是技术发展的趋势。

（2）桩基础的设计计算可采用如图 1.4－1 的思路和方法。超高层建筑受风荷载与地震作用明显，将在基础引起较大的偏心受力，需对桩的受压或受拉承载力进行验算。

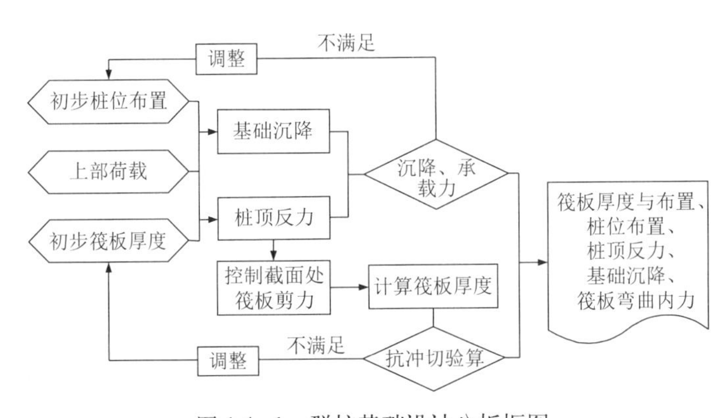

图 1.4－1　群桩基础设计分析框图

（3）桩基沉降计算模型可采用基于规范的实体深基础模型或采用考虑桩—基础底板—上部结构刚度的共同作用计算模型。群桩刚度可以采用基于 Mindlin 解的弹性理论法计算，如采用基于应力积分的 Geddes 解或基于位移积分的 Poulos 解进行分析。

（4）大直径超长桩 $Q \sim s$ 曲线在试验荷载作用下基本呈缓变型，桩端变形较小，桩顶沉降主要表现为桩身压缩，极限承载力往往由桩顶变形值确定。桩侧摩阻力发挥具有异步性，上部土层的侧摩阻力先于下部土层发挥作用，桩侧摩阻力占总承载力的比例较大，通常表现为摩擦型桩。

（5）应通过符合实际使用条件的静载荷试验确定大直径超长灌注桩的承载力和变形性状，静载荷试验同时成为检验和优化大直径超长灌注桩设计的必要环节。应结合试验开展成孔与桩身质量的检测、桩身轴力和变形的量测，得到丰富的试验数据。超高层建筑基础埋深较大，在地面试桩时，宜采用双层钢套管隔离基坑开挖段桩土接触，真实地反映工程桩的实际受力状态。

（6）大直径超长灌注桩成孔直径与深度大、施工时间长，需选择合适的成孔机具、工艺和辅助措施以解决桩端沉渣、垂直度及成孔效率等问题。当原土造浆效果较差时，应考虑采用部分或全部人工造浆，严格控制泥浆中的含砂率。当桩身穿越深厚砂层时，应采用泥浆净化装置除砂，将含砂率控制在4%以内，并采用泵吸或气举反循环清孔工艺。大直径超长灌注桩桩基质量以过程控制为主，检测与控制标准亦严于其他桩型。

4. 与地基土应力历史相关的地基土工程性质研究

地基土的工程特性指标，由于重塑土样难于正确模拟土的沉积、固结历时，应采用原位试验或通过原状土的室内试验测定。地基土的工程行为，与其应力历史关系密切，在不同的应力和应力历史条件下，地基土的应力应变、固结变形、抗剪强度等工程特性应采用不同的指标表达。人类工程建设活动的实施，导致土体的应力状态与原始状态发生变化，进而引起土体变形及强度指标的变化，这种变化又影响着工程建设行为的准确性；如基坑开挖回弹再压缩变形计算中指标的确定、基坑开挖引起的土体抗剪强度指标的变化、既有建筑地基工作性状对加固工程的影响等。

残积土、沉积土、填土等，由于其成因、土性、地下水条件等不同，原始应力状态影响其工程性质；正常固结土、超固结土、欠固结土不仅变形性质不同，抗剪强度也有很大不同。室内土工试验确定地基土的抗剪强度试验要求采用不扰动土样进行试验，保证土样试验前的原始应力状态是土工试验正确测定其力学性质的基本要求。从现场取得的土样，在试验室试验确定地基土的抗剪强度开始前的工作，应进行确定其原始状态参数的试验，包括静止侧压力系数 K_0、前期固结压力 p_c、超固结比 OCR 等，再根据现场勘测的埋深、地下水条件，确定土样的原始应力状态；剪切试验开始前应对土样进行恢复原始应力状态和固结状态的预处理，并应根据工程设计的实际情况确定试验采用的固结排水条件，确定抗剪强度。

工程设计采用的地基土抗剪强度指标应考虑所设计工程问题的土体应力状态和使用指标的安全性。土体应力状态主要指地基工作是加荷还是卸荷，而采用相应应力段的抗剪强度指标；使用指标的安全性是指所采用抗剪强度指标对应的土体固结排水条件。

目前土工试验的试验条件及资料整理并未与实际工程工况相对应，主要问题在于：

（1）试验采用土样在未确定地基土的现场应力条件和固结状态，一律按正常固结土直接在假定的固结压力进行剪切，测定的抗剪强度指标未考虑实际工程的应用范围；

（2）试验资料整理未区分实际土层在工程使用的不同应力段的指标差异，按统一的统计回归方法得到抗剪强度指标，使得测定的抗剪强度指标在实际工程设计中采用的抗剪强度在卸荷段偏高，而在加荷段偏低。

提出针对目前岩土工程抗剪强度试验方法的建议：

（1）现场取得的不扰动土样，在试验室进行抗剪强度试验，应进行测定土样原始状态参数的试验，包括 K_0、前期固结压力等，剪切试验开始前应使土样在原始应力状态预固结。

（2）应针对实际工程问题需要，进行土样的剪切试验。其中对于基坑工程设计其试验压力选择应包括自重压力下预固结的不固结不排水剪切试验，剪切时的上覆压力或围压在小于自重上覆压力的点数不应少于3点。对于地基承载力设计其试验压力选择应包括自重压力下预固结的不固结不排水剪切试验，剪切的上覆压力或围压在大于自重上覆压力的点数不应少于3点。

（3）试验结果资料整理应区分不同压力段分别进行统计分析，即小于前期固结压力的压力段和大于前期固结压力的压力段分别整理。

5. 扩展基础设计可靠性研究

扩展基础冲剪验算是保证基础设计安全性的重要条件之一，扩展基础冲剪承载力设计受基础材料（钢筋混凝土）影响，同时也受到地基反力分布形态的影响。理论分析和试验成果已经证明：扩展基础底面的接触压力呈非线性分布特征，它受到基础的形状、平面尺寸、基础刚度、地基土的性质、基础埋深、荷载性质等因素影响。由于地基反力分布的复杂性，为方便工程设计，在工程实践中，对于具有一定刚度以及尺寸较小的扩展基础，其基底反力按线性分布来进行简化计算。按这种简化计算得到的扩展基础冲剪承载力将与实际的基础冲剪承载力产生差别，因此基底反力按线性分布计算时，扩展基础设计可靠性应通过试验验证。通过一组试验对上述问题进行试验研究，为扩展基础的冲剪承载力设计方法提供依据和参考。

6. 抗浮锚杆的变形控制设计方法研究

在地下室抗浮设计中，当自重无法平衡水浮力时，往往需要布置抗浮锚杆。通常的计算确定抗浮锚杆的数量，然后将抗浮锚杆均匀布置在底板下，锚杆的间距按底板面积除以锚杆根数确定。锚杆产生抗浮力的前提是锚杆产生变形，而上述方法并未考虑锚杆的变形，计算出的锚杆的抗浮力并不准确，因此必须考虑锚杆和与其相连处底板的协调变形，以此计算不同位置抗浮锚杆承担的抗浮荷载。众多抗浮失效工程事故的破坏形状已充分证明抗浮锚杆受力不同步的问题。因此，抗浮锚杆变形计算及平面布置的合理性也是亟待解决的实际问题。

加强正确的抗浮构造：在抗浮构造的处理上有诸多不当之处，主要表现为对抗浮板与基础的交接处在水浮力作用下的应力集中缺乏足够的认识，应加强构造措施。

7. 新型抗拔桩技术

对于高地下水位的软土地区，地下工程普遍采用抗拔桩进行抗浮。常规的等截面抗拔桩仅靠桩周侧摩阻力提供抗拔力，且灌注桩成孔施工广泛采用泥浆护壁工艺，往往形成桩身泥皮降低侧阻及抗拔承载力。扩底抗拔桩通过改变桩端截面提高承载力，桩侧后注浆抗拔桩则通过注浆改善桩土接触面特性提高承载力，两者皆以较小的混凝土或水泥材料的增加获取显著的承载力提高，已成为抗拔桩的发展方向。近年来通过理论分析、室内与现场试验、设备开发和工程实践，对新型抗拔桩的承载性状、设计计算方法、关键施工机具与工艺进行了系统研究，取得了一些新的进展。

（1）试验研究

近年来，围绕新型抗拔桩的承载性状，系统开展了现场试验、离心模型试验和模拟桩土界面的剪切面试验等一系列试验研究和数值模拟分析工作。

（2）承载力计算方法

目前相关规范并没有明确的桩侧后注浆抗拔桩承载力计算方法。有学者基于大量现场足尺试验和剪切面试验得到的不同土层 $\tau-z$ 曲线，进行归一化处理并采用统一的双曲线来拟合，得到一个统一的 $\tau/\tau_{ult}-z/z_{ult}$ 函数关系式，并应用到荷载传递法中，大大提高了方法的可靠性。可分析得到桩侧注浆抗拔桩的桩顶荷载位移曲线、桩身轴力与桩侧摩阻力分布曲线，为分析桩侧注浆抗拔桩的承载及变形特性提供了有效的方法。

（3）施工机具与工艺

近年来旋挖扩底施工工艺在扩底抗拔桩中逐步得到应用，具有功效快、成孔质量好等特点。天津滨海新区于家堡南北地下车库项目扩底抗拔桩采用了全液压旋挖扩底施工工艺，其在旋挖完成等截面段成孔至设计标高后，更换扩底铲斗，旋挖形成扩大头，扩孔全过程采用电脑可视化监控，成孔质量更有保证。国内工程界还引进开发了分段式液压旋挖扩底施工机具，通过设置上部扩展刀头和下部扩展刀头，经过上、下两步旋挖扩展切削，完成扩大头的施工。最大扩底率达 4.9 倍，最大扩底直径达到 4700mm，具有施工效率高、节约动力消耗、设备小型化的特点。

桩侧后注浆采用预埋管的注浆方式，目前主要有环向点式注浆和纵向线式注浆两种方式。环向点式注浆是当前普遍采用的注浆方式，通过不同标高多个环形注浆断面实现整个桩身注浆，桩侧注浆装置由纵向注浆导管、环形管及注浆器组成，当注浆断面较多时，埋管操作难度较大。纵向桩侧线式注浆装置由纵向注浆导管及注浆器组成，通过在纵向注浆导管内插入可上下移动的可控注浆芯管，实现对导管上不同标高桩侧注浆器的注浆。纵向线式注浆布设导管数量少，沿桩长注浆点密集，注浆更均匀，是进一步发展的方向。

8. 提高桩基耐久性的工程新技术

（1）强腐蚀环境桩基工程新技术

盐渍土会对混凝土和钢筋混凝土结构产生严重的化学腐蚀、物理结晶侵蚀，对结构耐久性构成严重威胁。研究适应于强腐蚀盐渍土地区桩基耐久性的技术非常迫切。“包覆式抗腐蚀复合桩成套新技术、设备、工法研究”[17]，提出采用高耐久性面层包覆混凝土桩的包覆式抗腐蚀复合桩技术方案，通过三介质两界面体系的荷载传递机理和破坏模式，能够使高耐久性面层材料和核心混凝土分别承担耐久性功能和承载功能，并通过两者的密切复合实现桩体高承载力和高耐久性的双重功能。

（2）腐蚀环境的高强预应力管桩技术

基础工程耐久性设计，要求针对不同的混凝土工作环境的高耐久性制品，包括混凝土的保护层、配筋率、连接构造、强度以及抗渗性能等指标均应满足相应设计使用年限的要求。国内高强预应力管桩制品企业进行相应的产品研发，目前已可以达到的产品标准如下。

1）针对蒸养混凝土的特点，采用免压蒸先张法预应力高强混凝土管桩生产技术，不采用磨细石英砂，采用矿粉和辅助矿物掺合料，耐久性指标满足《混凝土结构设计规范》GB 50010－2010 规定的设计使用年限 100 年的设计指标；

2）针对硫酸盐环境的产品耐久性指标及产品检验结果。

9. 地基处理工程的检验评价技术

处理后的地基应满足建筑物承载力、变形和稳定性要求，当在地基受力层范围内仍存在软弱下卧层时，应进行软弱下卧层地基承载力验算；按地基变形设计或应作变形验算且需进行地基处理的建筑物或构筑物，应对处理后的地基进行变形验算；对建造在处理后的地基上受较大水平荷载或位于斜坡上的建筑物及构筑物，应进行地基稳定性验算。这是对处理后地基满足建筑物在长期荷载作用下的正常使用必须满足的基本条件以及设计时应该进行的工作。各类建构筑物按其建筑功能的需要，满足设计要求而采用不同形式的基础，各类基础在向地基传递建筑物荷载时存在不同的传递方式，地基的主要受力层和下卧层的分布不同，使得计算地基变形的厚度不同。这些作为建筑地基基本的工程特性，地基处理设计时应全面考虑，处理地基的主要受力层和下卧层均应满足承载力设计要求；处理后地基的承载力验算，应同时满足轴心荷载作用和偏心荷载作用的要求；处理后地基变形计算深度的地基变形量小于地基变形允许值；存在影响稳定性的问题时，地基处理的设计尚应满足稳定性的要求。

处理后地基的检验及评价，应能针对建筑物的使用功能要求，采用能够全面反映处理地基性状的检验方法检测，并能正确进行评价。处理后的地基应进行地基承载力和变形评价、处理范围和有效加固深度内地基均匀性评价，以及复合地基增强体的成桩质量和承载力评价。

五、基础工程技术若干问题的认知

1. 关于基础工程的“优化”设计

地基基础设计水平的评价，应该采用技术经济评价方法，即满足技术先进性、施工可行性和合理经济指标的要求。基础工程的优化设计，必须按照三项指标的优劣进行综合评价。

基础工程设计的对象不仅是结构，还包括地基土的作用。基础结构与地基土的共同作用结果，由于地基土工作性状的复杂性，一般采用经验的简化设计表达式。

目前针对线性反力分布的扩展基础优化设计中仅考虑混凝土材料的抗力作用、单桩承载力的优化设计中仅按单方混凝土提供的基桩承载力来衡量，都不能认为是真正意义上的“优化”设计。

2. 基础设计的可靠性分析

基础设计可靠性分析，涉及工程设计极限状态模型、作用效应的计算分析方法、岩土设计参数、施工技术及维护效果等综合因素。

对于地基基础设计的可靠性分析，不仅应考虑岩土设计参数（原位参数与室内参数的差异及不确定性、应力历史影响、统计分析代表性、空间不确定性）等不确定性的影响，设计极限状态的设计表达（设计表达式中影响因素不完整及缺欠、规范方法局限性、荷载作用结果与实际结果的不确定性等）方式以及施工技术实现设计意图的可靠性，使用维护条件的不确定性等因素的完整分析，才能真正得到地基基础设计的可靠性分析结果。不能认为针对设计表达式设计结果的可靠性分析，即可得到该设计的可靠性设计指标。

3. 抗浮设计的设计理念

正常使用极限状态抗浮设计：浮力作用水位是基础结构设计的作用荷载，基础材料控制及变形控制。历史最高水位、勘察水位及水位浮动量、雨水下渗、基础材料防渗防潮设计。

承载能力极限状态的抗浮设计：浮力作用水位是假定极限状态设计水位，稳定问题，需严格控制。

抗浮构件的变形条件，属被动受力变形构件，设计时应考虑其使用荷载的允许变形条件。

4. 有关钢筋的“腐蚀余量”

实际上是对问题本身力学特性的认识。“腐蚀余量”一般指材料本身，当其是结构的主要组成部分，“腐蚀”不影响结构的荷载传递时，可以考虑“腐蚀余量”设计方法。钢筋混凝土结构构件中的钢筋，仅是结构的主要组成部分的材料之一，其“腐蚀”后，严重影响结构构件的荷载传递特性。在腐蚀性岩土条件工作的抗拔桩，由于裂缝引起钢筋锈蚀，将破坏钢筋混凝土的结构性，严重影响其抗拔性能。

5. 有关地基变形计算的问题

建筑地基变形计算的基本方法，采用弹性理论解的应力分布以及按照分层总和法计算得到地基变形，再依据经验得到的沉降修正系数修正，目前规范推荐按照 Boussinesq 应力公式计算附加应力，采用地基土的压缩模量计算分层沉降量的分层总和法，应该是半理论半经验的方法。近年的研究成果，看到了按照 Boussinesq 应力公式计算附加应力，按照地基变形模量计算的分层总和法，以及按照 Mindlin 应力公式计算附加应力，采用地基土的压缩模量计算分层沉降量的分层总和法等方法。

几个问题必须说明：

1. 地基沉降变形的半理论半经验计算方法，其自身必须是一个完整体系，即该方法必须具有计算参数的工程可操作方法，同时应有与实际工程实测比对的计算精度要求。

2. 在应力分布与实际有出入（主要指基底压力线性分布假定）、计算参数试验偏差条件下，在采用不同方法计算时，沉降修正系数不同，必须建立该方法的沉降修正系数统计方法。

3. 由于各种计算假定条件及自然土层应力历史影响，必须采用沉降修正系数建立与实际工程的联系的条件，有些成果在推荐自己的计算方法时认为无需进行沉降修正，违背了岩土工程的基本认知。

《建筑地基基础设计规范》GB 50007–2002 编制过程中，在推荐采用 Mindlin 应力公式计算附加应力进行桩基沉降计算方法过程中，已对 Boussinesq 应力公式、Mindlin 应力公式两种附加应力计算的应力场异同点进行了分析研究，进而推荐了两种应力计算方法不同的桩基沉降修正系数。

六、面向未来的基础设计理念及研究方向

1. 面向未来的基础设计，应能体现减少资源使用，更高耐久性的理念。

2. 面向未来的基础设计，应能体现未来人类工作生活对工作生存环境更高要求的可改造性。

3. 面向未来的基础设计，应能体现地基基础施工措施对于基础结构的作用和贡献。目前针对基坑工程支挡结构大部分仅作为施工措施使用的现象，应研究其对永久结构荷载作用的有利影响的基础结构设计及施工验收标准。

4. 应进行基础工程全寿命周期的技术经济评价方法研究。

参考文献

[1] Briaud J–L. The pressuremeter test: Expanding its use[C]// Proceedings of the 18th international conference on soil mechanics and geotechnical engineering, 2013（1）:107–126.

[2] Bilfinger W, Santons M S, Hachich W. Improved safety assessment of pile foundation using field control method[C]// Proceedings of the 18th international conference on soil mechanics and geotechnical engineering, Pairs, 2013（4）:2687–2690.

[3] Lorenzo R, Zubeldia E H, Cunha R P. Safety theory in geotechnical design of piled raft[C]// Proceedings of the 18th international conference on soil mechanics and geotechnical engineering, Pairs,2013(4):2799–2802.

[4] Look B, Lacey D. Characteristics value in rock socket design[C]// Proceedings of the 18th international

conference on soil mechanics and geotechnical engineering, Pairs, 2013 (4) :2795–2798.

[5] Puech A, Benzaria O. Effect of installation mode on the static behaviour of piles in highly overconsolidated flanders clay[C]// Proceedings of the 18th international conference on soil mechanics and geotechnical engineering, Pairs, 2013 (4) :2831–2834.

[6] Ter–Martirosyan Z G, Ter–Martirosyan A Z, Sidorov V V. Creep and long–term bearing capacity of a long pile in clay[C]// Proceedings of the 18th international conference on soil mechanics and geotechnical engineering, Pairs, 2013 (4) :2881–2884.

[7] Bobei D C, Locks J. Characterization of sensitive soft soils for the Waterview Connention Project, New Zealand[C]// Proceedings of the 18th international conference on soil mechanics and geotechnical engineering, Pairs, 2013 (4) :2925–2928.

[8] De Silva S, Fong L T T. Design and construction of a landfill containment bund cum seawall supported on stone columns installed in very soft marine mud in Cotai, Macau[C]// Proceedings of the 18th international conference on soil mechanics and geotechnical engineering, Pairs, 2013 (4) :2929–2932.

[9] Juarez–Badillo E. Kansai International Airport. Theoretical settlement history[C]// Proceedings of the 18th international conference on soil mechanics and geotechnical engineering, Pairs, 2013 (4) :2945–2948.

[10] Karunawardena A, Toki M. Design and performance of highway embankments constructed over Sri Lankan Peaty Soils[C]// Proceedings of the 18th international conference on soil mechanics and geotechnical engineering, Pairs, 2013 (4) :2949–2952.

[11] Wong P K. Case studies of cost–effective foundation design in rock[C]// Proceedings of the 18th international conference on soil mechanics and geotechnical engineering, Pairs, 2013 (4) :2901–2904.

[12] Mendoza M J, Rufiar M, lbarra E, Mendoza S A. Performance of a pioneer foundation of the skirt type for the Metro–Line 12 overpass on the Mexico City soft clay[C]// Proceedings of the 18th international conference on soil mechanics and geotechnical engineering, Pairs, 2013 (4) :2811–2814.

[13] Herrmann R A, Lowen M , Tinteler T , Krumm S. Research on the load–bearing behavior of bored piles with different enlarged bases[C]// Proceedings of the 18th international conference on soil mechanics and geotechnical engineering, Pairs, 2013 (4) :2755–2758.

[14] Kang I–K, Kim H–T, Baek S–C, Park S–Y. The development and the structucral behavior of a new type hybrid concrete filled fiber–glass[C]// Proceedings of the 18th international conference on soil mechanics and geotechnical engineering, Pairs, 2013 (4) :2775–2778.

[15] Perala A. Polymer pillar, a new innovation for underpinning[C]// Proceedings of the 18th international conference on soil mechanics and geotechnical engineering, Pairs, 2013 (4) :2819–2822.

[16] Lehtonen J. Drilled pile technology in retaining wall construction and energy transfer[C]// Proceedings of the 18th international conference on soil mechanics and geotechnical engineering, Pairs,2013 (4) :2783–2786.

[17] 包覆式抗腐蚀复合桩成套新技术、设备、工法研究 [R]. 北京：中冶集团建筑科学研究总院，2015.

5. 虚拟现实技术及其在防灾减灾中的应用

王大鹏
中国建筑科学研究院，住房和城乡建筑部防灾研究中心，北京，100013

引言

随着科学技术的飞速发展，人类社会正由“数字城市”向“智慧城市”迈进，在以计算机技术和网络技术为核心的数字城市时代，计算机技术被广泛应用，网络也是人们生活、工作及沟通不可或缺的因素，也正是在这个时期，虚拟现实技术应运而生并发展成熟，而物联网和云计算技术的出现,使得“数字城市”开始向“智慧城市”发展,但不可否认,“数字城市”也还将经历一段很长的路，为“智慧城市”进行技术积累和底蕴铺垫，而“智慧防灾”也将在这个过程中发展、壮大、成熟,成为“智慧城市”不可或缺的一部分。虚拟仿真技术作为“智慧防灾”的一分子，也将在这个过程中蜕变，与其他信息化技术融合，融入“智慧城市”。

一、虚拟现实技术的概念

虚拟现实（Virtual Reality，简称 VR），是利用人工智能、计算机图形学、人机接口、多媒体等技术，使人能感受到特定环境对自我的作用并可与虚拟环境进行视、听、动等动作交互的高级人机交互技术。它 1989 年诞生在美国，集计算机技术、传感与测量技术、仿真技术、微电子技术于一体，能使人感受到在客观物理世界中所经历的“身临其境”的感觉，甚至能够突破空间、时间以及客观条件的限制，感受到真实世界中无法亲身经历的体验[1]。

虚拟现实技术用计算机构建一个虚拟世界并建立沟通平台，人们能够通过平台与计算机虚拟世界进行自由交流。在这个世界中，参与者可利用立体眼镜、传感手套等一系列传感辅助设施，实时地探索或移动其中的对象，以自然的方式（如头的转动、身体的运动等）向计算机传送各种动作信息，并且通过视觉、听觉和触觉得到虚拟环境反馈回来的信息。

二、虚拟现实技术的特征

虚拟现实技术有三个基本特征：沉浸感、交互性、构想。

1. 沉浸感（Immersion）

虚拟现实系统超越了传统的计算机接口技术，使得用户和计算机的交互方式更加自然，如同现实中人与环境的交互一样，可以完全沉浸在计算机所创建的虚拟环境中。即由计算机生成虚拟环境，使用户暂时脱离现实世界，产生现场感。

2. 交互性（Interaction）

虚拟现实系统超越了传统意义上的三维动画，使用户不再是被动的信息接受者或旁观者，用户能够使用交互输入设备（传感器、语音设备等）操控虚拟物体，改变虚拟世界。即用户能与由计算机生成的虚拟环境进行互动，产生参与感。

3. 构想（Imagination）

用户利用虚拟现实系统可以从定性和定量综合集成的环境中得到感性和理性的认识，

从而深化概念和萌发新意。即用户可以通过虚拟现实，体验阅历，收获经验，取得所得。

三、虚拟现实技术的分类

1. 桌面的虚拟现实

桌面的虚拟现实利用个人计算机和工作站进行仿真，将计算机的屏幕作为用户观察虚拟世界的窗口。通过各种输入设备实现与虚拟现实世界的充分交互，这些外部设备包括鼠标、追踪球、力矩球等。它要求参与者使用输入设备，通过计算机屏幕观察 360° 范围内的虚拟境界，并操纵其中的物体，但这时参与者缺少完全的沉浸，因为他仍然会受到周围现实环境的干扰。桌面虚拟现实最大特点是缺乏真实的现实体验，但是成本也相对较低，因而，应用比较广泛。常见桌面虚拟现实技术有基于静态图像的虚拟现实 QuickTime VR、虚拟现实造型语言 VRML、桌面三维虚拟现实、MUD 等[2]。

2. 沉浸的虚拟现实

高级虚拟现实系统提供完全沉浸的体验，使用户有一种置身于虚拟境界之中的感觉。它利用头盔式显示器或其他设备，把参与者的视觉、听觉和其他感觉封闭起来，提供一个新的、虚拟的感觉空间，并利用位置跟踪器、数据手套、其他手控输入设备、声音等使得参与者产生一种身临其境、全心投入和沉浸其中的感觉。常见的沉浸式系统有基于头盔式显示器的系统、投影式虚拟现实系统、远程存在系统。

3. 增强现实性的虚拟现实

增强现实性的虚拟现实不仅是利用虚拟现实技术来模拟现实世界、仿真现实世界，而且要利用它来增强参与者对真实环境的感受，也就是增强在现实世界中无法感知或不方便的感受。典型的实例是战机飞行员的平视显示器，它可以将仪表读数和武器瞄准数据投射到安装在飞行员面前的穿透式屏幕上，使飞行员不必低头读座舱中仪表的数据，集中精力观察敌机和导航偏差。

4. 分布式虚拟现实

分布式虚拟现实系统是多个用户通过计算机网络连接在一起，同时进入一个虚拟空间，共同体验虚拟经历。在分布式虚拟现实系统中，多个用户可通过网络对同一虚拟世界进行观察和操作，以达到协同工作的目的。目前最典型的分布式虚拟现实系统是 SIMNET。SIMNET 由坦克仿真器通过网络连接而成，用于部队的联合训练。通过 SIMNET，位于德国的仿真器可以和位于美国的仿真器一样运行在同一个虚拟世界，参与同一场作战演习（图 1.5-1）。

a. 桌面虚拟现实

b. 沉浸的虚拟现实

c. 增强现实性的虚拟现实

d. 分布式虚拟现实

图 1.5-1　虚拟现实技术的分类[10]

四、实现虚拟现实的关键技术

虚拟现实技术通过 3D 模型建立建筑及相关设施的物理模型，结合数据库技术，建立模拟仿真系统并进行应用。

1. 三维建模

根据现有的照片、平面图纸、遥感照片等原始的二维图片，使用工具软件构建模型。

三维模型是虚拟现实实现过程的第一步，建模的工具多种多样，常用的工具有3DMAX、MAYA、JAVA3D、AUTOCAD、OPENGL、DIRECTX等。

2. 场景制作

场景制作是利用处理好的模型构建场景，前提是首先考察真实环境并利用软件对现有模型进行重新组合，对场景规划布局、添加绿化、设置动画路径、编辑互动操作界面等，最后进行发布，这些工作也都在工具软件中完成。

3. 模型与数据库二次开发

模型与数据库经过二次开发所形成的虚拟现实软件产品是3D模型的深层应用，也是虚拟现实技术应用的目标。使用VR技术与多媒体及可视化技术相结合，可以创造虚拟的真实环境，将孤单的数据公式、计算数值用完全真实的立体效果表示出来，并且人们可以交互式地控制这种表示结果，通过动态改变参数来观察计算结果。当然，必须将基础模型与数据库结合，才能实现三维图形与应用数据的统一管理、动态管理。

4. 三维实时交互和视景管理软件

三维实时交互和视景管理软件又称为三维引擎，是用户开发应用程序的支持工具。引擎的基本功能是实现三维数据库的实时显示，提供控制三维数据库中各种参数的接口，封装图形、声音的实现平台。同时，引擎还为复杂的应用如碰撞检测、智能目标、景物动态生成等提供内部支持。

5. 以模型驱动的应用程序开发

用户程序的开发主要是针对各种典型场景和预案，建立描述虚拟环境中景物多种特征的模型，并将这些模型分解为对三维数据库的控制，通过引擎提供的各种功能实现所需要的各种控制。另外，还要进行交互过程设计、用户界面设计及评价系统设计，最终实现整个系统的集成。

五、虚拟现实技术在防灾减灾中的应用

虚拟现实技术已经在“数字社会”的军事、航空航天、城市规划、旅游、产品开发、建筑房地产等领域得到了广泛的应用，在防灾减灾领域的应用主要分为如下四类（图1.5–2）。

1. 灾害救援训练

自然灾害具有动态性和随机性，灾害救援的实践训练因其客观条件的限制难以实现。但在虚拟世界里，自然灾害可以按照我们的设想发生、变化。因此，在虚拟现实系统里设定训练课程，可使训练者视同亲身经历各种不同类型、不同程度的自然灾害，提高训练效率，改善训练效果。

2. 反恐和防暴训练

这类事件具有多样性和突发性强的特点，很难在现实世界中进行训练，因此也可利用虚拟仿真系统里海量的国际通用案例对反恐防暴队员进行相关训练。

3. 突发事故应急演练

在虚拟现实系统里建立突发事件场景，根据目标群体量身定制环境，对个人和群体进行突发事件应急避险仿真训练，可使训练者更能掌握经验，在事故发生后，迅速抓住重点，解决问题。

4. 工业事故处理演练

应用虚拟现实系统也可以建立工业事故模型，进行工业事故处理演练，提高事故处理效率。

a. 灾害救援训练

b. 反恐和防暴训练

c. 突发事故应急演练

d. 工业事故处理演练

图 1.5–2　虚拟现实技术在防灾减灾中的应用 [10]

为实现上述功能，虚拟现实技术往往与其他信息化技术结合应用，如 GIS、GPS 等 [3–9]：

1. 北京工业大学电子信息与控制工程学院的甄军涛等设计的“消防参谋系统”，给用户提供了一个非常直观的监控界面，使用户更加清楚所监控建筑物的内部结构和传感器的实际状况。一旦发生火情，消防人员可以通过远程计算机了解发生火灾的建筑物结构，帮助消防人员制定救火方案，为救火赢得宝贵的时间。而且借助于电脑的三维虚拟技术，消防人员可以进行虚拟训练，让消防人员对所辖区域范围内的建筑物结构有更深入的了解。借助 GPS 卫星定位系统，可以将亲临现场的消防人员的位置实时在三维虚拟环境中显示出来，不仅大大提高了消防人员的安全系数，而且可以使消防指挥人员了解救火的现场情况，方便指挥和调度。

2. 台湾屏东科技大学的蔡光荣等将虚拟现实技术与 GIS 系统结合，开发了泥石流预测分析系统，用于目标区域泥石流灾害的分析、预测。

3. 郑州大学水利与环境学院陈首彬等融合 GIS 技术、三维虚拟现实技术、数据库技术及网络技术，开发了郑州市防汛信息系统，实现洪涝灾害风险分析、灾情评估、防汛决策的智能化和现代化。

4. 北京化工大学江志英等对虚拟现实技术用于灾害仿真进行了深入研究，提出了一种灾难事故实时干预仿真系统平台的设计与实现方案。文中的仿真平台是以灾害事故机理模型与虚拟现实技术为基础，采用面向对象设计模式及多线程技术，同时引入了多线程计算及线程池的概念，并针对灾害事故的理论渲染模型进行简化设计，最终得以实现灾难事故的实时干预仿真。

六、展望

虚拟现实技术作为信息时代的重要元素已经得到了一定发展，成为“数字社会”的重要特征，提高了人类探索未知的能力，而虚拟现实技术与其他信息化技术结合，共同形成了“数字社会”的特有技术。技术的产生并不意味着研究的结束，更重要的是如何对其科学合理的应用。“智慧城市”发展离不开信息化防灾减灾，信息化防灾减灾仍需虚拟现实技术的充实：

1. 研究、梳理甚至开发适用于防灾减灾领域的虚拟现实技术。防灾减灾往往涉及大体量、大面积的区域，经常需要大尺度模型，需要选定合适的、高效率的建模引擎和建模软件。

2. 合理应用虚拟现实技术，提高防灾减灾水平。国家应合理配置资源，科学建设防灾减灾领域的虚拟现实技术体系，特别是在智慧城市建设中更不能盲目投资，浪费资源。

3. 逐步在防灾减灾领域建立统一的虚拟现实技术应用模式，并逐步涵盖主要城市和灾害频发区域。

4. 结合技术发展方向，适时更新技术装备。目前，建筑信息模型（BIM）技术正蓬勃发展，广义上，它属于虚拟现实技术范畴，但它又不同于传统意义上的虚拟现实技术，拥有更翔实的数据，对此应在特定领域内结合 BIM 技术更新换代。

总之，虚拟现实技术是信息化防灾减灾技术的重要组成部分，无论在现代社会还是在将来的智慧城市时代，它都将发挥自己独特的作用，而且只有与其他技术结合才能发挥更大的作用。合理发展、科学运用，相信虚拟现实技术会为智慧防灾添砖加瓦。

基金项目：国家科技支撑计划“城镇灾害防御与应急处置协同工作平台研究与应用示范”(2015BAK14B03)

参考文献

[1] 唐斌．虚拟现实技术在消防战训工作中的应用．中国新技术新产品，2010（16）：31.

[2] 庞松鹤．虚拟现实技术及其应用．电脑知识与技术，2009（2）.

[3] 曾颖，汪青节．虚拟现实技术在消防中的应用．消防科学与技术，2006，3，25 增刊：66 ~ 67.

[4] 刘艳，邢志祥等．虚拟现实技术在消防模拟训练中的应用研究进展．消防科学与技术，2009，3，28（3）：214 ~ 216.

[5] 甄军涛，尹金玉等．虚拟现实技术在消防系统中的应用．微计算机信息，2004（10）.

[6] 徐守祥，梁永生等．基于火灾模型的消防虚拟现实体系结构．系统仿真学报，2009，21，增刊 1：255 ~ 268.

[7] 蔡光荣．虚拟实境技术结合遥测卫星影像分析应用于草岭潭土石流危险溪流之判释．第四届海峡两岸山地灾害与环境保育学术论文集，2004.441 ~ 448.

[8] 陈首彬，郑亚圣等．郑州市防汛信息系统设计．科技信息，2013（24）：244 ~ 245.

[9] 江志英．灾难仿真系统平台设计与开发，毕业论文 .2011.

[10] 百度图库

6. 物联网及其在防灾减灾中的应用

王大鹏
中国建筑科学研究院，住房和城乡建筑部防灾研究中心，北京，100013

引言

数字城市以空间位置为关联点，整合地理信息系统、虚拟现实技术等各类数据资源，存储于计算机网络，形成虚拟城市空间。而随着物联网、云计算的出现、发展并与数字城市结合，数字城市开始走向智慧城市。在这个过程中，物联网无疑是智慧地球萌芽的决定性因素，它与互联网、高性能计算机、云计算一起共同形成了智慧城市的“神经系统”和“大脑”，李德仁院士更是将物联网看做智慧城市的两大要素之一：智慧城市 = 物联网 + 互联网 [1]。

一、物联网的概念

物联网（Intemet of Things）是通过射频识别（RFID）、红外感应器、全球定位系统、激光扫描器等信息传感设备，按约定的协议，把物品与互联网连接起来，进行信息交换和通信，实现智能化识别、定位、跟踪、监控和管理的网络。

物联网概念源于美国麻省理工学院（MIT）Auto–ID 实验室于 1999 年在建立自动识别中心（Auto–IDLabs）时提出的网络无线射频识别（RFID）系统：把所有物品通过信息传感设备与互联网连接起来，实现智能化的识别和管理。同年，在美国召开的移动计算和网络国际会议 Mobi—Coml999 提出：传感网是下一个世纪人类面临的又一个发展机遇 [2]。

2005 年，国际电信联盟（ITU）在突尼斯举行的信息社会世界峰会（WSIS）上发布了《ITU Intemet reports 2005—the Intemet of things》，正式确定了“物联网”的概念，报告指出：我们正站在一个新的通信时代的边缘，信息与通信技术（ICT）的目标已经从满足人与人之间的沟通，发展到实现人与物、物与物之间的连接，无所不在的物联网通信时代即将来临 [3]。

二、物联网的特征和应用

物联网是物与物、人与物之间进行信息交互，其基本特征可概括为全面感知、可靠传送和智能处理 [2，4]。

全面感知：利用射频识别、二维码、传感器等技术设备对物体进行信息采集和获取。

可靠传送：将物体信息接入网络，依靠通信技术进行物体信息的交互和共享。

智能处理：利用各种智能计算技术，对海量的物体数据和信息进行处理，协助分析，实现智能化的决策和控制。

物联网技术已经在现代社会得到了广泛应用：

1. 智能电网

利用传感器、嵌入式处理器、数字化通信和 IT 技术，构建具备智能判断与自适应调节能力的多种能源统一入网和分布式管理的智能化网络系统。该网络对电网、客户的用电信息进行实时监控和采集，采用经济安全的输配电方式将电能输送给终端用户，可实现对电能的最优配置与利用，提高电网运行的可靠性和能源利用效率。

2. 智能交通

智能交通利用通信、计算机、自动控制、传感器等对交通进行实时控制与指挥，可疏导交通道路拥堵，提高行车安全。目前我国已经有 20 多个省区市实现了公路联网监控、路网检测信息采集，有些高速公路实现了全程监控，并可对长途客运、危险货物运输车辆进行动态监管。

3. 物流管理

通过在物流商品中引入传感器节点可对采购、生产、包装、运输、销售等供应链上的每一个环节进行精确掌握，有效实现物流的信息化管理，整合业务流程，降低物流成本，提高效率。

4. 物品监管与远程控制

通过物联网技术，可将物品名称、品种、产地、批次及生产、加工、运输、存储、销售等环节的信息，都存于电子标签中，建立公共数据库，有效监管商品质量，识别假冒伪劣产品。此外，还可以通过物联网对物品进行远程控制，延伸人类的操作本能。

三、物联网的架构及关键技术

国际电信联盟在 2002 年建议物联网采用 USN 高层架构：架构自下而上分为底层传感器网络、泛在传感器网络接入网络、泛在传感器网络基础骨干网络、泛在传感器网络中间件及泛在传感器网络应用平台。此架构将下一代网络（NGN）作为骨架，搭载底层传感器网络，而底层传感器自觉形成区域网络环境，用户可在此环境中使用各种服务，作为泛在网络的重要组成部分[4]。

欧洲电信标准化协会机器对机器技术委员会（ETSI M2M TC），提出了更简单的 M2M 架构：架构由感知层、传输层和应用层组成[5]。

感知层：以 EPC、RFID、传感器等传感技术为基础，进行信息采集和物的识别。

传输层：通过现有互联网、通信网、广电网以及各种接入网和专用网，进行数据传输与计算。

应用层：由个人计算机、手机、输入输出控制终端等终端设备以及数据中心构成系统或专用网络，进行应用服（图 1.6–1）。

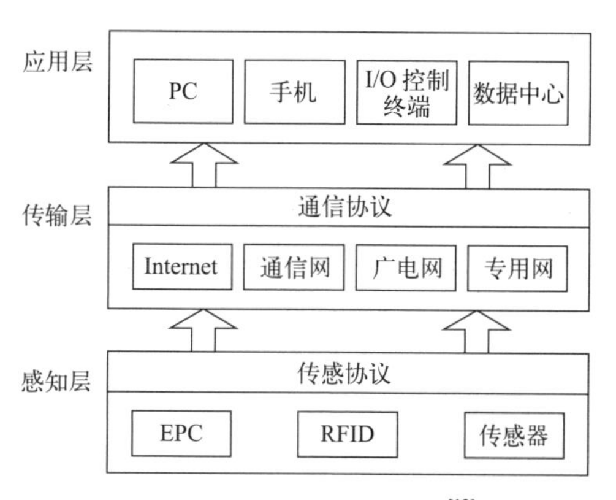

图 1.6–1　物联网的架构[12]

除了架构，物联网技术还涉及多个领域，不同的行业也有不同的功能需求和技术形态，但主体技术主要包括感知与标识、网络与通信、计算与服务及管理与支撑四大类。

1. 感知与标识技术

感知和标识技术是物联网的基础，负责前端采集数据，实现对物理世界的感知和识别，如传感器、RFID、二维码等。

（1）传感技术

传感技术利用传感器和多跳自组织传感器网络，对网络覆盖区域中的对象进行采集。它主要依托敏感材料、敏感机理、工艺设备和计测技术，根据物理对象的变化作出反应，实现感知（图 1.6–2）。

a. 拉绳位移传感器　b. 湿度传感器　c. 压力传感器　d. 加速度传感器

图 1.6–2　传感技术 [12]

（2）识别技术

对物理世界的识别是实现全面感知的桥梁，它将感知与物联网连接，组成标识体系。识别技术首先要融合、兼容现有各种传感器及数据类型，预留未来识别数据兼容性接口。识别技术分为物体识别、位置识别和地理识别，目前的应用如二维码和 RFID 标识（图 1.6–3）。

a. 二维码　b.RFID 标识　c. 阅读器　d. 电子标签与阅读器

图 1.6–3　识别技术 [12]

2. 网络与通信技术

网络是物联网信息传递和服务的基础，物联网可依托泛在的互联网，实现感知信息的可靠传送。以互联网协议版本 6（IPv6）为核心的下一代网络，是物联网进一步发展的良好基础。

物联网的上层框架可分为泛在接入网络和骨干传输网络。而传感器网络作为末梢网络在物联网体系中面临与骨干网络接入的问题，因此整个网络应兼容并协同工作，这需要研究固定、无线和移动网络及 Ad.hoc 网络技术、自治计算与联网技术（图 1.6–4）。

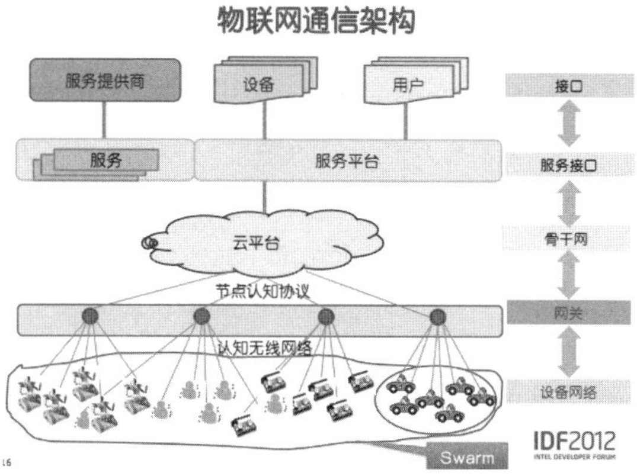

图 1.6–4　网络与通信技术 [12]

3. 数据处理与服务技术

（1）数据处理

海量感知数据的计算与处理技术是物联网应用大规模发展后面临的重大挑战。需要研究海量感知信息的数据融合、高效存储、语义集成、并行处理、知识发现和数据挖掘等关键技术，攻克物联网“云计算”中的虚拟化、网格计算、服务化和智能化技术。其核心是采用云计算技术实现信息存储资源和计算能力的分布式共享，为海量信息的高效利用提供支撑。

（2）服务计算

需求推动发展。随着市场对物联网服务不断提出新的要求，物联网服务在行业中不断发展。应提炼行业需求的共性技术，研究物联网技术在不同需求下的规范化、通用化服务体系及其支撑环境，以不断完善面向服务的计算技术。

4. 管理与支撑技术

管理与支撑技术是保证物联网实现可运行、可管理、可控制的关键，它主要包括测量分析、网络管理和安全保障等。随着物联网网络规模的扩大、承载业务的增多、需求的多元化和服务质量要求的提高，影响网络正常运行的因素不断增多，如何合理配置资源、提高效率是决定物联网能否快速发展的重要条件。

（1）测量分析

测量是解决网络可知性的基本方法。随着网络复杂性的提高与新型业务的不断涌现，需研究高效的物联网测量分析关键技术，建立面向服务感知的物联网测量机制与方法。

（2）网络管理

物联网具有“自治、开放、多样”的自然特性，这些自然特性与网络运行管理的基本需求存在着突出矛盾，需研究新型物联网管理模型与关键技术，保证网络系统正常、高效的运行。

（3）安全保障

安全是基于网络的各种系统运行的重要基础之一，物联网的开放性、包容性和匿名性也决定了不可避免地存在信息安全隐患。需不断完善物联网安全关键技术，满足机密性、真实性、完整性、抗抵赖性四大要求，同时还需解决好它们与物联网用户的隐私保护与信任管理问题。

四、物联网在防灾减灾中的应用

1. 危险源远程监测与管理

借助物联网技术，通过在危险品存放地点部署内置物联网模块的统一环境感知智能终端，组成环境感知网络，对大气、水、罐区气体浓度、装置压力等环境信息进行实时监测。监测信息通过统一通信协议和物联网管理平台送至指挥中心，中心服务器立刻对感知的环境数据进行分析和聚合处理，一旦发现异常情况即通过短信、语音实时报警。前端感知终端可以支持红外、气体、烟感等多路的无线或有线传输传感器，指挥中心可以实时了解重要部位的状况，从而实现对危险品存放点的安全管理。

对于危险品运输车辆，也可以通过 GPS 定位系统监测车辆轨迹，对于所运送的危险品也可以通过监测阀门、车柜门关闭情况了解安全状态，及时发现潜在的风险。

2. 防灾减灾设施的智能管理

借助于 RFID 技术，可对防灾减灾设施进行标记，建立基于物联网技术的应急设施智能管理系统，实现对防灾减灾设施的有效配置、统一管理、有效调用。以单体建筑和区域的智能管理为节点，逐渐形成大区域应急设施智能管理体系，提高防灾减灾和应急救援效率。

3. 应急指挥和救援

将物联网技术与 GIS 技术、GPS 技术结合，可对应急救援车辆、应急救援物品甚至被救援人员和救援人员等可移动目标进行实时监管，确定其数量、位置，预测应急救援时间，实现"一张图"应急指挥，实时掌握应急救援情况，提高效率（图 1.6–5）。

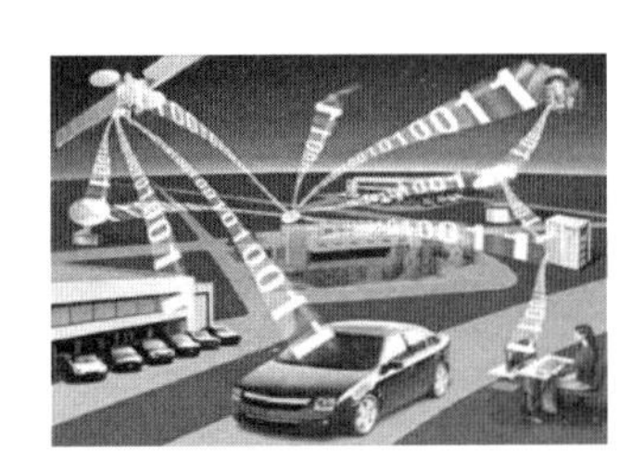

图 1.6–5　远程指挥和监测 [12]

基于上述基本功能，物联网技术与 GIS、GPS 及虚拟现实技术结合，可被广泛应用于防灾减灾。

（1）抗震救灾信息平台 [6]

研究了物联网技术在地震救灾中的应用。在体系结构设计中主要针对无线传感器网络节点、自组网技术、数据采集与灾情分析软件、多源信息融合等几个方面开展研究，构造出基于物联网技术的信息处理平台，在此基础上组建一个地震监测、预警及救灾部署控制中心，并实现信息处理平台与城市基础设施的互连接口。最终，在地震救灾中能够利用多源信息融合技术为控制中心实现决策和指挥提供科学、高效的服务。

（2）社会单位消防信息管理平台和文物古建筑火灾监控系统 [7]

山西省消防总队与清华大学合作，应用物联网技术建立社会单位消防信息管理平台和文物古建筑火灾监控系统，对大型超市、公共娱乐场所等人员密集场所和文物古建筑实行实时监控，全面掌握单位消防安全管理、电气线路和建筑消防设施运行、值班人员在岗在位情况。物联网技术的应用一方面可以督促社会单位实施防火巡查、维修消防设施、宣传消防知识、发现处置火警、提示逃生路线，另一方面可以为消防部门提供社会单位的消防安全管理状况，提高消防监督执法的针对性和效能。

4. 城市防灾减灾应急指挥系统[8]

在城市管理过程中，由于城市不同灾害的灾变过程复杂，很难用单一的灾害预警模型进行描述，因而城市防灾减灾应急指挥救援难度大。为解决上述问题，辽宁师范大学的王霄等提出了一种基于物联网技术的城市防灾减灾应急指挥方法。该方法根据物联网技术相关原理，对城市灾害发生情况进行监测，将监测结果进行分簇，将其作为城市灾害通信网络的基本单位。系统通过设置不同类别的城市灾害监测传感器节点，可获取灾害通信网络数据传输的最佳路径，实现城市灾害的精准定位，从而快速进行救援指挥。

5. 滑坡地质灾害预警系统[9]

地质灾害具有突发性、随机性，以及短时间内能造成巨大损失的特点，传统模型并不能实时准确地预测监测区域的危险系数。北京京航计算通讯研究所的张卫、徐均等根据降雨型滑坡形成机理，将无线传感网、物联网等技术应用到滑坡等地质灾害预测模型中，开发了滑坡地质灾害预警系统。该系统主要由前端无线感知网络、中间传输网络、数据处理中心等组成。其中前端感知网络负责实时感知监测区域的动态变化，为合理决策提供科学依据；中间传输网络部分主要包括 GPRS 无线传输和 IP 网络通信等，负责把前端无线感知网络采集的数据包传送至远端的数据处理中心；数据处理中心具有数据分析统计、数据建模、模糊判断、数据共享等功能，同时，该系统还可以通过网站信息、应急短信、电话、LED 显示屏发布相关预警信息，从而全面地感知监测区域的多维数据，实现动态预警的同时提高预警准确性。

6. 震后多生命体目标定位系统[10]

生命探测技术的研究都是基于某一类型传感器原理，而地震灾害发生后现场环境复杂多变，生命探测、救援往往需要结合多方面的信息来完成。多传感器生命探测技术既可弥补单一传感器生命探测技术的自身缺陷，又具有宽阔的时空覆盖区域、很高的测量维数、较强的故障容错与系统重构能力，良好的性能稳定性和目标空间分辨力等优势，为制定高效可行的救援方案提供决策依据，减少救援时间，减小灾害损失。华北电力大学高韬、姚振静等为获得整个震后现场环境内的生命体信息，将物联网引入生命探测技术中，开发了基于物联网的震后多生命体目标定位系统。该系统采用物联网技术，将大量超声传感器节点分布于现场环境中，对各个区域内的生命体进行定位，其发射端采用混沌编码和二值频移键控构造超声传感器的扩频发射信号，采用遗传算法优化混沌初值以提高回声信号相关效果。实验表明，物联网超声传感器节点采用优化二值频移键控作为发射信号可实现多个生命体同时定位，定位绝对误差在 4.0cm 以内。该系统为获得整个震后现场环境内的生命体信息提供了新的研究思路。

五、展望

物联网被称为继计算机、互联网之后，世界信息技术发展的第三次浪潮，正引领着数字城市走向智慧城市，也引领着数字地球迈向智慧地球，也必然引领防灾减灾走向智慧化。

物联网在防灾减灾中的应用应遵循顺序渐进、科学规划、合理发展的原则。在应用领域上，目前的物联网技术已基本延伸到防灾减灾的各个方面，但都是基于底层研究人员或个别部门、个别区域的自发应用，缺乏行业性规划和指导性规范，虽然在短时间内呈现了百花齐放的局面，但不利于其健康成长和长远发展，建议国家层面或行业层面细化相关规划，细化规范，以保证其科学发展。

我国是物联网成长速度最快且覆盖领域最为广泛的国家，2012 年我国提出《物联网“十二五”发展规划》，至 2014 年，我国物联网产业市场规模已突破 6000 亿元[11]。相信伴随着物联网在我国的发展，它在防灾减灾领域的应用也将得到长足的进步。

基金项目：国家科技支撑计划“城镇灾害防御与应急处置协同工作平台研究与应用示范”（2015BAK14B03）

参考文献

[1] 李德仁，邵振峰等．从数字城市到智慧城市的理论与实践．地理空间信息，2011（6）：1 ~ 5.

[2] 孙其博，刘杰等．物联网：概念、架构与关键技术研究综述．北京邮电大学学报，2010，33（3）：1 ~ 9.

[3] International Telecommunication Union.Internet Reports 2005：The Internet ofthings[R]．Geneva：ITU，2005.

[4] 刘强，崔莉等．物联网关键技术与应用．计算机科学 .2010，37（6）：66 ~ 67.

[5] 李航，陈后金．物联网的关键技术及其应用前景．中国科技论坛，2011（1）：81 ~ 85.

[6] 王蔚，南江林等．物联网技术应用与社会消防安全管理．消防管理研究，2012 年 8 月，VOL31，NO.8：864 ~ 867.

[7] 田长云．消防物联网技术在古建筑消防的创新应用．甘肃科技，2013（18）：66–69.

[8] 王霄，宗艳霞等．基于物联网技术的城市防灾减灾应急指挥仿真．计算机仿真，2015（3）：441 ~ 448.

[9] 张卫，徐均等．基于物联网的滑坡地质灾害预警系统的设计．单片机与嵌入式系统应用，2013，13（2）：66 ~ 69.

[10] 高韬，姚振静等．采用物联网技术的震后多生命体目标定位研究．应用基础与工程科学学报，2013（5）：991 ~ 1003.

[11] 李成渊，蒋勋．物联网关键技术在国内外发展现状的词频分析研究——基于 Engineering Index（2006 ~ 2014）．西南民族大学学报（人文社科版），2015（6）：232 ~ 235.

[12] 百度图库

第二篇　政策篇

多年来，我国政府坚持把防灾减灾纳入国家和地方的可持续发展战略。2007年8月，中国政府颁布《国家综合减灾“十一五”规划》，明确要求地方政府将防灾减灾纳入当地经济社会发展规划；2012年1月，中国政府继续颁布《国家综合防灾减灾十二五规划》，明确指出防灾减灾工作需要立足国民经济和社会发展全局，统筹规划综合防灾减灾事业发展，加速推进各项能力建设，不断完善综合防灾减灾体系，切实保障人民群众生命和财产安全。

本篇选录了国家颁布的有关建设工程方面的管理条例1部；收录国土资源部、民政部相关管理办法3部、规定1部，指导意见1部；收录北京市建设工程质量条例1部，贵阳市工程抗震管理办法1部。这些政策法规的颁布实施，为防灾减灾事业的发展发挥政策支持、决策参谋和法制保障的作用。加强防灾减灾法律体系建设，推进依法行政，大力开展防灾减灾事业发展政策研究意义十分重大，对推动我国防灾减灾科学发展、改革创新，实现最大限度减轻灾害损失具有重要的作用。

1. 建设工程勘察设计管理条例

中华人民共和国国务院令

第 662 号

现公布《国务院关于修改〈建设工程勘察设计管理条例〉的决定》，自公布之日起施行。

总理　李克强

2015 年 6 月 12 日

国务院关于修改《建设工程勘察设计管理条例》的决定

国务院决定对《建设工程勘察设计管理条例》作如下修改：

增加一条，作为第四十条："违反本条例规定，勘察、设计单位未依据项目批准文件，城乡规划及专业规划，国家规定的建设工程勘察、设计深度要求编制建设工程勘察、设计文件的，责令限期改正；逾期不改正的，处 10 万元以上、30 万元以下的罚款；造成工程质量事故或者环境污染和生态破坏的，责令停业整顿，降低资质等级；情节严重的，吊销资质证书；造成损失的，依法承担赔偿责任。"

此外，将第二十五条第一款中的"城市规划"修改为"城乡规划"，并对条文顺序作相应调整。

本决定自公布之日起施行。

《建设工程勘察设计管理条例》根据本决定作相应修改，重新公布。

建设工程勘察设计管理条例

（2000 年 9 月 25 日中华人民共和国国务院令第 293 号公布　根据 2015 年 6 月 12 日《国务院关于修改〈建设工程勘察设计管理条例〉的决定》修订）

第一章　总　则

第一条　为了加强对建设工程勘察、设计活动的管理，保证建设工程勘察、设计质量，保护人民生命和财产安全，制定本条例。

第二条　从事建设工程勘察、设计活动，必须遵守本条例。

本条例所称建设工程勘察，是指根据建设工程的要求，查明、分析、评价建设场地的地质地理环境特征和岩土工程条件，编制建设工程勘察文件的活动。

本条例所称建设工程设计，是指根据建设工程的要求，对建设工程所需的技术、经济、资源、环境等条件进行综合分析、论证，编制建设工程设计文件的活动。

第三条 建设工程勘察、设计应当与社会、经济发展水平相适应，做到经济效益、社会效益和环境效益相统一。

第四条 从事建设工程勘察、设计活动，应当坚持先勘察、后设计、再施工的原则。

第五条 县级以上人民政府建设行政主管部门和交通、水利等有关部门应当依照本条例的规定，加强对建设工程勘察、设计活动的监督管理。

建设工程勘察、设计单位必须依法进行建设工程勘察、设计，严格执行工程建设强制性标准，并对建设工程勘察、设计的质量负责。

第六条 国家鼓励在建设工程勘察、设计活动中采用先进技术、先进工艺、先进设备、新型材料和现代管理方法。

第二章　资质资格管理

第七条 国家对从事建设工程勘察、设计活动的单位，实行资质管理制度。具体办法由国务院建设行政主管部门商国务院有关部门制定。

第八条 建设工程勘察、设计单位应当在其资质等级许可的范围内承揽建设工程勘察、设计业务。

禁止建设工程勘察、设计单位超越其资质等级许可的范围或者以其他建设工程勘察、设计单位的名义承揽建设工程勘察、设计业务。禁止建设工程勘察、设计单位允许其他单位或者个人以本单位的名义承揽建设工程勘察、设计业务。

第九条 国家对从事建设工程勘察、设计活动的专业技术人员，实行执业资格注册管理制度。

未经注册的建设工程勘察、设计人员，不得以注册执业人员的名义从事建设工程勘察、设计活动。

第十条 建设工程勘察、设计注册执业人员和其他专业技术人员只能受聘于一个建设工程勘察、设计单位；未受聘于建设工程勘察、设计单位的，不得从事建设工程的勘察、设计活动。

第十一条 建设工程勘察、设计单位资质证书和执业人员注册证书，由国务院建设行政主管部门统一制作。

第三章　建设工程勘察设计发包与承包

第十二条 建设工程勘察、设计发包依法实行招标发包或者直接发包。

第十三条 建设工程勘察、设计应当依照《中华人民共和国招标投标法》的规定，实行招标发包。

第十四条 建设工程勘察、设计方案评标，应当以投标人的业绩、信誉和勘察、设计人员的能力以及勘察、设计方案的优劣为依据，进行综合评定。

第十五条 建设工程勘察、设计的招标人应当在评标委员会推荐的候选方案中确定中标方案。但是，建设工程勘察、设计的招标人认为评标委员会推荐的候选方案不能最大限度满足招标文件规定的要求的，应当依法重新招标。

第十六条　下列建设工程的勘察、设计，经有关主管部门批准，可以直接发包：

（一）采用特定的专利或者专有技术的；

（二）建筑艺术造型有特殊要求的；

（三）国务院规定的其他建设工程的勘察、设计。

第十七条　发包方不得将建设工程勘察、设计业务发包给不具有相应勘察、设计资质等级的建设工程勘察、设计单位。

第十八条　发包方可以将整个建设工程的勘察、设计发包给一个勘察、设计单位，也可以将建设工程的勘察、设计分别发包给几个勘察、设计单位。

第十九条　除建设工程主体部分的勘察、设计外，经发包方书面同意，承包方可以将建设工程其他部分的勘察、设计再分包给其他具有相应资质等级的建设工程勘察、设计单位。

第二十条　建设工程勘察、设计单位不得将所承揽的建设工程勘察、设计转包。

第二十一条　承包方必须在建设工程勘察、设计资质证书规定的资质等级和业务范围内承揽建设工程的勘察、设计业务。

第二十二条　建设工程勘察、设计的发包方与承包方，应当执行国家规定的建设工程勘察、设计程序。

第二十三条　建设工程勘察、设计的发包方与承包方应当签订建设工程勘察、设计合同。

第二十四条　建设工程勘察、设计发包方与承包方应当执行国家有关建设工程勘察费、设计费的管理规定。

第四章　建设工程勘察设计文件的编制与实施

第二十五条　编制建设工程勘察、设计文件，应当以下列规定为依据：

（一）项目批准文件；

（二）城乡规划；

（三）工程建设强制性标准；

（四）国家规定的建设工程勘察、设计深度要求。

铁路、交通、水利等专业建设工程，还应当以专业规划的要求为依据。

第二十六条　编制建设工程勘察文件，应当真实、准确，满足建设工程规划、选址、设计、岩土治理和施工的需要。

编制方案设计文件，应当满足编制初步设计文件和控制概算的需要。

编制初步设计文件，应当满足编制施工招标文件、主要设备材料订货和编制施工图设计文件的需要。

编制施工图设计文件，应当满足设备材料采购、非标准设备制作和施工的需要，并注明建设工程合理使用年限。

第二十七条　设计文件中选用的材料、构配件、设备，应当注明其规格、型号、性能等技术指标，其质量要求必须符合国家规定的标准。

除有特殊要求的建筑材料、专用设备和工艺生产线等外，设计单位不得指定生产厂、供应商。

第二十八条 建设单位、施工单位、监理单位不得修改建设工程勘察、设计文件；确需修改建设工程勘察、设计文件的，应当由原建设工程勘察、设计单位修改。经原建设工程勘察、设计单位书面同意，建设单位也可以委托其他具有相应资质的建设工程勘察、设计单位修改。修改单位对修改的勘察、设计文件承担相应责任。

施工单位、监理单位发现建设工程勘察、设计文件不符合工程建设强制性标准、合同约定的质量要求的，应当报告建设单位，建设单位有权要求建设工程勘察、设计单位对建设工程勘察、设计文件进行补充、修改。

建设工程勘察、设计文件内容需要作重大修改的，建设单位应当报经原审批机关批准后，方可修改。

第二十九条 建设工程勘察、设计文件中规定采用的新技术、新材料，可能影响建设工程质量和安全，又没有国家技术标准的，应当由国家认可的检测机构进行试验、论证，出具检测报告，并经国务院有关部门或者省、自治区、直辖市人民政府有关部门组织的建设工程技术专家委员会审定后，方可使用。

第三十条 建设工程勘察、设计单位应当在建设工程施工前，向施工单位和监理单位说明建设工程勘察、设计意图，解释建设工程勘察、设计文件。

建设工程勘察、设计单位应当及时解决施工中出现的勘察、设计问题。

第五章 监督管理

第三十一条 国务院建设行政主管部门对全国的建设工程勘察、设计活动实施统一监督管理。国务院铁路、交通、水利等有关部门按照国务院规定的职责分工，负责对全国的有关专业建设工程勘察、设计活动的监督管理。

县级以上地方人民政府建设行政主管部门对本行政区域内的建设工程勘察、设计活动实施监督管理。县级以上地方人民政府交通、水利等有关部门在各自的职责范围内，负责对本行政区域内的有关专业建设工程勘察、设计活动的监督管理。

第三十二条 建设工程勘察、设计单位在建设工程勘察、设计资质证书规定的业务范围内跨部门、跨地区承揽勘察、设计业务的，有关地方人民政府及其所属部门不得设置障碍，不得违反国家规定收取任何费用。

第三十三条 县级以上人民政府建设行政主管部门或者交通、水利等有关部门应当对施工图设计文件中涉及公共利益、公众安全、工程建设强制性标准的内容进行审查。

施工图设计文件未经审查批准的，不得使用。

第三十四条 任何单位和个人对建设工程勘察、设计活动中的违法行为都有权检举、控告、投诉。

第六章 罚则

第三十五条 违反本条例第八条规定的，责令停止违法行为，处合同约定的勘察费、设计费1倍以上、2倍以下的罚款，有违法所得的，予以没收；可以责令停业整顿，降低资质等级；情节严重的，吊销资质证书。

未取得资质证书承揽工程的，予以取缔，依照前款规定处以罚款；有违法所得的，予以没收。

以欺骗手段取得资质证书承揽工程的，吊销资质证书，依照本条第一款规定处以罚款；有违法所得的，予以没收。

第三十六条 违反本条例规定，未经注册，擅自以注册建设工程勘察、设计人员的名义从事建设工程勘察、设计活动的，责令停止违法行为，没收违法所得，处违法所得2倍以上、5倍以下罚款；给他人造成损失的，依法承担赔偿责任。

第三十七条 违反本条例规定，建设工程勘察、设计注册执业人员和其他专业技术人员未受聘于一个建设工程勘察、设计单位或者同时受聘于两个以上建设工程勘察、设计单位，从事建设工程勘察、设计活动的，责令停止违法行为，没收违法所得，处违法所得2倍以上、5倍以下的罚款；情节严重的，可以责令停止执行业务或者吊销资格证书；给他人造成损失的，依法承担赔偿责任。

第三十八条 违反本条例规定，发包方将建设工程勘察、设计业务发包给不具有相应资质等级的建设工程勘察、设计单位的，责令改正，处50万元以上、100万元以下的罚款。

第三十九条 违反本条例规定，建设工程勘察、设计单位将所承揽的建设工程勘察、设计转包的，责令改正，没收违法所得，处合同约定的勘察费、设计费25%以上、50%以下的罚款，可以责令停业整顿，降低资质等级；情节严重的，吊销资质证书。

第四十条 违反本条例规定，勘察、设计单位未依据项目批准文件，城乡规划及专业规划，国家规定的建设工程勘察、设计深度要求编制建设工程勘察、设计文件的，责令限期改正；逾期不改正的，处10万元以上、30万元以下的罚款；造成工程质量事故或者环境污染和生态破坏的，责令停业整顿，降低资质等级；情节严重的，吊销资质证书；造成损失的，依法承担赔偿责任。

第四十一条 违反本条例规定，有下列行为之一的，依照《建设工程质量管理条例》第六十三条的规定给予处罚：

（一）勘察单位未按照工程建设强制性标准进行勘察的；

（二）设计单位未根据勘察成果文件进行工程设计的；

（三）设计单位指定建筑材料、建筑构配件的生产厂、供应商的；

（四）设计单位未按照工程建设强制性标准进行设计的。

第四十二条 本条例规定的责令停业整顿、降低资质等级和吊销资质证书、资格证书的行政处罚，由颁发资质证书、资格证书的机关决定；其他行政处罚，由建设行政主管部门或者其他有关部门依据法定职权范围决定。

依照本条例规定被吊销资质证书的，由工商行政管理部门吊销其营业执照。

第四十三条 国家机关工作人员在建设工程勘察、设计活动的监督管理工作中玩忽职守、滥用职权、徇私舞弊，构成犯罪的，依法追究刑事责任；尚不构成犯罪的，依法给予行政处分。

第七章 附则

第四十四条 抢险救灾及其他临时性建筑和农民自建两层以下住宅的勘察、设计活动，不适用本条例。

第四十五条 军事建设工程勘察、设计的管理，按照中央军事委员会的有关规定执行。

第四十六条 本条例自公布之日起施行。

2. 地质灾害危险性评估单位资质管理办法

中华人民共和国国土资源部令

第 62 号

《国土资源部关于修改〈地质灾害危险性评估单位资质管理办法〉等 5 部规章的决定》已经 2015 年 5 月 6 日国土资源部第 2 次部务会议审议通过，现予以发布，自公布之日起施行。

部　长　姜大明

2015 年 5 月 11 日

国土资源部关于修改《地质灾害危险性评估单位资质管理办法》等 5 部规章的决定

（2015 年 5 月 6 日国土资源部第 2 次部务会议通过）

为深入贯彻落实依法治国基本方略，维护法制统一，全面推进依法行政，国土资源部对 2013 年以来行政审批制度改革和注册资本登记制度改革等重点改革涉及的规章进行了清理。经清理，国土资源部决定：对《地质灾害危险性评估单位资质管理办法》等 5 部规章的部分条款予以修改。

一、删去《地质灾害危险性评估单位资质管理办法》（国土资源部令第 29 号）第七条第一项、第八条第一项、第九条第一项。

二、删去《地质灾害治理工程勘查设计施工单位资质管理办法》（国土资源部令第 30 号）第六条第一项中的“1. 注册资金或者开办资金人民币五百万元以上”，第二项中的“1. 注册资金或者开办资金人民币三百万元以上”，第三项中的“1. 注册资金或者开办资金人民币一百万元以上”。

删去第七条第一项中的“1. 注册资金或者开办资金人民币二百万元以上”，第二项中的“1. 注册资金或者开办资金人民币一百万元以上”，第三项中的“1. 注册资金或者开办资金人民币五十万元以上”。

删去第八条第一项中的“1. 注册资金人民币一千二百万元以上”，第二项中的“1. 注册资金人民币六百万元以上”，第三项中的“1. 注册资金人民币三百万元以上”。

三、删去《地质灾害治理工程监理单位资质管理办法》（国土资源部令第 31 号）第五条第一项中的“1. 注册资金或者开办资金人民币二百万元以上”，第二项中的“1. 注册资金或者开办资金人民币一百万元以上”，第三项中的“1. 注册资金或者开办资金人民币五十万元以上”。

四、将《矿山地质环境保护规定》（国土资源部令第 44 号）第九条第二款修改为“省、自治区、直辖市国土资源行政主管部门依据全国矿山地质环境保护规划，结合本行政区域的矿山地质环境调查评价结果，编制省、自治区、直辖市的矿山地质环境保护规划，报省、自治区、直辖市人民政府批准实施。”

五、将《古生物化石保护条例实施办法》（国土资源部令第 57 号）第八条第三款修改为“重点保护古生物化石集中产地名录由国家古生物化石专家委员会拟定，由国土资源部公布。”

本决定自公布之日起施行。

《地质灾害危险性评估单位资质管理办法》、《地质灾害治理工程勘查设计施工单位资质管理办法》、《地质灾害治理工程监理单位资质管理办法》、《矿山地质环境保护规定》、《古生物化石保护条例实施办法》根据本决定作相应修改，重新公布。

地质灾害危险性评估单位资质管理办法

（2005 年 5 月 20 日国土资源部令第 29 号公布　根据 2015 年 5 月 6 日国土资源部第 2 次部务会议通过的《国土资源部关于修改〈地质灾害危险性评估单位资质管理办法〉等 5 部规章的决定》修正）

第一章　总则

第一条　为加强地质灾害危险性评估单位资质管理，规范地质灾害危险性评估市场秩序，保证地质灾害危险性评估质量，根据《地质灾害防治条例》，制定本办法。

第二条　在中华人民共和国境内申请地质灾害危险性评估单位资质，实施对地质灾害危险性评估单位资质管理，适用本办法。

第三条　本办法所称地质灾害危险性评估，是指在地质灾害易发区内进行工程建设和编制城市总体规划、村庄和集镇规划时，对建设工程和规划区遭受山体崩塌、滑坡、泥石流、地面塌陷、地裂缝、地面沉降等地质灾害的可能性和工程建设中、建设后引发地质灾害的可能性做出评估，提出具体预防治理措施的活动。

第四条　地质灾害危险性评估单位资质，分为甲、乙、丙三个等级。

第五条　国土资源部负责甲级地质灾害危险性评估单位资质的审批和管理。

省、自治区、直辖市国土资源管理部门负责乙级和丙级地质灾害危险性评估单位资质的审批和管理。

第六条　从事地质灾害危险性评估的单位，按照本办法的规定取得相应的资质证书后，方可在资质证书许可范围内承担地质灾害危险性评估业务。

县级以上国土资源管理部门负责对本行政区域内从事地质灾害危险性评估活动的单位进行监督检查。

第二章　资质等级和业务范围

第七条　甲级地质灾害危险性评估单位资质，应当具备下列条件：

（一）具有工程地质、水文地质、环境地质、岩土工程等相关专业的技术人员不少于50名，其中从事地质灾害调查或者地质灾害防治技术工作5年以上且具有高级技术职称的不少于15名、中级技术职称的不少于30名；

（二）近2年内独立承担过不少于15项二级以上地质灾害危险性评估项目，有优良的工作业绩；

（三）具有配套的地质灾害野外调查、测量定位、监测、测试、物探、计算机成图等技术装备。

第八条 乙级地质灾害危险性评估单位资质，应当具备下列条件：

（一）具有工程地质、水文地质、环境地质和岩土工程等相关专业的技术人员不少于30名，其中从事地质灾害调查或者地质灾害防治技术工作5年以上且具有高级技术职称的不少于8人、中级技术职称的不少于15人；

（二）近2年内独立承担过10项以上地质灾害危险性评估项目，有良好的工作业绩；

（三）具有配套的地质灾害野外调查、测量定位、测试、物探、计算机成图等技术装备。

第九条 丙级地质灾害危险性评估单位资质，应当具备下列条件：

（一）具有工程地质、水文地质、环境地质和岩土工程等相关专业的技术人员不少于10名，其中从事地质灾害调查或者地质灾害防治技术工作5年以上且具有高级技术职称的不少于2名、中级技术职称的不少于5名；

（二）具有配套的地质灾害野外调查、测量定位、计算机成图等技术装备。

第十条 除本办法第七条、第八条和第九条规定的条件外，申请地质灾害危险性评估资质的单位，还应当具备以下条件：

（一）具有独立的法人资格；

（二）具有健全的质量管理监控体系；

（三）单位技术负责人应当具有工程地质、水文地质或者环境地质高级技术职称，技术人员中外聘人员不超过技术人员总数的10%。

第十一条 取得甲级地质灾害危险性评估资质的单位，可以承担一、二、三级地质灾害危险性评估项目；

取得乙级地质灾害危险性评估资质的单位，可以承担二、三级地质灾害危险性评估项目；

取得丙级地质灾害危险性评估资质的单位，可以承担三级地质灾害危险性评估项目。

第十二条 地质灾害危险性评估项目分为一级、二级和三级三个级别。

（一）从事下列活动之一的，其地质灾害危险性评估的项目级别属于一级：

1. 进行重要建设项目建设；

2. 在地质环境条件复杂地区进行较重要建设项目建设；

3. 编制城市总体规划、村庄和集镇规划。

（二）从事下列活动之一的，其地质灾害危险性评估的项目级别属于二级：

1. 在地质环境条件中等复杂地区进行较重要建设项目建设；

2. 在地质环境条件复杂地区进行一般建设项目建设。

除上述属于一、二级地质灾害危险性评估项目外，其他建设项目地质灾害危险性评估的项目级别属于三级。

建设项目重要性和地质环境条件复杂程度的分类，按照国家有关规定执行。

第三章　申请和审批

第十三条　地质灾害危险性评估单位资质的审批机关为国土资源部和省、自治区、直辖市国土资源管理部门。

地质灾害危险性评估单位资质申请的具体受理时间由审批机关确定并公告。

第十四条　申请地质灾害危险性评估资质的单位，应当在审批机关公告确定的受理时限内向审批机关提出申请，并提交以下材料：

（一）资质申报表。

（二）单位法人资格证明文件、设立单位的批准文件。

（三）在当地工商部门注册或者有关部门登记的证明文件。

（四）法定代表人和技术负责人简历以及任命、聘用文件。

（五）资质申报表中所列技术人员的专业技术职称证书、毕业证书、身份证。

（六）承担地质灾害危险性评估工作的主要业绩以及有关证明文件；高级职称技术人员从事地质灾害危险性评估的业绩以及有关证明文件。

（七）管理水平与质量监控体系说明及其证明文件。

（八）技术设备清单。

上述材料应当一式三份，并附电子文档一份。

资质申报表可以从国土资源部的门户网站上下载。

第十五条　申请地质灾害危险性评估资质的单位，应当如实提供有关材料，并对申请材料的真实性负责。

资质单位在申请时弄虚作假的，资质证书自始无效。

第十六条　申请甲级地质灾害危险性评估单位资质的，向国土资源部申请；申请乙级和丙级地质灾害危险性评估单位资质的，向单位所在地的省、自治区、直辖市国土资源管理部门申请。

第十七条　审批机关应当自受理资质申请之日起 20 日内完成资质审批工作。逾期不能完成的，经审批机关负责人批准，可以延长 10 日。

省、自治区、直辖市国土资源管理部门对乙级和丙级地质灾害危险性评估单位资质的审批结果，应当在批准后 60 日内报国土资源部备案。

第十八条　审批机关在受理资质申请材料后，应当组织专家进行评审。专家评审所需时间不计算在审批时限内。

对经过评审后拟批准的资质单位，审批机关应当在媒体上进行公示，公示时间不得少于 7 日。

公示期满，对公示无异议的，审批机关应当予以批准，并颁发资质证书。对公示有异议的，审批机关应当对申请材料予以复核。

审批机关应当将审批结果在媒体上公告。

第十九条　地质灾害危险性评估单位资质证书分为正本和副本，正本和副本具有同等法律效力。

地质灾害危险性评估单位资质证书，由国土资源部统一监制。

第二十条　地质灾害危险性评估单位资质证书有效期为3年。

有效期届满，需要继续从事地质灾害危险性评估活动的，应当于资质证书有效期届满前3个月内，向原审批机关申请延续。

审批机关应当对申请延续的资质单位的评估活动进行审核。符合原资质等级条件的，由审批机关换发新的资质证书。有效期从换发之日起计算。经审核达不到原定资质等级的，不予办理延续手续。

符合上一级资质条件的资质单位，可以在获得资质证书2年后或者在申请延续的同时申请升级。

第二十一条　资质证书遗失的，在媒体上声明后，方可申请补领。

第二十二条　资质单位发生合并或者分立的，应当及时到原审批机关办理资质证书注销手续。需要继续从业的，应当重新申请。

资质单位名称、地址、法定代表人、技术负责人等事项发生变更的，应当在变更后30日内，到原审批机关办理资质证书变更手续。

资质单位破产、歇业或者因其他原因终止业务活动的，应当在办理营业执照注销手续后15日内，到原审批机关办理资质证书注销手续。

第四章　监督管理

第二十三条　国土资源管理部门对本行政区域内地质灾害危险性评估活动进行监督检查时，被检查单位应当配合，并如实提供相关材料。

县级以上国土资源管理部门在检查中发现资质单位的条件不符合其资质等级的，应当报原审批机关对其资质进行重新核定。

第二十四条　资质单位应当建立地质灾害危险性评估业务档案管理制度、技术成果和技术人员管理制度、跟踪检查和后续服务制度，按要求如实填写地质灾害危险性评估业务手册，如实记载其工作业绩和存在的主要问题。

第二十五条　资质单位应当建立严格的技术成果和资质图章管理制度。资质证书的等级编号，应当在地质灾害危险性评估的有关技术文件上注明。

第二十六条　资质单位承担的地质灾害危险性评估项目发生重大质量事故的，资质单位应当停止从业活动，由原审批机关对其资质等级进行重新核定。

第二十七条　资质单位应当在签订地质灾害危险性评估项目合同后10日内，到项目所在地的县级国土资源管理部门进行资质和项目备案。

评估项目跨行政区域的，资质单位应当向项目所跨行政区域共同的上一级国土资源管理部门备案。

第二十八条　资质单位的技术负责人和其他评估技术人员应当定期参加地质灾害危险性评估业务培训。

第五章　法律责任

第二十九条　资质单位违反本办法第二十二条的规定，不及时办理资质证书变更、注销手续的，由县级以上国土资源管理部门责令限期改正；逾期不改的，可以处 5000 元以下罚款。

第三十条 资质单位违反本办法第二十七条的规定，不按时进行资质和项目备案的，由县级以上国土资源管理部门责令限期改正；逾期不改的，可以处 1 万元以下的罚款。

第三十一条 县级以上国土资源管理部门及其工作人员，在地质灾害危险性评估单位资质审批和管理过程中徇私舞弊、玩忽职守、滥用职权的，对直接负责的主管人员和其他直接责任人员依法给予行政处分；构成犯罪的，依法追究刑事责任。

第六章 附则

第三十二条 本办法自 2005 年 7 月 1 日起施行。

3. 地质灾害治理工程勘查设计施工单位资质管理办法

(2005 年 5 月 20 日国土资源部令第 30 号公布　根据 2015 年 5 月 6 日国土资源部第 2 次部务会议通过的《国土资源部关于修改〈地质灾害危险性评估单位资质管理办法〉等 5 部规章的决定》修正)

第一章　总则

第一条　为加强地质灾害治理工程勘查、设计和施工单位资质管理，保证地质灾害治理工程质量，有效减轻地质灾害造成的危害，保障人民生命和财产安全，根据《地质灾害防治条例》，制定本办法。

第二条　在中华人民共和国境内申请地质灾害治理工程勘查、设计和施工单位资质，实施对地质灾害治理工程勘查、设计和施工单位资质管理，适用本办法。

本办法所称地质灾害治理工程，是指对山体崩塌、滑坡、泥石流、地面塌陷、地裂缝、地面沉降等地质灾害或者地质灾害隐患，采取专项地质工程措施，控制或者减轻地质灾害的工程活动。

第三条　地质灾害治理工程勘查、设计和施工单位资质，均分为甲、乙、丙三个等级。

第四条　国土资源部负责甲级地质灾害治理工程勘查、设计和施工单位资质的审批和管理。

省、自治区、直辖市国土资源管理部门负责乙级和丙级地质灾害治理工程勘查、设计和施工单位资质的审批和管理。

第五条　从事地质灾害治理工程勘查、设计和施工活动的单位，应当按照本办法的规定取得相应的资质证书，在资质证书许可的范围内承担地质灾害治理工程项目。

县级以上国土资源管理部门负责对本行政区域内从事地质灾害治理工程勘查、设计和施工的单位进行监督检查。

第二章　资质等级与业务范围

第六条　地质灾害治理工程勘查单位的各等级资质条件如下：

(一) 甲级资质

1. 技术人员总数不少于 50 名，其中水文地质、工程地质、环境地质专业技术人员不少于 30 名且具备高级职称的人员不少于 10 名；

2. 近 3 年内独立承担过 5 项以上中型地质灾害勘查项目，有优良的工作业绩；

3. 具有与承担大型地质灾害勘查项目相适应的钻探、物探、测量、测试、计算机等设备。

（二）乙级资质

1. 技术人员总数不少于 30 名，其中水文地质、工程地质、环境地质专业技术人员不少于 15 名且具备高级职称的人员不少于 5 名；

2. 近 3 年内独立承担过 5 项以上小型地质灾害勘查项目，有良好的工作业绩；

3. 具有与承担中型地质灾害勘查项目相适应的钻探、物探、测量、测试、计算机等设备。

（三）丙级资质

1. 单位技术人员总数不少于 20 名，其中水文地质、工程地质、环境地质专业技术人员不少于 10 名且具备高级职称的人员不少于 3 名；

2. 具有与承担小型地质灾害勘查项目相适应的钻探、物探、测量、测试、计算机等设备。

第七条 地质灾害治理工程设计单位的各等级资质条件如下：

（一）甲级资质

1. 技术人员总数不少于 30 名，其中岩土工程设计、结构设计、工程地质专业技术人员不少于 15 名且具有高级职称的人员不少于 8 名；

2. 近 3 年内承担过 5 项以上中型地质灾害治理工程设计任务，有优良的工作业绩；

3. 具有与承担大型地质灾害防治工程设计相适应的设计、测试、制图与文档整理设备。

（二）乙级资质

1. 技术人员总数不少于 20 名，其中岩土工程设计、结构设计、工程地质专业技术人员不少于 10 名且具有高级职称的人员不少于 5 名；

2. 近 3 年内承担过 5 项以上小型地质灾害治理工程设计任务，有良好的工作业绩；

3. 具有与承担中型地质灾害防治工程设计相适应的设计、测试、制图与文档整理设备。

（三）丙级资质

1. 技术人员总数不少于 10 名，其中岩土工程设计、结构设计、工程地质专业技术人员不少于 5 名且具有高级职称的人员不少于 3 名；

2. 具有与承担小型地质灾害防治工程设计相适应的设计、测试、制图与文档整理设备。

第八条 地质灾害治理工程施工单位的各等级资质条件如下：

（一）甲级资质

1. 岩土工程、工程地质、工程测量、工程预算专业技术人员和项目经理、施工员、安全员、质检员等管理人员总数不少于 50 名；

2. 近 3 年内独立承担过 5 项以上中型地质灾害治理工程施工项目，有优良的工作业绩；

3. 具有与承担大型地质灾害防治工程施工相适应的施工机械、测量、测试与质量检测设备。

（二）乙级资质

1. 岩土工程、工程地质、工程测量、工程预算专业技术人员和项目经理、施工员、安全员、质检员等管理人员总数不少于 30 名；

2. 近 3 年内独立承担过 5 项以上小型地质灾害治理工程施工项目，有良好的工作业绩；

3. 具有与承担中型地质灾害防治工程施工相适应的施工机械、测量、测试与质量检测设备。

（三）丙级资质

1. 岩土工程、工程地质、工程测量、工程预算专业技术人员和项目经理、施工员、安全员、质检员等管理人员总数不少于 20 名；

2. 具有与承担小型地质灾害防治工程施工相适应的施工机械、测量、测试与质量检测设备。

第九条　除本办法第六条、第七条、第八条规定的资质条件外，申请地质灾害治理工程勘查、设计和施工资质的单位，还应当同时具备以下条件：

（一）有独立的法人资格，其中申请施工资质的单位必须具备企业法人资格；

（二）有健全的安全和质量管理监控体系，近 5 年内未发生过重大安全、质量事故；

（三）技术人员中外聘人员不超过 10%。

第十条　甲级地质灾害治理工程勘查、设计和施工资质单位，可以相应承揽大、中、小型地质灾害治理工程的勘查、设计和施工业务。

乙级地质灾害治理工程勘查、设计和施工资质单位，可以相应承揽中、小型地质灾害治理工程的勘查、设计和施工业务。

丙级地质灾害治理工程勘查、设计和施工资质单位，可以相应承揽小型地质灾害治理工程的勘查、设计和施工业务。

第十一条　地质灾害治理工程分为大、中、小三个类型。

（一）符合下列条件之一的，为大型地质灾害治理工程：

1. 治理工程总投资在人民币 2000 万元以上，或者单独立项的地质灾害勘查项目，项目经费在人民币 50 万元以上；

2. 治理工程所保护的人员在 500 人以上；

3. 治理工程所保护的财产在人民币 5000 万元以上。

（二）符合下列条件之一的，为中型地质灾害治理工程：

1. 治理工程总投资在人民币 500 万元以上、2000 万元以下，或者单独立项的地质灾害勘查项目，项目经费在人民币 30 万元以上、50 万元以下；

2. 治理工程所保护的人员在 100 人以上、500 人以下；

3. 治理工程所保护的财产在人民币 500 万元以上、5000 万元以下。

上述两种情况之外的，属于小型地质灾害治理工程。

第三章　申请和审批

第十二条　地质灾害治理工程勘查、设计和施工单位资质的审批机关为国土资源部和省、自治区、直辖市国土资源管理部门。

地质灾害治理工程勘查、设计和施工单位资质申请的具体受理时间，由审批机关确定并公告。

第十三条　申请地质灾害治理工程勘查、设计和施工资质的单位，应当在审批机关公告确定的受理时限内向审批机关提出申请，并提交以下材料：

（一）资质申请表；

（二）单位法人资格证明文件和设立单位的批准文件；

（三）在当地工商部门注册或者有关部门登记的证明材料；

（四）法定代表人和主要技术负责人任命或者聘任文件；

（五）当年在职人员的统计表、中级职称以上的工程技术和经济管理人员名单、身份证明、职称证明；

（六）承担过的主要地质灾害治理工程项目有关证明材料，包括任务书、委托书或者合同，工程管理部门验收意见；

（七）单位主要机械设备清单；

（八）质量管理体系和安全管理的有关材料；

（九）近5年内无安全、质量事故证明。

上述材料应当一式三份，并附电子文档一份。

资质申请表可以从国土资源部的门户网站上下载。

第十四条 申请地质灾害治理工程勘查、设计和施工资质的单位，应当如实提供有关材料，并对申请材料的真实性负责。

资质单位在申请资质时弄虚作假的，资质证书自始无效。

第十五条 申请甲级地质灾害治理工程勘查、设计和施工单位资质的，向国土资源部申请。

申请乙级和丙级地质灾害治理工程勘查、设计和施工单位资质的，向单位所在地的省、自治区、直辖市国土资源管理部门申请。

第十六条 审批机关应当在受理申请之日起20日内完成审批工作。逾期不能完成的，经审批机关负责人批准，可以再延长10日。

第十七条 审批机关受理资质申请材料后，应当组织专家进行评审。专家评审所需时间不计算在审批时限内。

对经过评审后拟批准的资质单位，审批机关应当在媒体上进行公示。公示时间不得少于7日。

公示期满，对公示无异议的，审批机关应当予以批准，并颁发资质证书；对公示有异议的，审批机关应当对其申请材料予以复核。

审批机关应当将审批结果在媒体上予以公告。

省、自治区、直辖市国土资源管理部门审批的乙级和丙级资质，应当在批准后的60日内报国土资源部备案。

第十八条 地质灾害治理工程勘查、设计和施工单位资质证书分为正本和副本，正本和副本具有同等的法律效力。

地质灾害治理工程勘查、设计和施工单位资质证书，由国土资源部统一监制。

第十九条 地质灾害治理工程勘查、设计和施工单位资质证书有效期为3年。

有效期届满需要继续从业的，应当在资质证书有效期届满前3个月内，向原审批机关提出延续申请。

审批机关应当对申请延续的资质单位的从业活动进行审核。符合原资质条件的，换发新的资质证书，有效期从换发之日起计算。经审核，发现达不到原资质条件的，不予办理延续手续。

符合上一级资质条件的单位，可以在取得资质证书两年后或者在申请延续的同时，申请升级。经审核，符合本办法规定的上一级资质条件的，审批机关应当换发相应等级的资质证书。

第二十条　资质证书遗失的，在媒体上声明后，方可向原审批机关申请补领。

第二十一条　资质单位发生合并或者分立的，应当及时到原审批机关办理资质证书注销手续。需要继续从业的，应当重新申请。

资质单位名称、地址、法定代表人、技术负责人等事项发生变更的，应当在变更后30日内，到原审批机关办理资质证书变更手续。

资质单位破产、歇业或者因其他原因终止业务活动的，应当在办理营业执照注销手续后15日内，到原审批机关办理资质证书注销手续。

第四章　监督管理

第二十二条　国土资源管理部门对本行政区域内的地质灾害治理工程勘查、设计和施工活动进行监督检查时，被检查的单位应当配合，并如实提供相关材料。

县级以上国土资源管理部门在检查中发现资质单位的资质条件与其资质等级不符的，应当报原审批机关对其资质进行重新核定。

第二十三条　地质灾害治理工程勘查、设计和施工单位，应当建立地质灾害治理工程勘查、设计和施工业务手册，如实记载其工作业绩和存在的主要问题。

第二十四条　地质灾害治理工程勘查、设计和施工单位，应当建立严格的技术成果和资质图章管理制度。资质证书的类别和等级编号，应当在地质灾害治理工程的有关技术文件上注明。

第二十五条　地质灾害治理工程勘查、设计和施工单位承担的地质灾害治理工程发生重大质量事故的，事故责任单位应当停止从业活动，并由原审批机关对其资质条件进行重新核定。

第二十六条　资质单位的技术负责人或者其他技术人员应当参加地质灾害治理工程勘查、设计和施工业务培训。

第二十七条　承担地质灾害治理工程项目的资质单位，应当在项目合同签订后10日内，到工程所在地的县级国土资源管理部门备案。

地质灾害治理工程项目跨行政区域的，资质单位应当向项目所跨行政区域共同的上一级国土资源管理部门备案。

第五章　法律责任

第二十八条　资质单位不按照本办法第二十一条的规定及时办理资质证书变更、注销手续的，由县级以上国土资源管理部门责令限期改正；逾期不改的，可以处5000元以下罚款。

第二十九条　资质单位不按照本办法第二十七条的规定进行备案的，由县级以上国土资源管理部门责令限期改正；逾期仍不改正的，可以处1万元以下罚款。

第三十条　审批机关或者负有监督管理职责的县级以上国土资源管理部门有下列情形之一的，对直接负责的主管人员和其他直接责任人员依法给予行政处分；构成犯罪的，依法追究刑事责任：

（一）对不符合法定条件的单位颁发资质证书的；
（二）对符合法定条件的单位不予颁发资质证书的；
（三）利用职务上的便利，收受他人财物或者其他好处的；
（四）不履行监督管理职责，或者发现违法行为不予查处的。

第六章　附则

第三十一条　本办法实施前已经取得地质灾害防治工程勘查、设计和施工资质证书的单位，应当于本办法实施后 6 个月内，依照本办法的规定到审批机关申请换领新证。逾期没有申请领取新的资质证书的，原资质证书一律无效。

第三十二条　本办法自 2005 年 7 月 1 日起施行。

4. 地质灾害治理工程监理单位资质管理办法

(2005年5月20日国土资源部令第31号公布　根据2015年5月6日国土资源部第2次部务会议通过的《国土资源部关于修改〈地质灾害危险性评估单位资质管理办法〉等5部规章的决定》修正)

第一章　总则

第一条　为保证地质灾害治理工程质量，控制治理工程工期，充分发挥治理工程投资效益，加强对治理工程监理单位的资质管理，根据《地质灾害防治条例》，制定本办法。

第二条　在中华人民共和国境内申请地质灾害治理工程监理单位资质，实施对地质灾害治理工程监理单位资质管理，适用本办法。

第三条　从事地质灾害治理工程监理活动的单位，应当在取得相应等级的资质证书后，在其资质证书许可的范围内从事地质灾害治理工程监理活动。

第四条　地质灾害治理工程监理单位资质分为甲、乙、丙三个等级。

国土资源部负责甲级地质灾害治理工程监理单位资质的审批和管理。

省、自治区、直辖市国土资源管理部门负责乙级和丙级地质灾害治理工程监理单位资质的审批和管理。

第二章　资质等级和业务范围

第五条　地质灾害治理工程监理单位资质分级标准如下：

（一）甲级资质

1. 地质灾害治理工程监理技术人员总数不少于30人，其中具有水文地质、工程地质、环境地质、岩土工程、工程预算等专业技术人员不少于20人；

2. 近3年内独立承担过5项以上中型地质灾害治理工程的监理项目，有优良的工作业绩。

（二）乙级资质

1. 地质灾害治理工程监理技术人员总数不少于20人，其中具有水文地质、工程地质、环境地质、岩土工程、工程预算等专业技术人员不少于10人；

2. 近3年内独立承担过5项以上小型地质灾害治理工程的监理项目，有良好的工作业绩。

（三）丙级资质

地质灾害治理工程监理技术人员总数不少于10人，其中具有水文地质、工程地质、环境地质、岩土工程、工程预算等专业技术人员不少于5人。

第六条 除本办法第五条规定的资质条件外，申请地质灾害治理工程监理资质的单位，还应当同时具备以下条件：

（一）具有独立的法人资格；

（二）具有健全的安全和质量管理监控体系，近5年内未发生过重大安全、质量事故；

（三）技术人员中外聘人员的数量不超过10%。

第七条 同一资质单位不能同时持有地质灾害治理工程监理资质和地质灾害治理工程施工资质。

第八条 甲级地质灾害治理工程监理资质单位，可以承揽大、中、小型地质灾害治理工程的监理业务。

乙级地质灾害治理工程监理资质单位，可以承揽中、小型地质灾害治理工程的监理业务。

丙级地质灾害治理工程监理资质单位，可以承揽小型地质灾害治理工程的监理业务。

第三章 审批和管理

第九条 地质灾害治理工程监理单位资质的审批机关为国土资源部和省、自治区、直辖市国土资源管理部门。

地质灾害治理工程监理单位资质申请的具体受理时间，由审批机关确定并公告。

第十条 申请地质灾害治理工程监理资质的单位，应当在公告确定的受理时限内向审批机关提出申请，并提交以下材料：

（一）资质申请表；

（二）法人资格证明或者有关部门登记的证明文件；

（三）法定代表人和主要技术负责人任命或者聘任文件；

（四）当年在职人员的统计表、中级职称以上工程技术和经济管理人员名单、身份证明、职称证明；

（五）承担过的主要地质灾害治理工程监理项目有关证明材料，包括任务书、委托书、合同，工程管理部门验收意见；

（六）单位主要监理设备清单；

（七）质量管理体系的有关材料；

（八）近五年内无质量事故证明。

上述材料应当一式三份，并附电子文档一份。

资质申请表可以从国土资源部门户网站上下载。

第十一条 申请地质灾害治理工程监理资质的单位，应当如实提供有关材料，并对申请材料的真实性负责。

资质单位在申请资质时弄虚作假的，资质证书自始无效。

第十二条 申请甲级地质灾害治理工程监理单位资质的，向国土资源部申请。

申请乙级和丙级地质灾害治理工程监理单位资质的，向单位所在地的省、自治区、直辖市国土资源管理部门申请。

第十三条 审批机关应当自受理资质申请之日起20日内完成审批工作。逾期不能完成的，经审批机关负责人批准，可以延长 10 日。

第十四条 审批机关受理资质申请材料后，应当组织专家进行评审，专家评审所需时间不计算在审批时限内。

对经过评审后拟批准的资质单位，应当在媒体上进行公示。公示时间不得少于 7 日。

公示期满，对公示无异议的，审批机关应当予以审批，并颁发资质证书；对公示有异议的，审批机关应当对其申请材料予以复核。

审批机关应当将审批结果在媒体上予以公告。

省、自治区、直辖市国土资源管理部门审批的乙级和丙级资质，应当在批准后的 60 日内报国土资源部备案。

第十五条 地质灾害治理工程监理单位资质证书分为正本和副本，正本和副本具有同等的法律效力。

地质灾害治理工程监理单位资质证书，由国土资源部统一监制。

第十六条 地质灾害治理工程监理单位资质证书有效期为 3 年。

有效期届满需要继续从业的，应当在资质证书有效期届满前 3 个月内，向原审批机关提出延续申请。

审批机关应当对申请延续的资质单位的从业活动进行审核。符合原资质等级条件的，由审批机关换发新的监理资质证书，有效期从换发之日起计算。经审核，不符合原定资质条件的，不予办理延续手续。

符合上一级资质等级条件的资质单位，可以在获得资质证书 2 年后或者在申请延续的同时申请升级。符合本办法规定的资质条件的，审批机关应当重新审批，并颁发相应的资质证书。

第十七条 资质单位遗失资质证书的，在媒体上声明后，方可申请补领。

第十八条 资质单位发生合并或者分立的，应当及时到原审批机关办理资质证书注销手续。需要继续从业的，重新申请。

第十九条 资质单位名称、地址、法定代表人、技术负责人等事项发生变更的，应当在变更后 30 日内，到原审批机关办理资质证书变更手续。

第二十条 资质单位破产、歇业或者因其他原因终止业务活动的，应当在办理营业执照注销手续后 15 日内，到原审批机关办理资质证书注销手续。

第四章 监督管理

第二十一条 县级以上国土资源管理部门负责对本行政区域内的地质灾害治理工程监理活动进行监督检查。被检查的单位应当配合，并如实提供相关材料。

第二十二条 地质灾害治理工程监理资质单位，应当建立监理业务手册，如实记载其工作业绩和存在的主要问题。

第二十三条 地质灾害治理工程监理资质单位，应当建立严格的技术成果和资质图章管理制度。资质证书的类别和等级编号，应当在地质灾害治理工程的有关监理技术文件上注明。

第二十四条 资质单位的技术负责人或者其他技术人员应当定期参加地质灾害治理工

程监理业务培训。

第二十五条 地质灾害治理工程监理资质单位，对承担的监理项目，应当在监理合同签订后10日内，到工程所在地县级国土资源管理部门备案。

监理项目跨行政区域的，向项目所跨行政区域共同的上一级国土资源管理部门备案。

第五章 法律责任

第二十六条 资质单位不按照本办法第十八条、第十九条和第二十条的规定及时办理资质证书变更、注销手续的，由县级以上国土资源管理部门责令限期改正；逾期不改的，可以处5000元以下罚款。

第二十七条 资质单位不按照本办法第二十五条的规定进行备案的，由县级以上国土资源管理部门责令限期改正；逾期不改的，可以处1万元以下罚款。

第二十八条 县级以上国土资源管理部门在地质灾害治理工程监理单位资质审批及管理过程中徇私舞弊、玩忽职守、滥用职权，对直接负责的主管人员和其他直接责任人员依法给予行政处分；构成犯罪的，依法追究刑事责任。

第六章 附则

第二十九条 本办法实施前已经取得地质灾害防治工程监理资质证书的单位，应当于本办法实施后6个月内，依照本办法的规定到审批机关申请领取新的资质证书。逾期不申领的，原资质证书一律无效。

第三十条 本办法中的地质灾害治理工程及其分级标准，依照《地质灾害治理工程勘查设计施工单位资质管理办法》的有关规定执行。

第三十一条 本办法自2005年7月1日起施行。

5. 矿山地质环境保护规定

（2009年3月2日国土资源部令第44号公布　根据2015年5月6日国土资源部第2次部务会议通过的《国土资源部关于修改〈地质灾害危险性评估单位资质管理办法〉等5部规章的决定》修正）

第一章　总则

第一条　为保护矿山地质环境，减少矿产资源勘查开采活动造成的矿山地质环境破坏，保护人民生命和财产安全，促进矿产资源的合理开发利用和经济社会、资源环境的协调发展，根据《中华人民共和国矿产资源法》和《地质灾害防治条例》，制定本规定。

第二条　因矿产资源勘查开采等活动造成矿区地面塌陷、地裂缝、崩塌、滑坡，含水层破坏，地形地貌景观破坏等的预防和治理恢复，适用本规定。

开采矿产资源涉及土地复垦的，依照国家有关土地复垦的法律法规执行。

第三条　矿山地质环境保护，坚持预防为主、防治结合，谁开发谁保护、谁破坏谁治理、谁投资谁受益的原则。

第四条　国土资源部负责全国矿山地质环境的保护工作。

县级以上地方国土资源行政主管部门负责本行政区的矿山地质环境保护工作。

第五条　国家鼓励开展矿山地质环境保护科学技术研究，普及相关科学技术知识，推广先进技术和方法，制定有关技术标准，提高矿山地质环境保护的科学技术水平。

第六条　国家鼓励企业、社会团体或者个人投资，对已关闭或者废弃矿山的地质环境进行治理恢复。

第七条　任何单位和个人对破坏矿山地质环境的违法行为都有权进行检举和控告。

第二章　规划

第八条　国土资源部负责全国矿山地质环境的调查评价工作。

省、自治区、直辖市国土资源行政主管部门负责本行政区域内的矿山地质环境调查评价工作。

市、县国土资源行政主管部门根据本地区的实际情况，开展本行政区域的矿山地质环境调查评价工作。

第九条　国土资源部依据全国矿山地质环境调查评价结果，编制全国矿山地质环境保护规划。

省、自治区、直辖市国土资源行政主管部门依据全国矿山地质环境保护规划，结合本行政区域的矿山地质环境调查评价结果，编制省、自治区、直辖市的矿山地质环境保护规划，报省、自治区、直辖市人民政府批准实施。

市、县级矿山地质环境保护规划的编制和审批，由省、自治区、直辖市国土资源行政主管部门规定。

第十条 矿山地质环境保护规划应当包括下列内容：

（一）矿山地质环境现状和发展趋势；

（二）矿山地质环境保护的指导思想、原则和目标；

（三）矿山地质环境保护的主要任务；

（四）矿山地质环境保护的重点工程；

（五）规划实施保障措施。

第十一条 矿山地质环境保护规划应当符合矿产资源规划，并与土地利用总体规划、地质灾害防治规划等相协调。

第三章 治理恢复

第十二条 采矿权申请人申请办理采矿许可证时，应当编制矿山地质环境保护与治理恢复方案，报有批准权的国土资源行政主管部门批准。

矿山地质环境保护与治理恢复方案应当包括下列内容：

（一）矿山基本情况；

（二）矿山地质环境现状；

（三）矿山开采可能造成地质环境影响的分析评估（含地质灾害危险性评估）；

（四）矿山地质环境保护与治理恢复措施；

（五）矿山地质环境监测方案；

（六）矿山地质环境保护与治理恢复工程经费概算；

（七）缴存矿山地质环境保护与治理恢复保证金承诺书。

依照前款规定已编制矿山地质环境保护与治理恢复方案的，不再单独进行地质灾害危险性评估。

第十三条 矿山地质环境保护与治理恢复方案的编制单位应当具备下列条件：

（一）具有地质灾害危险性评估资质或者地质灾害治理工程勘查、设计资质和相关工作业绩；

（二）具有经过国土资源部组织的矿山地质环境保护和治理恢复方案编制业务培训且考核合格的专业技术人员。

第十四条 采矿权申请人未编制矿山地质环境保护与治理恢复方案，或者编制的矿山地质环境保护与治理恢复方案不符合要求的，有批准权的国土资源行政主管部门应当告知申请人补正；逾期不补正的，不予受理其采矿权申请。

第十五条 采矿权人扩大开采规模、变更矿区范围或者开采方式的，应当重新编制矿山地质环境保护与治理恢复方案，并报原批准机关批准。

第十六条 采矿权人应当严格执行经批准的矿山地质环境保护与治理恢复方案。

矿山地质环境保护与治理恢复工程的设计和施工，应当与矿产资源开采活动同步进行。

第十七条 开采矿产资源造成矿山地质环境破坏的，由采矿权人负责治理恢复，治理恢复费用列入生产成本。

矿山地质环境治理恢复责任人灭失的，由矿山所在地的市、县国土资源行政主管部门，使用经市、县人民政府批准设立的政府专项资金进行治理恢复。

国土资源部，省、自治区、直辖市国土资源行政主管部门依据矿山地质环境保护规划，按照矿山地质环境治理工程项目管理制度的要求，对市、县国土资源行政主管部门给予资金补助。

第十八条　采矿权人应当依照国家有关规定，缴存矿山地质环境治理恢复保证金。

矿山地质环境治理恢复保证金的缴存标准和缴存办法，按照省、自治区、直辖市的规定执行。矿山地质环境治理恢复保证金的缴存数额，不得低于矿山地质环境治理恢复所需费用。

矿山地质环境治理恢复保证金遵循企业所有、政府监管、专户储存、专款专用的原则。

第十九条　采矿权人按照矿山地质环境保护与治理恢复方案的要求履行了矿山地质环境治理恢复义务，经有关国土资源行政主管部门组织验收合格的，按义务履行情况返还相应额度的矿山地质环境治理恢复保证金及利息。

采矿权人未履行矿山地质环境治理恢复义务，或者未达到矿山地质环境保护与治理恢复方案要求，经验收不合格的，有关国土资源行政主管部门应当责令采矿权人限期履行矿山地质环境治理恢复义务。

第二十条　因矿区范围、矿种或者开采方式发生变更的，采矿权人应当按照变更后的标准缴存矿山地质环境治理恢复保证金。

第二十一条　矿山地质环境治理恢复后，对具有观赏价值、科学研究价值的矿业遗迹，国家鼓励开发为矿山公园。

国家矿山公园由省、自治区、直辖市国土资源行政主管部门组织申报，由国土资源部审定并公布。

第二十二条　国家矿山公园应当具备下列条件：

（一）国内独具特色的矿床成因类型且具有典型、稀有及科学价值的矿业遗迹；

（二）经过矿山地质环境治理恢复的废弃矿山或者部分矿段；

（三）自然环境优美、矿业文化历史悠久；

（四）区位优越，科普基础设施完善，具备旅游潜在能力；

（五）土地权属清楚，矿山公园总体规划科学合理。

第二十三条　矿山关闭前，采矿权人应当完成矿山地质环境治理恢复义务。采矿权人在申请办理闭坑手续时，应当经国土资源行政主管部门验收合格，并提交验收合格文件，经审定后，返还矿山地质环境治理恢复保证金。

逾期不履行治理恢复义务或者治理恢复仍达不到要求的，国土资源行政主管部门使用该采矿权人缴存的矿山地质环境治理恢复保证金组织治理，治理资金不足部分由采矿权人承担。

第二十四条　采矿权转让的，矿山地质环境保护与治理恢复的义务同时转让。采矿权受让人应当依照本规定，履行矿山地质环境保护与治理恢复的义务。

第二十五条　以槽探、坑探方式勘查矿产资源，探矿权人在矿产资源勘查活动结束后未申请采矿权的，应当采取相应的治理恢复措施，对其勘查矿产资源遗留的钻孔、探井、探槽、巷道进行回填、封闭，对形成的危岩、危坡等进行治理恢复，消除安全隐患。

第四章　监督管理

第二十六条　县级以上国土资源行政主管部门对采矿权人履行矿山地质环境保护与治理恢复义务的情况进行监督检查。

相关责任人应当配合县级以上国土资源行政主管部门的监督检查，并提供必要的资料，如实反映情况。

第二十七条　县级以上国土资源行政主管部门应当建立本行政区域内的矿山地质环境监测工作体系，健全监测网络，对矿山地质环境进行动态监测，指导、监督采矿权人开展矿山地质环境监测。

采矿权人应当定期向矿山所在地的县级国土资源行政主管部门报告矿山地质环境情况，如实提交监测资料。

县级国土资源行政主管部门应当定期将汇总的矿山地质环境监测资料报上一级国土资源行政主管部门。

第二十八条　县级以上国土资源行政主管部门在履行矿山地质环境保护的监督检查职责时，有权对矿山地质环境保护与治理恢复方案确立的治理恢复措施落实情况和矿山地质环境监测情况进行现场检查，对违反本规定的行为有权制止并依法查处。

第二十九条　开采矿产资源等活动造成矿山地质环境突发事件的，有关责任人应当采取应急措施，并立即向当地人民政府报告。

第五章　法律责任

第三十条　违反本规定，应当编制矿山地质环境保护与治理恢复方案而未编制的，或者扩大开采规模、变更矿区范围或者开采方式，未重新编制矿山地质环境保护与治理恢复方案并经原审批机关批准的，由县级以上国土资源行政主管部门责令限期改正；逾期不改正的，处 3 万元以下的罚款，颁发采矿许可证的国土资源行政主管部门不得通过其采矿许可证年检。

第三十一条　违反本规定第十六条、第二十三条规定，未按照批准的矿山地质环境保护与治理恢复方案治理的，或者在矿山被批准关闭、闭坑前未完成治理恢复的，由县级以上国土资源行政主管部门责令限期改正；逾期拒不改正的，处 3 万元以下的罚款，5 年内不受理其新的采矿权申请。

第三十二条　违反本规定第十八条规定，未按期缴存矿山地质环境治理恢复保证金的，由县级以上国土资源行政主管部门责令限期缴存；逾期不缴存的，处 3 万元以下的罚款。颁发采矿许可证的国土资源行政主管部门不得通过其采矿活动年度报告，不受理其采矿权延续变更申请。

第三十三条　违反本规定第二十五条规定，探矿权人未采取治理恢复措施的，由县级以上国土资源行政主管部门责令限期改正；逾期拒不改正的，处 3 万元以下的罚款，5 年内不受理其新的探矿权、采矿权申请。

第三十四条 违反本规定，扰乱、阻碍矿山地质环境保护与治理恢复工作，侵占、损坏、损毁矿山地质环境监测设施或者矿山地质环境保护与治理恢复设施的，由县级以上国土资源行政主管部门责令停止违法行为，限期恢复原状或者采取补救措施，并处 3 万元以下的罚款；构成犯罪的，依法追究刑事责任。

第三十五条 县级以上国土资源行政主管部门工作人员违反本规定，在矿山地质环境保护与治理恢复监督管理中玩忽职守、滥用职权、徇私舞弊的，对相关责任人依法给予行政处分；构成犯罪的，依法追究刑事责任。

第六章 附则

第三十六条 本规定实施前已建和在建矿山，采矿权人应当依照本规定编制矿山地质环境保护与治理恢复方案，报原采矿许可证审批机关批准，并缴存矿山地质环境治理恢复保证金。

第三十七条 本规定自 2009 年 5 月 1 日起施行。

6. 民政部等九部门关于加强自然灾害救助物资储备体系建设的指导意见

各省、自治区、直辖市民政厅（局）、发展改革委、财政厅（局）、国土资源厅（局）、住房城乡建设厅（局）、交通运输厅（局）、商务厅（局）、质量技术监督局、食品药品监管局，新疆生产建设兵团民政局、发展改革委、财务局、国土资源局、建设局、交通运输局、商务局、质量技术监督局、食品药品监管局：

我国是世界上遭受自然灾害影响最严重的国家之一，尤其是近年来重特大自然灾害多发频发、突发连发，救灾工作异常繁重、任务艰巨。加强自然灾害救助物资（以下简称“救灾物资”）储备体系建设，事关受灾群众基本生活保障，事关社会和谐稳定，是自然灾害应急救助体系建设的重要组成部分，也是各级政府依法行政、履行救灾职责的重要保证。目前，我国救灾物资储备体系建设取得较大成效，初步形成“中央－省－市－县”四级救灾物资储备体系，但与日益复杂严峻的灾害形势和社会各界对减灾救灾工作的要求和期待相比，救灾物资储备体系建设还存在一些共性问题，如储备库布局不甚合理、储备方式单一、品种不够丰富、管理手段比较落后、基层储备能力不足等。为全面加强救灾物资储备体系建设，提高国家整体救灾应急保障能力，提出以下指导意见。

一、指导思想

全面贯彻落实党的十八大和十八届三中、四中全会精神，紧紧围绕以人为本、保障民生、提升效能的要求，以满足新常态下的救灾物资保障需求为核心，秉承科学规划、统筹建设、改革创新的发展思路，坚持分级负责、属地管理、政府主导、社会参与的建设模式，着力构建“中央－省－市－县－乡”纵向衔接、横向支撑的五级救灾物资储备体系，加快形成高效畅通的救灾物资储备调运管理机制，切实增强抵御和应对自然灾害能力，不断提高自然灾害救助水平，有效保障受灾群众基本生活，为维护社会和谐稳定提供强有力支撑。

二、主要目标

经各方努力，使我国救灾物资储备能力和管理水平得到全面提升，形成分级管理、反应迅速、布局合理、规模适度、种类齐全、功能完备、保障有力、符合我国国情的“中央－省－市－县－乡”五级救灾物资储备体系；救灾物资储备网络化、信息化、智能化管理水平显著提高，救灾物资调运更加高效快捷有序；确保自然灾害发生12小时之内，第一批救灾物资运抵灾区，受灾群众基本生活得到初步救助。

三、主要任务

（一）完善救灾物资管理体制机制及政策制度。各地要将救灾物资储备体系建设纳入本地国民经济和社会发展规划，健全政府主导、分级负责、地方为主、上下联动、协调有序、运转高效的救灾物资储备管理体制和运行机制。建立救灾物资储备资金长效保障机制，健全民政、发展改革、交通运输、铁路、民航等部门以及军地共同参与的救灾物资紧急调运应急联动机制，完善跨区域救灾物资援助机制。健全完善救灾物资管理相关法规政策，建立救灾物资库存更新、应急补充、分配发放和报废工作制度，进一步规范各环节工作流程。研究制定各类救灾物资相关国家和行业标准以及救灾物资储备库建设和认证标准，形成科学合理、门类齐全的救灾物资储备管理标准体系。

（二）科学规划、稳妥推进救灾物资储备网络建设。各地要综合考虑区域灾害特点、自然地理条件、人口分布、生产力布局、交通运输实际等，遵循就近存储、调运迅速、保障有力的原则，科学评估，统一规划，采取新建、改扩建和代储等方式，因地制宜，统筹推进各级救灾物资储备库（点）建设。在现有中央救灾物资储备库基础上，完善中央救灾物资库（代储点）布局，充分发挥中央救灾物资储备库在统筹调配国家救灾资源方面的主体功能和核心作用；各省（自治区、直辖市）、设区的市和多灾易灾县要因地制宜推进本级救灾物资储备库（点）建设，形成一定辐射能力，满足本行政区域内救灾工作需求；多灾易灾的乡镇（街道）和城乡社区要视情设置救灾物资储存室（间），确保第一时间处置和应对各类突发灾情，妥善安置受灾群众；形成纵向衔接、横向支撑、规模合理的“中央－省－市－县－乡”五级救灾物资储备网络。

（三）切实落实救灾物资分级储备主体责任。中央和地方救灾物资储备按照分级负责、相互协同的原则，合理划分事权范围，做好储备资金预算，落实分级储备责任，结合历年自然灾害发生频次及影响范围、群众生活习惯、民族习俗等，科学确定各级救灾物资储备品种及规模，形成以中央储备为核心、省级储备为支撑、市县级储备为依托、乡镇和社区储备为补充的全国救灾物资储备体系。中央储备需求量较大、价值较高、需定制定招、生产周期较长的救灾物资（如救灾帐篷、棉衣、棉被、简易厕所等）；省级可参照中央救灾物资品种进行储备，并视情储备价值较高、具有区域特点的救灾物资（如蒙古包、净水器、沐浴房、应急灯等）；市县级储备价值相对较低、具有区域特点的救灾物资（如毛毯、毛巾被、凉席、蚊帐、秋衣等）；乡镇（街道）和城乡社区视情储备一定量的棉衣、棉被等生活物资以及简易的应急救援工具，并根据气象等部门发出的灾害预警信息，提前做好应急食品、饮用水等物资储备。省级、市级救灾物资可视情将储备物资下移，向多灾易灾县（市）、乡镇（街道）分散储备，以提高救灾物资调运、分配和发放工作时效。

（四）积极拓展救灾物资储备方式。完善以政府储备为主、社会储备为辅的救灾物资储备机制，在目前储备库自储实物的基础上，结合区域特点，试点运行不同储备方式，逐步推广协议储备、依托企业代储、生产能力储备和家庭储备等多种方式，将政府物资储备与企业、商业以及家庭储备有机结合，将实物储备与能力储备有机结合，逐步构建多元、完整的救灾物资储备体系。建立救灾物资应急采购和动员机制，拓宽应急期间救灾物资供应渠道。积极调动社会力量共同参与物资储备，大力倡导家庭层面的应急物资储备。要根据自然灾害趋势预测意见和灾害实际发生情况，认真做好救灾物资应急储备工作，确保应急期间储备物资能够调得出、用得上、不误事。

（五）进一步提升救灾物资紧急调运时效。建立健全民政、发展改革、交通运输、民航、铁路等部门以及军队参加的救灾物资紧急调拨协同保障机制，完善跨部门、跨区域、军地间应急联动合作模式。各级发展改革部门要做好重大自然灾害救助物资调运的协调工作。各级交通运输部门要配合民政部门做好救灾物资紧急运输工作，做好运力储备和调度以及损坏公路、桥梁、港站的紧急抢修等应急交通保障工作。经国务院交通运输主管部门或者省、自治区、直辖市人民政府批准执行抢险救灾任务的车辆，免交车辆通行费。重特大自然灾害发生后，各中央救灾物资储备库要加强与本地铁路、交通运输等部门和物流公司的联系与沟通，及时做好物资调拨的各项准备工作，确保救灾物资能够迅速、安全运抵灾区，保障受灾群众基本生活需求。

（六）提升救灾物资全过程和信息化管理水平。根据救灾工作需要，灾区可视情设立临时救灾物资调配中心，负责统一接收、调配和发放救灾物资。强化救灾物资出入库管理，细化工作流程，明确工作责任，实行专账管理，确保账物相符。救灾物资发放点应当设置明显标识，吸收受灾群众推选的代表参与救灾物资发放和管理工作，并将物资发放情况定期向社会公示，接受群众监督。充分发挥科技支撑引领作用，积极推进救灾物资储备管理信息化建设，提升救灾物资验收、入库、出库、盘点、报废、移库各环节工作信息化、网络化、智能化管理水平。充分利用北斗导航定位系统、无线射频识别技术等，积极推进民政救灾物资发放全过程管理系统试点应用，加强人员培训和系统应用模拟演练工作。探索救灾物资管理大数据应用，实现全国各级救灾物资储备信息共享、业务协同和互联互通，促进救灾物资应急保障和管理水平整体提升。

（七）规范救灾物资供货渠道，确保质量安全。各级民政部门要严格遵守救灾物资招投标采购制度，规范采购流程，强化质量监督，根据质量监督部门提供的有资质检验机构名单，委托检验机构做好救灾物资质量检验工作，建立库存救灾物资定期轮换机制，确保救灾物资质量合格、安全、可靠。灾区各级民政、商务、质量监督、食品药品监管等部门要加强协调配合，保障灾区物资的市场供应，确保救灾物资质量安全。要特别重视救灾应急期间食品、饮用水的质量安全，充分考虑天气、运输等因素，尽量提供保质期相对较长的方便食品、饮用水。要安排专人负责在供货方交货、灾区接收、向受灾群众发放食品前等各个环节的验收工作，全面抽查检验食品质量，杜绝将质量不合格食品发放到受灾群众手中。

（八）严格落实救灾物资储备库安全管理责任。各地民政部门要不断强化岗位职责，切实增强安全防范意识和防控能力，确保业务流程清晰、责任落实到人。健全完善24小时应急值守、安全巡查、日常考评等制度，及时修订相关应急预案，形成科学合理的安全管理制度体系。强化防火、防雷、防潮、防水、防鼠、防盗等安全措施，加强库管人员消防知识等培训，做好日常防范工作，提高应急处置能力。健全完善安全检查长效管理机制，突出做好灾害隐患的“再排查、勤巡查、常检查”，确保救灾物资储备库及存储物资绝对安全。

四、保障措施

（一）高度重视，加强领导。充分认识到加强救灾物资储备体系建设的重要性和紧迫性，将其纳入当地国民经济和社会发展规划，结合制定“十三五”规划和当地实际编制本地救灾物资储备体系建设规划，制定工作目标，明确工作任务和进度，按计划有序推进各项建设工作。坚持科学谋划、全面布局，统筹城乡、重点推进，合理确定重点建设项目，统筹布局救灾物资储备所必需的基础设施建设，加大在人员、资金、物资、装备、技术等方面的投入力度。鼓励多灾易灾和有条件的地区先行先试，逐步健全完善各级救灾物资储备体系。

（二）各司其职，相互协同。民政部门负责组织协调救灾物资储备体系建设，牵头开展救灾物资储备库建设、救灾物资招标采购、救灾物资储备网络管理平台建设等；发展改革部门负责救灾物资储备库建设项目审批和投资安排，加强救灾物资价格监督管理；

财政部门负责救灾物资采购和储备管理经费年度预算安排；国土资源部门负责救灾物资储备库建设项目用地保障；住房城乡建设部门负责制定救灾物资储备库建设标准；交通运输部门负责协调指导开展救灾物资运输工作；商务部门负责保障灾区生活必需品市场供应；质量监督部门负责提供有资质的检验机构名单，配合做好救灾物资质量把关检验工作；食品药品监管部门负责指导检验机构做好灾区食品、瓶桶装饮用水、药品等救灾物资质量检验工作。

（三）整合资源，多元参与。坚持各级政府在规划编制、政策引导、资金投入、监督管理等方面发挥主导作用，加强部门间沟通和协调，优化整合各类社会救灾资源，积极寻求相关部门和社会各界帮助和支持，探索应用先进管理理念和引进市场机制等举措，完善相应激励机制、建立畅通的参与渠道，充分调动社会各方面力量参与救灾物资储备体系建设工作。

民政部　发展改革委　财政部

国土资源部　住房城乡建设部　交通运输部

商务部　质检总局　食品药品监管总局

2015 年 8 月 31 日

7. 北京市建设工程质量条例

北京市人民代表大会常务委员会公告
[十四届]第14号

《北京市建设工程质量条例》已由北京市第十四届人民代表大会常务委员会第二十一次会议于2015年9月25日通过，现予公布，自2016年1月1日起施行。

北京市第十四届人民代表大会常务委员会
2015年9月25日

（2015年9月25日北京市第十四届人民代表大会常务委员会第二十一次会议通过）

第一章　总　则

第一条　为了明确建设工程质量责任，加强建设工程质量管理，保障建设工程质量，保护人民生命和财产安全，根据《中华人民共和国建筑法》、《建设工程质量管理条例》和其他有关法律、行政法规，结合本市实际情况，制定本条例。

第二条　在本市行政区域内从事建设工程新建、改建、扩建、修缮等活动及对建设工程质量实施监督管理的，应当遵守本条例。

本条例所称建设工程，包括房屋建筑和市政基础设施工程。

第三条　建设、勘察、设计、施工、监理、检测、监测、施工图审查、预拌混凝土生产等建设工程有关单位和人员应当依照法律、法规、工程建设标准和合同约定从事工程建设活动，承担质量责任。

第四条　住房城乡建设行政主管部门负责建设工程质量监督管理工作；市政市容、园林绿化、文物、民防等行政主管部门负责公用设施、园林绿化、文物、人民防空等专业工程质量监督管理工作；规划行政主管部门负责勘察设计质量监督管理工作。

交通、水务、公安消防、质监、环保、气象等部门按照各自职责，负责相关监督管理工作。

第五条　建设工程相关行业协会、学会应当加强行业自律，引导会员单位和人员依法从事工程建设活动，可以提供咨询、培训、信息、技术等服务，建立行业信用评价制度，向建设工程监督管理部门提出改进工作的意见和建议，维护行业、会员的合法权益和共同经济利益。

第六条　本市鼓励第三方机构开展建设工程质量认证、检测、咨询、培训、保险、担保、信用评价等服务。

第七条　任何单位或者个人有权举报工程建设违法违规行为，投诉建设工程质量事故和质量缺陷。

第二章　建设工程有关单位的质量责任

第八条　建设单位依法对建设工程质量负责。建设单位应当落实法律法规规定的建设单位责任，建立工程质量责任制，对建设工程各阶段实施质量管理，督促建设工程有关单位和人员落实质量责任，处理建设过程和保修阶段建设工程质量缺陷和事故。

第九条　勘察单位对建设工程勘察质量负责。勘察单位应当按照法律法规和工程建设强制性标准开展勘察工作，勘探、测试、测量和试验原始记录应当真实、准确、完整，签署齐全。

第十条　设计单位对建设工程设计质量负责。设计单位应当按照法律法规和工程建设强制性标准开展设计工作，保证设计质量。

第十一条　施工单位对建设工程施工质量负责。施工单位应当按照工程建设标准、施工图设计文件施工，使用合格的建筑材料、建筑构配件和设备，不得偷工减料，加强施工安全管理，实行绿色施工。

第十二条　勘察、设计、施工总承包单位依法实施分包的，分包单位应当具备相应资质、技术条件，并对承担的勘察、设计、施工质量负责。勘察、设计、施工总承包单位应当对分包单位进行监督管理。

第十三条　监理单位对监理工作负责。监理单位应当按照法律法规、工程建设标准和施工图设计文件对施工质量实施监理。

第十四条　工程质量检测单位、房屋安全鉴定单位应当按照法律法规、工程建设标准，在规定范围内开展检测、鉴定活动，并对检测、鉴定数据和检测、鉴定报告的真实性、准确性负责。

第十五条　工程监测单位应当按照法律法规、工程建设标准和施工图设计文件实施监测，并对监测数据的真实性、准确性和可靠性负责。

第十六条　建筑材料、建筑构配件和设备的生产单位和供应单位按照规定对产品质量负责。

建筑材料、建筑构配件和设备进场时，供应单位应当按照规定提供真实、有效的质量证明文件。结构性材料、重要功能性材料和设备进场检验合格后，供应单位应当按照规定报送供应单位名称、材料技术指标、采购单位和采购数量等信息。供应涉及建筑主体和承重结构材料的单位，其法定代表人还应当签署工程质量终身责任承诺书。

第十七条　预拌混凝土生产单位应当具备相应资质，对预拌混凝土的生产质量负责。

预拌混凝土生产单位应当对原材料质量进行检验，对配合比进行设计，按照配合比通知单生产，并按照法律法规和标准对生产质量进行验收。

第三章　建设工程有关人员的质量责任

第十八条　建设、勘察、设计、施工、监理等单位的法定代表人应当签署授权委托书，明确各自建设工程项目负责人。

项目负责人应当签署工程质量终身责任承诺书。

法定代表人和项目负责人在工程设计使用年限内对工程建设相应质量承担直接责任。

第十九条 建设单位项目负责人负责组织协调建设工程各阶段的质量管理工作，督促有关单位落实质量责任，并对由其违法违规或不当行为造成的工程质量事故或者质量问题承担责任。

勘察、设计单位项目负责人对因勘察、设计导致的工程质量事故或者质量问题承担责任。

施工单位项目负责人对因施工导致的工程质量事故或者质量问题承担责任。

监理单位项目负责人对施工质量承担监理责任。

第二十条 从事工程建设活动的专业技术人员应当在注册许可范围和聘用单位业务范围内从业，对签署技术文件的真实性和准确性负责，依法承担质量责任。

第二十一条 从事工程建设活动的专业技术人员应当具备相应专业技术资格或者注册执业资格，按照规定接受继续教育；其中关键岗位专业技术人员应当按照相关行业职业标准和规定经培训考核合格。

第二十二条 建设工程一线作业人员应当按照相关行业职业标准和规定经培训考核合格。建设工程有关单位应当建立健全一线作业人员的教育、培训制度，定期开展职业技能培训。

第四章 工程建设各阶段的质量责任

第一节 建设前期

第二十三条 依法必须进行招标的建设工程，建设单位、施工单位应当按照规定编制资格预审文件、招标文件。资格预审文件或者招标文件发出的同时，建设单位、施工单位应当向有关行政主管部门备案。

第二十四条 建设单位进行工程发包，不得将一个单位工程发包给两个以上的施工单位。禁止建设单位对预拌混凝土直接发包。

第二十五条 建设单位、施工单位应当将工程建设合同、勘察合同、设计合同、监理合同、施工分包合同、重要材料设备采购合同，按照规定报有关行政主管部门备案；建设工程规模标准、结构形式、使用功能等发生重大变更，依法应当由有关行政主管部门批准的，建设单位、施工单位应当将相关合同重新报备。

第二十六条 建设、勘察、设计、施工、监理等单位的项目负责人、供应涉及建筑主体和承重结构材料的单位的法定代表人，其签署的工程质量终身责任承诺书作为建设工程各阶段相关合同的附件，由建设单位在办理施工图设计文件审查、工程质量监督注册手续时向有关监督管理部门提交。

工程质量终身责任承诺书应当存入建设工程档案，工程竣工验收合格后移交城市建设档案管理部门。

第二十七条 中央及外省市在京从事工程建设活动的企业应当按照本市有关规定办理备案手续，纳入建设工程质量信用管理范围。

中央国家机关、驻京部队、中央企事业单位的审批类建设工程，建设单位应当按照规定在市住房城乡建设行政主管部门进行项目备案，纳入本市建设项目年度计划，并按照规定办理建设手续。

第二节　勘察设计

第二十八条　深基坑、地基处理等岩土工程的设计应当由具备相应资质的单位承担，岩土工程设计单位对设计质量负责。设计文件应当按规定经审查后方可使用，具体规定由市规划行政主管部门会同有关部门另行制定。

第二十九条　建设工程由多个单位合作设计的，各设计单位应当通过合作协议确定各自的工作内容和责任划分。分阶段的合作设计，各设计单位分别承担各阶段的设计质量责任。

第三十条　建设工程进行改建、扩建的，建设单位应当委托原设计单位或者具有相同或者以上资质等级的设计单位设计。因改建、扩建工程造成工程质量问题的，改建、扩建工程的设计单位应当承担设计质量责任。

第三十一条　建设单位应当按照国家规定将施工图设计文件报城乡规划行政主管部门审查。按照相关规定应当重新提交审查的，建设单位应当将修改后的施工图设计文件重新提交审查。经审查合格的施工图设计文件是建设工程施工、监理、验收及质量监督管理的依据。

第三十二条　设计变更或者工程洽商改变施工图设计文件内容的，设计技术人员应当按照规定签字签章。改变的内容作为施工图设计文件的组成部分。

第三节　工程施工

第三十三条　依法应当申请建设工程施工许可的，建设单位应当在开工前依法申请领取施工许可证。建设单位领取施工许可证后，施工单位方可进行施工。

施工许可证领取后，建设单位或者施工单位变更的，建设单位应当重新申请领取施工许可证；其他施工许可条件发生变更的，建设单位应当依法办理变更手续。

第三十四条　禁止施工单位允许其他单位或者个人通过挂靠方式，以本单位的名义承揽工程。禁止施工单位通过挂靠方式，以其他施工单位的名义承揽工程。

施工单位不得转包或者违法分包工程。

市住房城乡建设行政主管部门应当制定上述违法行为的具体认定和处理办法。

第三十五条　施工单位应当建立工程质量管理体系，设立项目管理机构，明确项目负责人，配备与工程项目规模和技术难度相适应的施工现场管理人员和专业技术人员，落实质量责任。

第三十六条　监理单位应当在施工现场设立项目监理机构，明确总监理工程师，按照国家和本市规定配备与工程项目规模、特点和技术难度相适应的专业监理工程师、监理员，采取巡视、平行检验、对关键部位和关键工序旁站等方式实施监理。

第三十七条　勘察、设计单位应当提供现场技术服务，及时解决施工中出现的勘察、设计问题。现场服务的范围、标准及费用可以由建设单位与勘察、设计单位在合同中约定。

第三十八条　相关工程建设标准、施工图设计文件要求实施第三方监测的，建设单位应当委托监测单位进行监测。

第三十九条　建设单位、施工单位可以采取合同方式约定各自采购的建筑材料、建筑构配件和设备，并对各自采购的建筑材料、建筑构配件和设备质量负责，按照规定报送采购信息。建设单位采购混凝土预制构件、钢筋和钢结构构件的，应当组织到货检验，并向施工单位出具检验合格证明。

第四十条 施工单位应当按照规定对建筑材料、建筑构配件和设备、预拌混凝土、混凝土预制构件及有关专业工程材料进行进场检验；实施监理的建设工程，应当报监理单位审查；未经审查或者经审查不合格的，不得使用。

监理单位应当监督施工单位将进场检验不合格的建筑材料、建筑构配件和设备、预拌混凝土、混凝土预制构件或者有关专业工程材料退出施工现场，并进行见证和记录。

第四十一条 建设单位应当委托具有相应资质的检测单位，按照规定对见证取样的建筑材料、建筑构配件和设备、预拌混凝土、混凝土预制构件和工程实体质量、使用功能进行检测。施工单位进行取样、封样、送样，监理单位进行见证。

第四十二条 发现检测结果不合格且涉及结构安全的，工程质量检测单位应当自出具报告之日起 2 个工作日内，报告住房城乡建设或者其他专业工程行政主管部门。行政主管部门应当及时进行处理。

任何单位不得篡改或者伪造检测报告。

第四十三条 监理单位应当按照规定审查施工单位现场质量保证制度，并监督执行。

发现施工单位项目管理机构及其岗位人员不符合配备标准、施工单位项目负责人未在施工现场履行职责或者分包单位不具备相应资质的，监理单位应当要求施工单位改正；施工单位拒不改正的，可以要求暂停施工。

发现涉及结构安全的重大质量问题的，监理单位应当要求施工单位立即停工整改。

第四十四条 施工单位应当按照规定对隐蔽工程、检验批、分项和分部工程进行自检。

实施监理的建设工程，施工单位自检合格后应当报监理单位进行验收。经验收不合格的，监理单位应当要求施工单位整改并重新报验；未经监理单位验收或者经验收不合格，施工单位将隐蔽部位隐蔽的，监理单位应当要求施工单位停工整改，采取返工、检测等措施，并重新报验。

第四十五条 监理单位按照本条例规定要求施工单位停工整改的，应当同时报告建设单位；施工单位拒不停工整改的，监理单位应当报告住房城乡建设或者其他专业工程行政主管部门。监理单位在施工单位停工整改完成前不予签认工程款支付申请。

第四十六条 建设工程发生涉及结构安全的重大工程质量问题的，建设、施工、监理单位应当自发现之日起 3 日内报告住房城乡建设或者其他专业工程行政主管部门。

第四节 竣工验收

第四十七条 单位工程完工后，施工总承包单位应当按照规定进行质量自检；自检合格的，监理单位应当组织单位工程质量竣工预验收。

竣工预验收合格的，建设单位应当组织勘察、设计、施工、监理等单位进行单位工程质量竣工验收，形成单位工程质量竣工验收记录。

第四十八条 单位工程质量竣工验收合格并具备法律法规规定的其他条件后，建设单位应当组织勘察、设计、施工、监理等单位进行工程竣工验收；对住宅工程，工程竣工验收前建设单位应当组织施工、监理等单位进行分户验收。

工程竣工验收应当形成经建设、勘察、设计、施工、监理等单位项目负责人签署的工程竣工验收记录，作为工程竣工验收合格的证明文件。工程竣工验收记录中各方意见签署齐备的日期为工程竣工时间。

第四十九条　轨道交通工程验收包括单位工程验收、项目工程验收和工程竣工验收三个阶段，建设单位应当制定各阶段验收方案。

轨道交通工程的单位工程验收合格且相关专项验收合格后，方可组织项目工程验收。项目工程验收合格且按照规定完成不载客试运行后，方可组织工程竣工验收。

轨道交通工程竣工验收合格，且消防、人民防空、运营设备和设施、环境保护设施、防雷装置、特种设备、卫生、供电、档案等按照规定验收后，方可交付试运营。轨道交通工程质量保修期限自交付试运营之日起计算。

第五十条　工程竣工验收合格，且消防、人民防空、环境卫生设施、防雷装置等应当按照规定验收合格后，建设工程方可交付使用。

通信工程、有线广播电视传输覆盖网、环境保护设施、特种设备等交付使用前应当按照规定验收。

建设工程未经竣工验收或者竣工验收不合格，交付使用或者投入试运营，出现问题的，由建设单位承担责任。

第五十一条　工程竣工验收合格后，建设单位应当将工程竣工验收报告、工程档案预验收文件及法律法规规定的其他文件报住房城乡建设或者其他专业工程行政主管部门备案。

交通、消防、环保、人民防空、通信等工程的竣工验收备案，应当按照相关法律、法规和规章的规定执行。

第五十二条　工程竣工验收后6个月内，建设单位应当向城市建设档案管理部门移交建设工程档案原件。

第五十三条　工程竣工验收前，建设单位应当设置永久性标识，载明工程名称和建设、勘察、设计、施工、监理等单位名称以及项目负责人姓名等内容。

第五节　保修使用

第五十四条　建设单位应当在建设工程质量保修范围和保修期限内对所有权人履行质量保修义务。

建设单位对所有权人的工程质量保修期限自交付之日起计算。

在建设工程保修期限内，经维修的部位保修期限自所有权人和相关单位验收合格之日起重新计算。

第五十五条　建设单位在房屋建筑工程交付使用时，应当向所有权人提供房屋建筑质量保证书和使用说明书。使用说明书应当载明房屋建筑的基本情况、设计使用寿命、性能指标、承重结构位置、管线布置、附属设备、配套设施及使用维护保养要求、禁止事项等。

房屋建筑质量保证书和使用说明书示范文本由市住房城乡建设行政主管部门制定。

第五十六条　建设工程交付使用后，所有权人对建设工程使用安全负责。所有权人应当按照设计功能和使用说明使用建设工程，并按照规定负责组织对建设工程进行检查维护、安全评估、安全鉴定、抗震鉴定和安全问题治理等活动。

第五十七条　禁止房屋建筑所有权人或者使用人擅自变动房屋建筑主体和承重结构。

任何单位和个人发现擅自变动的，可以向住房城乡建设行政主管部门举报。

第五章　建设工程质量保障

第一节　市场机制

第五十八条　建设工程有关单位应当按照自愿、平等、公平、诚实守信的原则，依法定程序签订勘察、设计、施工或者监理等合同，明确各自的权利义务，并按照合同约定履行义务。

本市鼓励使用合同示范文本。

建设工程相关合同经备案后作为结算工程建设费用的依据，合同当事人不得订立背离备案合同实质性内容的其他协议。

第五十九条　建设单位应当设立工程质量管理部门负责工程质量管理工作，也可以聘请工程项目管理单位提供专业化质量管理服务。

第六十条　建设单位应当按照建设工程质量要求、技术标准，工程造价管理规定和工程计价依据，合理确定工程建设费用，政府投资工程还应当科学合理确定投资估算、设计概算和最高投标限价。

投标单位报价总价低于本市规定的预警线，经评标专家委员会质询评审后中标的，建设单位可以适当提高履约担保金额。

建设单位应当按照合同约定及时足额支付工程建设费用。

第六十一条　建设单位调整勘察、设计周期和施工工期的，应当承担相应增加费用。

勘察、设计周期和施工工期按照国家和本市规定的定额及调整幅度确定，房屋征收、管线拆改移、树木伐移以及不可抗力等占用时间不包括在施工工期内。任何单位不得任意压缩合理勘察、设计周期和施工工期。

第六十二条　本市推行建设工程质量保险制度。

从事住宅工程房地产开发的建设单位在工程开工前，按照本市有关规定投保建设工程质量潜在缺陷责任保险，保险费用计入建设费用。保险范围包括地基基础、主体结构以及防水工程，地基基础和主体结构的保险期间至少为 10 年，防水工程的保险期间至少为 5 年。

鼓励建设工程有关单位和从业人员投保职业责任保险。

第六十三条　本市推行建设单位工程质量保修担保制度。

从事住宅工程房地产开发的建设单位应当在房屋销售前，办理住宅工程质量保修担保。保修担保范围包括工程保温、管线、电梯等影响房屋建筑主要使用功能的分项和分部工程。已经投保工程质量潜在缺陷责任保险，且符合规定的保修范围和保修期限的，可以不再办理保修担保。

其他建设单位参照前款执行。

第六十四条　本市推行建设工程施工总承包单位施工质量保修担保制度。

施工总承包单位与建设单位可以按照本市有关规定，在施工总承包合同中约定施工质量保修担保方式。

建设单位应当按照合同约定出具撤销保函申请书或者返还施工质量保证金。

第六十五条　行业协会、学会、金融机构、行政主管部门等，可以根据建设工程有关单位、从业人员的信用情况，在担保保险、资格资质、招标投标、金融信贷、评奖评优等有关工程建设活动中，采取守信激励、失信惩戒措施。

第二节　行政监管

第六十六条　住房城乡建设和其他专业工程行政主管部门应当设立建设工程有关单位、从业人员信用信息、处罚信息档案，建立信用、处罚信息交换共享机制，信用、处罚信息公开制度和分级分类监管制度。

第六十七条　住房城乡建设和其他专业工程行政主管部门应当按照国家标准、行业标准和本市地方标准实施监管。

根据建设工程质量管理的需要，本市可以制定严于国家标准和行业标准的地方标准。

第六十八条　住房城乡建设和其他专业工程行政主管部门应当完善建设工程质量投诉举报机制。

第六十九条　住房城乡建设行政主管部门设立工程质量监督机构，受住房城乡建设行政主管部门委托具体负责建设工程质量监督行政执法工作，逐步建立监督执法过程追溯机制，定期对本地区工程质量动态状况进行分析、评估。

专业工程行政主管部门可以自行或者委托专业工程质量监督机构，负责专业工程的质量监督行政执法工作。

第七十条　工程质量监督执法包括下列内容：

（一）建设工程有关单位执行法律法规和工程建设强制性标准的情况；

（二）抽查、抽测涉及工程结构安全和主要使用功能的工程实体质量；

（三）抽查、抽测主要建筑材料、建筑构配件和设备的质量；

（四）对工程竣工验收进行监督；

（五）组织或者参与工程质量事故的调查处理；

（六）依法对违法违规行为实施行政处罚。

第七十一条　本市建立建设工程质量监督协调机制。市住房城乡建设行政主管部门负责本市建设工程质量综合协调工作，负有建设工程质量监督管理职责的部门应当加强质量监督的协作配合。

在质量监督职责出现交叉或者不明确时，综合协调部门应当及时协调；难以确定的，应当指定临时监管部门或者暂时履行，并及时会同市政府相关部门确定职责部门。

第六章　法律责任

第七十二条　国家机关工作人员在建设工程质量监督管理工作中玩忽职守、滥用职权、徇私舞弊，构成犯罪的，依法追究刑事责任；尚不构成犯罪的，依法给予行政处分。

第七十三条　国家机关工作人员不得违反规定插手干预工程建设，影响工程建设正常开展或者干扰正常监管、执法活动，不当干预工程建设的，依照有关行政问责规定追究责任。

第七十四条　违反本条例第九条规定，勘察单位勘探、测试、测量和试验原始记录不真实、准确、完备或者签署不齐全的，由规划行政主管部门责令改正，处1万元以上、3万元以下的罚款。

第七十五条　违反本条例第十一条规定，施工单位在施工中偷工减料，使用不合格建筑材料、建筑构配件和设备，或者有不按照施工图设计文件或者施工技术标准施工的，由住房城乡建设或者专业工程行政主管部门责令改正，处工程合同价款百分之二以上、百分之四以下的罚款；情节严重的，责令停业整顿，降低资质等级或者吊销资质证书。

前款所称工程合同价款是指违法行为直接涉及或者可能影响的分项工程、单位工程或者建设工程合同价款。

第七十六条 违反本条例第十四条规定，工程质量检测单位、房屋安全鉴定单位未按照有关法律法规、工程建设标准开展检测、鉴定活动的，由住房城乡建设行政主管部门责令改正，处 1 万元以上、3 万元以下的罚款，暂停承接相关业务 3 个月至 9 个月。

工程质量检测单位、房屋安全鉴定单位出具虚假、错误检测、鉴定报告的，由住房城乡建设行政主管部门责令改正，处 5 万元以上、10 万元以下的罚款，一年内暂停承接工程质量检测、房屋安全鉴定业务；情节严重的，依法吊销资质证书。

第七十七条 违反本条例第十五条规定，工程监测单位未按照有关法律法规、工程建设强制性标准和施工图设计文件实施监测的，由规划行政主管部门责令改正，处 1 万元以上、3 万元以下的罚款，一年内暂停承接相关项目监测业务。

工程监测单位伪造监测数据，或者出具虚假监测报告的，由规划行政主管部门责令改正，处 5 万元以上、10 万元以下的罚款，一年内暂停承接全部监测业务；情节严重的，依法吊销资质证书。

第七十八条 违反本条例第十六条第二款、第十八条第二款、第二十六条规定，建设、勘察、设计、施工、监理等单位的项目负责人，供应涉及建筑主体和承重结构材料的单位的法定代表人未签署工程质量终身责任承诺书，或者建设单位未提交工程质量终身责任承诺书的，由住房城乡建设、规划或者专业工程行政主管部门责令限期改正，逾期未改正的，处 1 万元以上、3 万元以下的罚款。

第七十九条 违反本条例第十七条第二款规定，预拌混凝土生产单位未进行配合比设计或者未按照配合比通知单生产、使用未经检验或者检验不合格的原材料、供应未经验收或者验收不合格的预拌混凝土的，由住房城乡建设或者其他行政主管部门责令改正，处 10 万元以上、20 万元以下的罚款；情节严重的，责令停业整顿或者吊销资质证书。

第八十条 违反本条例第二十条规定，从事工程建设活动的专业技术人员签署虚假、错误技术文件的，由住房城乡建设、规划或者专业工程行政主管部门责令改正，处 1 万元以上、5 万元以下的罚款。

第八十一条 违反本条例第二十一条、第二十二条规定，建设工程有关单位有下列情形之一的，由住房城乡建设、规划或者专业工程行政主管部门责令改正，处 1 万元以上、5 万元以下的罚款：

（一）使用不具备相应专业技术资格或者注册执业资格人员的；

（二）使用未按照规定接受继续教育的专业技术人员的；

（三）使用未通过培训考核的关键岗位专业技术人员的；

（四）使用未通过培训考核的一线作业人员的；

（五）未建立一线作业人员教育培训制度，或者未按照教育培训制度定期对一线作业人员开展职业技能培训的。

第八十二条 违反本条例第二十四条规定，建设单位将一个单位工程发包给两个以上的施工单位，或者将预拌混凝土直接发包的，由住房城乡建设或者专业工程行政主管部门责令改正，处单位工程合同价款百分之零点五以上、百分之一以下的罚款；对全部或者部分使用国有资金的项目，可以暂停项目执行或者资金拨付。

第八十三条　违反本条例第三十三条第二款规定，建设单位或者施工单位发生变更未重新领取施工许可证施工的，由住房城乡建设或者专业工程行政主管部门责令改正，对建设单位处工程合同价款百分之一以上、百分之二以下的罚款。

第八十四条　违反本条例第三十四条第一款规定，施工单位允许其他单位或者个人通过挂靠方式，以本单位的名义承揽工程的，由住房城乡建设或者专业工程行政主管部门责令改正，没收违法所得，处工程合同价款百分之二以上、百分之四以下的罚款；可以责令停业整顿，降低资质等级；情节严重的，吊销资质证书。

施工单位通过挂靠方式，以其他施工单位的名义承揽工程的，由住房城乡建设或者专业工程行政主管部门责令停止违法行为，没收违法所得，处工程合同价款百分之二以上、百分之四以下的罚款，可以责令停业整顿，降低资质等级；情节严重的，吊销资质证书。施工单位未取得资质证书通过挂靠承揽工程的，从重处罚。

违反本条例第三十四条第二款规定，施工单位将承包的工程转包或者违法分包的，由住房城乡建设或者专业工程行政主管部门责令改正，没收违法所得，处工程合同价款百分之零点五以上、百分之一以下的罚款；可以责令停业整顿，降低资质等级；情节严重的，吊销资质证书。

第八十五条　违反本条例第三十六条、第四十一条规定，监理单位未对关键部位和关键工序进行旁站，或者见证过程弄虚作假的，由住房城乡建设或者专业工程行政主管部门责令改正，处3万元以上、10万元以下的罚款。

第八十六条　违反本条例第三十九条规定，建设单位采购混凝土预制构件、钢筋和钢结构构件，未组织到货检验的，由住房城乡建设或者专业工程行政主管部门责令改正，处10万以上、20万以下的罚款；建设单位采购的建筑材料、建筑构配件和设备不合格且用于工程的，由住房城乡建设或者专业工程行政主管部门责令改正，处20万元以上、50万元以下的罚款。

第八十七条　违反本条例第四十条第一款、第四十四条规定，施工单位有下列行为之一的，由住房城乡建设或者专业工程行政主管部门责令改正，处3万元以上、10万元以下的罚款；造成质量事故的，责令停业整顿，降低资质等级或者吊销资质证书：

（一）使用未经监理单位审查的建筑材料、建筑构配件和设备、预拌混凝土、混凝土预制构件及有关专业工程材料的；

（二）对送检样品或者进场检验弄虚作假的；

（三）隐蔽工程、检验批、分项工程、分部工程未经监理单位验收或者验收不合格，进行下一工序施工的。

第八十八条　违反本条例第四十一条规定，建设单位未按照规定委托检测单位进行检测的，由住房城乡建设或者专业工程行政主管部门责令改正，处10万元以上、30万元以下的罚款。

第八十九条　违反本条例第四十二条第二款规定，篡改或者伪造检测报告的，由住房城乡建设或者专业工程行政主管部门责令改正，处3万元以上、10万元以下的罚款。

第九十条　违反本条例第四十三条第二款和第三款、第四十四条第二款、第四十五条规定，监理单位未要求施工单位立即停工整改，或者施工单位拒不停工整改时未报告的，由住房城乡建设或者专业工程行政主管部门责令改正，处1万元以上、5万元以下的罚款。

施工单位不执行监理单位停工整改要求的，由住房城乡建设或者专业工程行政主管部门责令改正，处3万元以上、10万元以下的罚款。

第九十一条 违反本条例第四十四条第二款、第四十七条第一款规定，监理单位将不合格的隐蔽工程、检验批、分项工程和分部工程按照合格进行验收，或者在单位工程质量竣工预验收中将质量不合格工程按照质量合格工程预验收的，由住房城乡建设或者专业工程行政主管部门责令改正，处3万元以上、10万元以下的罚款。

第九十二条 违反本条例第四十六条规定，建设、施工、监理单位未在3日内报告涉及结构安全的重大工程质量问题的，由住房城乡建设或者专业工程行政主管部门责令改正，处3万元以上、10万元以下的罚款。

第九十三条 违反本条例第四十七条第二款规定，建设、施工、监理等单位在单位工程质量竣工验收中将不合格工程按照合格验收的，由住房城乡建设或者专业工程行政主管部门责令改正，对建设单位处单位工程合同价款百分之二以上百分之四以下的罚款，对负有责任的施工、监理单位处10万元以上、20万元以下的罚款。

勘察、设计单位在单位工程质量竣工验收中将质量不合格单位工程按照质量合格单位工程验收的，由规划行政主管部门责令改正，处10万元以上、20万元以下的罚款。

第九十四条 违反本条例第四十八条第二款规定，施工单位在工程竣工验收中将不合格工程按照合格验收的，由住房城乡建设或者专业工程行政主管部门责令改正，处工程合同价款百分之一以上、百分之二以下的罚款。

勘察、设计单位在工程竣工验收中将竣工验收不合格工程按照合格工程验收的，由规划行政主管部门责令改正，处合同约定的勘察费、设计费百分之二十五以上百分之五十以下的罚款。

第九十五条 违反本条例第五十三条规定，建设单位未按照规定设置永久性标识的，由住房城乡建设或者专业工程行政主管部门责令限期改正，逾期未改正的，处3万元的罚款。

第九十六条 违反本条例第五十四条规定，建设单位未履行质量保修义务的，由住房城乡建设或者专业工程行政主管部门责令改正，处10万元以上、50万元以下的罚款，并对质量缺陷造成的损失承担赔偿责任。

第九十七条 违反本条例第五十五条第一款规定，建设单位未向房屋建筑所有权人提供房屋建筑质量保证书或者使用说明书的，由住房城乡建设或者专业工程行政主管部门责令改正，并可以处1万元以上、5万元以下的罚款。

第九十八条 违反本条例第五十八条第三款规定，合同双方订立背离备案合同实质性内容协议的，由住房城乡建设、规划或者专业工程行政主管部门责令改正，可以处合同价款百分之零点五以上、百分之一以下的罚款。

第九十九条 违反本条例第六十一条第二款规定，任何单位任意压缩合理勘察、设计周期或者施工工期的，由住房城乡建设、规划或者专业工程行政主管部门责令改正，处20万元以上、50万元以下的罚款。

第一百条 违反本条例第六十三条第二款规定，从事住宅工程房地产开发的建设单位未按照规定办理住宅工程质量保修担保的，由住房城乡建设行政主管部门责令限期改正，逾期未改正的，处 10 万元以上、30 万元以下的罚款。

第一百零一条 违反本条例第六十四条第三款规定，建设单位未及时出具撤销保函申请书或者返还保证金的，由住房城乡建设或者专业工程行政主管部门责令限期改正，逾期未改正的，处 10 万元以上、50 万元以下的罚款。

第一百零二条 依照本条例规定，给予单位罚款处罚的，对单位直接负责的主管人员和其他直接责任人员处单位罚款数额百分之五以上百分之十以下的罚款。建设、勘察、设计、施工、监理单位项目负责人和注册执业人员因过错造成涉及结构安全、主要使用功能等重大质量问题的，二年以内不得担任项目负责人。

第一百零三条 违反本条例规定，建设工程有关单位和从业人员构成犯罪的，对直接责任人员依法追究刑事责任；造成损失的，责任单位依法承担赔偿责任。

第七章 附 则

第一百零四条 本条例所称建设单位是指与勘察单位、设计单位、总承包单位、监理单位等签订建设工程合同的法人。

第一百零五条 抢险救灾及其他临时性房屋建筑、农民自建低层住宅的建设活动和军事建设工程的管理，不适用本条例。

第一百零六条 本条例自 2016 年 1 月 1 日起施行。

8. 贵阳市建设工程抗震管理办法

（2014 年 4 月 30 日贵阳市第十三届人民代表大会常务委员会第 24 次会议通过，2014 年 9 月 29 日贵州省第十二届人民代表大会常务委员会第 11 次会议批准）

第一章　总　则

第一条　为了加强建设工程抗震管理，提高建设工程抗震能力，保障人民群众生命和财产安全，根据《中华人民共和国建筑法》、《中华人民共和国防震减灾法》和有关法律、法规的规定，结合本市实际，制定本办法。

第二条　本市行政区域内建设工程抗震管理工作，适用本办法。

前款所称建设工程，是指房屋建筑工程和市政及农村基础设施工程。

公路、水利设施等其他建设工程的抗震，按照有关规定执行。

第三条　建设工程抗震管理工作坚持以人为本、安全第一、规划先行、预防为主、防治结合的原则。

第四条　县级以上人民政府应当加强本行政区域内建设工程抗震管理工作的统一领导，将该项工作纳入国民经济和社会发展规划。

第五条　市住房和城乡建设行政主管部门按照职责，负责全市建设工程抗震管理工作。区（市、县）住房和城乡建设行政主管部门按照职责分工，负责本行政区域内建设工程抗震管理工作。

市、区（市、县）地震工作主管部门按照职责，负责抗震设防要求的有关工作。

发展和改革、城乡规划、国土资源、工业和信息化、城市管理、工商、教育、卫生、农业、财政等有关行政管理部门以及乡（镇）人民政府应当按照各自职责，做好建设工程抗震管理的有关工作。

第六条　建设工程抗震管理所需工作经费列入本级财政预算，抗震设防工程投资所需经费纳入工程总概算。

第二章　规划与抗震

第七条　本市行政区域按照不低于地震基本烈度 6 度的抗震设防要求进行设防。属于特殊、重点、标准、适度设防类别的，按照相应的要求进行规划、设防和管理。

除前款规定已包含的学校、医院外，养老院、儿童福利院、残疾人康复治疗机构等建设工程的抗震设防类别，应当划为重点设防类。

任何单位和个人不得降低设防类别和标准。

第八条　本市城市总体规划、县（市）所属镇的总体规划，应当包含抗震防灾专项规划；乡及村庄规划，应当有抗震防灾专篇。

城市抗震防灾专项规划，由市住房和城乡建设行政主管部门会同有关部门组织编制，按照规定程序进行技术评审和报送审批。

县（市）所属镇的抗震防灾专项规划、乡及村庄抗震防灾专篇，由所在地的县级住房和城乡建设行政主管部门会同有关行政管理部门组织编制。

依法批准的各类抗震防灾专项规划和专篇，非经法定程序不得擅自改变。因震情形势变化和经济社会发展需要确需改变的，应当按照原程序报送审批。

第九条　抗震防灾专项规划应当符合国家城市抗震防灾规划标准，并且与防震减灾规划相衔接。

第十条　抗震防灾专项规划和专篇中的抗震设防标准、建设用地评价与要求、抗震防灾措施，应当列为城乡规划的强制性内容，作为编制详细规划和实施城乡建设的依据。

第十一条　在基本建设管理活动中，应当将抗震设防要求和抗震技术标准作为项目立项、可行性研究、选址、勘察、设计、施工、监理、竣工验收备案的依据和必备内容。

发展和改革、城乡规划、住房和城乡建设等有关行政管理部门在履行建设工程相关审批、核准、备案等管理职责时，应当对照国家规定以及强制性标准、规范，查验落实抗震设防专项内容。

第十二条　依照法律法规规定应当进行地震安全性评价的建设工程，建设单位应当在项目设计前委托具有相应资质的单位进行地震安全性评价，按照经审定的评价报告确定抗震设防要求，进行抗震设防。

一般工业与民用建设工程应当按照建筑抗震设计规范，以及地震烈度区划图或者地震动参数区划图，确定抗震设防要求，进行抗震设防。

第十三条　建设工程的选址，应当符合抗震防灾专项规划。

建设工程的勘察，勘察单位应当按照岩土工程勘察规范、建筑抗震设计规范等国家技术标准编制抗震勘察成果文件。

第十四条　新建、扩建和改建建设工程，设计单位应当按照抗震设防要求以及建筑抗震设计规范、抗震勘察成果文件进行抗震设计。

第十五条　施工图审查机构应当审查建设工程是否符合抗震强制性标准、规范的情况。符合要求的，在向建设单位出具的审查合格书中予以记载；不符合要求的，书面说明原因，将施工图文件退回建设单位整改后重新送审。

第十六条　农村建设工程应当符合乡及村庄抗震防灾专篇。

农村公共建筑、基础设施和统一规划、建设的村民住宅，应当按照工程建设标准、基本建设程序进行规划、设计和施工，达到抗震设防要求及抗震技术标准。

鼓励有条件的村民委托具有工程设计资质的单位或者有工程建设执业资格的人员进行设计后施工，并且达到抗震设防要求及抗震技术标准。

第十七条　施工单位应当严格按照工程建设强制性标准、施工验收技术规范和经审查合格的施工图设计文件进行施工，达到抗震设计要求，并且在竣工验收时接受查验。

施工单位不得擅自修改施工图设计文件和降低抗震标准，不得改变或者取消抗震设防措施。

第十八条　鼓励开展建筑抗震新技术、新工艺、新材料、新设备的科学技术研究，推广应用符合本地实际的建筑结构抗震技术。

县级以上人民政府及其有关部门应当按照国家规定推进抗震新技术、新工艺、新材料、新设备的应用，并且按照规定给予财力支持。

第三章 监督与管理

第十九条 县级以上人民政府应当建立健全住房和城乡建设、地震、发展和改革、城乡规划、国土资源、城市管理、财政等有关行政管理部门参与的建设工程抗震工作协调机制，研究制定有关政策措施，解决重大问题。

第二十条 住房和城乡建设行政主管部门在建设工程抗震管理工作中履行下列职责：

（一）开展建设工程抗震知识宣传、普及和培训；

（二）建立和实施建设工程抗震管理工作制度；

（三）建立建设工程抗震应急鉴定专家库和专家评审制度；

（四）对建设工程抗震有关法律法规、强制性标准的执行和专项规划、专篇的编制与实施情况进行督促检查；

（五）建立健全建设工程抗震设防档案信息管理制度。

第二十一条 住房和城乡建设等有关行政管理部门应当采取发放农房抗震通用图集、建设抗震样板房、拍摄抗震科普宣传片、开展抗震技术培训和现场技术指导咨询等服务方式，鼓励和引导村民采取经济、合理、可靠和具有特色的措施进行抗震设防。

乡（镇）人民政府应当组织村镇规划、建设管理人员或者建筑专业技术人员，对需要抗震设防的村民建房进行技术指导、监督。

第二十二条 建筑物的所有权人、使用权人和物业服务企业向住房和城乡建设等有关行政管理部门、施工图审查机构或者城建档案管理机构等查询建筑物的抗震设防情况，相关单位应当如实提供。

建筑物的所有权人、使用权人根据房屋状况实施抗震加固工程，涉及用地、规划技术标准适用或者房屋权属、用途等变更的，相关行政管理部门应当及时办理手续。

第二十三条 任何单位和个人都有权向住房和城乡建设等有关行政管理部门举报、投诉建设工程抗震质量问题。

住房和城乡建设等有关行政管理部门应当及时处理，并将处理结果告知举报人、投诉人。

第四章 法律责任

第二十四条 违反本办法第七条第二款规定，养老院、儿童福利院、残疾人康复治疗机构等建设工程未按照重点设防类进行设防的，由住房和城乡建设行政主管部门责令限期改正，处以 3 万元以上 10 万元以下罚款。

第二十五条 违反本办法第十三条第二款、第十四条规定，勘察、设计单位未按照工程建设抗震强制性标准进行勘察、设计，或者设计单位未根据勘察成果文件进行设计的，由住房和城乡建设行政主管部门责令改正，处 10 万元以上 30 万元以下罚款。造成工程质量事故的，责令停业整顿，降低资质等级；情节严重的，吊销资质证书；造成损失的，依法承担赔偿责任。本市无管理权限的，报请有管理权限的上级部门依法处理。

第二十六条　违反本办法第十五条规定，施工图审查机构未按照工程建设抗震设防强制性标准、规范进行审查的，由住房和城乡建设行政主管部门责令改正，处1万元以上3万元以下罚款；造成损失的，依法承担赔偿责任；情节严重的，报请有管理权限的上级部门依法处理。

第二十七条　违反本办法第十七条规定，施工单位有下列情形之一的，由住房和城乡建设行政主管部门责令改正，处工程合同价款2%以上4%以下罚款。造成建设工程抗震质量不符合规定标准的，依法承担返工、修理以及赔偿责任；情节严重的，责令停业整顿，吊销资质证书。本市无管理权限的，报请有管理权限的上级部门依法处理：

（一）未按照工程建设强制性标准、施工验收技术规范或者经审查合格的施工图设计文件进行施工的；

（二）擅自修改施工图设计文件或者降低抗震标准的；

（三）改变或者取消抗震设防措施的。

第二十八条　违反本办法规定的其他行为，其他法律、法规有行政处罚规定的，从其规定。

第二十九条　住房和城乡建设等有关行政管理部门及其工作人员，在建设工程抗震管理工作中未依法履行职责或者玩忽职守、滥用职权、徇私舞弊、索贿受贿，尚不构成犯罪的，对直接负责的主管人员和其他直接责任人员依法给予行政处分。

第五章　附　则

第三十条　本办法下列用语的含义是：

（一）抗震设防，是指各类工程结构按照规定的可靠性要求，针对可能遭遇的地震危害性所采取的工程和非工程措施，以有效减轻地震灾害的行为。

（二）抗震设防要求，是指建设工程抗御地震破坏的准则和在一定风险水准下抗震设计采用的地震烈度或者地震动参数。

第三十一条　本办法自2014年11月1日起施行。

第三篇　标准篇

《建筑防灾年鉴2012》、《建筑防灾年鉴2013》标准规范篇已对目前我国现行的大多数工程建设国家标准、行业标准、协会标准以及地方标准作出了概括与总结，这些标准规范涵盖抗震防灾规划，抗震设防分类，防灾减灾的设计、施工、检测、鉴定和加固等方面，是我国近20年来城乡建设防灾减灾标准化工作成果的缩影。本篇主要收录国家、行业、协会以及地方标准在编或修订情况的简介，主要包括编制或修编背景、编制原则和指导思想、修编内容与改进等方面内容，便于读者能在第一时间了解到标准规范的最新动态，做到未雨绸缪。

1. 国家标准《蓄滞洪区建筑工程技术规范》修订简介

于文　葛学礼
中国建筑科学研究院，北京，100013

一、背景

1994 年 2 月 1 日颁布实施的强制性国家标准《蓄滞洪区建筑工程技术规范》GB 50181－93（以下简称《规范》），是根据国家计委计综 [1986]2630 号文的要求，由中国建筑科学研究院会同有关单位制订的。

《规范》密切结合我国蓄滞洪区经济发展状况和建筑工程的地域特点，充分考虑了基层设计单位和村镇建筑工匠等使用对象的技术水平，体现了减轻洪水作用、降低抗洪造价的编制指导思想，可操作性强，适用于蓄滞洪区建筑设计水深不大于 8m 地区的建筑物（构筑物）抗洪设计和施工。规范的颁布实施，为广大蓄滞洪区建筑工程抗洪能力的提高提供了技术支持，在我国蓄滞洪区建设中发挥了应有的作用。

随着我国城乡经济的发展，居民生活水平提高，对房屋安全性、宜居性也有了更高的要求。《规范》发布二十余年以来，我国又发生了多次严重洪灾，建筑工程的抗洪问题也愈发受到政府重视，随着调研的深入和相关研究的开展，科研人员对蓄滞洪区建筑工程抗洪有了进一步的认识，取得了新的研究成果，为规范的编制提供了技术依据。在此背景下，有必要对标准进行修订。

根据住房和城乡建设部《关于印发 2015 年工程建设标准规范制订、修订计划的通知》（建标 [2014]189 号）的要求，由中国建筑科学研究院会同北京科技大学、住房和城乡建设部防灾研究中心、大连理工大学、北京交通大学、中南大学、北京市房地产科学技术研究所、中国水利水电科学研究院等单位共同修订。

2015 年 6 月 16 日在北京召开了编制组成立暨第一次工作会议，讨论并通过了标准修订工作纲要，开始了《规范》的修订工作。会议讨论认为：本次修订将增加建筑工程抗水流作用的条文，规范的适用范围除了蓄滞洪区外，还扩大到洪泛区，因此，建议修订后的规范更名为《建筑工程抗洪技术规范》。经上报主管部门，在综合考虑《规范》的技术内容、适用范围和水利部国际合作与科技司对于更名的回函建议后，根据住房城乡建设部标准定额司《关于国家标准〈蓄滞洪区建筑工程技术规范〉名称变更的函》的要求，将原标准名称《蓄滞洪区建筑工程规范》更名为《洪泛区和蓄滞洪区建筑工程技术规范》。

二、修订原则和指导思想

《规范》的修订，遵循以下基本原则：

1. 贯彻执行国家和行业的有关法律、法规和方针、政策，将建筑工程抗洪的成熟研究成果和实用技术纳入《规范》修订中。

2．国家标准《蓄滞洪区建筑工程技术规范》修订简介。

3．遵循标准编制先进性、科学性、协调性和可行性的原则。

4．做好与国内现行相关标准之间的协调，避免重复或矛盾。

5．应符合《工程建设标准编写规定》的要求。

本《规范》的修订除遵循上述基本原则之外，尚应在修订中充分考虑适用范围和使用对象的要求。

针对现有砖、石等结构类型在洪水灾害中表现出的结构整体性差、砌筑砂浆强度低、节点连接不足、构造不合理等问题，除了予以改进和加强外，应着重在减轻波浪荷载、水头冲击和水流作用等方面采取对策和措施。本着减轻洪水作用、降低抗洪造价的原则，使建筑抗洪措施所增加的造价控制在可承受的范围内。

三、主要的修订内容和改进

《规范》修订后内容包括：总则；术语和符号；建筑抗洪设计基本规定；波浪荷载与水流荷载；地基和基础处理；砌体结构房屋；钢筋混凝土结构房屋；单层空旷房屋；石结构房屋；附录等。

1. 总则

明确了《规范》的目的和意义，不限于蓄滞洪区建筑工程的防洪，扩展到洪水易发地区建筑工程的抗洪设防。即“为贯彻执行国家有关建筑工程、防洪减灾的法律法规，实行以预防为主的方针，使洪水易发地区建筑工程经抗洪设防后，减轻建筑的洪水破坏，避免人员伤亡，减少经济损失，制定本规范”。

适用范围扩大，除蓄滞洪区建（构）筑物外，增加了“建筑设计水流速度不大于3.5m/s的河流区段建（构）筑物”。

明确了《规范》的防御目标，即“按本规范设计的建（构）筑物，其防御目标是：处于建筑设计水深、设计水流速度和遭受设计风浪等荷载作用下，应能维持预定的使用功能”。

2. 术语和符号

增加了“水流荷载”相关术语和符号，如水流速度、水流作用、水流力等。

3. 建筑抗洪设计基本规定

在一般规定、建筑工程规划、建筑设计、结构计算、构造措施及其他等节中分别增加抗水流荷载的相关基本规定。

4. 波浪和水流荷载

增加了水流荷载抗洪设计相关内容，包括河流水流速度计算、水流力计算、墙体截面抗水流力受剪承载力验算、孤立墙体平面外抗弯验算、洞口侧面墙体平面外沿齿缝抗弯验算等。上游有建筑物或防风浪林带时遮流影响系数确定等。

5. 地基和基础处理

增加抗水流荷载和水流冲刷的内容。

6. 砌体结构房屋

将“抗浪柱”改为“抗洪柱”，并提高其混凝土强度等级要求；加强部分抗洪构造措施，提出砌体结构房屋抗水流荷载的相关规定。

7. 钢筋混凝土结构房屋

增加钢筋混凝土结构房屋抗水流荷载的相关规定。

8. 单层空旷房屋

增加单层空旷房屋抗水流荷载的相关规定。

9. 石结构房屋

本章为新增内容，和其他结构形式房屋相同，包括一般规定、计算要点和构造措施等规定。

10. 附录

附录中新增了洪水水流作用计算方法相关内容。修订过程中，根据需要增加相应内容。

此外，还包括了本规范的用词说明、引用标准名称及条文说明等。

四、结束语

《规范》的修订，由原主编单位中国建筑科学研究院负责。主编单位和各参编单位在建筑工程抗洪领域进行了大量的科研工作，取得的成果得到了良好的转化，与地方的抗洪实践相结合，在标准规范的应用和相关技术的推广示范方面取得了很大成效。在对洞庭湖周边蓄滞洪区的调研中，着重调查了按修订前《规范》建造的避洪安全房（以砖砌体房屋为主）在蓄滞洪应用期间的表现，调查表明，在 1996 年和 1998 年蓄滞洪区应用中，避洪安全房发挥了应有的作用，基本无一破坏，切实起到了保护人民群众生命财产安全的重要作用。

《规范》的修订实施，将为洪水灾害地区建筑的抗洪设计提供技术指导，进一步提高蓄滞洪区、洪泛区建筑的抗洪能力。

《规范》的修订过程，需要进一步开展调查研究工作和必要的试验验证项目，为修订奠定技术工作基础。在修订过程中，将严格按照工程建设标准制修订工作程序和编写规定开展工作，保证高质量完成修订工作。

2. 行业标准《长螺旋钻孔压灌桩技术规程》编制简介

吴春林
中国建筑科学研究院，北京，100013

一、背景

随着我国经济的蓬勃发展，基本建设投资规模的日益增大，为节省土地资源、降低投资成本，设计高层建筑越来越多，为解决地基的承载力和变形问题，在建筑场地存在地下水的情况下采用水下灌注桩设计方案是相当普遍的。目前水下灌注桩的施工常采用振动沉管灌注桩、泥浆护壁钻孔灌注桩、长螺旋钻孔无砂混凝土灌注桩。上述三种灌注桩施工方法在环保、工效、质量、经济等方面存在一些问题。最近几年开发并运用于工程的长螺旋钻孔压灌桩技术具有施工简便、快捷、文明、经济、高效、成桩质量稳定等特点。

目前长螺旋钻孔压灌桩技术已在全国很多省份得到大量运用，但目前仅北京地区发布了《长螺旋钻孔压灌混凝土后插钢筋笼灌注桩施工技术规程》，尚无国家或行业标准。因此，编制该行业标准，规范和指导长螺旋钻孔压灌桩的设计、施工和检验，便于设计和施工人员使用，避免质量事故的发生很有必要。根据住房和城乡建设部【关于印发（2013 年工程建设标准规范制订、修订计划）的通知】（建标 [2013] 6 号）的要求，由建研地基基础工程有限责任公司会同有关设计、勘察、施工、研究和教学单位共同组成行业标准《长螺旋钻孔压灌桩技术规程》编制组，负责该规范的编制工作。编制组于 2013 年 5 月 16 日正式成立并召开第一次全体成员工作会议，讨论并通过了标准编制工作纲要，开始了本规程的编制工作。2014 年 12 月 20 日，编制组完成了《长螺旋钻孔压灌桩技术规程》的征求意见稿，开始向各地建设主管部门、有关科研院所、设计施工等单位征求意见，累计收集到上百条意见。对收集到的意见进行反复讨论、修改后形成送审稿初稿，于 2015 年 3 月 30 日召开工作会议，编制组成员再次共同讨论、修改后形成了《长螺旋钻孔压灌桩技术规程》（送审稿），拟报住建部标准中心审查。

二、编制原则和指导思想

《长螺旋钻孔压灌桩技术规程》在编制过程中，编制组编制工作的指导思想主要有以下几点：

1. 严格按照规范编制的管理程序进行；

2. 结合长螺旋钻孔压灌桩施工工艺的特点，注重科学性、先进性、系统性和可操作性；

3. 注意与相关规范的协调和统一。

另外，在具体的编制过程中，始终把握以下原则进行工作：

1. 规范中涉及的内容在有关国家、行业标准中已有规定时，直接引用这些标准代替详细规定，避免规范之间的重复和矛盾；

2. 成熟的内容纳入规范，不成熟的、争议较大的不纳入；

3. 广泛征求意见，编制过程中的不同意见由领导小组统一协调。

三、主要编制内容

《长螺旋钻孔压灌桩技术规程》（送审稿）的主要技术内容是：1. 总则；2. 术语和符号；3. 基本规定；4. 设计；5. 施工；6. 检验与验收；附录。

“总则”中明确了制订本规程的目的和意义，即“长螺旋钻孔压灌桩设计、施工和检验中切实贯彻执行国家的技术经济政策，做到安全适用、技术先进、经济合理、确保质量和保护环境”。其设计和施工中应做到因地制宜、就地取材、保护环境、节约资源和提高效率等，以及本规程与相关规范的协调性。

“术语和符号”主要对本规程里出现的一些名词进行了定义和解释，使规程条文针对的内容更明确。

“基本规定”中明确了长螺旋钻孔压灌桩的设计原则，以及考虑不同土性和设备能力的适用范围。

“设计”中给出了基桩抗压、抗拔及抗水平承载力计算方法。因长螺旋钻孔压灌桩施工工艺不同于其他规范中的泥浆护壁灌注桩和振动沉管灌注桩等桩型，通过大量的静载荷试验资料统计，给出了长螺旋钻孔压灌桩极限侧阻力标准值和极限端阻力标准值表，方便设计人员使用。根据长螺旋钻孔压灌桩特点明确了桩身构造要求。

“施工”中明确了施工前的准备、施工设备选型、施工材料选用标准等；对长螺旋钻孔压灌桩施工的主要环节——成孔、混凝土压灌、钢筋笼制作及植入、成品保护给出了具体要求，确保工程质量。

“检验与验收”中明确了施工前检验、施工过程检验、施工后检验的要求和标准，给出了长螺旋钻孔压灌桩质量检验的允许偏差或允许值，最后明确了施工验收标准。

此外，规程还包括了附录、本规程的用词说明、引用标准目录及条文说明等。

四、结束语

编制组依托住房和城乡建设部课题《长螺旋水下成桩工艺和设备》的成果及大量的工程实践，对国内长螺旋钻孔压灌桩的相关文献进行详细的调查研究，认真总结实践经验，参考有关勘察、设计、施工及质量验收标准，在广泛征求意见的基础上，编制了《长螺旋钻孔压灌桩技术规程》（送审稿）。

《长螺旋钻孔压灌桩技术规程》的制定和实施，将规范长螺旋钻孔压灌桩的设计、施工、检验与验收等环节，保证工程质量，并使其符合节能、环保的要求具有重要的意义，亦将产生良好的经济和社会效益。

3. 行业标准《冻土地区建筑地基基础设计规范》修编简介

陈建华　朱磊

黑龙江省寒地建筑科学研究院，哈尔滨，150080

一、背景

根据住房和城乡建设部《2008 年工程建设标准规范制订、修订计划（第一批）》（建标 [2008]102 号）文，《冻土地区建筑地基基础设计规范》JGJ 118－98 列入修订计划。该规范由黑龙江省寒地建筑科学研究院和大连阿尔滨集团有限公司会同有关单位共同修订。

为积极吸收近十多年来的新技术、新工艺、新产品以及相关专利技术和科研成果，体现本规范的科学性与先进性，同时，也为确保本规范具有广泛的地域性和代表性，规范主编单位——黑龙江省寒地建筑科学研究院和大连阿尔滨集团有限公司于 2008 年 7 ～ 9 月，向我国东北、华北、西北等地区广泛征集编制单位与编制人员，并征求原参编单位的意见，在此基础上组建了由黑龙江省、辽宁省、内蒙古自治区、甘肃省、青海省等科研院所、大专院校、设计单位的 21 名代表组成的修订组。此后，规范修编组扩充了一部分长期从事冻土地区地基基础设计、研究和施工的单位，从 2008 年 9 月起到 2009 年 11 月，共计召开 4 次规范修编会，改了 4 稿，并较为广泛地征求了工程界的意见，2010 年 6 月通过专家组的审查，并于 2011 年 8 月 29 日发布，2012 年 3 月 1 日开始实施。

二、标准修编中重点内容确定的依据及其成熟度

1. 增加了砂类土的冻胀性分类

对原规范第 3 章“表 3.1.5 季节冻土与季节融化层土的冻胀性分类 ”增加了碎（卵）石，砾砂、粗中砂（粒径小于 0.075mm 的颗粒含量不大于 15%）、细砂（粒径小于 0.075mm 的颗粒含量不大于 10%）在饱和含水情况下的冻胀性分类，因为在饱和含水情况下，碎（卵）石、砾砂、粗中砂、细砂如果下面有隔水层，肯定会发生冻胀，而不是原规范的不冻胀。

2. 修改了“冻结期间地下水位距冻结面的最小距离”

对原规范第 3 章“表 3.1.5 季节冻土与季节融化层土的冻胀性分类 ”进行了修订，将“冻结期间地下水位距冻结面的最小距离”一栏修改为“冻前地下水位距设计冻深的最小距离”。因为“冻结期间地下水位距冻结面的最小距离”的要求给实际勘察带来很大困难，一方面，什么时期地下水位距离冻结面最近难以预测，另一方面，该指标的勘察确定与冻前含水量的勘察也必然存在季节上的不一致，造成勘察困难；设计冻深应该视为冻结期间的最大冻深，如果冻前地下水位距离设计冻深的距离大于表中取值，且在冻结期间地下水位不上升，则满足修订后的“冻前地下水位距设计冻深的最小距离”就一定满足修订前的“冻结期间地下水位距冻结面的最小距离”。根据现有掌握的资料，冻结期间地下水位均呈下降趋势，且距冻结面越近，水位下降越显著。

3. 细化了“多年冻土地基勘探点间距和深度”

对原规范第3章第二节中“多年冻土地基勘探点间距和深度”作了更细的规定。因为随着时代的发展，多年冻土地区建筑已由过去以建平房为主，变为以建楼房为主，在该区进行岩土勘察应查清多年冻土的水平（平面）分布、垂向（上下限）分布，勘探孔数量及深度比非冻土区有所增加，勘探孔间距及深度应分别满足设计要求。

4. 调整了季节冻土地基基础埋深要求

对季节冻土地基基础埋深作了重新规定，对强冻胀性土、特强冻胀性土，基础底面应埋入设计冻深以下0.25m，原因如下：

（1）随着国民经济的发展，建筑工程质量标准提高，更加重视建筑物的安全性、耐久性。经调查，从规范实行以来，我国浅季节冻土地区（标准冻深小于1.0m），除农村外基本没有实施基础浅埋；中等厚度季节冻土地区（标准冻深在1.0～2.0m）冻胀性等级Ⅳ、Ⅴ级的多层建筑，也很少采用浅埋基础；在深厚季节冻土地区（标准冻深大于2.0m），地基土层中若是埋藏浅的粗颗粒土，又是不冻胀、弱冻胀类土，浅埋基础较多。如漠河（融区季节冻土）、大兴安岭、满洲里、牙克石等多年冻土南界以北的深季节冻土地区。

（2）冻胀性强的土，融化时的冻融软化现象，使基础出现短时沉降，多年累积，可导致部分浅埋基础房屋由于基础沉降不均造成损害。有的使用20～30年后室内地面低于室外地面，影响正常使用。强冻胀土、特强冻胀类别的黏性土地基土，渗透性低，冻结后融化时基底下土体融化水聚积，呈现软塑流塑状态，承载力降低，其冻融软化现象更严重。

（3）基础浅埋后，如果使用过程中地基浸水，会造成地基土冻胀性的增强，导致房屋出现冻胀破坏。此现象在采用了浅埋基础的三层以下建筑时有发生；在石化企业的部分生产厂区，地表水和排水渗漏浸润地基土，厂区的管架等轻型构架基础，投产几年后出现冻拔现象。

（4）季节冻土的基础埋置深度中采用的设计冻深，是由标准冻深，经修正后的计算值。修正系数中土的湿度（冻胀性），土质（岩性）影响较大。经修正后的设计冻深值的规律是：冻胀性大的地基土，设计冻深值小于标准冻深；不冻胀类土、弱冻胀类土均大于标准冻深，其中粗颗粒土设计冻深大于标准冻深，可达1.3～1.4倍。实测资料也证实这个规律。在本规范附录C的说明，记载了哈尔滨市郊阎家岗冻土站中的特强冻胀土（η=23%），其冻层厚度1.50m，冻胀量280mm，实际冻结深度仅1.22m。而哈尔滨市的标准冻深是1.90m。特强冻胀类土，按标准冻深计算设计冻深，综合修正系一般0.65～0.75。

本次修订，分析了基础底面以下的冻土层在长期冻结融化过程中，存在融化时地基承载力降低、冻胀性增强的不利影响，不同类土及冻胀性实际冻结深度、设计冻深的取值方法等因素，对基础的埋置深度作了部分修改。

5. 增加了多年冻土地区桩基础入土深度要求

多年冻土中桩基的承载能力，来源于桩侧表面的冻结力和桩底多年冻土的抗力。活动层中桩的摩擦阻力和冻结力，在承载力计算中是不能考虑的。因为冻土桩基的稳定性，除桩的下沉稳定外，还有桩的抗冻胀稳定。为满足桩的抗冻胀稳定要求，活动层部分的桩体，在一般情况下，均需要作防冻胀处理，即要求消除或减小桩表面与活动层土体之间的胶粘连结力，以满足桩基抗冻胀稳定的要求。因此，冻土桩基的最小埋置深度，应通过冻土桩基热工计算、承载力计算和抗冻胀稳定计算确定。

6. 增加了多年冻土地区桩基础混凝土灌注温度要求

钻孔灌注桩中混凝土的养护和土的回冻都需较长时间，拌制混凝土时需加入负温早强外加剂，待周围土体回冻和桩具有一定强度后才能施加外荷载，根据冬期施工规程，混凝土灌注温度应不小于5℃，但温度过高，又影响桩周土体回冻时间，从青藏铁路建设经验来看，规定5～10℃最具实际意义。

7. 规定了热棒、热桩基础的应用设计范围

热桩、热棒又称热虹吸，热虹吸在寒区地基、基础工程中的应用，解决了地基多年冻土衰退、融化和基础冻胀、融沉等热力过程中的许多工程问题，保障了多年冻土地基的稳定。在管线工程、桥涵、道路路基、机场跑道、通讯输电线塔以及港口工程中，热虹吸都被用来冷却地基，防止地基多年冻土上限下降和活动层土的冻胀和融沉，提高冻土地基的强度，保证多年冻土地基的稳定。热虹吸技术在世界多年冻土国家中，得到了广泛的应用。

在下列情况下，采用热虹吸制冷技术，通常可使寒区地基、基础工程中遇到的热工问题，得到圆满解决：

（1）由于热干扰，采用习惯方法不能防止地基多年冻土衰退时；

（2）需降低地基多年冻土温度，防止多年冻土退化，提高地基多年冻土的允许承载力时；

（3）用隔热层来减小融化深度，无法实现和有不利影响时；

（4）需重新冻结已融化的地基多年冻土，或需在地基中形成新的多年冻土时；

（5）需防止浅基础冻胀时。

8. 取消了原规范设置黏性土草皮保温层后人为上限的计算公式，增加了碎石材料作为边坡保温覆盖层的内容。

防止滑塌措施的选择应该从热防护和力学稳定性两方面进行考虑。为避免多年冻土区天然上限下移，防止滑塌，需设置边坡保温覆盖层。

保温覆盖层厚度应通过材料的热物理性能进行热工计算确定，并考虑一定的安全系数。对青藏铁路格尔木至拉萨段试验工程的地温数据分析表明，坡面采用碎石层进行覆盖具有较好的保护多年冻土地基的作用，本条引用了其研究成果。

9. 增加了“多年冻土地区桩基竖向承载力检测”等内容

多年冻土地区单桩竖向承载力检验，如按地基土保持冻结状态设计时，应在桩周土体回冻后进行检测，并应按照本规范附录H进行检验。多年冻土地区单桩竖向承载力检验，如按地基土逐渐融化状态或预先融化状态设计时，应在地基土处于融化状态时进行检验，检验方法应符合现行行业标准《建筑基桩检测技术规范》JGJ 106的规定。

10. 增加了“多年冻土地区监测”内容

冻土地基是受热扰动最为敏感的。标志多年冻土热稳定性的基本指标是多年冻土的年平均地温，通常可以采用15m深处的冻土地温作代表。当属于高温冻土时，在环境和建筑物热扰动下，极易使冻土地温升高或出现融化。大量的室内外试验数据表明，当冻土温度高于−1.0℃以上时，在外荷载作用下会出生较大的压缩性。因此，温度场监测就成为多年冻土区监测的重要项目，监测冻土地基的温度场的形成及其变化。

冻土地基地温变化直接受气候、环境及建筑物的热状态的影响。一般情况下，竣工后三年间冻土热状态受扰动最为剧烈。为此，冻土地区的温度场观测应从施工开始，每旬观

测一次，并在使用期间延续进行，每月观测一次。随着全球气候变暖的影响，冻土地基的热稳定性亦随之变化，对地基设计为甲、乙级的建筑物监测时间就可能更长，直至变形达到稳定为止。当冻土地基热状态和变形逐渐出现不稳定的趋势时，就应及时采取措施，如热棒等主动降温的措施，以保持冻土地基的热稳定性。

11. 修订了“冻土地温特征值及融化盘下最高土温的计算”内容

本次修订考虑到许多地区多见 15m 深度的测温钻孔，此时若按照本计算规定估算冻土地温特征值则无法实现，因此增加了也可以根据 10m 和 15m 深度的实测地温值估算冻土地温特征值的补充条例（正文 D.1.1.4）。这种情况下，公式中以 T15 替换 T20，以 T10 替换 T15，a=15，其他保持不变。这种改动深度后的计算与原有规定的计算之间造成的差异实际上只取决于计算得到的年平均地温的差异。

12. 删除了附录 K“冻土、未冻土热物理指标的计算（值）”中部分内容

附录各表中提供的热参数值是根据以前的实测结果和统计分析得到的经验公式推求而来，总体而言，其结果较为准确。近年来针对性的测试实验工作不多，一些零散的热参数测试难以总结出代表土类的取值结果，因此可以考虑沿用 JGJ 118–98 中提供的参考结果。但是由于原状样测试中，土样含水量并非均匀，因此含水量测试结果和容重测试结果的代表性存在差异，从而导致一些不匹配的样品结果。比如，当土样干容重一定时，则存在最大含水量（不考虑体积压缩，土体达到饱和）。在表中存在一些超出界限的情况，本次修订建议剔除。

表 K.0.1–1 中：

干容重 700，对应含水量截止于 90；

干容重 800，对应含水量截止于 90；

干容重 900，对应含水量截止于 70。

表 K.0.1–2 中：

干容重 1400，对应含水量截止于 30；

干容重 1500，对应含水量截止于 30；

干容重 1600，对应含水量截止于 25。

表 K.0.1–5 中：

西藏两道河数据，干容重 700，对应含水量 138.1，删除。

三、与国外相关标准水平的对比以及对本标准的初步评价

本规范在修订过程中，编制组对相关国外标准进行了调研，主要有《冻土地基基础技术规范》（TCH50–305–2004）（赤塔州），《多年冻土上的地基和基础》（СН и П2·02·04—88）等。以上的标准中，主要涉及的内容均以季节冻土地基和多年冻土地基房屋基础设计为主，我国《冻土地区建筑地基基础设计规范》具有内容全面、专业性强、技术先进等特点。与美国、俄罗斯等国家和国际学术组织的相关标准相比较，本标准在某些规定方面与国外标准相近或相同，而有些规定则是根据我国国情和我国建筑工程施工与技术的发展现状所定，与国外标准规定不尽相同。例如，关于季节冻土的埋深，日本、美国、丹麦和加拿大等国的地基设计规范规定了不管地基土的冻胀与否，其基础的埋深一律不小于冻深。苏联的地基基础规范则进一步规定，对于不冻胀土，其基础的埋深可不考虑冻深的影响，而对冻胀性土的基础埋深则不小于计算冻深（计算冻深等于标准冻深乘以采暖影响系数），

而我国标准则规定，对强冻胀性土、特强冻胀性土，基础底面应埋入设计冻深以下0.25m；对不冻胀、弱冻胀和冻胀性地基土，基础底面可埋置在设计冻深范围之内，寒季基础底面下可存在一定厚度的冻土层（设计埋深至最大冻深线之间），基底允许冻土层最大厚度应根据当地经验确定。当没有地区经验可按本规范的规定进行冻胀力作用下基础的稳定性验算确定，与苏联规范比较接近。

在与国外标准、规范相关规定对比之后，结合本标准编制过程中收集的资料以及验证试验结果，编制组对本规程的初步评价如下：

1. 专业性

本标准是我国关于冻土地区建筑地基基础设计的专业规范，本规范主要规定了季节冻土及多年冻土地区建筑地基基础的设计，包括冻土分类与勘察要求、多年冻土地基的设计计算、基础的埋置深度、基础的设计、边坡及挡土墙、检验与监测等相关内容，主要用于规范和指导我国季节冻土及多年冻土地区建筑地基基础的设计。

2. 适用性

本规程在修订过程中，编制组进行了专门调研、收集资料，经过综合分析、广泛征求意见之后，编制组确定了规范送审稿。因此，本规范充分体现了我国冻土地区建筑地基基础设计的技术水平现状，并充分考虑了近十年来我国建筑业发展以及国家相关法律法规情况，使得规范更具有科学性、可操作性和适用性。

3. 先进性

本规程修订过程中，编制组参考和借鉴了美国、俄罗斯等发达国家与国际组织的相关先进标准，结合我国实际情况及施工技术、经济水平的现状，对规范进行了全面修订，使得规范技术内容具有先进性。

四、标准中尚存在的主要问题及今后需要进行的主要工作

本次规范修订中，由于时间紧迫，任务较重，而冻土地区建筑地基基础设计中的很多科研与验证试验周期长，工作量大，因此。很多应用成果并没有完全归入新规范中，这都将有待于今后进一步的研究与探索。

1.“中国季节冻土标准冻深线图”及“中国融化指数标准值等值线图”的绘制

现标准采用的“中国季节冻土标准冻深线图”及“中国融化指数标准值等值线图”均绘制于20世纪80年代，其值与现在的实际值已有一定的出入，为了更好地反映上面两个指标，更好地规范冻土地区基础的埋深，有必要对“中国季节冻土标准冻深线图”及“中国融化指数标准值等值线图”进行重新调研、绘制。

2. 保温基础的研究

季节冻土地区，通过对基础进行保温，可以适当降低场地冻深，基础可以进行浅埋，这方面国外做得比较多，国内大庆等地区也有应用，但因缺乏系统性研究而无法在规范里体现出来；多年冻土地区，通过阳坡保温，可以平衡阴坡阳坡的融化深度，但这些基本上都是地区经验，有必要对保温基础进行深入系统的研究。

3. 热棒技术的应用研究

热棒在我国公路、铁路上已经大范围的应用，其作为一种无源冷却技术，能够起到保护冻土、保护环境的作用，虽然国外在房屋基础上已经大量使用，但我国还很少应用，有必要对热棒技术在房屋基础中的应用进行研究。

4. 多年冻土地区三种设计状态的研究

多年冻土地区地基基础的设计，是采用保持冻结状态、逐渐融化状态还是预先融化状态对基础选型是一个主要问题，这方面有必要通过对现有建筑物基础的研究，提出符合我国国情的利用冻土原则。

五、结束语

《冻土地区建筑地基基础设计规范》编制组，经过近三年的努力，终于完成了规范修编工作。编制组充分考虑了我国冻土地区工程建设领域内社会的需求和发展，较为和谐地处理了规范与设计的各种关系，使得规范总结了和体现了设计的进步，又指导了冻土地区地基基础设计向更为安全、合理、经济的方向发展。

待规范正式发布实施后，编制组将加强规范的宣贯工作，使设计、施工、监理和建设单位更快、更好地了解和掌握规范的技术内容，尽快发挥规范的经济和社会效益。而随着施工技术的进步和经济条件的改善，主编单位也将在今后的规范实施与管理过程中，针对遇到和反馈的意见、问题和信息作更深一步的研究。

4. 行业标准《建筑地下结构抗浮技术规范》编制简介

康景文

中国建筑西南勘察设计研究院有限公司，成都，610052

一、背景

随着我国经济建设的发展，在地下水位较高的地区，地下车库、地下水池、地下商场、地下泵房、船坞底板、地下储液罐等地下建筑结构的抗浮问题越来越受到重视。当这些地下建筑结构自重荷载（包括其上部建筑结构的恒载）不足以抵抗地下水的浮力时，往往会产生整个或局部地下建筑结构上浮现象，导致地下墙体或底板开裂或地下构筑物倾斜，直接危及使用及结构安全。而目前在全国范围内，各行业对抗浮设防水位确定、地下建筑结构的抗浮设计施工及检验验收尚无统一标准，工程设计人员对此问题安全度的把握尺寸不同，或要求偏高，造成工程造价提高，或心怀侥幸降低要求，结果出现地下结构因抗浮设计安全储备不足或抗浮措施不当、不合理，导致上浮或破坏而影响建筑工程安全的现象。因此，解决设计疑惑和无标准问题，可以避免因执行标准不同而造成的工程造价提高或无限度提高安全性问题。统一设计和施工及验收标准后，可保证地下结构抗浮问题的安全性，避免发生地下结构上浮破坏事故。为了改善这一局面，保证工程质量，明确提出地下结构抗浮设计和施工方面的要求，便于设计和施工人员使用，根据住房和城乡建设部《关于印发〈2011 年工程建设标准规范制订、修订计划〉的通知（建标 [2011]17 号)》的要求，由中国建筑西南勘察设计研究院有限公司、华西集团第三建筑工程公司会同有关设计、勘察、施工、研究和教学等 16 家单位共同组成行业标准《建筑地下结构抗浮技术规范》编制组，负责编制该规范的编制工作。编制组成员共 22 人，于 2012 年 6 月 18 日召开编制组正式成立并召开第一次全体成员工作会议，讨论并通过了标准编制工作纲要，进行了明确分工，开始了《建筑地下结构抗浮技术规范》的编制工作。2013 年利用中国建筑学会地基基础理事会进行了专题研讨；2014 年 7 月和 2015 年 8 月分别召开了分组会议和编制组会。2015 年 5 月在住建部地基基础标准化委员会开展开展征求意见，根据标准会专家意见调整后于 2015 年 10 月初开始在网上向全国各地建设主管部门、有关科研院所、设计施工等单位征求意见，并于 2015 年 10 月 25 日在南京召开的中国建筑学会地基基础分会 2015 年理事会上就设计理念、抗浮水位确定、抗浮设计和防水防腐施工措施等关键问题进行专场讨论。编制组计划根据征集的意见进一步修改后形成《建筑地下结构抗浮技术规范》（送审稿），报送住建部标准中心审查。

二、编制原则和指导思想

《建筑地下结构抗浮技术规范》在编制过程中，编制组编制工作的指导思想有以下几点：(1）从国家的大利益出发，从国家技术立法的角度来进行；(2）充分考虑地下水水位的变化特征和不同区域地下水活动规律；(3）本着安全可靠、经济合理的基本方针，遵循“预防为先、消除为主和抵抗可靠及综合设防”的抗浮理念；(4) 既要有自身的特点和实用性，又要与相关规范的协调；(5) 严格按照规范编制的管理程序进行。

另外，在具体的编制过程中，编制组始终把握以下工作原则：(1) 规范内容涉及从工程勘察至工程验收为止全过程，包含场地专项勘察、地下水位预测和抗浮设防水位确定、抗浮措施选择、抗浮设计和施工、工程监测和抗浮加固；(2) 规范中涉及的内容在有关国家、行业标准中已有规定时，直接引用这些标准代替可能重复的详细规定，同时避免规范之间可能出现的矛盾；(3) 成熟的内容纳入规范，不成熟的或争议较大的不纳入；(4) 利用附录提高规范的实用性。

三、主要的编制内容

《建筑地下结构抗浮技术规范》(征求意见稿) 的主要技术内容包括总则、术语和符号、基本规定、工程测量和岩土工程勘察、原场地地基、填筑地基、边坡工程、排水工程、工程监测以及 10 个附录。

“总则”中明确建筑地下结构抗浮应坚持“安全适用、技术先进、确保质量、经济合理、保护环境”的方针，其设计和施工应做到综合考虑工程特点、工程地质与水文地质条件、周边环境条件，遵循“防、减、抗”的抗浮措施选用原则，并强调结合地方经验、因地制宜、合理选型、优化设计和精心施工等要求，以及《建筑地下结构抗浮技术规范》与相关规范的协调性。

“基本规定”明确了地下结构抗浮工程应根据建设场地的地形、工程地质和水文地质条件，综合考虑结构类型及形式、使用要求、底板埋深、荷载特征、施工条件和环境因素，采取预防、减降、抵御相结合的抗浮措施；对地下结构抗浮设计等级应根据地基复杂程度、结构重要性和抗浮失效可能造成不利影响或破坏程度进行界定和划分；规定拟建场地或建(构) 筑物地基的岩土工程勘察不能满足抗浮工程设计要求时应进行专项勘察，并提出地下结构抗浮构件应满足承载力和耐久性要求，根据不同的抗浮设计等级尚应满足变形要求；提出了地下结构抗浮施工应编制施工组织设计，施工质量应进行检测和检验以及基坑肥槽回填质量的要求；强调地下结构工程施工不得损害抗浮结构及设施，既有建筑地下结构在抗浮稳定性不满足要求时应进行抗浮加固。

“抗浮工程勘察”明确既有勘察资料必须满足抗浮工程设计和施工的需要；主要突出在既有勘察资料不满足抗浮设计和施工要求时应进行专项勘察的技术要求，内容包括一般规定、一般场地的专项勘察、特殊场地的专项勘察和技术成果等。此部分内容重点是减少已有相关规范的技术要求，强调对抗浮稳定性和抗浮设计与施工密切关联的要素。

“抗浮设防水位确定”包括一般规定、抗浮水位预测、抗浮设防水位确定等内容，规定抗浮水位预测的程序和预测方法，确定了抗浮水位预测应考虑的主要问题和原则，明确了使用期抗浮设防水位不得直接采用勘察期间实测的地下水位；规定抗浮设防水位应区分施工期和使用期，提出了特殊条件场地抗浮设防水位确定的基本原则。

“抗浮稳定性与抗浮措施”包括一般规定、浮力荷载计算、抗浮荷载计算、抗浮稳定性评价以及抗浮措施选择。规范结合抗浮设计等级，按安全系数将抗浮稳定性划分为不稳定、基本稳定和稳定三个等级；明确抗浮稳定性应根据结构的整体性和荷重分布的差异性分别进行整体稳定和局部稳定性验算；提出浮力荷抗浮荷载的具体计算方法以及抗浮稳定的评价标准；强调抗浮设计应根据不同的稳定状态采取不同的抗浮措施，同时给出了不同抗浮措施的适用条件以及使用时应注意的关键问题。

“抗浮工程设计”针对不同的抗浮措施给出了具体的设计计算方法和内容，包括一般规定、抗浮板法、压重法、排水与隔水减压法、泄水降压法、锚杆抗浮法和抗浮桩法等。规定抗浮设计前应具备的条件和抗浮设计应完成的设计计算内容与文件要求；强调未经技术鉴定和设计许可，不得改变抗浮结构及构件的使用条件和用途；明确不同抗浮措施必须满足稳定要求及其评定标准；对常用的抗浮锚杆、抗浮桩详细给出了现有技术标准中尚未一致甚至矛盾的统一计算方法以及相关的构造设计要求，尤其对污染环境下的耐腐蚀和耐久性设计给出了具体要求及标准，并提倡采用后压浆技术提高抗浮桩抗拔承载力。

“抗浮工程施工”主要规定了不同抗浮措施施工及质量控制的关键要素，内容包括一般规定、抗浮板、排水及隔水减压法、泄水降压法、不同承载模式的抗浮锚杆和不同成桩方式的抗浮桩以及施工安全与环境保护等。规定了不同抗浮措施的施工流程和要点，尤其针对工程中常用的不同类型的抗浮锚杆施工和防水、防腐的施工控制内容，精炼了不同成孔、成桩方式和不同桩型的灌注桩与预制桩作为抗浮桩使用时施工中应关注的技术措施和控制要点；对常规的技术内容和相关技术标准中已有明确规定的内容直接进行引用，减少不必要的重复，更能突出本规范的技术特征。

“抗浮工程检验与验收”主要对不同的抗浮措施作为单位工程需要检验和验收的内容给出了具体规定，内容包括一般规定、抗浮板、排水减压法和泄水降压法、抗浮锚杆和抗浮桩以及工程验收等。提出抗浮工程应按施工前检验、施工过程检验和竣工检验三个阶段进行控制以及不同阶段的检查和检验方法；提出了排水减压法和泄水降压法检验内容和质量控制标准；规定不同类型的抗浮锚杆、抗浮桩不同阶段的检验项目和合格标准；提出了抗浮工程验收资料要求和单位工程验收控制内容及验收标准。

“抗浮工程检测与维护”主要规定了抗浮工程的检测内容和控制要素，内容包括一般规定、抗浮构建监测、地下水监测、排水减压与泄水降压运行监测和检测资料整理等。明确提出了检测方案应包括的具体内容；提出了根据抗浮工程设计等级可选择的检测项目和要求；提出了工程安全控制的预警值及处理措施；规定了工程维护应包括工程施工阶段和工程使用阶段全过程；明确规定抗浮工程宜在有代表性位置施工地下水观测井对水位进行量测，地下水水位观测应与抗浮监测同时进行，尤其提出了具体的地下水水位动态变化的监测方法；提出了排水减压法和泄水降水运行监测应遵守“按需减压”的原则，制定详细的减压、降压运行方案；当周边环境有较大影响时，应及时调整或修改降水运行方案的控制原则；规定了检测资料的整理要求和控制利用的要求。

“工程抗浮加固”主要规定工程抗浮稳定性不足或抗浮失效后应采取的技术措施，内容包括一般规定、抗浮加固准备、抗毒设计和施工与加固质量检测及验收。明确规定需要进行抗浮加固工程的条件以及工程抗浮加固应根据原因和模式、施工安全、现场条件及可实施性等，选择一种或多种方法组合的加固方案；提出了出现抗浮不足或失效现象需要采取的应急技术措施以及为抗浮设计和施工提供依据资料的鉴定工作的具体要求；给出了不同抗浮加固技术措施的具体设计和施工方法及其使用条件，同时对于与抗浮加固关联的地下结构连结的防水、方式处理的技术要求；规定了抗浮加固工程检验和验收的具体要求。

此外，规范的10个附录提供了与正文配合使用的汇水计算方法、地下水位预测计算方法、抗浮锚杆和抗浮桩性能试验及抗浮构件损害后性能检测等，以及本规范的用词说明、引用标准目录与条文说明等。

四、结束语

编制组对国内外相关文献展开全面和详细的研究，认真总结实践经验，参考有关勘察、地基基础、边坡工程、水利水电、给水排水标准和研究成果，同时展开了一系列的验证试验，如玄武岩复合筋材应用研究、渗流条件下地下结构抗浮技术及设计方法研究、坚硬黏土或强风化软岩机械扩孔扩大头锚索施工方法研究、地下空间水环境评价研究等，在广泛征求意见的基础上，编制了《建筑地下结构抗浮技术规范》（征求意见稿）。

《建筑地下结构抗浮技术规范》适用于建筑地下结构抗浮工程的勘察、设计、施工、检验与验收。

《建筑地下结构抗浮技术规范》将为工程抗浮安全提供必要的技术指导和依据，规范工程抗浮的勘察、设计、施工、检验和监测，推动工程抗浮技术的进步，并达到安全、环保的目的，具有良好的经济和社会效益。

5.《减隔震建筑施工图设计文件技术审查要点》编制简介

吴彦明

中国建筑科学研究院，北京，100013

一、背景

目前，我国减隔震建筑的工程实践越来越多，但由于涉及此类建筑的工程技术相对复杂，各地施工图审查人员的技术水平也是参差不齐，导致此类建筑施工图文件的审查尺度不一，既造成工程应用技术的混乱，又可能留下安全隐患。

本课题在统计分析减隔震建筑施工图审查现状及存在若干技术问题的基础上，梳理我国现行的有关减隔震建筑的法律、法规和技术标准的规定，并根据《建设工程质量管理条例》和《房屋建筑和市政基础设施工程施工图设计文件审查管理办法》(住建部令第 13 号)等法规的规定，编制《减隔震建筑施工图设计文件技术审查要点》（草案）。这对推动减隔震建筑的实际应用、保障工程建设质量等具有重要的现实意义。

二、编制原则和指导思想

《减隔震建筑施工图设计文件技术审查要点》（草案）在编制过程中，其指导思想主要有以下几点：

1. 整理减隔震设计中的关键要素以及对应的规范（标准）的规定。
2. 明确减隔震设计中审查的关键要素和审查内容，以保障审查工作顺利、有效。
3. 可为施工图审查人员熟悉、掌握减隔震设计的特点提供技术参考。
4. 可为工程设计人员的设计工作提供技术参考。

三、主要的编制内容

根据现行技术标准，结合减隔震设计工作的特点，整理出现行技术标准中的关键性要素（条文），即标准强条和技术关键条文，作为施工图审查的重点内容编入减隔震建筑施工图设计文件技术审查要点。审查要点分总则和技术审查要点两个章节，其中技术审查要点共列入 36 款，涉及规范、规程条文 33 条。《减隔震建筑施工图设计文件技术审查要点》已通过住建部质量司的课题验收。

《减隔震建筑施工图设计文件技术审查要点》（草案）的主要内容为：

1. 要点共设总则和技术审查要点两章。总则明确了本要点的编制目的和使用规定，技术审查要点详列审查技术内容。

2. 技术审查要点按照计算书、图纸分列必要的审查内容和对应规范(标准)的条文规定。

3. 技术要点章节中列有“审查要点内容和说明”，对审查工作的具体实施作了说明和提示，提高了审查的可操作性和参考作用。

4. 要点另设附录，将提供一些减隔震设备（产品）的技术性能、特点，为设计工作的前期提供技术支持；目前这一部分尚未全部完成。

四、结束语

《减隔震建筑施工图设计文件技术审查要点》的编制，规范了减隔震工程设计的施工图审查工作，是对2013年版《建筑工程施工图设计文件技术审查要点》内容必要补充。本要点较2013年版要点，在形式上增加了“审查要点内容和说明”部分，更加方便审查人员的使用，可操作性强，同时也为设计人员在减隔震设计中提供一定的参考。

（参与编写的主要人员还有邱仓虎、黄世敏、薛彦涛、唐曹明、罗开海、李毅）

第四篇 科研篇

近年来，我国的防灾减灾工作取得了一定成效，但在重大工程防灾减灾等基础性科学研究方面距世界先进水平还有一定的差距，尤其是灾害作用机理和工程防御技术方面的原创性科学研究极度匮乏。随着中央政府对建筑防灾减灾能力的重视和人们对建筑安全要求的不断提高，全国各地众多的科研单位和企业的研发人员积极投身到防灾减灾的科研中，成功地解决了建筑防灾减灾领域中遇到的一些技术难题，并将其以论文的形式共享。本篇选录了在研项目、课题的研究进展、关键技术、试验研究和分析方法等方面的文章17篇，集中反映了建筑防灾的新成果、新趋势和新方向，便于读者对近年来建筑防灾减灾领域的研究进展有较为全面的了解和概要式的把握。

1. 双向地震作用下 U 型金属屈服阻尼器力学性能研究

苏宇坤[1]　潘鹏[1]　邓开来[1]　孙江波[2]　钱稼茹[1]

1. 土木工程安全与耐久教育部重点试验室，清华大学，北京，100084
2. 北京羿射旭科技有限公司，北京，100023

引言

基础隔震技术能有效减轻建筑结构地震灾害，且已广泛应用于工程实例中[1]。昆明长水国际机场航站楼的结构复杂，针对特殊的地震和地质条件，在航站楼的前中心区（324m ×256m）采用了隔震技术[2]。基础隔震结构中，地震能量几乎全部被隔震层阻隔和吸收，可有效控制上部结构损伤[3]。为吸收地震能，并控制隔震层的水平位移，通常安装阻尼器与隔震支座协同工作。由于隔震支座在地震作用下可能在水平面内沿任意方向运动，所以配套的阻尼器也需要具有多向变形能力。

油阻尼器能够给结构提供附加的阻尼力，且滞回环饱满，耗能性能好，但该产品价格较高，且容易出现渗漏等产品质量问题[4]。摩擦阻尼器的初始刚度和阻尼较大，在隔震结构中能减小隔震层的水平位移，但摩擦阻尼器的稳定性尚有待改善[5]。金属屈服阻尼器拥有良好的滞回性能，能给结构同时附加刚度与阻尼，并且耗能机制明确，效果显著，适合用于控制结构在地震下的位移响应[6]。

Wada 等人提出了 U 型阻尼器，其具有良好的耗能能力、低周疲劳性能良好等优点[7]。Sang–Hoon Oh 等人对装有 U 型阻尼器的两层框架隔震结构进行了振动台试验[8]。试验表明两层框架结构安装了隔震支座及 U 型阻尼器后，在地震作用下结构层间位移角显著减小，顶层最大加速度也显著降低。

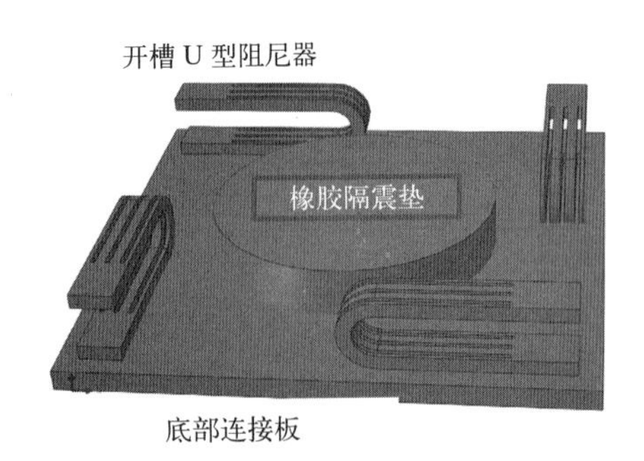

图 4.1–1　开槽 U 型阻尼器

邓开来等对传统的 U 型阻尼器进行优化，在 U 型阻尼器上下增设了约束其变形的连接板，并对其进行了试验研究[9]。试验结果表明受到约束后阻尼器的低周疲劳性能得到了提高。并通过数值仿真的方法，得到了阻尼器面内恢复力计算公式。改进后的 U 型阻尼器能够较好地与隔震支座配套用于控制隔震建筑的位移。但该研究中尚未涉及 U 型阻尼器的面外性能。

综上所述，U 型金属屈服阻尼器滞回性能良好，适用于基础隔震建筑中。但既往研究并未对其面外性能进行系统分析和研究。而阻尼器能否同时承受多个方向的地震作用是隔震层能否稳定工作的关键，因此本文设计了五个阻尼器试件，通过拟静力试验的方法考察了 U 型阻尼器的斜向工作性能；通过有限元建模对 U 型阻尼器的面外性能进行了进一步分析研究；基于试验和有限元分析结果，对阻尼器的优化设计提出了建议。

一、试验设计及结果

1. 试验设计

图 4.1–1 为开槽 U 型金属阻尼器 [10]。开槽 U 型阻尼器各肢耗能钢板独立工作，U 型阻尼器的整体力学性能可以通过各肢的力学性能叠加得到。为了简化试验构件，本次试验中仅制作 U 型阻尼器的一肢。图 4.1–2 为 U 型阻尼器简图。本试验设计了 5 个 U 型阻尼器试件，用于考察耗能钢板宽度和平台段长度对阻尼器斜向工作性能的影响。具体参数见表 4.1–1。

其中 S1 为本次试验选取的标准试件。S2 和 S3 相对于 S1 仅改变了钢板宽度；S4 和 S5 仅改变了平台段长度。所有试件的耗能钢板厚度均为 30mm，使用 LY225 钢材。

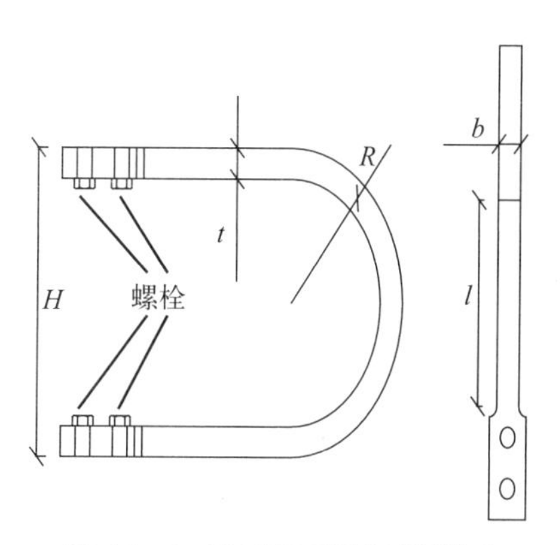

图 4.1–2　U 型阻尼器计算简图

试件主要参数表　　**表 4.1–1**

试件编号	钢板厚度（mm）	钢板宽度 t（mm）	平台段长度（mm）	高度（mm）	备注
S1	30	30	200	300	标准试件
S2	30	20	200	300	钢板宽度
S3	30	60	200	300	钢板宽度
S4	30	30	100	300	钢板长度
S5	30	30	300	300	钢板长度

本次试验采用位移控制的加载方式。加载制度为 50mm、100mm 幅值各两圈，200mm 幅值 30 圈，若阻尼器还未发生破坏，则按照 300mm 幅值加载至破坏。具体加载制度参见图 3a。图 3b 为试件安装方式，其面内方向与加载架移动方向呈 45°，加载时阻尼器沿斜向工作。

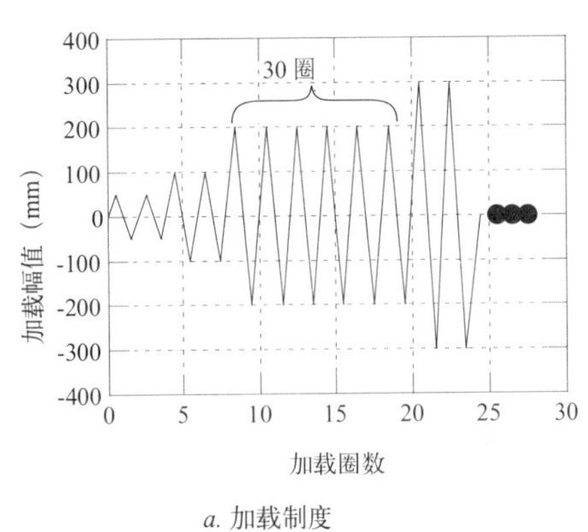

a. 加载制度

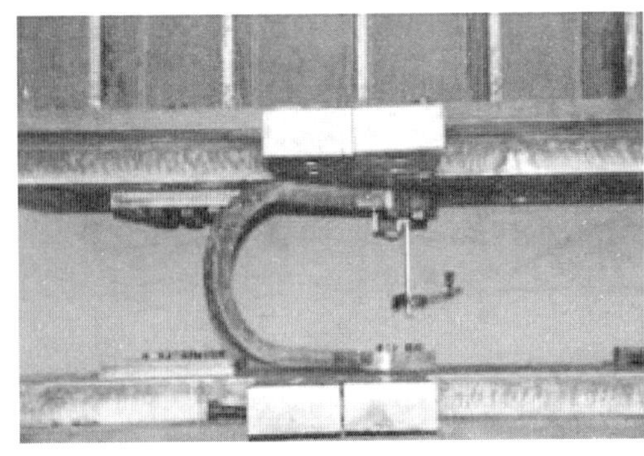

b. 试件安装方式

图 4.1–3　加载制度与试件安装方式

2. 试验结果

S1 为本次试验的标准试件，钢板宽度为 30mm，平台段长度为 200mm，试件高度为 300mm。在 200mm 加载幅值下，阻尼器在加载循环中不断累计一定程度的面外弯曲变形，在 200mm 幅值循环加载第 7 圈后达到最终变形状态。如图 4.1–4a 所示，试件 S1 的最终变形状态为平台段端部出现显著的弯扭变形。S1 滞回曲线如图 4.1–4b 所示。由于产生不可恢复的面外变形，阻尼器呈现出显著的几何非线性，在面外变形不断累积的过程中，承载力出现显著下降。在 200mm 加载 7 圈以后，由于面外变形不再增加，其恢复力也趋于稳定，峰值恢复力约为 13.9kN。200mm 加载 30 圈结束以后，加载幅值增至 300mm，加载至第 3 圈时平台段端部发生断裂，低周疲劳性能较好。

与标准试件 S1 相比，试件 S2 改变了钢板宽度。试件 S2 的宽度为 20mm。试件 S2 的变形与破坏模式均与 S1 类似，平台段端部承受显著变形，最终出现低周疲劳破坏。试件 S2 的破坏模式如图 4.1–5a 所示。由于 S2 试件的钢板宽度较小，在 200mm 幅值循环加载第二圈时面外变形即不再增加，在 300mm 加载幅值第 4 圈断裂，低周疲劳性能略优于标准试件。图 4.1–5a 对比了 S2 与 S1 的滞回曲线，可以看出试件宽度减小以后，阻尼器恢复力显著下降，峰值恢复力约为 7kN。

*a.*S1 变形与破坏模式

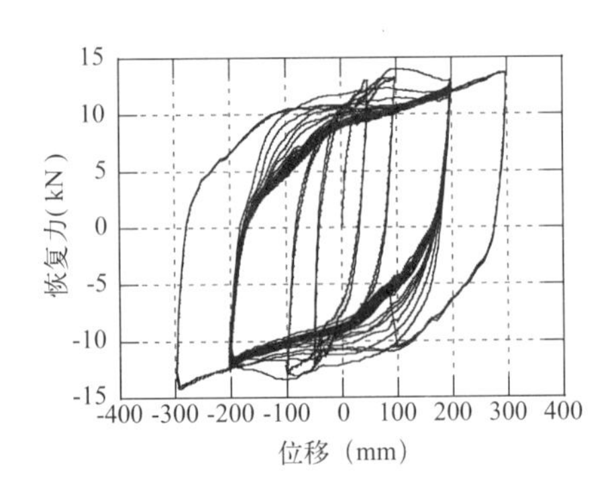

*b.*S1 滞回曲线

图 4.1–4　S1 的滞回曲线与破坏模式

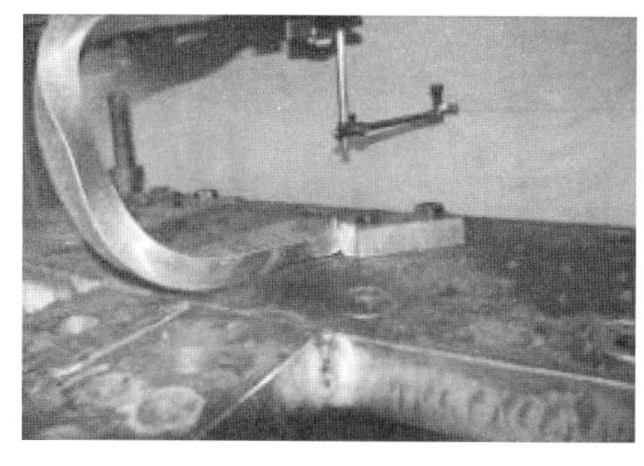

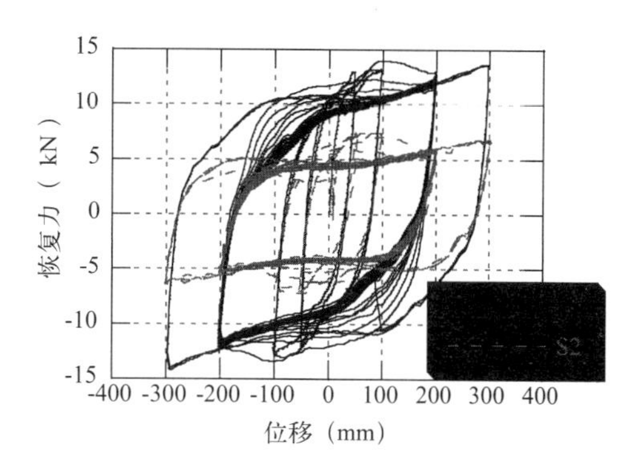

a.S2 变形与破坏模式

b.S2 滞回曲线

图 4.1－5　S2 的滞回曲线与变形模式

相对于标准试件 S1，试件 S3 增加了钢板宽度。试件 S3 的钢板宽度为 60mm。如图 4.1－6a 所示，试件 S3 的变形与破坏模式均与 S1 类似。增加了钢板宽度后，阻尼器恢复力显著提高，峰值恢复力约为 35.1kN，其滞回曲线如图 4.1－6b 所示。S3 在 200mm 幅值循环加载第 15 圈后面外变形不再增加，承载力趋于稳定，在完成 200mm 加载幅值 30 圈循环加载后，在 300mm 加载幅值的第 2 圈出现低周疲劳断裂。疲劳性能差于标准试件。

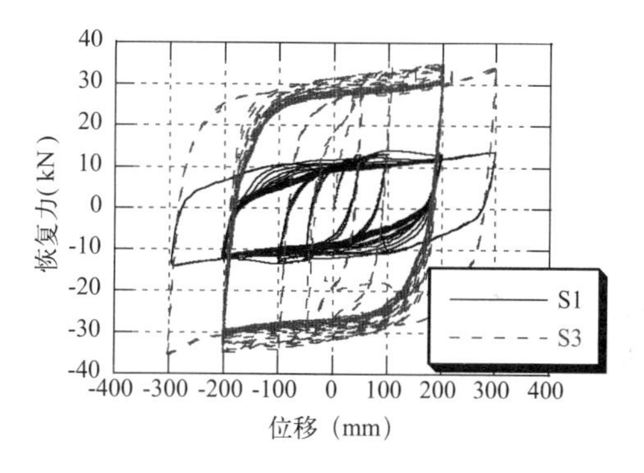

a.S3 变形与破坏模式

b.S3 滞回曲线

图 4.1－6　S3 的滞回曲线与变形模式

试件 S4 将平台段长度缩短为标准试件的 1/2，恢复力仅有略微的提高，其滞回曲线如图 4.1－7a 所示，S4 在 200mm 加载幅值第 18 圈发生断裂，低周疲劳性能显著差于标准试件 S1。S5 的平台段长度为标准试件的 1.5 倍，恢复力略低于 S1，滞回曲线如图 4.1－7b 所示。试件 S5 在 300mm 加载幅值第 15 圈断裂，低周疲劳性能显著优于标准试件 S1。两者最终的破坏模式均与试件 S1 类似，为平台段端部断裂。

从试验结果可以看出，U 型阻尼器的宽度与平台段长度对于阻尼器的力学性能有着重要的影响。阻尼器在斜向工作状态下可能发生显著的不可恢复变形，不仅影响了其承载力的稳定，而且若其面外变形过大还会影响配套隔震支座的正常工作。需要对其进行进一步的研究。

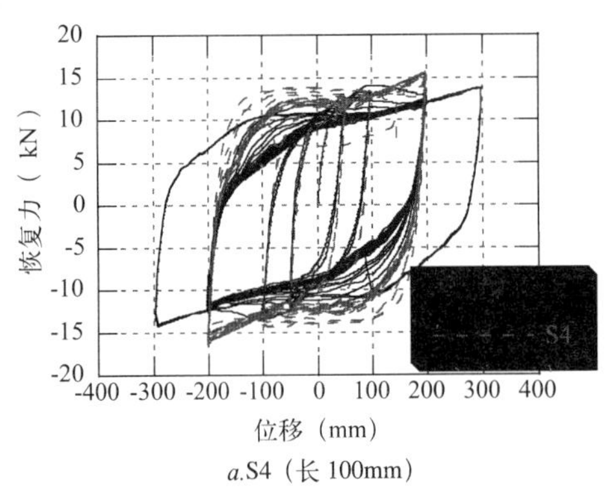

a.S4（长 100mm）

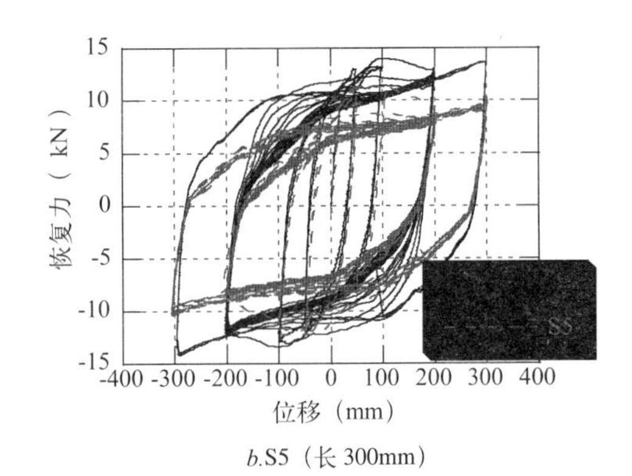

b.S5（长 300mm）

图 4.1-7　S4 和 S5 的滞回曲线与变形模式

二、有限元分析

1. 有限元模型及分析

本文使用通用有限元软件 abaqus6.10 建立了与试验构件相同的有限元模型。该有限元模型采用三维实体单元 C3D8R，钢材材性根据材性试验数据设定。有限元模型与试验模型得到的滞回曲线对比结果如图 4.1-8 所示，可见有限元模拟与试验结果吻合较好。尽管由于模拟中未考虑实验中加载装置与试件间存在的摩擦以及连接螺栓与试件间的滑移，导致模拟与试验结果存在细微差异，但模拟的精度能较好表现阻尼器的力学性能。

图 4.1-9 给出了循环加载结束后标准试件的变形情况以及该试件中累积塑性应变的分布情况。从图 4.1-9 可以看出，有限元模型的变形模式与试验中变形模式相符，表明有限元模型可以较好地模拟出阻尼器不可恢复的塑性变形，累计塑性应变集中在平台段端部。阻尼器不可恢复的塑性变形将导致其恢复力下降，并影响其耗能性能的稳定性。以下对 U 型阻尼器形状进行优化，以期改善其变形性能和耗能能力。

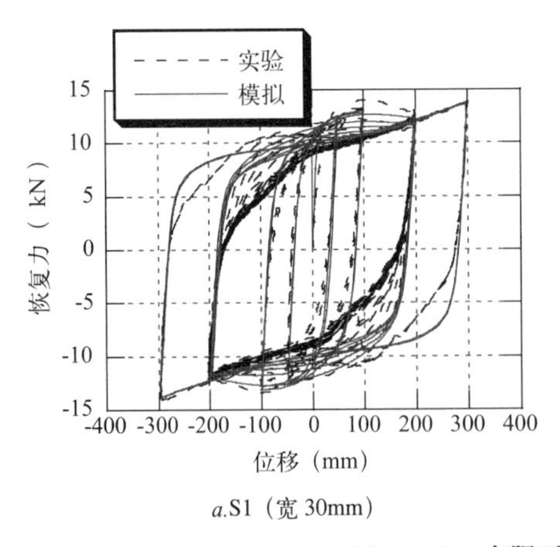

a.S1（宽 30mm）

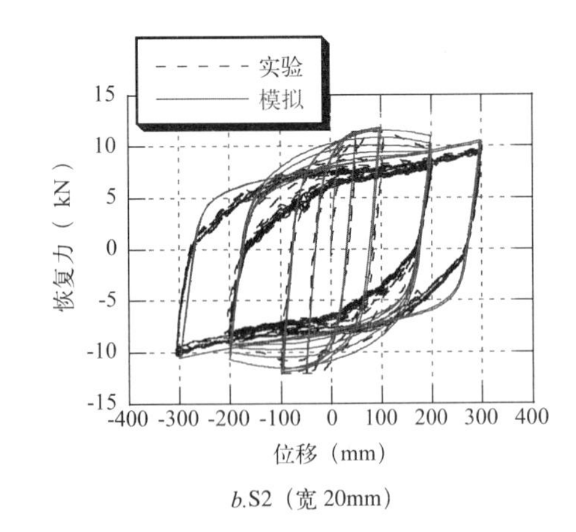

b.S2（宽 20mm）

图 4.1-8　有限元模型与试验结果对比（一）

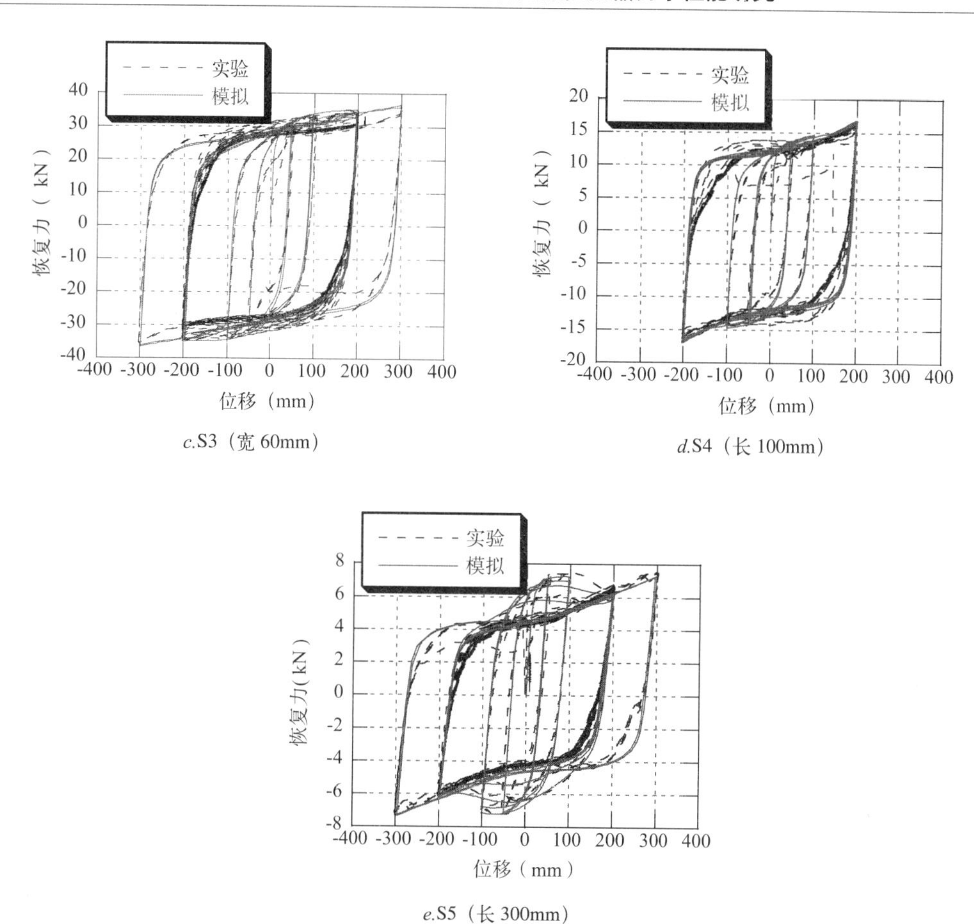

图 4.1−8　有限元模型与试验结果对比（二）

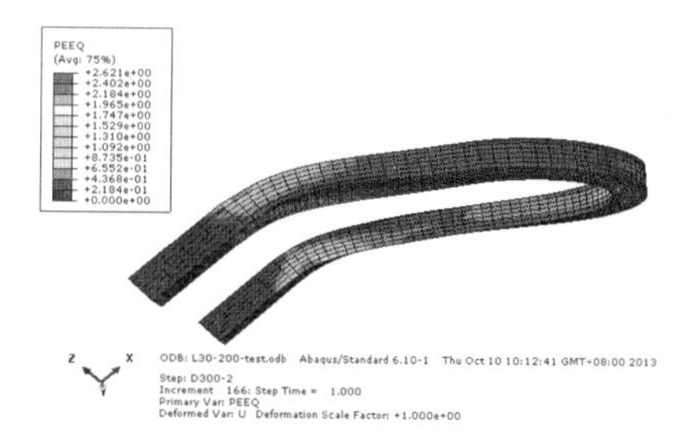

图 4.1−9　有限元模型的变形及破坏模式

2. 模型优化

试验与有限元模型分析结果表明，耗能钢板平台段端部弯扭变形集中，其中弯曲变形导致阻尼器出现了显著的面外变形。因此考虑加强平台段端部，用于控制阻尼器的面外变形。本文建立了三个增大了平台段端部的有限元模型，平台段端部宽度分别为 40mm、50mm、60mm，而圆弧段与平台段连接截面保持 30mm 宽度不变，故平台段呈梯形。

图 4.1－10a 为平台段端部宽度为 50mm 最大位移下耗能钢板的塑性应变分布，经优化后原 U 型阻尼器平台段端部的集中塑性变形分散到了整个平台段上，变形集中程度下降。经过优化之后的阻尼器在同样的加载作用下面外残余变形显著减小，塑性变形分布平均，耗能钢板性能得到了充分的发挥，疲劳性能要好于优化之前的阻尼器。优化模型滞回曲线与标准试件 S1 滞回曲线的对比如图 4.1－10b.c.d 所示。从图中可看出，阻尼器平台段端部宽度增加之后，阻尼器的峰值恢复力提高，且几何非线性特征显著减小，恢复力趋于稳定。

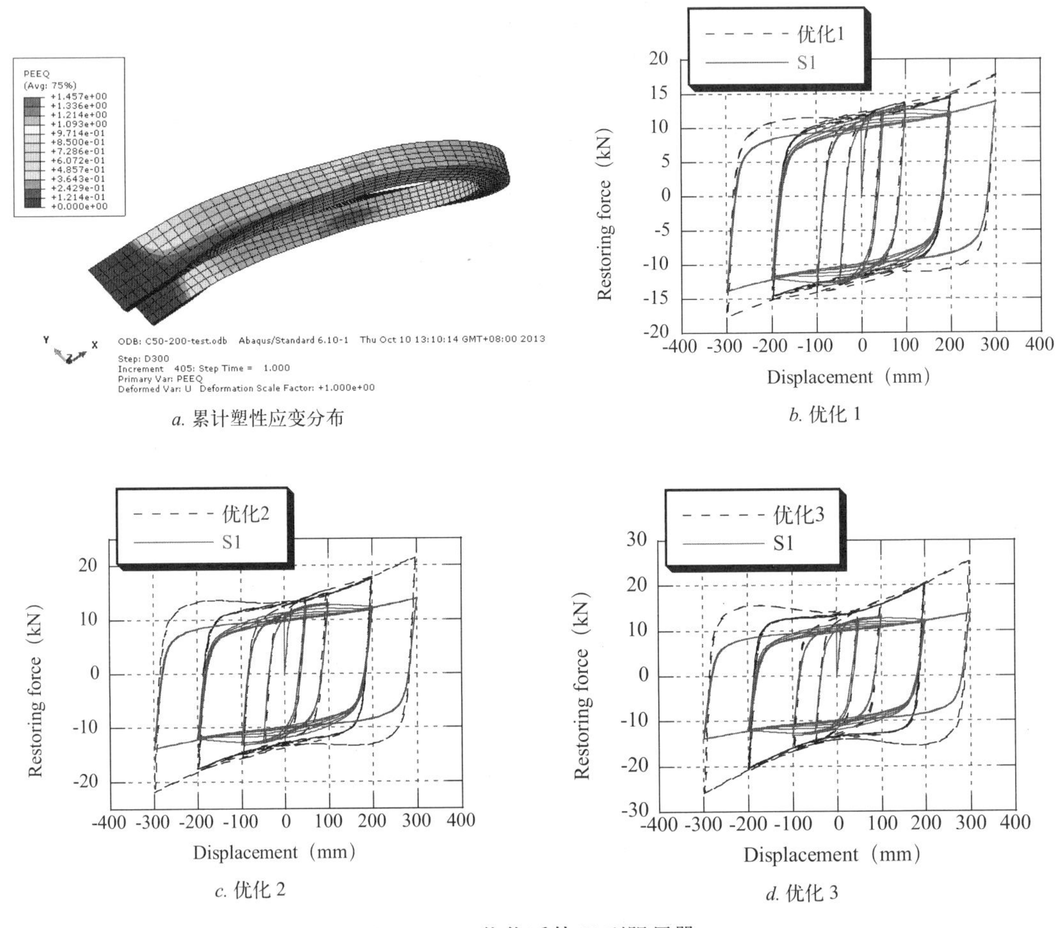

a. 累计塑性应变分布　　*b.* 优化 1

c. 优化 2　　*d.* 优化 3

图 4.1－10　优化后的 U 型阻尼器

有限元模型性能对比表　　**表 4.1－2**

试件编号	钢板宽度 t（mm）	峰值承载力（kN）	面外变形量（mm）	累计塑性应变
S1	30	13.9	185.7	2.62
优化 1	40 ~ 30	17.3	161.2	1.72
优化 2	50 ~ 30	21.4	125.7	1.46
优化 3	60 ~ 30	25.7	100.6	2.00

表 4.1－2 为三种优化模型与标准模型 S1 的工作性能对比，其中面外变形量为经循环加载后耗能钢板中点向面外偏移的距离，累计塑性应变为阻尼器经循环加载之后塑性应变的总量。根据结果可获得以下结论：(1) 增大耗能钢板的宽度可以提高 U 型阻尼器侧向工作承载力；(2) 阻尼器经优化之后面外变形显著减小，累计塑性应变显著减小；(3) 优化 3 与优化 2 相比，面外变形略有下降，但塑性应变显著增大，在一定程度上影响阻尼器的疲劳工作性能。

三、结论

本文设计了 5 个 U 型阻尼器试件，对其斜向力学性能进行了试验研究，基于试验数据建立并校核了有限元模型，根据该数值模型对 U 型阻尼器的外形进行了优化，主要结论如下：

1. U 型阻尼器沿横纵向同时加载时滞回曲线饱满，具有良好的耗能能力与变形能力；

2. 耗能钢板的宽度，平台段长度对于其多维地震下的工作性能有显著影响；

3. U 型阻尼器沿横纵向同时加载时会产生不可恢复的面外变形，变形出强几何非线性，承载力不稳定，甚至可能影响隔震支座正常工作；

4. 对耗能钢板截面进行优化后，变形性能与耗能能力有显著改善。

参考文献

[1] Pan P，Ye L P，Shi W，et al. Engineering practice of seismic isolation and energy dissipation structures in China[J]. Science China Technological Sciences，2012，55（11）: 3036 ~ 3046.

[2] 束伟农，朱忠义，柯长华，王春华，祁跃，黄嘉，秦凯，王毅 . 昆明新机场航站楼工程结构设计介绍 [J]. 建筑结构，2009，39（5）：12 ~ 17.

[3] 潘鹏，曹海韵，齐玉军，潘振华，叶列平，赵世春，徐亚军 . 底部薄弱层结构的柱顶隔震加固改造设计 [J]. 工程抗震与加固改造，2009（6）：69 ~ 73.

[4] D Lee，D.P. Taylor. Viscous damper development and future trends [J]. The Structural Design of Tall Buildings. 2001，10（5）：311 ~ 320.

[5] 张文芳，程文瀼 . 基础隔震结构设置摩擦阻尼器的地震反应研究 [J]. 土木工程学报，2001（34）：1 ~ 9.

[6] C Xia，R D Hanson.Influence of ADAS Element Parameters on Building Seismic Response [J] . Engineering Structures，ASCE，1992，118（7）：1903 ~ 1918.

[7] Shoichi Kishiki，Yuta Ohkawara，Satoshi Yamada，Akira Wada. Experimental evaluation of cyclic deformation capacity of u－shaped steel dampers for base－isolated structures. Journal of Structural and Construction Engineering. Vol. 73 (2008) No. 624，333－340.

[8] Sang－Hoon Oh，Sung－Hoon Song，Sang－Ho Lee，Hyung－Joon Kim. Seismic Response of Base Isolating Systems with U－shaped Hysteretic Dampers. International Journal of Steel Structures，12 (2012)，285 ~ 298.

[9] Deng K，Pan P，Wang C. Development of crawler steel damper for bridges[J]. Journal of Constructional Steel Research，2013，85: 140 ~ 150.

[10] 邓开来，潘鹏，苏宇坤，孙江波，钱稼茹 . 开槽 U 型金属屈服阻尼器横向性能试验研究 . 结构学报（投稿中）

2. 框架—摇摆墙结构受力特点分析及其在抗震加固中的应用

吴守君[1] 潘鹏[1] 张鑫[2]

1. 清华大学土木工程安全与耐久教育部重点实验室，北京，100084；2. 山东建筑大学土木工程学院，山东济南，250101

引言

摇摆结构作为一种新型的抗震结构体系，近些年来在结构工程领域受到了广泛关注[1]。摇摆结构通过放松结构某些部位的约束，降低了地震作用下结构相应部位的内力需求，有效地避免了框架结构“强柱弱梁”引起的变形集中与破坏[2-5]。同时，摇摆运动增加地震作用下某些部位的相对位移，为安装耗能元件、增加结构耗能提供了可能[6-8]。摇摆结构实现了结构构件的功能分类，某些构件作为承载力主体，在地震中不受损伤或者损伤较小；而在另一些部位安装耗能构件，在地震中发生集中损伤变形并消耗能量，并能在地震后实现快速拆卸和替换，恢复结构的使用功能[9]。

框架—摇摆墙结构是摇摆结构体系中的一种[3, 10]。结构通过放松墙体底部的部分约束，使墙体能够绕着底部支座在面内发生转动（“摇摆”）。摇摆墙与框架之间，采用抗剪连接件在每个楼层处连接，传递楼层剪力。鉴于框架与摇摆墙变形模式的差异，两者之间可加入耗能元件[3]。摇摆墙通常具有比较大的刚度，能够作为主体框架的附属部分，控制结构变形模式，防止框架出现集中损伤。文献[10]对比了框架和框架—摇摆墙结构动力特性的差异，并探讨了墙体对结构变形的控制效果。文献[11]采用推覆研究框架—摇摆墙结构的抗震性能，结果表明摇摆墙能够显著提高结构的整体承载能力，层间位移的分布更趋于一致，塑性铰的分布更加均匀。摇摆墙提高了结构的整体变形能力和延性，有利于防止结构在地震中倒塌。

针对框架—摇摆墙结构体系，既有研究大都采用有限元软件建模，分析结构在变形模式、塑性铰分布等整体受力的特点。通过大量的数值分析与模拟，考察了框架摇摆墙结构与框架结构、框架剪力墙结构在抗震性能方面的优势。但是，框架—摇摆墙结构的系统性分析相对不足，框架、摇摆墙对顶部位移、层间位移分布模式的贡献值得探讨。结构体系中框架、摇摆墙的内力需求，框架—摇摆墙结构能够改善抗震性能的原理等亦是本文研究的重点。摇摆墙结构尽管具有良好的抗震性能，目前在国内的工程应用案例尚未见报道，相关连接构造尚不成熟[12, 13]。本文提出了针对框架—摇摆墙结构的分布参数模型，并利用此模型系统性地分析了结构的受力特点，给出框架和摇摆墙的承载力需求。此外，本文研究了摇摆墙在混凝土结构加固中的应用，提出了摇摆墙与框架结构的连接方法和构造措施。通过弹塑性时程分析，对比了加固前后结构的抗震性能。

一、框架—摇摆墙结构的分布参数模型

1. 分布参数模型

在框架—摇摆墙结构中，摇摆墙在每个楼层位置通过抗剪连接件与框架连接。考虑到

结构的对称性，采用如图 4.2–1a 所示的平面模型。以刚性连杆代替抗剪连接件，连接件中的剪力用连杆轴力代替。

为了便于分析摇摆墙和框架的内力分布及承载力需求，采用连续化方法[14，15]，以两根梁代替框架和摇摆墙。两根梁之间轴向分布力大小为 $p_{\mathrm{F}}(x)$（表示实际结构中的剪力），如图 4.2–1b 所示。

框架—摇摆墙的分布参数模型基于以下三个假设：(1) 框架采用剪切梁代替，剪切刚度为常数，仅考虑梁的剪切变形而忽略弯曲变形；(2) 摇摆墙采用弯曲梁代替，抗弯刚度为常数，仅考虑梁的弯曲变形而忽略剪切变形；(3) 两根梁之间紧密接触，轴向力在交界面连续分布。

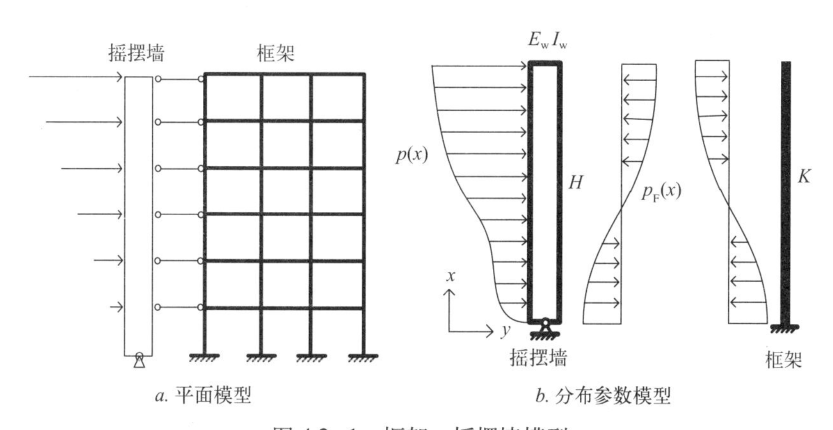

图 4.2–1　框架—摇摆墙模型

设框架和摇摆墙轴线侧移为 y（x），x 为高度方向。摇摆墙的抗弯刚度为 $E_{\mathrm{w}}I_{\mathrm{w}}$，框架的剪切刚度为 K，外荷载分布为 p（x），摇摆墙和框架之间的分布内力为 p_{F}（x）。
由摇摆墙的受力平衡，可得

$$E_{\mathrm{w}}I_{\mathrm{w}}\frac{d^4y}{dx^4}=p(x)+K\frac{d^2y}{dx^2} \tag{1}$$

为了便于求解，引入无量纲参数

$$\lambda=H\sqrt{\frac{K}{E_{\mathrm{w}}I_{\mathrm{w}}}} \tag{2}$$

$$\xi=\frac{x}{H} \tag{3}$$

式（1）一般解可表示为

$$y=C_1+C_2\xi+A\sinh\lambda\xi+B\cosh\lambda\xi+y_0 \tag{4}$$

其中 y_0 为一个特解。

求得 y 的表达式后，可计算摇摆墙的弯矩、剪力以及框架的剪力。

$$M_{\mathrm{w}}=E_{\mathrm{w}}I_{\mathrm{w}}\frac{d\theta}{dx}=\frac{E_{\mathrm{w}}I_{\mathrm{w}}}{H^2}\frac{d^2y}{d\xi^2} \tag{5}$$

$$V_{\mathrm{w}}=-E_{\mathrm{w}}I_{\mathrm{w}}\frac{d^2\theta}{dx^2}=-\frac{E_{\mathrm{w}}I_{\mathrm{w}}}{H^3}\frac{d^3y}{d\xi^3} \tag{6}$$

$$V_{\mathrm{F}}=Kd\theta=K\frac{dy}{dx} \tag{7}$$

2. 均布荷载下分布参数模型的求解

假设外荷载 $p(x)=q$，微分方程（1）的边界条件如下：

$x=H$（$\xi=1$）时，$V=V_{\mathrm{w}}+V_{\mathrm{F}}=0$

$x=0$（$\xi=0$）时，$M_{\mathrm{w}}=0$

$x=H$（$\xi=1$）时，$M_{\mathrm{w}}=0$

$x=0$（$\xi=0$）时，$y=0$

可解得结构侧移

$$y=\frac{qH^2}{\lambda^2K}(-1+\lambda^2\xi+\frac{1-\cosh\lambda}{\sinh\lambda}\sinh\lambda\xi+\cosh\lambda\xi-\frac{\lambda^2}{2}\xi^2) \tag{8}$$

摇摆墙的弯矩为

$$M_{\mathrm{w}}=\frac{qH^2}{\lambda^2}(-1+\frac{1-\cosh\lambda}{\sinh\lambda}\sinh\lambda\xi+\cosh\lambda\xi) \tag{9}$$

摇摆墙的剪力为

$$V_{\mathrm{w}}=-\frac{qH}{\lambda}(\frac{1-\cosh\lambda}{\sinh\lambda}\cosh\lambda\xi+\sinh\lambda\xi) \tag{10}$$

框架的剪力为

$$V_{\mathrm{F}}=qH(1+\frac{1-\cosh\lambda}{\sinh\lambda}\frac{1}{\lambda}\cosh\lambda\xi+\frac{1}{\lambda}\sinh\lambda\xi-\xi) \tag{11}$$

同理，可求解外荷载为倒三角分布时摇摆墙和框架的内力。

3. 摇摆墙刚度对结构性能及内力分布的影响

图 4.2–2 ～图 4.2–5 分别给出了基于分布参数模型的框架—摇摆墙结构的侧移和内力沿结构全高的分布，并考察了相对刚度 λ 的影响。图 4.2–2 给出了两种荷载分布下结构的侧移。由图可知，随着 λ 的减小（即摇摆墙相对刚度的增大），结构的侧移分布更趋于均匀，摇摆墙能有效地避免变形集中。图 4.2–3 给出了摇摆墙的弯矩分布，其中横坐标为墙体弯矩与相应外荷载倾覆力矩 M_0 的比值。在均布荷载作用下，摇摆墙的弯矩沿中部对称分布，最大弯矩出现在墙体半高位置。在倒三角荷载作用下，摇摆墙的弯矩分布不具有对称性，最大弯矩位置随着 λ 的减小而逐渐趋于墙体半高位置。图 4.2–4 给出了摇摆墙的剪力分布，其中横坐标为墙体剪力与相应外荷载作用下基底剪力 V_0 的比值。在均布荷载下，剪力分布同样具有对称性。当 λ 很大时，摇摆墙分担的剪力几乎为 0。随着 λ 的减小，摇摆墙的剪力逐渐变为随高度线性分布。图 4.2–5 给出了框架的剪力分布，其中横坐标为墙体剪力与相应外荷载作用下基底剪力 V_0 的比值。在两种荷载分布下，框架分担的剪力均随 λ 的减小而逐渐趋于沿高度均匀分布。摇摆墙在顶部“推”框架，而在底部“拉”框架，使得框架

的剪力分布更加均匀。这就是摇摆墙能够使框架侧移分布更加均匀，增大变形能力的原因。从图 4.2–3 ~图 4.2–5 可以看出，随着 λ 的减小（即摇摆墙相对刚度的增大），摇摆墙分担的内力逐渐增大。但需要指出的是，在确定的外荷载下，随着刚度的逐渐增大，墙体弯矩和剪力的需求收敛于特定的数值。

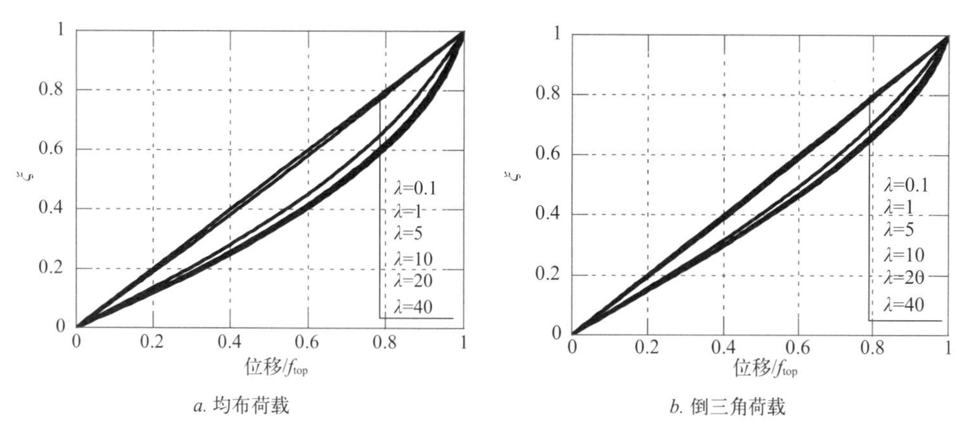

a. 均布荷载　　*b.* 倒三角荷载

图 4.2–2　λ 对结构侧移的影响

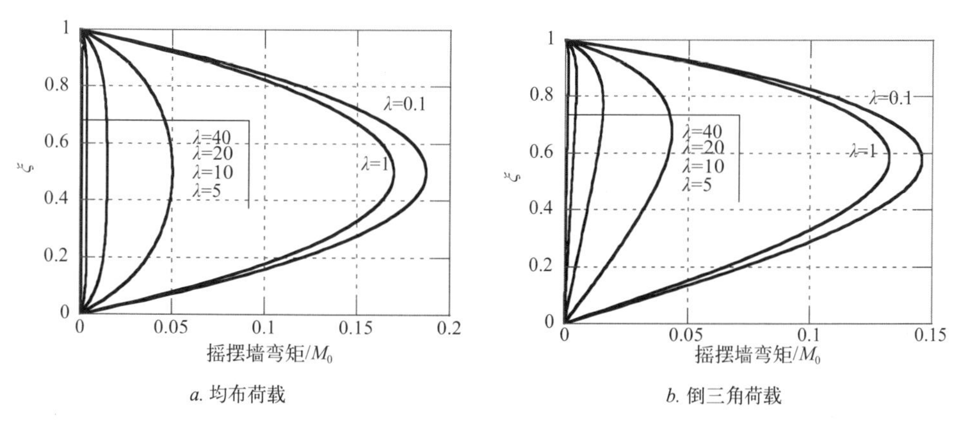

a. 均布荷载　　*b.* 倒三角荷载

图 4.2–3　λ 对摇摆墙弯矩的影响

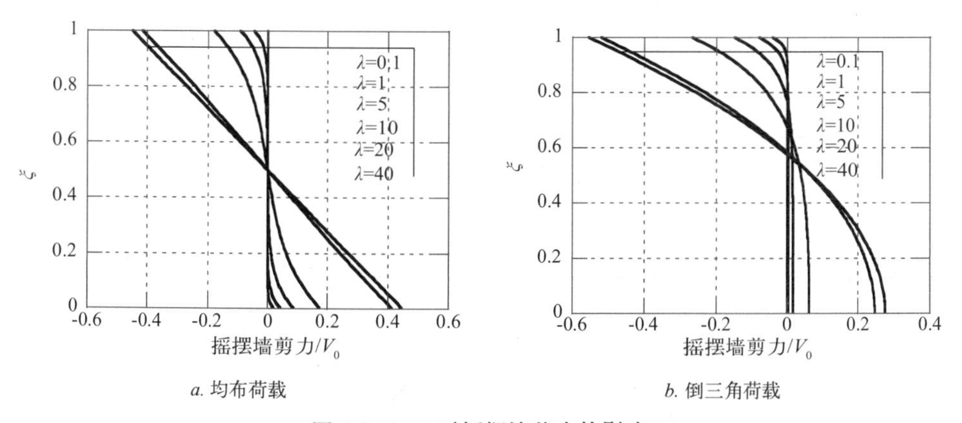

a. 均布荷载　　*b.* 倒三角荷载

图 4.2–4　λ 对摇摆墙剪力的影响

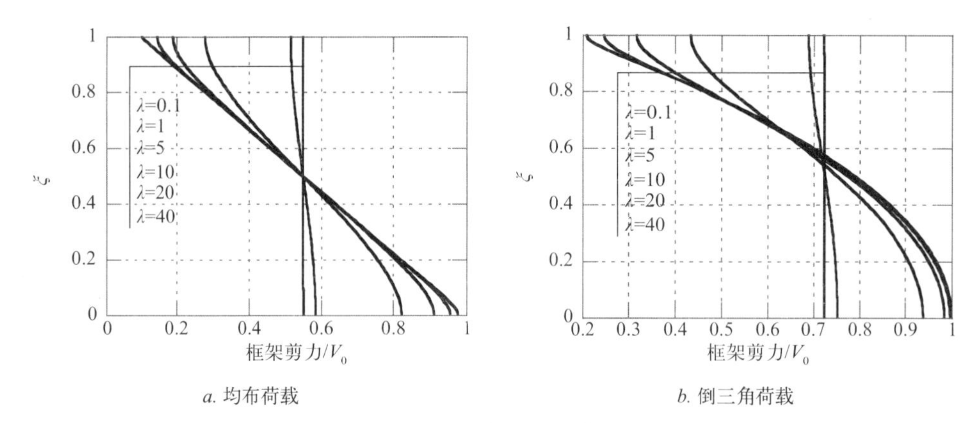

a. 均布荷载　　*b.* 倒三角荷载

图 4.2–5 λ 对框架剪力的影响

二、框架—摇摆墙结构在抗震加固中的应用

1. 工程背景

山东省某医院建于 20 世纪 80 年代，建筑面积约 10000m^2。结构中混凝土强度等级为 C35，纵筋采用 HRB335 级钢筋。为了便于分析计算，对结构进行了简化。计算模型共 10 层，在 *X* 和 *Y* 向的尺寸分别约为 72m 和 15m。模型中各层的平面布置大致相同，每层的面积均为 1058.4m^2，结构的首层平面图如图 4.2–6 所示。

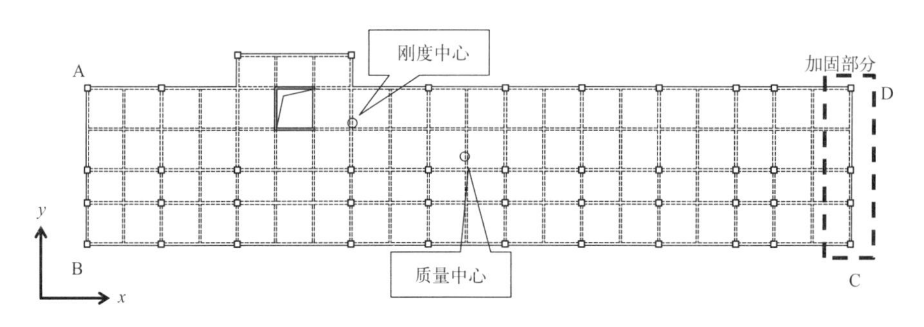

图 4.2–6 首层平面图

从首层平面图中可以看出，原结构平面左上角布置有剪力墙筒体，其余部分均为混凝土框架。原结构中，梁、柱和剪力墙的截面尺寸如表 4.2–1 所示。

原模型各构件截面尺寸　　表 4.2–1

楼层	梁截面（mm）	柱截面（mm）	剪力墙厚度（mm）
1 ~ 5	200 × 350；250 × 450；300 × 450	450 × 450	200
6 ~ 10	200 × 350；250 × 450；300 × 450	550 × 550	200

经过计算，结构平面的刚度中心和质量中心不重合，这在一定程度上加剧了结构扭转效应，不利于结构抗震。

扭转效应将导致远离剪力墙筒体一侧的框架承受较大变形，在地震下容易出现倒塌。

为了改善整体结构的抗震性能，提高结构的抗倒塌能力，对图 4.2–6 所示最右侧一榀框架进行加固改造。

2. 加固方案

传统的剪力墙加固方法中，墙体在地震中需要分担较大的弯矩和剪力，这就对墙体和基础的承载力提出了较高要求。而在本工程中，既有结构的基础不便于重新施工开挖。剪力墙在地震中容易发生损伤，不利于实现震后结构功能的快速恢复。因此，采用摇摆墙作为加固方法，原结构及摇摆墙加固方案的图 4.2–7 所示。

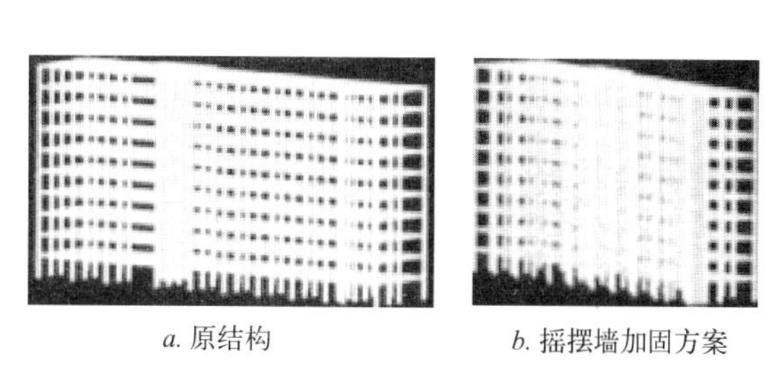

a. 原结构　　*b.* 摇摆墙加固方案

图 4.2–7　原结构及加固方案

摇摆墙加固方案中，摇摆墙墙体厚度为 400mm。如图 4.2–8 所示，摇摆墙通过墙底连接件与底部钢梁相连，与各楼层框架梁采用楼层抗剪连接件连接，与两侧的框架柱采用金属屈服型阻尼器连接。为了保证各连接件的承载力，采用锚筋将连接件锚固在混凝土内。相比于剪力墙，摇摆墙底部约束得到释放，墙体弯矩大幅度降低。因此，采用摇摆墙进行加固能够有效降低基础的承载力需求，简化基础设计与施工。

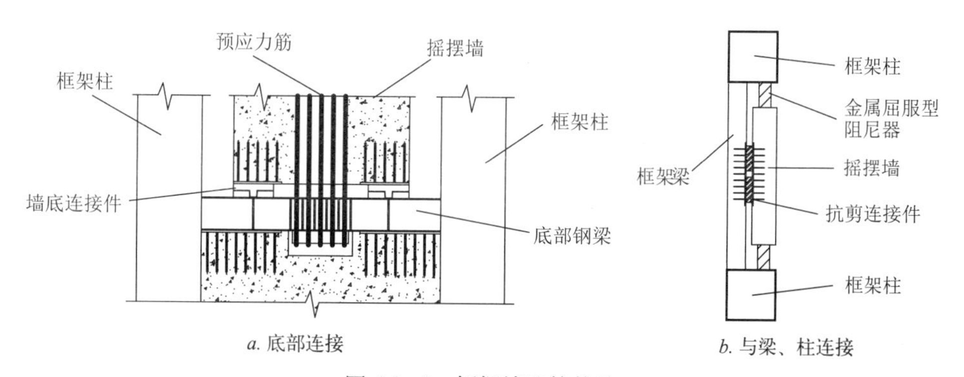

a. 底部连接　　*b.* 与梁、柱连接

图 4.2–8　摇摆墙连接构造

摇摆墙墙底连接件能够限制摇摆墙面内和面外的水平侧移，但不限制墙体在面内的摇摆转动。墙底连接件与墙体之间能够承担压力，但不能承担拉力。楼层抗剪连接件能够有效地传递楼层剪力，控制结构的变形模式。为了保证摇摆墙在震后具有自复位能力，沿墙体全高范围内埋入预应力钢绞线，预应力采用后张法施加。

金属屈服型阻尼的加入，一方面增大摇摆墙的转动能力，有利于摇摆墙发挥其“摇摆”功能；另一方面，墙体与框架的相对侧移能引起阻尼器的剪切变形，有利于提高结构的耗能能力。

该工程项目已在山东省成功实施，图 4.2–9 给出了施工过程中的部分照片。

a. 摇摆墙整体　　*b.* 阻尼器和墙底连接件

图 4.2-9　摇摆墙加固工程照片

三、加固前后结构抗震性能对比

为了考察原结构与摇摆墙加固方案的抗震性能，利用大型通用有限元软件 ABAQUS 进行了弹塑性时程分析。两种模型中，梁、柱和板采用PKPM的计算结果进行配筋。图 4.2-10 为摇摆墙加固方案的 ABAQUS 模型。

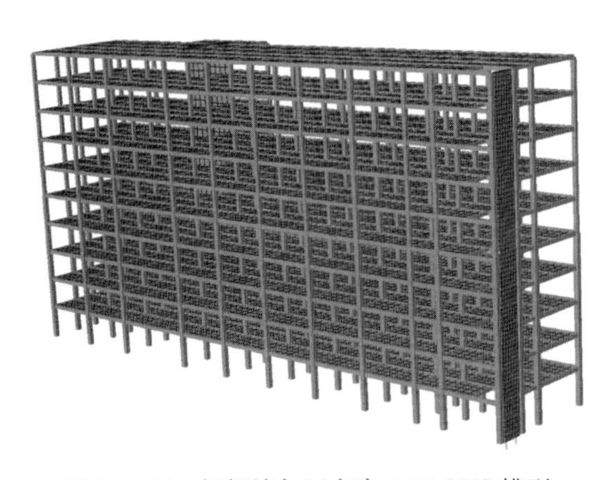

图 4.2-10　摇摆墙加固方案 ABAQUS 模型

时程分析选用的地震波为 El-Centro 波，其加速度时程如图 4.2-11 所示。对 El-Centro 波进行调幅，使其最大加速度满足规范中 8 度大震加速度水平。

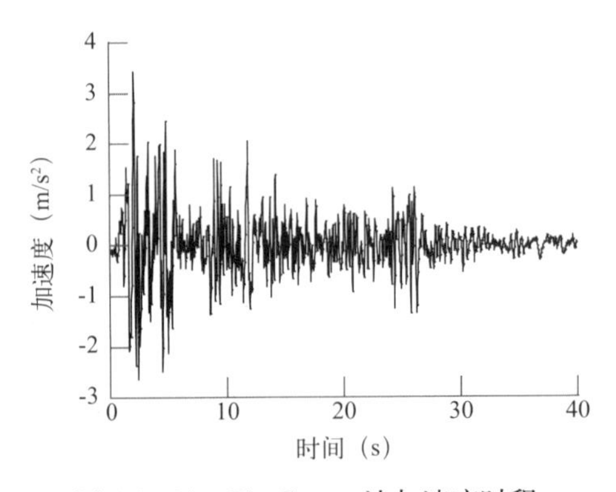

图 4.2-11　El-Centro 波加速度时程

1. 侧移

为了进一步考察加固的效果，对比了原结构与摇摆墙加固方案中结构顶层角点的侧移。图 4.2–12a.b 分别为原结构顶层 A、C 点在 *X*、*Y* 向大震作用下沿 *X* 向、*Y* 向的侧移。顶层各点位置见图 4.2–6 标注。在 *X* 向大震作用下，A 点和 C 点的 *X* 向侧移几乎完全吻合，且侧移较小。由此可见，原结构在 *X* 向刚度较大，且扭转效应很小。

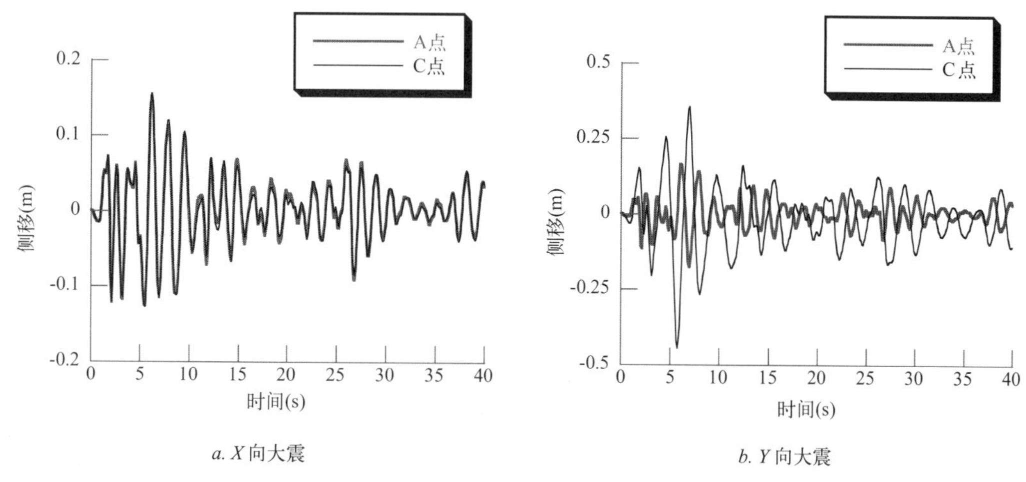

a. X 向大震　　　　*b. Y* 向大震

图 4.2–12　原结构顶层位移时程

在 *Y* 向大震作用下，A 点和 C 点的 *Y* 向侧移差异较大。C 点的最大侧移为 0.44m，A 点的最大侧移为 0.18m。图 4.2–13a.b 分别给出了摇摆墙加固方案下顶层 A、C 点在 *X*、*Y* 向大震作用下沿 *X* 向、*Y* 向的侧移。

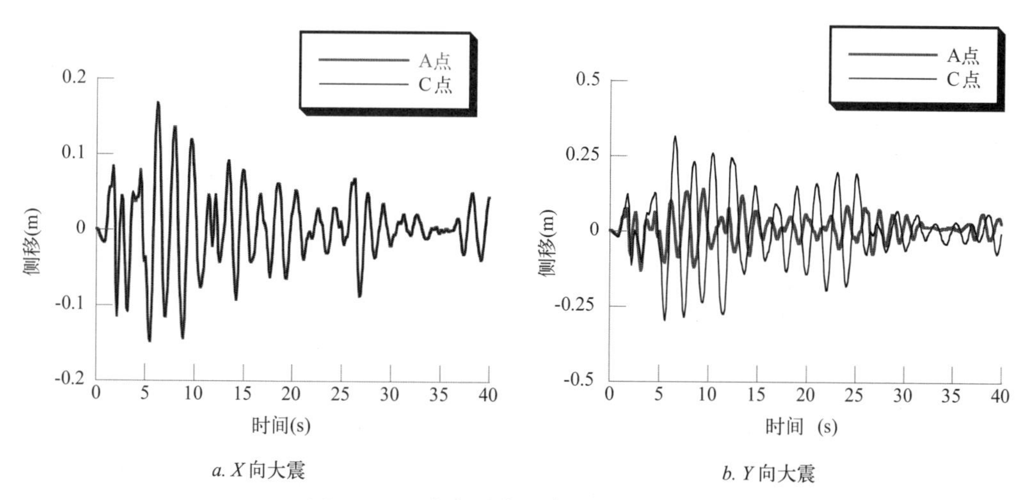

a. X 向大震　　　　*b. Y* 向大震

图 4.2–13　摇摆墙加固方案顶层位移时程

时程分析结果表明摇摆墙加固方案下结构 *X* 向继续保持了良好的平动性能，而 *Y* 向的最大侧移较原结构有较大改善。C 点的最大侧移减小为 0.32m，而 A 点的最大侧移减小为 0.14m。摇摆墙在地震输入结束后摇摆幅值衰减迅速，这归因于金属阻尼器的变形有效消耗了地震能量。

2. 层间位移

根据时程分析的结果，可计算得到结构的层间位移。图 4.2–14 对比大震下加固前后 C 点位置各楼层的层间位移最大值。原结构中，层间位移分布不均匀。底部楼层层间位移较大，而顶部楼层层间位移较小，最大层间位移（位于第 6 层）约为最小层间位移（位于第 10 层）的 3.9 倍。摇摆墙加固后，层间位移不均匀的情况得到明显改善，最大层间位移（位于第 1 层）约为最小层间位移（位于第 10 层）的 1.7 倍。此外，最大层间位移的绝对数值明显减小，由原结构的 0.064m 减小为 0.041m。因此，摇摆墙有效地控制了结构的层间位移大小，并使层间位移的分布更加均匀。

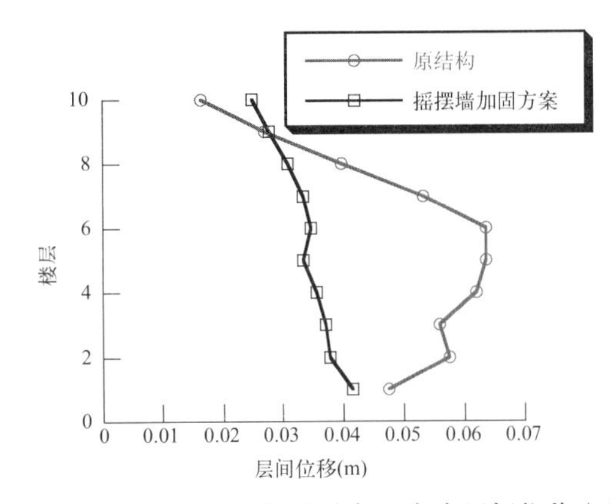

图 4.2–14 原结构与摇摆墙加固方案层间位移分布

3. 塑性铰分布

图 4.2–15a.b 分别给出了原结构和摇摆墙加固方案下，框架中塑性铰的分布情况。为了便于显示塑性铰的分布，隐藏了结构中楼板和摇摆墙。

对比两种结构塑性铰的发展和分布情况，可知相比于原结构，摇摆墙对侧移的控制延缓了框架中塑性铰的出现，减轻了地震对主体结构的集中损伤。在摇摆墙所在的平面内，塑性铰沿高度分布比较均匀。对于远离摇摆墙的部分，塑性铰则相对较少且大部分出现在结构下部几层。

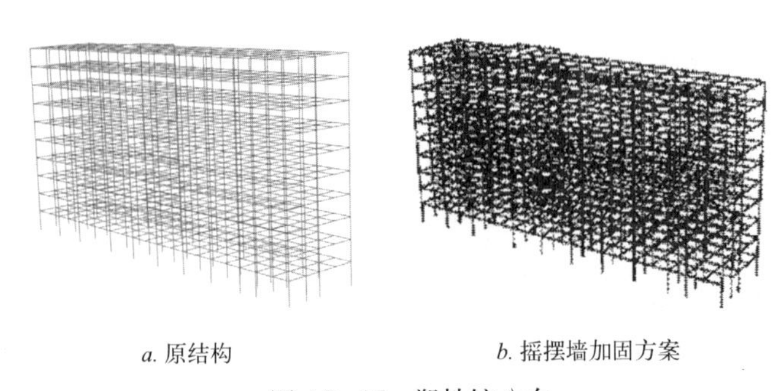

a. 原结构　　*b.* 摇摆墙加固方案

图 4.2–15 塑性铰分布

4. 残余变形

原结构停止振动时顶层 C 点残余侧移为 5cm，而摇摆墙加固方案对应的 C 点残余侧移为 0.5cm。由此可见，摇摆墙加固方案使得结构具备了较好的自复位能力。

四、结论

框架—摇摆墙结构是一种新型摇摆结构。本文提出了框架—摇摆墙结构的分布参数模型，分析了摇摆墙刚度对结构侧移分布、摇摆墙和框架承载力需求的影响。此外，本文研究了摇摆墙在国内某工程抗震加固改造中的应用，分析对比了原结构和摇摆墙加固方案的抗震性能。结论如下：

1. 分布参数模型能系统地分析框架—摇摆墙结构的受力性能，并给出外荷载作用下摇摆墙、框架的内力分布。

2. 框架—摇摆墙的侧移以及摇摆墙、框架的分布与墙体和框架的相对刚度的大小密切相关。摇摆墙能调整内力分配，使框架剪力分布更加均匀，增大变形能力。

3. 摇摆墙能有效控制结构变形，使塑性铰的分布更加均匀。摇摆墙中预应力的施加有助于减小残余变形，实现结构自复位能力；金属屈服型阻尼器的布置有利于增加结构的耗能能力。

需要指出的是，本研究采用的分布参数模型基于弹性假定。在强震下，结构会进入塑性阶段。此时，框架与摇摆墙结构的受力机理可能出现一定程度的改变。因此，框架—摇摆墙结构进入弹塑性后内力的变化是值得进一步探讨的问题。

参考文献

[1] 周颖，吕西林 . 摇摆结构及自复位结构研究综述 . 建筑结构学报，2011, 32（9）：1 ~ 10.

[2] Midorikawa M，Azuhata T，Ishihara T，Wada A. Shaking table tests on seismic response of steel braced frames with column uplift. Earthquake Engineering and Structural Dynamics，2006，35:1767 ~ 1785.

[3] Qu Z，Wada A，Motoyui S，Sakata H，Kishiki S. Pin－supported walls for enhancing the seismic performance of building structures. Earthquake Engineering and Structural Dynamics，2012，41（14）:2075 ~ 2091.

[4] 叶列平，马千里，缪志伟 . 钢筋混凝土框架结构强柱弱梁设计方法的研究 [J]. 工程力学，2010, 27（12）：102 ~ 113.

[5] 黄思凝，郭迅，孙得璋，孟庆利 . 轻质填充墙框架结构抗震性能的振动台试验研究 [J]. 工程力学，2014，31（9）：182 ~ 189，202.

[6] Ricles J M，Sause R，Peng S W，Lu L W. Experimental evaluation of earthquake resistant posttensioned steel connections. Journal of Structural Engineering－ASCE. 2002，128：850 ~ 859.

[7] Eatherton M R，Hajjar J F. Residual Drifts of Self－Centering Systems Including Effects of Ambient Building Resistance. Earthquake Spectra. 2011，27:719 ~ 744.

[8] Toranzo L A，Restrepo J I，Mander J B，Carr A J. Shake－Table Tests of Confined－Masonry Rocking Walls with Supplementary Hysteretic Damping. Journal of Earthqake Engineering，2009（13）：882 ~ 898.

[9] Deierlein G，Krawinkler H，Ma X，Eatherton M，Hajjar J，Takeuchi T et al. Earthquake resilient steel braced frames with controlled rocking and energy dissipating fuses. Steel Construction，2011（4）：171 ~ 175.

[10] 曹海韵,潘鹏,叶列平等. 混凝土框架—摇摆墙结构体系的抗震性能分析 [J]. 建筑科学与工程学报，2011，28（1）：64 ~ 69.

[11] 曹海韵，潘鹏，叶列平 . 基于推覆分析混凝土框架—摇摆墙结构抗震性能研究 [J]. 振动与冲击，2011（11）：240 ~ 244.

[12] 曹海韵，潘鹏，吴守君，叶列平，曲哲 . 框架—摇摆墙结构体系中连接节点试验研究 . 建筑结构学报，2012：38 ~ 46.

[13] 曲哲，和田章，叶列平 . 摇摆墙在框架结构抗震加固中的应用 . 建筑结构学报，2011，32（9）：11 ~ 19.

[14] 刘平，李琪 . 基底隔震建筑的剪切梁动力模型 [J]. 工程力学，1998，15（3）：90 ~ 97.

[15] 杜永峰，刘彦辉，李慧 . 带分布参数高压电气设备地震响应半解析法 [J]. 工程力学，2009，26（3）：182 ~ 188.

3. 新型黏滞阻尼墙在某框架剪力墙结构工程中的应用

张立成[1]　何瑶[1]　孙江波[2]　潘鹏[2]
1. 北京羿射旭科技有限公司，北京，100050
2. 清华大学土木工程系，北京，100083

引言

黏滞流体消能器（Viscous Fluid Damper，VFD）是速度相关型消能器，目前已经研制的黏滞流体消能器主要有筒式黏滞消能器、墙式黏滞消能器、油动式消能器等。墙式黏滞消能器又叫做黏滞阻尼墙（Viscous Fluid Damping Wall，VFW）。VFW 内置阻尼液体，本身不提供静刚度，增设后不影响结构的周期和振型；其滞回曲线呈椭圆形，在结构最大位移时刻阻尼力为零，在结构位移为零的时刻提供最大阻尼力[1]。

通常黏滞消能器力学模型可以表达为下式：

$$F = CV^{\alpha} \tag{1}$$

式中：F — 阻尼力，单位 kN；C — 阻尼系数，单位 $kN\cdot(s/m)^{\alpha}$；V — 消能器两端节点的相对速度，单位 m/s；α — 速度指数，常在 0 ～ 1 之间。

VFW 的构造如图 4.3–1 所示，主要构成单元是充满黏滞体的外部钢板（黏滞体容器）和插入其中的内部钢板（阻抗板）[2～3]。其固定于楼层底部的钢板槽内填充黏滞液体，插入槽内的内部钢板固定于上部楼层，当楼层间产生相对运动时，内部钢板在槽内黏滞液体中来回运动，产生阻尼力，其恢复力特性与筒式黏滞消能器接近。这种阻尼墙可提供较大的阻尼作用，不易渗漏，且其墙体状外形容易被建筑师接受。

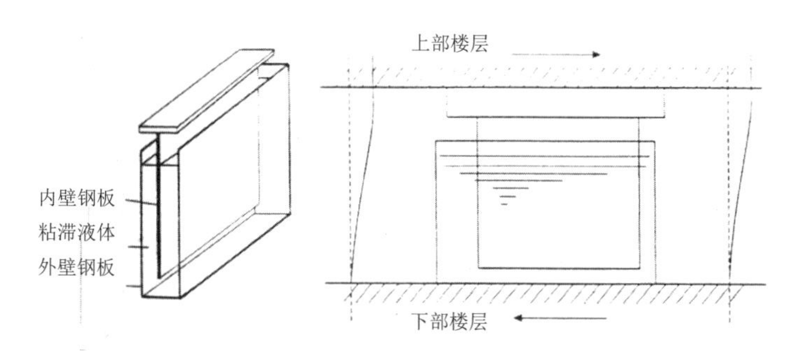

图 4.3–1　黏滞阻尼墙基本构造

黏滞阻尼墙在日本超高层建筑中得到了广泛应用，黏滞阻尼墙的耗能能力大，能显著减小结构的地震响应。但由于其成本较高，目前在国内的应用较少。近年来清华大学与北京羿射旭科技发展有限公司合作开发了具有自主知识产权的新型黏滞阻尼墙，如图 4.3–2，新型黏滞阻尼墙性能优良，且成本远低于普通黏滞阻尼墙。新型黏滞阻尼墙的墙体厚度一般不超过 200mm，布置在建筑隔墙位置可满足大部分建筑对隔墙厚度的要求。

图 4.3-2　新型黏滞阻尼墙产品（羿射旭）

从满足建筑功能的角度考虑，黏滞阻尼墙较筒式黏滞消能器更有竞争力。100t 的筒式黏滞消能器直径约为 250 ~ 300mm，而消能器将被安装到隔墙中，导致隔墙的厚度太大，占用建筑使用空间。而 100t 的黏滞阻尼墙厚度可以控制在 150mm 左右，从而有效减小隔墙的厚度。黏滞阻尼墙因其体型轻巧、布置位置灵活、基本不影响建筑外观和建筑功能使用要求等优点，非常适用于建筑结构中。

本文以海口市某医院框架剪力墙结构项目为例，介绍新型 VFW 在新建工程中的应用。

一、工程概况

工程位于海南省海口市，建筑功能为医院内科楼。主体结构采用钢筋混凝土框架剪力墙结构体系，如图 4.3-3、图 4.3-4，结构整体共 19 层，乙类建筑，建筑合理使用年限为 50 年。平面尺寸为 73.40m × 19.76m，标准层层高为 3.9m，结构总高度 77.8m。抗震设防烈度为 8 度（0.3g），设计基本地震加速度值为 0.3g，设计地震分组为第一组，建筑场地类别为 II 类，场地特征周期为 0.35s。原结构阻尼比为 5%。

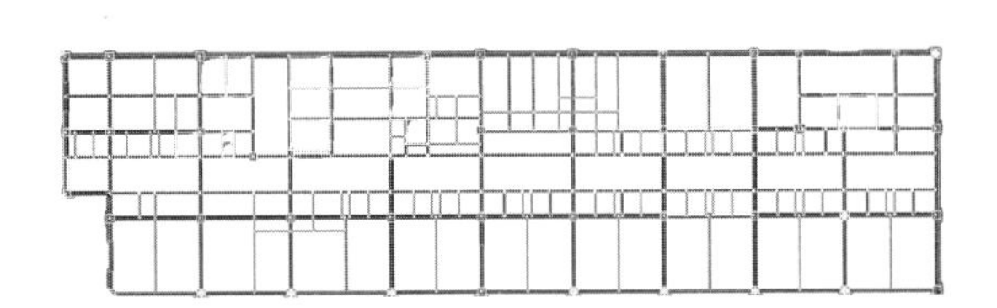

图 4.3-3　结构标准层平面图

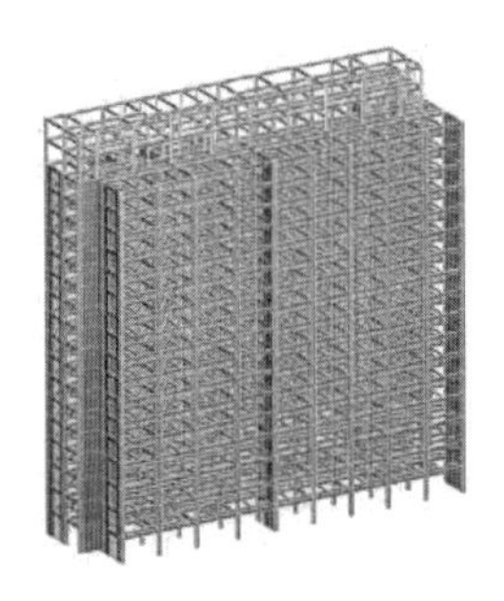

图 4.3-4　结构整体模型

项目结构设防烈度高，且由于建筑功能需要框架梁、柱截面较小，层高较大，用钢量大，结构层间位移角不满足《建筑抗震设计规范》GB 50011-2010[4] 中对结构弹性位移角的要求等问题。根据对原结构的计算分析，提出“在适当布置粘滞阻尼墙后，减震结构的层间位移角得到明显改善”的减震目标。

二、消能减震设计

综合考虑减震目标及建筑功能的需要，本消能减震方案共布置 96 台 VFW。

1. VFW 方案

VFW 性能参数如表 4.3-1，各层 VFW 布置方案如表 4.3-2 所示。

VFW 性能参数　　表 4.3-1

型号	阻尼指数	阻尼系数 kN/（s/m）$^{\alpha}$	输出阻尼力（kN）	极限位移（mm）
YSX-VFW-300-60	0.3	600	300	60

VFW 布置情况　　表 4.3-2

方向	楼层	型号	数量 / 台	合计 / 台
X 方向	1 ~ 3 层	YSX-VFW-300-60	2	48
	4 ~ 11 层	YSX-VFW-300-60	4	
	12 ~ 16 层	YSX-VFW-300-60	2	
Y 方向	1 ~ 3 层	YSX-VFW-300-60	2	48
	4 ~ 11 层	YSX-VFW-300-60	4	
	12 ~ 16 层	YSX-VFW-300-60	2	

2. 弹性时程分析

兼顾计算的准确性和效率，项目采用 CSI 公司开发的 Etabs 有限元软件进行时程分析。弹性时程分析共建立了三个模型：无消能器的原模型、布置消能器的模型和调整阻尼比（8%）的模型，分别对其进行弹性时程分析。

（1）消能器单元的建立

在 Etabs 中是通过设置非线性 LINK（Damper）单元来模拟消能器的力学行为。非线性 LINK（Damper）包括三个属性，分别是刚度 K、阻尼系数 C 和阻尼指数 α。非线性 LINK（Damper）单元参数设置如图 4.3-5。根据工程实际情况，一般连接单元可通过直接连接上、下梁中点的方式来建立。

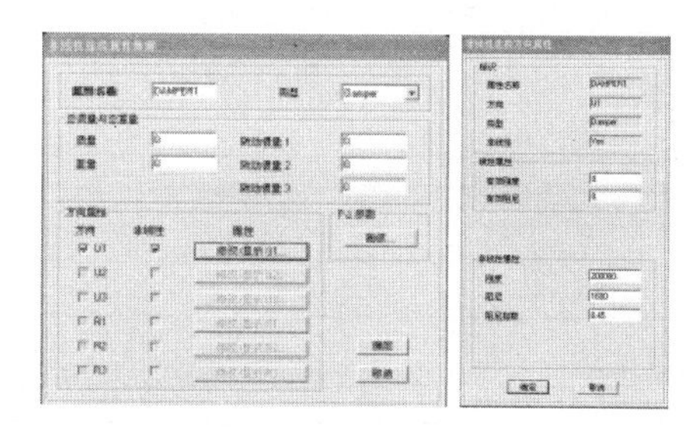

图 4.3-5　Etabs 模型中非线性连接单元参数设置

调整阻尼比的模型则直接在时程工况中将振型阻尼设置为 0.08，以便和布置消能器的模型进行对比从而确定附加阻尼比，如图 4.3–6 所示。

图 4.3–6　Etabs 模型中调整阻尼比设置

（2）地震波的选取

根据《建筑抗震设计规范》GB 50011–2010 的要求，选取 3 条地震波，其中天然波 2 条，人工波 1 条，分别如图 4.3–7 所示。加速度峰值调至 110g。

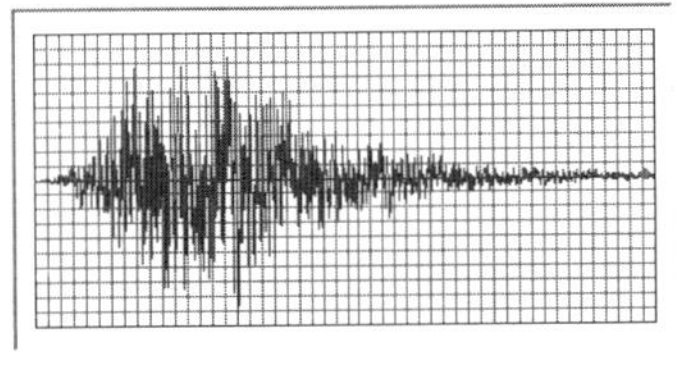

a. 人工波

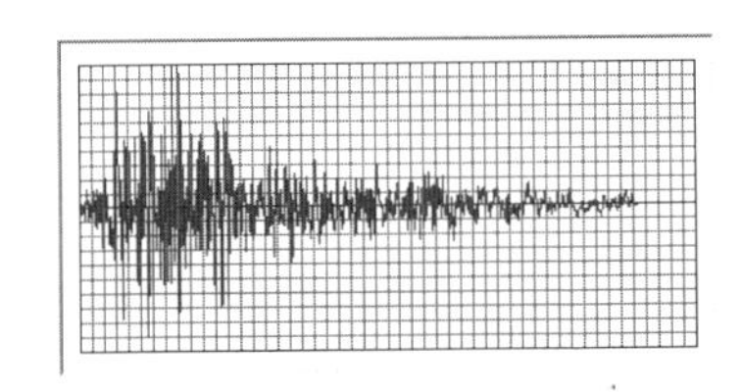

b. 天然波 1

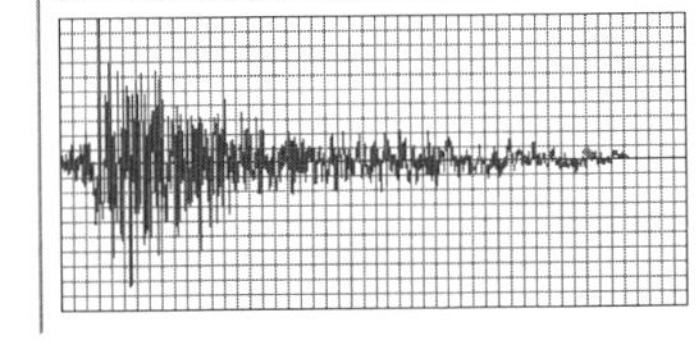

c. 天然波 2

图 4.3–7　地震波

经计算，结构在每条地震波作用下的底部剪力最小值不小于反应谱法计算结果的 65%，平均值不小于反应谱法计算结果的 80%，符合规范要求。

3. 验证方案的附加阻尼比

采用三个模型的计算结果确定减震方案的附加阻尼比。对三个模型进行弹性时程分析，通过对比基底剪力确定消能器的消能减震效果。不同模型在三条地震波作用下计算得到的层剪力信息如表 4.3–3 ～表 4.3–5 所示。

人工波层剪力对比（单位：MN）　　表 4.3–3

楼层	消能器模型		阻尼比模型		原模型	
	X	*Y*	*X*	*Y*	*X*	*Y*
19	1.3	1.5	0.8	1.2	1.1	1.4
18	5.3	5.8	3.2	5.1	4.4	5.7
17	13.9	13.4	9.8	12.3	12.1	14.2
16	25.1	23.9	19.6	23.3	23.6	27.1
15	37.2	37.2	31.3	37.4	37.4	43.5
14	49.8	52.5	43.7	53.6	52.1	62.4

续表

楼层	消能器模型		阻尼比模型		原模型	
	X	Y	X	Y	X	Y
13	62.2	69.5	56.4	71.3	66.7	82.8
12	74.5	87.6	70.2	88.9	83.1	104.2
11	86.2	104.6	86.3	107.2	101.6	125.3
10	99.6	123.1	103.1	125.4	121.0	146.5
9	113.7	142.2	121.5	143.0	142.4	167.1
8	128.3	162.1	138.2	162.3	163.3	190.2
7	143.4	184.0	156.1	183.8	183.4	216.3
6	158.0	205.1	173.2	207.4	203.3	244.1
5	171.1	225.4	190.5	232.3	223.2	274.7
4	188.1	250.2	210.6	258.4	245.1	306.5
3	206.2	276.1	230.3	285.1	268.3	339.1
2	223.6	301.3	252.5	312.3	292.4	373.3
1	230.8	307.1	259.2	319.8	301.6	381.2

天然波 1 层剪力对比（单位：MN） **表 4.3-4**

楼层	消能器模型		阻尼比模型		原模型	
	X	Y	X	Y	X	Y
19	1.2	1.8	0.8	1.2	1.2	1.6
18	5.2	7.3	3.4	4.7	4.7	6.4
17	13.8	15.3	9.3	11.4	12.2	13.3
16	25.5	25.7	17.7	20.6	22.9	22.8
15	38.1	37.1	27.4	31.7	35.3	34.6
14	50.9	51.1	38.0	43.9	48.2	47.9
13	64.8	66.2	49.9	58.0	62.1	63.1
12	78.3	81.3	63.5	73.3	77.0	79.9
11	90.0	96.7	78.4	89.6	92.5	97.6
10	103.5	111.0	94.3	107.5	109.8	116.7
9	117.6	126.1	111.7	124.5	126.7	135.2
8	132.1	145.2	127.4	143.4	143.1	155.4
7	149.2	166.5	142.6	162.9	160.6	176.1
6	165.0	187.1	157.8	182.2	177.7	198.0
5	178.5	207.4	172.3	202.9	195.2	220.3
4	195.3	227.2	189.1	223.6	216.4	243.6
3	212.4	246.1	207.5	244.7	237.9	266.8
2	229.4	265.3	225.2	265.8	259.2	289.7
1	236.4	271.1	232.4	271.5	267.5	295.2

天然波 2 层剪力对比（单位：MN）　　表 4.3–5

楼层	消能器模型		阻尼比模型		原模型	
	X	*Y*	*X*	*Y*	*X*	*Y*
19	0.9	1.6	1.3	1.8	1.7	2.2
18	3.8	6.9	5.1	7.9	7.2	9.4
17	10.0	18.6	11.8	21.9	20.5	25.2
16	19.2	34.9	21.3	37.5	37.4	46.9
15	30.3	54.6	33.0	55.8	55.8	72.9
14	42.5	76.2	46.1	75.9	75.7	101.4
13	55.2	98.8	61.1	102.2	96.3	131.6
12	69.2	121.2	75.9	128.7	117.3	159.2
11	84.4	143.2	90.7	148.9	135.7	186.7
10	100.2	163.4	109.8	171.9	155.5	211.6
9	117.8	181.6	127.3	194.2	176.9	233.2
8	136.7	201.1	145.9	219.4	198.3	258.8
7	156.1	225.3	169.2	246.5	222.3	288.2
6	175.7	252.9	193.5	274.8	246.7	322.0
5	193.5	283.5	214.9	310.6	269.0	360.8
4	213.6	316.1	237.7	332.1	305.3	402.6
3	235.3	350.4	261.1	364.8	333.3	446.5
2	257.2	385.5	285.0	395.7	365.7	490.7
1	265.4	392.3	294.3	403.6	377.3	499.1

对比三条地震波作用下的层剪力结果，可见，布置消能器的结构大部分剪力小于调整阻尼比至 8% 的模型，可认为结构的等效阻尼比不小于 8%，故将结构的阻尼比取为 8% 是可行的。

17 ～ 19 层因未布置消能器，层剪力值较阻尼比模型大，可以按时程荷载效应最大值进行 17 ～ 19 层的配筋设计。

4. 消能减震效果分析

对 PKPM 原模型（阻尼比 5%）和减震模型（阻尼比 8%）进行层间位移角对照分析，可以得到结构消能减震设计的效果。

经计算，原模型（阻尼比 5%）和减震模型（阻尼比 8%）结构层间位移角计算结果如表 4.3–6。

最大层间位移角（*X*、*Y* 方向地震作用下）　　表 4.3–6

楼层	*X* 方向		*Y* 方向	
	原模型	减震模型	原模型	减震模型
19	1/1270	1/1438	1/ 809	1/ 890
18	1/ 832	1/ 936	1/ 797	1/ 875
17	1/1064	1/1119	1/ 710	1/ 821
16	1/ 994	1/1044	1/ 693	1/ 802
15	1/ 941	1/ 989	1/ 681	1/ 787
14	1/ 897	1/ 940	1/ 671	1/ 776

续表

楼层	X 方向		Y 方向	
	原模型	减震模型	原模型	减震模型
13	1/ 862	1/ 902	1/ 666	1/ 770
12	1/ 835	1/ 872	1/ 665	1/ 769
11	1/ 815	1/ 849	1/ 670	1/ 774
10	1/ 802	1/ 834	1/ 680	1/ 786
9	1/ 796	1/ 827	1/ 697	1/ 806
8	1/ 796	1/ 827	1/ 722	1/ 835
7	1/ 807	1/ 838	1/ 757	1/ 876
6	1/ 826	1/ 858	1/ 804	1/ 931
5	1/ 865	1/ 899	1/ 876	1/1014
4	1/ 937	1/ 974	1/ 994	1/1151
3	1/1100	1/1144	1/1221	1/1415
2	1/1479	1/1538	1/1743	1/2021
1	1/4193	1/4606	1/6567	1/7700

由表可知，原结构在 Y 向地震作用下最大层间位移角为 1/665，不满足要求。而设置了消能器的减震结构小震下 X 向与 Y 向最大层间位移角均小于限值 1/750（满足海南省当地设计要求），其余各楼层位移计算结果均满足要求并有一定的安全储备。同时，减震结构各楼层的位移计算结果均小于非减震结构相应楼层的计算结果。可见减震后，结构层间位移角得到有效控制。

三、结论

通过以上分析，我们可以得到以下结论：

1. 新型粘滞阻尼墙性能优良，成本低于普通黏滞阻尼墙，因其体型轻巧、布置位置灵活、基本不影响建筑外观和建筑功能使用要求等优点，非常适用于建筑结构中。

2. 通过对比设置 VFW 的模型与阻尼比 8% 的模型的计算结果，可认为消能器为结构附加了 3% 的阻尼比，使得结构的阻尼比达到 8%。

3. 对比分析设置消能器的结构和原结构的层剪力、层间位移角等数据，消能器耗能显著，计算结果满足减震目标要求。

4. 消能减震设计方案能够有效的改善结构性能，增加结构的安全性，并具有一定的经济性。

参考文献

[1] 社团法人，日本隔震结构协会 . 被动减震结构设计·施工手册 [M]. 蒋通译 . 北京：中国建筑工业出版社，2008.

[2] T T Soong，G F Dargush. 结构工程中的被动消能系统 [M]. 董平译 . 北京：科学出版社，2005.

[3] 潘鹏，叶列平，钱稼茹，邓开来，何瑶 . 建筑结构消能减震设计与案例 [M]. 北京：清华大学出版社，2014.

[4] 建筑抗震设计规范 GB 50011－2010 [S]. 北京：中国建筑工业出版社，2010.

4. 框架结构填充抗震墙或钢支撑抗震加固振动台试验研究

史铁花[1] 陆加国[1] 程绍革[1] 石海亮[1] 吴礼华[1] 李守恒[2] 栾文芬[3]

1 中国建筑科学研究院，北京，100013；2 乌鲁木齐建筑设计研究院有限责任公司，乌鲁木齐 830092；3. 新疆维吾尔自治区乌鲁木齐建委，乌鲁木齐，830002

引言

本课题“框架结构填充抗震墙等加固技术振动台试验研究”是指对框架结构通过填充竖向不连续的抗震墙或者形式各异的钢支撑等方法进行结构抗震加固技术的研究，旨在解决框架结构承载力薄弱层通过填充竖向不连续抗震墙或者形式各异的钢支撑等加固的技术难题。传统的加固方法总是需要从基础至需加固层设置竖向连续的抗震墙，造价高、工期长、湿作业多、影响面广，施工和使用均存在诸多不便，有时甚至难以实现。本课题提出的采用竖向不连续的抗震墙或者形式各异的钢支撑的加固解决了该难题，只在需要加强的承载力薄弱层进行适当加固就可以了，这样大大减少了框架结构的加固量，因而该方法更有针对性、更合理、灵活、有效、造价相对低廉、更易操作，从而实现经济效益、社会效益的双丰收，并由于节约材料和施工便捷等，对环境效益的贡献也很明显，真正实现绿色加固。

课题通过 1/5 缩尺多层框架局部填充抗震墙和带框钢支撑加固模型的振动台试验研究，对模型的破坏现象、动力特性以及动力反应结果等进行了分析，并与有限元计算分析相比较，得出了采用局部填充适当刚度的抗震墙或带框钢支撑加固框架结构可行性和合理性；另外还提出了采用该法加固的实用计算方法和构造措施以及不同形式支撑加固的计算方法。

一、振动台试验研究

1. 模型设计及试验方案

（1）概况

原型结构为 8 度区的 A 类 5 层混凝土框架，丙类建筑，设计地震分组为第一组，III 类场地，横向 3 跨，纵向 4 跨，层高均为 3.6m，结构平面布置见图 4.4-1。

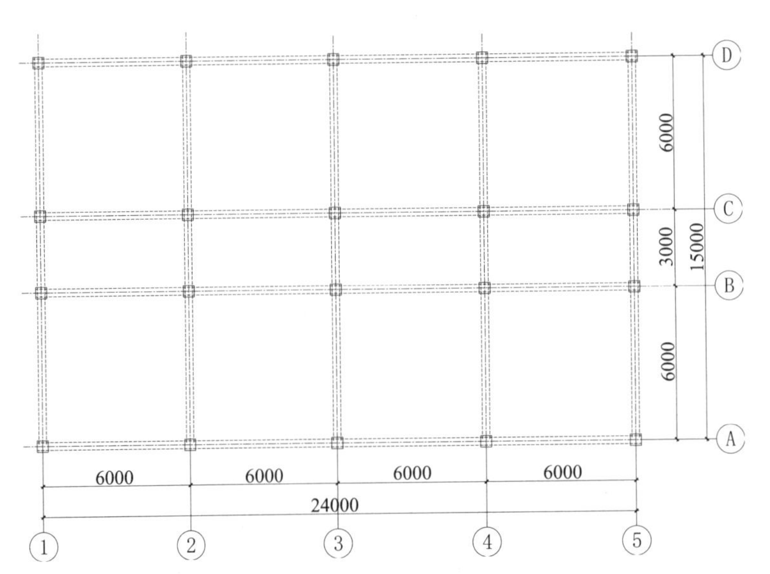

图 4.4-1 原型结构平面布置图

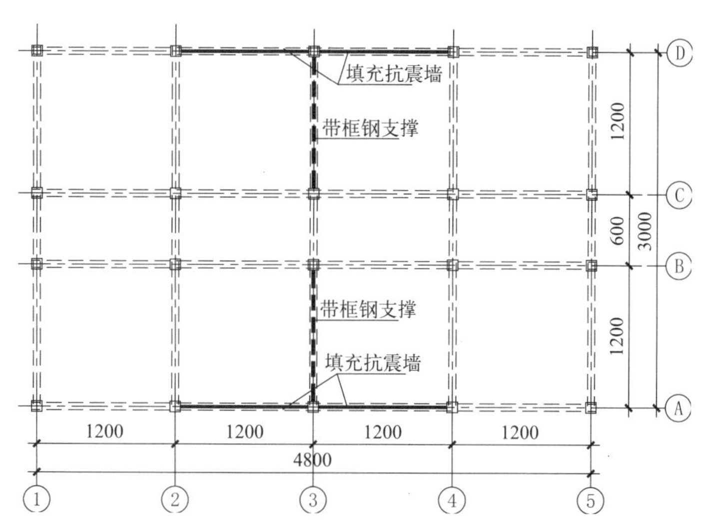

图 4.4–2　模型四层结构加固平面布置图

由于从四层开始框架柱截面尺寸缩小为 350 × 350，配筋亦相应减小，经过抗震鉴定可知四层为相对薄弱层，需要进行加固。加固结构为在四层纵向填充 4 片抗震墙；横向设置 2 片带框钢支撑 1/5 缩尺模型加固平面布置见图 4.4–2。

（2）模型设计与制作

综合考虑试验效果、振动台承载能力等最终确定采用相似比为 1/5 的缩尺模型。加工完成后的缩尺模型照片如图 4.4–3 所示。

a . 模型整体照片

b. 四层填充抗震墙及钢支撑

图 4.4–3　加工完成后的模型

（3）地震波选用

选用的地震波为一条天然波（TD1）和两条根据《建筑抗震设计规范》GB 50011—2010（简称抗震规范）反应谱拟合的人工波（RD1，RD2）。试验时的台面加速度峰值逐级递增，五层模型依次经历 7 ～ 8 度的小震、中震、大震，直至模型破坏，终止试验。后来进行的四层模型从 8 度大震加至模型严重破坏。

2. 试验结果及分析

（1）模型试验过程与破坏现象

台面加速度幅值为 70cm/s^2 后，各层框架梁、柱以及抗震墙和支撑均未出现裂缝。台面加速度幅值为 110cm/s^2 后，四层部分的抗震墙洞口底部出现细微斜裂缝。台面加速度幅值为 150cm/s^2 后，四层个别的抗震墙洞口顶部出现细微斜裂缝，五层个别（图 4.4–4b）的框架柱柱顶出现细微裂缝。台面加速度幅值达到 220cm/s^2 时，模型顶部的反应增大，五层框架柱裂缝数量增多：包括五层部分框架柱柱顶出现水平裂缝，最大裂缝宽度 0.2mm。台面加速度幅值 310 cm/s^2 时，五层的震害明显加重，多数的框架柱柱顶均出现裂缝（图 4.4-4d），五层一些框架柱柱底、柱顶的混凝土被压碎脱落。台面加速度幅值 400cm/s^2 时，抗震墙的细微裂缝增大（约 0.3mm），五层的震害更加明显，多数框架柱柱顶和柱底均出现裂缝，最大裂缝宽度 0.35mm，部分框架柱混凝土压碎破坏加重，柱端出现明显的塑性铰（图 4.4-4e ~ h）。

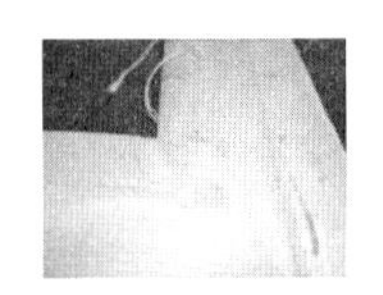

a. 四层 3-4-A 墙体细裂缝

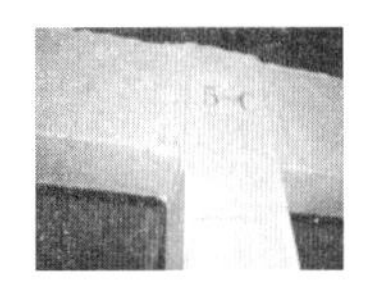

b. 五层 5 轴 /C 轴柱顶细裂缝

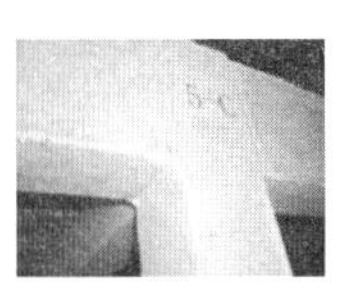

c. 五层 5 轴 /C 轴柱顶裂缝

d. 五层 3 轴 /B 轴柱顶

e. 四层 2-3-D 墙体裂缝

f. 五层 2 轴 /B 轴柱顶混凝土破坏

g. 五层 3 轴 /C 轴柱顶混凝土压碎

h. 五层 5 轴 /C 轴柱柱底裂缝

i. 试验后五层模型

图 4.4-4 模型破坏现象

5 层模型经受了 8 度大震不倒的考验，起到了加固的效果，但结构破坏主要集中在五层，底部四层没有明显的破坏，说明经加固后，五层的抗震承载力相对较弱。为了进一步验证该加固方法的合理性和有效性，将试验后的第五层结构拆除，再次进行振动台试验，模型经历台面加速度幅值为 400cm/s^2 的地震作用后，一层～三层部分框架柱出现细裂缝，四层抗震墙出现新裂缝；模型经历台面加速度幅值为 510cm/s^2 的地震作用后，部分框架柱裂缝加重，形成水平通长裂缝，框架柱最大裂缝宽度约 0.2mm 左右，四层抗震墙裂缝加深，局部混凝土被压碎，墙体最大裂缝宽度约 1mm 左右；模型经历台面加速度幅值为 620cm/s^2 及 710cm/s^2 的地震作用后，多处框架柱形成水平通缝，出现明显塑性铰，框架柱最大裂缝宽度约 0.4mm 左右，四层抗震墙裂缝宽度增大，抗震墙最大裂缝宽度约 4mm 左右，局部混凝土被压碎脱落，但四层仅个别框架柱出现塑性铰，多数框架柱未发现明显破坏（图 4.4-5）。

a. 二层 3 轴 /C 轴柱顶塑性铰

b. 四层 3-A 墙体裂缝

c. 试验后四层模型

图 4.4-5 拆除五层后模型破坏现象

（2）模型振型、自振频率

根据模型试验实测结果，模型的 X 向、Y 向初始一阶自振频率实测值分别为 3.13、3.04Hz，模型的 X 向、Y 向初始二阶自振频率实测值分别为 7.90、7.60Hz，且一阶、二阶均为平动不带扭转。经不同加速度峰值激振后，模型两个方向的自振频率都逐渐降低，说明结构刚度逐渐下降，周期增大。

（3）模型动力反应结果

1）加速度反应

将加速度传感器实测结果进行整理，提取各楼层在各工况下的加速度峰值，并与基底加速度峰值进行比较，绘制各个地震波作用下楼层加速度反应放大系数曲线（限于篇幅仅列出人工波，见图 4.4-6）。

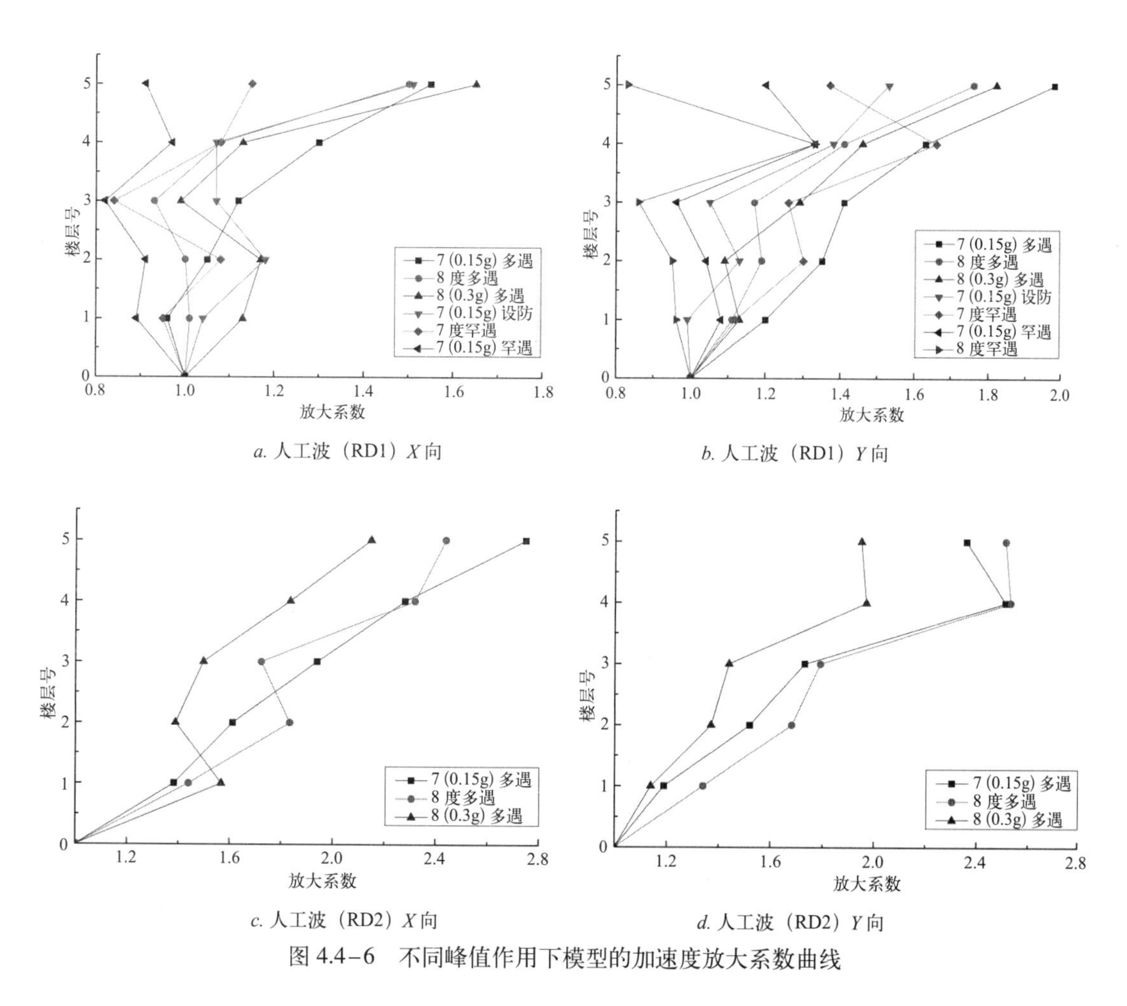

a. 人工波（RD1）*X* 向

b. 人工波（RD1）*Y* 向

c. 人工波（RD2）*X* 向

d. 人工波（RD2）*Y* 向

图 4.4-6 不同峰值作用下模型的加速度放大系数曲线

从图 4.4-6 可以看出，在人工波（RD1、RD2）作用下，小震时顶层的加速度放大系数最大，大震时顶层加速度放大系数明显变小，表明大震时模型的顶层损伤明显，加速度反应有衰减现象。

2）位移反应峰值

根据加速度反应时程，通过积分求出位移反应时程，提取位移反应峰值，绘制各个地震波作用下楼层位移反应峰值曲线（仅列出人工波见图 4.4-7）。可以看出，随着地震波峰值的增大，位移反应峰值逐渐增大，7 度罕遇地震以后，顶层位移反应明显大于下部结构的位移反应。

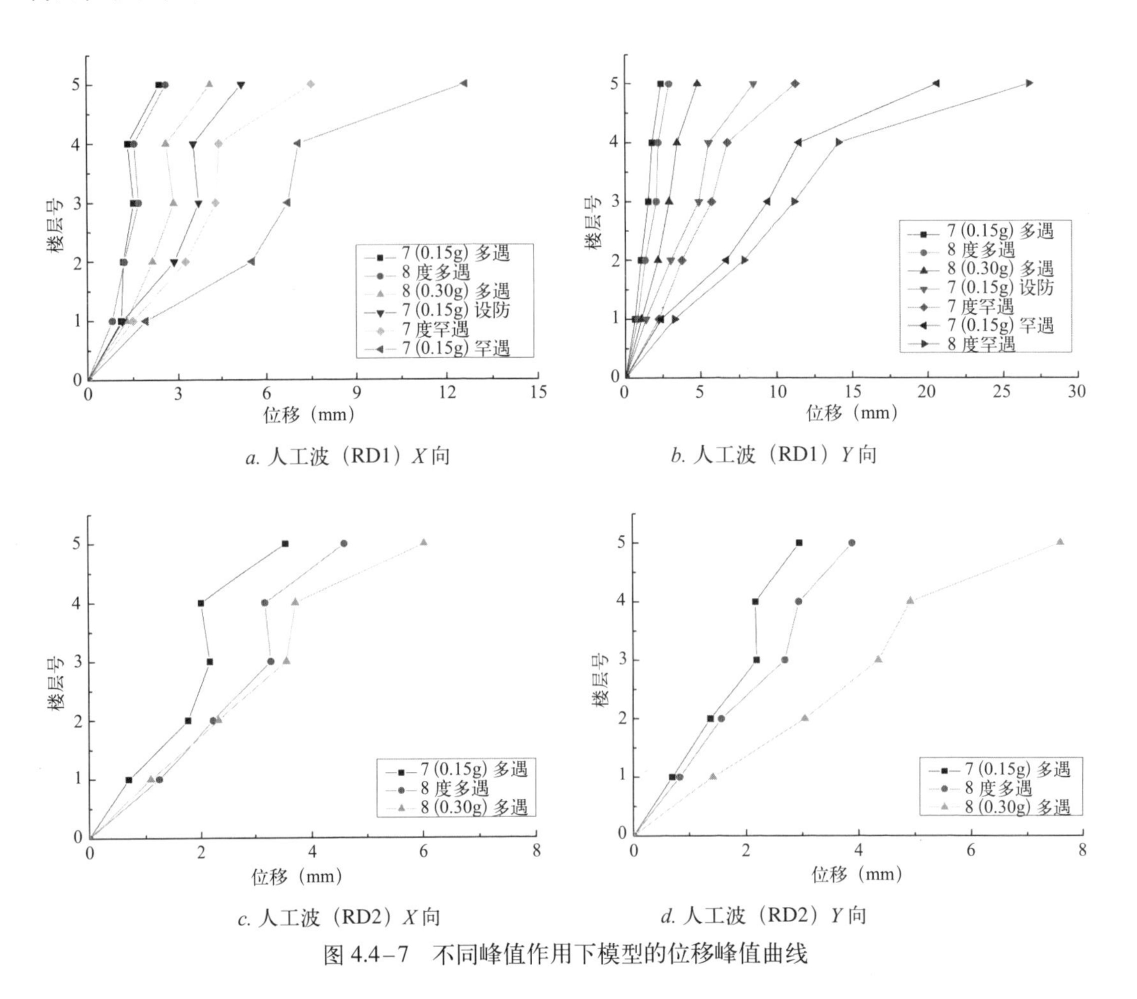

a. 人工波（RD1）*X* 向

b. 人工波（RD1）*Y* 向

c. 人工波（RD2）*X* 向

d. 人工波（RD2）*Y* 向

图 4.4-7 不同峰值作用下模型的位移峰值曲线

3）层间位移角反应峰值

根据模型的位移时程反应结果，计算出各楼层的层间位移角，得出大震阶段，7 度（0.15g）的罕遇地震作用下，模型横向、纵向的层间位移角均满足抗震规范 1/50 的限值，8 度罕遇地震作用下，除五层外，其余楼层层间位移角均满足抗震规范 1/50 的限值。

以上试验现象和分析表明，模型第五层破坏明显，而其他层基本无明显破坏，说明该加固方法未考虑到五层在加固后相对较薄弱，尚有不周之处。故拆除五层结构后再次进行振动台试验，以纵向为主震方向，模型在经历了台面加速度幅值为 620cm/s^2 的地震作用后（相当于 9 度罕遇），一层～四层的纵向层间位移角分别为 1/74、1/52、1/52、1/81；模型在经历了台面加速度幅值为 710cm/s^2 的地震作用后，一层～四层的纵向层间位移角分别为 1/60、1/44、1/58、1/68，说明采用局部填充抗震墙及带框钢支撑加固后，各楼层的层间位移相差不大，没有明显的薄弱层，说明进行框架结构抗震加固时要考虑层间刚度和承载力均匀分布才更加合理。

二、试验数据分析——动力时程分析及试验结果对比分析

采用 Marc 进行动力时程分析时，采用与试验相同的模型进行计算。

有限元模拟分析中，框架梁、柱中钢筋和混凝土混合材料的数值模拟采用叶列平、陆新征 [3] 等人编制的 THUFIBER 程序，该程序基于纤维模型原理，将钢筋混凝土梁、柱的混合材料以较为完善的材料本构关系，嵌入有限元分析软件 Marc 中，钢筋混凝土梁、柱的材料本构由 THUFIBER 程序自带。楼板采用弹性楼板假定。后加抗震墙采用分层壳进行模拟，材料本构根据《混凝土结构设计规范》取值。

（1）模态分析

根据 Marc 计算的周期，与试验实测结果进行对比得出，模型数值模拟结果与试验结果吻合较好，模型分析横向和纵向的周期与试验结果的误差均在 13% 以内。

（2）振型分析

根据 Marc 计算的振型，并试验实测结果进行对比，可以看出，Marc 计算结果与试验结果吻合相对较好。在数值模拟与试验中可以认为各楼层质量是基本一致的，可以看出横向四层的侧向刚度中，试验结果大于数值模拟；纵向四层的侧向刚度中，试验结果小于数值模拟。

（3）动力时程分析

1）五层模型，将五层模型楼层位移计算结果与试验结果的进行对比，可以看出，多遇地震作用下，Marc 计算结果与试验结果相差较大，随着地震波加速度峰值的增大，Marc 计算结果与试验结果之间相差逐渐减小，在 7 度（0.15g）罕遇、8 度罕遇地震作用下，Marc 计算结果与试验结果比较接近。

2）四层模型

8 度罕遇地震作用下，Marc 计算的位移峰值与试验结果比较接近，随着地震波加速度峰值的增大，结构的累积损伤加重，试验结果位移明显大于 Marc 计算结果。

根据 Marc 计算的模型楼层位移，计算出各楼层的层间位移反应峰，并与试验结果进行对比得出，8 度罕遇地震作用下，Marc 计算的层间位移角与试验结果比较接近，9 度罕遇地震作用下，各层层间位移角均小于 1/50，且模型各层破坏均匀，说明四层模型的加固更为合理。

三、结论

通过对采用填充抗震墙和带框钢支撑加固的 5 层框架模型进行振动台试验，分析了模型的试验现象、实测频率、动力反应结果等，得出如下结论和成果：

1. 五层模型在 7（0.15g）度多遇、8 度多遇地震作用下，各层框架梁柱、四层抗震墙及钢支撑均未出现裂缝；模型在 8 度（0.3g）多遇地震作用下，四层抗震墙洞口两侧和五层框架柱开始出现细微裂缝；随着地震峰值的增加，五层框架柱的破坏进一步加重，8 度罕遇地震作用下，五层框架柱柱底、柱顶基本都出现明显的塑性铰，四层抗震墙洞口两侧的细微裂缝进一步扩大。说明采用局部填充抗震墙和带框钢支撑加固带有薄弱层的框架结构是一种非常有效便捷的加固方法，加固后结构的抗震承载力得到了明显提高。该法加固后五层模型满足 8 度区抗震设防的要求。

2. 加固后的五层模型的第五层相对薄弱，破坏比较严重，由拆除破坏严重的第五层后

的四层模型振动台试验可知，9 度罕遇地震作用下，最大层间位移仍小于 1/50，且模型各层破坏均匀，说明进行框架结构抗震加固时应整体考虑，使结构的层间刚度和承载力变化较为均匀，避免形成新的薄弱层，这样加固更为合理。

3. 数值分析与试验结果同样表明，采用填充适当刚度的抗震墙及带框钢支撑加固框架结构后，抗震承载力得到了明显的提高，说明该法有效且适用。

四、成果效益

1. 从技术上开创了框架结构的抗震加固的新方法，并提出详细计算和设计方法，是框架结构抗震加固的一次革命；

2. 提出了不同形式钢支撑的抗震加固计算方法，为不同形式的支撑加固提供了理论依据；

3. 增设的钢支撑的形式灵活多样，大大减少加固对建筑物的使用影响；

4. 成果使框架结构抗震加固造价大幅度降低，工期缩短，对加固建筑物的影响降低；

5. 以上特点表明该成果提供了一种对既有建筑结构加固改造的绿色高性能加固方法。

本课题开创了框架结构承载力薄弱层加固的新方法，对于解决我国目前大量亟待加固的但又正在处于使用中的既有建筑提供了灵活、方便、有效、低廉、可操作性强的加固方法，且工期短、布局灵活、湿作业少，对环境效应的贡献也很明显，真正实现绿色加固，具有广阔的应用前景。

该成果主要应用在框架结构的抗震加固中，框架—抗震墙结构加固也可以借鉴应用。

参考文献

[1] 程绍革，史铁花，戴国莹 . 现有建筑抗震加固的基本规定 [J]. 建筑结构，2011，41（2）：128 ～ 131.

[2] 史铁花 .《建筑抗震鉴定》GB 50023－2009 与《建筑抗震加固技术规程》JGJ 116－2009 疑问解答 [M]. 北京：中国建筑工业出版社，2011.

[3] 建筑抗震鉴定标准 GB 50023—2009 [S]. 北京 : 中国建筑工业出版社，2009.

[4] 建筑抗震加固技术规程 JGJ 116—2009 [S]. 北京 : 中国建筑工业出版社，2009.

[5] 史铁花，彭光辉，孔祥雄等 . 填充抗震墙加固框架结构试验研究 [J]. 建筑结构，2014，44（11）：25 ～ 30.

[6] 史铁花，陆加国，彭光辉等 . 填充抗震墙或带框钢支撑加固框架结构设计方法 [J]. 建筑结构，2014，44（11）：31 ～ 33.

[7] 建筑抗震试验方法规程 JGJ 101—96 [S]. 北京 : 中国建筑工业出版社 ,1996.

5. 村镇住宅新型抗震节能结构关键技术研究

董宏英
北京工业大学，北京，100124

一、研究背景

我国村镇地域广阔，人口众多，多数处在地震区，农村建筑多数是自建，抗震防灾能力十分薄弱，历次大地震村镇建筑损坏极其严重，造成了重大人员伤亡和巨大财产损失，为解决量大面广的村镇房屋抗震问题，亟须研究并构建村镇建筑抗震设计标准体系。

城乡建设一体化和新农村建设，已成我国城乡建设和社会经济协调发展的重大战略需求。在新农村建设中，应充分发挥传统村镇建筑地域与资源优势，合理利用再生和生态环保建筑材料，亟须研究新型抗震节能一体化房屋结构技术、生态环保建材应用技术、绿色建造技术与关键部件产业化技术，研发低成本经济适用的村镇房屋抗震节能结构新体系，减少建造过程中的资源消耗和运行过程中的严重能源消耗。我国农村建筑抗震节能结构体系的发展，最关键的是，要构建适于村镇经济发展的低成本抗震节能结构体系，形成设计与建造成套实用技术，为大范围推进村镇建筑抗震节能结构体系建设与推广应用提供有力技术支撑。

该项目的研究，适应了我国新建村镇建筑抗震节能技术发展的重大战略需求，进行了系统的研究与抗震节能结构体系创新，推进了产业化，为我国村镇建筑抗震节能技术发展提供关键科学与技术支撑。

二、研究内容

1. 异形柱边框保温模块单排配筋剪力墙结构体系

将创新的保温模板一体化模块热工性能好、混凝土异形柱边框约束能力强、单排配筋混凝土剪力墙抗震承载力大的优势结合，形成了抗震保温一体化复合剪力墙结构，比传统黏土砖房抗震能力大幅度提高，节能达标，施工块，性价比合理，适用于村镇低层和多层住宅房屋结构。

抗震试验研究 1：较系统地完成了 45 个构件及结构的受力性能与抗震性能试验研究。包括 2 个单排配筋混凝土剪力墙结构低周反复荷载下抗震性能试验，1 个单排配筋混凝土剪力墙结构模拟地震振动台试验，7 个低矮单排配筋剪力墙和 1 个对比砖墙、7 个中高单排配筋剪力墙和 1 个对比砖墙、7 个高单排配筋剪力墙和 1 个对比高墙、10 个双向单排配筋剪力墙节点、2 个带洞口双向单排配筋剪力墙、6 个异形截面单排配筋剪力墙低周反复荷载抗震性能试验。研究了承载力、刚度、延性、滞回特性、损伤特征等。试验表明：(1) 高宽比为 1.0 的 140mm 厚低矮双向单排配筋混凝土剪力墙与传统 240mm 厚等高等宽砖墙相比，承载力提高了 72.6% ~ 91.1%，延性提高了 44.0% ~ 107.4%，综合抗震耗能提高了 204.0% ~ 422.8%；(2) 高宽比为 1.5 的 140mm 厚中高双向单排配筋混凝土剪力墙与传统

240mm 厚等高等宽砖墙相比，承载力提高了 32.4% ~ 48.3%，延性提高了 24.3% ~ 52.0%，综合抗震耗能提高了 60.1% ~ 121.9%；(3) 高宽比为 2.0 的 140mm 厚高双向单排配筋混凝土剪力墙与传统 240mm 厚等高等宽砖墙相比，承载力提高了 4.4% ~ 15.6%，延性提高了 8.5% ~ 37.6%，综合抗震耗能提高了 68.5% ~ 127.4%。**综合分析**：140mm 厚单排配筋混凝土剪力墙与 240mm 厚等高等宽砖墙相比，其承载力、延性、抗震耗能均明显提高，尽管随高宽比的增大提高的比例有所降低，但当建造六层房屋时高宽比在 2.0 左右，综合抗震耗能提高的最小比例为 68.5%；当建造三层及三层以下房屋时高宽比在 1.0 左右，综合抗震耗能提高的最小比例为 204.0%。部分试验现场照片和实测曲线见图 4.5－1。

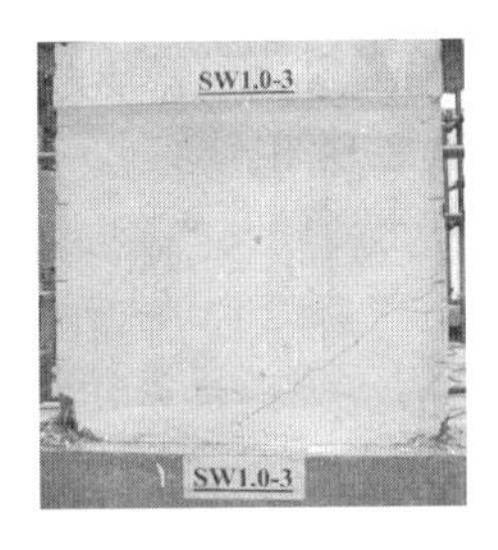

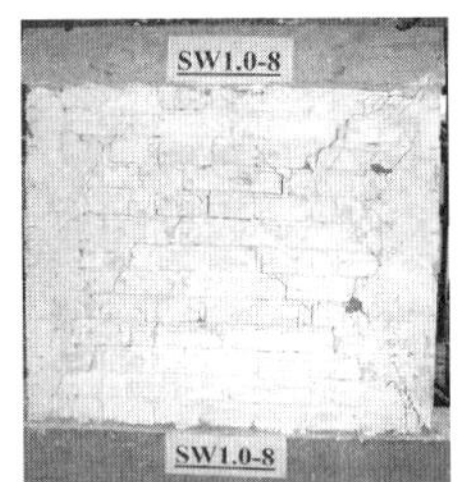

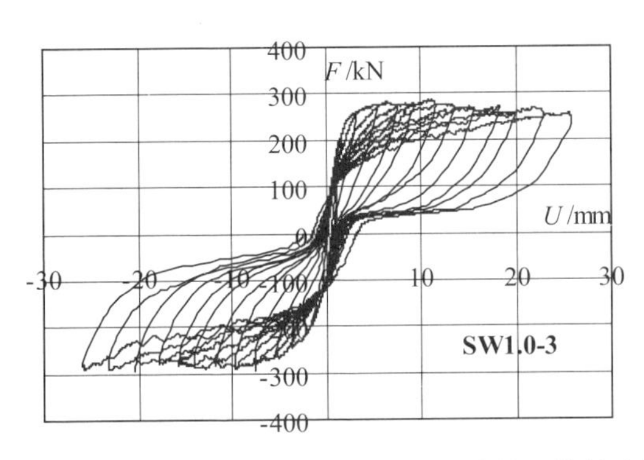

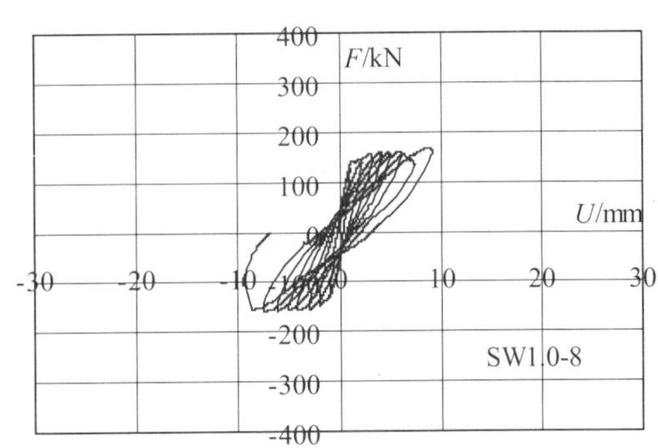

图 4.5－1　单排配筋剪力墙和砖墙试验及曲线比较

抗震试验研究 2：完成了 6 个异形边框保温模块单排配筋再生混凝土剪力墙原型试件低周反复荷载下抗震性能试验研究。试件按高宽比分两组，第一组 4 个试件高宽比为 1.0，第二组 2 个试件高宽比为 1.5。为研究保温模块与面层砂浆对混凝土剪力墙抗震能力的贡献，每组试件均分两种构造，一种构造为带 EPS 保温模块单排配筋再生混凝土剪力墙，另一种构造为无 EPS 保温模块单排配筋再生混凝土剪力墙。对比分析了 6 个足尺剪力墙的破坏特征、滞回特性、承载力、延性、刚度退化和耗能性能，提出了保温模块单排配筋剪力墙受剪承载力计算模型。**研究表明**：(1) 高宽比 1.5 时，带保温模块剪力墙与普通剪力墙相比，屈服荷载提高了 22.6%，极限荷载提高了 29.1%，弹塑性变形提高了 66.5%，综合抗震耗能提高了 144.8%；(2) 高宽比 1.0 时，带保温模块剪力墙与普通剪力墙相比，屈服荷载提高了 22.7%，极限荷载提高了 14.9%，弹塑性变形提高了 36.4%，综合抗震耗能提高了 142.8%。**重要发现**：面层砂浆—保温模块—混凝土墙体复合而成的剪力墙，具有良好的协同受力能力，比普通剪力墙抗震能力大幅度提高，特别是综合抗震耗能提高了 142.8% ~ 144.8%，显示了研发的这一新型复合保温剪力墙体系具有优良的抗震性能，部分新型保温模块单排配筋再生混凝土剪力墙原型试件试验和实测曲线比较见图 4.5-2。

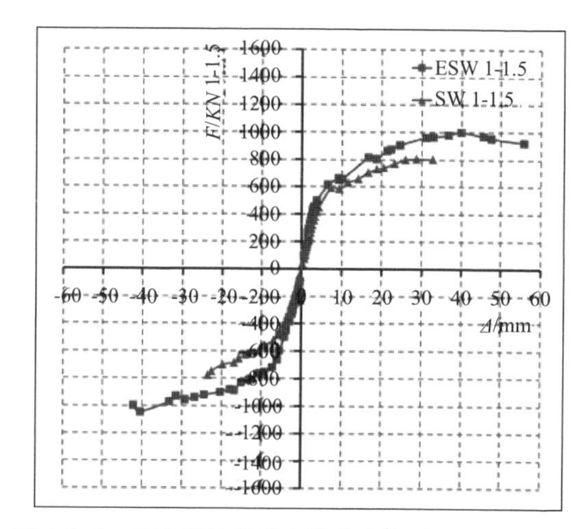

图 4.5-2　EPS 模块单排配筋剪力墙试验与实测曲线

2. 保温模块轻钢结构体系

将创新的保温模块热工性能优越、轻钢结构组装快且抗震延性好的优势结合，形成了保温模块轻钢抗震节能结构体系，成本低，建造快，工业化程度高，适用于村镇单层住宅、厂房和农作物温室结构，满足了村镇建筑不同类型结构建造需求。

研发了装配工艺。提出了独特装配工艺：整体转角、矩形插接企口、内外表面均匀设置燕尾槽；轻钢芯柱内置、施工工艺精准。钢管芯柱与基础梁上表面的预埋钢板现场焊接，基顶 C 型钢与基础梁锚栓固接，将轻钢结构芯柱暗置于墙体空心模块的预制组合方槽中，室内观感好，空心模块复合墙体内外装饰面层有多样化选择。

创新了保温构造。提出了良好热工性能合理构造：模块表面采用分层抹灰工艺，抹灰后压入一道耐碱玻纤网格布，模块表面砂浆层可满足住宅设计隔声、抗冲击、防火性能的要求，这种复合墙体传热系数仅为 0.20 W/(m^2·K)，复合屋面传热系数仅为 0.18 W/(m^2·K)。

加强了抗震整体性。创新了抗震整体性连接构造：轻钢结构在纵横连接处可焊接；在檐口处，钢管芯柱顶端的预埋螺栓与下卧在企口间的钢管锁口实施螺栓连接，构成了一道水平钢梁，使轻钢结构连续闭合；外墙内外表面用 20mm 厚抗裂砂浆抹面，保证了外墙抗冲击性、耐久性和防火性能。

构建了工业化体系。实现了保温模块轻钢结构房屋建造技术标准化、构件生产工厂化、施工现场装配化、工程质量精细化，抗震节能环保省地一体化。

受力性能试验研究。(1) 保温承重一体化的EPS空心模块复合屋面板承载力试验。试件为保温承重一体化的复合屋面空心板足尺试件，试件净跨3000mm，截面尺寸为900mm×150mm，由两根60mm×60mm的方钢管穿插组合，内外表面均用20厚纤维抗裂砂浆外加一层耐碱玻纤网格布复合，构成保温承重一体化的复合屋面空心板。试验加载：采用均布荷载，q=4.0kN/m^2，实测挠度f=12mm，试验照片见图4.5-3。(2) EPS空心模块组合室内隔墙抗冲击性能试验。试件为80mm厚EPS模块两侧10mm厚植物纤维抗裂砂浆面层组合室内隔墙，对其进行了抗冲击性能检测。试验表明：EPS空心模块组合室内隔墙具有良好的抗冲击性能，试验照片见图4.5-3b。

a. 抗弯性能试验

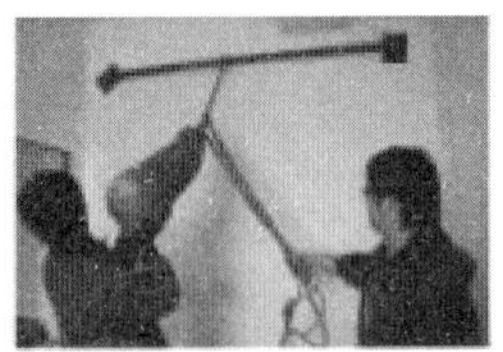

b. 抗冲击性能试验

图4.5-3　复合板受力性能试验

3. 热工性能

试验研究：完成了5个不同构造墙体热工性能试验。包括：1个双侧60mmEPS模块—中部130mm再生混凝土250mm厚复合墙体，1个单侧60mmEPS模块—130mm再生混凝土190mm厚复合墙体，1个无模块130mm厚再生混凝土墙体，1个无模块130mm厚普通混凝土墙体，1个用于比较的240mm厚黏土砖墙体。研究表明：单侧60mmEPS模块—130mm再生混凝土190mm厚复合墙体，相当于790mm厚黏土砖墙保温效果；双侧60mmEPS模块—中部130mm再生混凝土250mm厚复合墙体，相当于1550mm厚黏土砖墙保温效果，而厚度仅为1/6.2。部分试验照片见图4.5-4。

图4.5-4　墙体热工性能试验

4. 抗火性能

试验研究：利用公安部天津消防所大型抗火试验装置，进行EPS保温模块体系抗火性能试验，试件采用C级EPS模块保温层，外表面用15mm厚抗裂砂浆抹面，门窗洞口四周边用40mm厚泡沫玻璃板做防火隔绝，按标准模拟火灾受火后，试件保温模块体系安然无恙。部分试验照片见图4.5-5。

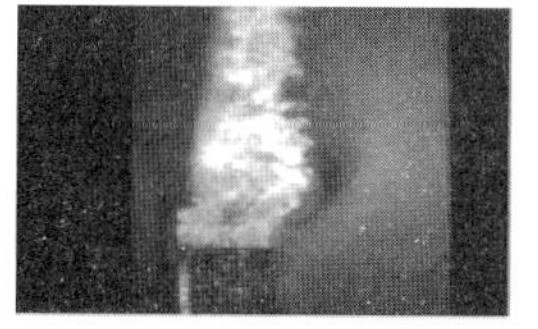

a. 待受火试件　　*b.* 试件受火过程中　　*c.* 受火后试件安然无恙

图 4.5–5　EPS 模块结构体系受火性能试验

5. 国家住宅产业化基地

研发了系列 EPS 模块及相关配套部品产业化技术，建成了产业化基地，实现了按建筑模数、节能标准、建筑构造、结构体系和施工工艺的需求，通过全自动控制设备经一次加热成型而制得不同用途的 EPS 模块，在施工现场精密拼装成型，施工过程零损耗。2012 年 5 月，EPS 模块混凝土剪力墙结构体系模块，被批准为国家重点新产品。2012 年 11 月，所建成的产业化基地被住建部批准为国家住宅产业化基地。已在黑龙江、吉林、辽宁、宁夏、甘肃、山东、内蒙古、新疆等地，通过技术支持建成了 31 个 EPS 模块及相关配套部品产业化生产基地，年产 EPS 模块 40 万 m^3，可满足 600 万 m^2 节能型农村建筑建设的需要。所研发的保温模块系列产品及产业化技术，在工程推广应用中得到了较广泛的认可。图 4.5–6 为批准的国家住宅产业化基地。

图 4.5–6　国家住宅产业化基地

6. 理论与技术

基于试验，提出了保温模块结构的抗震承载力计算模型和恢复力模型，提出了单元受力—变形本构关系，建立了有限元分析模型，进行了数值模拟，揭示了损伤演化过程与破坏机理，提出了抗震设计理论，形成了实用设计技术。部分理论研究结果见图 4.5–7。

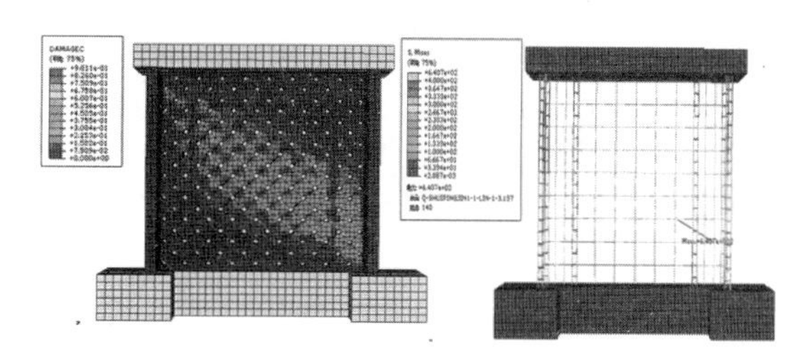
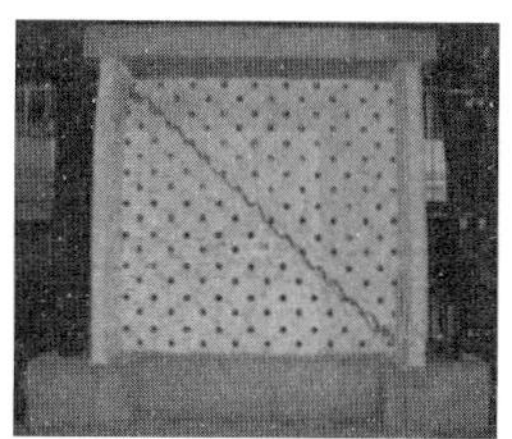
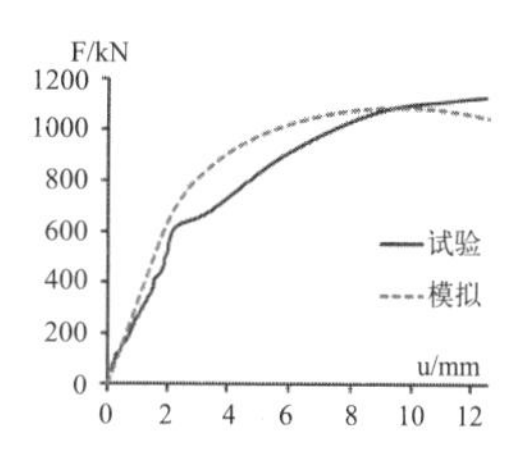

图 4.5–7　部分理论研究结果

7. 技术比较

与德国等先进国家同类技术相比，该项目有多项创新，精细化程度较高，技术体系适于我国国情。(1) 研发的保温模块单排配筋混凝土剪力墙结构体系，保温模块与建筑结构同寿命，节省维护费用；与黏土砖房相比，成本低，建造速度快，使用面积增加了 8%；综合抗震耗能能力提高了 68.5% ~ 204.0%；与普通单排配筋剪力墙相比，综合抗震耗能能力提高了 142.8% ~ 144.8%；250mm 厚保温模块复合墙体相当于 1550mm 厚黏土砖墙保温效果，而厚度仅为其 1/6.2。(2) 研发的保温模块轻钢结构体系，复合墙体传热系数仅为 0.20W/ ($m^2 \cdot K$)，复合屋面传热系数仅为 0.18W/ ($m^2 \cdot K$)，面层砂浆—保温模块—轻钢结构组合成的轻质高性能抗震体系，建造快，成本低，工业化程度高。(3) 研发的保温模块体系及其配套产品，建造技术标准化、构件生产工厂化、施工现场装配化、工程质量精细化、抗震节能一体化程度较高，建成了国家产业化基地。

三、工程应用

研发的保温模块单排配筋混凝土剪力墙结构体系和保温模块轻钢结构体系，在黑龙江、吉林、辽宁、宁夏、甘肃、山东、内蒙古、新疆等地推广应用，发挥了重要的示范带动作用。图 4.5-8 为保温模块单排配筋混凝土剪力墙住宅部分工程施工照片。图 4.5-9 为保温模块轻钢结构住宅部分工程施工照片。

图 4.5-8　保温模块单排配筋混凝土剪力墙住宅

图 4.5-9　保温模块轻钢结构住宅

依托项目：国家“十二五”科技支撑计划课题：村镇住宅新型抗震节能结构关键技术研究与示范（2011BAJ08B02）。

参考文献

[1] 曹万林，张建伟，孙天兵，董宏英 . 双向单排配筋高剪力墙抗震试验及计算分析 [J]. 建筑结构学报，2010，31（1）：16 ~ 22.

[2] 张建伟，曹万林，吴定燕，董宏英 . 单排配筋低矮剪力墙抗震试验及承载力模型 . 北京工业大学学报，2010.2，36（2）：179 ~ 186.

[3] 曹万林，张建伟，孙超，杨兴民，杨亚彬 . 单排配筋剪力墙节点抗震试验及承载力分析 [J]. 北京工业大学学报，2010，36（11）：1344 ~ 1349.

[4] 张建伟，程焕英，杨兴民，曹万林，董宏英，胡剑民 . 带斜筋的 T 形截面单排配筋剪力墙翼缘方向抗震性能 [J]. 地震工程与工程振动，2014，34（1）：165 ~ 171.

[5] 张建伟，胡剑民，杨兴民，曹万林，程焕英 . 带斜筋单排配筋 Z 形截面剪力墙抗震性能研究简 [J]. 施工技术，2014，43（9）：63 ~ 68.

[6] 李建华，曹万林 . 砖—粉煤灰砌块夹心复合墙体传热系数研究 . 建筑材料学报，2015，18（5）：819 ~ 823.

6. 村镇既有建筑节能与抗震改造关键技术研究与示范

曾德民　高晓明
中国建筑标准设计研究院有限公司，北京 100082

一、课题背景

地震震害经验表明，地震造成人员伤亡和经济损失的主要原因是房屋建筑的倒塌和工程设施、设备的破坏。据统计，世界上 130 次伤亡损失巨大的地震，其中 95% 以上的人员伤亡是由于抗震能力弱的建筑物倒塌造成的。由现场震害调查可知，在遭受同等地震烈度条件下，农村建筑的倒塌破坏程度与人口伤亡远高于城市，越贫穷的地区，受灾越严重，且救灾不便，突出反映了村镇地区小震大灾、大震巨灾甚至全毁的特点。自 1976 年唐山地震以来的 30 多年间，我国大陆发生 5.0 级以上成灾地震 60 余次，绝大多数发生在经济不发达的西北和西南地区（如四川、西藏、新疆、云南、宁夏、青海等）。西北、西南地区地质构造复杂，地形对建筑抗震很不利，大部分为山谷、坡地，地震环境较其他地区严酷，西北、西南村镇建筑多修建于山谷、坡地上。在遭受同等地震烈度条件下，这些地区村镇建筑倒塌、破坏及导致的人员伤亡率远远高于我国平原地区。近期发生在我国的汶川地震和玉树地震也反映了我国西北、西南地区以及高烈度地区村镇建设抗震防御面临的严峻局面。

我国是一个多地震国家，在广大的村镇地区，房屋的抗震能力普遍较低，近年来发生的破坏性地震中村镇房屋的破坏是造成人员伤亡和经济损失的主要原因。有些村镇地区虽然经济发展情况较好，但在房屋建设方面缺乏抗震防灾的意识和相关知识，仍沿用一些不合理的结构形式或施工做法，房屋的抗震能力并未随着经济的发展而提高。总的来说，提高我国村镇地区的既有建筑抗震防灾水平，仍然任重而道远。

我国村镇建筑抗震综合防御能力异常薄弱，存有严重的安全隐患，这已经成为制约城镇化发展的主要因素之一。要想从根本上解决村镇建筑的抗震安全，必须依靠科学技术，在城乡一体化的进程中针对村镇建筑适宜性抗震方面加强与此相关的技术研究工作，加强规范标准和法规政策的研究工作，形成较为完整的村镇既有建筑抗震技术支撑体系。本项目正是基于上述认识，为新农村建设及地震灾区重建提供技术保障，全面提升我国村镇建设领域抗震防灾的水平，促进城镇化发展，最大限度降低地震灾害带来的人员伤亡、财产损失及经济与社会影响，具有十分重要的战略意义。

本课题的研究内容从我国村镇建筑的现状出发，对既有村镇建筑主要结构形式进行归纳总结，分别进行研究，主要包括以下几个方面：村镇既有砌体结构、土和木结构、石结构、框架及底框结构房屋节能与抗震改造技术，村镇既有建筑节能与抗震加固改造示范。课题于 2011 年全面启动。

二、课题目标和主要任务

本课题针对我国村镇建筑在抗震方面存在的一系列不足，力求通过村镇既有建筑抗震性能、节能水平评估和建筑抗震、节能检测与改造技术等方面的研究，以技术指南、技术导则、实用图集和示范工程的形式对研究成果加以推广，为提升我国既有村镇建筑的抗震能力、节能水平提供有力的技术支持，在经济适用、因地制宜、兼顾节能、切实减轻农民负担的前提下，提高村镇既有建筑和新建村镇建筑的抗震能力、节能水平，改善目前村镇建筑的建设现状，减轻未来地震可能造成的人员伤亡和经济损失、减少村镇建筑的能源消耗，为建设社会主义新农村、构建和谐社会作出应有的贡献。通过本课题的实施，带动从基础研发、自主创新，凝聚队伍、培养人才，促进标准技术发展和推进村镇建筑抗震安全、节约能源目标的实现。

课题“村镇既有建筑节能与抗震改造关键技术研究与示范”将立足我国国情和发展需求，借鉴国内外村镇既有建筑抗震和节能改造技术现状及发展趋势，全面展开课题的研究任务。其主要研究内容分为 6 个方向：

研究方向 1：既有村镇砌体结构房屋抗震改造技术研究

调查有代表性的既有村镇砌体结构房屋类型，分析各类既有村镇砌体结构房屋在基础、材料（砌块种类及砌筑砂浆）、结构体系等方面存在的主要问题；根据调查结果对既有村镇砌体结构房屋的抗震安全现状作出归纳总结。研究适用于既有村镇砌体结构房屋抗震安全性检测实用技术，包括主体结构与连接构造检测实用技术、材料性能检测实用技术等。根据既有村镇砌体结构房屋的正常使用年限、建造历史、重要性程度等因素，分析不同材料（砌块类别）的砌体房屋的特点。研究典型既有村镇木结构房屋的抗震加固技术，针对村镇各类木结构房屋提出抗震加固实用技术措施，编制既有村镇砌体结构房加固技术导则。进行既有村镇砌体结构房屋抗震加固技术振动台对比试验验证。通过以上调研、检测、评估、加固、实验验证研究工作，编制村镇砌体结构房的抗震加固措施国标图集。

研究方向 2：既有村镇土、木结构房屋抗震改造技术研究

调查有代表性的既有村镇土、木结构房屋类型，分析各类既有村镇土、木结构房屋在基础、结构形式、围护体系、建筑材料等方面存在的主要问题；根据调查结果对既有村镇土、木结构房屋的抗震安全现状作出归纳总结。研究适用于既有村镇土、木结构房屋抗震安全性检测实用技术，包括不同结构形式木结构房屋的抗震检测重点及实用技术，木构架整体性连接检测实用技术，围护结构与主体连接检测实用技术等；不同建筑材料的材性检测实用技术，不同建造形式（夯土、土坯等）生土结构房屋的抗震检测重点及实用技术等。根据既有村镇土、木结构房屋的正常使用年限、建造历史、重要性程度等因素，分析不同形式土、木结构房屋的特点，编制既有村镇土、木结构房屋抗震能力评估方法指南。研究典型既有村镇木结构房屋的抗震加固技术，针对村镇各类土、木结构房屋提出抗震加固实用技术措施，编制既有村镇土、木结构房加固技术导则。进行既有村镇土、木结构房屋抗震加固技术振动台对比试验验证。通过以上调研、检测、评估、加固、实验验证研究工作，编制村镇土、木结构房的抗震加固措施国标图集。

研究方向 3：既有村镇石结构房屋抗震改造技术研究

调查有代表性的既有村镇石结构房屋类型，分析各类既有村镇石结构房屋在基础、结构体系、建造材料（料石、平毛石等）等方面存在的主要问题；根据调查结果对既有村镇石结构房屋的抗震安全现状作出归纳总结。研究适用于既有村镇石结构房屋抗震安全性检测实用技术，包括不同承重材料（料石、平毛石等）石结构房屋的抗震检测重点及实用技

术。根据既有村镇石结构房屋的正常使用年限、建造历史、重要性程度等因素，分析各类石结构房屋的特点，编制既有村镇石结构房屋抗震能力评估方法指南。研究典型既有村镇木结构房屋的抗震加固技术，针对村镇各类石结构房屋提出抗震加固实用技术措施，编制既有村镇石结构房加固技术导则。进行既有村镇石结构房屋抗震加固技术振动台对比试验验证。通过以上调研、检测、评估、加固、实验验证研究工作，编制村镇石结构房的抗震加固措施国标图集。

研究方向 4：既有村镇框架及底框结构房屋抗震改造技术研究

研究村镇既有框架结构房屋的建筑特点与抗震性能，村镇既有框架结构房屋抗震安全与抗震性能评估技术，村镇既有框架结构房屋抗震加固技术。研究增设边柱翼墙、角柱翼墙和加强内柱约束和抗力水平的设计理论和施工方法。

研究村镇既有底部框架砖房的建筑特点与抗震性能，村镇既有底部框架砖房抗震安全与抗震性能评估技术，村镇既有底部框架砖房屋抗震加固技术。研究具有整体抗震性能的底部框架砖房抗震加固设计与施工方法。

研究方向 5：村镇既有建筑节能改造技术研究

根据寒冷地区和夏热冬冷地区村镇建筑室内环境特点，对既有建筑围护结构热性能进行分析，并根据当地气候、资源条件，提出适合当地的建筑材料及围护结构热性能改善技术要求，包括建筑外墙、屋面和建筑门窗的保温技术，以及夏热冬冷地区的围护结构隔热技术。应用现场测量和模拟计算相结合的方式，对建筑的围护结构节能改造进行技术经济分析和优化，使改造后的建筑节能效果达到最佳；根据当地的气候条件和建筑使用特点，利用逐时能耗模拟方法，对当地的太阳能应用进行模拟分析，结合建筑的热工性能，进行技术可行性分析，并提出切实可行的既有建筑太阳能热水采暖技术应用措施，从而找到一种最优的建筑太阳能热水采暖方法。

研究方向 6：村镇既有建筑节能与抗震加固改造示范工程

进行典型村镇建筑节能与抗震改造示范工程建设，应用本课题及其他课题建筑节能与抗震加固改造等方面研究成果，选择有代表性的地区对村镇土、木、砖、石等既有建筑进行示范工程建设。

课题计划用 4 年时间完成，通过课题的实施，将全面提高我国村镇地区既有建筑抗震改造技术水平。

三、课题预期成果

本项目重点攻克村镇建筑节能与抗震技术应用中所遇到的关键技术和技术集成难题，形成不同层面适合村镇可持续发展的村镇建筑节能与抗震成套技术；开发出一系列适合村镇建筑应用的低成本、低运行费用的节能与抗震装备与产品，在全国不同地区建立了一系列综合示范工程；研究出适应不同区域的村镇节能与抗震模式，初步建立村镇建筑节能与抗震技术应用保障体制；从根本上提升我国村镇能源供应的技术创新能力和抗震水平，为进一步促进社会主义新农村建设、提高农民生活水平、改善农村居住环境、提高村镇地区防灾减灾能力提供强有力的科技支撑。

四、课题成果

课题自 2011 年初启动以来，课题组严格按照课题任务书规定的研究内容、考核指标、技术路线等要求全面开展课题研究任务，并取得了较为丰富的成果。

本课题的实施，编制了相关技术导则 1 本、技术指南 2 本、标准图集 1 本，并完成示范工程 8 项。根据项目研究内容完成相应的论文 14 篇，培养学术带头人和科研骨干 15 人。

本项目研究内容主要包括村镇建筑节能与抗震技术应用中所遇到的关键技术和技术集成难题，形成不同层面适合村镇可持续发展的村镇建筑节能与抗震成套技术；开发出一系列适合村镇建筑应用的低成本、低运行费用的节能与抗震技术，在全国不同地区建立了一系列综合示范工程；研究出适应不同区域的村镇节能与抗震模式，初步建立村镇建筑节能、抗震技术应用保障体制。通过本课题的研究与实施，实质性推动形成实用的村镇建筑节能与抗震成套技术和实施技术所必需的技术链和产业链，提出可行的政策建议，形成政策—技术—产业—示范工程这一村镇建筑节能与抗震技术推广应用所需的完整依托，为村镇建筑节能与抗震技术在社会主义新农村建设中发挥应有作用打下坚实的基础。

1. 村镇既有砌体结构房屋抗震改造技术研究

课题研究了汶川、芦山地震中砖木结构的典型震害特征，根据北方地区砖木结构的特点，通过缩尺模型振动台研究，验证了砖木结构的破坏特征，针对典型砖木结构前后纵墙抗侧刚度的差异，采取增设钢门窗框、加宽前檐窗间墙或端墙肢宽度、设置钢筋混凝土门框或窗框等措施，增大前纵墙的抗侧刚度，减小前后纵墙的抗侧刚度差，减小纵向地震作用下前纵墙的纵向变形，从而提高结构的抗震能力；采用钢丝 / 钢筋网水泥砂浆面层或水泥砂浆面层加固山墙和砖柱等承重构件，提高其刚度、承载力和变形能力；采取设置钢板圈梁、钢筋聚合物砂浆圈梁或钢筋水泥砂浆圈梁，以及设置钢拉杆、钢钯钉、房屋四角包裹钢丝 / 钢筋网水泥砂浆面层等措施，增强结构构件之间的拉结，形成封闭的圈梁，提高结构的整体牢固性，最终形成一整套的砖木结构加固技术。经过试验验证，砖木结构房屋采用上述成套抗震改造技术后，结构大震下位移减小了 40% ～ 60%，地震动加速度减小 38% ～ 42%。针对在村镇地区广泛存在的沿街砖混商铺房屋开展了试验研究和改造技术研究。针对芦山 4.20 地震中上述建筑大量破坏的现状，在震害调研的基础上，针对受力体系不明确的结构受力现状，针对性地提出了增强墙体抗侧刚度、提高建筑房屋整体抗倒塌能力的抗震改造技术，应用课题研究的抗震改造技术后，在 8 度设防以前未出现可见裂缝，达到 9 度罕遇时仍维持为一个整体，未倒塌，改造后的砖混结构完全满足“小震不坏、中震可修、大震不倒”抗震设防目标（图 4.6–1）。

图 4.6–1　既有砌体结构房屋加固试验模型

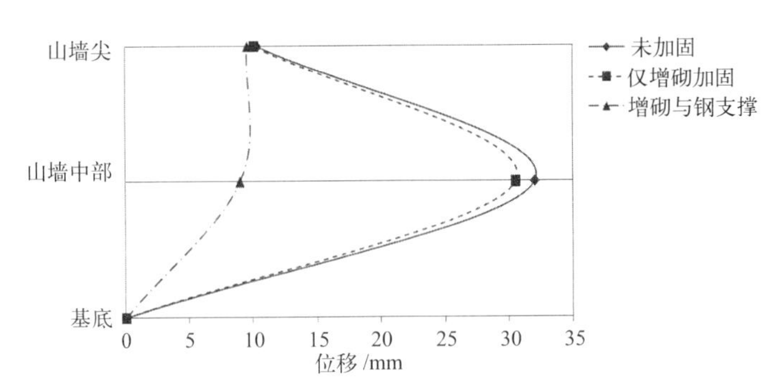

图 4.6–2　既有砌体结构房屋抗震改造后模型与未改造模型性能对比

完成了“既有农村住宅建筑（平房）综合改造实施技术导则”，并总结技术成果，申请了 2 项实用新型专利，编制完成了村镇既有建筑抗震改造构造图集中砌体结构部分、村镇既有建筑抗震改造技术指南砌体结构部分，同时上述技术成果应用于示范工程建设当中，效果良好（图 4.6–2）。

2. 村镇既有土、木结构房屋节能与抗震改造技术研究

针对生土房屋的建筑材料特点，将生土房屋的抗震改造重点放在加强整体性、防倒塌措施方面，通过简便易行的技术措施，提升生土房屋在地震作用下的抗倒塌能力。经过构件试验和模拟地震振动台试验的验证，研究并提出了针对不同围护体系、不同受力体系、不同构造措施下土、木结构抗震改造成套技术，在 6、7 度地区，经鉴定可加固的生土房屋，在采取相应的抗震加固措施后，可以基本满足大震不倒的设防目标要求；单片墙肢试验表明，相较于未加固墙体，加固后开裂荷载提高 300% ～ 400%，极限荷载提高 25% ～ 35%，极限位移提高 45% ～ 200%；土坯墙承重结构振动台试验表明，构件本身能够满足我国 8 度设防地区的“小震不坏、中震可修、大震不倒”要求，对比震害调查中未加固房屋在 7 度设防下大量震毁的现象，可以得出抗震改造后建筑较之未改造建筑，抗震承载力至少提升了 250% 以上，大震下极限变形能力提高 30% ～ 45%（图 4.6–3）。

图 4.6–3　木构架—生土围护墙试验

上述成套技术经过了试验验证，并在示范工程中进行了技术应用示范，同时上述成套

技术列入行业标准《村镇建筑抗震鉴定与加固技术规程》当中。编制完成了村镇既有建筑抗震改造构造图集中土、木结构部分，村镇既有建筑抗震改造技术指南土、木结构部分。

3. 村镇既有石结构房屋抗震改造技术研究

课题针对目前村镇地区大量存在的典型石结构—木屋架房屋开展了试验研究，重点研究石结构承重墙体的平面外加固技术措施，开展了石结构单片墙肢的平面外加固试验，综合了石结构承重墙体混凝土砂浆面层改造技术、纵横墙连接改造技术、木屋架整体性改造技术等成本较低、适宜村镇的技术，形成了石结构—木屋架房屋抗震改造成套技术，经过试验验证，大震下石结构墙体采用混凝土砂浆面层加固技术、纵横墙钢筋增强连接技术后，其承载能力能够到达原墙体的 2 倍左右，而极限位移则能够达到原有墙体的 4 ～ 5 倍，墙体的破坏由脆性破坏变为延性破坏（图 4.6–4、图 4.6–5）。

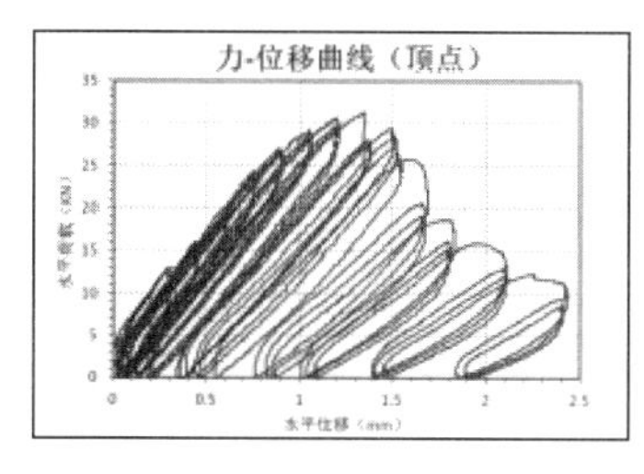

a. 未加固的墙体力—位移曲线及骨架曲线

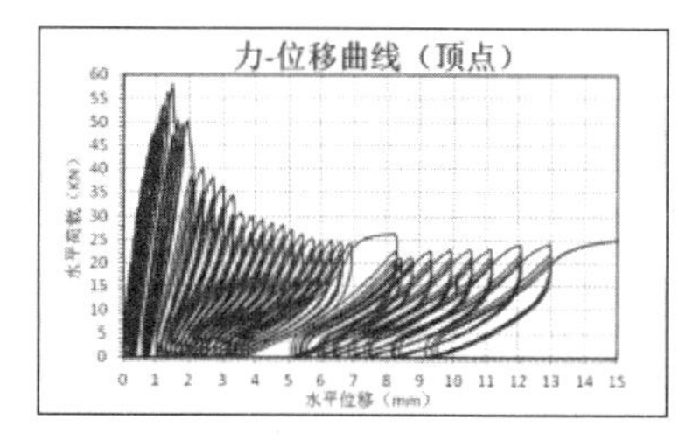

b. 加固的墙体力—位移曲线及骨架曲线

图 4.6–4　既有石结构房屋抗震改造后模型与未改造模型对比

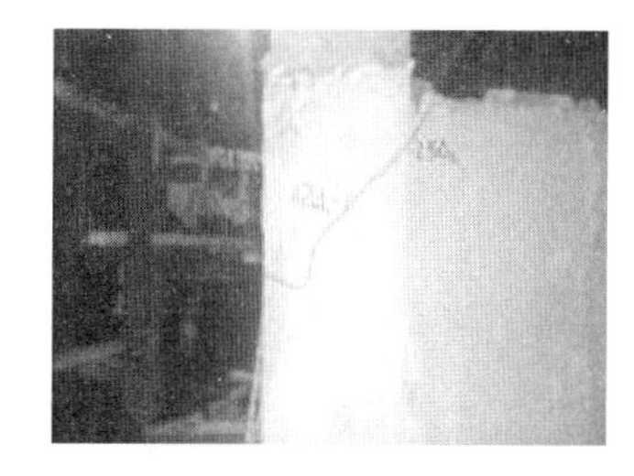

图 4.6–5　石结构房屋试验研究现场

上述成套技术在示范工程中进行了技术应用示范，同时上述成套技术列入行业标准《村镇建筑抗震鉴定与加固技术规程》当中。编制完成了村镇既有建筑抗震改造构造图集中石结构部分、村镇既有建筑抗震改造技术指南石结构部分。

4. 村镇既有框架及底框结构房屋抗震改造技术研究

课题针对目前我国村镇高烈度地区重要的学校、卫生院等框架、底框结构重点设防类建筑，其抗震要求要高于普通建筑，因此课题重点开展金属消能减震抗震改造技术方面的研究，课题研制了外贴 BRB 混凝土框架、内嵌 BRB 钢框架等成套抗震改造技术，针对村镇地区的施工水平和经济条件，对 BRB 与既有抗侧力体系的连接构造进行优化分析，研发了适合村镇地区框架、底框建筑的简易连接节点；经过试验验证和数值模拟分析，经过加固改造后的既有框架结构，8 度大震下，构件仍旧处于耗能阶段，满足我国规范“大震不倒”的设计要求；推覆试验表明，抗震改造框架侧移刚度有提高，屈服承载力提高较多（约为 30%）（图 4.6–6）。

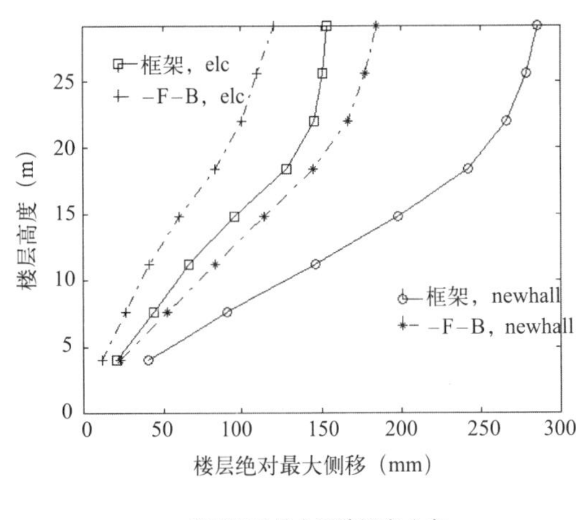

a. 楼层绝对最大侧移沿高分布

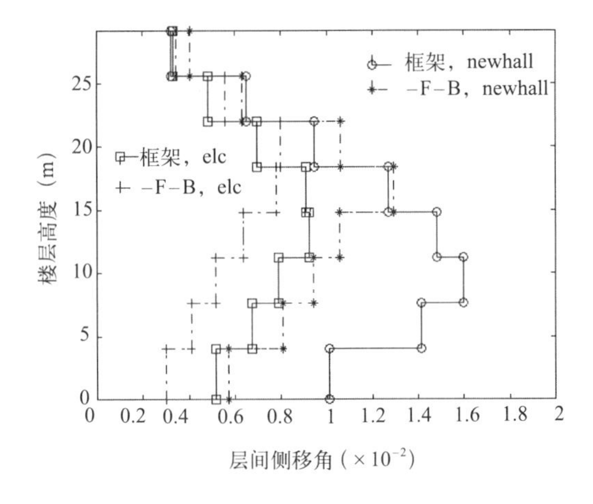

b. 最大层间侧移角沿高分布

图 4.6-6　未抗震改造和抗震改造后结构侧移和侧移角

编制完成了村镇既有建筑抗震改造构造图集框架、底框结构部分，村镇既有建筑抗震改造技术指南框架、底框结构部分。

5. 村镇既有建筑节能改造技术研究

课题同时进行了外围护结构的节能改造研究，对严寒、寒冷地区外围护结构的墙体、门窗、屋顶保温做法和热工性能进行了详细的调研和数据统计、挖掘工作，并经过工程示范，形成一整套的既有建筑外围护结构的节能改造成套技术，上述研究成果经过大量的热工模拟分析，证明措施简便易行，节能效果良好。在山西阳高县既有建筑节能和抗震改造示范工程中进行了示范应用，并进行了两年的节能检测，结果显示节能效果至少 30% 以上（图 4.6-7）。

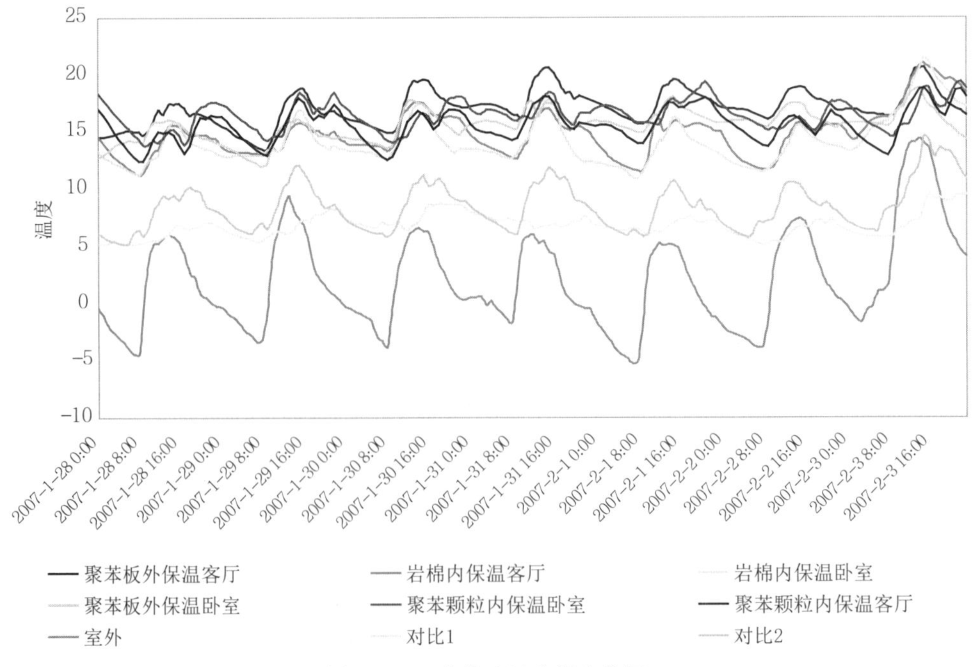

图 4.6-7　节能改造室温变化图

上述成套技术在示范工程中进行了技术应用示范，编制完成了寒冷地区村镇既有建筑围护结构节能改造技术指南。

6. 村镇既有建筑节能与抗震加固改造示范工程

应用本课题建筑节能与抗震加固改造方面研究成果，选择有代表性的地区对村镇土、木、砖、石等既有建筑进行示范工程建设。分别选择了山西阳高县、江西赣州上犹县、江西乐平市双田镇、北京门头沟区斋堂镇灵水村、四川省什邡市冰川镇的土、木、砖、石结构共 11 栋进行抗震加固改造，取得了良好效果。

在四川省什邡市冰川镇选择砖墙—木屋架结构 1 栋进行抗震改造示范，改造面积为 $92m^2$。现场情况及加固图纸见图 4.6-8 所示。

图 4.6-8　砖木结构房屋抗震改造

在山西省大同市阳高县东小村镇选择砖木结构 5 栋、生土木结构 1 栋、石结构 1 栋进行示范，总计 7 栋既有建筑，加固面积为 $522m^2$。现场情况见图 4.6-9 所示。

a. 砖木结构房屋抗震改造

b. 砖木结构房屋节能改造

图 4.6-9　山西阳高县村镇节能与抗震改造示范工程（一）

 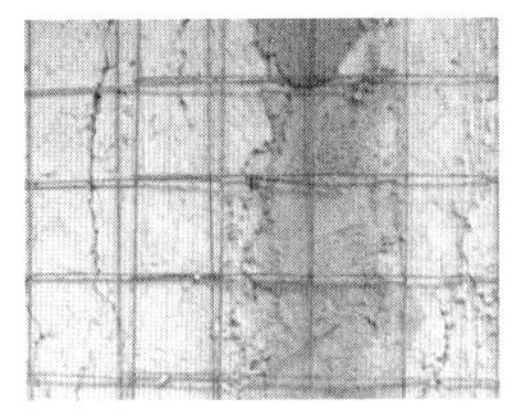  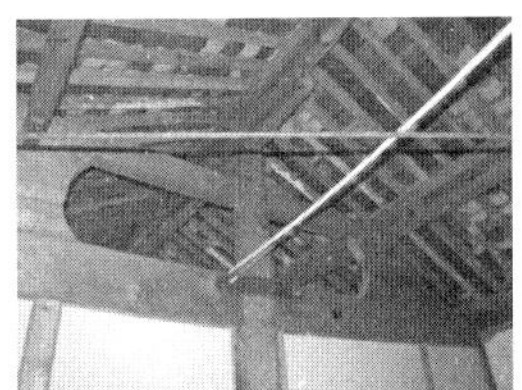

a. 生土—木结构房屋节能改造

   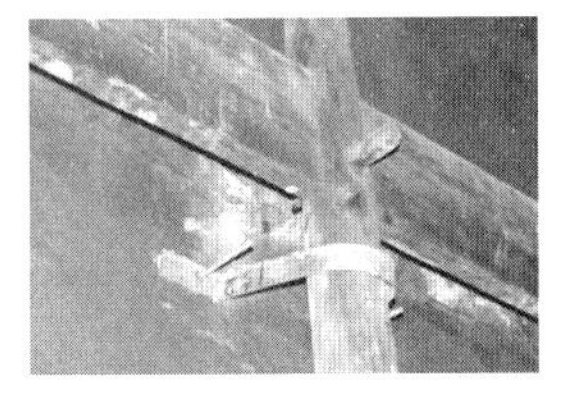

b. 石木结构房屋节能改造

图 4.6–9　山西阳高县村镇节能与抗震改造示范工程（二）

在江西赣州上犹县水岩乡选择了1栋生土住宅($87m^2$)进行抗震改造，见图4.6–10所示；江西省乐平市双田镇选择了1栋木构架石维护墙住宅（$300m^2$）进行抗震改造，见图4.6–11所示。

 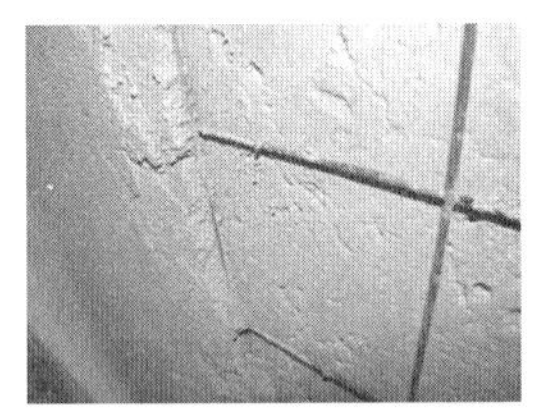

图 4.6–10　江西赣州上犹县水岩乡抗震改造示范工程

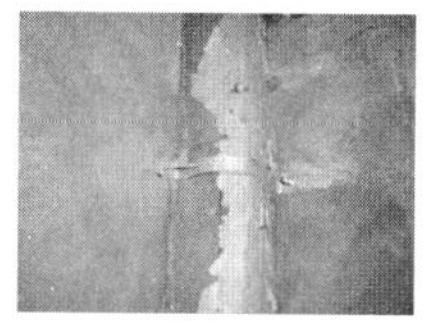

图 4.6–11　江西省乐平市双田镇抗震改造示范工程

在北京市房山区灵水村选择 1 栋石木住宅（245m^2）进行抗震检测和鉴定示范（图 4.6–12）。

图 4.6–12　北京市房山区灵水村抗震检测鉴定示范工程

五、总结展望

课题组已经完成课题的主要研究任务，总结课题组的研究成果，有下述特点：

1. 成果体现集成性创新，着力解决实际问题

课题主要成果为村镇既有建筑抗震改造成套关键技术，上述成果在总结“十五”、“十一五”已有科研成果的基础上，通过地震灾区震害调研、现场调研，梳理出不同结构体系下，村镇既有建筑的抗震薄弱环节，针对性地研究了加强建筑整体性、提高建筑抗震承载力、提升建筑抗倒塌能力的多种适宜我国村镇地区发展现状的关键技术，解决了村镇地区经济发展水平不高与既有建筑抗震性能差的矛盾，经过试验验证和工程示范，成套关键技术具有成本较低、措施简便易行、施工难度低、提升既有建筑抗震能力效果显著的优点，切合我国目前正在大力推进的农村危房改造和城市棚户区改造工作。

2. 成果社会效益显著

房屋破坏是造成地震人员伤亡和经济损失的主要原因。统计表明，因房屋破坏造成的直接经济损失约占总直接经济损失的 80% 以上。现状调研和震害调研表明，除西南地震多发区的木结构房屋部分采取了抗震构造措施或经过抗震震加固外，我国的村镇既有生土、木、砖、石结构房屋大部分未进行抗震设防。尤其生土承重房屋和木构架生土围护墙房屋，墙体抗震能力差，又缺乏整体连接措施，在历次破坏性地震中都是严重破坏和倒塌建筑里所占比例最大的。我国大陆地震影响最严重的就是广大的村镇地区，造成的人员伤亡也集中在村镇。

通过研究，提出实用的抗震安全性评估技术，为村镇建筑的抗震加固提供技术指导，提升村镇既有土、木、砖、石结构房屋抗震能力，是减轻村镇地震人员伤亡和经济损失的根本途径。配合国家相关政策的推进，对现状可加固改造的村镇既有土、木、砖、石结构房屋进行抗震加固，配合建筑功能的改善和提升，还可以开拓村镇建筑市场，在提升村镇防灾能力的同时解决农村部分剩余劳动力的就业问题，具有潜在的经济效益。

同时通过课题在研究总结中发现的一些问题，结合我国近期提出的美丽乡村等重要议题，梳理出未来相关的研究应重点面向一下几个方面：

（1）技术层面

1）高烈度地区村镇既有住宅抗震改造技术研究

2）历史文化名村、镇既有建筑抗震改造、修缮技术研究

3）高烈度地区村镇既有公共建筑减隔震改造技术研究

4）村镇地区房屋工业化、半工业化住宅减隔震装置研究

5）村镇住区抗震防灾改造技术研究

（2）政策层面

1）村镇既有建筑抗震改造技术推广政策、机制研究

2）村镇既有建筑抗震改造技术推广公共平台建立

国家“十二五”科技支撑计划课题：村镇既有建筑节能与抗震改造关键技术研究与示范（2011BAJ08B03）

参考文献

[1] 吴新燕．城市地震灾害风险分析与应急准备能力评价体系的研究 [D]. 中国地震局地球物理研究所，2006.

[2] 王志涛，田杰，苏经宇，马东辉，郭小东，王威．汶川地震建筑物震害浅析 [J]. 工程抗震与加固改造，2008（6）：13 ~ 18

[3] 葛学礼，王亚勇，朱立新．建筑抗震设防是减轻地震灾害的根本途径 [J]. 工程抗震，2003（2）：30 ~ 35.

7. 现代夯土农房抗震性能试验研究

朱瑞召　左德亮　周铁钢
西安建筑科技大学土木工程学院，西安，710055

一、概述

通过对夯土材料、夯筑工艺的改良，将原来的人工夯筑改为气动机械夯筑，研发适用于机械夯筑的模板体系，并增设必要的抗震构造措施，现代夯土建筑既保留了传统夯土建筑就地取材、施工简易、造价低廉、节能环保等优点，又较大幅度提升了传统夯土建筑抗震安全性能与耐久性能。本文就传统夯土建筑存在的问题和最近完成的单层平屋顶现代夯土房屋模型振动台试验情况作一整理，包括模型设计与制作、加载过程、房屋结构在各阶段的地震反应及震损状况，并对该结构体系的总体抗震性能进行了评价。

二、传统夯土建筑存在的问题

我国传统夯土建筑具有就地取材、绿色环保、保温隔热隔声性好、建造成本低等优点。经历几千年的发展，各地区夯土建筑已与当地自然环境完美结合，形成了风格各异的夯土建筑文化。但是，传统夯土建筑也存在严重问题。

1. 缺乏必要的规划设计

农村群众抗震意识淡薄，建房随意，在夯土建筑房屋选址、地基和基础处理、平立面布置、房屋高度、层数的选择、结构选型等方面一般都缺少科学的规划设计。

2. 夯土材料选择随意

我国地域辽阔，不同地区土料的性质差异较大，如果对于土料未加辨识随意取用、不加处理，这样的土料夯筑的墙体质量和强度就难以保证。作者在各地调研发现，村民在建造土房时，选用的土料基本不过筛，导则颗粒较大的干硬土块偏多，没法夯实；有些混有植物茎秆、木屑、塑料袋等杂物，有些甚至掺杂大量腐殖土，这些都会严重降低夯土墙体的力学指标与耐久性能。

3. 抗震构造措施缺失

主要表现在很多夯土民居没有设置必要构造柱、圈梁、配筋砂浆带，水平构件（木檩、木椽或预制大梁）支撑位置未设置梁垫，房屋夯土墙纵横墙之间缺少必要的拉结等。另外，由于传统夯土墙体施工工艺主要以分段分层夯筑为主，整片墙体在水平和竖向连接上会形成薄弱环节，如果不在房屋结构的构造上采取有效措施加强，一旦发生地震，墙体很容易发生剪切滑移、整体外闪，而导致夯土结构的整体倒塌。

4. 施工条件差，工艺水平低下

调查发现，由于经济条件落后，农村地区夯土房屋基本都是依靠人工采用石杵或木杵夯筑墙体，这样夯筑的墙体夯筑能量小，墙体密实度达不到要求，进而影响墙体强度和耐久性。此外，还存在以下问题：墙体夯筑方法不当，分层夯筑时没有考虑分段错层施工，夯土农房墙体出现自上而下的通缝；缺乏对夯土材料含水率的有效控制，含水率过高，则水分蒸发后墙体干缩严重，出现过多裂缝，含水率过低则不易夯实。

5. 耐久性能差

受气候环境以及建筑材料的影响，夯土农房普遍具有耐久性差的特点。其次由于传统夯土墙体密实度差，造成墙体防水抗渗性能较弱，墙身表面容易剥落，墙根易碱蚀腐烂，从而影响整个墙体的抗震性。因此，夯土农房的耐久性亟待提高。

三、振动台模型设计及制作

试验在西安建筑科技大学新近投入使用的 MTS（4m × 4m）振动台上完成。考虑到振动台性能参数、施工条件和吊装能力等因素，房屋模型采用 1/2 缩尺。模型为单层，钢筋混凝土现浇平屋顶，主要材料、夯筑工艺及构造措施与作者设计的示范农房（原型房屋）基本相同。模型设计与制作具体情况如下：

1. 模型开间 1.95m，进深 2.25m，层高 1.65m（自基座至现浇板板顶距离）；正立面门洞（宽 × 高）450mm × 1150mm，背立面窗洞（宽 × 高）600mm × 600mm；夯土墙体墙厚均为 200mm；屋盖采用厚度 60mm 现浇钢筋混凝土板；模型为欠质量人工模型，根据质量分布，在屋面板上采用加配重块方式增加配重；模型加配重约为 9.36t，底座重 3.78t，总重约为 13.14t。

2. 墙体夯筑所用的夯土混合料由土、石、砂按照 6:3:1（重量比）的比例混合而成，其中土为粗粒土，石为粒径 10 ～ 30mm 的碎石，砂为中细砂，以上材料均取自秦岭北麓坡地；在用滚筒搅拌机搅拌夯土混合料时，控制其含水率在 12% ～ 15% 之间。根据作者前期所做的 8 组现代夯土棱柱体抗压试验（与本次振动台试件所用材料及配比相同）夯土棱柱体平均抗压强度为 1.4MPa。

3. 夯筑机具采用经作者加工改造的气动夯锤与模板体系。气动夯锤以空气压缩机为动力，具有冲击力大、频率快的特点，并且夯击力量可以通过调压进行调整；模板体系由竹夹板、角钢连接而成，两侧模板通过拉结螺杆连接；根据不同部位墙体的夯筑要求，模型设计有 T 形、L 形、一字形三种类型，相互之间可以组装使用。模型制作时每层土虚铺高度 15cm，夯实后高度约为 10cm，夯击强度为 0.5MPa 左右。

4. 构造措施采用“构造柱—圈梁”体系，并在墙体半高位置设置水平配筋带。构造柱采用钢筋混凝土预制，在模型房屋四角内侧布置，截面尺寸为 75mm × 75mm，混凝土强度等级 C30，钢筋为 HPB300，纵筋 4ϕ6，箍筋为 ϕ4@200；圈梁与屋面板同时浇筑，水平配筋带与圈梁厚度均 60mm，宽度同墙厚，且均采用细石混凝土浇筑，纵筋 2ϕ6，分布筋为 ϕ4@400，水平配筋带混凝土浇筑三天后再夯筑上部墙体。

模型制作过程及震前模型见图 4.7–1、图 4.7–2。

图 4.7–1　模型制作过程

图 4.7–2　试验模型照片

四、模拟地震振动台试验

1. 相似关系

基本相似参数取可控制的长度 l、弹性模量 E 和质量 m，原型与模型制作材料相同，弹性模量的相似比为 $S_E=1$，模型几何相似比为 $S_l=0.5$。由于振动台最大承载能力限制，模型满配重难以实现，故采用欠人工质量模型，采用在屋面上加配重块的方式增加配重，加配重后模型与原型质量相似比为 $S_m=0.188$。本试验的相似关系如表 4.7–1 所示。

相似关系表　　表 4.7–1

物理量	长度 l	弹性模量 E	质量 m	刚度 k	周期 T	频率 f	加速度 a
相似关系	S_l	S_E	S_m	$S_k=S_E\ S_l$	$S_T=(S_m/S_k)^{1/2}$	$S_f=1/S_T$	$S_a=S_l/S_T^2$
相似比	0.5	1	0.188	0.5	0.612	1.634	1.333

2. 试验测试方案和加载方案

加速度传感器的布置位置如下：振动台台面上沿两个垂直方向 X、Y（其中 X 方向为纵墙方向，Y 方向为横墙方向）各布置一个加速度传感器 TMAX1、TMAY1。在 1 轴和 2 轴底板、1/2 墙体高度及屋顶中间位置处布置各布置一个 X 方向加速度传感器。在 A 轴和 B 轴底板、门窗两侧 1/2 墙高及墙顶各布置一个 Y 方向加速度传感器，传感器量测方向均为垂直于平面方向。具体位置见图 4.7–3，需要说明的是 1/2 墙高处传感器由于没有楼板约束，量测的数据不仅包括整体振动，还包括墙体局部振动。

位移传感器的布置位置如下：振动台台面上沿两个垂直方向 X、Y（其中 X 方向为纵墙方向，Y 方向为横墙方向）各布置一个加速度传感器 TMDX1、TMDY1。在模型的底板、屋顶四个角部各布置 1 个位移传感器，其中对角位置的位移传感器为同方向，位移传感器记录结构 X、Y 向的位移值。

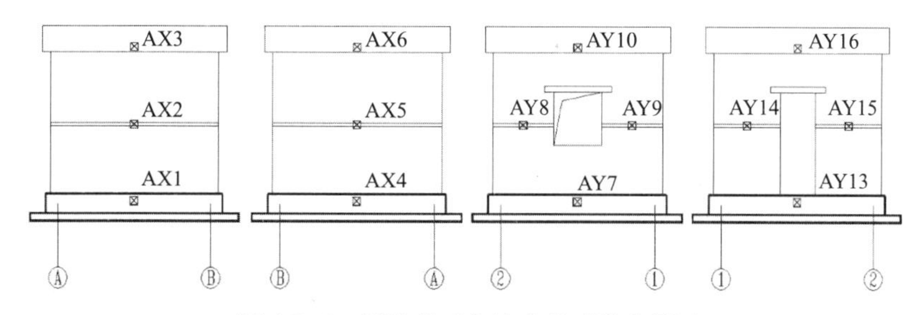

图 4.7–3　试验模型加速度传感器布置图

本次试验选用三组地震波作为输入波，包括美国地震记录 El Centro 波（本文简称为 El·C）和汶川地震不同台站记录的广元波、江油波。加载前将原始地震波按不同水准地震规范的规定进行加速度峰值调整，后按相似关系对其加速度峰值、持续时间、时间间隔再调整。

试验从台面输入加速度峰值为 47cm/s^2 开始，到台面输入加速度峰值为 680cm/s^2 结束，共经历 7 级加载，44 个工况。试验加载工况依次如下：7 度多遇（工况 2 ~ 7，台面峰值加速度 47gal)；8 度多遇（工况 9 ~ 14，台面峰值加速度 94gal)；7 度（0.15g）设防（工况

16 ～ 21，台面峰值加速度 200gal)；7 度罕遇（工况 23 ～ 28，台面峰值加速度 294gal)；7 度（0.15g）罕遇（工况 30 ～ 35，台面峰值加速度 414gal)；8 度罕遇（工况 37 ～ 39，台面峰值加速度 534gal)；8 度（0.3g）罕遇（工况 41 ～ 43，台面峰值加速度 680gal)。

前 5 级加载，为单向地震波输入，即按 El · C 波、广元波、江油波分别对模型 *X* 向和 *Y* 向加载。后 2 级加载，为同时双向地震波输入，两方向加速度幅值之比为 1.00（水平主向）、0.69（水平次向）。在每级加载前后，对模型进行白噪声（0.035g）扫描，以确定模型在试验不同阶段的动力特性。

夯土结构由于本身为脆性材料，在大震作用时反应比较剧烈，破坏较为严重，此时对于结构反应数据的研究意义不大，而应关注夯土结构此阶段主要构件的宏观破坏情况和抗震构造措施的有效性。多次大震轮番加载会造成夯土墙累计破坏，与结构在实际单次地震中的破坏情况偏差较大，从而无法对结构的有效性进行准确评价。El Centro 波在前几级加载中的反应要强于其他两个波，因此在后两级加载中仅输入 El Centro 波，在最后双向地震输入的是 El Centro 波中 *NS* 方向和 *EW* 方向同时加载。

3. 模型宏观破坏现象和主要地震反应特征

本次试验第一级加载从输入台面峰值加速度 0.048g 开始，相当于遭遇 7 度多遇地震，第二级加载为 0.096g，相当于遭遇 8 度多余地震，期间模型有轻微晃动，门洞过梁左端和窗洞上角出现水平微裂缝，屋面板与墙体交接处出现多条不连续水平微裂缝。

第三级加载（0.204g）、第四级加载（0.3g）、第五级加载（0.422g），相当于遭遇 7 度（0.15g）设防、7 度罕遇和 7 度（0.15g）罕遇地震作用时，模型有明显晃动，正背立面门窗洞口有新裂缝出现，并且向四角延伸、加宽、贯通，形成典型的正八字、倒八字裂缝，且局部有小土块脱落；屋面板与墙体交接处裂缝继续发展并基本贯通整个墙面；砂浆配筋带以上横墙构造柱位置出现竖向贯通裂缝。在整个加载过程中，裂缝主要集中在水平配筋带以上部位，下部开裂较少。随着反复加载，主要墙体裂缝出现开合现象，局部裂缝处有土块掉渣、剥落现象，房屋从轻微破坏发展到中等破坏。

第六级加载（0.545g）、第七级加载（0.694g），相当于遭遇 8 度罕遇和 8 度（0.3g）罕遇地震作用时，模型地震反应剧烈，振动声响较大，正、背立面砂浆配筋带下部新增多条裂缝，门窗洞口处的裂缝沿着原有的"正八字"型裂缝剧烈错动，裂缝"一张一合"；山墙屋面板下部水平裂缝反应较剧烈，裂缝上端土体随着屋面板振动较剧烈。截止最后加载工况，房屋没有出现整体倒塌或局部倒塌情况，墙体根部与混凝土底座之间没有发生滑移，且墙体所有裂缝在水平配筋带位置没有贯通，说明墙内设置的构造柱与水平配筋带及墙顶圈梁对夯土墙体产生了很好的约束作用。

图 4.7-4 为模型裂缝分布情况。

a. 正立面和左立面裂缝　　*b.* 背立面和右立面裂缝

图 4.7-4　模型墙体裂缝分布情况

五、试验结果分析

1. 模型自振特性

通过对各白噪声扫频结果的分析可以得到不同水准地震作用下模型结构的自振频率，由于自振频率的平方和结构刚度大致成正比，因此自振频率随加载级数的变化在一定程度上反映了模型的破坏情况和承载能力变化。本次试验测得的与各级加载对应的自振频率的变化趋势如图 4.7–5 所示。

平屋顶夯土结构模型前三阶振型分别为 *X* 方向整体平动（频率 6.05Hz）、*Y* 方向整体平动（频率 6.64Hz）、*XY* 平面整体扭转（9.77Hz）。从自振频率的变化，表明地震产生的破坏是一个累积的过程，模型的自振频率呈逐步下降的趋势。当出现破坏明显加重的情况时，频率急剧下降。

2. 模型加速度反应和动力放大

加速度放大系数可以体现出结构的动力反应和破坏情况。本试验以模型屋面和模型底座为参照点，将各工况下两处实测加速度峰值（两测点平均值）相比，得加速度动力放大系数，在 El·C 波作用下模型纵向（*X* 向）放大系数如图 4.7–6 所示。

由图可知，随着加载级数的增大，模型的纵向放大系数总体呈下降趋势，表明模型裂缝逐渐开展增多、破坏累积、刚度退化。图中加速度放大系数偶尔增大是由于模型自振频率接近输入地震波的卓越频率所引起的，在其他地震波加载过程也有类似情况。

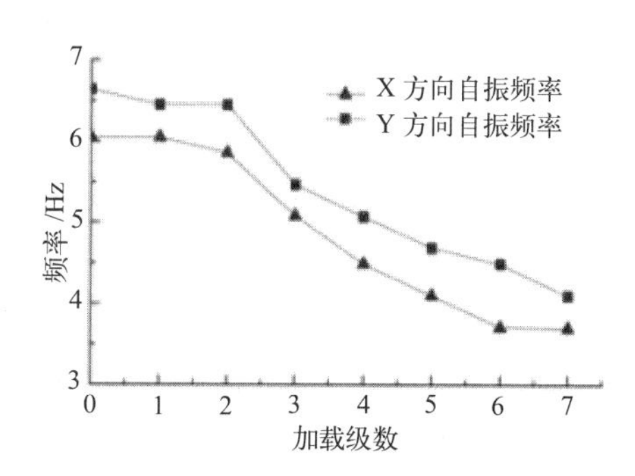

图 4.7–5　模型自振频率变化曲线

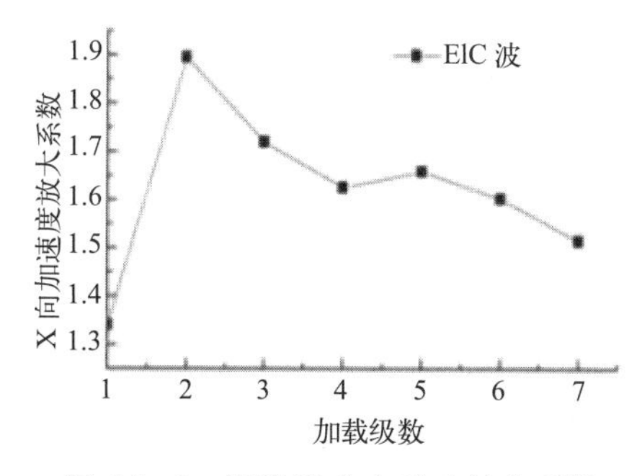

图 4.7–6　模型 X 方向动力放大系数

3. 模型位移反应

本试验各级加载下模型层间位移角见表 4.7–2 所示。由表中数据可知在同一加载级数下，模型的 Y 向层间位移角明显小于 X 向层间位移角。以模型纵向（X 向）为例分析，模型各层的层间位移角随加载级数的增加基本上呈增加趋势。第 1 级加载时，模型的层间位移角不超过 1/1300，变化很小，模型上只有少数细小裂缝；第 2、3 级加载时，模型的层间位移角从 1/1300 增大到 1/300 左右，裂缝在纵墙门窗洞口处出现，并逐渐开展增多；第 4、5 级加载时，模型振幅加大，纵墙斜裂缝贯通形成正八字、倒八字形，层间位移角继续增大至 1/200 到 1/100 之间；第 6、7 级加载时，模型层间位移角增大到 1/67，模型破坏加剧，但仍有相当承载能力。

各级加载下的层间位移角　　表 4.7-2

加载级数	台面输入加速度峰值（g）	El·C 波		广元波		江油波	
		X 向	Y 向	X 向	Y 向	X 向	Y 向
1	0.048	1/1331	1/2964	1/1364	1/3113	1/1473	1/2292
2	0.096	1/620	1/922	1/679	1/1460	1/620	1/1051
3	0.204	1/379	1/652	1/350	1/887	1/313	1/663
4	0.3	1/301	1/441	1/235	1/663	1/194	1/444
5	0.422	1/190	1/337	1/137	1/417	1/99	1/307
6	0.545	1/92	1/266				
7	0.694	1/67	1/163				

六、结语

本文通过实地调研和对现代夯土建筑进行的 1/2 缩尺模型振动台试验，可以得出如下结论：

1. 传统夯土建筑普遍存在抗震性能低下和耐久性差等一些严重问题。

2. 现代夯土建筑的夯土墙体受到墙内构造柱、水平配筋带、圈梁等构造措施的很好约束，试验过程中，墙体虽有小范围掉渣、剥落的现象，但未出现较大幅度的崩塌、压碎现象；截至最后一级加载结束，墙体所有裂缝在水平配筋带位置没有贯通；墙体动态裂缝最宽约 20mm，加载结束后裂缝基本上能够闭合；加载过程中，水平配筋带以下墙体裂缝出现的较晚，裂缝宽度较小。

3. 随着地震作用的增加，现代夯土建筑模型结构屋顶加速度放大系数减小，而层间位移增加，最大层间位移可达 1/67，说明夯土墙体在良好的约束条件下，结构的变形能力可以显著提高。

4. 根据各阶段地震作用下夯土模型试验现象、动力特性及动力响应的分析以及原型和模型的相似关系可知，现代夯土建筑平屋顶原型具有良好的抗震性能，可以满足我国 8 度及 8 度以下设防地区“小震不坏、中震可修、大震不倒”的抗震设防要求。

国家“十二五”科技支撑计划课题：传统村落结构安全性能提升关键技术研究与示范（2014BAL06B03）；陕西省重点科技创新团队计划：现代乡土建筑营造技术研究与应用创新团队（2014KCT-31）。

参考文献

[1] 周铁刚，彭道强，穆均等．现代夯土墙体施工技术研究与实践 [J]． 施工技术，2012，41（370）：39 ~ 42．

[2] 周铁钢．西部农村地区生土农房抗震与适宜技术 [M]．北京：中国建筑工业出版社，2012.99 ~ 100．

[3] 黄思凝，袁一凡，孟庆利等．由玉树地震结构震害看村镇房屋抗震 [J]．世界地震工程，2011，1（27）：77 ~ 82.

[4] 阿肯江·托呼提，亓国庆，陈汉清．新疆南疆地区传统土坯房屋震害及抗震技术措施 [J]．工程抗震与加固改造 2008，1（30）：82 ~ 86.

[5] 赵书锋，马志刚．云南彝良地震村镇房屋震害启示及减灾对策 [J]．世界地震工程，2013，1（29）：152 ~ 159.

[6] 农村危险房屋鉴定技术导则（试行）[S]．北京：中国建筑工业出版社，2009．

[7] 镇（乡）村建筑抗震技术规程 JGJ 161–2008 [S]．北京：中国建筑工业出版社，2008．

[8] 建筑抗震设计规范 GB 50011–2010 [S]．北京：中国建筑工业出版社，2010．

[9] 熊仲明，王社良．土木工程结构试验 [M]．北京：中国建筑工业出版社，2006．

[10] 郑山锁．动力试验模型在任意配重条件下与原型结构相似关系 [J]．工业建筑，2000，30（3）：35 ~ 39.

8. 新型土坯砖砌体基本力学性能试验研究

梁增飞　宋乐帅　周铁钢
西安建筑科技大学土木工程学院，西安，710055

一、概述

传统土坯建筑具有就地取材、施工方便、造价低廉、冬暖夏凉、节能环保等诸多优点，但由于材料强度低、脆性大、耐久性差，传统土坯建筑在房屋安全性、耐久性方面的问题一直没有得到很好解决。

课题组通过添加少量其他材料对黄土进行改性，采用机械冲压制作生产了一批新型黏土砖。与传统手工制作的生土砌块相比，改性后的土坯砖力学性能大幅提高，平均抗压强度在 4.0 ~ 8.0MPa 之间，而且防水、抗碱蚀等耐久性能也明显增强。在当前全国范围开展的美丽乡村建设、传统民居保护工作中，这种新型土坯砖砌体对于修缮或改造传统土木结构民居、营造乡土风貌具有很好的工程应用前景。限于篇幅，本文仅对课题组前期完成的土坯砖的材料优化及砖砌体的抗压强度试验作一简单介绍。

二、新型土坯砖材料选择与块体抗压强度

1. 新型土坯砖材料配比

新型土坯砖是以干净黄土为主要材料，掺入少量改性材料（如水泥、石灰、水玻璃、氯化钙等）及增强纤维材料（聚丙烯纤维等），搅拌均匀后，经机械冲压制作土坯砖。土坯砖的规格为 240mm × 115mm × 90mm，课题组采用不同材料不同配比，共制作了 18 组新型土坯砖试件，每组测试 7d、14d 和 28d 的块体抗压强度。各组土坯砖试件的材料配比见表 4.8－1。

土坯砖材料配比表　　表 4.8－1

组号	编号	配合比（%）													
		改性材料Ⅰ	改性材料Ⅱ	黄土	改性材料Ⅲ	改性材料Ⅳ	增强纤维Ⅰ	增强纤维Ⅱ	增强纤维Ⅲ	增强纤维Ⅳ	增强纤维Ⅴ	增强纤维Ⅵ	7d 平均抗压强度 R 压（Mpa）	14d 平均抗强	28d 平均抗强
第一大组	ZT1	8	4	85	0.75	2	0.25	0	0	0	0	0	4.71	5.42	5.71
	ZT2	8	4	85	1	1.5	0.5	0	0	0	0	0	3.82	3.92	4.21
	ZT3	8	4	85	1.25	1.25	0.5	0	0	0	0	0	4.03	4.41	4.65
	ZT4	6	4	85	1.25	3.5	0.25	0	0	0	0	0	4.21	4.77	4.88
	ZT5	6	4	85	2	2.5	0.5	0	0	0	0	0	4.77	5.28	5.45
	ZT6	6	4	85	3.5	1.25	0.25	0	0	0	0	0	5.31	5.81	6.15

组号	编号	配合比（%）											7d 平均抗压强度 R 压（Mpa）	14d 平均抗强	28d 平均抗强
		改性材料 Ⅰ	改性材料 Ⅱ	黄土	改性材料 Ⅲ	改性材料 Ⅳ	增强纤维 Ⅰ	增强纤维 Ⅱ	增强纤维 Ⅲ	增强纤维 Ⅳ	增强纤维 Ⅴ	增强纤维 Ⅵ			
第二大组	ZT7	8	4	85	2.87	0	0	0.1	0.03	0	0	0	7.84	7.78	7.51
	ZT8	8	4	85	2.78	0	0	0.15	0.07	0	0	0	7.26	7.42	7.23
	ZT9	8	4	85	2.5	0	0	0.4	0.1	0	0	0	7.73	7.71	7.58
第三大组	ZT10	8	4	85	2.75	0	0.2	0.05	0	0	0	0	5.82	6.11	6.42
	ZT11	8	4	85	2.65	0	0.2	0.15	0	0	0	0	5.83	5.78	5.97
	ZT12	8	4	85	2.5	0	0.2	0.3	0	0	0	0	5.71	5.23	5.72
第四大组	ZT13	6	3	85	5.5	0	0	0	0	0.5	0	0	6.04	6.10	5.84
	ZT14	6	3	85	5.5	0	0	0	0	0	0.5	0	5.85	5.98	5.78
	ZT15	6	3	85	5.75	0	0	0	0	0	0	0.25	5.00	5.29	5.02
第五大组	ZT16	6	3	85	4.7	0	0.2	0	0	0.5	0.6	0	4.77	4.85	4.57
	ZT17	6	3	85	5	0	0.2	0	0	0	0.5	0.3	4.34	4.42	4.42
	ZT18	6	3	85	4.95	0	0.2	0	0	0.6	0	0.25	4.07	4.01	4.23

2. 新型土坯砖抗压试验过程及现象

根据《非烧结普通黏土砖》JC–422–91（96）规定：试样切断或锯成两个半截砖，断开的半截砖长不得小于 100mm，见图 4.8–1 所示。对多种材料配比土坯砖进行深入剖析，最终根据《非烧结普通黏土砖》JC–422–91（96）确定块体抗压强度。最终以最佳配比的土坯砖强度为块体抗压强度，为后续的砌体抗压试验提供基础数据。加载系统采用液压压力试验机。

a. 试件加载前

b. 试件加载后

图 4.8–1　试件破坏现象

试件破坏可分为三个阶段：开裂、裂缝扩展、破坏。第一阶段为加载至破坏荷载的 35% 时，试件四个棱角和上部表面中间部分出现微裂缝；第二阶段为当荷载加至 40% ~ 75% 时，试件上部半截砖裂缝沿着初始微裂缝处向下部延伸，其特点为停止加载，其裂缝不扩展；第三阶段为加载至 85% 以上，试件上部个别棱角处出现竖向通缝，下部半截砖棱角出裂缝较大，特点是裂缝仍会继续开展但幅度很小。其中第一大组、第三大组和第五大组的试件延性较好，竖向通缝出现较少，抗压强度较高；第二大组和第四大组试件延性较差，不仅竖向通缝较多，且有倒“八”字裂缝出现，抗压强度较低。

3. 新型土坯砖抗压试验结果分析

材料相同的各大组在 7d、14d 和 28d 的平均抗压强度变化如图 4.8–2a ~ e 所示。各大组之中选出抗压强度最高值组进行对比，强度变化见图 4.8–2f。

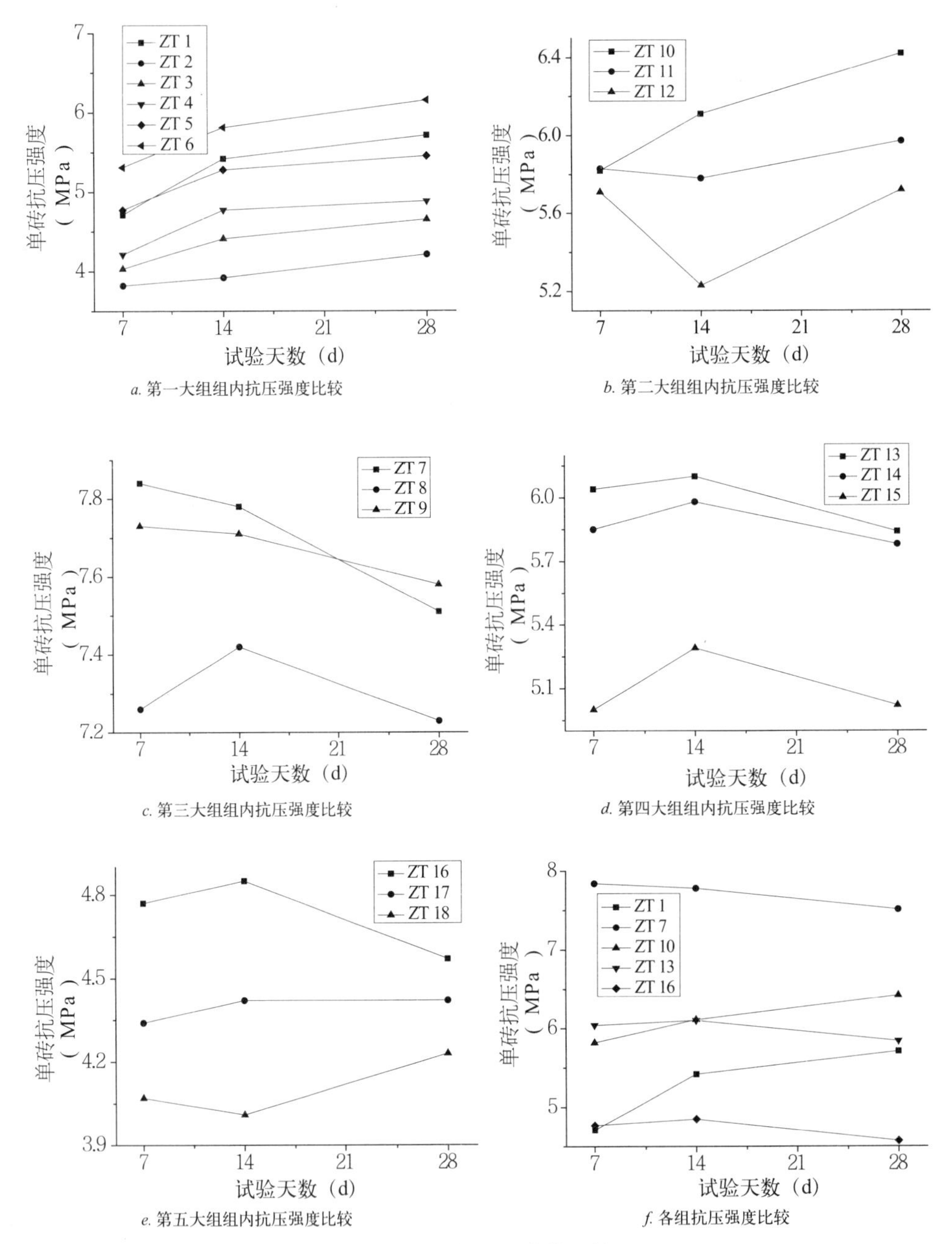

a. 第一大组组内抗压强度比较

b. 第二大组组内抗压强度比较

c. 第三大组组内抗压强度比较

d. 第四大组组内抗压强度比较

e. 第五大组组内抗压强度比较

f. 各组抗压强度比较

图 4.8－2　抗压强度值比较

各大组通过控制变量法比较了各个材料对土坯砖强度的影响，以作用效果、短期效果、强度变化快慢、经济成本为评价依据。第一大组主要通过改变氯化钙、水玻璃和聚丙烯纤维的重量占总体重量的比例，从 7d、14d 和 28d 的平均抗压强度表可知，水玻璃和氯化钙在土坯砖抗压强度中起主要作用，通过增加氯化钙的用量减少水玻璃的用量，短期内强度有所增加，但提高幅度较小、经济成本较大，聚丙烯纤维用量的增加对抗压强度影响较小；因考虑经济成本，故选取 ZT1 最为合适。

三、新型土坯砌体抗压试验研究

1. 试件制作及加载方案

根据《砌体基本力学性能试验方法标准》GB/T 50129–2011[42] 的规定，非普通砖的砌体抗压试件高度应按高厚比控制，试件采用尺寸为 240mm × 370mm × 751mm 的棱柱体试件。试件按照砌筑灰浆的不同分为 3 组，每组 6 个试件。砌筑灰浆 1 使用水玻璃，砌筑灰浆 2 水泥固化剂，砌筑灰浆 3 使用界面剂。采用分级加载进行试验，使用 10kN 荷载反复加载 3 ～ 5 次，每级加载增量为预估荷载的 10%，控制在 1 ～ 1.5min 内均匀加完。

2. 试验过程及现象

土坯砌体试件破坏过程按照裂缝的出现和发展，可将破坏过程大致分为裂缝、裂缝稳定发展、破坏三个阶段。第一阶段从开始到微裂缝的出现，此时荷载约为极限荷载的 35%。随着荷载位移计的读数呈线性增长，且持载时位移计变化较小，表明此阶段为弹性阶段。第二阶段时试件两端 1/5 处出现块体微裂缝，此时荷载大约为极限荷载的 35% ～ 75%。位移计读数变化加速，且持载时读数有变化，随着荷载的进一步增加，微裂缝沿竖向延伸并在上下两皮砖处形成通缝，且伴随着“咔咔”的声音，局部砖块表面有剥落现象。本阶段为试件受力破坏状态，即弹塑性阶段。第三阶段，随着荷载的继续增大，裂缝迅速扩展和变宽，竖向裂缝呈逐渐增大趋势。试件中部出现外鼓，砖块表面的剥落现象更加剧烈，试件内部碎裂声音加剧。试件顶面棱角出产生较大斜向裂缝且快速发展，与中部竖向裂缝形成贯通，最终试件竖向形成劈裂破坏。试件编号及抗压强度结果见表 4.8–2，试件破坏图见图 4.8–3、图 4.8–4。

图 4.8–3　试件破坏前

图 4.8–4　试件破坏后

砌体抗压试验结果汇总表　　**表 4.8–2**

砌筑灰浆	试件编号	截面尺寸 (mm^2)	受压面积 (mm^2)	开裂荷载 Ncr（kN）	破坏荷载 Nu（kN）	Ncr/Nu	fc，m (N/mm^2)	平均抗压强度 fc，m (N/mm^2)
灰浆 1	ZSL01	239 × 365	87235	55.06	153.80	0.36	1.76	1.46
	ZSL02	238 × 364	86632	40.24	112.06	0.36	1.29	
	ZSL03	240 × 363	87120	40.22	131.37	0.31	1.51	
	ZSL04	239 × 365	87235	42.21	107.12	0.39	1.23	
	ZSL05	240 × 363	87120	40.19	128.23	0.31	1.47	
	ZSL06	240 × 365	87600	40.18	130.37	0.31	1.49	

续表

砌筑灰浆	试件编号	截面尺寸（mm^2）	受压面积（mm^2）	开裂荷载 Ncr（kN）	破坏荷载 Nu（kN）	Ncr/Nu	fc，m（N/mm^2）	平均抗压强度 fc，m（N/mm^2）
灰浆 2	ZSN01	239×363	86757	40.39	102.54	0.39	1.18	1.23
	ZSN02	238×362	86156	25.10	109.54	0.23	1.27	
	ZSN03	240×363	87120	40.27	119.30	0.34	1.37	
	ZSN04	239×364	86996	40.51	93.96	0.43	1.08	
	ZSN05	240×365	87600	55.42	130.11	0.43	1.49	
	ZSN06	239×365	87235	55.39	88.66	0.62	1.02	
灰浆 3	ZJM01	240×366	87474	40.33	116.37	0.35	1.33	1.33
	ZJM02	238×367	87346	40.16	116.95	0.34	1.34	
	ZJM03	239×365	87235	55.18	104.71	0.53	1.20	
	ZJM04	240×364	87360	55.09	134.00	0.41	1.53	
	ZJM05	240×366	87840	40.16	128.08	0.31	1.46	
	ZJM06	239×367	87713	40.13	98.27	0.41	1.12	

3. 试验结果分析

根据砌体试件的抗压破坏过程可以看出，当施加荷载小于初裂荷载时，灰浆与土坯砖之间较好的粘结性，能够协同工作，有效地抵消试件的横向变形。灰浆的不饱满，砖表面的不平整，施工工艺的不一致性导致灰浆处在压、弯、扭等复杂应力组合作用下，容易使单块土坯砖在未达到其开裂荷载时产生破裂。裂缝的开展，将改变上下两皮砖的受力状态，逐渐形成砌体竖向通缝。开裂荷载约为极限荷载的 30% ~ 45% 之间，表明新型土坯砖具有较好的变形能力，有较多的安全储备。灰浆 1、灰浆 2 和灰浆 3 的平均抗压强度分别为 1.46MPa、1.23MPa 和 1.33MPa。由于灰浆 1 采用直接涂刷土坯砖表面进行粘结，相对于灰浆 2 和灰浆 3，其灰缝厚度较小、粘结性较高和受力状态单一，故其抗压强度值分布较为集中，其值最高。灰浆 2 采用水泥固化剂灰浆，由于本身土与水泥的性质差异较大，且之间的粘结性较弱，不能形成有机整体，故其抗压强度值偏弱。灰浆 3 采用界面剂作为凝结材料，其本身具有较好的粘结性，但由于其灰缝处于复杂的应力状态作用下，故其平均抗压强度处于中间位置。

四、结语

1. 新型土坯砖材料强度高，耐久性好，对提高传统土坯建筑的房屋安全性、耐久性方面有一定的作用。

2. 影响砌体抗压强度的因素有很多，块体的抗压强度与外形尺寸、灰浆与土坯之间的粘结强度、灰浆的流动性和保水性和施工工艺。我们由于制作土坯砖材料未必非常合理和土坯表面较光滑，致使土坯与灰浆之间的粘结和土坯的砌筑效果不是非常理想，有待我们继续提高。

国家“十二五”科技支撑计划课题：传统村落结构安全性能提升关键技术研究与示范（2014BAL06B03）；陕西省重点科技创新团队计划：现代乡土建筑营造技术研究与应用创新团队（2014KCT−31）。

参考文献

[1] 周铁钢 . 西部农村地区生土农房抗震与适宜技术 [M]. 北京：中国建筑工业出版社，2012.

[2] 尚建丽 . 传统夯土民居生态建筑材料体系的优化研究 [D]. 西安建筑科技大学，2005.

[3] 沈飞，曹净，曹慧 . 土壤固化剂的发展现状及其前景展望 [J]. 岩土工程界，2008，12 (11)：62 ~ 63.

[4] 李振峰 . 土壤固化剂无侧限抗压强度试验研究 [D]. 吉林大学，2006.

[5] 陆章发 .CHF 土壤固化剂在道路工程中的应用技术研究 [D]. 广西大学，2013.

[6] 耿轶君 .EN-1 土壤固化剂改良红砂岩的作用机理与路用性能研究 [D]. 西安交通大学，2006.

[7] 杨志宏，张炳宏等 . 新型材料——奥特赛特 Aught-Set 土壤固化剂的应用技术 . 铁道部标准设计，2000，20 (5)：1 ~ 4.

[8] 张通 .MBER 固化土劈裂抗拉强度变化及应用 [D]. 西北农业科技大学，2013.

[9] 杨林，张秉夏等 . 对 TG-2 型土壤固化剂水泥石灰土的强度和稳定性试验 [J]. 公路交通科技，2013，30 (9)：30 ~ 32.

[10] 吕桂军，杨春景，宋春峰等 . 高强耐水土壤固化剂工程应用研究 [J]. 黄河水利职业技术学院学报，2013，25 (1)：22 ~ 26.

[11] 周海龙，申向东，薛慧君，等 . 对派酶土壤固化剂在我国的应用与研究现状 [J]. 硅酸盐通报，2013，32 (9)：1781 ~ 1783.

[12] 吴冠雄 . 对生物酶土壤固化剂加固土现场试验研究 [J]. 公路工程，2013，38 (1)：71 ~ 73.

[13] 张秉夏 . 对季冻区 TG 固化剂综合稳定土应用技术研究 [D]. 东北林业大学，2013.

[14] 刘仁钊 . 对基于不同固化剂作用下淤泥改良前后力学性能变化研究 [D]. 广东工业大学，2013.

9. 高层建筑外立面开口火溢流阻隔技术研究

付佳佳
中国建筑科学研究院防火所，北京，100013

一、概述

近年来，随着经济的发展和城镇化进程的加快，为解决城市人口增长和土地资源日益紧缺的问题，城市建筑不断向高层发展。主要呈现出以下特点：高层建筑的数量越来越多，各地特别是一些大中型城市新建的建筑多数为高层建筑；建筑高度越来越高，各地竞相设计建造全国第一、亚洲第一，乃至世界第一的高度，建筑新高的记录不断被刷新；建筑体型和结构形式日趋复杂，功能日趋综合，高层综合性建筑群不断涌现。有关统计显示，我国目前有高层建筑大约有 15 万余幢，其中高度在 100m 以上的超高层建筑约有 1800 多栋，且该数量仍在快速增长中。

高层建筑发生火灾时，其火灾蔓延主要有水平蔓延和纵向蔓延两种蔓延方式。水平蔓延仅限于着火层，火灾的纵向蔓延在传统的高层建筑中主要是通过内部的各种竖井、中庭以及建筑物的外窗等进行蔓延扩散。火灾纵向蔓延中，在热烟气引起的浮力、烟囱效应、外界风力等可能的影响因素的作用下，火灾纵向蔓延的速度要远大于其水平蔓延的速度。对以往高层建筑火灾事故的调查分析也表明火灾的纵向蔓延是导致高层建筑火灾最后失控的主要原因。近年来随着建筑节能技术和新型保温材料的不断发展，在城市高层建筑火灾中均形成了火灾沿建筑外立面迅速纵向蔓延并向建筑内部扩大的严重火灾事件，这又为火灾的纵向蔓延增添了新途径。

因此，如何依据建筑构造的实际情况，掌握建筑外立面火灾发生、发展的机理，确定合适的防火技术要求，进而开发能够抑制火溢流及垂直火蔓延的建筑构造技术，确保高层建筑的防火安全性，已成为当前火灾安全领域急需解决的关键问题。

针对高层建筑通过外立面开口极易发生立体火灾的现状，利用小尺寸试验台模拟建筑外立面开口火溢流沿着外立面纵向蔓延的火灾行为。同时在实验中，通过改变外立面窗口尺寸大小和上下窗口间距，在窗口正上方加挑檐等途径，分析火羽流沿房间顶棚从外立面窗口溢流以及沿外立面纵向蔓延的特性，进而研究高层建筑外立面开口火溢流及其沿着外立面纵向蔓延的变化和发展机制，结合实验研究与理论模型，提出抑制外立面开口火溢流危害的建筑构造方案，从而降低外立面开口火溢流纵向蔓延对建筑物的危害，有效减少重特大火灾事故的发生。

二、提出抑制外立面开口火溢流危害的建筑构造组合方案的必要性

随着社会的进步，新技术和新建筑材料使现代建筑的从功能、结构、形式到服务对象均变得更加复杂，同时也为建筑设计师提供了前所未有的展示空间，但目前的建筑防火规范某些条款死板苛刻，要求严格限制了建筑设计师们的发挥和创造，只能按照现有

续表

规范进行复制。例如《建筑设计防火规范》GB 50016—2014[1] 中第 6.2.5 条规定：建筑外墙上、下层开口之间应设置高度不小于 1.2m 的实体墙或挑出宽度不小于 1.0m、长度不小于开口宽度的防火挑檐；当室内设置自动喷水灭火系统时，上、下层开口之间的实体墙高度不应小于 0.8m。当上、下层开口之间设置实体墙却有困难时，可设置防火玻璃墙，但高层建筑的防火玻璃墙的耐火完整性不应低于 1.00h，单、多层建筑的防火玻璃墙的耐火完整性不应低于 0.5h。外墙的耐火完整性不应低于防火玻璃墙的耐火完整性要求。住宅建筑外墙上相邻户开口之间的墙体宽度不应小于 1.0m；小于应在开口之间设置突出外墙不小于 0.6m 的隔板。实体墙、防火挑檐和隔板的耐火极限和燃烧性能，均不应低于相应耐火等级建筑外墙的要求。例如某住宅建筑将上下窗口之间距离为 500mm，防火挑檐的宽度为 240mm，无论是上下窗口之间的窗间墙距离还是防火挑檐的宽度均不满足建筑防火规范要求，但是其组合效果真的就不能达到控制火灾蔓延的效果吗？这是值得商榷和研究的。

国外对防火挑檐和窗间墙的判定标准和我国不同，且列举出其之间可能的组合，如：美国《国际建筑规范》（2009 年版）和《建筑结构和安全规范》NFPA 5000 要求相邻层外墙上的开口之间应有耐火极限不低于 1.00h、高度不低于 914mm 的窗间墙或者是宽度不小于 762mm 的防火挑檐 [2]；法国的高层建筑规范 [3] 规定：$C+D$=1.20m（M<80MJ/m^2），$C+D$=1.30m（M<1300MJ/m^2），其中，C 为上下窗口窗间墙高度，D 为防火挑檐（阳台）的宽度，M 为建筑室内火灾荷载密度；《新西兰建筑规范》及其规范文件中第 7 部分“外部火灾蔓延的控制”也规定建筑上、下层之间应设置不低于 1.5m 高度的上下窗口之间的窗间墙，防火挑檐可以替代窗间墙，防火挑檐与窗间墙允许的组合如表 4.9–1 所示 [4]。

新西兰规范对窗间墙和防火挑檐的允许组合 **表 4.9–1**

防火挑檐的宽度（m）	窗间墙的高度（m）
0.0	1.5
0.3	1.0
0.45	0.5
0.6	0.0

三、建筑外立面火溢流阻隔技术模拟试验台设计

1. 基础结构的设计

根据 John H. Mammoser 和 Francine Battaglia[5] 对阳台几何形状的研究，无砖墙围护并且两侧隔离墙为敞开口的阳台对火溢流垂直蔓延的阻隔效果最好。所以实验台每个房间均采用该种阳台的防火挑檐。火溢流阻隔试验台为 3 层，每层 2 个房间，起火房间位于一层。试验台整体尺寸为 3.78m × 4.72m × 4.5m，除去外墙厚度，每个房间内径尺寸为 3.3m × 2m × 1.3m。一、二层设置可调节尺寸的窗口，二层和三层楼板处设置可调节宽度的防火挑檐。实验台侧面设置钢制楼梯，二层、三层侧面设置可开启铁门。

实验台基础垫层采用 C10 混凝土，一层地面处设置一道地圈梁，首层及二三层层顶设置圈梁，地圈梁及圈梁均采用 C25 混凝土配筋。首层地面采用 40mm 厚混凝土地面，实验台全部采用防火砖构造，二层、三层间采用水泥压力板进行分隔，首层墙面、天棚涂抹耐火水泥砂浆，外墙与二层、三层内墙面采用原浆勾缝处理，屋面采用防水卷材进行防水处理。为了保证实验台具有一定的密闭性，在孔隙、门缝等处采用防火棉与防火发泡剂进行封堵，确保烟气大部分进入实验测量区域，满足实验要求。

图 4.9–1　实验台实景图

2. 可调窗口的设计

实验台窗口设置可调节窗口，每个房间的窗口由 80 块（10 行，8 列）可移动拆卸的绝热板组成，绝热板周围由阻燃棉绳环绕，加强绝热板之间的气密性，每个可拆卸的绝热板的尺寸为 0.13m × 0.13m，当窗口完全开启时，窗口尺寸为 1.3m × 1.04m。排列方式如图 4.9–2 和图 4.9–3。通过对绝热板的不同拆卸及排列方式，可实现窗口尺寸和形状的改变。

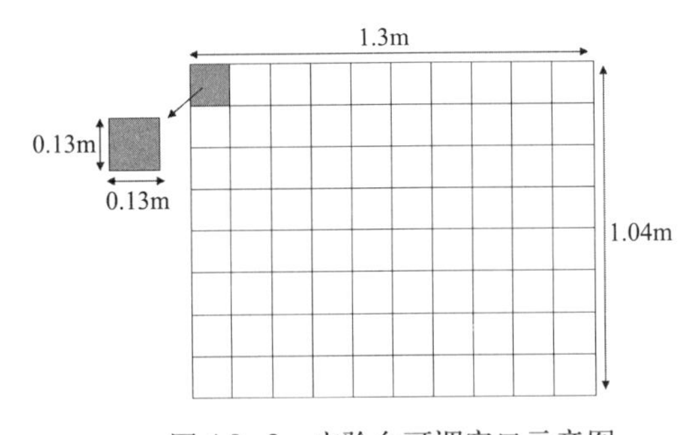

图 4.9–2　实验台可调窗口示意图

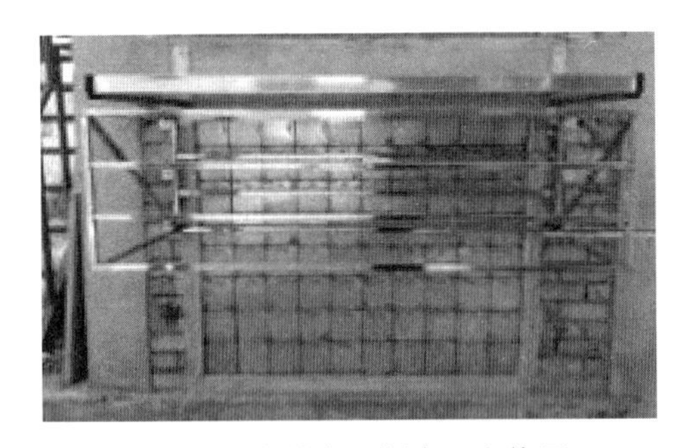

图 4.9–3　实验台可调窗口实体图

3. 可调节宽度的防火挑檐设计

实验台在二层和三层楼板处共设置了 4 个可调节宽度的防火挑檐。防火挑檐位于窗口上方 0.1m 处，由 8 块长 X=0.1m、宽 Y=1.5m、厚 Z=0.06m 的可拆卸绝热长板组成，也就是说防火挑檐的可调节尺寸为 0 ~ 0.8m。通过增减绝热长板的个数来改变防火挑檐的宽度。具体如图 4.9–4 和图 4.9–5 所示。

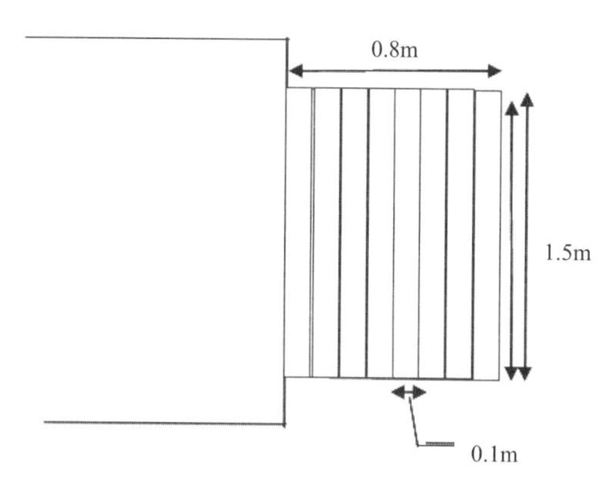

图 4.9-4　实验台可伸缩阳台示意图（一层俯视图）

图 4.9-5　实验台可伸缩阳台实体图

四、窗口火溢流影响因素分析

1. 通风因子$A\sqrt{H}$

国内外学者常用通风因子$A\sqrt{H}$表征窗口尺寸的大小，同时以火灾的总热释放速率是否大于小于 1500 $A\sqrt{H}$ kW 来划分燃料控制还是通风控制型火灾：当火灾的总热释放速率小于1500 $A\sqrt{H}$ kW时，为燃料控制型火灾；当火灾的总热释放速率超过了1500 $A\sqrt{H}$ kW时，补入的空气不足以支持室内燃烧，火灾发展到通风控制阶段。其中 A 代表窗口面积，H 代表窗口高度。

通过试验研究可发现：燃烧室内的平均温度随通风因子的增大而增大，但增速趋缓后趋于稳定，后逐渐下降。这主要是因为随着通风因子的增加，燃烧室内火灾逐渐由通风控制转变成燃烧控制。通风控制情况下燃烧室内的温度主要取决于由窗口卷吸进入的冷空气量，而燃料控制下的燃烧室内温度主要取决于由通过窗口的热对流损失速率和热辐射损失速率。通风控制下，根据能量守恒方程定义，并定义常数 h_c 为壁面热损失和热辐射损失的总体表征系数，燃烧室内的温度 $\Delta T_g=\dfrac{1500A\sqrt{H}/A_T}{h_c+0.5c_pA\sqrt{H}/A_T}$。建筑外立面的温度分布不仅与通风因子相关，而且与窗口形状有很大的关系。在窗口相同高宽比 λ 的情况下，建筑外立面的温度随通风因子的增大呈降低趋势。

2. 窗口高宽比 λ

窗口的高宽比 λ 是表征窗口形状的主要参数。而窗口的高宽比 λ 和通风因子 $A\sqrt{H}$ 的大小又决定了上下窗口之间的窗间墙高度。通过试验研究发现：相同通风因子下，当窗口的高宽比 λ 接近 1 时，燃烧室内温度最大，当高宽比 λ 与 1 差距越大时，对燃烧室内平均温升影响越大。即高宽比 λ 接近 1 时，燃烧室内火源的热释放速率越高，进而溢出的未燃燃料越少。然而窗口高宽比 λ 越小或越大时，建筑外立面温度分布规律不同，这主要是由于窗口的高宽比 λ 改变了溢出羽流的形态。具体如图 4.9–6 所示。

相同通风因子的情况下，当高宽比 λ 较大时，溢出火羽流宽度（近似与窗口宽度一致）较小，厚度较大，使得溢出火羽流的侧向卷吸与正向卷吸相比更为显著，壁面贴附力不足以抵消溢流水平动量的方向力，火焰被推离壁面，形成轴对称羽流；当高宽比 λ 较小时，溢出火羽流宽度较大，厚度较小，使得溢出羽流的侧向卷吸弱于正向卷吸，壁面贴附力比方向力大，火羽流在溢出后会呈贴附壁面状，即贴壁羽流。

窗口溢出火溢流反向力是由窗口溢出的水平动能决定的。正面和侧面单位面积受到的压力相等，压强仅与溢出羽流形状有关。溢出羽流在侧面卷吸形成的侧向力将火焰向中线挤压，在正面卷吸形成的正向力可将火羽流推向壁面。

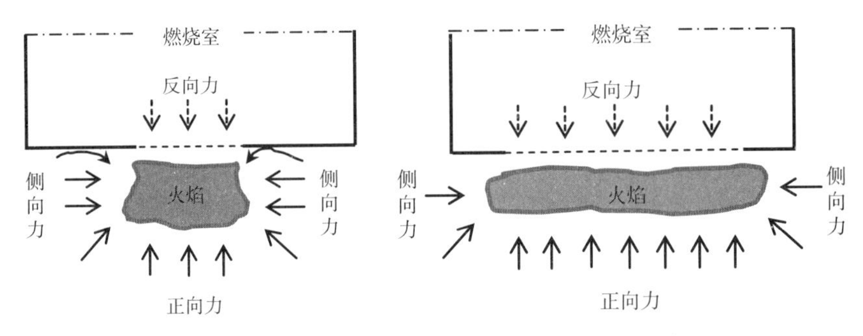

图 4.9–6　不同高宽比 λ 下，窗口火溢流受力示意图

3. 窗口的竖向位置

同时前人对开口火溢流的研究大多局限于一个固定位置的燃烧室开口方面，例如 Himoto[6] 实验的燃烧室开口固定在侧壁中央，Delichatsios 和 Lee 等人[7–9] 实验的燃烧室开口在侧壁底端。唐飞[10–12] 等人的 1/4 小尺寸火溢流实验的燃烧室开口在侧壁中间。他们在研究窗口火溢流行为特征时并没有考虑窗口位置火溢流特性的影响。其实不同位置的窗口其窗口附近的空气流动行为存在较大差异。当燃烧室开口在下部时，外界冷空气可直接进入燃烧室卷吸可燃气体，燃烧产生的热烟气则需在顶棚积累，沉降面逐渐将至开口平面才会发生火溢流现象；相反当燃烧室开口位于燃烧室上部，外界冷空气从开口流入后，向下流动并卷吸可燃气体发生燃烧，产生的热烟气流上升达到燃烧室顶棚后直接从窗口溢出，形成火溢流现象。

当不改变窗口的通风因子大小和高宽比的情况下，仅对窗口的竖向位置进行调节，通过试验研究发现：窗口位于外墙中上部时燃烧室内的平均温度最高，其次是窗口位于顶部。当窗口位于外墙底部时，燃烧室内的平均温度最低。

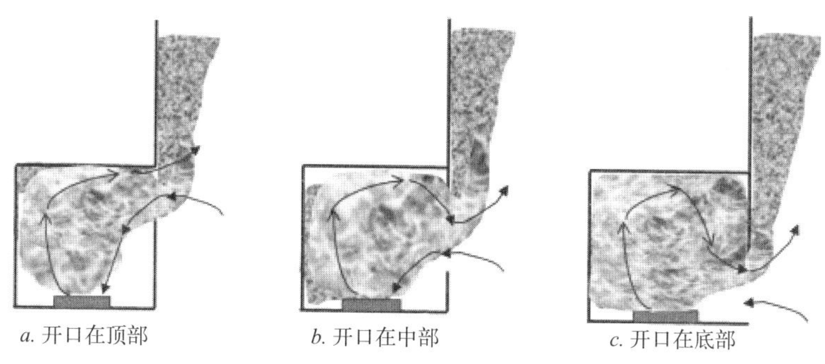

图 4.9-7　不同开口竖向位置条件下的空气流动差异

4. 相邻窗口之间窗间墙高度

上下窗口之间窗间墙高度 = 层高—窗口高度，即$H_{\text{sillwall}} = H_{\text{floor}} - H_{\text{window}}$。层高是指下层地板面或楼板上表面（或下表面）到相邻上层楼板上表面（或下表面）之间的竖向尺寸。窗间墙高度、窗口通风因子和高宽比之间的关系式相互耦合，互相不独立。窗间墙高度对燃烧室内平均温升和建筑外立面溢出羽流温度分布的影响实际上是通过通风因子的大小和窗口高宽比的变化来实现的。目前在我国现行《建筑设计防火规范》GB 50016—2014 中仅用窗间墙高度和防火挑檐宽度来定义建筑外墙结构是不全面也不合理的。

5. 防火挑檐宽度和位置

通过实验研究发现：防火挑檐的宽度对通风因子较小的燃烧室内平均温度影响较大，对通风因子较大的燃烧室内温度影响较小，但当防火挑檐宽度大于 0.2m 时，对燃烧室内平均温升 ΔT_g 几乎无影响；随着防火挑檐宽度越宽，防火挑檐的位置越是接近燃烧室窗口上部，对建筑外立面窗口火溢流竖向蔓延阻隔效果越好。防火挑檐的宽度阻碍了窗口溢出的热烟气迅速向上蔓延，增加其在挑檐下方停留的时间，使得下方平均温度增加，且与防火挑檐宽度近似呈线性正比例关系，增大了下方建筑的火灾危险性。同时挑檐上方即上层窗口处的最高温度呈幂指数降低，$T_{\max} = 240.3 \times \exp(-\frac{L_{\text{hp}}}{0.29}) + 153.6$，且最高温度的位置逐渐远离建筑外立面，增大了相邻建筑的火灾危险性。

五、结语

我国现行建筑防火设计规范主要针对的是建筑内部火灾水平蔓延特性及相应的防火措施，而对火灾沿建筑外立面竖直蔓延的技术阻隔措施相对较少，仅对防火挑檐宽度或者窗间墙距离作出规定，同时没有提供防火挑檐宽度和窗间墙的有效组合方案，使得规范条文对住宅建筑和商业建筑的设计和使用上，显然存在明显的不足和缺陷。

参考文献

[1] 建筑设计防火规范 GB 50016-2014[T].

[2] Building code committee. NFPA 5000 Building Construction and Safety Code[S]. USA，2009

[3] 高层建筑防火安全法规 [T]. 法国，2007.

[4] 新西兰建筑规范消防安全合规文件 [T]. 新西兰，2005

[5] John H. Mammoser，Francine Battaglia. A computational study on the use of balconies to reduce flame spread in high–rise apartment fires[J]. Fire safety journal，2004（39）：277 ~ 296.

[6] Himoto K，Tsuchihashi T，Tanaka Y，Tanaka T. Modeling thermal behaviors of window flame ejected from a fire compartment [J]. Fire Safety Journal. 2009，44：230 ~ 240.

[7] Lee Y P，Delichatsios M A，Silcock G W H. Heat fluxes and flame heights in facades from fires in enclosures of varying geometry [J]. Proceedings of the Combustion Institute. 2007，31.

[8] Lee Y P. Heat fluxes and flame heights in external facade fires [D]. University of Ulster，FireSERT，2006

[9] Delichatsios M A，Lee Y P，Tofilo P. A new correlation for gas temperature inside a burning enclosure [J]. Fire Safety Journal. 2009，44（8）：1003 ~ 1009.

[10] 唐飞 . 不同外部边界及气压条件下建筑外立面开口火溢流行为特征研究 [D]. 中国科学技术大学博士学位论文，2013.

[11] Tang F，Hu L，Delichatsios M A，Lu K，Zhu W. Experimental study on flame height and temperature profile of window spill thermal plume for compartment fires [J]. International Journal of Heat and Mass Transfer. 2012，55：93 ~ 101.

[12] Hu L，Tang F，Delichatsios M A，Lu K. A mathematical model on lateral temperature profile of buoyant window spill plume from a compartment fire [J]. International Journal of Heat and Mass Transfer. 2013，56:447 ~ 453.

10. 地铁站站台火灾时不同火源位置的烟气模拟研究

陈 静
中国建筑科学研究院防火研究所

引言

随着我国地铁交通的不断发展，地铁消防安全问题也逐渐成为国内消防研究人员关注的重点。近些年来，地铁火灾的研究是国内外火灾科学研究的热点，主要是从实验测试和计算机数值模拟两个方面进行[1]。Dong-Ho Rie、J. Y. Kim、Drys dale 等人均进行过地铁站的小尺寸模型研究，分析地铁站火灾时排烟口的开启情况、补风风速对排烟效果的影响等[2-4]；Simcox、Abu-Zaid、顾正洪、周吉伟等人也对地铁火灾进行数值模拟的相关研究[5-8]。但在地铁火灾研究中，不论是火灾实验，还是火灾模型的建立，火灾场景设计都是首要的基础研究，它决定了火灾的发展趋势和预测目标。然而，通过大量的文献调研发现，国内外对于地铁火灾场景的设计没有统一的表述，杨昀、汪箭、朱伟等人仅对火灾场景的设计进行了理论性分析[9-12]，顾从汇、侯龙飞等人对不同火源点列车火灾进行了数值模拟的研究，但是对不同火源点站台火灾的模拟研究并不多。因此，本文拟对此进行模拟研究。

一、站台火灾的几种情况

地铁站台公共区火灾一般为乘客的行李火灾，火灾发生的最不利位置大体可以分为两种：一种是在站台的中部，如图 4.10-1a 所示，此时发生火灾会卷吸大气，产生非常大的烟气；另一种是靠近疏散出口位置，此时可能会影响出入口的能见度，影响人员的疏散，如图 4.10-1b 所示[9]。基于此，本文拟以武汉市某地铁站为研究对象，利用数值模拟的方法分别模拟站台火灾不同火源位置时的排烟效果，并分析得出多层地铁站中间层火灾时的合理排烟模式及应急救援方式。

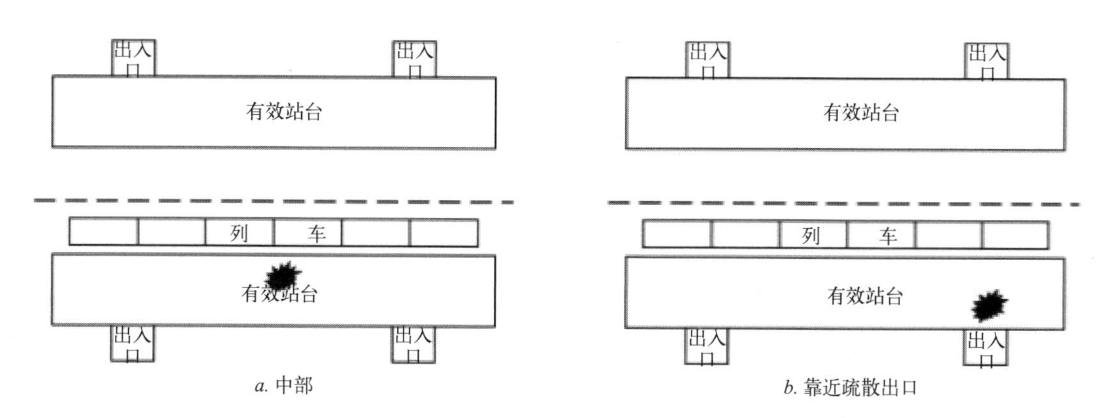

图 4.10-1 侧式站台火灾的发生位置示意图

二、计算模型的设置

本文采用美国 NIST 开发的 FDS（Fire Dynamic Simulator）程序进行模拟。FDS 主要是针对火灾驱动下流体的流动进行计算模拟，它采用大涡模拟（LES）方法数值求解低速的、热驱动下流动的 Navier—Stokes 方程，重点在于火灾中的烟气和热量的传输计算[13]。

1. 模型的几何条件

本文研究的地铁站为武汉市地铁二号线和四号线的换乘车站，车站呈“V”字形，车站二号线方向长度 171.50m，四号线方向长度 147.60m。车站总建筑面积 5.2 万 m^2，包含车站和地铁物业开发两部分。车站为地下 3 层岛式车站，地下一层为站厅层，由进站通道、付费区和部分设备用房组成；地下二层包含站厅和站台双重功能；地下三层为站台层。其中间层站台发生火灾时的 FDS 模型图如图 4.10–2 所示，楼梯 1 ～ 4 为地下二层直通站厅层的四部楼梯，火源 1 处于中间层站台端部靠近楼梯 1 处，火源 2 处于中间层站台的中部位置。

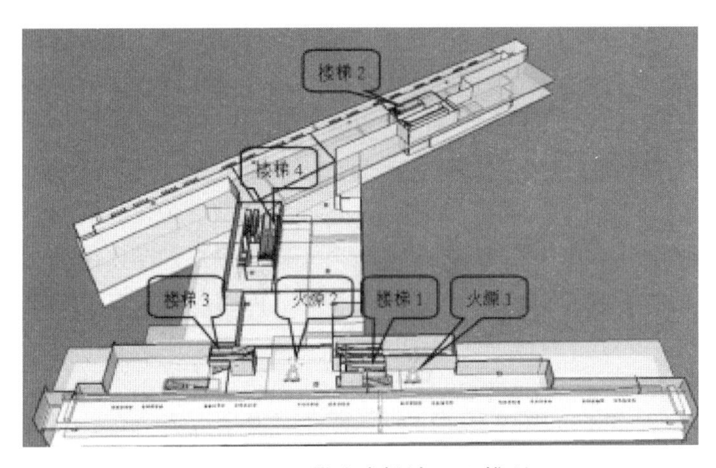

图 4.10–2　洪山广场站 FDS 模型

2. 防烟分区的设置

站厅、站台公共区内设置机械排烟，排烟量按每建筑面积 $60m^3/(h \cdot m^2)$ 计算，排烟设备的排烟能力按同时排除两个防烟分区烟量配置，并考虑 1.1 倍的漏风系数；地下二层站台公共区面积为 $4823m^2$，划分为 10 个防烟分区。地下二层公共区共有 PY–A、PY–B2、PY–B3、PY–C 四台排烟风机进行排烟，每台风机的排烟量为 $74000m^3/h$，另有两台车站隧道风机，负责站台的排风，总的排风量为 $50m^3/s$，每层站台为 $25m^3/s$。站台火灾排烟时保证站台向上疏散的楼梯口部形成向下不小于 1.5m/s 风速，所有车站排烟设备保证 250℃下连续有效工作 1h。

3. 模型的计算条件

（1）火灾规模及火灾发生地点的设置

洪山广场站站台公共区内没有任何商业设施，装修也主要是采用不燃材料，因此站台公共区的主要火灾荷载为乘客携带的行李物品。对于行李火灾，参照公安部天津消防研究所关于行李燃烧实验的研究，选择火灾荷载为 2MW[10]。

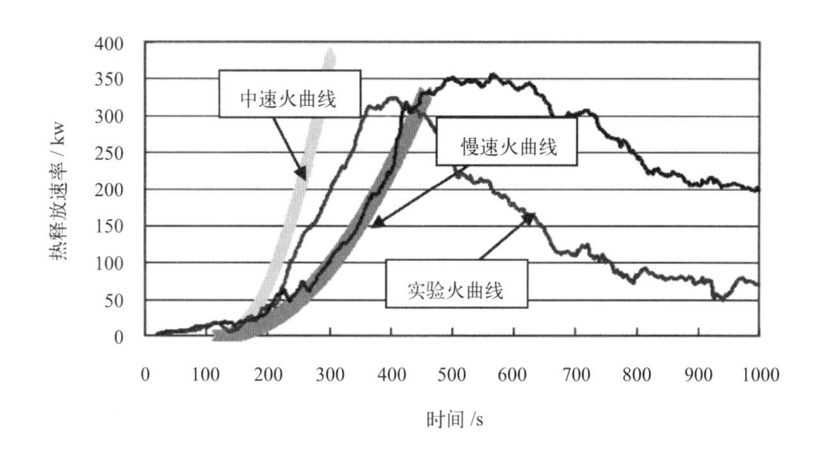

图 4.10–3　行李火灾实验热释放速率曲线

图 4.10–3 为行李火灾试验的热释放速率曲线，由图可看出，试验火曲线比较接近中速火曲线，再考虑到实际当中诸多不确定因素，本文保守地确定站台层的行李火灾按 t^2 中速火发展，其火灾增长系数 α=0.01172kW/s^2。

设定火灾场景是指针对设定的消防安全设计目标，综合考虑火灾的可能性与潜在的后果，从可能的火灾场景中选择出供分析的火灾场景。本次模拟火源位置分为两个，分别为火源 1 和火源 2，为车站内乘客行李发生火灾。

（2）计算网格的划分

本文在模型计算网格的划分时，考虑到整体计算区域的格点配置，取网格边长尺寸的最大值为 0.5m，在火源的附近区域均采取了局部加密的方式。模型的整个计算区域划分为 16 个 MESH：火源附近区域为 0.25m × 0.25m × 0.25m，其他区域的网格尺寸为 0.5m × 0.5m × 0.5m。

（3）排烟系统：在火灾发生 120s 后排烟系统启动，180s 后排烟量达到最大。

（4）模拟时间：1200s。

三、FDS 数值模拟

1. 模拟工况的设置

本文以不同火源位置时的烟气控制效果为研究的重点，故选取了两种不同的火源位置分别进行 FDS 的数值模拟研究，具体工况设置如表 4.10–1。

火灾场景工况设置表　　　　表 4.10–1

火灾场景	火源位置	排烟系统	总排烟量（m^3/h）
工况 1	火源 1（靠近楼梯口 1）	开启站台公共区 4 台排烟风机	74000 × 4
工况 2	火源 2（有效站台中部位置）	开启站台公共区 4 台排烟风机	74000 × 4

2. 模拟结果及分析

（1）烟气控制情况

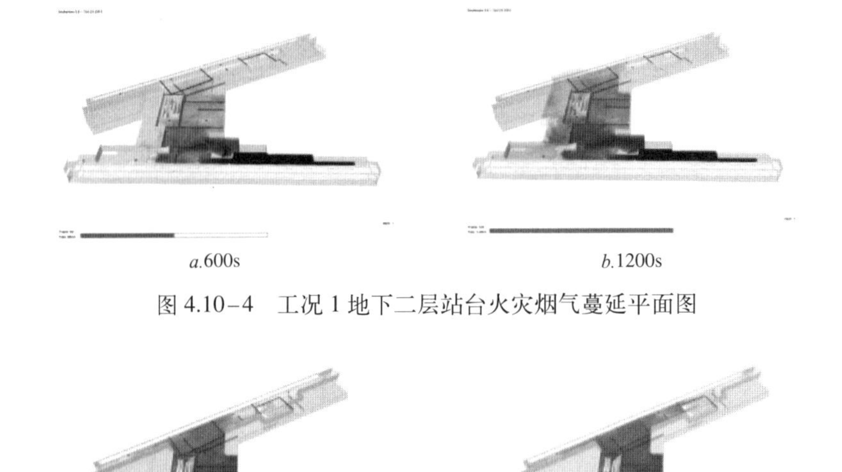

a.600s　　*b*.1200s

图 4.10–4　工况 1 地下二层站台火灾烟气蔓延平面图

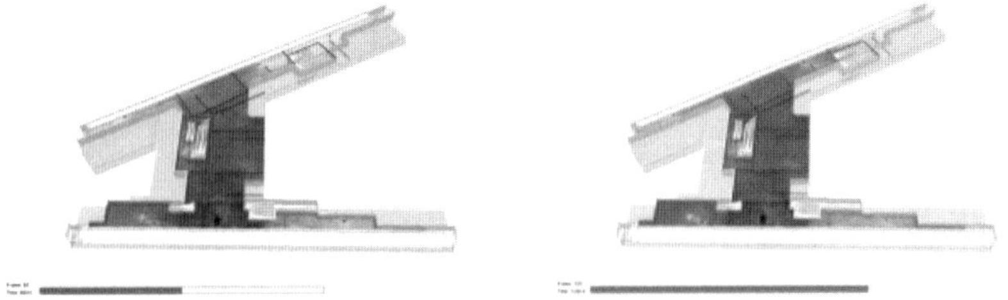

a.600s　　*b*.1200s

图 4.10–5　工况 2 地下二层站台火灾烟气蔓延平面图

对比图 4.10–4 和图 4.10–5 可看出，工况 1 火源处于有效站台的端部，靠近楼梯口的位置，而工况 2 处于有效站台的中间，两楼梯口之间的位置，所以在火灾发展的开始阶段，工况 2 由于火源周边区域比较开阔，会卷吸大量的空气，故产生的烟气比较多，所以从图中可以看出在 600s 时，工况 2 烟气蔓延的面积明显比工况 1 要大，故相比于工况 1，工况 2 将不利于火灾发生前期本层人员的疏散。但是随着排烟的不断进行，工况 2 下烟气的扩散得到了很好的控制，到 1200s 时烟气几乎没有向外扩散，而工况 1 火灾发生 1200s 时比 600s 时的烟气范围明显要大，且火源附近烟气浓度依然很高，这是由于，工况 1 下火源附近不够开阔，大量烟气蓄积于该处，无法向外扩散，几乎形成了排烟死角。

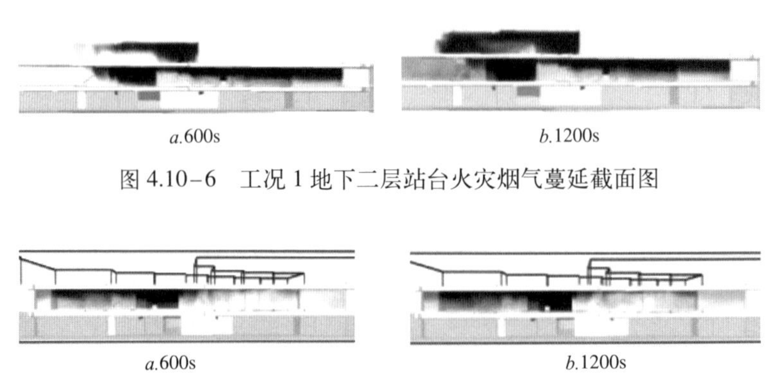

a.600s　　*b*.1200s

图 4.10–6　工况 1 地下二层站台火灾烟气蔓延截面图

a.600s　　*b*.1200s

图 4.10–7　工况 2 地下二层站台火灾烟气蔓延截面图

对比图 4.10–6 和图 4.10–7 可以看出，工况 1 下由于火源处于端部楼梯口处，易形成排烟死角，故可以看出当火灾发生 600s 时已有一部分的烟气通过楼梯口向地下一层的站厅层蔓延，到火灾发生 1200s 时，蔓延到站厅层的烟气已经开始沉降，故该楼梯口处已不能作为人员疏散的通道，在火灾发生时应该及时封堵，防止烟气向站厅层蔓延。工况 2 下由于无排烟死角，排烟效果比较好，整个模拟的过程中几乎无烟气向站厅层蔓延。

（2）火源附近温度控制情况

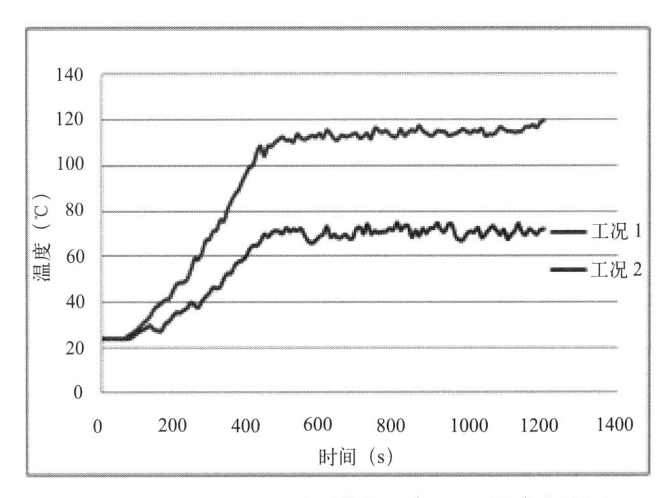

图 4.10–8　火源 10m 处距楼板下方 0.5m 温度曲线图

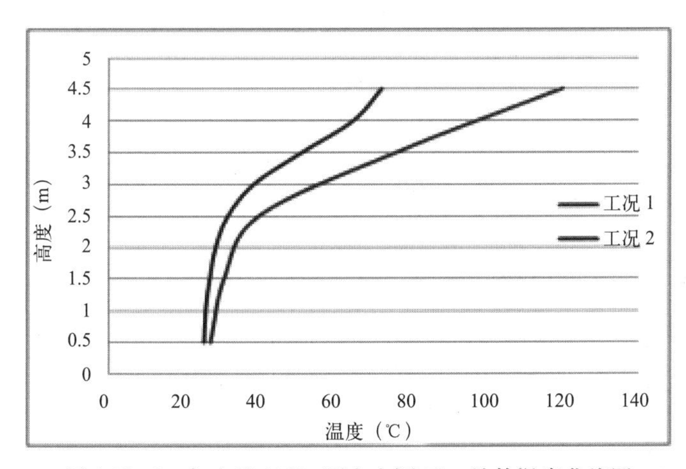

图 4.10–9　起火后 1200s 距离火源 10m 处的温度曲线图

由图 4.10–8 可以看出，在 120s 排烟风机开启之前，两个工况火源附近 10m 处温度大致相同，120s 之后排烟风机开启，工况 2 的温度就逐步低于工况 1，且之间的温度差值逐渐变大，在火灾发生 450s 之后二者的差值达到稳定。由前面分析可知，工况 2 在火灾开始阶段产生的热烟较多，但是由于其排烟效果优于工况 1，其温度上升速度和最终的稳定温度低于工况 1。

图 4.10–9 是起火后 1200s 时距离火源 10m 处的温度曲线图，由该图可以看出，工况 1 的温度拐点发生在 2.3m 左右，工况 2 的则发生在 2.7m 左右，而温度拐点发生的位置是

热烟与下部冷空气的接触点，故可以看出，工况 1 的烟气沉降现象更为严重，其温度又比工况 2 高，故其烟气的浓度也比工况 2 大，产生此现象的主要原因是工况 1 火源处于端部，更易形成排烟死角，不利于烟气的排除。

(3) 整个中间层的能见度分析

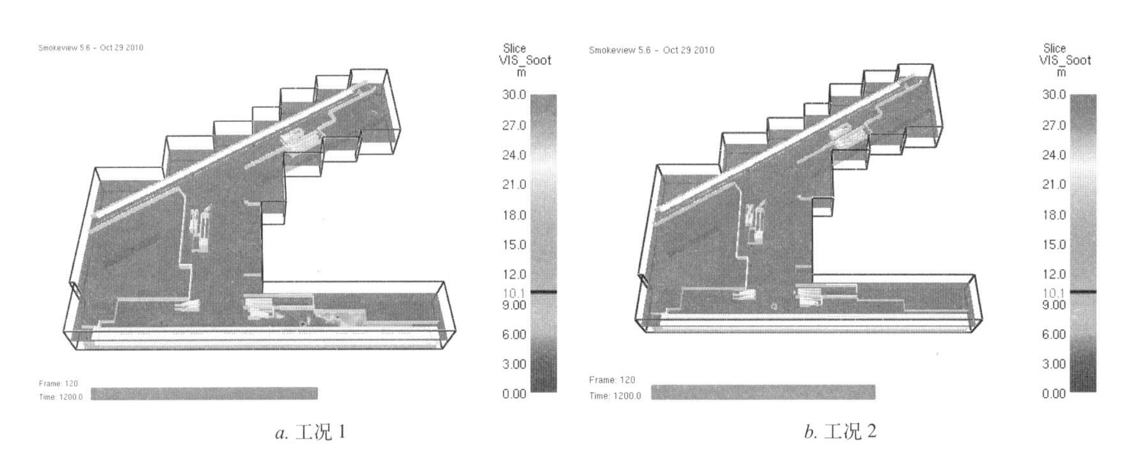

a. 工况 1　　*b.* 工况 2

图 4.10–10　站台地面上 2m 高处能见度分布云图

能见度是判断人员疏散条件是否良好的直观判据，由图 4.10–10 可以看到，此两种工况下地下二层地面 2m 高处大部分区域的能见度均能保持在 30m 以上，远大于 10m 的能见度限值，仅工况 1 火源右部很小一部分区域的能见度相对较低，但是由于该区域处于边角位置，不处于人员疏散的主要路线上，故对该层人员疏散不会造成大的影响，故从整体上看，此两种工况下本层人员的疏散条件比较良好。

(4) 楼梯口 1 处的能见度分析

因楼梯 1 离两处火源最近，能见度所受影响最大，故本文以楼梯 1 为主要分析对象。由图 4.10–11、图 4.10–12 可以看出，两种工况下楼梯口 1 距地面 2m 处能见度均在 15m 以上，满足人员疏散最低能见度 10m 的要求，但是，对比两种工况下的曲线仍可以看出，工况 1 下仍有相当一部分的烟气漫过了楼梯口处的挡烟垂壁进入到了楼梯中，导致其能见度下降，在距地面以上 2.7m 左右位置时其能见度已低于 10m，而从工况 2 的曲线看来，只有极少部分的烟气漫过挡烟垂壁进入到了楼梯 1，能见度仅有极小的波动。由此可见工况 2 下楼梯 1 可以作为本层人员向上疏散的通道，而工况 1 下由于有大量烟气充斥其中，楼梯 1 已不能作为疏散通道，应在火灾发生时及时封堵。

四、结论

本文模拟了多层地铁站中间层火灾时的烟气控制情况，选取了理论上的两种最不利工况进行模拟，通过分析得出如下结论：

1. 在相同的排烟条件下，火灾发生在有效站台端部的排烟效果明显不如火灾发生在有效站台中部，有大量的烟气漫过挡烟垂壁进入蔓延到了站厅层，导致楼梯口 1 处的能见度降低，不利于人员的疏散；从火源附近温度分析可以看出，虽然工况 2 在火灾开始阶段产生的热烟较多，其温度上升速度和最终的稳定温度低于工况 1，且烟气沉降现象也没有工况 1 严重，进一步证明工况 2 的排烟效果优于工况 1，故通过对比站台火灾理论上的两种最不利工况可以看出，工况 1 的火灾场景更为不利。

2. 对于火灾发生在站台中部的情况，开启站台全部风机能有效排除烟气，有利于人员的疏散；对于火灾发生在有效站台端部靠近疏散楼梯处的情况，在开启站台全部风机时，由于仅在楼梯 1 附近出现烟气大量沉降和能见度降低的现象，且蔓延到站厅层的烟气也全部是通过楼梯 1 蔓延的，其他区域烟气排除情况良好，故在该火灾场景下，应及时利用自动卷帘对该处楼梯进行封堵，阻止人员通过该楼梯进行疏散，也防止烟气向上一层区域蔓延。

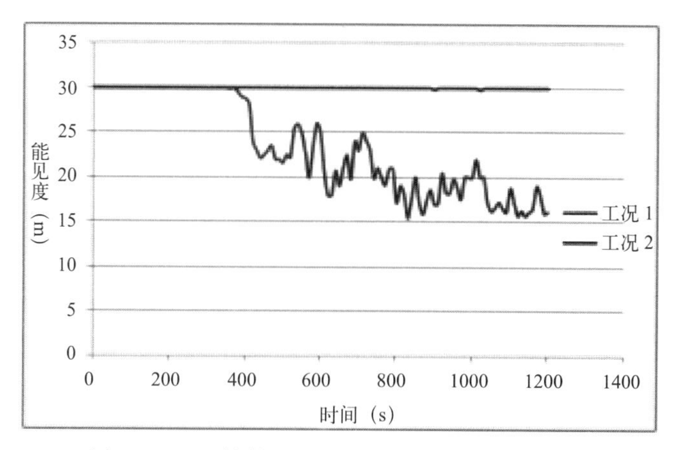

图 4.10–11　楼梯口 1 距地面 2m 处能见度曲线图

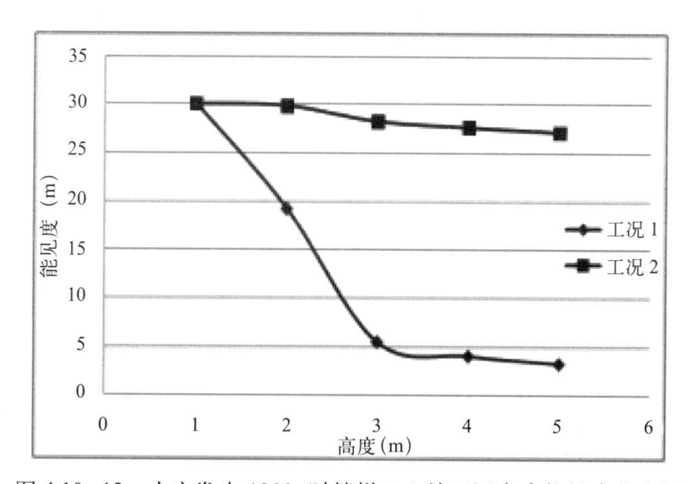

图 4.10–12　火灾发生 1200s 时楼梯口 1 处不同高度能见度曲线图

故笔者认为当地铁站的应急预案完备、应急响应比较快速的前提下，中间层站台火灾时，开启站台全部风机可以达到比较好的排烟效果。

基金项目：国家科技支撑计划“城镇灾害防御与应急处置协同工作平台研究与应用示范”(2015BAK14B03)

参考文献

[1] 冯炼，刘应清．地铁火灾烟气控制的数值模拟 [J]. 地下空间，2002，22（1）：61 ~ 64.

[2] Dong–Ho Rie. A study of optimal vent mode for the smoke control of subway station fire[J]. Tunneling and Underground Space Technology，volume 21，Issues 3–4，2006.

[3] J Y Kim，K Y Kim. Experimental and numerical analyses of train–induced unsteady tunnel flow in subway[J]. Tunneling and Underground Space Technology Research，2007，22（2）: l66 ~ 172.

[4] Drysdale，D D Macmillan，A J R，Shilitto D. King' s cross fire experimental Verification of the "trench effect" [J] Fire Safety Journal，1992，18（1）：75 ~ 82.

[5] Simcox，Wilkes，Jones.Computer simulation of the flows of hot gases from the fire at King's cross underground station[J].Fire Safety Journal，1992：49 ~ 73.

[6] Abu–Zaid，Sameer A. Analyzing a transit subway station during fire emergency using computational fluid dynamics[J]. Transportation research record，1996：159.

[7] 顾正洪，程远平，周世宁．地铁车站站台与站厅间临界通风速度的研究 [J]. 中国矿业大学学报，2006（1）.

[8] 周吉伟，霍然，胡隆华．狭长通道内风幕挡烟效果的数值分析 [J]. 安全与环境学报，2005（4）.

[9] 杨昀，曹丽英．地铁火灾场景设计探讨 [J]. 自然灾害学报，2006，15（4）:121 ~ 125.

[10] 汪箭，吴振坤，肖学锋等．建筑防火性能化设计中火灾场景的设定 [J]. 消防科学与技术，2005，24（1）：38–43.

[11] 朱伟，侯建德，廖光煊．论性能化防火分析中的典型火灾场景方法 [J]. 火灾科学，2004，13（4）：251 ~ 255.

[12] 侯龙飞，刘吉平，刘晓波．不同着火点对列车火灾影响研究 [C]. 2014 年全国阻燃学术年会会议论文集，2014.

[13] 赵泽文．常用火灾数值模拟软件 FDS 的应用探讨 [J]. 山西建筑，2010，36（13）：364 ~ 365.

11. 信息化技术在文物建筑火灾风险评估中的应用

王大鹏[1]　李旭彦[2]　刘牛[3]
1. 中国建筑科学研究院，住房和城乡建设部防灾研究中心，北京，100013
2. 科学技术部基础研究管理中心，北京，100862
3. 北京建筑大学，北京，100044

引言

作为文明古国，我国众多的文物建筑，凝聚着我国古代能工巧匠的聪明才智和精湛技能，它们分布广泛，很多为木结构建筑且经常连片设置，相互之间无防火分隔，且文物建筑往往缺少完善的防火保护设施，发生火灾后极易“火烧连营”，造成毁灭性破坏。但文物建筑有着文化和历史双重价值，具有特殊的保护意义。

鉴于文物建筑是既有的古代建筑，现代建筑的法规、规范不能完全适用于其消防保护工作，长期以来文物建筑的消防设计出现无据可依、无规可循的局面。为解决此问题，我们尝试从具体问题具体分析的角度，首先对文物建筑进行火灾风险评估，找到关键的火灾风险点，进而有针对性地提出可行性消防措施，为其消防规划和设计提供依据。

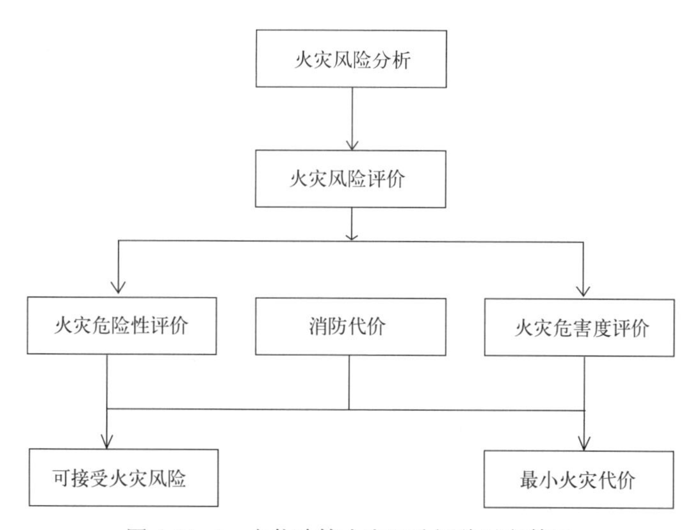

图 4.11－1　文物建筑火灾风险评价过程简图

一、文物建筑火灾风险评估的任务与目的

文物建筑火灾风险评估的主要任务是客观、准确识别文物建筑火灾隐患及其他火灾风险，对之进行分析、评价，确定其火灾风险状况，为古建筑消防安全规划、设计及管理提供决策依据，可概括为如下三大目的：

1. 寻求最低火灾发生概率

寻求最低火灾发生率及最小火灾危害。文物建筑火灾风险评估技术通过全面考察评估对象火灾风险状况，给出系统发生火灾的可能性以及造成后果的严重程度，研究该对象火灾风险如何随外界条件的改变而变化，以便寻求最低火灾发生率及最小火灾危害。

2. 结合地方现状，确定可接受火灾风险

文物建筑消防工作的目的在于确保文物建筑的防火安全，除严格控制火灾隐患，努力做到安全不发生火灾外，还要采取积极的消防安全措施，做到火灾早发现、早扑灭，以便及时控制火势并有效扑灭。

3. 科学指导消防投入，确定最小火灾代价

消防设施、设备配置，消防队伍建设，消防行动等均需要一定的花费，而这些花费并不能创造新的财富，实际上也是一种经济损失，通常称为消防投入。运用文物建筑火灾风险评估方法可以将降低火灾风险而投入的消防费用与风险降低的程度进行比较，同时可以比较不同消防措施和手段对降低古建筑火灾风险的影响，最终确定最小火灾代价，实现文物建筑火灾防治的经济性和有效性问题。

二、火灾风险评估理论

1. 确定权重的专家打分法

权重是火灾风险评估中的重要参数，考虑到个体判断的不确定性和认识的差异，一般运用集体决策的思想，聘请多位专家（一般以 10 ～ 15 名为宜）根据所建立的指标体系，确定各评估指标的权重系数并将评分值限定在一个合理的范围，按照对安全是否有利（越有利得分越高）进行评分，从而降低不确定性和认识差异对评估结果的影响。然后根据模糊集值统计方法，通过计算得出一个统一的结果。

设第 j 个专家给出的权重系数为：

$$(\lambda_{1j}, \lambda_{2j}, \cdots, \lambda_{ij}, \cdots, \lambda_{mj})$$

若其平方和误差在其允许误差 ε 范围内，即

$$\max_{1\leq j\leq n}\left[\sum_{i=1}^{m}\left(\lambda_{ij} - \frac{1}{n}\sum_{j=1}^{n}\lambda_{ij}\right)^2\right] \leq \varepsilon \tag{1}$$

则

$$\overline{\lambda} = \left(\frac{1}{n}\sum_{j=1}^{n}\lambda_{1j}, \cdots, \frac{1}{n}\sum_{j=1}^{n}\lambda_{ij}, \cdots, \frac{1}{n}\sum_{j=1}^{n}\lambda_{mj}\right) \tag{2}$$

为满意的权重系数集，否则，对一些偏差大的 λ_i 再征求有关专家意见进行修改，直到满意为止。

2. 确定风险值的模糊极值统计法

对于指标 u_i，专家 p_j 依据其评价标准和对该指标有关情况的了解给出一个特征值区间 $[a_{ij}, b_{ij}]$，由此构成一个集值统计系列：$[a_{i1}, b_{i1}]$，$[a_{i2}, b_{i2}]$，…，$[a_{ij}, b_{ij}]$，…，$[a_{mq}, b_{mq}]$，如表 4.11-1 所示。

评估指标特征值的估计区间　　表 4.11－1

评估专家	评估指标					
	u_1	u_2	…	u_i	…	u_m
p_1	$[a_{11}, b_{11}]$	$[a_{21}, b_{21}]$	…	$[a_{i1}, b_{i1}]$	…	$[a_{m1}, b_{m1}]$
p_2	$[a_{12}, b_{12}]$	$[a_{22}, b_{22}]$	…	$[a_{i2}, b_{i2}]$	…	$[a_{m2}, b_{m2}]$
⋮			…		…	
p_j	$[a_{1j}, b_{1j}]$	$[a_{2j}, b_{2j}]$	…	$[a_{ij}, b_{ij}]$	…	$[a_{mj}, b_{mj}]$
⋮						
p_q	$[a_{1q}, b_{1q}]$	$[a_{2q}, b_{2q}]$	…	$[a_{iq}, b_{iq}]$	…	$[a_{mq}, b_{mq}]$

则评估指标 u_i 的特征值可按下式进行计算，即

$$x_i = \frac{1}{2}\sum_{j=1}^{q}\left[b_{ij}^2 - a_{ij}^2\right] \Big/ \sum_{j=1}^{q}\left[b_{ij} - a_{ij}\right] \tag{3}$$

式中 $i = 1, 2, \cdots, m$；$j = 1, 2, \cdots, q$。

根据以上计算结果，用线性加权模型计算各级指标火灾风险度：

$$R = \sum_{i-1}^{n} W_i \times F_i \tag{4}$$

式中：R 为文物建筑的火灾风险，W_i 为最基层指标对文物建筑火灾危险的权重，F_i 为最基层指标的评价得分。

在确定好每一项指标的权重之后，根据现场调研的基层指标可依次计算出文物建筑各级指标得分，与火灾风险等级表对照即得出文物建筑的风险等级。

三、信息化技术在文物建筑火灾风险评估中的应用

由于火灾风险因素的多样性，在实际操作中火灾风险评估会耗费大量的人力物力。为了提高工作效率，可采用信息化手段降低人工成本，提高效率。

本文基于既有文物建筑结构现状、消防设施现状，运用火灾科学、系统安全理论及现行火灾风险评价技术，采用信息化技术建立了文物建筑防火评估系统。系统将文物建筑火灾风险评估指标体系分为文物建筑主体火灾风险和周边区域火灾风险两大方面；在两方面中，文物建筑主体火灾风险又分为火灾危险源评价系统、建筑防火评价系统和内部消防管理评价系统三部分，周边区域火灾风险又分为周边区域火灾危险源评价系统、周边区域消防条件及灭火救援能力评价系统和周边区域消防管理评价系统三个部分；上述六个部分再分成若干项，最后细分为 46 个要素，调研后对各要素进行评价分析。

评估系统利用 C 号语言基于 .net 平台开发客户端应用程序，利用 C 号 .net 技术将文物建筑火灾风险评估最终的 46 个要素融合到 B/S 架构中，通过 B/S 模式远程 Web 数据服务发布平台，实现在任何有互联网的地方都可以评估文物建筑的火灾风险，提高了评估的快速性、准确性。B/S 结构（Browser/Server，浏览器 / 服务器模式）是 Web 兴起后的一种网络结构模式，Web 浏览器是客户端最主要的应用软件。这种模式统一了客户端，将系统功能实现的核心部分集中到服务器上，简化了系统的开发、维护和使用。而服务器安装 SQL Server、Oracle、Mysql 等数据库，可对数据进行存储、计算。浏览器通过 Web Server 可与数据库进行数据交互。客户端只需安装浏览器（如 Internet Explorer）即可登录评估系

统进行包括打分和权重的操作，打分完毕，分值自动生成。图 4.11－2 至图 4.11－5 为文物建筑火灾评估系统的功能界面。

图 4.11－2　软件登录界面

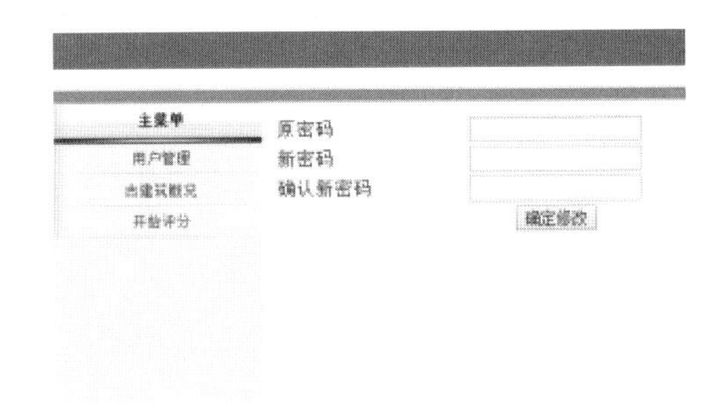

图 4.11－3　软件主菜单界面

图 4.11－4　古建筑概况填写界面

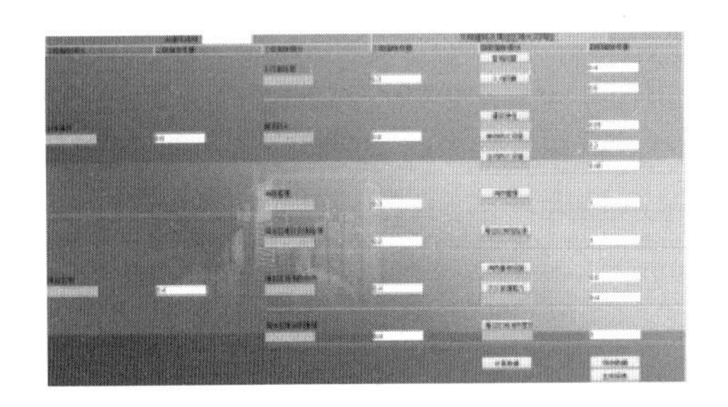

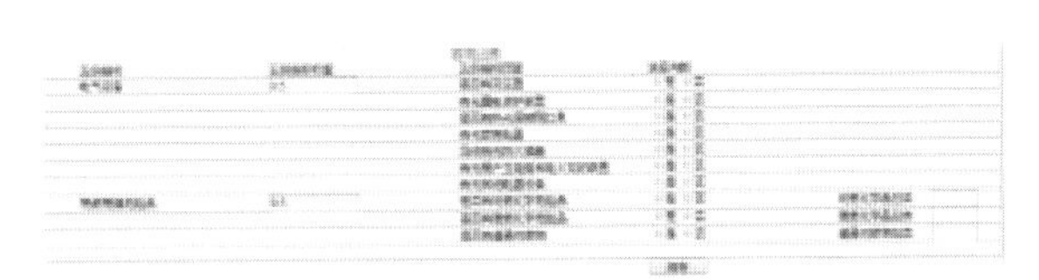

图 4.11－5　级指标的评估界面

其中，图 4.11－2 为文物建筑火灾评估软件的登录界面，用户只要在浏览器端登录以发布的网络地址，根据已拥有的账户权限即可以进入评估系统。主界面主要包括三部分：用户管理，古建筑概况，古建筑评分。用户可以在用户管理界面中进行登录密码的修改。图 4.11－4 用户可以在古建筑概况界面中填写古建筑的基本情况，这些情况将保存在服务器的数据库中，后期用来区分不同的文物建筑。图 4.11－5 为文物建筑的评估界面，通过评判所有文物建筑五级指标的真实情况，后台即可以计算出五级指标得分，再结合每个五级指标的权重，就可以算出四级指标得分。依次往上类推，最后即可以推算出文物建筑的评价得分。对比火灾风险等级对照表可得出文物建筑的风险等级，为之后文物建筑的消防问题的整改提供依据。

四、结论

火灾风险评估在文物建筑消防规划、设计及管理中具有重要作用，它有助于人们客观准确地认识文物建筑发生火灾的概率与危害，但在实际操作中往往耗费大量人力物力。本文将信息化技术应用到文物建筑的火灾风险评估中，通过编写文物建筑火灾风险评估软件，可有效降低评估过程的人力、物力，提高风险评估效率。

基金项目：国家科技支撑计划“城镇灾害防御与应急处置协同工作平台研究与应用示范”（2015BAK14B03）

参考文献

[1] 刘天生 . 国内木构古建筑消防安全策略分析 [D]. 同济大学硕士学位论文，2006.

[2] 李彦军 . 古建筑群消防规划特殊性研究 [J] . 消防技术与产品信息，2004 （ 12）：14 ～ 16.

[3] 徐彤，王建军 . 古建筑防火性能化评估方法基本框架研究 [J] . 消防技术与产品信息，2005.

[4] 范维澄 . 中国火灾科学基础研究概况 [J] . 中国公共安全 : 学术版，2005 （ 1 ）: 57－ 62.

[5] 李引擎 . 建筑防火安全设计手册 [M] . 郑州：河南科学技术出版社，1999.

[6] 李洋 . 砖木或木结构古建筑的消防设计探讨 [J] . 安徽建筑，2006 （ 4 ）: 24 ～ 25.

[7] 汤希木 . 安全疏散性能化消防设计初探 [J] . 消防科学与技术，2003 （ 1 ）: 27 ～ 28.

[8] 霍然，袁宏永 . 性能化建筑防火分析与设计 [M] . 合肥：安徽科学技术出版社，2003.

[9] 陈岩 . 古建筑火灾及预防安全 [J] . 2006，27 (4) : 54 ～ 56.

[10] 百度图库

12. 人群密集场所防止踩踏预警和疏散技术研究——以 2015 年北京地坛庙会为例

刘栋栋　周京京　李思雨
北京建筑大学，北京，100044

引言

经济社会的不断发展，城市化进程的加快，商贸活动的日益繁荣，导致人群密集场所发生踩踏事故的风险进一步增大，人群密集场所安全管理难度也随之增加。传统的人群密集场所管理主要采用人力或视频监控的方式，然而对于存在多种立体交叉步行设施，内部分布复杂的人群密集区域，实时全面监控具有很大的实施难度。传统的现场监控仅能起到报警处置的作用，缺少对人群聚集风险的预测预警，难以实现"关口前移"的目标。因此，利用手机定位安全技术，建立人群聚集风险监测与预警系统，及时对行人的聚集状态进行判断，进而对可能引发危险事件的行为进行控制，显得尤为必要。

目前手机网络定位理论已比较成熟，通过收集手机网络定位数据及结合路径匹配算法，可以获得手机使用者的出行轨迹，包括出行时间、平均速度、出行距离信息。充分利用 Internet 技术、数据库技术、GIS 技术，可以实现对城市各类重点防护目标、危险源以及突发事件数据的收集分析，及时和有效地调集各种资源，实施应急措施，为应急指挥提供辅助决策，以减少突发事件对居民健康、财产和生命安全造成威胁，完善政府对公共突发事件的应急反应机制，为城市构建一张全面的应急预警和处理"安全网"。

基于手机定位的交通信息采集技术得到了国内外许多科研机构和技术公司的普遍关注，并逐步成为国内外研究的热点前沿。国外手机定位技术发展相对成熟，较早开展了应用手机定位技术进行交通信息采集的研究，如 INRETS 于 2000 年率先开展了基于手机定位的交通信息采集技术仿真试验研究[1]。目前国内基于手机定位技术应用于交通信息采集的研究资源较为分散，且主要侧重在理论方面，如交通出行特征研究[2][3]、灾害搜救[4][5]等方面。

本文针对 2015 年北京地坛庙会人群密集场所防止拥挤踩踏事故的发生，首次在北京地坛庙会通过手机定位的相关技术，对人群密集场所实地调查分析，根据人群密度实测数据校正手机定位数据误差，可进行实时数据分析和分级预报预警。并对特殊场所进行了安全疏散数值仿真分析，提出了疏导人群的建议，制定出一套适用于人群密集场所的防止踩踏预报预警机制。

一、基于移动手机定位技术的人群密集预警

1. 移动手机定位数据校正

现有的人群数量统计技术，无论是视频识别还是手机定位等，由于技术本身的原因，

统计的数据与实际数据总会存在一些偏差。而实际人流量的大小对人群密集风险的监测及预测的成功与否起着举足轻重的作用，因此需要对地坛庙会人流量进行现场实测。通过实测统计地坛庙会各时间段人流量及人流密度，对移动手机定位人流量数据进行校正。

实测时间为 2015 年 2 月 18 日（大年三十），实测地点为地坛公园西天门至牌楼。将地坛公园西天门至牌楼分为区段 1 和区段 2，分组统计实际游客人数，每 15min 随人流计数一次。实测与移动手机定位人员统计如图 4.12-1 所示。

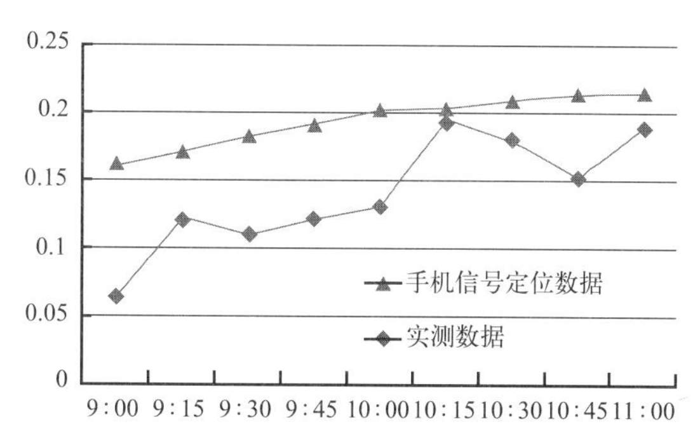

图 4.12-1　人员密度实测与手机定位数据统计图

目前，移动公司提供的手机定位用户数据为每 15min 某个区域的用户密度，记为 P_m；现场实测人群密度记为 P_u；移动公司手机用户数与实测人群密度之比记为 f。根据计算可得，$f = P_m/P_u = 1.39$。

2. 预警机制

每逢重大节假日，公园等一些公共场所人员拥挤，预警大多情况下是凭经验，作出临时的判断。对于人群密集到何程度就该提出预警的问题，复旦大学博士后卢春霞通过研究，提出了预警界限为 0.75m²/ 人。法国保尔·萨巴蒂大学学者梅迪·梅萨德和同事通过实验证明，当人与人的距离很近时，个人会缺乏意志无法自控。因此，需要对人员密集程度进行分类，并进行分级预警，根据预警级别确定整个场地疏散弱点，制定合理的疏散计划。

目前对人群密集预警级别分类并没有明确的标准。《北京市突发事件预警信息发布管理暂行办法》[6] 按照突发事件可能造成的危害程度、紧急程度和发展态势，预警信息级别分为一级、二级、三级和四级，分别用红色、橙色、黄色和蓝色标示，一级为最高级。

对公园内两个典型区域进行了人员预警调查，并将地坛人员密度进行了等级划分，并根据密度计算出了两个区域内不同预警等级的人员总数，统计结果见表 4.12-1。

人员密度预警级别分类　　表 4.12-1

级别	移动手机定位密度 Dm	一区移动手机定位人数	二区移动手机定位人数	描述	措施
一级	≥ 1.39	≥ 5936	≥ 6516	极度拥挤	红色预警
二级	[1.04，1.39)	[4442，5936)	[4876，6516)	非常拥挤	橙色预警
三级	[0.83，1.04)	[3545，4442)	[3891，4876)	比较拥挤	黄色预警
四级	[0.556，0.83)	[2392，3545)	[2625，3891)	一般拥挤	蓝色预警

3. 地坛人群密度预报预警

地坛庙会在 2 月 18 日（大年三十）开始到 2 月 25 日（正月初七）结束，每天客流量从 9 点开始到下午 5 点均处于密集状态，而从 10 点开始到下午 2 点迎来了客流的最高峰。

由手机信号定位统计的各个时段的人员总数和其所处的人员预警级别如图 4.12－2 所示。

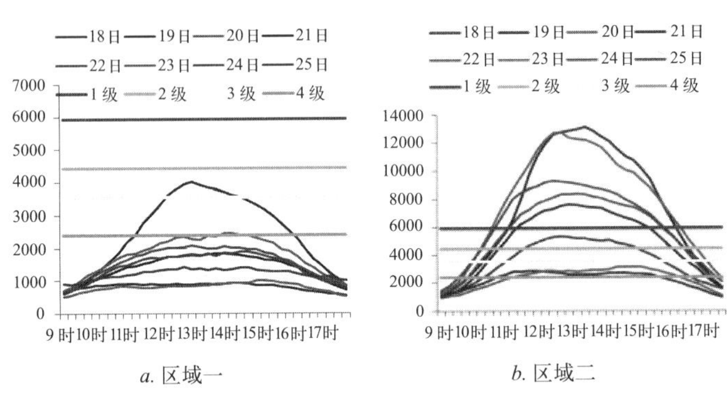

a. 区域一　　*b.* 区域二

图 4.12－2　移动手机定位人员数量变化曲线

由图中可知，区域一内人数高峰出现在 19 日，该日从上午 11 时开始进入人员预警状态，并一直持续至下午 16 时左右才结束。其中 12 时至 15 时这一时间段内更是超过了三级黄色预警，接近二级橙色预警状态。其余几天人数较少，只有个别天在午时高峰时段达到了四级蓝色预警，整体情况良好。

对比区域一，区域二内的人数显然要增加不少。各日整体走势相近，均是在统计伊始呈现快速上升的趋势，在 12 时至 14 时达到顶峰，从 14 时开始人员逐渐减少。除 18、19、20 三日外，每天均有人数超过一级预警级别的时间段存在，持续时间 4 ～ 6h 不等，达到了极度拥挤的状态，非常不利于人员疏散安全。

4. 利用移动手机定位进行实时监控

目前，移动公司提供的手机用户原始数据是以 Excel 文件提供的。用户原始数据包含的是某个时段某个区域的用户流量，并不能提供人员密度，并且不能够按照所划分的人员密度预警级别表明某个时间段的预警信息。因此，为了能够即时快速地处理移动手机定位用户原始数据，直观呈现某时段某区域的人员流量和人员密度以及当前的预警信息，实施人群密集预警监控，及时有效对应急指挥提供辅助决策，本文开发了人群聚集风险监测及预警信息处理系统。

本系统的主要功能包括以下几个部分：

（1）读取手机定位用户原始数据。使用文件流的方式读取用户原始数据文件，读取的信息存放在内存中。

（2）手机定位用户原始数据的预处理。使用 Poi 控件对原始数据进行预处理，包括对数据的格式、冗余数据信息等进行处理。

（3）计算不同区域不同时间段的人员密度。根据区域面积、时间信息等计算人员密度。

（4）划分不同区域不同时间段的预警级别。根据人员密度预警级别分类，分别计算不同区域不同时间段的预警信息，包括红色预警、橙色预警、黄色预警、蓝色预警。

（5）计算不同区域的最大人员密度。根据区域信息，以及不同时间段的人员密度信息，计算出当前最大人员密度。

（6）生成监测与预警信息报告。生成监测与预警信息表格，设置不同单元格的字体、边框、背景、数值类型等信息，最后生成监测与预警信息报告。

系统启动运行步骤为：

（1）启动命令提示符。

（2）进入程序当前目录中。

（3）运行命令 Java Emergency filename regionFlag。其中：filename 表示准备处理的手机定位用户原始数据文件；regionFlag 表示所划分区域标记；1 代表区域一，2 代表区域二。

（4）划分不同区域不同时间段的预警级别。根据人员密度预警级别分类，分别计算不同区域不同时间段的预警信息，包括红色预警、橙色预警、黄色预警、蓝色预警。

（5）系统运行中出现如图 4.12–3 内容，表明运行成功。

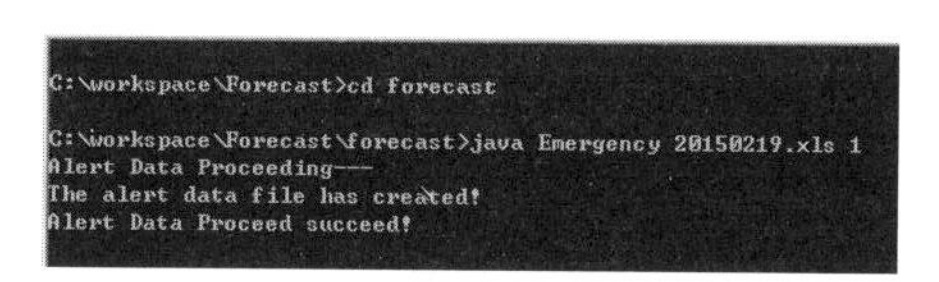

图 4.12–3　人群聚集风险监测及预警信息处理系统

（6）在程序当前目录中，生成监测与预警信息报告文件 output.xls。

二、拜台疏散研究

北京地坛公园是中国现存的最大的祭地之坛。每年的腊月三十到正月初七期间举办庙会，为期八天。庙会期间，每日上午 10：00 ～ 10：30 都会在拜台举行祭祀表演活动，场面十分浩大，人员更为密集。为了避免人员拥堵造成踩踏事故，有必要对人群密集场所进行安全疏散研究。

1. 拜台疏散模型的基本参数

根据地坛公园提供的 CAD 数据，本文利用 LEGION 软件建立了拜台的疏散模型。拜台为上下两层的建筑，面积共 17610m^2，划分 1 ～ 9 共 9 个不同的区域，如图 4.12–4 所示，进行了人员密度的参数设置。由于区域 9 是祭祀表演区，因此不参与模拟游客人员密度的改变。拜台疏散门的宽度和编号见表 4.12–2。各区 LEGION 软件模拟参数见表 4.12–3。

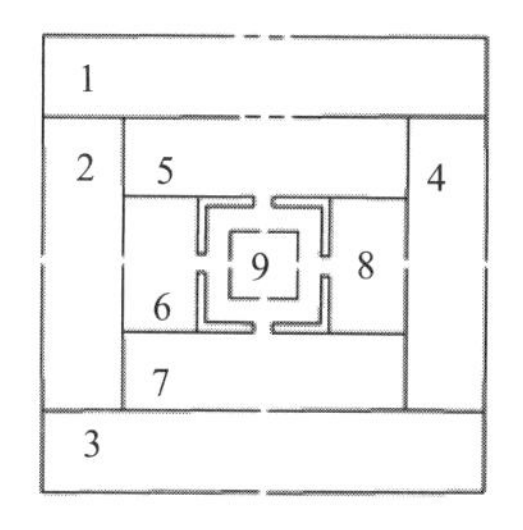

图 4.12–4　地坛拜台疏散分区图

拜台基本数据　　表 4.12–2

	门编号	门宽（m）
北侧门（西至东）	1	3.43
	2	2.96
	3	2.77
西侧门	4	3.04
东侧门	5	2.39
南侧门	6	2.59

LEGION 疏散模拟参数　　表 4.12–3

区域	面积	人员基本情况	
		行走速度标准	是否熟悉地形
1	3110	中国游客	否
2	2054	中国游客	否
3	3130	中国游客	否
4	2009	中国游客	否
5	1993	中国游客	否
6	896	中国游客	否
7	1932	中国游客	否
8	914	中国游客	否
9	200	中国通勤人员	是

2. 模型建立

首先，按照每平方米 1 人布置疏散人数，指定人群疏散方向为最近出口，建立了疏散模型 S–1，经过计算得到，疏散时间为 12ˈ34ˈˈ。其中东南两口疏散最慢，拖延整体疏散时间 1ˈ14ˈˈ。说明此种疏散方式未能达到最优的疏散效果。

为了优化模型，减少疏散时间，建立了模型 S–2，在各个门之间设置了栅栏，以减少东、南两个方向的疏散人数，将大部分人流向出口较多的北向疏导，经过多次试验，最终得到了最优化方案，将栅栏设在距拜台西南角偏东 12m 处以及距拜台东北角和西北角偏南 30m 处，具体布置位置如图 4.12–5 所示。

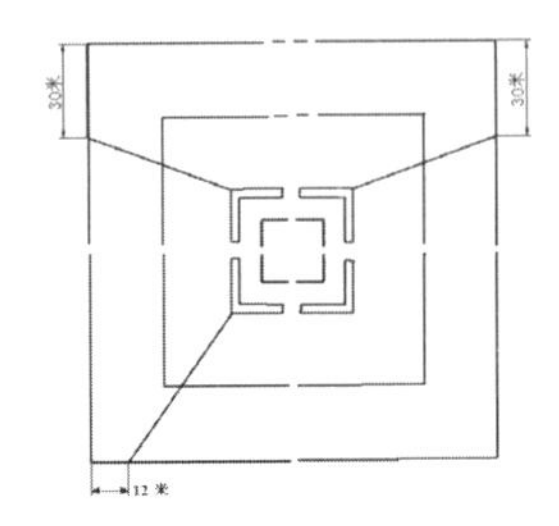

图 4.12–5　栅栏设置位置示意图

经过计算，得到疏散时间为 11'52"，缩短了 42s。四个方向的出口基本上能够在同一时间疏散完毕，疏散效果良好。

为了对比人员密度对疏散时间的影响，在模型 S–1 的基础上，建立了模型 S–3，将人员密度调整至每平方米 2 人。计算得到疏散时间为 23'18"，与模型 S–1 相比提高了将近 90%。因此控制拜台人群密度是重要的疏散安全防范措施之一。

三个模型疏散第 10min 时人员密度热力分布如图 4.42–6 所示。

模型 S–3 设置栅栏后，疏散时间缩短了 67s，疏散速度提升了 4.6%。表明栅栏作为疏导分界线的策略，安排疏散疏导人员，也能够提高疏散效率。

各疏散模型统计表见表 4.12–4。

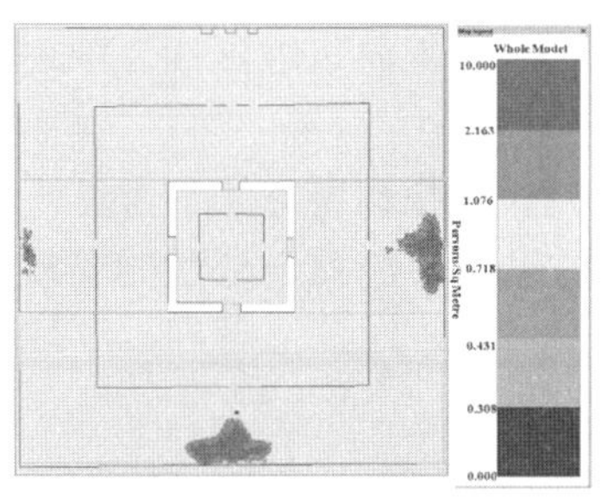

a. 模型 S–1

b. 模型 S–2

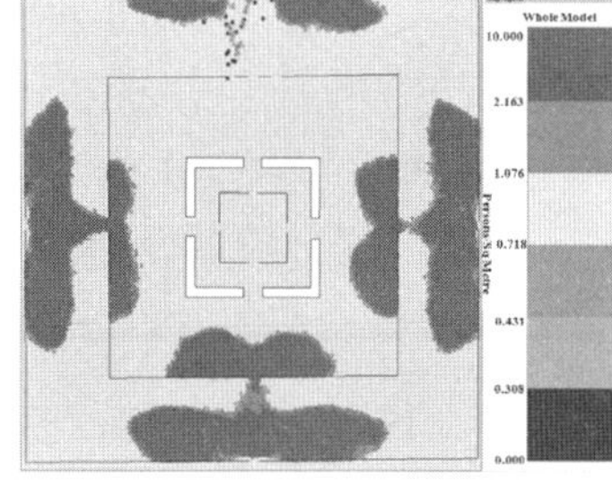

c. 模型 S–3

图 4.12–6　第 10min 人员密度热力分布图

疏散模型统计表　　　　**表 4.12–4**

模型编号	人员密度（P /m²）	疏散方向	疏散时间	时间增减比率
S–1	1	最近出口	12'34"	/
S–2	1	栅栏疏导	11'52"	–5.6%
S–3	2	最近出口	23'18"	+85.4%

3. 拜台疏散建议措施

通过对人群密度为 1 人 /m² 和 2 人 /m² 的疏散数值模拟发现，疏散最快的方向是拜台北侧，其次是南侧、东侧和西侧。应引导游客从疏散较快的北门方向进行疏散。拜台北门外是一个小广场，且距离地坛东门较近，比较适宜应急疏散。对于东西两侧门而言，模拟疏散较慢，尤其是拜台东门，由于门距只有 2.39m，为所有出口中最小的，疏散不便。当发生紧急情况时，人员多选择就近出口疏散，容易造成北门疏散完毕后其他三门仍存在拥挤现象，使得整体疏散时间增长。

在适当的位置设置栅栏，可使更多的人员从北门进行疏散，使四个出口的人员数量分配均匀。栅栏可设置滑动门，平时开启不妨碍游客参观，当疏散时关闭，组织人群更有效地进行疏散。

运用 Legion 安全疏散仿真分析可知，在人员密集情况下，地坛拜台的疏散过程较为困难，疏散时间缓慢。因此在拜台可以采取如下疏散建设措施：

（1）控制拜台人员密度 2 ～ 3 人 /m² 为宜；

（2）设置铁栅栏或安排疏导人员，以便进行有组织的疏散；

（3）适当减少紧邻拜台东西门的商户，扩大疏散通道；

（4）开展应急预案演习。通过演习可以进一步完成应急预案，提高救援效率，使工作人员熟练疏散引导流程。

三、结论与展望

本文首次采用手机定位技术对 2015 年北京地坛春节庙会进行了人群密集风险预警研究，将手机移动数据与建筑防灾有机结合，借助网络数据手段提升了传统实测调研的可靠性，为高密度人群预防踩踏预警机制提供了有效的参考。并针对拜台进行了安全疏散分析。研究成果能够在南锣鼓巷、后海等北京地标性景点、大型商圈等区域进行推广应用。本文的研究取得以下主要结论：

1. 建立了基于移动手机定位的分级实时预报预警机制，在 2015 年北京地坛庙会中运行良好。

2. 实测获得移动手机定位数据的校正系数，可为移动手机定位预报预警方法参考。

3. 通过安全疏散分析，找出拜台疏散时间拖延的原因，提出了改进安全疏散的管理措施。

参考文献

[1] Ygnaee J L，Remy J G，Bosseboeuf J L，etal.Travel time estimates on Phone corridor network using cellular Phones as Probes:Phasel. Technology assessment and preliminary results[R].France: INRETS，2000

[2] 毛晓汶 . 基于手机信令技术的区域交通出行特征研究 [R]. 重庆交通大学硕士论文，2014.

[3] 陈川 . 基于手机轨迹数据的用户出行及停驻点识别系统研究 [R]. 北京工业大学硕士论文，2014.

[4] 何寿清，王挺 . 基于手机定位服务的地震灾情速报和搜救技术探讨 [J] . 华南地震，2012（12）：67 ～ 74.

[5] 江汇，金飞，姚承宗，何志聪，邓兴国 . 基于手机探测定位救灾系统的设计与研究 [R] . 电子设计工程，2011（12）：35 ～ 37.

[6] 北京市应急办 . 北京市突发事件预警信息发布管理暂行办法，北京，2013.3.

[7] 龚永罡，陈昕 . Java 程序设计基础教程 [M]. 北京：清华大学出版社，2009.7.

[8] 李引擎，刘栋栋 . 多层综合交通枢纽防灾设计 [M]. 北京：中国建筑工业出版社，2010.

[9] 张远青，刘栋栋，曾杰 . 北京南站高架层人员安全疏散 [J]. 北京建筑工程学院学报，2012（2）:6 ～ 11.

[10] 刘栋栋，刘金亮，张远青 . 基于从众心理影响的交通枢纽人员疏散 [J]. 消防科学与技术，2011（10）：889 ～ 892.

[11] 李思雨，周茜，刘栋栋，古建筑群人员安全疏散分析研究 [J] . 工程抗震与加固增刊，2014，84 ～ 90.

[12] 甘勇华，陈先龙，宋程，林圣康 . 基于 Legion 的大型活动人流交通仿真 [J]. 交通信息与安全，2012（1）：30 ～ 33.

13. 双柱悬索拉线塔塔线体系风洞试验研究

李正良[1]　施菁华[2]
1. 重庆大学土木工程学院，重庆，400045
2. 华北电力设计院工程有限公司，北京，100120

20 世纪 50 年代，White[1] 首先提出拉线和受压格构式柱联合受力的结构体系，并成功用于输电线路跨越峡谷和偏远贫瘠地区架设。之后，国外学者对拉线塔塔线体系进行了诸多研究。Robeto H Behnckere[2] 阐述了了双柱悬索拉线塔设计、施工和运行过程，并总结了悬索拉线塔与自立式塔的优缺点。Leon Kempner[3] 对双柱悬索拉线塔塔线体系模态和动力响应进行了理论分析和物理实验，指出在高频区域，拉线塔趋向于发生“子导线震荡”。Kahla[4, 5] 针对拉线塔拉线突然断线问题进行了一系列详细研究。

随着我国特高压输电线路工程的深化，高压双柱悬索拉线塔凭借耗材少、易于施工等优点逐渐进入工程设计人员的视野。然而高压双柱悬索拉线塔占地范围大，国内没有工程先例，国内学者对该结构形式的研究也几乎处于空白状态。为深入了解双柱悬索拉线塔风致振动特性，首次进行了双柱悬索拉线塔单塔和塔线体系的气动弹性模型风洞试验。试验双柱悬索拉线塔原型高 54m，六分裂导线水平档距 480m，设计风速 33m/s。

一、风洞试验概况

试验在西南交通大学 XNJD－3 号风洞中进行。试验段长 36m，宽 22.5m，高 4.5m。根据实际工程提供的场地资料，采用粗糙元和尖塔等被动措施，在实验室中模拟了缩尺比 1 ： 30 的 B 类大气边界层风场。模型测试位置平均风速剖面和湍流度剖面如图 4.13－1 所示。

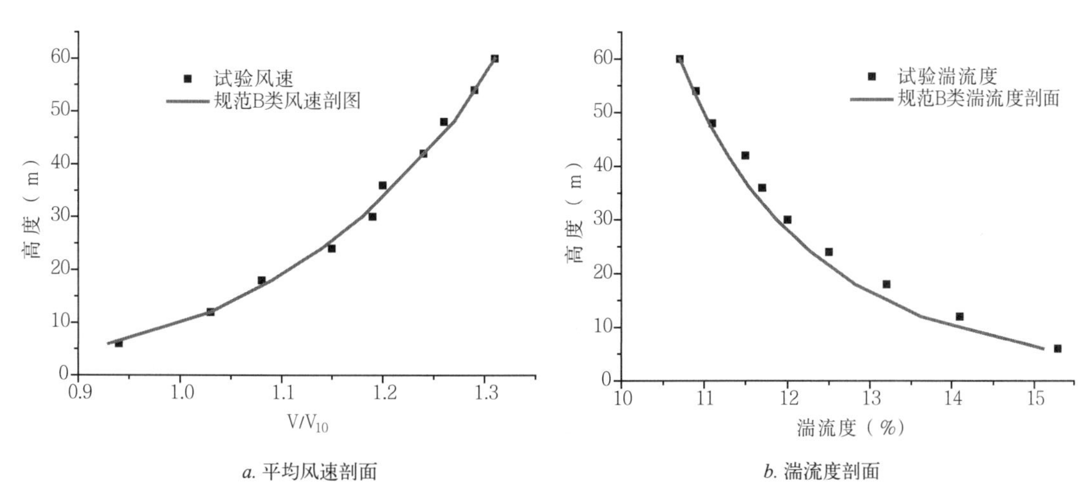

a. 平均风速剖面　　*b.* 湍流度剖面

图 4.13－1　平均风速剖面和湍流度剖面

1. 气弹性模型制作

国内外学者采用气动弹性模型风洞试验方法对特高压输电塔线体系进行了大量研究[6~9]。综合考虑气弹性模型相似准则，以及塔线体系原型和 XNJD–3 试验段尺寸，确定双柱悬索拉线塔模型几何比例尺 1∶30。根据 Davenport 缩聚理论，导线长度缩尺比为 1∶60。模型主要参数相似比见表 4.13–1。

模型主要参数相似比　　表 4.13–1

相似比名称	相似比	相似比名称	
几何比	1∶30	质量比	1∶900
风速比	1∶5.48	拉伸刚度比	1∶27000
频率比	5.48∶1	弯曲刚度比	1∶24300000
密度比	1	结构阻尼比	1

2. 测点布置和试验工况

图 4.13–2　双柱悬索拉线塔线体系气动弹性模型

试验约定 0° 风向对应于来流垂直于导线的情况，90° 风向对应于来流平行于导线的情况。试验测试了 0°、30°、45°、60° 和 90° 风向角工况，风洞中的模型如图 4.13–2 所示。风速级数变化为 3m/s、3.5m/s、4m/s、4.5m/s、5m/s、5.5m/s、6m/s、6.5m/s、7m/s。各试验工况针对单塔和塔线体系分别进行。

试验时，在 4 根拉线上各自布置应变传感器测试拉力。在 0° 风向角下迎风侧立柱中部布置 2 个加速度传感器，分别测试塔身顺风向和横风向加速度。因拉线塔立柱底部铰接，立柱底部反力没有弯矩。每根立柱底部放置三分量高频动态天平，测试立柱基地反力。试验所有信号的采样频率均为 256Hz。0° 风向时，测点位置与测点编号对应关系见表 4.13–2。

试验测试位置与测点编号对应关系　　表 4.13-2

测点项目	编号	测点项目	编号
迎风侧左边拉线	D1	迎风侧立柱顺风向加速度	A5
迎风侧右边拉线	D2	迎风侧立柱横风向加速度	A6
背风侧左边拉线	D3	迎风侧立柱底部反力	F7
背风侧右边拉线	D4	背风侧立柱底部反力	F8

二、试验结果分析及讨论

1. 塔身加速度响应

图 4.13-3 给出了塔线体系立柱顺风向、横风向加速度响应均方根随试验风速和风向角的变化情况。塔身顺风向和横风向加速度均方根均随试验风速的增加均单调递增。设计风速（相当于试验风速 6m/s）以内，顺、横风向加速度均方根均在 0° 风向角工况时最大。超越设计风速时，横风向加速度均方根在 45° 风向角下急剧增大。塔身顺风向振动受风向角的影响明显大于横风向。

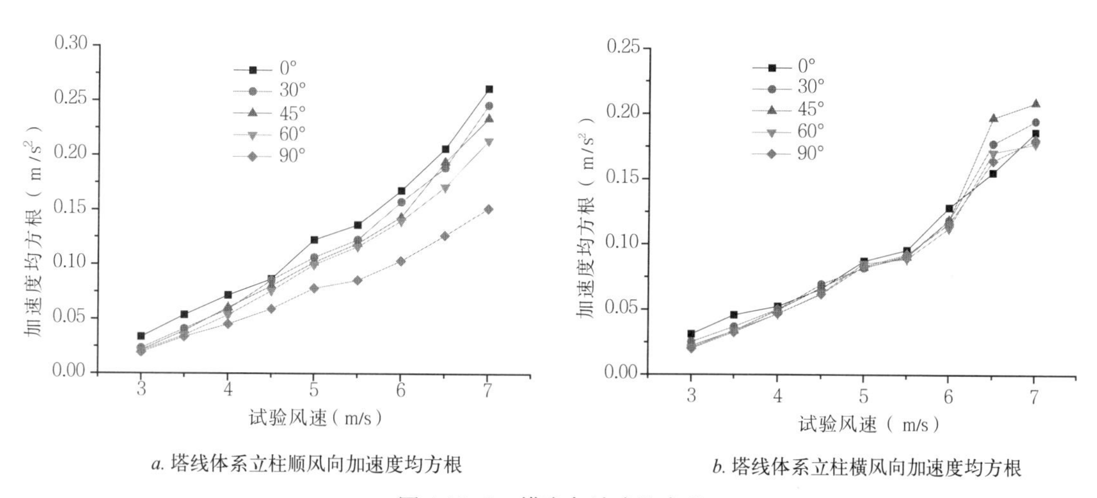

a. 塔线体系立柱顺风向加速度均方根　　*b.* 塔线体系立柱横风向加速度均方根

图 4.13-3　塔身加速度均方根

设计风速以内，单塔和塔线体系塔身横风向加速度均方根几乎不随风向角的变化而变化，加速度均方根可以通过来流风速进行估计。式（1）、式（2）针对单塔和塔线体系，分别给出与试验数据相符的立柱横风向加速度均方根的估计公式。

$$a_{\mathrm{crsm}} = -0.029 + 0.0065v + 0.0045v^2 \tag{1}$$

$$a_{\mathrm{crsm}} = -0.029 + 0.011v + 0.0021v^2 \tag{2}$$

由上式可知，随着试验风速的增加，塔线体系横风向加速度均方根增大的幅度小于单塔工况。这主要是由于挂上导线后，拉线张紧，一定程度上增大了体系刚度。

2. 拉线拉力响应

塔线体型拉线拉力均值变化规律与单塔大致相同。区别在于，塔线体系受导线影响，拉线拉力随风向角的改变幅度大于单塔工况。限于篇幅，图 4.13–4 为仅给出单塔时，拉线拉力均值随风向角和试验风速的变化情况。0 ~ 90° 范围内，D2 拉线始终在迎风侧，而 D3 拉线始终处于背风侧。故 D2 拉线拉力在所有风向角工况下均随试验风速的增加而增大，而 D3 拉线拉力随试验风速的增加而减小。随着风向角从 0° 改变到 90° ，D1 拉线开始位于迎风侧，之后转向背风面。D4 拉线开始处于背风侧，而后转向迎风侧。因而 D1 拉线拉力先随试验风速的增加而增大，而后随试验风速的增加而减小，D4 拉线拉力变化规律则刚好相反。60° 风向角时，拉线拉力均值随试验风速的增加基本不变。总体来讲，迎风侧拉线拉力随试验风速的增加单调递增，而背风侧拉线单调递减。拉线拉力最大值出现在来流风向为 60° 时，拉线设计应重点考虑此风向角工况下是否存在断线问题。

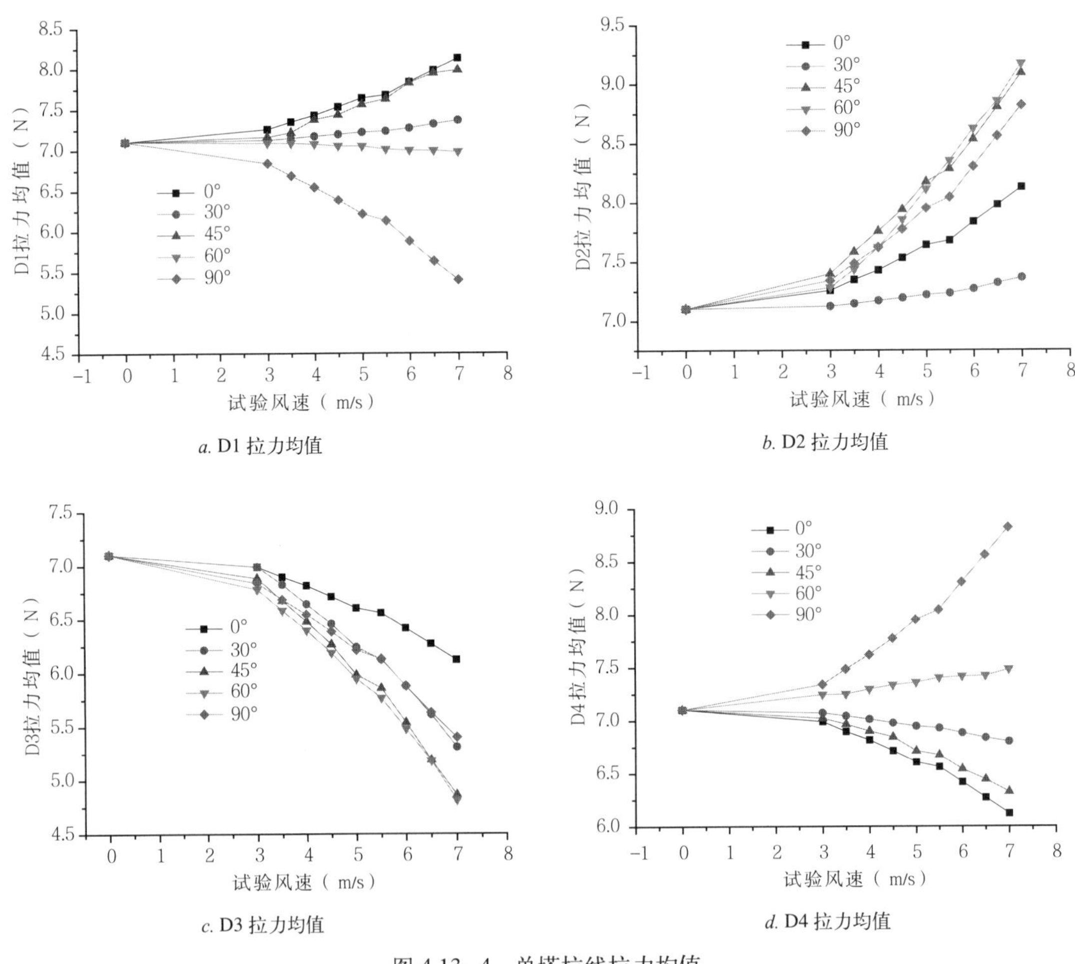

图 4.13–4　单塔拉线拉力均值

3. 立柱底部竖向反力响应

图 4.13–5 给出了单塔和塔线体型立柱基地竖向反力均值沿风向角和试验风速的变化情况。单塔试验中，F8 立柱在 0 ~ 60° 范围内位于背风侧或斜风侧，立柱竖向反力均值随试验风速的增加而减小。风向角从 0° 改变到 60° 的过程中，这种减小的幅度越来越小。90° 风向角下，F8 立柱位于迎风侧，竖向反力均值随试验风速的增加而增大。F7 立柱在

试验风向角范围内始终位于迎风侧，因而立柱竖向反力始终随试验风速的增加而增大。F8立柱竖向反力在90° 工况时达到最大，F7立柱最大竖向反力出现在0° 风向角下。

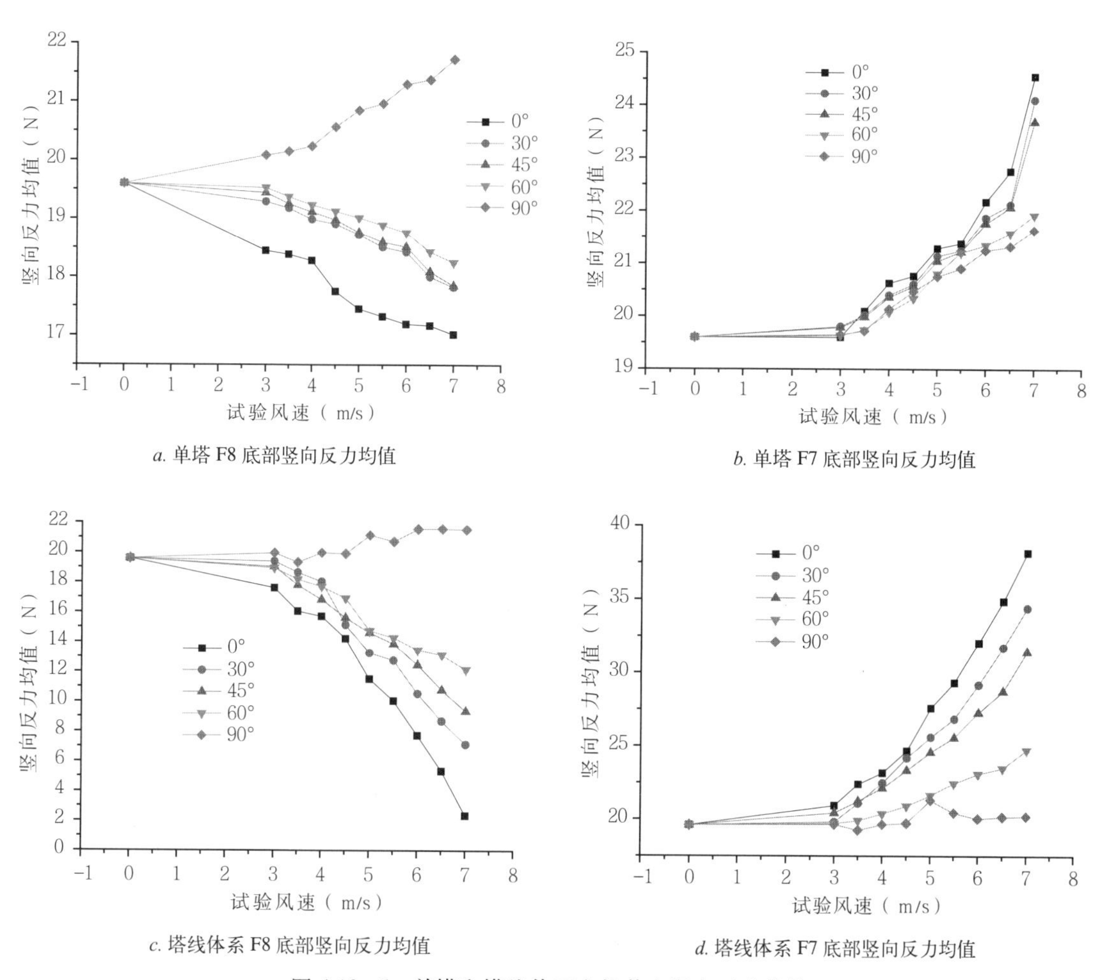

a. 单塔 F8 底部竖向反力均值

b. 单塔 F7 底部竖向反力均值

c. 塔线体系 F8 底部竖向反力均值

d. 塔线体系 F7 底部竖向反力均值

图 4.13-5　单塔和塔线体系立柱基底竖向反力均值

塔线体系立柱竖向反力均值与单塔相比，规律基本相同。只是由于导线的影响，塔线体系立柱竖向反力均值随风向角的变化的幅度显著高于单塔试验。值得注意的是，在来流平行于导线的90° 风向角工况时，立柱竖向反力均值基本不随试验风速的增加而增大。这主要是因为此风向角下，导线上风力明显低于其他风向角工况，而立柱自身所受风力要显著的小于导线所受的风力，故而立柱自身所受风荷载的增加仅能略微的改变体系底部竖向反力。

三、结论

1. 立柱横风向加速度响应与顺风向相当。设计时，应同时考虑两个方向的振动。在各风向角工况下，横风向与顺风向加速度均方根随来流速度的增加呈单调递增趋势。

2. 立柱横风向加速度均方根几乎不随风向的改变而变化。在设计风速范围内，横风向加速度均方根随来流平均风速的递增关系接近于二次函数关系，本文给出了立柱横风向加速度均方根估计关系。

3. 迎风侧拉线随试验风速的增加单调递增，而背风侧拉线单调递减。60° 风向角下，拉线拉力达到最大值，工程设计时应重点关注此时是否存在断线问题。

4. 设计风速以内，立柱加速度响应最大值出现在 0° 工况。超越设计风速时，立柱横风向加速均方根在 45° 工况时迅速增大。

5. 塔线体系底部竖向反力最大值出现在 0° 工况下。应重点关注此风向角工况下拉线塔塔身稳定问题，防止立柱失稳破坏。

6. 单塔和塔线体系对应响应随风向角和试验风速的变化趋势相同。塔线体系受导线的影响，测试信号随风向角的变化幅度高于单塔工况。

7. 综合立柱加速度、拉线拉力和立柱底部竖向反力响应，建议 0°、45° 和 60° 为工程设计较不利工况。

参考文献

[1] White, H B. Cross Suspension System–Kemano Kitimat Transmission Line [J]. Engineering Journal, 1956, 39（7）:901 ~ 926.

[2] Roberto H.Behncke, H.Brain White. The cross rope suspension structure [J]. Electrical Transmission in a New Age. 2002, 259 ~ 267.

[3] Leon Kempner, Jr, Strether Smith.Cross–rope Transmission Tower–line Dynamic Analysis [J]. Journal of Structural Engineering ASCE, 1984, 110（6）:1321 ~ 1335.

[4] Nabil Ben Kahla. Nonlinear dynamic response of a guyed tower to a sudden guy rupture. Engineering Structures, 1997, 19（11）: 879 ~ 890.

[5] Nabil Ben Kahla.Response of a guyed tower to a guy ruptures under no wind pressure [J]. Engineering Structures, 2000, 22（6）:699 ~ 706.

[6] 李正良，肖正直，韩枫等 .1000kV 汉江大跨越特高压输电塔线体系气动弹性模型的设计与风洞试验 [J]. 电网技术，2008，32（12）:1 ~ 5.

[7] 肖正直，李正良，汪之松等 .1000kV 汉江大跨越塔线体系风洞实验与风振响应分析 [J]. 中国电机工程学报，2009，29（34）:84 ~ 89.

[8] 赵桂峰，谢强，梁枢果等 . 高压输电塔线体系抗风设计风洞试验研究 [J]. 高电压技术，2009，35（5）:1206 ~ 1213.

[9] 邓洪洲，朱松晔，陈晓明等 . 大跨越输电塔线体系气弹模型风洞试验 [J]. 同济大学学报，2003，31（2）：132 ~ 137.

14. 模糊数学评价法在化工园区应急能力评价中的应用

杨继星
国家安全生产监督管理总局通信信息中心，北京，100013

引言

从 2010 年起，我国危险化学品生产、储存建设项目必须在依法规划的专门区域内建设。化工园区的建设可以实现项目、资金、人才、技术的聚集效应和集约化经营的优越性，同时具有降低基础设施成本、刺激地区经济发展、促进企业生产的规范化、有序化等重要作用[1]。但是化工园区内涉及诸多易燃易爆、有毒有害物质，且重大危险源及危险装置集中，一旦失控，将发生严重的化学事故。

经验和教训表明，通过制定相应的应急预案，采取有效的应急措施，可极大地减少人员伤亡、财产损失和环境破坏。因此，如何在化工园区发生事故时进行高效的应急救援行动，如何提高化工园区应急能力就显得尤为重要[2]。

由于化工园区应急能力评价中存在权重性的特点，即应急能力的各层次，各因素有着权数大小之别[3]；其次，化工园区应急能力评价具有综合性的特点，即在考虑权重不同的各因素的基础上，要综合地作出评价。而模糊数学中的隶属度概念则可满足于模糊性的特点，又有模糊数学的模糊变换方法则可对应于权重性和综合性的特点。所以，本文采用模糊数学评价法对化工园区应急能力进行分析和评价[4]。

一、模糊数学评价方法介绍

模糊综合评价法是对受多种因素影响的事物做出全面评价的一种十分有效的多因素决策方法，其特点是评价结果不是绝对地肯定或否定，而是以一个模糊集合来表示[5]。

1. 模糊数学评价方法的基础

综合评价模糊数学模型的建立如下：

（1）确立系统的综合评价集合 U：

$U=\{u_1，u_2，\cdots，u_n\}$

（2）确立系统综合评价的评语集 V：

$V=\{v_1，v_2，\cdots，v_n\}$

（3）对 集合中各因素确定其因素重要度 A：

$V=\{a_1，a_2，\cdots，a_n\}$

（4）由 U、V 之间关系得出评价矩阵 R：对 U 中 u_i 作单因素评判，从因数 u_i 来确定评语集 V_j（j=1，2，…，m）的隶属度 r_{ij}，这样就得到一个 u_i 的单因素评价集 $R_i=\{r_{i1}，r_{i2}，\cdots，r_{im}\}$；$U$ 中所有因数的评价集为矩阵 R。

（5）得到系统综合评价矩阵 B：

$B=A\cdot R=\{b_1，b_2，\cdots，b_m\}$

2. 系统综合评价总得分

综合因素评价矩阵表明了系统的安全状况按 5 个等级评价时所得结果的分布，如对各种级别都按百分制给分（表 4.14–1），可求得系统的总得分 $f=e_1b_1+e_2b_2+e_3b_3+e_4b_4+e_5b_5$。

系统等分评价表　　表 4.14–1

分数 e	95	80	65	45	30
等级	好	较好	中	较差	差

根据系统的总得分由表 4.14–2 可知系统综合评价的等级。

模糊数学综合评价系统等级表　　表 4.14–2

系统综合得分	>90	80 ~ 89	60 ~ 79	40 ~ 59	<40
等级	好	较好	中	较差	差

二、化工园区应急能力评价指标体系的建立

指标体系是描述和评价某种事物的可量度参数的集合，选择有效的评价指标，构建一套比较合理、完整、可行的化工园区应急能力的评价指标体系，是正确评价化工园区应急能力建设情况的前提和基础。指标体系的设置是否科学合理，直接关系到化工园区应急能力评价的准确度和可信度[4]。

确定指标权重。在同一评价体系，不同的权重系数会导致截然不同或甚至相反的评价结论，因此，合理确定权重对评价结果有着重要意义[6]。本体系的权重值是采用层次分析法计算得来的。化学工业园区应急能力评价指标及权重值见表 4.14–3。

化学工业园区应急能力评价指标及权重值表　　表 4.14–3

一级指标	二级指标体系		三级指标体系	
	指标	权重值	指标	权重值
化工园区应急能力评级指标	危险识别控制能力	0.15	危险有害辨识分析	0.19
			风险分析与评价	0.07
			风险控制	0.22
			监测与预警	0.52
	预防与应急准备能力	0.22	应急预案	0.28
			人员培训教育与队伍建设	0.06
			应急演练与评估	0.15
			机构与职责	0.38
			配套管理制度	0.13
	应急处置与救援能力	0.40	指挥与协调	0.32
			评估研判	0.18

续表

一级指标	二级指标体系		三级指标体系	
	指标	权重值	指标	权重值
化工园区应急能力评级指标	应急处置与救援能力	0.40	抢险与救援	0.38
			应急疏散与避难	0.06
			信息发布	0.06
	事后恢复与重建能力	0.04	善后处理	0.55
			保险赔付	0.10
			恢复重建	0.10
			事故调查	0.25
	应急保障能力	0.19	人员保障	0.15
			资金支持	0.08
			技术保障	0.21
			通信保障	0.20
			物资保障	0.36

三、应用实例

本文以某南方城市的化工园区为例，说明模糊数学评价方法在化工园区应急能力评价中的应用。

1. 上文已给出加油站的综合评价集 U，各因素的权重分配 A，各评价因素的子因素 u_{ij}，以及各评价因素子因素的权重分配 A_{ij}。在此基础上，专家根据该化工园区应急能力实际情况打分得出评价矩阵 R_i[7]。

$$R_1=\begin{Bmatrix}0.6&0.2&0.1&0.1&0.0\\0.5&0.2&0.2&0.1&0.0\\0.5&0.3&0.1&0.1&0.0\\0.6&0.1&0.1&0.2&0.0\end{Bmatrix},\ R_2=\begin{Bmatrix}0.7&0.2&0.1&0.0&0.0\\0.6&0.2&0.2&0.0&0.0\\0.5&0.2&0.2&0.1&0.0\\0.6&0.2&0.1&0.1&0.0\\0.5&0.2&0.2&0.1&0.0\end{Bmatrix},$$

$$R_3=\begin{Bmatrix}0.6&0.1&0.2&0.1&0.0\\0.5&0.2&0.2&0.1&0.0\\0.4&0.3&0.2&0.1&0.0\\0.5&0.1&0.2&0.2&0.0\\0.6&0.2&0.1&0.1&0.0\end{Bmatrix}$$

$$R_4=\begin{Bmatrix}0.6&0.2&0.2&0.0&0.0\\0.7&0.1&0.0&0.1&0.1\\0.6&0.2&0.2&0.0&0.0\\0.8&0.1&0.1&0.0&0.0\end{Bmatrix},\ R_5=\begin{Bmatrix}0.6&0.2&0.2&0.0&0.0\\0.6&0.2&0.1&0.1&0.0\\0.5&0.2&0.2&0.1&0.0\\0.7&0.1&0.1&0.1&0.0\\0.6&0.2&0.2&0.0&0.0\end{Bmatrix}$$

2. 由公式 $B_i=A_i \cdot R_i$，得出各因素评价矩阵如下：

$$B_1 = A_1 \cdot R_1 = (0.19\ \ 0.07\ \ 0.22\ \ 0.52) \cdot \begin{Bmatrix} 0.6 & 0.2 & 0.1 & 0.1 & 0.0 \\ 0.5 & 0.2 & 0.2 & 0.1 & 0.0 \\ 0.5 & 0.3 & 0.1 & 0.1 & 0.0 \\ 0.6 & 0.1 & 0.1 & 0.2 & 0.0 \end{Bmatrix} = (0.57\ \ 0.17\ \ 0.11\ \ 0.15\ \ 0.00)$$

$$B_2 = A_2 \cdot R_2 = (0.28\ \ 0.06\ \ 0.15\ \ 0.38\ \ 0.13) \cdot \begin{Bmatrix} 0.7 & 0.2 & 0.1 & 0.0 & 0.0 \\ 0.6 & 0.2 & 0.2 & 0.0 & 0.0 \\ 0.5 & 0.2 & 0.2 & 0.1 & 0.0 \\ 0.6 & 0.2 & 0.1 & 0.1 & 0.0 \\ 0.5 & 0.2 & 0.2 & 0.1 & 0.0 \end{Bmatrix} = (0.60\ \ 0.20\ \ 0.13\ \ 0.07\ \ 0.00)$$

$$B_3 = A_3 \cdot R_3 = (0.32\ \ 0.18\ \ 0.38\ \ 0.06\ \ 0.06) \cdot \begin{Bmatrix} 0.6 & 0.1 & 0.2 & 0.1 & 0.0 \\ 0.5 & 0.2 & 0.2 & 0.1 & 0.0 \\ 0.4 & 0.3 & 0.2 & 0.1 & 0.0 \\ 0.5 & 0.1 & 0.2 & 0.2 & 0.0 \\ 0.6 & 0.2 & 0.1 & 0.1 & 0.0 \end{Bmatrix} = (0.50\ \ 0.20\ \ 0.19\ \ 0.11\ \ 0.00)$$

$$B_4 = A_4 \cdot R_4 = (0.55\ \ 0.10\ \ 0.10\ \ 0.25) \cdot \begin{Bmatrix} 0.6 & 0.2 & 0.2 & 0.0 & 0.0 \\ 0.7 & 0.1 & 0.0 & 0.1 & 0.1 \\ 0.6 & 0.2 & 0.2 & 0.0 & 0.0 \\ 0.8 & 0.1 & 0.1 & 0.0 & 0.0 \end{Bmatrix} = (0.66\ \ 0.17\ \ 0.16\ \ 0.01\ \ 0.01)$$

$$B_5 = A_5 \cdot R_5 = (0.15\ \ 0.08\ \ 0.21\ \ 0.20\ \ 0.36) \cdot \begin{Bmatrix} 0.6 & 0.2 & 0.2 & 0.0 & 0.0 \\ 0.6 & 0.2 & 0.1 & 0.1 & 0.0 \\ 0.5 & 0.2 & 0.2 & 0.1 & 0.0 \\ 0.7 & 0.1 & 0.1 & 0.1 & 0.0 \\ 0.6 & 0.2 & 0.2 & 0.0 & 0.0 \end{Bmatrix} = (0.60\ \ 0.18\ \ 0.17\ \ 0.05\ \ 0.00)$$

3. 得到总评价矩阵 R 如下：

$$R = \begin{Bmatrix} B_1 \\ B_2 \\ B_3 \\ B_4 \\ B_5 \end{Bmatrix} = \begin{Bmatrix} 0.57 & 0.17 & 0.11 & 0.15 & 0.00 \\ 0.60 & 0.20 & 0.13 & 0.07 & 0.00 \\ 0.50 & 0.20 & 0.19 & 0.11 & 0.00 \\ 0.66 & 0.17 & 0.16 & 0.01 & 0.01 \\ 0.60 & 0.18 & 0.17 & 0.05 & 0.00 \end{Bmatrix}$$

4. 综合因素评价矩阵：

$$B = A \cdot R = (0.15\ \ 0.22\ \ 0.40\ \ 0.04\ \ 0.19) \cdot \begin{Bmatrix} 0.57 & 0.17 & 0.11 & 0.15 & 0.00 \\ 0.60 & 0.20 & 0.13 & 0.07 & 0.00 \\ 0.50 & 0.20 & 0.19 & 0.11 & 0.00 \\ 0.66 & 0.17 & 0.16 & 0.01 & 0.01 \\ 0.60 & 0.18 & 0.17 & 0.05 & 0.00 \end{Bmatrix} = (0.56\ \ 0.19\ \ 0.16\ \ 0.10\ \ 0.00)$$

5. 进行归一化处理：$B=$（0.55　0.19　0.16　0.10　0.00）

6. 系统总得分 f：

$$f=e_1b_1+e_2b_2+e_3b_3+e_4b_4+e_5b_5=95\times0.55+80\times0.19+65\times0.16+45\times0.10+30\times0.00=82.35$$

查表得出该化工园区应急能力为属于“较好”等级。

四、结论

1. 考虑危险识别控制能力、预防与应急准备能力、应急处置与救援能力、事后恢复与重建能力、应急保障能力这五项来构建化工园区应急能力的评价指标体系是符合国家法律法规和工业生产实际的[8]。

2. 根据化工园区应急能力的调查资料，将其应急能力归纳成 23 个因素，每个因素分为 5 种状况等级，从而为安监部门和园区对应急能力评价的难题提供了解决途径。

3. 根据评价结果，安监部门和园区可以找出其薄弱环节，从而使得应急准备和应急管理不再是无据可依、无章可循，有利于提高风险防范的意识。

参考文献

[1] 刘华军．化工园区安全水平评价指标体系研究 [D]．重庆：重庆大学，2006.

[2] 时训先，钟茂华，付学华．重大事故应急预案评审技术研究 [J]．中国安全生产科学技术，2009，5（1）：135 ～ 139.

[3] 马茂冬，韩尧，张倩．基于模糊层次分析法的应急能力评估方法探讨 [J]．中国安全生产科学技术，2009，5（2）：98 ～ 102.

[4] 杨伦扬，高英义．模糊数学原理及应用（第一版）[M]．武汉：华中理工大学出版社，1992.

[5] 于志鹏，陆愈实．模糊层次综合评价法在企业安全评价中的应用 [J]．中国安全生产科学技术，2006，2(3)：119 ～ 121.

[6] 国家安全生产监督管理总局．安全评价（第三版）[M]．北京：煤炭工业出版社，2005.

[7] 吴宗之，高进东，魏利军．危险评价方法及其应用 [M]．北京：冶金工业出版社，2001.

[8] 吴宗之，刘茂．重大事故应急预案分级、分类体系及其基本内容 [J]．中国安全科学学报，2003，13（1）：15 ～ 18.

15. 高速铁路隧道分段式纵向通风设计及风流短路问题研究

刘松涛[1, 3]　王军[2]　刘文利[1]

1. 中国建筑科学研究院建筑防火研究所，北京，100013

2. 中国矿业大学（北京）资源与安全工程学院，北京，100083

3. 住房和城乡建设部防灾研究中心，北京，100013

一、概述

近年来我国高速铁路建设发展迅速。高速铁路是指通过改造原有线路，使最高营运速率达到不小于每小时 200km，或者专门修建新的客运专线，使营运速率达到每小时至少 250km 的铁路系统。隧道工程是高速铁路线的重要组成部分，其中城市地下铁路隧道、水下铁路隧道和高海拔铁路隧道的防灾救援工程应进行特殊设计。

防排烟设计是铁路隧道防灾救援设计的重要内容，传统的长距离铁路隧道普遍采用纵向式通风方式，高速铁路隧道防排烟设计应充分利用施工斜井、竖井、横洞和平行导坑等辅助坑道。可考虑充分利用隧道施工竖井，作为隧道通风与排烟的风井之用，并在风井内布置通风排烟风机，采取竖井送排式分段纵向通风方式对隧道进行通风排烟，如图 4.15–1 所示。

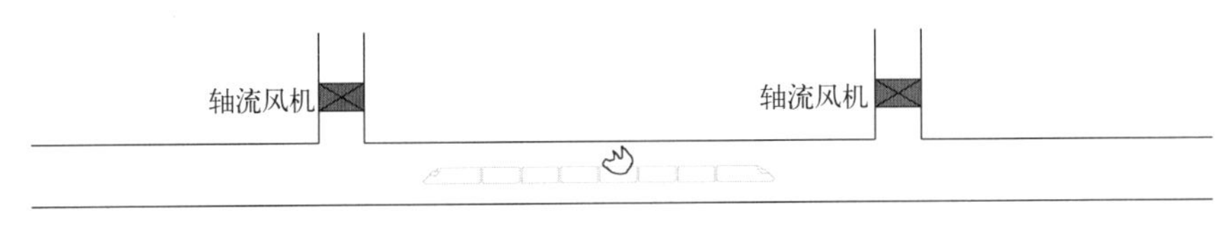

图 4.15–1　竖井送排式通风

但由于多数高速铁路隧道的工作竖井距离隧道出入口较近，竖井内轴流风机无论是排风还是送风，其风量会加在风口两侧不同方向上，降低风机提供区间隧道“推—拉”纵向排烟模式的效率，会在隧道入口形成通风短路，使得区间隧道内形成的纵向排烟风速难以达到临界风速的要求。如何解决分段式纵向通风出入口位置的风流短路问题成为高速铁路隧道防排烟设计面临的消防设计难题之一。

为解决分段式纵向通风短路问题，增强区间隧道内纵向排风效果，可考虑在隧道洞口设置射流风机，火灾时协调动作，形成竖井送排式结合射流风机的组合通风模式，如图 4.15–2 所示，

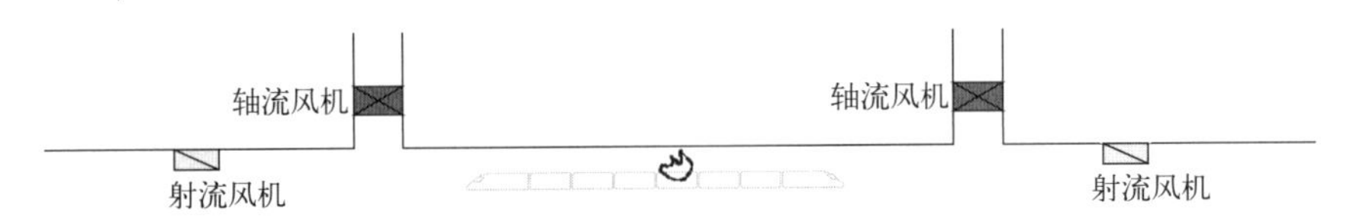

图 4.15–2　竖井结合射流风机组合通风模式

采用此组合通风模式时，主隧道和辅助坑道（竖井）形成了多进口多出口的通风体系，在不同的工况条件下，隧道内各段的风速为能否满足设计要求，能否有效解决高速铁路隧道分段式纵向通风模式风流短路问题，需进行深入的研究和论证。

国内相关规范对竖井送排式和射流风机通风方式的通风计算分别作出规定，而对于竖井送排式与射流风机组合的通风排烟方式规定没有明确。

本文在利用网络通风理论，结合典型高速铁路隧道工程案例进行计算分析，为该通风排烟方式的系统设计及不同工况下控制方案的制定提供依据。

二、网络通风理论

网络通风理论是将主隧道与辅助坑道（横通道、斜井、竖井等）所形成的多进口多出口的复杂通风体系，抽象成为由节点和分支构成的通风网络，赋予每个分支相应的通风阻力和通风动力，根据风量平衡定律和风压平衡定律，形成通风网络的非线性方程组的数学解析模型，最后应用计算机对风网进行解算，最终得出各个分支的风量、风压结果，即隧道与辅助坑道各段的通风风量、风压结果。

在通风网络分析和解算时，会用到以下术语。

1. 节点：3 条或 3 条以上隧道或辅助坑道的交点；断面或支护方式不同的 2 条风道，其分界点有时也可以称为节点。

2. 风路：2 个节点间的隧道。在通风网络图上，用单线表示风路，其方向即为风流的方向，用箭头表示方向，箭头自始节点指向末节点。

3. 路：是由若干方向相同的风路首尾相接而成的线路。

4. 回路和网孔：由 2 条以上的风路形成的闭合线路，其中有分支的叫回路，无分支者叫网孔。

5. 假分支：风阻为零的虚拟分支。

在正常情况下，风流在风网中近似呈稳定连续流动，多属于紊流状态，在任何形势的风网中，风流都要遵循以下 3 个基本定律。

1. 风量平衡定律：风网内任意节点（或回路）相关支路的风量代数和为零，即：

$$\sum_{j=1}^{n} Q_{ij} = 0$$

2. 阻力定律：$h_f=R_jQ_j^2$

3. 风压平衡定律：风网中任何一回路或网孔的风压代数和应为零，即：

$$\sum_{j=1}^{n} C_{ij}h_j = \sum_{j=1}^{n} C_{ij}P_j$$

式中：Q_{ij} 为与 i 节点相关联的支路 j 的风量，m^3/s；流入节点的支路风量为正，流出节点者为负；n 为网支路数；h_j 为或通风阻力，Pa；R_j 为支路风阻，kg/m；Q_j 为支路风量，m^3/s；C_{ij} 为独立回路中支路的符号系数，顺时针为正，逆时针为负；P_j 为第 j 分支的压力，Pa，包括自然风压、风机风压等。

由风量平衡定律和风压平衡定律以及风量与风压的阻力定律组成了隧道通风网络非线性方程组，利用回路风量法进行非线性方程组求解，最终获得隧道通风网络的各分支风量和风压结果。

三、隧道阻力分析及风压计算模型

对于铁路隧道通风网络，风网中的风压主要包括射流风机风压、轴流风机风压、列车活塞风压、自然风压以及在发生火灾时的火风压。风网中的通风阻力主要包括沿程阻力、局部阻力以及列车停靠区段所增加的阻力和风机装置通风阻力。

1. 隧道阻力分析

（1）沿程阻力

隧道沿程阻力（摩擦阻力）计算方法如下：

$$h_{\lambda}=RQ^{2}=\frac{\alpha PL}{S^{3}}$$

式中：h_{λ} 为沿程阻力，Pa；R 为风阻，m^{-4}；Q 为隧道通风量，m^3/s；L 为隧道长度，m；P 为风道断面周长，m；S 为风道净断面积，m^2；α 为摩擦阻力系数。

（2）隧道局部阻力

局部阻力包括：1）隧道进、出口局部阻力。2）列车停靠点局部阻力（列车静止），包括突然缩小局部阻力和突然放大的局部阻力。3）工作井局部阻力，主要由风流的突然转向产生。4）沿途由设备、电缆等局部突出物产生的系统局部阻力，隧道内经常会布置大量电缆并安装部分设备，这些因素产生的局部阻力偶然性较多，定量计算较困难，根据《采矿手册》，可保守估算为沿程阻力的20%。

（3）风机装置通风阻力

采用机械通风时，通风装置会产生较大的通风阻力，根据《采矿手册》，设计中风机装置通风阻力取 150 ～ 200Pa。

2. 风压计算模型

（1）射流风机风压

射流风机压力可按下式计算：

$$P_{j}=np_{j}$$

$$p_{j}=\rho v_{j}^{2}\varphi(1-\psi)\frac{1}{K_{j}}$$

$$\varphi=\frac{f}{F},\ \psi=\frac{v_{\mathrm{e}}}{v_{j}}$$

式中：P_j 为射流风机压力，Pa；n 为射流风机台数，台；P_j 为单台射流风机压力，Pa；v_j 为射流风机出口风速，m/s；f 为射流风机出口面积，m^2；K_j 为考虑隧道壁面摩擦影响的射流损失系数，与风机距壁面的距离有关。

（2）轴流风机风压

轴流风机压力可根据所选风机的风压特性曲线选用。

隧道火灾期间，由于洞内温度升高、密度减小，而导致通风网络中热风压发生变化的现象称为“浮力效应”。常用“火风压”表示“浮力效应”的大小。“火风压”一般定义为火灾前后隧道两端位能的增量。在一段隧道中产生的局部火风压可近似计算为：

$$h_{\mathrm{f}}=\rho_{\mathrm{f}}\,gz\frac{\Delta t}{T}$$

式中：ρ_f 为火灾后隧道内烟流平均密度，kg/m^3；g 为重力加速度，m/s^2；Z 为隧道两端高差，m；Δt 为火灾后隧道中风流平均增温，K；T 为火灾前隧道内风流平均温度，K。

当用网络分析方法模拟风流状态时，则应直接计算各回路的热风压。积分有：

$$H_i = -\oint \rho g dz$$

网络中任一闭合回路都是由若干条分支组成，因此上式可近似为：

$$H_i = \sum_{i=1}^{n} \rho_{mi} g \Delta z_i$$

式中：n 为回路分支数；ρ_{mi} 回路中分支 i 的空气密度，kg/m^3；ΔZ_i 为回路中分支 i 的始末节点高差，m。

（3）列车活塞风压

双线隧道可不计活塞风压的影响。

（4）自然风压

在机械排烟条件且隧道出、入口标高差别不大情况下，自然风压可忽略不计。

四、某铁路隧道排烟设计工程实例

1. 工程概况

某铁路隧道全长约 3.61km，设计为单洞双线，隧道两端为明挖法施工段长 1214m，结构型式为拱形断面，轨面以上净空断面积为 69.29m^2；中间采用盾构法施工段长度为 2396m，结构型式为圆形断面，轨面以上净空断面积为 67.23m^2。

结合隧道施工方法，利用盾构井位置，设置 2 处区间风机房（里程在盾构井附近），风机房距离两端洞口分别约为 652m 和 545m，每个工作竖井设置 2 台事故轴流风机及其配套设施，单台风量 100m^3/s，负责区间排烟或送风。另外，在进口端距离洞口附近的地下区间设置 2 组射流风机，每组 4 台，第一组距离洞口约 85m，第二组距离第一组 204m，作为该段区间排烟或停车送风的辅助措施。隧道通风系统布置如图 4.15-3 所示，风机参数如表 4.15-1 所示。

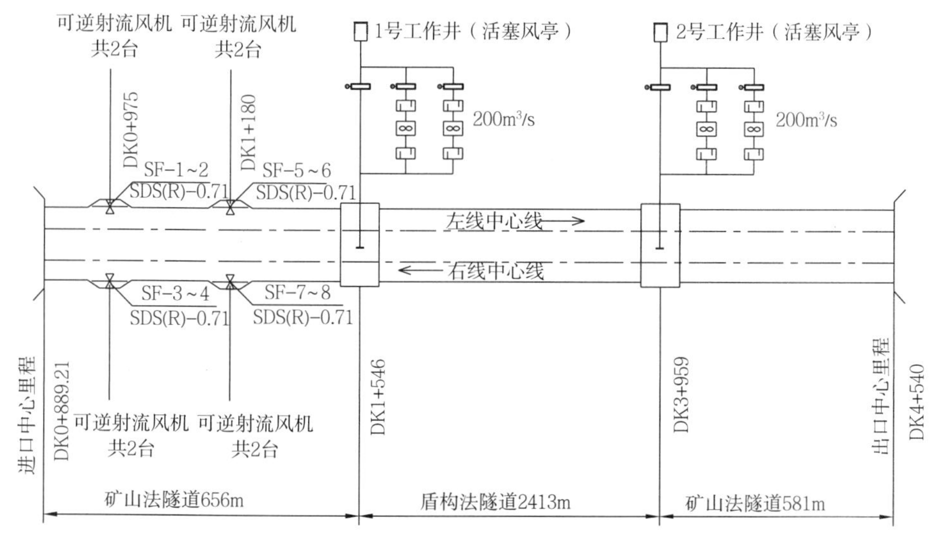

图 4.15-3　通风排烟系统图

风机参数表　　表 4.15–1

射流风机（可逆耐高温150℃，1h）	内径（m）	轴流风机（可逆耐高温 150℃，1h）	风量（m^3/s）
	0.71		100
	轴向推力（N）		全压（Pa）
	902		1200
	电机功率（kW/ 台）		功率（kW）
	37		132

2. 网络计算模型

将实际工程转化为通风网络计算模型如图 4.15–4 所示。

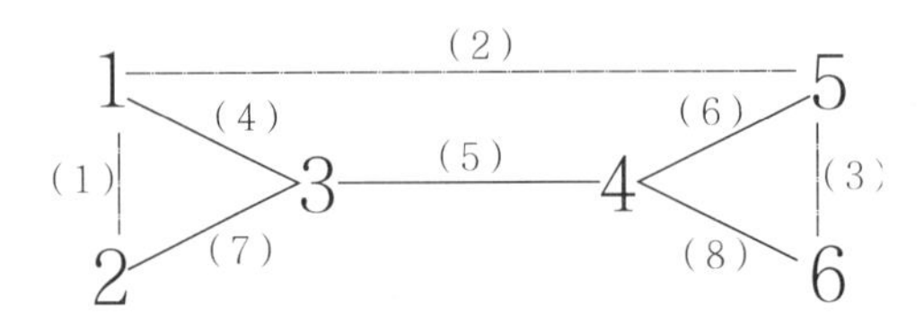

图 4.15–4　隧道通风网络模型图示

网络图包括 6 个节点，有 8 条边，虚线表示零阻力边。1、2、3……表示节点编号，(1)、(2)、(3) ……表示支路编号。其中，支路 (4) 表示 1 号竖井，支路 (6) 表示 2 号竖井，支路 (7) 表示进口端与 1 号竖井之间，风机安装在这些支路上。

3. 解算结果

由于该隧道为双向行驶隧道，烟气的控制方向需结合列车的行驶方向、在隧道中的位置、失火车厢在列车编组中的位置的因素共同确定通风模式，应使得通风方向保证大多数人员处于火灾的上风侧，火灾点下风侧的人员应尽快向上风侧疏散。采用 Ventsim Visual 3.0 解算不同工况下隧道各段的风量、风速是否满足排烟要求。

参照地铁规范针对区间隧道火灾的排烟量的要求，现设计隧道断面的排烟速度应不小于 2m/s。计算工况见表 4.15–2，计算结果见图 4.15–5。

工况设置表　　表 4.15–2

工况	着火列车停靠位置	通风模式
工况 1	1 号竖井～ 2 号竖井之间	1 号竖井送风，2 号竖井排风
工况 2	1 号竖井～ 2 号竖井之间	1 号竖井送风，2 号竖井排风，8 台射流风机全部正转
工况 3	进口端～ 1 号竖井之间	1 号竖井送风，8 台射流风机全部反转
工况 4	2 号竖井～出口端之间	2 号竖井排风，8 台射流风机全部反转

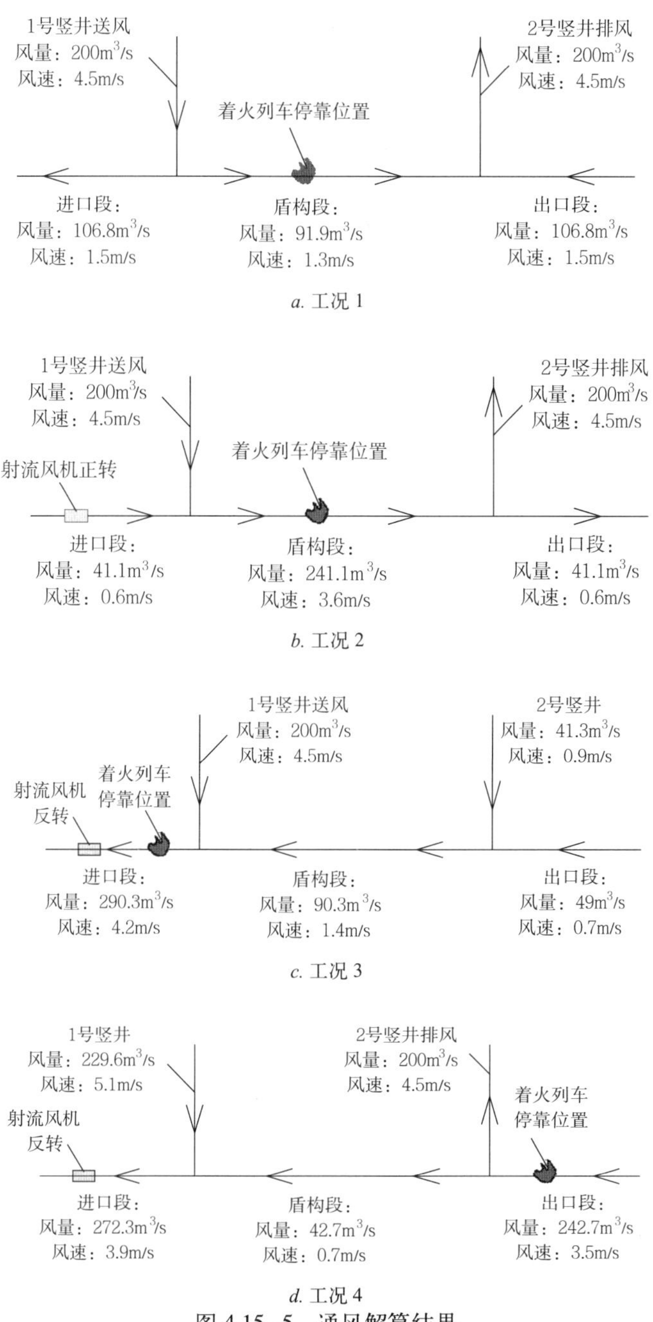

a. 工况 1

b. 工况 2

c. 工况 3

d. 工况 4

图 4.15-5　通风解算结果

由工况 1 和工况 2 可以看出，由于工作竖井距离隧道出入口较近，当不考虑进口端射流风机时，送、排风机的风量会加在风口两侧不同方向上，降低风机提供区间隧道“推—拉”纵向排烟模式的效率，在隧道出入口形成通风短路，盾构区间隧道纵向排烟风速仅为 1.3m/s，小于 2.5m/s 的临界风速；在进口端安装两组射流风机后，能够有效地解决隧道出入口通风短路问题，盾构区间隧道内能够形成稳定的纵向排烟风速，达 3.6m/s，大于 2.5m/s 的临界风速，从而控制火源处烟气不发生回流，并保证火灾上游人员的安全疏散以及消防救援。

列车停靠在隧道进口端时（工况 3），射流风机与 1 号竖井轴流风机共同作用，进口端隧道内风速为 4.2m/s；列车停靠在隧道出口端时（工况 4），射流风机与 2 号竖井轴流风机共同作用，进口端隧道内风速为 3.5m/s，都大于 2.5m/s 的临界风速，满足火灾工况下防排烟设计要求。

由工况 2 ～工况 4 可以看出，采用竖井结合射流风机组合纵向通风模式，区间隧道内纵向排烟风速能够保证火灾上游人员的安全疏散及消防救援。

五、结语

1. 由于高速铁路隧道的工作竖井距离隧道出入口较近，采用斜井送排式通风时，送、排风机的风量加在风口两侧不同方向上，降低风机提供区间隧道“推—拉”纵向排烟模式的效率，会在隧道出入口形成通风短路，使得区间隧道内的纵向排烟风速受到影响，难以达到设计临界风速，无法保证火灾上游人员的安全疏散及消防救援。

2. 在隧道洞口设置射流风机，火灾时协调动作，对隧道进行排烟及补风，形成竖井送排式结合射流风机的组合纵向通风模式，能够增强区间隧道内纵向排风效果，有效解决分段式纵向通风短路问题。

论文利用网络通风理论，结合典型工程案例，分析了高速铁路隧道的阻力分布特征和通风压力计算模型，计算了不同工况条件下隧道内各段的风速、风量分布，为同类工程通风排烟方式的系统设计及不同工况下控制方案的制定具有参考意义。

参考文献

[1] 铁路隧道设计规范 TB10003－2005[S]. 中国铁道出版社，2005.

[2] 高速铁路设计规范（施行）TB 10621－2009[S]. 中国铁道出版社，2009.

[3] 铁路工程设计防火规范 TB 10063－2007[S]. 中国铁道出版社，2007.

[4] 铁路隧道运营通风设计规范 TB 10068－2010）[S]. 中国铁道出版社，2010.

[5] 杨昌智，孙一坚 . 铁路双线隧道通风的空气动力特性研究 [J]. 湖南大学学报，1997，24（2）:86 ～ 91.

[6] Danziger N H，Kennedy W D．Longitudinal ventilation analysis for the Glenwood canyon tunnels[A]．In: Proceedings of the 4th International Symposium Aerodynamics and Ventilation of Vehicle Tunnels [C] York，UK，1982:169 ～ 186.

[7] Kennedy W D，Parsons B．Critical velocity：past，present and future[A]．In：One Day Seminar of Smoke and Critical Velocity in Tunnels[C]，London，1996.

16. 基坑工程与地下工程安全及环境影响控制

郑刚[1,2] 朱合华[3] 刘新荣[4] 杨光华[5]

1. 滨海土木工程结构与安全教育部重点实验室，天津，300072；

2. 天津大学建筑工程学院地下工程研究所，天津，300072

3. 同济大学土木工程学院，上海，200092 4. 重庆大学土木工程学院，重庆，400044

5. 广东水利水电科学研究院，广州，510000

20 世纪 90 年代以来，我国地下空间的开发越来越得到重视。地下空间已被视为城市发展的重要资源，城市地下空间开发正逐渐向更深的地下空间推进，特别是地铁和超高层建筑的建设。以地铁为主的城市轨道交通是城市可持续发展的重要需求，据不完全统计，我国已建、在建、待建及拟建地铁的城市已达 50 个，计划建设的地铁长度达 4000km。

此外，大型交通枢纽、大型商业综合体、大型 CBD 等的建设，使基坑面积、开挖深度均大幅度增加，很多城市基坑工程在基坑工程的规模、深度与难度上都在经历跨越式发展。

城市地下隧道建设的施工方法主要有钻爆法、浅埋暗挖法、明挖法、盾构法、掘进机法、沉埋管段法等六大隧道施工方法。在土质条件较好时可采用浅埋暗挖法、明挖法等，而在软弱土、高水位、富水粉、砂土层中，则主要采用盾构法。

本文主要针对软弱土、高水位、富水粉、砂土层中的基坑工程、采用盾构法施工的隧道工程，对近年来的进展进行总结和分析。

一、基坑与盾构隧道工程的发展及概述

1. 基坑工程向深大长发展

自 20 世纪 90 年代末期以来，城市基坑开挖深度迅速增大至 20 ~ 40m，其中上海地铁四号线修复工程深基坑开挖深度接近 41m。天津市在 21 世纪以前，基坑最大开挖深度一般在 10 ~ 15m，自 2003 年地铁和超高层建大规模建设，基坑开挖深度迅速突破 20m，一些基坑甚至超过 30m。例如天津站交通枢纽工程最大开挖深度 33.5m，天津文化中心基坑最大开挖深度接近 30m，天津 117 大厦基坑最大开挖深度约 35m，天津周大福基坑最大开挖深度超过 30m。此外，上海地铁四号线修复工程基坑深度达 41m，上海世博变电站基坑深度近 34m。

基坑规模也大幅度增加。例如天津于家堡大型地下交通枢纽，基坑占地面积 13 万 m^2，多个开挖深度达 10 ~ 30m 的基坑在平面和深度上形成交叉，形成一个超大面积深基坑。上海虹桥综合交通枢纽工程，是包括航空、城际铁路、高速铁路、轨道交通、长途客运、市内公交等多种换乘方式的综合交通客运站，基坑开挖面积达 50 万 m^2。

大型交通枢纽、地铁的建设也使基坑长度大幅度增加。天津站交通枢纽工程地下工程总面积 19 万 m^2。三角形超深基坑边长分别约 500m、530m 和 220m，占地面积约 5.5 万 m^2，基坑开挖深度 25 ~ 32.5m，局部开挖深度最大达 33.5m。天津机场交通中心基坑大面积开挖深度达 24.5m、基坑长度达 770m。地铁基坑的长度通常可达 250 ~ 350m。

2. 深基坑工程进入了变形控制设计的时代

我国 20 世纪八九十年代的深基坑工程面临的环境条件宽松得多，主要控制的是稳定问题。早期的基坑工程主要以放坡和悬臂支护为主，即使需要设置水平支撑或锚杆，也多是出于减小结构内力、保证稳定的要求，降水也多采用坑内外同时降水。

目前我国软土地区的深基坑工程大多处于繁华的城市中心，基坑施工影响范围内往往有较重要的建筑、道路、地下管线、地铁隧道等，周围环境条件复杂。然而，软土地区深基坑施工往往伴随极强的环境效应，基坑开挖势必引起周围土体应力场的变化，使周围地基土体产生较大的位移和变形，从而导致周边建筑物、道路、地下管线等重要设施产生不均匀沉降甚至发生开裂破坏，影响其正常使用功能，造成一定的社会影响。因此，软土地区的深基坑设计、施工难度大、风险高，对变形控制要求越来越严格。

北京、天津、上海、广州、武汉等地的地铁沿线附近已有大量深基坑和高层由建筑紧靠地铁隧道，英国等地铁发达国家也都出现了类似的情况。在已建成的区间隧道、车站及其附属设施的两侧进行加载或卸载的建筑施工活动，必将影响地铁隧道的安全。如上海人民广场站至新闸路站间的新世界商厦，其地下室深基坑 13m，深基坑与隧道净距仅 3m。而且，在隧道两侧及其顶部还将建造高楼，如不采取可靠措施，必将影响隧道结构及线路安全，危及地铁正常服役。为此上海市在地铁一号线通车以前，就提前开始研究邻近地铁的建筑物基坑或桩基施工对地铁影响的预测与治理问题。通过大量的研究工作，并根据上海市政府（93）37 号令批准的《上海市地铁管理办法》，制定了《上海地铁沿线建筑施工保护地铁技术管理暂行规定》，提出地铁保护技术标准，对地铁沿线深基坑、桩基及其他可能对地铁造成影响的建（构）筑物施工的影响及保护措施作了规定。在日本，已将近距离条件下地下结构施工定义为“邻近施工影响问题”，并给予高度重视，由日本铁道综合技术研究所于 1996 年编制了《接近既有隧道施工指南》。

深基坑施工可引起基坑内变形、邻近处变形和区域性沉降，如图 4.16-1 所示。对于地铁、机场、高铁及其他对变形需严格控制的环境条件，环境变形的控制要求由 cm 级进入变形 0 ~ 10mm、控制精度 1mm 的 mm 级控制。传统变形被动控制理论与方法已不能满足 mm 级控制要求，深大长基坑变形对环境安全影响的 mm 级微变形主动控制成为新的城市发展及环境下的重大需求。

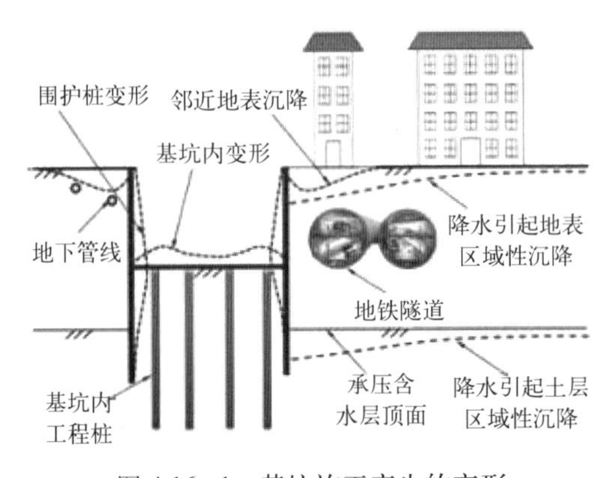

图 4.16-1 基坑施工产生的变形

严格的变形控制要求给软土地区基坑工程的设计、施工及监测技术带来新的挑战。因此，可以说，我国基坑工程已进入变形控制设计与施工的时代。变形控制贯穿基坑工程的全部环节，包括设计、围护结构施工、降水、土方开挖等环节，其中变形可发生在围护结构施工、降水、土方开挖、支撑拆除等施工阶段。在较大的深基坑工程中，这些阶段还可能发生时间与空间上的交叉。因此，基坑变形控制既涉及理论计算与预测，又很大程度上依赖施工过程中的控制。

变形控制是一个动态的系统工程。由于基坑工程的变形可能发生在围护结构施工、降水、土方开挖、土方回填、拆除支撑等环节，基坑工程的施工往往又是分区域、分阶段（围护结构施工、降水、土方开挖各阶段）、分步骤（每个阶段又可能分为若干步骤）动态施工，包括分区域制定基坑支护方案，分区域、分层降水，分区域、分层开挖，分区域、分层回填等，不同区域在施工时的各阶段、各步骤之间又可相互交叉、相互影响，故而基坑变形控制标准、变形预测、变形监测、变形控制本身也受基坑的分区域、分步骤施工的影响而互相影响、互相制约，因此，基坑的变形控制是一个动态的过程，是一个复杂的系统工程。

3. 深基坑工程中的地下水控制成为制约性的问题

以天津、上海、宁波、武汉、太原等地为代表的地区，深基坑还普遍涉及承压水的控制问题。由于基坑深度的大幅度增加，使承压水控制成为超深基坑分析与设计的一个重要组成部分，有时甚至是制约性的关键问题。

国内外已经有不少因承压水引发的坑底突涌或流土引发的工程事故，坑底突涌、流土一旦发生，很难加以控制，其后果很严重。此外，当承压含水层分布厚度加大，及时采用很深的地下连续墙或超深止水帷幕也难以截断时，承压含水层抽水降压对环境的影响及控制就成为一个重要课题。尤其是大城市新区的建设，在一个局部的区域内可同时或先后有很多基坑施工，承压水的大量抽降则可引起区域性的地下水位大幅度下降并引起地层大范围沉降。

4. 基坑的局部破坏、连续破坏及整体稳定问题

深基坑的稳定性分析是深基坑、超深基坑设计中很重要的一环，国内外都曾出现过很多基坑失稳破坏的实例。对超深基坑来说，多位于人口众多、地上地下设施密集的城市，由于开挖深度、面积、长度很大，一旦发生失稳破坏，影响范围远、损失巨大。

近些年国内外，如新加坡、杭州、科隆等地，发生了较多重大的基坑垮塌事故，造成了严重的损失。根据这些事故发现，基坑的失稳破坏是一个非常复杂的过程，尤其在基坑更深更大、平面形状更不规则、支护结构更复杂的情况下，其破坏可能是由某一种局部破坏引起，进而发展演变为多种破坏模式，可能由局部支护结构破坏或局部土体失稳引起，进而引起周边支护结构直至大范围倒塌，即深基坑的垮塌是一个连续破坏过程。

针对多高层建筑、大跨结构以及桥梁等建构筑物在爆炸、地震、火灾、撞击等突发情况下的连续倒塌研究已经很多，研究手段也很丰富，包括理论推导、模型试验及数值模拟等。同时很多国家和地区均对上部结构的抗连续倒塌设计制定了相关的规范和指导性文件[1][2][3]。与结构工程中连续破坏问题的研究已经取得显著的进展相比，目前在岩土工程领域，连续破坏的研究还很少，并且还未引起应有的重视。但事实上，由于多场多体基坑工程的复杂性和不确定性较高，其发生连续破坏事故的可能性、事故导致的损失、所造成的社会影响的广泛性甚至可超过上部结构工程的连续破坏。

近年来一些大长度深基坑的垮塌表明了基坑工程同样存在着典型的连续破坏现象，例如杭州地铁一号线湘湖站基坑及新加坡 Nicoll Highway 地铁基坑。而对于这类在垂直于基坑断面方向长度较大的基坑，其垮塌往往在长度方向延续很长的距离，破坏后果非常严重，杭州地铁基坑垮塌长度 70 余米，新加坡地铁基坑的垮塌长达上百米。

基坑的连续破坏虽会造成基坑的大规模垮塌，但一些破坏案例表明，支护结构的连续垮塌不一定会沿着基坑长度方向无限制地发展下去，而是可能在垮塌一定范围后终止，例如前述杭州和新加坡的案例。可见，基坑沿长度方向存在连续破坏的自然终止现象，可以推断，连续破坏的终止机理将对连续破坏的控制提供参考和依据，但目前其同样缺乏相关研究。

由以上可见，目前基坑基于平面问题的稳定破坏模式显然已经无法反映深基坑连续破坏的特点与机理，同时也无法为其控制方法的研究提供足够的支撑。因此，有必要对深基坑连续破坏这种重大地下工程灾害的产生与演变机理进行深入研究。只有揭示了局部破坏引发的连续破坏沿基坑深度、宽度、长度方向的传递发展机理、自然终止机理，并建立评价基坑连续倒塌可能性的量化评价指标和评价方法，才能提出基坑防止支护结构抗连续倒塌的理论和设计方法。

由于深基坑的连续破坏是一个大变形、非线性、多场耦合的问题，现有的极限平衡法、极限分析法、常规弹塑性有限元法及强度折减法等方法大都最多只能涉及基坑即将破坏的临界状态，至于破坏开始发生后的发展与演变，这些传统方法就很难模拟和描述了。因此，为了研究深基坑的连续破坏，合理的大变形计算方法与模型试验等连续破坏研究手段也需要探索。

5. 地下水渗漏引发的基坑变形

高水位地区粉、砂土层中的基坑工程往往面临止水帷幕渗漏引发的水土流失问题。一旦发生渗漏，由于粉土、粉细砂、细砂等为可随地下渗漏而流动、流失（flowable）的土层，可导致基坑外局部范围内的土体流失，导致坑外地面沉降、甚至形成局部空洞并可进一步产生塌陷，对基坑外环境安全产生严重影响。

6. 盾构隧道变形的精细控制

盾构掘进可引起地标变形，随着盾构掘进过程的进行，地层变形不断发生变化，但总体来说一般经历短期变形（盾构施工）和长期变形（固结）两大阶段。

由于我国城市地铁建设相对于城市地面建筑物、道路、地下管线等的建设相对滞后，因此，城市地铁的建设往往频繁下穿或侧穿建筑物、下穿道路与城市铁路、下穿或近距离经过城市立交桥桩基础等，因此，对地下隧道施工的变形控制要求也很严格。

当对变形的要求不是很严格时，对于一般隧道施工引起的变形控制，目前已经有相对较为成熟的经验。但对于隧道下穿高速铁路、对变形要求极其敏感的建筑物等时，也存在着地下隧道施工引起变形必须控制在数个 mm 之内的变形 mm 级控制问题。

7. 小间距平行、重叠、交叠盾构隧道

21 世纪是地下空间大发展的世纪，在城市的繁华地区或一些特定地段由于受到既有建（构）筑物或地质条件的限制及地下空间综合开发、利用的需要，隧道之间的距离变得越来越小，空间布置形式越来越复杂，这种状况目前在国内外都很普遍。

单条隧道施工的相关技术研究已趋于成熟，而对于近距离多线、交叠隧道，由于隧道间的相互影响使之较单条隧道在施工上更难于控制。目前针对这方面的研究仍在不断的发展。

除平行和重叠隧道形式外，隧道的轴线还有可能是非平行的情况，例如轴线正交或斜交。

空间形式复杂的小间距施工案例已屡见不鲜。但典型空间位置形式可以分为平行、重叠以及正交（包括上穿或下穿），这几种形式的隧道设计与施工在我国相对来说还缺乏足够经验。

8. 漏水漏土引发隧道变形、局部破坏与连续破坏

对于施工中的隧道，灾害的发生可导致水、砂通过张开的管片缝隙涌入隧道内部。

2003 年 7 月 1 日，上海四号线联络通道处发生工程事故。承压水冲破土层发生流砂，导致隧道管片发生类似多米诺骨牌效应的连续破坏，最终隧道坍塌和破坏范围达到了约 274m，并引起地面建筑物坍塌、倾斜，防汛墙沉陷，如图 4.16–2 所示。这是典型的由于隧道局部破坏而引起的隧道连续破坏案例。

2007 年某市地铁二号线进洞施工时，盾构机刀盘下部出现漏水漏砂点，并迅速发展扩大。最终在很短的时间内，区间隧道损坏长度达 150m，同时在地面形成长约 100m、宽 30m、深度 3 ~ 5m 的大范围沉陷。

2012 年北方某沿海城市某地铁区间隧道在盾构掘进过程中，盾构机螺旋输送机发生大量涌水涌砂，导致盾构机后面已完成施工的隧道及相邻已完成的隧道衬砌管片均发生近 100m 长的连续破损，地面出现大范围沉陷。

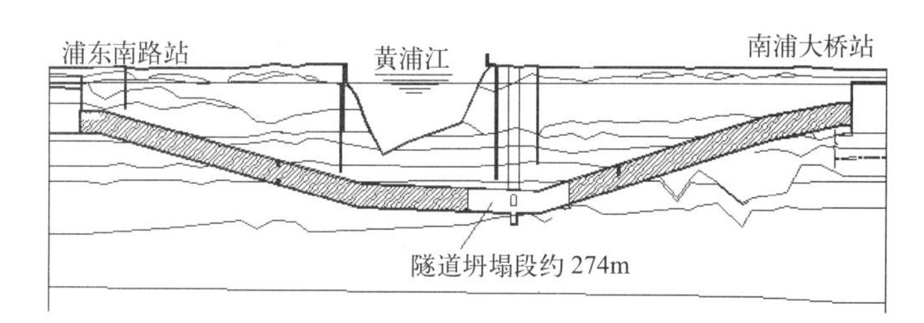

a. 隧道纵断面示意图

b. 地面塌陷、建筑物倾斜

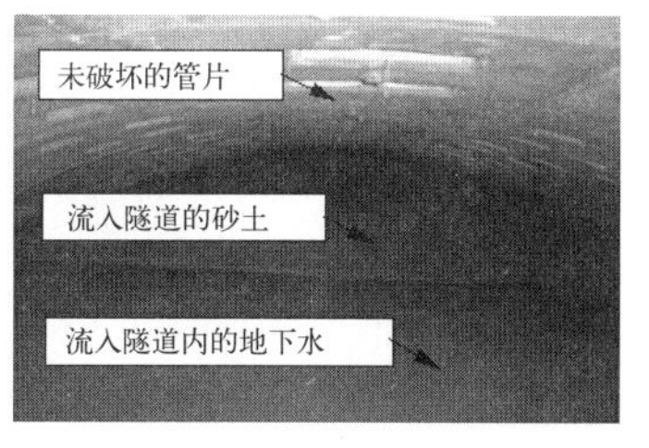

c. 流失到隧道内大量的水和泥沙

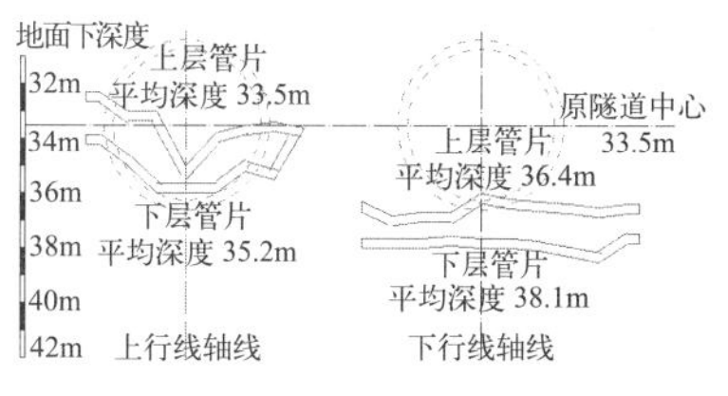

d. 隧道坍塌后某断面管片形态

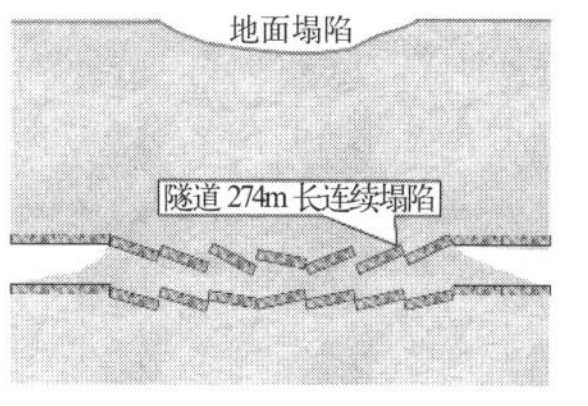

e. 隧道连续坍塌后示意图

图 4.16–2　上海地铁四号线连续坍塌事故

以隧道事故为例，无论初始原因如何，灾害的发展普遍经历如下过程：初始环境扰动→隧道纵向变形过大→隧道环缝张开→隧道横向受力恶化→隧道纵缝张开→水土大量流失→隧道破坏、废弃或环境剧烈扰动，且水土流失的增加与隧道变形循环恶化发展。灾害一旦发生，如何使灾害损失降到最低是亟待解决的问题，但目前灾害的控制和治理主要依据工程经验（包括事故教训），科学决策所占比例极小。因此需要对灾害的发展过程进行系统理论研究，以实现灾害预测的目的，从而对其进行安全性控制。

二、基坑工程与地下工程安全问题分类

根据对国内外基坑工程、地下工程施工引发的变形对环境产生的影响、基坑工程与地下工程自身的稳定与安全问题的系统分析，可将其分为施工引发变形极其环境影响、水土流失引发的灾害、局部破坏与连续破坏三类，如图 4.16–2 所示。

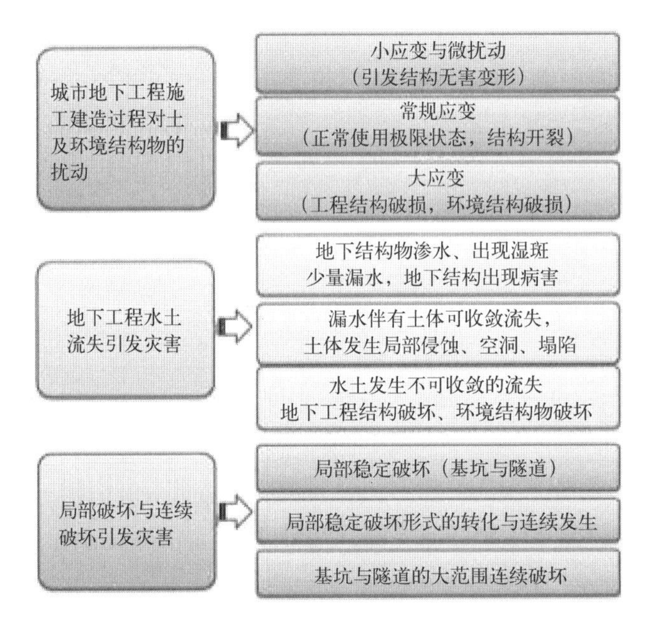

图 4.16–3　基坑工程与地下工程安全分类

对应于图 4.16–3，三个安全问题对应的现有的分析理论与方法如下：

1. 第一类

指城市地下工程施工建造、运营过程产生的变形及引发的环境影响与灾害。

对于变形问题，常规的基坑工程与地下工程分析理论与方法、本构模型、渗流与固结理论、数值分析均适用。

2. 第二类

指基坑工程与地下工程建造及运营过程引发的水土流失、土层空洞、局部土层塌陷、环境影响与灾害。

对于第二类问题，由于涉及水、土、土的相互作用及水、土的强耦合问题，常规的基坑工程与地下工程分析理论与方法、现有的本构模型、渗流与固结理论、数值分析均不适用。

3. 第三类

指土体局部剪切破坏、支护结构局部破坏引发基坑、隧道局部破坏以及局部破坏引发的城市地下工程的坍塌与连续破坏。

地下水渗漏导致水土流失、结构局部破坏以及由此等引发的深基坑、隧道产生坍塌并在三维方向发展形成渐近破坏与连续破坏，其产生与演变机理是一个大变形、非线性、多场强耦合的动力问题。国内外对此研究很少。

由于篇幅所限，下面仅针对基坑工程、盾构隧道变形控制与安全的一些关键问题，对国内外近几年取得的成果进行分析。

三、基坑工程的若干进展

1. 基坑降水引起的变形及控制

近 5 年来，国内外学者开展了大量关于降水引起变形的研究，其主要包括以下几类：(1) 降水引起支护结构变形；(2) 降水引起地面沉降；(3) 降水引起地面下土体变形；(4) 降水引起隧道变形。下面中将对上述每一类问题选取典型的研究进行阐述与分析。这些研究可以反映近 5 年来的主要进展。

(1) 支护结构侧移

基于降水试验开展了数值模拟，研究了降水引起地连墙侧移的机理，数值计算结果表明墙体侧移主要由于以下原因导致：1) 在降水引起的降水井周围渗流力和墙、土相互作用的影响下，基坑内部土体发生指向坑内的侧移，地连墙则因墙土变形协调而同步发生指向坑内的侧移；2) 墙体开挖侧约 1/2 倍最大降水深度范围内墙土总压力减小，这打破了墙体两侧原有土压力的平衡，并使得墙体发生指向坑内的侧移；3) 墙体两侧负摩擦的不对称使得墙体有向坑内旋转的趋势。

(2) 地面沉降

传统计算降水引起地面沉降的方法大多是基于 Cauchy 连续体理论，该方法无法考虑单纯的剪应力引起的土体变形，而降水井旁降水漏斗的存在必然导致降水后土体会受到剪应力的影响。Budhu(2010)基于cosserat连续体理论提出了全新的降水引起变形的计算理论。用 Budhu 理论可以解释变形滞后水位下降的现象。

实际上，若要减小降水引起的周围地面沉降或土层变形，可以在降水时采用止水帷幕截断含水层，但是，如果城市当中所有基坑都采用截断含水层的止水帷幕方案，那么对于现在或未来新建的基坑，只要其不采用截断含水层的止水帷幕方案，那么对其进行降水将引起更为严重的地面沉降。建议城市密集地区的基坑止水帷幕对含水层的截断比不要超过 70%。

(3) 地表以下土体变形

在实际工程中，承压水降压引起的土体变形远不是理论解认为的这么简单，因为理论解认为承压层上覆土层为完全隔水层，而实际上，承压层上覆土层是弱透水层，当承压层因降压而发生水位下降后，其上覆弱透水层也会发生滞后的水位下降，而这种水位下降会向上传递直至遇到稳定的地下水补给源。

因此，某些工程实测表明，承压水降水后将导致地表与承压层顶板间某一位置发生最大沉降，但这一位置却无法确定。这无疑使得承压水降水引起土体变形的问题变得格外复杂。

通过在天津地区几个场地开展承压含水层抽水试验，观测到承压层短期降水将引起土体变形呈“三段式”的空间分布，承压层上侧土体变形“上小下大”，地表沉降最小；承压层土体变形“上大下小”；承压层下侧土体发生隆起。

通过数值模拟进一步发现不论承压层降水时间长短、竖向补给条件如何，其上、下弱透水层渗透性如何，承压水降水引起的最大土体变形位置均在承压层上有水位降深的土层顶板处。而承压水降水使得其上土体出现主应力拱、附加拉应力，最终导致“上小下大”变形的出现；承压层土体则在土体附加压力作用下出现从下至上叠加的压缩变形并形成“上大下小”的规律；承压层下侧弱透水层中有较大向上的渗流力，使得土体隆起。

（4）隧道变形

对降水引起隧道变形的研究，国内外学者主要从两个方面来开展：1）降水对已运营隧道的影响；2）降水对正在施工隧道的影响。

（5）控制降水引起变形的回灌技术

近年来，回灌策略作为降水引起变形的控制方法，受到越来越多的关注。在上海为了保护基坑旁既有的隧道，在隧道和基坑间设置了回灌井进行地下水回灌，通过回灌，基坑开挖及降水引起的坑外土体变形被很好地限制，沉降速率显著减小。

2. 基坑对邻近既有隧道的影响与控制

随着我国主要城市地下轨道交通的大规模建设，邻近已运营的地铁车站、地铁隧道施工深基坑工程的案例越来越多，特别是处于基坑位移影响区范围内的运营隧道，势必会在周边土体变形的影响下产生相应的协调变形。运营地铁隧道多为预制混凝土管片和高强螺栓连接的盾构隧道，对变形较为敏感。过大的变形不仅会导致管片间连接的张开、错台、轨道翘曲变形，影响地铁列车的运行，严重者甚至会因管片间变形张开量过大造成漏水漏砂，导致隧道进一步发生大变形和损坏。

（1）地下隧道的变形控制标准

针对既有隧道控制，《上海市地铁沿线建筑施工保护地铁技术管理暂行规定》[4]（下文简称《上海规范》）规定，地铁结构设施绝对沉降量及水平位移量≤ 20mm（包括各种加载和卸载的最终位移量）。因其提出较早，在我国沿海软土地区得到了广泛借鉴应用。近年来，国家和行业规范相继提出，如《城市轨道交通结构安全保护技术规范》[5]CJJ/T 202－2013 提出了隧道水平位移和竖向位移 10mm 的预警值和 20mm 的控制值；而《城市轨道交通工程监测技术规范》[6] GB 50911－2013 则提出了更加严格的控制标准，其中隧道结构沉降控制值为 3 ～ 10mm，隧道结构上浮控制值 5mm，隧道结构水平位移控制值 3 ～ 5mm。即基坑邻近既有地铁隧道等变形要求极其严格的条件下，基坑施工引起的环境变形需要控制在 mm 等级，显然对于建立在 cm 级环境变形控制理论与经验基础上基坑工程技术提出了挑战。

（2）基坑施工引起地下隧道的变形分析

近年来。针对基坑开挖引起的坑外既有隧道变形响应，国内外学者开展了大量研究工作。其中，解析法因能简单快速预测坑外隧道变形性状，被部分学者采用。

相较于解析法，有限元方法则能够更加更加准确地考虑基坑开挖过程中土体变形特性及深基坑工程的复杂性，也因此被较多学者研究应用。以上海软土地区某邻近既有地铁隧道的深大基坑为基础，开展了采用硬化土体本构的有限元分析结合工程实测的分析方法，对工程施工过程进行了有效的有限元模拟分析，结合实测对比分析后提出，大面积基坑进行分区分块开挖施工能够有效减小基坑施工过程中对邻近既有隧道的变形影响。

为揭示基坑开挖对坑外不同位置处隧道的变形影响，通过采用考虑土体小应变刚度特性的有限元方法，建立包含基坑及盾构隧道的整体模型，针对不同围护结构变形模式下基坑开挖引起的坑外既有隧道变形进行精细化分析，研究了各种围护结构变形模式下坑外不同距离、不同深度处隧道的变形特点及分布规律。

（3）基坑施工引起地下隧道的变形控制

1）隔离桩控制

隔离桩作为控制基坑或隧道施工对邻近建（构）筑物影响的常用方法之一，也常被用于隔离大面积堆载下软土地基的应力传播从而减小对周边的影响。在基坑围护结构和隧道间合理地设置隔离桩，能够有效地减小基坑开挖过程中引起的坑外土体变形传递，进而有效控制基坑开挖对邻近既有隧道的变形影响。合理地设置隔离桩能够有效减小隧道变形，提高隔离桩工作效率；相反，若隔离桩设计不当，反而对隧道变形控制不利。

隔离桩在控制坑外土体、隧道水平位移时同时存在阻隔作用和牵引作用，当牵引作用较大时，隔离桩反而可加大一定深度范围内土体及该范围内隧道的水平位移。基坑开挖的卸荷效应会在坑外形成位移影响区，当隔离桩桩身主要处在此位移影响区范围内，隔离桩的牵引作用更为显著。因此提出了埋入式隔离桩，通过控制桩顶埋深调整影响区范围内桩长，有效减小牵引作用。但桩顶埋深过大导致其达到影响区边缘或超出位移影响区，阻隔作用急剧减小，同样会减小隔离桩控制效果。埋入式隔离桩可减小其牵引作用从而主要发挥其隔离作用，并减小隧道水平位移。同等条件下，隔离桩距隧道较近时隔离效果更好。

2）隧道内注浆主动控制

如若基坑开挖过程中设计或施工不当，施工前缺少隧道变形控制措施的制定，则隧道很可能会因基坑开挖卸载作用产生过大变形。在隧道内进行微扰动袖阀管注浆，作为对隧道不利变形进行纠偏的有效手段，在上海地区的隧道病害治理中得到了一定程度的应用。

注浆能有效改善隧道横向收敛、减小接头张开量。在注浆初期，注浆对隧道横向变形的影响以管片转动为主，该阶段隧道接头张开量减小显著，而隧道收敛减小则相对缓慢；随注浆量的增加，注浆引起的管片运动以刚体平动位移为主，该阶段隧道横向收敛显著减小，但注浆引起的接头错台量和隧道侧向位移则不断增加。

3）隧道外注浆控制

针对基坑开挖引起的基坑外隧道向基坑方向的位移，可在基坑与隧道之间设置竖向袖阀管注浆，通过注浆产生的水平向和竖向力，可使强迫隧道发生设定的水平向和竖向的位移，从而控制基坑施工引起的基坑外隧道变形。

4）主动控制基坑变形

当基坑邻近既有地铁隧道、车站较近时，采用其他手段难以控制基坑变形时，在实际工程中已有采用在基坑水平刚支撑两端与地下连续墙连接处，设置液压伺服控制的千斤顶，根据基坑变形、基坑外隧道变形，动态调整支撑轴力，从而达到控制隧道变形的目的。

3. 基坑工程的连续破坏与控制

与结构工程中连续破坏问题研究已经较为成熟相比，在深基坑工程等岩土工程领域，连续破坏问题还很少有学者研究。但事实上，由于深基坑工程的复杂性和不确定性较高，已经发生的较多事故表明，其发生重大连续破坏工程事故的概率可高于结构工程，同时基坑工程连续破坏事故的影响程度和破坏程度也不亚于结构工程。针对上述问题，将基坑连续破坏分为三大类，分别为基坑在剖面内的连续破坏、基坑沿长度方向上的连续破坏、基坑水平支撑结构的连续破坏，并对基坑各类连续破坏问题的发生、发展及终止机理进行了大量的数值及试验研究，初步建立了深基坑连续破坏问题的理论框架。

（1）基坑在剖面内的连续破坏

基坑在剖面内的连续破坏经常由局部破坏引起，进而由一种形式的破坏引发其他形式的破坏，由局部破坏引发整体破坏。例如在杭州地铁湘湖站基坑垮塌事故中，如图 4.16–9 所示，西侧局部地连墙首先发生破坏，进而导致水平支撑体系失效、西侧基坑外土体发生滑动面经过墙体断裂处的整体失稳滑动、东侧地下连续墙倾覆破坏等多种破坏模式依次发生。

基于杭州地铁坍塌案例，采用离散元对基坑剖面内的破坏过程进行了模拟，并对其中的连续破坏现象进行了分析。数值模拟得到的连续破坏模式与实际工程事故较为接近。同时数值模拟研究也发现，地连墙与水平支撑间强度较高的节点连接（冗余度较高）能够显著减轻基坑垮塌时的破坏程度，基坑支护体系冗余度的提高可以有效抵抗连续破坏的发生与发展（图 4.16–4）。

图 4.16–4　杭州湘湖站基坑坍塌形态（坑内支撑及淤泥清理后）[7]

（2）基坑沿长度方向上的连续破坏

1）模型试验

大长度基坑发生了一些沿长度方向上由局部破坏引发数十米至一百米以上的连续破坏事故，然而基坑由局部破坏发展为大规模连续破坏的机理却少有研究。程雪松、郑刚等（2015）[8] 设计了悬臂排桩支护基坑局部支护桩破坏倒塌的模型试验，对局部破坏引发的土压力和支护结构内力变化等规律等进行了研究。结果表明，基坑局部垮塌会引起邻近桩的土压力和桩身内力瞬间增大，随后坑外土体滑塌进基坑内，造成邻近支护结构主动区卸载，但此卸荷过程相对滞后。据此，提出了荷载传递系数的概念，即局部破坏引起相邻不同位置的其他桩内力的提高倍数，其与邻近桩承载力安全系数的相对大小决定着连续破坏是否能够发生与发展。

2）数值模拟

程雪松、郑刚等（2015）采用显式有限差分法对局部破坏情况下的荷载传递机理进行了较为系统的研究。数值模拟结果表明，围护桩局部破坏将在主动区土体中形成显著的土拱效应。土体强度越高，荷载传递系数越高。另外，排桩顶设置的连续冠梁可以降低传递系数，对提高基坑支护结构抗连续破坏能力有重要作用。

(3) 基坑水平支撑体系的连续破坏及冗余度

以环梁形式的水平支撑体系为例，通过设计不同的环梁支撑平面布置方案，利用离散元软件 PFC，通过 FISH 语言二次开发定义了钢筋混凝土杆件的破坏准则，实现了局部构件破坏时水平支撑结构体系的连续破坏模拟，同时实现了水平支撑体系的整体破坏荷载确定。在此基础上，其进一步提出了一种考虑水平支撑设计荷载的冗余度评价指标，即综合冗余度因子，并对有、无角撑支撑体系的冗余度进行了定量分析对比，表明此指标可以更为直观地体现水平支撑体系在局部破坏的情况下是否能够继续承担设计荷载而不至于发生连续破坏直至整体破坏，具有更明确的理论与实用意义。

针对环梁水平支撑体系的研究还表明，对于要求变形和受力尽量均匀的环梁支撑体系来说，在满足刚度均匀的前提条件下合理增加传力路径来提高冗余度尤为重要。建议对重要、复杂的基坑水平支撑体系进行冗余度分析及优化，并在施工过程中对关键构件进行重点监测与保护。

(4) 深基坑防连续破坏设计

1) 深基坑防连续破坏冗余度概念和定义

冗余度是结构体系抵抗连续倒塌能力的一种体现，充足的冗余度能够保证结构的局部破坏不向外扩展，从而避免连续破坏或倒塌的发生。因此，鉴于基坑工程安全的重要性及破坏后果的严重性，有必要将冗余度理论引入基坑支护体系的设计中，以提高支护结构的防连续破坏能力。对于基坑支撑体系来说，其进行冗余度设计的目的就是，通过合理地布置支撑体系，采取必要的连接构造措施，在不增加支撑体系造价或造价增加很小的前提下，增加支撑体系的传力路径，防止局部支撑构件的削弱、破坏引起整个支撑体系的变形显著增大或崩溃失效。基于工程实践和理论研究，可将基坑支护体系冗余度分为如下几类：

①基坑水平支撑系统的变形冗余度；

②基坑水平支撑系统的稳定冗余度：同一道水平支撑系统的冗余度；多道水平支撑的冗余度；水平支撑与竖向挡土结构（或腰梁）的连接节点冗余度；

③基坑竖向支挡结构的变形冗余度；

④基坑竖向支挡结构的稳定冗余度；

⑤水平支撑竖向支承结构的冗余度。

2) 深基坑防连续破坏冗余度设计方法

基于连续破坏模拟分析及典型基坑坍塌事故分析，初步提出了如下几个增强基坑支护结构体系冗余度的防连续破坏设计方法。

①增加传力路径：通过支护结构的合理布置及设计，增加支护体系的传力路径；

②间隔加强法：针对性设计对围护桩（强）、支撑体系每隔一定距离设置加强单元；

③保证节点强度：通过加强支护结构连接节点的强度，提高支护体系的整体性和鲁棒性；

④保证延性：保证支护结构的节点和构件均具有足够的延性；

⑤增强横向连续性：通过设置具有足够强度的连续腰梁、冠梁等横向构件来增加支护体系水平方向上的冗余度，这一点在支护结构平面形状为外凸形或者是阳角时尤为重要；

⑥加强关键构件：加强对关键构件的设计，使其具有更高的强度与延性。

4. 盾构法隧道施工引起变形控制

在盾构法隧道的施工过程中，各种参数的离散程度高、不确定性大，比如其土仓压力、千斤顶顶推力、盾构机姿态、盾尾注浆施工参数等不断变化，因此盾构隧道通过不同地质条件的土层、施工单位采用不同的施工工艺和不同的施工精度均会导致所产生的地层损失和加固土体的性质具有较大的离散性，对预测和控制地表沉降会造成较大的困难。但目前更大的挑战是在城市中心区域，既有建筑物密集，道路、管线错综复杂，盾构法隧道施工的环境敏感程度很高，特别是一些古老建筑和长期腐蚀条件下的市政道路、管线，抵抗变形的承受能力大打折扣，对盾构法施工中的反应更为剧烈，故对盾构法施工中各种参数的精细化控制也提出了更高的要求。对此，国内外学者进行了大量的计算、试验研究和现场监测总结。

（1）数值仿真

随着隧道掘进过程的进行，土体从初始应力状态转化成二次、三次应力状态，数值方法可以考虑这种土体应力的变化，更重要的是，可以研究不同盾构掘进参数下对土体位移分布、复杂施工工况以及隧道与土体的相互作用等影响，可考虑的影响因素较全面，可重复性强，有利于找到规律。因此近年来在盾构法隧道工程中大量应用，其中以有限单元法（FEM）、有限差分法（FDM）和离散元法（PFC）的应用较为广泛，特别是盾构掘进过程的精细化数值模拟方法，即较全面地考虑了千斤顶推力、开挖面土压力、刀盘超挖、盾尾空隙闭合、盾尾注浆、自重、掌子面刀盘扭矩和壁后注浆浆液逐渐硬化等因素，实现了对盾构法施工关键参数的预测及对各参数相互关系的分析，在此基础上利用摩尔库伦屈服准则对盾构隧道重叠段进行了横向近接分区，采用位移变化速率准则对盾构隧道重叠段进行了纵向近接分区。

盾构掘进过程的参数化分析中，Kasper 和 Meschke（2004，2006）结合实测结果的对比验证，利用有限元精细化模拟了软土中盾构隧道注浆体刚度和渗透性随时间的变化；滕丽等（2012 年）采用 PFC2D 颗粒流程序和 Plaxis3D 有限元软件对盾构穿越砂卵石地层地表沉降特征进行了宏观数值模拟。

通过对上述学者研究的总结，关于盾构掘进过程对周围地层影响的研究仍存在一些不足。对于一个给定场地、施工方案的盾构隧道，其盾构力学掘进参数，如盾壳摩擦力、掌子面压力、刀盘扭矩等，对周围地层的影响就变得尤为重要，但是往往这些参数之间的关系非常复杂以至于很难清楚地确定不同的参数组合和地层变形之间的关系。

一般认为，盾构掘进速度是盾构力学掘进参数的一种综合反映，许多学者采用理论公式、力学极限平衡方程和监测记录等方法研究和确定了盾构力学掘进参数和掘进速度之间的关系。郑刚等（2014 年）基于模糊集合理论定义了盾构“正常掘进速度”下对应的盾构力学掘进参数在各自的正常取值范围内的掘进状态为盾构机的“正常掘进状态”。这样，盾构机力学掘进参数的上限和下限可以分别由正常掘进速度范围内相应力学掘进参数监测结果的最大值和最小值来表示，在盾构掘进的“正常掘进状态”的基础上，采用有限单元的数值仿真方法，进行参数化分析。

（2）试验研究

模型试验可人为控制或改变试验条件，从而得到单因素或多因素对问题的影响规律，操作相对简单，周期短，工作量小，且具有可重复性，因此在研究盾构隧道施工对周围环境变形的参数化分析方面有较大的优势和可信度。

（3）现场监测

现场实测可全面直观地揭示被研究过程的机理，可以得出所有影响因素的综合作用效果并区分出主次因素，便于从客观上把握问题的规律性，但由于较难重复进行，往往需要采用多种方法同时监测，并结合数值模拟与岩土反分析技术互相印证。

在盾构参数敏感性的现场实测研究方面，刘招伟等（2003 年）结合广州地铁的盾构施工实测结果，研究了注浆参数及盾构土仓压力对地表沉降的影响，得出适当提高盾尾注浆率和土仓压力可以有效控制地表沉降；魏新江等（2013 年）结合杭州地铁的监测结果，提出在盾构机到达前，地表沉降主要受出土率的影响，施工沉降与盾构机土舱内外压力差值成反比；Standing 等（2013 年）详细描述了伦敦硬黏土的空旷场地地表和地下的土体位移和孔隙水压力的监测结果，发现闭胸盾构的掌子面附近存在一个膨胀区（开胸盾构的掌子面附近往往是收缩区），且该膨胀现象与盾构掘进掌子面压力相关，在分析预测地表变形及周围建构筑物的变形时需要重点考虑。

5. 平行、重叠与交叠隧道

空间形式复杂的小间距隧道施工案例已屡见不鲜。但典型空间位置形式可以分为以下三种：平行、重叠以及正交（包括上穿或下穿）。下面将就这三种空间形式的研究按照受关注程度逐一进行介绍。

（1）正交上穿或下穿既有隧道施工

汪洋（2010 年）等以广州地铁 3 号线大沥区间盾构隧道为研究背景，采用 1g 条件下的室内相似模型试验，引入横向和纵向等效刚度折减系数，对盾构隧道正交下穿施工所引起的既有隧道纵向变位、纵向附加轴力和弯矩、横向变形、横向附加轴力和弯矩进行了研究，得到围岩条件、隧道净距、顶推力等因素作用下盾构隧道正交下穿施工所引起的既有隧道的变形和附加内力分布变化规律。

黄德中（2012 年）等结合上海外滩通道盾构上穿越地铁 2 号线工程，采用离心模型试验对盾构上穿越对周围地层及既有隧道的影响进行了研究。

除了模型试验及离心机试验研究，廖少明（2012 年）等以及李磊（2014 年）等也分别针对上海地铁 11 号线上、下夹穿地铁 4 号线的特殊工程案例展开数值分析，得到以下上下穿越既有隧道施工建议：先下后上的穿越次序对运营隧道的保护和周边环境的控制较为有利；考虑压重效果和既有隧道的行车安全，上穿施工应以新建隧道同步压重为主，既有隧道压重为辅；穿越节点处的预先注浆引起隧道微隆以及通过后的及时二次注浆隆起，能在一定程度上抵消地层损失引起的隧道变位及长期沉降，这对控制隧道的最终沉降有一定效果。

（2）重叠隧道施工

通过离心机试验发现，重叠隧道施工，既有隧道内力会减小，就对既有隧道本身保护而言是一种有利的空间排布形式。

以广州地铁三号线大沥区间盾构隧道穿越的地层条件为背景，采用 1g 条件下的室内相似模型试验，引入横向和纵向等效刚度折减系数，对地铁盾构隧道重叠下穿施工所引起的上方已建隧道竖向位移、竖向附加轴力和弯矩、横向变形、横向附加轴力和弯矩进行了研究。

Addenbrooke 和 Potts（2001 年）等针对侧压力系数 K_0 较大的伦敦超固结黏土而建立的重叠隧道二维数值模型，研究了不同隧道间距条件下的地表沉降及隧道自身的变形，对重叠隧道“先上后下”还是“先下后上”两种施工顺序带来的影响进行了比较。

Chehade 和 Shahrour[9] 也对重叠隧道不同上下施工顺序的地表沉降及隧道本身变形进行了比较，得到了类似的结论：“先下后上”施工下的地表最终沉降以及既有隧道内力均要小于“先上后下”施工下的数值，故推荐“先下后上”的施工顺序。而这一顺序，也是目前重叠隧道工程普遍采用的施工顺序。

（3）平行隧道施工

平行隧道是地铁盾构线路最常采用的隧道空间形式，因此，针对双线平行隧道施工相互影响的研究也是最多和最深入的，其相互作用机理相对来说也是最为明确的。

二维模型试验和数值分析并不能给出新建隧道施工整个过程既有隧道的变形和受力规律。双线平行隧道三维模型试验研究、双线平行隧道现场施工全程监测以及双线平行隧道三维有限元分析也随之开展。研究结果表明，对于平行隧道施工，新建隧道对既有隧道的影响基本上符合 Yamaguchi（1998 年）等[10] 描述的规律，即新盾构隧道施工对既有平行隧道的影响可分为三个阶段：盾构接近既有隧道监测断面时，开始出现影响，既有隧道受到来自新建隧道方向的挤压；盾尾经过既有隧道监测断面时，受盾尾间隙的影响，开始出现卸荷；盾构远离既有隧道监测断面，影响逐渐消失，作用在既有隧道管片上的荷载有所恢复，最终产生一定的残余力。

相互作用机理解释方面，国内外已有工程实测表明，即便盾构开挖面土仓压力值小于埋深处土体静止土压力，刀盘两侧土体仍然会有向外的位移产生，有必要对这一科学问题进行数值研究，从而获得合理的解释。

（4）土拱效应对既有平行隧道的影响

Kim（1998 年）等[11] 在模型试验中发现，当旁边新建隧道产生土体损失时，作用在既有隧道临近新建隧道一侧的土压力会显著增加，那么这种由于“卸荷”产生的“加荷”效果只能有一个合理解释，即新建隧道拱顶上方产生的竖向土拱效应。Lee（2006 年）等[12] 对隧道拱顶卸荷引起的竖向土拱效应进行了量化和研究。

Zheng（2015 年）等以天津地铁 2 号线某小间距隧道区间工程实测为背景，利用三维数值模拟，开展了新建隧道施工对既有隧道的全过程分析。研究发现：当土仓压力小于埋深静止土压力时，刀盘前方土体发生指向盾构机内部的位移，前方形成水平土拱，拱脚刚好作用在与既有隧道之间的土体上，从而对旁边既有隧道管片造成挤压。

当土仓压力在一定程度上小于埋深处静止土压力时，会形成水平土拱效应，对刀盘两侧土体造成挤压。需要设计精细可控的模型试验来研究水平土拱的形成条件及其作用范围。

6. 盾构隧道的连续破坏

（1）隧道破坏准则的制定

国内外关于隧道破坏规律的研究主要通过数值理论分析和试验研究，研究主要集中在隧道整环变形破坏模式和管片接头破坏模式两个方面。

在隧道整环破坏模式研究方面，王如路等研究了隧道横向变形随压载的变化发展规律，建立了隧道直径变化和混凝土受力、螺栓受力以及接头张开量之间的关系，提出了以隧道直径变化作为隧道横向结构性态发展的判定指标。

封坤等对南京长江隧道原型管片衬砌结构进行了试验研究，并对大型水下盾构隧道结构在通缝和错缝拼装方式下的不同破坏特征进行了探讨。

毕湘利等针对轨道交通通缝拼装的盾构隧道结构的承载性能，进行结构的足尺静载试验。

在管片接头破坏模式的研究方面，周海鹰等进行了接头原型破坏试验，得到了接头在不同轴力作用下的极限承载弯矩值。董新平等提出了可用于分析管片接头破坏历程的简化解析模型，并对简化模型在线性转动、接头张开、接头屈服等不同阶段的接头截面应力分布和转动情况进行了分析和推导，在不考虑接头螺栓作用的前提下推导了接头的极限承载力包络线。郑刚等考虑螺栓的作用，推导了接头的极限承载力包络线。这些研究可用于实际工程中灾害环境下隧道是否安全的判断标准。

（2）隧道连续破坏机理研究

目前隧道的坍塌问题研究主要集中于暗挖法施工的隧道，且主要集中于开挖面的坍塌问题。鉴于实际工程坍塌研究的复杂性以及足尺试验的昂贵成本，有限元和离心机试验被广泛用来进行研究。

根据研究，提出了如下防连续破坏措施：

1）防止局部破坏发生：在隧道易发生局部破坏的区域，对盾构隧道管片连接螺栓进行加强；对易破坏区域的隧道外土体进行加固；对易破坏区域在隧道内设置临时加固措施等。

2）控制局部破坏发展范围：在邻近易发生连续破坏区域设置若干环加强环，防止局部破坏，一旦发生可将其控制在局部破坏范围；

3）防止连续破坏：在易发生局部破坏区域外，每隔一定距离设置隧道加强段，控制连续破坏发展范围。

7. 地下工程漏水漏砂灾害引起的变形及控制

（1）漏水漏砂灾害的工程实例分析

地下工程灾害主要是由地下水引起的，而漏水漏砂（Invasion of groundwater and associated ground loss）是地下工程灾害的主要诱因之一。

城市隧道工程漏水漏砂灾害主要包括管片张开量过大引起的灾害事故、盾构施工过程中盾尾与螺旋输送机涌水涌砂引起的工程事故与盾构机出洞、入洞过程中破除地连墙时引起的工程事故。

富水砂层中施工的盾构隧道，砂土极易通过管片的间隙或者衬砌的缝隙涌入隧道。

盾尾或者土压平衡盾构的螺旋输送机出口极易发生涌水涌砂事故。盾尾涌水涌砂主要由盾尾密封不严或者盾构机姿态偏差引起；螺旋输送机喷涌主要由于富水砂层土体改良效果不佳，水压过大引起。朱伟等（2004 年）分析了深圳、广州、南京以及上海地区螺旋输送机发生喷涌的案例，提出了喷涌的判别标准。徐泽民等（2013 年）报道了天津地铁穿越历史风貌建筑过程中的多起漏水事故，分析了漏水发生的原因与对策。

盾构机在出洞或者入洞的过程中，需要凿除地连墙，在震动荷载作用下，车站基坑外若存在砂层，极易导致其液化从而涌入基坑内。台湾高雄市地铁、广州珠江新城旅客自动输送系统等均曾发生凿除地连墙过程中涌砂涌水从而引起严重事故的案例。采取冻结法或注浆进行土体加固的施工缺陷也是这种事故发生的原因之一。

基坑工程漏水漏砂事故主要由围护结构止水帷幕施工缺陷或者地下连续墙出现孔洞导

致。地下连续墙缺陷主要由接缝施工缺陷、浇筑混凝土时的空气夹层以及膨润土夹层引起。

荷兰阿姆斯特丹市的 Vijzelgacht 车站基坑曾由于接缝处的膨润土夹层引发地连墙漏水漏砂事故，涌水量达 20m³/h，最终引起地表沉降达 140mm，地表历史建筑严重开裂，因开裂而加固的建筑如图 4.16–5 所示。

图 4.16–5　基坑漏水漏砂引起地表建筑开裂

无论是基坑工程还是隧道工程，漏砂漏水均成为地下工程灾害发展的主要诱因。

（2）漏水漏砂灾害的数值模拟研究

地下工程漏水漏砂引起的灾害是一种非线性多场耦合动力问题。传统的有限单元法、有限差分法等已很难满足灾害模拟的需求。然而漏水漏砂灾害是一个渐进发展的过程，以地铁隧道为例，往往会经历管片接缝漏水→管片周围土体侵蚀→漏水漏砂灾害等发展阶段，前两个阶段已有大量学者进行了相关研究。

对于管片接缝漏水的数值模拟，目前正向精细化的方向发展。

管片周围土体侵蚀目前主要的模拟方法均预先假定土体侵蚀范围，将该范围内单元“杀死”，以进一步分析管片内力、土压力的变化等。

近年来多种可以考虑耦合问题的数值模拟方法的提出为漏水漏砂灾害的模拟提供了可能，例如 SPH 方法（NI J C，CHENG W 等，2009 年）、SPH 与 FEM 耦合的方法（王维国等，2013 年）、格子—玻尔兹曼方法（LADD A J C，VERBERG R，2001 年）以及 PFEM 方法（OÑATE E 等，2008 年）。这些方法虽然在某些条件下可以获得较为满意的精度，但其模拟规模十分有限，计算成本较高。离散元方法可克服土体宏观连续性假设的缺陷，在处理岩土工程大变形问题具有较大优势。将离散单元法与计算流体力学结合起来，可以在较为粗糙的尺度上取得较为满意的模拟结果。

（3）漏水漏砂灾害的模型试验研究

目前对于漏水漏砂灾害的试验研究主要集中在隧道工程方面。在管片接缝漏水→管片周围土体侵蚀→漏水漏砂灾害的发展过程中，接缝漏水的试验研究进行得较早，其出发点是测试管片弹性密封垫的防水性能，并提出相应漏水标准。目前常用的试验方法有“一字缝”与“丁字缝”试验，可得出临界漏水压力与临界漏水张开量。我国目前已设计出管片张开量 6mm、承受水压 1.3MPa 的密封垫形式。

然而，以隧道防水为出发点的研究难以满足灾害预防与预测的要求。由于灾害模拟的困难性，目前的试验研究以模型试验为主且大多针对岩石隧道，主要以揭示灾害的发展发生机理为目的。

针对地下工程漏水漏砂问题，通过模型试验研究了不同缝宽下漏水漏砂对土体的变形的影响，尽管模型试验可在一定程度揭示灾害机理，仍需进行更符合工程实际的大尺度试验。

（4）漏水漏砂灾害的控制方法

根据已有事故的工程经验，许多学者提出了灾害治理的应对措施，然而针对具体工程尚应制定具体的灾害预案与治理措施。

从漏水漏砂灾害发展机理的角度出发，主要有以下几点措施：

1）控制孔洞或缝隙的发展。对于地铁隧道来说，应控制管片接缝的张开量；对地下连续墙来说，应控制孔洞的持续发展。

2）对土体流失的松动区进行注浆加固，并选用快凝浆液（例如水泥水玻璃双液浆）。采取慢凝浆液不仅起不到堵漏的作用，甚至会恶化灾害的发展。

3）坑外快速降水是控制灾害发展的一个方向，此措施的关键在于降水速度。

4）在上述措施失效后，向地下结构中灌水是控制灾害发展的最后的选择。

从工程管理角度出发，主要措施如下：

1）富水砂层中施工具有较高风险，在这类地层中施工要重视其风险控制。

2）保证地连墙或止水帷幕的施工质量。搅拌桩倾斜会降低止水帷幕的止水效果，易引发灾害。膨润土夹层、空气夹层将发展为地连墙的孔洞，施工时应避免。

3）隧道施工过程中盾构机的密封性要反复确认检查，尤其盾尾密封处。

4）施工过程中进行及时的监测与信息反馈。

5）一旦发现漏水点，即使流量很小，应立即采取合理措施进行治理。

6）盾构机的始发和到达具有较高风险，应保证坑外土体加固的质量。

8. 基坑工程与地下工程引起建筑物沉降注浆治理

（1）补偿注浆抬升建筑物的工程实践

补偿注浆（compensation grouting）作为一种常用抬升工艺，多用在盾构掘进引起的建筑物沉降抬升或基坑开挖导致的建筑物不均匀沉降纠偏中。

补偿注浆抬升技术作为一种较新的施工工艺，已在国内外众多工程中应用并取得了良好的效果，但因其作用机理相对复杂，目前对于补偿注浆的机理研究远滞后其广泛应用的现状。

注浆抬升技术在国内亦有较多应用实例。如易小明等（2009 年）报道的厦门梧村山浅埋大跨隧道下穿浦南片区密集建筑群施工过程中建筑物的抬升施工。

徐泽民等亦报道了天津地铁三号线盾构穿越某建筑群的过程中，通过注浆抬升的手段对部分建筑物进行了抬升修复。

（2）注浆对变形控制的模型试验研究

采用室内模型试验可较为有效地针对单一影响因素进行研究。传统的注浆模型试验大多采用均质土样，研究浆液在均质土体中的注浆效果。注浆效果受多种因素的影响，很多学者采用室内模型试验对注浆效果的影响因素进行了研究。

（3）补偿注浆对变形控制的数值模拟方法

针对补偿注浆的作用机理研究，国内外学者进行了大量的研究工作，采用数值模拟的方式对补偿注浆的作用机理进行研究再现，以期用数值模拟的方式指导工程实践。数值模拟研究中多采用有限元或有限差分的计算方法，在模拟浆液在土体中的作用机理方面，主要采用施加体积应变或者内部中性应力的方法实现，通过在有限元模型中设置浆液体单元并施加体积应变的方式，来模拟浆液在注入土体后对周边土体的加固作用和浆液自身的膨胀作用，并将此方法应用于模拟比利时安特卫普中心车站的抬升施工和地中海某地的储油罐不均匀沉降的治理施工当中，取得了良好的模拟效果。

当因基坑工程、地下工程施工引起邻近的地面、建筑物等发生沉降时，土质条件较好时，采用注浆抬升可有效控制住建筑沉降，甚至实现建筑物的抬升并将变形恢复至允许范围内。对于正常固结或欠固结的软弱地基上的重量较大的建筑物，一旦因基坑工程、地下工程施工引起较大沉降时，采用一般的注浆措施是难以对建筑物实现有效抬升的，对建筑物持力层范围内的软弱土层进行预先加固、利用多次重复注浆对土层产生超固结、预先进行封闭注浆等措施，可一定程度上提高注浆控沉、抬升效果，但仍需进一步研究提高抬升效果的理论、方法与技术。

四、结论与建议

1. 随着基坑与隧道周边环境的日益复杂，对基坑工程和隧道工程施工引起的变形要求越来越严格，当基坑和隧道邻近既有已运营隧道、医院、机场等变形要求严格的环境条件时，基坑工程和隧道工程施工引起的变形需控制在 mm 级。目前基坑工程和隧道工程施工引起的环境变形的控制措施还不能完全满足工程实践的需要。因此，需在现有的理论、方法、技术基础上，发展适应新的环境条件的基坑工程和隧道工程的设计理论与方法、施工技术与装备。

2. 国内外岩土工程（包括基坑工程和地下工程）的稳定设计理论目前仍停留在基于平面问题的假定。大量的基坑工程和隧道工程的事故表明，基坑工程和隧道工程可因局部破坏发展为渐近破坏甚至连续破坏，导致产生大范围的破坏。因此，需发展基坑工程与隧道工程的防止连续破坏的设计理论与方法。

3. 目前基坑工程、地下工程施工引发的环境变形及引起的社会矛盾、工程事故仍然较多，复杂环境条件下的隧道工程的设计、施工还需开展进一步的研究。

4. 在基坑工程和地下工程中发展绿色、节能降耗的设计与施工技术是今后的一个重要发展方向。

5. 随着地下空间的利用向更深的层次发展，建议尽早开展 40m 深度以上的大深度基坑工程和地下工程的设计理论、施工技术、先进技术装备的研究，为我国深层次地下空间的开发提供技术支撑。

参考文献

[1] Structural use of concrete: Part 1: Code of practice for design and construction[S]. British Standard Institute, 1997.

[2] Progressive collapse analysis and design guidelines for new federal office buildings and major odernization projects [S]. U.S. General Service Administration, 2003.

[3] European Committee for Standardization. EN19912127: 2006, EurocodeI: Actions on Structures. Part 127: General Actions2Accidental Actions[S]. Brussels, 2006.

[4] 上海市市政工程管理局 . 上海市地铁沿线建筑施工保护地铁技术管理暂行规定 [Z]. 沪市政法（94）第

854 号，1994.
[5] 中华人民共和国住房和城乡建设部 . 城市轨道交通结构安全保护技术规范 GJJ/T 202－2013[S]. 北京：中国建筑工业出版社，2013.
[6] 中华人民共和国住房和城乡建设部 . 城市轨道交通工程监测技术规范 GB 50911－2013 [S]. 北京：中国建筑工业出版社，2013.
[7] 李广信，李学梅 . 软黏土地基中基坑稳定分析中的强度指标 [J]. 工程勘察，2010（1）：1 ～ 4.
[8] 程雪松，郑刚，邓楚涵等 . 基坑悬臂排桩支护局部失效引发连续破坏机理研究 [J]. 岩土工程学报，录用待刊 .
[9] CHEHADE F H，SHAHROU I. Numerical analysis of the interaction between twin－tunnels: Influence of the relative position and construction procedure. Tunnel Underground Space Technol 2004，20:210 ～ 214.
[10] YAMAGUCHI I.，YAMAZAKI I.，KIRITANI K. Study of ground－tunnel interactions of four shield tunnels driven in close proximity，in relation to design and constructions of parallel shield tunnels. Tunnelling and Underground Space Technology. 1998，13（3）:289 ～ 304.
[11] KIM S H，BURD H J. and MILLIGAN G. W. E. Model testing of closely spaced tunnels in clay. Geotechnique 1998，48（3）:375 ～ 388.
[12] LEE C J，WU B R，CHEN H T，CHIANG K H. Tunnel stability and arching effects during tunneling in soft clayey soil. Tunnelling and Underground Space Technology. 2006，21:119 ～ 32.

17. 寒带隧道衬砌及围岩温度场分布的模拟研究

白娜妮[1]　杨润林[2]
1. 北京科技大学土木与环境工程学院土木工程系，北京，100083
2. 北京科技大学土木与环境工程学院土木工程系，北京，100083

引言

引起公路或铁路隧道破坏因素除荷载因素以外，在季节性冻土地区的隧道由于寒冷环境还会因温度效应给其带来额外的冻害。在寒冷地区，隧道因围岩冻胀而变形破坏的原因较为普遍和显著。在隧道开挖之前，其所在地区的岩土层有原始的稳定的热力状态；开挖后，该平衡状态被破坏，处于与外界空气相互接触、影响的新热力系统中。衬砌背后的围岩由于受到气候季节变化的影响，将形成季节性冻融圈。处于季节性冻融圈之间的地下水可随着季节反复冻胀，对衬砌形成周期性冻胀压力，这种恶性循环将会引起衬砌结构逐渐开裂破坏。由于冻胀力的发育与围岩的破碎程度密切相关，随围岩破碎程度的增加而增大，故在围岩破碎区冻胀力对隧道衬砌的破坏作用极为突出。一般而言，冻结圈外的围岩与隧道衬砌刚度越大，围岩冻结圈的深度越大，冻胀力也越大。冻胀力可以通过隧道及其周围的围岩产生相应的附加变形而得以释放。

冻区的隧道常因温度变化而出现渗漏滴水现象，导致地面湿滑或者形成悬挂在隧道上方的冰刺，严重影响通行车辆的安全。因此，近年来寒带隧道工程的抗冻防渗问题日益受到关注，研究对应隧道周围围岩的温度场分布规律就很有必要。鉴于此，本文以承德地区某一公路隧道作为研究背景，通过采用 ANSYS 软件，对开挖隧道及围岩在低温下的温度场进行了模拟分析。

一、承德某隧道的温度场数值模拟

1. 工程概况

承德市位于河北省东北部，冬季寒冷少雪；春季干旱少雨；夏季温和多雷阵雨；秋季凉爽，昼夜温差大、霜害较重。年平均气温的分布是由北向南增高。平均气温年变化特征是：从 2 月份起温度逐月增高，7 月份为最热月，8 月份温度开始下降，1 月份为最冷月。本文所给隧道初衬采用 C25 钢筋混凝土，厚度为 8cm；二次衬砌用 C25 钢筋混凝土，厚度为 30cm。图 4.17－1 为隧道模型图。

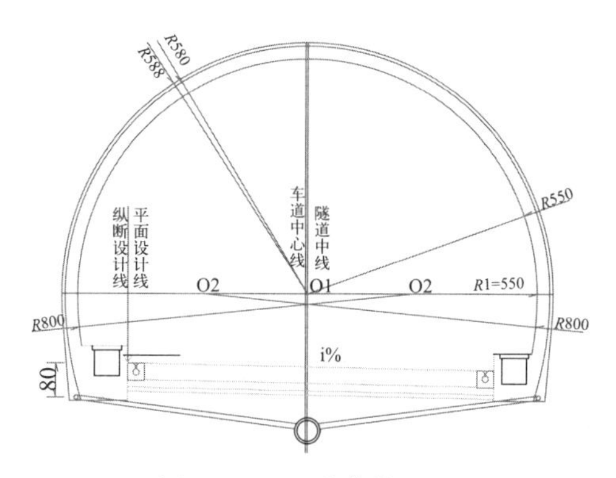

图 4.17–1　隧道模型图

2. 计算模型

考虑到隧道纵向较长，选取单位长度作为计算模型：隧道宽 60m，高 80m，衬砌厚度取 38cm。采用室外的温度作为温度荷载加在隧道模型内表面，采用三维实体单元进行瞬态模拟热分析。

3. 计算参数

隧道结构的热传导性能与衬砌材料的导热系数、比热及密度有极大的关系。衬砌材料隔热性能越好，温度传导速度越慢。隧道结构为多层均质材料，每种材料的导热系数会随孔隙率、密实度、含水量的不同而变化。在模拟中假设各层材料为均质材料，并且各向同性，其主要参数取值与温度变化无关。依据参考文献，表 4.17–1 和表 4.17–2 分别给出了围岩和混凝土的热物理参数。

围岩热物理参数　　表 4.17–1

温度（℃）	导热系数 [J/（m·℃）]	比热 [J/（kg·℃）]	密度（Kg/m³）	含水量（%）
–15	1.16	762	2700	15
–3	1.14	845	2700	15
–1	1.13	894	2700	15
20	1.09	1071	2700	15

混凝土的热物理参数　　表 4.17–2

温度（℃）	导热系数 [J/（m）]	比热 [（℃）]	密度 [J/（kg·℃）]
–15	2.56	1390	2480
20	2.23	1920	2480

4. 计算结果及分析

隧道与围岩初始温度场分布可根据统计气象条件和实测资料确定。在此基础上，可结合边界条件在在衬砌外表面进行温度加载，开始进行瞬态热分析。对于季节性寒区公路隧道，在开挖前，原始围岩温度主要受到外部环境温度及内部地热的影响，温度场基本呈水平分布，且随高程的降低而逐渐升高。隧道在开挖后，在围岩内部形成冷却洞室，将逐渐改变原有的围岩温度场分布，直至到达热平衡状态，形成新的二次温度分布。

将隧道内环境温度作为外载荷施加到隧道二衬混凝土表面后，采用三维瞬态的热传导有限元模型计算方法，对隧道埋深横断面进行数值分析后，可以得到横断面上各个部位的温度场分布。图 4.17－2 ～图 4.17－6 分别是 2d 后、4d 后、6d 后、8d 后、10d 后的温度场分布云图。

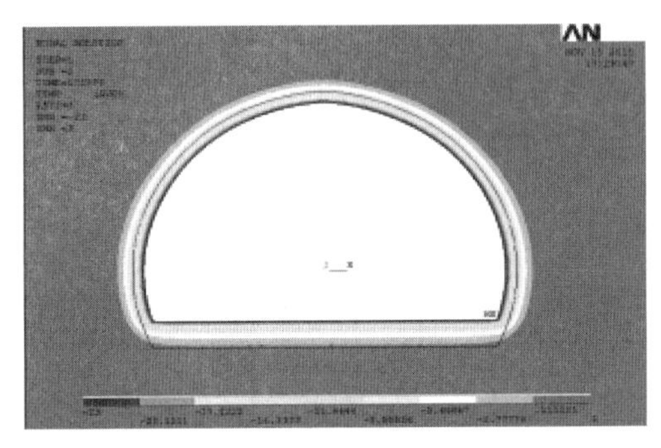

a. 室外温度为－23℃

b. 室外温度为 0℃

图 4.17－2　2d 后温度分布云图

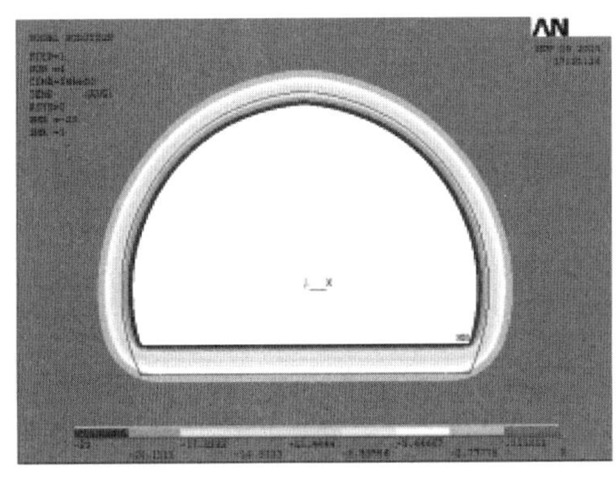

a. 室外温度为－23℃

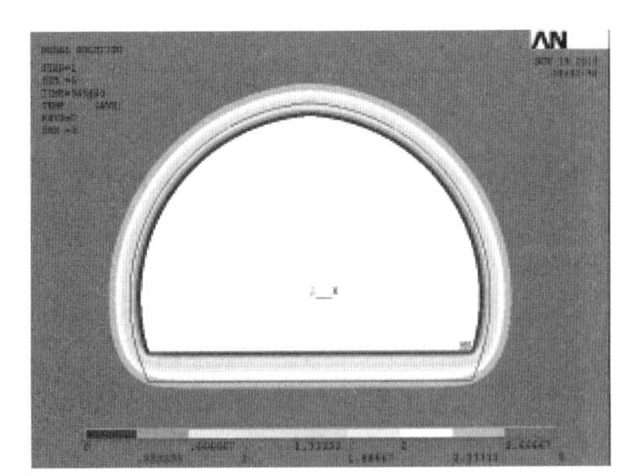

b. 室外温度为 0℃

图 4.17－3　4d 后温度分布云图

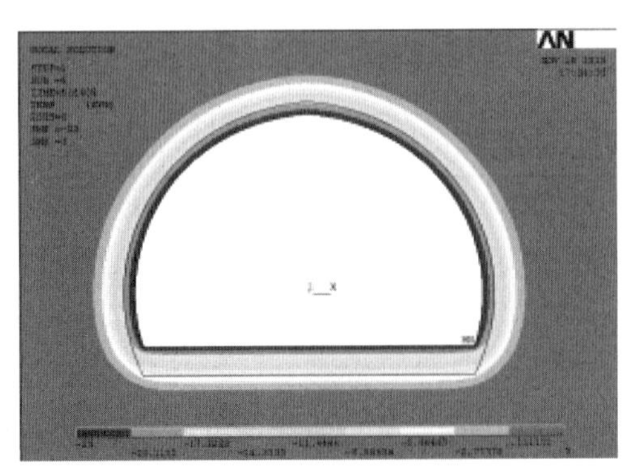

a. 室外温度为－23℃

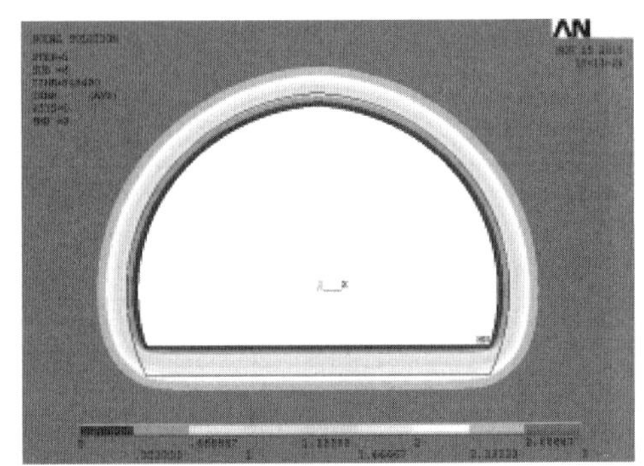

b. 室外温度为 0℃

图 4.17－4　6d 后温度分布云图

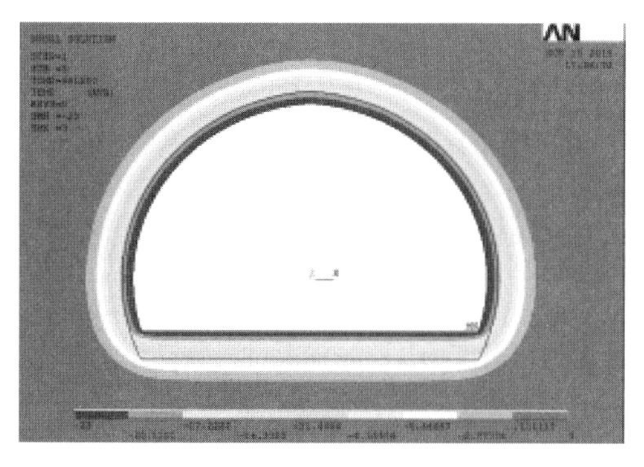

a. 室外温度为-23℃

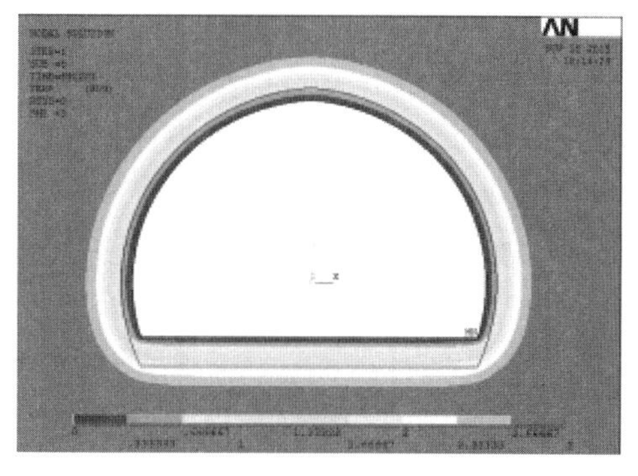

b. 室外温度为 0℃

图 4.17-5　8d 后温度分布云图

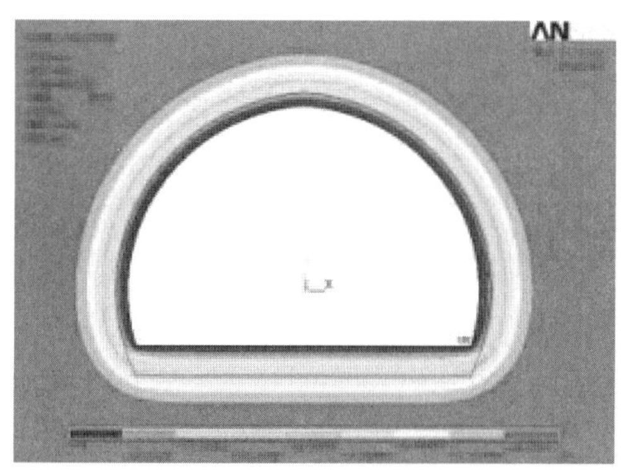

a. 室外温度为-23℃

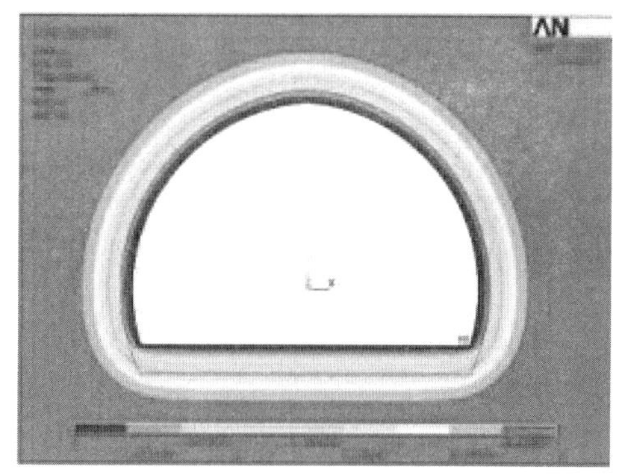

b. 室外温度为 0℃

图 4.17-6　10d 后温度分布云图

由图可见，随着时间的增加，冻融深度在不断增加。对于在冻融范围内的任意一个部位，其温度随着时间不断降低，直至形成新的平衡。

综上所述，距离隧道中心越远，温度越高，越是在衬砌表面，温度越低。随着围岩深度的增加，围岩温度与时间曲线趋于平缓，即围岩温度受隧道内气流温度的影响逐渐减小，且存在一定的滞后性。

二、结语

从上述模拟中可以看出季节性冻土地区隧道在没有铺设任何的保温隔热材料时，隧道一定深度内的衬砌及围岩的温度将直接受到大气的影响。尤其在衬砌背后若有地下水的存在时，在负温条件下，水会结冰而产生冻胀力，而温度回升到正温时，冰体融化，又产生对衬砌的卸载。随着季节在此反复的荷载作用之下，隧道衬砌会产生应力集中、强度降低，最终造成开裂、渗透，严重影响行车安全，故而应对这些季节性冻土地区的隧道合理地铺设保温材料或者加电伴热，有效减少或避免这种情况的发生。

参考文献

[1] 赖远明，吴紫汪．寒区隧道保温效果的现场观察研究 [J]. 铁道学报，2003，25（1）：81 ~ 86.

[2] 马建新 . 高寒地区特长公路隧道温度场及保温隔热层方案研究 [D]. 西南交通大学，2004.

[3] 陈建勋，罗彦斌 . 寒冷地区隧道温度场的变化规律 [J]. 交通运输工程学报，2008，8（2）：44 ～ 48.

[4] 谢红强，何川，李永林 . 寒区公路隧道保温层厚度的相变温度场研究 [J]. Chinese Journal of Rock Mechanics and Engineering，2007.

[5] Qiang F，Bin–song J. 多层介质寒区公路隧道保温层厚度计算的一种解析方法 [J]. 岩土工程学报，36（10）：1879 ～ 1887.

[6] 谭贤君，陈卫忠，于洪丹等 . 考虑通风影响的寒区隧道围岩温度场及防寒保温材料敷设长度研究 [J]. 岩石力学与工程学报，2015，32（7）：1400 ～ 1409.

第五篇　成果篇

“科学技术是第一生产力”。“十一五”和“十二五”期间，国家、地方政府和企业都加大了防灾减灾的科研投入力度，形成了众多具有推广价值的科研成果，推动了我国建筑防灾减灾领域相关产业的不断进步。通过对科技成果的归纳、总结，一方面可以正视自己取得的成绩并进行准确定位，另一方面可以看出行业发展轨迹，确定未来发展方向。本篇选录了包括综合防灾、抗震技术、耗能减震、地质灾害、防灾信息化在内的13项具有代表性的最新科技成果。通过整理、收录以上成果，希望借助防灾年鉴的出版机会，能够和广大防灾科技工作者充分交流，共同发展、互相促进。

1. 城市工程建设综合防灾技术与应用

一、主要完成单位

建设部防灾研究中心，中国建筑科学研究院，建筑安全与环境国家重点实验室，清华大学，北京科技大学，北京工业大学等

二、成果简介

我国当前的防灾减灾工作存在如下问题：灾害研究仍以单一灾种研究为主，重点研究灾害的成因、发生规律、破坏程度和防治方法等，没有考虑多种灾害的综合危险性分析和损失评估，灾害的风险管理体系尚不健全；随着社会的发展，旧灾新害与新型灾害的出现使社会风险进一步扩大，而现有研究对象的潜在风险的重视程度仍很不够；现有成果技术集成度不足，综合应用效果不明显，对实际工程减灾指导效果有限；快速响应和应急处理机制不健全，技术水平低，资源优化配置也不合理。

基于以上现状，住建部防灾研究中心申请了院自筹基金课题《城市工程建设综合防灾技术与应用研究》，旨在总结分析中国建筑科学研究院与合作单位近二十年来的防灾相关成果，利用综合防灾减灾设计理念对成果进行凝练，强调各灾种技术集成，避免在资源分配、防灾空间利用、疏散路线等方面出现重复建设和资源分配冲突情况，规范灾害综合评估工作，并利用信息化的技术手段提高灾害信息采集和快速处理水平。

该课题的特点是突出了包括城市区域、单体建筑、大型综合体、生命线工程、人员活动等应用载体，针对各灾种的作用特点，以对灾害致险度和承灾体脆弱性的风险评估为基础，构建相应的风险量化评估模型，形成灾害风险损失度评估的实用性方法；从建筑综合防灾角度出发，针对特殊建筑的抗风、抗震、防火及地基特点进行了性能设计研究；建立了包括规划、设计、灾害救援及重建的防灾工作平台，提高了防灾规划、防灾设计、灾害风险评估及应急救援效率；研发了抗震防灾信息管理系统并应用于抗震防灾规划，进行城市建（构）筑物的震害预测、经济损失和人员伤亡估计、避震疏散模拟及避难场所规划等；研究成果已在大型城市交通枢纽的安全设计、“中国尊”防灾性能研究、泸州市抗震防灾规划中得到应用。

课题成果为提高国家综合减灾能力提供了有力的技术支撑，使我国综合防灾减灾工作向实用化、信息化、系统化发展迈出了坚实的一步。另一方面，通过本课题的实施，将院内外相关力量组织起来，从更广泛的角度对灾害的成因和发展过程进行系统研究，提高对灾害发展规律的认识水平。

2014 年 11 月，课题通过了由中国建筑科学研究院组织的专家委员会验收。验收结论认为：课题组提供的资料完整，符合验收要求……课题研究成果具有国际先进水平，并有较好的应用价值。课题成果在实际工程中得到应用，取得了良好的效果，具有良好的推广应用前景。

2. 基于智能手机和 Web 技术的建筑震害调查系统

一、主要完成单位

北京科技大学，清华大学

二、成果简介

传统的震害调查往往依靠人工进行震害数据的收集、统计与分析，工作量大，出错率高；数据整理的科学性、有效性、时效性难以满足实际需求。而移动互联网的普及，尤其是“互联网 +”时代的到来，又为新时期下的震害调查提供了前所未有的手段与机遇。

本文提出了一种全新的震害调查辅助系统——EqGIS：利用智能手机移动应用采集震害数据，基于服务器数据库储存和管理数据，通过网页呈现与分享数据，三位一体；以房屋对象为中心，将图片、音频、视频、GIS 数据有机整合，形成结构化的数据管理系统。

该系统由服务器端、手机端和 Web 端构成：在服务器端，一个面向建筑的数据库被建立，使得建筑成为信息采集和管理基本单元；在手机端，一个信息采集程序被开发，建立了多媒体数据与建筑的关联；在 Web 端，数据被进行智能解析和存储，并在 GIS 云平台实现可视化。系统在 2015 年尼泊尔地震我国西藏地区的建筑震害调查中得到了成功应用。

由于灾区网络条件非常差，西藏震害调查采集的数据无法直接传输到 Web 端，需要调查结束后，在 Web 端直接上传照片。首先，将采集的 100 张西藏震害照片上传到 Web 端上。基于本文的多线程方法，100 张照片可以在 1 分钟内被一次性解析和存储，得到的图片列表如图 5.2–1 所示。

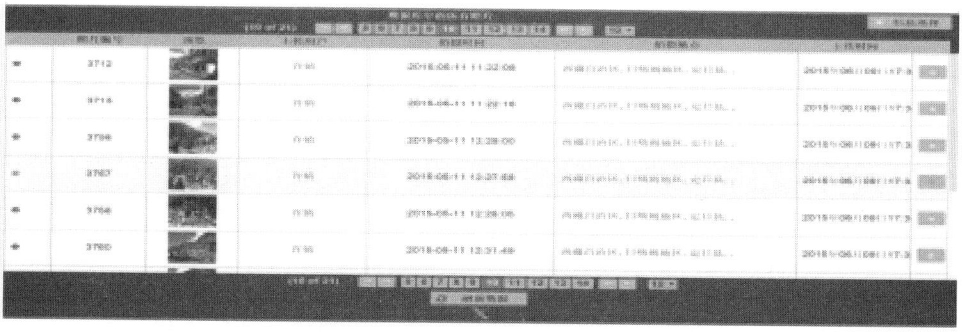

图 5.2–1　上传到 Web 端西藏震害照片列表

系统结构的数据非常利于检索和管理，可以从结构类型、震害等级、楼层数等多个维度进行分类搜寻。特别说明的是，通过本文提出的照片地址信息获取，可以将 GPS 坐标转为地址信息，从而实现了通过地址搜寻震害数据的功能，如图 5.2–2 所示，大大提升了震害数据管理的便捷性。此外，这些图片信息也可以展示在地图上，如图 5.2–3 所示，从而直接展示了建筑震害的空间分布情况以及直观的建筑震害细节。

图 5.2–2　图片拍摄位置的解析与检索

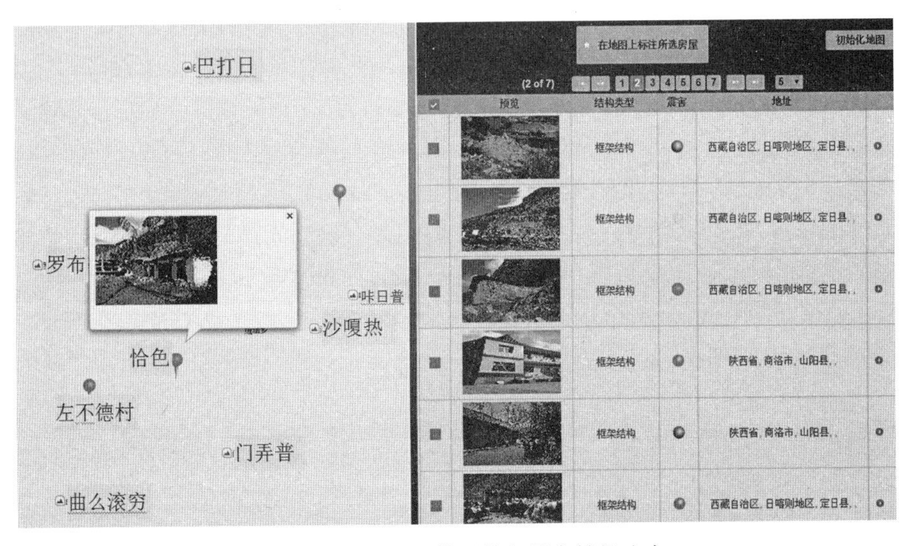

图 5.2–3 基于 GIS 的图片和震害等级分布

该算例表明系统可以采集丰富的数据，并进行智能解析，从而建立起结构化的震害数据库，便于数据的管理和展示，为震害调查提供了高效的工具。

3. 一种生态型高抗型集成房屋

一、主要完成单位

湖南绿广景观新材料有限公司，湖南绿广住房工业有限公司

二、成果简介

生态型高抗型集成房屋，是一种组配式新型集成房屋建筑，本课题研发的生态型高抗型集成房，包含15项专利技术，其结构由钢构框架系统、墙板系统、楼板系统、屋面板系统构成，每个系统由数个单元模块组成；单元模块在工厂完成制造，在现场安装时，将各个模块或系统组装为成套房屋。这种分部组配式生态型高抗型集成房屋，可应用于组合式别墅、休闲会所、中低层住宅、中低层办公楼、教校楼、新农村建设房、岗亭、房车等建筑领域。

（一）房屋钢构框架系统：房屋主体框架为钢构结构，根据房子的层高和跨度的不同，选择性采用方型钢、工字钢、H型钢，通过下述专利连接件和专利构架方式组成屋构系统。

1. I型柱梁连接件：I型构架主要应用于单层至三层的房屋，其柱梁组合方式采用I型柱梁连接件连接（专利号：ZL 2013 2 0231578.9　ZL 2013 2 0231711.0　ZL 2014 2 0245686.6）。

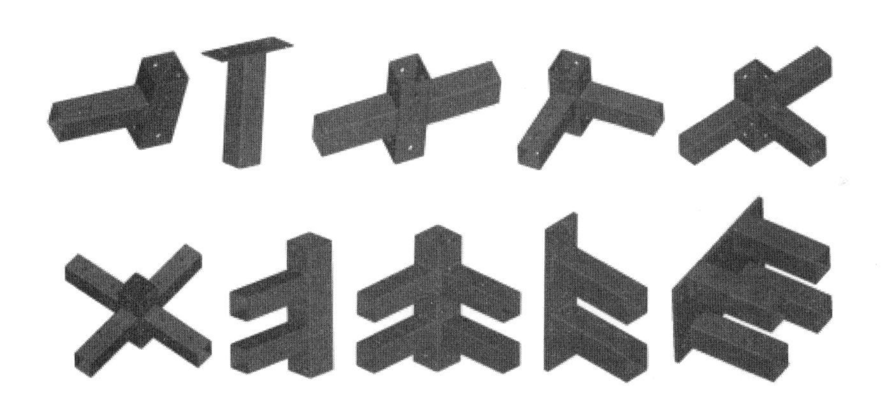

2. Ⅱ型柱梁连接件：Ⅱ型构架主要应用于三层至中层的房屋，其柱梁组合方式采用Ⅱ型柱梁连接件连接，Ⅱ型连接件分为管型和通用型两种形式（专利号：ZL201420245686.6 ZL2013.2.0231711.0　ZL2013.2.0231578.9）。

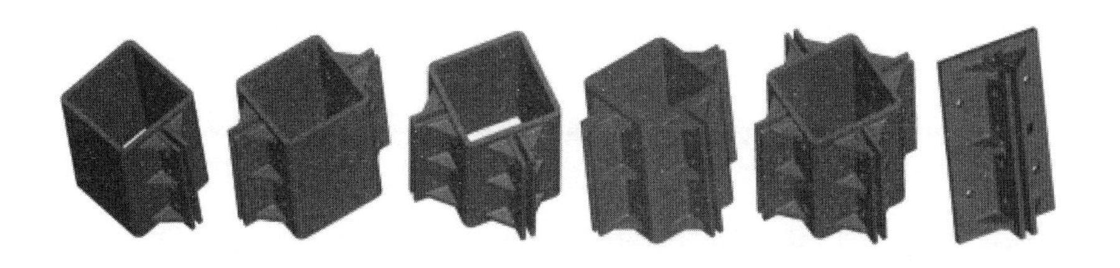

3. 加固支撑枋和可调节屋檩连接件（专利号：ZL 2013 2 0231322.8　ZL 2014 2 0245626.4

ZL 2014 2 0245588.2　ZL 2014 2 0245607.1）。

4. 房屋钢构架组合方式：房屋钢构架每个节点均采用专利连接件、强力螺杆连接，为加强连接节点的强度，可以在螺杆连接的基础上配合焊接加固（专利号：ZL 2013 1 0158118.2　ZL 2014 2 0548681.0　（受）201410490610.4　（受）201410489896.4）。

构架示意图

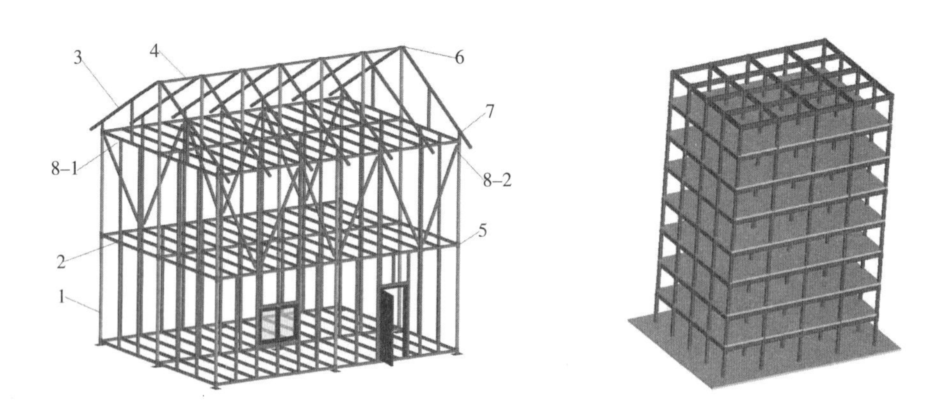

（二）房屋墙板系统 专利号：（受）201410202674.X

本课题所研发的墙板为剪力墙板，根据楼层高度的不同，选择性采用预制配筋轻质剪力墙或预制装配钢筋混凝土剪力墙。前者是以管型钢为龙骨加强筋，以耐腐性的生态型轻质板材（如水泥纤维板、塑木板、锌铝板、FRP 板等）和保温材料叠合预制成内外墙板，墙板通过强力螺杆固定在房屋框架上进行安装，这种墙板主要用于楼高三层以下的房屋建筑；后者是利用建筑外墙和内墙隔墙位置布置预制的钢筋混凝土结构墙，安装时，墙板的各个预埋件采用强力螺杆连接或焊接在房屋框架上，预制装配钢筋混凝土剪力墙主要用于四层以上的房屋建筑。预制装配钢筋混凝土剪力墙有时还可以与周边柱、梁、楼板同时浇筑。

（三）房屋楼板系统 专利号：（受）201410202674.X

楼板可选用以下两种形式：一是轻质预制整体蜂窝楼板，以合金或玻璃钢格栅为龙骨，上层铺设楼板层，下层为隔声层和底层板，这种预制式轻质楼板主要应用于和轻质墙板的房屋建筑配套；另一种是由预制板和现浇钢筋混凝土层叠合而成的装配整体式楼板（通常称叠合楼板），这种楼板主要应用于剪力墙与周边柱、梁、楼板同时浇筑的情形。

（四）屋面板系统 专利号：（受）201410202674.X

以耐腐性的生态型轻质板材（如水泥纤维板、FRP 板、塑木板、欧松板等）和保温材料预制成屋面系统的上下屋板，在上层板上铺装屋瓦，下层板表面直接进行室内装饰。

三、产品特点

（一）房屋抗震能力强

1. 房屋框架为钢构结构，并且以螺杆连接和焊接连接双重方法进行节点加固，增强结构强度。这种钢构结构属于柔性结构，抗拔、抗剪切能力强，能有效地迅速地吸收地震能量，大大降低地震响应及灾害影响程度。

2. 在房屋或构筑物中，砌体墙主要承受风荷载和竖向荷载重力，而剪力墙不只是承受风荷载和竖向荷载重力，承受地震作用引起的水平荷载的能力增强。在抗震设防区，剪力墙能够防止结构剪切破坏。

3. 房屋框架、墙板、楼板、屋面层等预制单元模块，自身重量轻，大约为钢混水泥结构重量的 1/3，地震发生时，其灾害影响程度大幅度降低。

（二）生态型建筑

1. 房屋建筑使用的材料环保，不含有毒物质和放射性物质；房屋进行装饰时，油漆和涂料的使用量很少。

2. 房屋建筑板块大部分在工厂完成预制，建筑过程中废渣、废料、废气的排放量显著减少，排放量还不到传统建筑的 10%。

3. 房屋建筑过程短，与传统建筑相比，可以节省一半以上的时间，大大缩短建筑污染的时长。

4. 房屋可以组拆移动，因而实现了重复利用和循环利用；房屋使用寿命到期后，建房材料绝大部分可回收再利用，大大地减少建筑拆迁的深度污染。

5. 属于板块连接结构建筑，建筑施工过程不需要大面积破坏土壤和环境。

本文执笔：刘子叔

4. 液体黏滞阻尼器在建筑上的防灾减震作用

一、主要完成单位

北京奇太振控科技发展有限公司，中国建筑设计研究院工程抗震研究所

二、成果简介

从1999年开始，把美国先进的液体黏滞阻尼器技术引入中国，完成了北京十大建筑之一的北京火车站抗震加固工程，为该大跨空间结构安置了32个泰勒公司液体黏滞阻尼器，将该结构的抗震能力从20世纪50年代的6度设防提高到了20世纪的8度抗震水平，从此将该项国际上早已开始应用的技术逐步引入中国，同时将世界最先进的唯一的“干密封”阻尼器技术、第三代阻尼器技术引入国内工程，开始了设计、应用，逐步在多方面取得了成效：

1. 增加抗震、抗风能力

改变以结构破坏为代价保护结构的延性设计理念，加设可以往复工作的阻尼器，使结构增加结构阻尼比、减少地震力、耗散地震能量，以达到结构在地震中保护的作用。

2. 用阻尼器去防范罕遇大地震或大风

按小震不坏、大震不倒的原则，利用阻尼器既可减少小震、风震对结构的影响，又可减少中震、大震对结构的破坏。

3. 减少附属结构、设备、仪器仪表等附属结构的振动

在破坏性地震中，结构内部系统的价值可能远远超过结构本身，用这种速度型阻尼器可以减少内部隔墙、结构幕墙的附属结构、设备、仪器、仪表等设备的振动和破坏。

4. 解决常规办法难以解决的问题

在高地震烈度、土质情况恶劣的地区，单纯地加大梁柱的尺寸会引起结构刚度增加，结构周期减小，其结果可能引起更大的地震力。结构落入这一恶性循环中，有时用常规的办法难于解决。也有的结构截面受限、造型特殊难于满足抗震要求。阻尼器可能会给予特殊的帮助。

5. 结构上的其他需要

在超高层建筑的抗震抗风中大量使用，是有益无害的结构保护系统，是提高抗风能力最有效的办法。

十几年来，从北京火车站抗震加固开始，分别采购安装了北京银泰中心、康宁厂房、广州大学体育场等20多个建筑工程，特别是我国第一批的超高层建筑上使用的阻尼器：

- 北京银泰中心消能减震设计分析并完成73个液体黏滞阻尼器安置；
- 北京盘古大观消能减震设计计算并完成108个液体黏滞阻尼器安置；
- 武汉保利大厦消能减震设计计算并完成63个液体黏滞阻尼器安置；
- 天津国贸中心消能减震抗风计算并完成12个液体黏滞阻尼器安置；
- 天津富力大厦消能减震设计，完成分析计算；

- 新疆阿图什钢筋混凝土消能减震的计算分析，目前正施工并安置56个液体黏滞阻尼器；
- 重庆来福士广场空中连廊26套抗震支座与16套阻尼器联合体用于抗震抗风。

以上六个超高层建筑已应美国CHBEC学会要求，提供给学会作为抗震研究的工程案例。另外还有苏通大桥、西堠门大桥、厦漳大桥等42个桥梁工程。

三、创新成果

在很好地完成各个结构工程的同时，还有科技创新成果：

（1）新型多功能阻尼器，建筑用液体黏弹性阻尼器，桥梁用限位阻尼器和带熔断锁定装置；

（2）开创性低烈度设计用阻尼器提高结构定量承载能力、节能的设计方法；

（3）套索阻尼器的应用，可节省一半阻尼器的设计和使用办法；

（4）加强层布置阻尼器的模型，解决阻尼器难于合理布置的重大难题；

（5）阻尼器抗风研究，阻尼器的抗风使用，无摩擦金属密封阻尼器的使用；

（6）TMD和直接安置阻尼器的联合使用方案；

（7）大型屋顶的抗风阻尼器设计；

（8）通过不断介绍阻尼器的构造和工作原理，从理论上协助了国内十几家阻尼器新生产厂了解阻尼器、学习国外先进技术、提高改进产品。

结合以上创新成果，申报并获得了5项专利：

（1）苏通大桥——桥梁用液体黏滞阻尼器的限位装置

（2）韩家沱大桥——可熔断锁定装置

（3）设有泄压装置的黏滞阻尼器

（4）一种抗风调谐质量阻尼器TMD系统

（5）一种防震的黏滞阻尼器连接系统——Toggle连接技术

出版了《桥梁工程液体黏滞阻尼器设计与施工》、《桥梁地震保护系统》、《结构保护系统的应用与发展》三本专著，发表了近70篇学术论文。

5. 一种可更换的消能连梁

一、主要完成单位

中国地震局工程力学研究所

二、成果简介

新型消能连梁是一种构造简单、施工安装方便、经济性好、耗能减震效果好、损伤集中可控、震后可快速更换和修复、用于地震中保护人们生命财产，震后快速恢复建筑物功能和人们生产生活的连梁。它兼有传统连梁和阻尼器的功能，既能为建筑物提供足够的抗侧刚度，又能有效耗散地震能量输入，保护结构重要构件的安全，同时也克服了传统连梁的施工工艺复杂、震后破坏严重且难以修复的缺点。且该产品的消能减震效果和快速可恢复性能要明显优于传统连梁，是代替传统连梁的最优产品。新型无消能连梁主要适用于高层剪力墙结构、框架–剪力墙结构以及超高层筒体结构等抗震性能要求高、对社会功能经济生产快速恢复要求高的重要公共建筑，主要为达到震中损伤可控、震后快速恢复建筑物功能的目的。

本课题针对消能连梁在不同地震水准下抗震性能，通过阻尼器试验、消能连梁试验、整体结构数值模拟等三个方面进行了深入研究，开发了一种新型消能连梁。得到了具有工程实际意义的成果如下：

1. 消能连梁损伤可控，易于修复

通过一组按照现行规范设计的传统连梁和消能连梁对比试验，在相同变形的位移角下，消能连梁的损伤要明显轻于传统连梁，在 1/100 位移角下，消能连梁中混凝土部分的所有裂缝仍可闭合，钢筋也未达到屈服，而相同位移角下的传统连梁已出现严重的混凝土剥落。在组合连梁中，阻尼器变形占组合连梁总变形的 69.5% ～ 78.5%，这说明损伤集中于阻尼器部分，有效保护了混凝土部分的损伤，降低了震后修复难度。

2. 消能连梁有很强的耗能能力

连梁对照试验同时说明，在 1/43 的位移角下，消能连梁累积耗能为 35.7kN · m，无控连梁累积耗能为 1.7kN · m，消能连梁累积能量耗散约为无控连梁的 21 倍。消能连梁峰值等效黏滞阻尼系数为 0.34，约为无控连梁的 2 倍。

3. 消能连梁可有效降低结构地震响应

通过对一栋典型的 18 层框架—剪力墙结构进行数值分析，发现小震下消能连梁处于弹性，不改变结构的动力特性，在中震和大震下，消能连梁开始工作，分别降低了 10% 和 30% 的结构最大层间位移角，使得结构具有更好的抗震能力。

三、产品的结构图和实物图

新型的消能连梁设计理念是将连梁的部分（或整体）附加（或替代成）耗能部件，通过设计将变形和耗能集中于耗能件，从而达到优化整体结构抗震性能、控制损伤、保证震后可修复的目的。其构造如图 5.5–1 所示，其耗能构件为全金属阻尼器，而混凝土部分保持弹性。

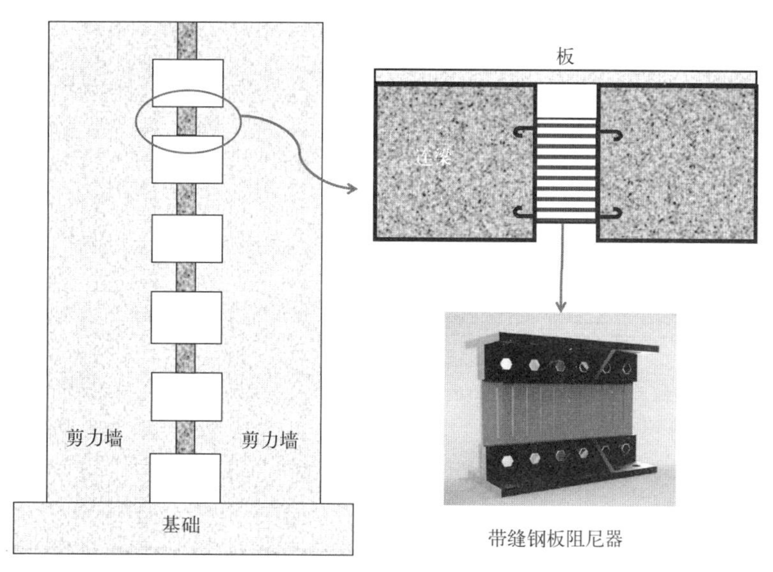

图 5.5–1 消能连梁的构成

作为设计参考，首先通过理论计算无控连梁（没有加入阻尼器的连梁）的强度和刚度，然后选用不同型号的模块化阻尼器，以匹配连梁的强度和刚度，从而实现消能连梁在小震下保证弹性，在中震时进入弹塑性工作阶段，吸收耗散地震能量，并在大震时控制结构整体响应和损伤的设计目标。

为了检验消能连梁的耗能效果和控制作用，建立建筑数值计算模型，通过弹塑性分析检验消能连梁对整体结构的强度和刚度的影响，从而进一步保证设计的安全。

消能连梁的设计承载力等于阻尼器的承载力，而阻尼器承载力需要小于混凝土部分的承载力，以保证混凝土部分的弹性状态，在设计时需要考虑材料的超强和全截面塑性的超强，阻尼器承载力按照连梁混凝土部分承载力标准值的 0.5 ~ 0.8 倍取值。

消能连梁刚度一般按与原连梁刚度等效的原则，不改变结构在小震下的动力特性。阻尼器与混凝土连梁为串联体系，设计时需综合考虑剪力墙对连梁刚度的折减、塑性铰对连梁刚度的削弱和剪切变形的影响。

设计开发了带缝钢板作为消能连梁中的耗能装置，具有饱满的耗能能力和较强的变形能力，能够满足大震设计位移下的低周疲劳要求，成本低，加工和安装方便，震后可以快速更换。带缝钢板阻尼器是一种钢板面内变形的阻尼器，其设计形式多样，强度和刚度相互关联较小，能够轻松实现不同设计参数以满足工程实际需要。该种阻尼器力学性能稳定可控，具有较好的延性。

带缝钢板阻尼器，由连接件和耗能片构成，见图 5.5–2，耗能片采用低屈服点钢。连接件呈 L 型，通过螺栓与耗能片装配在一起，连接件与耗能片的接触面上需要做喷砂等防滑处理。在一个阻尼器中可以装配一个耗能片，也可根据需要并行放置多个耗能片，耗能片之间通过垫板分开，防止变形过程中耗能片之间的相互接触。耗能片是一种开缝薄钢板，其竖缝间的弯曲单元的宽厚比在 1.25 ~ 5.0 之间，可保持平面工作状态，通过弯曲单元的塑性铰进行耗能，从而保证阻尼器的承载力、延性及耗能能力。

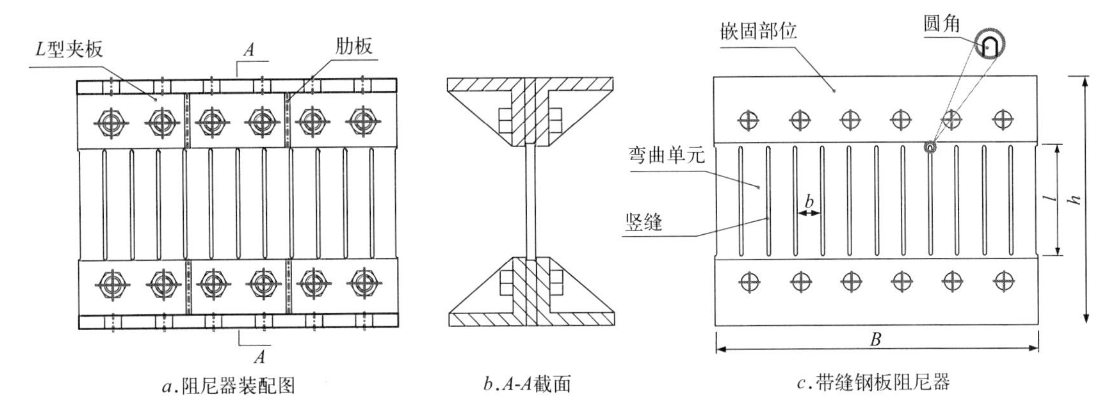

a.阻尼器装配图　b.A-A截面　c.带缝钢板阻尼器

图 5.5-2　带缝钢板阻尼器的构造

6. 高分子芯减震支座

一、完成单位

衡水华瑞工程橡胶有限责任公司

二、成果简介

传统铅芯支座中金属铅有着特殊减震、吸收地震能的作用，在国际、国内有着近几十年的使用历史，并得到广泛的应用。但是金属铅在制作及使用过程中对所接触到人员有一定的毒性，为克服污染，各国科学界一直在寻找一种替代品。2015 年衡水华瑞工程橡胶有限责任公司与北京化工大学联合研制的利用高分子复合材料替代铅芯支座中的金属铅项目，经检测获得成功，填补一项世界空白。

高分子芯支座可广泛应用于大型公共建筑、公路桥涵领域。在世界范围内，铅芯支座在建筑领域使用率达 50%，公路领域也有可观使用量。

高分子芯支座具有如下特点：

1. 环保、节能、成本低

高分子复合材料无污染而且环境友好，在制作使用过程中避免了金属铅对人身体的伤害。其重量对比，铅是高分子复合材料的 8.7 倍，高分子复合材料替代金属铅产品投放市场后，可大量节约宝贵的金属资源。同等规格复合材料棒比铅棒在制作过程中节电量达 5.8 倍。产品运行过程中可使终端用户终身受益。

2. 水平变形能力高，可有效吸收地震能量

本材料在满足金属铅的各项物理指标的同时，高分子材料具有大应变下拉伸取向的特征，从应力曲线上分析，支座达到初始刚度的同时，高分子复合材料较金属铅有着更强的抗地震能量的空间。

3. 结构复位能力强，基本不发生残余位移

高分子复合材料具有特殊的高柔性、高回弹性，故当地震波来临时与金属铅对比有着更好的复位能力，克服了金属铅的位移残余问题。

4. 材料阻尼效果好，具有良好的耗能能力

吸收地震能力的界定：高分子材料的损耗因子 $\mathrm{Tan}\delta \geqslant 0.7$，检测依据 GB/T 9870.1–2006，等效阻尼比 hcp（175%）23% 以上，从数据可以看出高分子复合材料有着较好的地震能量耗散效果。

5. 产品结构、功能灵活多样，适用范围广

依据不同建筑物的设计需求，可与不同的支座进行结构性配套。

6. 持久耐用，使用周期长

高分子复合材料使用周期可达 100 年，完全超出建筑设计规定年限，坚固耐用可一次性使用，避免了因功能失衡、更换支座所带来的经济损失。

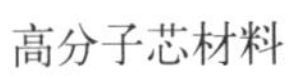

高分子芯材料

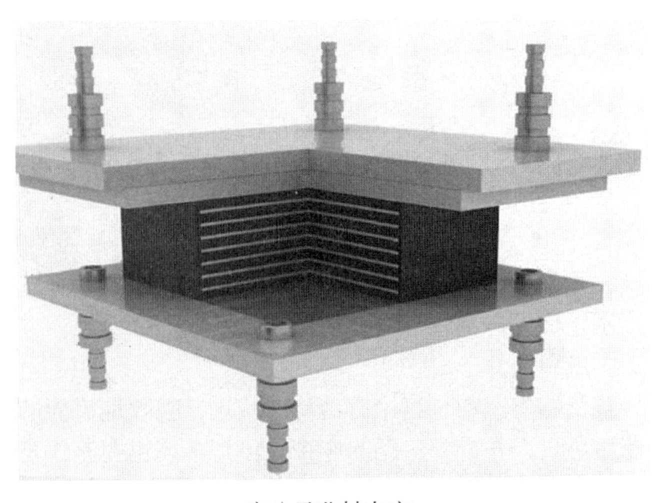

高分子芯材支座

7. 一种隐框玻璃幕墙玻璃现场检测方法和装置

一、主要完成单位

南京工大建设工程技术有限公司

二、成果简介

通过隐框玻璃幕墙玻璃现场检测方法和装置，不仅能现场模拟隐框玻璃幕墙玻璃承受设计风荷载，而且能记录玻璃的受力力学形态和参数，可以现场检验等效风荷载条件下玻璃硅酮结构密封胶粘结性、玻璃密封胶密封性和玻璃变形量是否满足国家规范要求，得出具有代表性和真实性的隐框玻璃幕墙玻璃现场检测结论，主要用于既有隐框玻璃幕墙结构安全性鉴定，也可以用于在建隐框玻璃幕墙施工质量检验。

本发明采用的技术方案为一种隐框玻璃幕墙玻璃现场检测装置，包括主分配梁、次分配梁、压支座、拉支座、吸附器、调节螺杆、千斤顶、传感器、位移仪、应变仪和数码照相机，所述主分配梁的两端下部连接有两个压支座，所述次分配梁的两端设有螺母，该螺母连接有调节螺杆，调节螺杆的下端连接有拉支座，拉支座下端连接有吸附器，所述千斤顶搁置在主分配梁中间位置上面，所述传感器设置在千斤顶上面并与所述次分配梁通过螺母扭紧接触，所述位移仪安装在试验玻璃上，所述传感器和位移仪通过导线与应变仪连接，所述现场检测装置还配有数码照相机。

本发明装置千斤顶施加等效风荷载，传感器和应变仪显示等效风荷载力值，位移仪和应变仪记录等效风荷载下玻璃变形量，数码照相机采集玻璃硅酮结构密封胶和玻璃密封胶在等效风荷载下变形形态。

三、产品的结构图和实物图

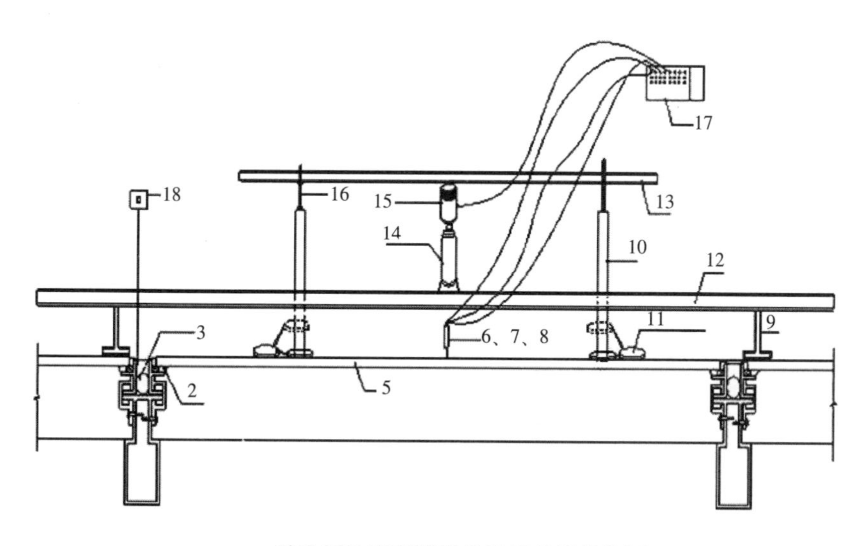

一种隐框玻璃幕墙现场检测装置结构图

隐框玻璃幕墙现场检测图

发明的目的是提供一种隐框玻璃幕墙玻璃现场检测的方法，该方法既可以用于既有隐框玻璃幕墙结构安全性鉴定，又可以用于在建隐框玻璃幕墙施工质量检验。发明的另一个目的是提供一种隐框玻璃幕墙玻璃现场检测的装置。

8. 饱和软土地基预处理关键技术集成

一、主要完成单位

广州大学

二、成果简介

随着我国城镇化进程的加快，软土地基和海涂滩地的利用规模快速增长。针对在饱和软土地区大规模建设过程中，面临的环境影响控制与快速安全经济等地基处理难题，结合吹砂填淤、围海造地等地基处理工程实践，通过跨地区、多部门的产学研协同攻关，突破了地基预处理、饱和软土地基动力排水固结、性能化设计等关键技术瓶颈，解决了工程建设节地节材等技术难题，主要创新成果如下：

1. 创立了地基预处理技术理论体系。针对饱和软土地基处理过程存在的环境影响与安全控制难题，开展了区域环境岩土工程技术、饱和软土宏观微观基础理论的创新研究，提出了淤泥处理、深基坑开挖变形控制、高水头粉细砂深基坑综合支护、泥水平衡式顶管施工、河涌优化设计、堆载真空预压、长短桩相结合和高强预应力管桩应用等技术，建立了软土地基预处理技术理论体系，实现了软土地区工程建设节地节材、快速处理与安全应用的目标。

2. 创建了深厚饱和软土地基处理新技术。针对深厚饱和软土地基强夯施工时易产生“掉锤、橡皮土”等工程难点，通过吹砂填淤、竹网加铺土工布砂垫层和堆填开山土石等方法，创立了“分区处理，少击多遍、逐级加能、双向排水”的动力排水固结新技术，创新了多种类型饱和软土地基动力排水固结施工新技术，提出了无线分层沉降监测新方法，实现了先浅层、再中层、后深层的饱和软土加固强夯目标，有效抑制了超孔隙水压力的上升，加速了超孔隙水压力的消散。

3. 首创了基于性能的地基处理技术。针对考虑结构—地基—基础相互作用的变形协调设计难题，提出了地基处理性能水准、性能目标、流程和分析方法，创建了基于性能的地基处理技术；提出了根据复合地基变形计算桩身弯矩的方法，创建了考虑竖向、水平向双向耦合的刚性桩抗弯性能设计和桩网复合地基设计理论，解决了市政道路工程桥头跳车等地基处理难题。

获得专利权 12 项（发明专利 5 项、实用新型专利 7 项）、出版专著（教材）5 部，发表学术论文 44 篇（SCI/EI 收录 20 篇），编制国家级（省级）工法 11 项，参编国家及行业标准 2 部。

经查新、鉴定及国内外著名专家评价认为成果总体达到国际先进水平。

成果应用于广东科学中心、广州外国语学校、广州工商行政管理局南沙综合服务中心、中海油惠州加氢尾油工程、中海油珠海精细化工项目、温州医科大学仁济学院新校区、广州大学城、广州医学院新校区等 30 余项工程地基处理。新增利税 2.07 亿元，实现工程节支 1.55 亿元，为我国软土地区城镇化建设提供了技术支持和工程示范。

三、推广应用情况、经济效益和社会效益

1. 推广应用情况

项目成果已应用于我国珠江三角洲与长江三角洲等广泛分布饱和软土地基的地区，成功推广应用于广州、惠州、珠海、深圳、温州等地区的吹砂填淤饱和软土工程、开山土及开山块石土填海地基工程等的建设，涉及包括房屋建筑、市政道路、石油化工等行业在内的 30 余项重大工程。

2. 社会效益与间接经济效益

项目成套技术成果应用于广东科学中心 39 万 m^2 的饱和软土地基、广州外国语学校 16 万 m^2 深厚饱和软土地基、广州工商行政管理局南沙综合服务中心 10 万 m^2 深厚饱和软土地基、中海油惠州加氢尾油工程 28 万 m^2 的填海地基、中海油珠海精细化工项目 70 万 m^2 的填海地基、温州医科大学仁济学院新校区 20 万 m^2 的填海地基、广州大学新校园、广州大学城四组团市政工程、广州小谷围北亭河涌整治等 10 余项有重大影响的代表性工程，解决了饱和软土地区大规模、集群化开展工程建设过程中面临的安全快速处理、环境影响控制与可持续发展等棘手问题，突破了地基预处理、深厚饱和软土地基动力排水固结、性能化地基处理等关键技术瓶颈，为破解软土地区工程建设节地节材、快速处理与安全应用难题奠定了基础。

随着我国城镇化和工业化的深入快速发展，2030 年我国将达到发达国家的水平，因此软土地基和海涂滩地利用规模必将迎来快速增长的高潮。项目提出的地基预处理技术理论体系、饱和软土地基处理新技术和基于性能的地基处理技术等成果及其工程应用将发挥积极作用。

本文执笔：张季超　广州大学

9. 地铁隧道下穿建筑物诱发变形及灾害防治技术

一、主要完成单位

中国建筑科学研究院，北京市轨道交通建设管理有限公司，北京工业大学

二、主要完成人

衡朝阳、孙曦源、姚爱军、毛利勤、曹伍富、周 智、康富中、胡友刚、张孟玫、韩云哲、张海明、郭嫣然

三、成果简介

目前，我国城市地铁建设迅猛发展，为缓解城市交通拥堵发挥了重要作用。然而，地铁隧道施工大多穿越城市繁华地区，地铁隧道下穿建筑物技术问题也越来越突出，仅北京地区目前地铁隧道下穿多层建筑物已有十数例之多。地铁隧道下穿建筑物施工技术难度大且造价昂贵，其他拟建地铁城市将不可避免地会遇到类似下穿技术难题。因此，结合北京地区地铁下穿建筑物工程建设，及时研究地铁隧道下穿建筑物诱发变形及灾害防治技术，十分迫切必要。

本项目以北京近年来 12 个地铁隧道下穿建筑物典型工程实例为依托，在对建筑物实测变形资料详细分析的基础之上，总结了地铁隧道下穿建筑物影响的变形与规律，提出了地铁隧道下穿建筑物变形计算方法、安全稳定性评价方法及关键技术，对地铁隧道下穿建筑物防治灾害发生的相应加固技术措施给出了建议指标。主要创新成果如下：

1. 通过对北京 12 处地铁隧道下穿建筑物实例的研究和分析，提出了下穿建筑物地基基础变形规律及其沉降槽的修正 Peck 计算公式，该公式可用于今后北京地区类似工程的沉降预测。

2. 首次提出了建筑物近、远端线下穿隧道施工对建筑物基础最终沉降变形影响的贡献率和单线隧道施工对建筑物基底沉降产生影响的纵向水平距离范围。

3. 上部框架结构与土体共同作用数值模拟得出：垂直于隧道方向，最终柱间沉降差较大值出现在沉降槽曲线拐点两侧框架柱间；平行于隧道方向，柱间沉降差较大值位于掌子面位置前后，符合工程实测规律。

4. 针对隧道下穿高密集平房群沉降评估问题，采用修正 Peck 计算公式确定其影响范围，提出了技术可行、经济合理的分区、分类、分级的概率统计安全评估方法。

2015 年 3 月 18 日，受住房和城乡建设部建筑节能与科技司委托，住房和城乡建设部科技发展促进中心在北京主持召开了项目验收会。形成验收意见：验收资料完整、齐全，内容翔实，符合验收要求；主要工作与创新点（如上所述）；项目组完成了任务书所规定的研究内容，一致同意通过验收，研究成果达到国际先进水平。

该项成果属于城市地下空间技术领域，可应用于城市地铁规划、选线、设计、施工、风险源判定、下穿建筑物评估与监测等技术方面。可以解决目前地铁建设下穿建筑物的技术难题，满足上部建筑物长期正常安全使用，提高地铁施工期间建筑物使用功能和环境质量。

该项成果已成功应用于北京地铁 8 号线二期黄寺大街站—鼓楼大街站、鼓楼大街站—什刹海站、什刹海站—南锣鼓巷站、南锣鼓巷站—中国美术馆站等 4 区间盾构隧道沿线下穿高密集平房区，10 号线下穿北京桥梁厂 4 栋住宅楼、北京铁路局丰台建筑段 2 栋住宅楼和北京工业学校 2 栋住宅楼等，地铁建设评估、设计、施工控制及监测等一系列技术方面，取得了良好的经济、社会和环境效益。

我国目前已近 30 个城市拟建或正在进行地铁建设，隧道下穿建筑物诱发变形及灾害防治技术问题将会不断涌现。因此，该项目成果应用前景广阔，经济、社会和环境效益巨大。其成果将以出版专著、技术咨询或技术服务等方式推向市场。

本文执笔：衡朝阳　孙曦源

10. 共振法加固液化地基研技术

一、主要完成单位

中国建筑科学研究院

二、成果简介

本项目属于地基基础工程领域。砂粉土地基液化是地震作用下地基失效的主要形式，危及建筑物的正常使用与安全。可液化地基的处理方法常用碎石桩法、强夯法、振冲法等，但这些方法往往需要填料、处理深度有限、造价高、振动对周围环境影响大，在工程应用中经常受到限制。

共振法是通过调整振动翼振动频率使土—振动翼达到共振，使土颗粒重新排序达到密实、消除液化目的的地基处理方法，是一种高效经济、节能环保的液化地基处理新技术。本项目自主研发了共振法施工设备，通过现场试验、理论分析和工程实践相结合的技术路线，在国内首次对共振法的加固机理、设计方法和施工工艺等进行了深入系统的研究，总结建立了共振法的设计方法、施工工艺和质量控制体系，形成了成套创新技术。

三、主要创新点

1. 在国内率先开展共振法处理可液化地基的技术研究，自主研发了具有知识产权的十字形振动翼、走管式行走机构等成套施工设备。

2. 基于能量耗散原理和液化评估方法，揭示了共振密实法加固可液化地基的机理，建立了共振密实法的设计计算方法，包括振动频率、振点间距、振动时间等。

3. 通过现场原位试验、室内试验、理论分析，提出了基于十字振动翼的共振法加固可液化地基的施工工艺和质量控制标准等。

共振法技术解决了我国可液化地基处理技术中长期存在的问题，工程实践证明该技术不需任何填料、能有效消除液化、提高地基土的承载力、处理深度可达 20m，环境振动影响距离小于 2m。与常规碎石桩技术处理可液化地基相比，共振法施工方便，工效提高 2 倍，工期缩短 50%，节省工程造价 40% 左右；与强夯法相比，共振法处理深度可增加 1 倍、节省工程造价 30% 左右，具有重大经济和社会效益。

项目已获得 2 项国家发明专利和 1 项实用新型专利授权，发表学术论文 8 篇，其中 SCI 检索 1 篇、EI 检索 3 篇。已编制江苏省地方规程，2013 年被批准为国家级工法（GJEJGF0012012）。主要技术经济指标处于国际领先水平。

该技术已在江苏省宿迁金鹰天地住宅工程项目、江苏省宿新高速公路、宿迁市第一人民医院门诊大楼及淮盐高速公路（盐城-大丰港）等可液化地基处理工程中得到了成功应用，为可液化地基处理提供了一种经济、高效和环保的新技术。该技术可在建筑工程、道路市政工程、高速铁路、机场码头等工程中推广应用，具有广阔的推广应用前景。

11. 土钉墙破坏机理

一、主要完成单位

中国建筑科学研究院，建研地基基础工程有限责任公司

二、主要完成人

王曙光、滕延京、段启伟、李钦锐、张雪婵、李湛、闫双跃、李鹏、苏振兴

三、成果简介

目前土钉墙广泛应用于基坑支护工程中，相对于土钉墙的广泛应用而言，对土钉墙的理论研究相对滞后，尤其是对土钉墙破坏机理及破坏形态的研究还很不充分，基坑超过一定深度后普通土钉墙变形较大，且坡体出现裂缝后变形发展及滑动面转移较快，土钉墙用于深度超过 10m 的基坑时，事故率较高，造成大量的经济损失和人身伤亡。土钉墙不同于传统的支护结构，传统的支护结构以支挡为主，将基坑侧壁的土体当成荷载，支挡结构承受侧压力并限制其变形发展，而土钉墙是将土钉与原位土体形成一个复合加固体，从而提高了整个土体的强度、稳定性，并限制其位移。因此采用传统支护结构的设计方法进行土钉设计是不适合的，对土钉墙破坏机理进行研究并得出有针对性的设计方法迫在眉睫。

本课题在以往研究成果、工程经验的基础上，对于土钉墙破坏机理问题进行了深入研究。在现场对土钉墙进行模拟实际施工过程实验（足尺实验），对不同形式的土钉墙的土钉轴力、位移等进行了实测，并进行堆载和浸水试验。通过现场实测，对土钉墙的破坏形态、土钉内力随基坑开挖的变化规律以及土钉墙后土体变形随基坑开挖的变化规律进行研究，并进行了数值分析与实验结果进行了对比验证，得到了具有工程实际意义的成果如下：

1. 土钉墙支护属于土体加筋技术的一种，属于主动制约机制的支挡结构。土体的破坏主要是剪切破坏，设置土钉后的复合土体的破坏仍是剪切破坏，但是设置土钉后改变了复合土体的受力状态，使滑动面向复合土体的后部转移，增大了滑动面的半径，提高了边坡的稳定性。

2. 在基坑开挖过程中，土钉与土体之间发生相对位移，从而产生摩阻力，土钉最大轴力作用点两侧土钉的摩阻力方向相反。相对于未设土钉的状况，设置土钉后，在土钉最大轴力作用点与开挖面之间的区域，土钉对土体产生背离基坑方向的摩阻力，该区域土体的剪应力水平相对降低，土体的受力状态得到改善；但是土钉最大轴力作用点以外的区域，土钉对土体的摩阻力使得土体的剪应力增加，该区域的摩阻力起到限制主动区土体位移、延缓其发生稳定性破坏的作用。土钉最大轴力作用点连线是土钉改善土体受力状态的范围。

3. 土钉长度和土钉间距对复合土体的应力状态影响较大，土钉长度决定土钉改善土体受力状态的范围，土钉整体长度越长，土钉改善土体受力状态的范围越大，土钉间距决定土钉改善土体受力状态的程度，土钉间距越小，土钉对土体应力状态改善效果越明显，当

土钉间距大于 2.0m 时，土钉对土体的改善作用不明显。

4. 基坑中部设置平台后，台阶附近的土钉的最大轴力发生变化，台阶上部最靠近台阶的土钉轴力明显减小，其他排土钉轴力变化不大。

5. 在基坑开挖的过程中，土钉轴力逐步增加，土钉放坡比例对土钉轴力增量的分配影响不大，土钉与开挖面的距离对土钉轴力增量的分配影响较大，距离开挖面越近的土钉分担比例越高，距离开挖面越远的土钉分担比例越低。当土层相对均匀时，可以近似认为分担比例与土钉与开挖面的距离成反比。

6. 土钉面层的配筋可采用简化的条带法进行计算。

2014 年 12 月 9 日，中国建筑科学研究院受住房和城乡建设部建筑节能与科技司委托主持召开了“土钉墙破坏机理研究”课题验收会。与会专家听取了课题组的汇报，审查了课题组提供的验收材料，经过认真讨论，与会专家一致认为，课题组完成了任务书所规定的研究内容，研究成果整体达到了国际先进水平，具有较大的推广应用价值，社会、经济和环境效益显著，经专家委员会讨论，一致同意通过验收。

本文执笔：王曙光

12. 柱下梁板式筏基的反力分布特点、变形控制指标及破坏特征

一、主要完成单位

建研地基基础工程有限责任公司

二、主要完成人

宫剑飞、于东健

三、成果简介

目前，梁板式筏基是我国高层建筑中普遍使用的一种基础形式。相比于平板式筏基，因为梁和板之间存在刚度的突变，梁板式筏基在变形、地基反力分布和破坏特征方面都表现得更加复杂。

通过室内大型模型试验，对竖向荷载作用下不同刚度梁板式筏基的变形、反力分布和破坏特征进行了试验研究；在此基础上，对上部结构作用下角部区域梁板式筏基的变形、反力分布和破坏特征进行了实验研究，得出如下结论：

1. 对于刚性或半刚性梁（高跨比大于等于 1/6）、柔性区格板（厚跨比小于 1/6）的梁板式筏基，在荷载作用下，梁板基础呈现整体正向挠曲、内部板格区域反向挠曲特点。肋梁的破坏与否决定区格板的破坏形态。当梁的刚度较大，梁对区格板四边约束作用明显，区格板先于梁发生破坏时，裂缝首先出现在板格上表面，呈现对角线破坏形态；当梁的刚度较小并先于区格板发生破坏时，梁中部顶面首先开裂，裂缝向下延伸至板边，由板边沿平行于梁的方向向板中心呈渐进式破坏，裂缝贯通后呈十字交叉破坏形态。

2. 随着区格板刚度的增加，区格板变形由反向挠曲逐渐转化为正向挠曲，当区格板的厚跨比不小于 1/6 时，梁板式筏基的力学特征接近于平板式筏基，板的刚度对调整地基反力和变形起主导作用，梁的作用已不明显。

3. 梁板式筏基的荷载传递规律为：上部荷载通过柱传递到梁，再由梁传递到板，地基反力分布形态与梁板基础的刚度有关。梁高跨比为 1/6、区格板厚跨比为 1/12 的梁板式筏基，在地基承载力特征值内，对于承受均匀柱下荷载的中间板格，地基反力非直线分布，梁下平均反力与柱下平均反力相差不大，约为总平均反力的 1.1 ~ 1.15 倍，板下平均反力小于总平均反力，板格中点处的地基反力约为总平均反力的 55%；对于承受非均匀柱下荷载的角部区域板格，角柱下地基反力与总平均反力的比值约为 1.2，其余部位地基反力均小于总平均反力，区格板中心下的反力最小，约为角柱位置反力的 40%。

4. 对于角部板块区域除需保证梁的刚度，不至于发生抗弯破坏外，区格板刚度宜适当加强，通过板的整体刚度调整差异过大的地基反力分布。

5. 梁板式筏基的设计在满足柱受压强度的前提下，应根据基础梁交叉处的柱下节点冲切及板格冲切、剪切的最不利情况下确定板厚，根据肋梁的抗剪和抗弯确定梁高，同时尚应进行区格板以及肋梁下与板底交界面的抗弯抗裂验算；建议梁板式筏基梁的挠度控制指标不宜超过 0.5‰，区格板的挠度控制指标不宜超过 1%。

13. 矿山应急救援队救援指挥信息平台

黄玉钏

国家安全生产监督管理总局通信信息中心，北京，100013

2011 年，国家矿山救援队正式开始建设，先后建成了国家矿山应急救援开滦队、大同队、平顶山队、鹤岗队、淮南队、芙蓉队、靖远队，承担起了全国各大区域内以及跨区域重特大、特别复杂矿山事故的应急救援任务。2013 年 6 月 25 日，国家安全监管总局宣布 7 支国家矿山应急救援队正式成立。现阶段，安全监管总局在全国建设山西汾西、内蒙古平庄、辽宁沈阳等 14 个区域矿山应急救援队。

国家（区域）矿山应急救援队救援指挥信息平台（以下简称矿山救援指挥信息平台）是提升国家（区域）矿山应急救援队救援能力的重要依托，是国家（区域）矿山应急救援队建设的基础，是本着提高矿山应急救援队装备水平和救援实战能力，力争为矿山应急救援队构建出一套可靠、实用、高效的矿山应急救援系统为目标建立的。该系统主要包括综合指挥中心、视频会议系统、监测监控系统、卫星网络通信、综合业务管理系统等几个子系统。矿山救援指挥信息平台主要实现四大功能。

首先，实现统一共享的数据资源库，通过建立统一共享数据资源库，救援指挥信息平台终端及时向国家安全生产应急矿山救援指挥中心上报有关监测监控、物质储备等信息，实现资源数据的及时更新和共享。

其次，实现综合业务管理。系统建设从国家安全生产应急矿山救援指挥中心业务出发，紧贴国家矿山应急救援队建设要求，实现矿山应急救援队应急日常业务管理功能、信息接报功能、应急演练以及灾后信息汇总查询功能。

第三，实现救援现场指挥调度。整套指挥调度业务、自动电话通信业务和程控交换机特服业务为一体，构成了一套综合统一的数字时分交换平台。通过卫星通信与单兵携带通信设备互通，实现应急平台的电话调度功能，满足矿山应急救援队内部通讯和事故救援现场的指挥调度需求。

第四，实现视频会议功能。视频会议系统的建立，能够实现国家安全生产应急矿山救援指挥中心、矿山应急救援队与事故救援现场三者间视频会议功能。同时，各救援队之间也可以建立起视频会议链接，增加通信时效性，提高救援效率。

一、救援指挥信息平台建设原则

救援指挥信息平台建设要遵循以下三个原则。

科学性。救援指挥信息平台应科学设计，满足以下要求：矿山应急救援队应具备快速反应能力、应急机动能力、专业救援能力和综合保障能力，救援指挥信息平台能够在接到命令后携常规装备 10h 内、携排水和钻机等救援装备 18h 内到达 80% 以上的事故现场；能够将事故现场图像和数据信息通过可靠方式实时传送至相关应急指挥机构；抢救事故遇险人员生还比例和搜寻遇难人员成功率显著提高，次生事故发生率和救援人员伤亡率明显下降。

规范性。救援指挥信息平台应严格按照相关国家标准行业标准进行规范建设，保障数据互联互通。建设过程中也要实现规范化、标准化的管理，只有这样才能保证救援指挥信息平台建设的顺利开展。

先进性。当今信息技术飞速发展，新技术、新产品层出不穷，救援指挥信息平台建设要考虑当下流行的技术和产品。

二、救援指挥信息平台建设内容

总结现已建成的救援队救援指挥信息平台，其建设内容一般涵盖以下五个方面。

综合指挥中心。救援指挥信息平台一般建有救援队综合指挥中心。利用现代网络和通信技术，把国家安全生产矿山救援指挥中心、本地区安全生产矿山救援指挥中心、所在矿务局集团生产调度室及各矿区生产调度室等各专项救援指挥系统连接起来，实施分级分类处置和统一指挥，为领导指挥处置突发矿山事故提供一个主要决策和指挥调度的场所。

视频会议系统。视频会议系统是救援指挥信息平台与各方沟通的有力保障。视频会议系统是应对突发矿山事故时，领导与各相关单位负责同志进行异地会商，共同分析、研究，开展应急处置十分有效的技术手段。同时，也可利用该系统召开国家局与救援队之间视频会议。

监测监控系统。救援指挥信息平台建立监测监控系统可以有效提高救援效率。建立一套可以将矿山实时监控图像、救援队重要部门监控图像、卫星通信车视频会议图像、国家应急矿山救援指挥中心视频会议图像、其他救援队视频会议图像、3G/4G 小型应急平台图像、控制计算机图像等信号源，独立或任意拼接显示的大屏幕拼接系统。通过重点区域动态监测系统的建设，最终实现对矿区全貌的远程可视化监控，保障综合指挥中心能够通过网络流畅、清晰地观察掌握矿区安全生产状况，当有事故发生时监控中心可以第一时间发现问题，并了解情况，对事故进行处理和安排，为安全生产事故预防和应急救援处置提供有效帮助。

调度指挥系统。救援指挥信息平台的主要功能之一是完成调度指挥。调度指挥系统，设置有救援指挥调度呼叫中心，处理救援相关的业务，使得救援指挥信息平台可迅速得到有事故的信息，同时也能迅速将事故灾情上报。调度指挥系统是完成日常应急值守和确保各类突发应急事件处置提供重要的通信手段，以互联网、3G/4G 无线通信为基础开展该系统建设，同时利用卫星通信指挥车、3G/4G 小型移动应急平台、单兵可携带通信设备等来达到应急通信的目的。应急通信调度系统一般覆盖有线调度、无线调度、数字录音系统、多路传真系统、短信平台。各种通信终端通过公共交换电话网、移动通信网、集群通信网和互联网接入通信调度系统，进行统一的调度。

综合业务管理系统。综合业务管理系统极大丰富了救援指挥信息平台功能，尤其加强了救援指挥信息平台平战结合的作用。综合业务管理系统建设包括物资管理、装备管理、人员管理、预案管理、综合管理业务、监测预警业务、辅助决策业务、应急指挥业务、培训演练、法律法规、事故管理及流程归档等业务模块。同时建立相应的数据库，存储设备资源、组织结构、矿山单位、专家资源库、知识库、方法库、历史事件库，应急事件库，事件的类型、级别库等。

其中应急管理培训增强了平时救援指挥信息平台的利用率，积累了战时救援队伍的应对能力。应急管理的培训，包括常态业务涉及日常值班、风险分析、预测预警、预案管理、风险隐患目标管理、应急保障资源管理、宣传培训演练等业务；非常态业务涉及监测与预警、应急处置与救援、恢复与重建等过程，主要包括突发事件发生时的应急值守、风险分析、预测预警、智能决策、指挥调度、应急保障和应急评估等业务。

三、亟待完善问题

目前，救援指挥信息平台已经在矿山事故救援中发挥了重要作用，但仍存在一些亟需解决的问题。

1. 目前各救援队普遍使用的是各自矿务局的办公专网，在使用中鉴于网络安全需要，不具备对外端口开放条件。

2. 为满足3G/4G应急平台的需要，各救援队也都各自开通了固定IP地址的互联网接入。

但是，上述两种网络都无法完全实现与国家安全生产应急矿山救援指挥中心实现实时的网络通信，达不到互联互通、上下贯穿的建设要求。这就对完善救援指挥信息平台功能提出了新的挑战，我们可以考虑新的数据交换方式，例如利用高速网闸、VPN接入等来解决这些问题。

第六篇　工程篇

中国幅员辽阔，地理气候条件复杂，自然灾害种类多且发生频繁。我国2/3以上的国土面积受到洪涝灾害威胁，约占国土面积69%的山地、高原区域因地质构造复杂，滑坡、泥石流、山体崩塌等地质灾害频繁发生。此外，现代化城市生产、人口、建筑集中，同时伴有可燃易燃物品多，火灾危险源多等现象，从而导致城市火灾损失呈增长趋势。防灾减灾工程案例，对我国防灾减灾技术的推广具有良好的示范作用。

本篇选取了有关抗震加固、震害预测、结构抗风、建筑防火、地质灾害等领域的工程案例8个，通过对实际工程如何实现防灾减灾的阐述，介绍了防灾减灾实践经验，以促进防灾减灾事业稳步前进。

1. 某少年宫教学楼减震加固分析与设计

聂祺[1,2]　郭浩[1]　唐曹明[1,2]　杨韬[1,2]　黄茹蕙[1]　肖青[1]
1. 中国建筑科学研究院，北京，100013　2. 住房和城乡建设部防灾研究中心，北京，100013

引言

随着社会的发展，对既有建筑进行抗震鉴定及加固的工程项目越来越多。一般而言，结构抗震加固方法可分为直接加固法和间接加固法，直接加固法主要有加大截面法、外包钢加固法、外粘钢加固法、外粘碳纤维加固法等；间接加固法主要有结构体系加固法、隔震及消能减震加固方法等。直接加固法一般针对构件进行加固，用以提高局部构件的承载力，因而对整体结构抗震性能可能产生或利或弊的影响，这些加固方法往往存在湿作业多、施工复杂，对建筑功能影响较大等缺点。间接加固法是从提高结构的整体抗震性能出发，采取有效的加固措施，提高整体结构的抗侧性能，满足包括规则性、强度、刚度、延性以及多道设防等各项要求，而不仅仅是针对结构构件的承载能力进行加固，因此对具体工程应该综合考虑各个因素而采取合适的加固方法。

一、工程概况

某少年宫教学楼建于1991年，地下1层，地上9层，局部为11层，建筑高度34.68m，总建筑面积7848m^2。结构体系为钢筋混凝土板柱－剪力墙结构，基础形式为箱型基础。地上首层至八层中部采用无梁楼盖，其余部分为梁板式楼盖，结构三维整体模型如图6.1－1所示。

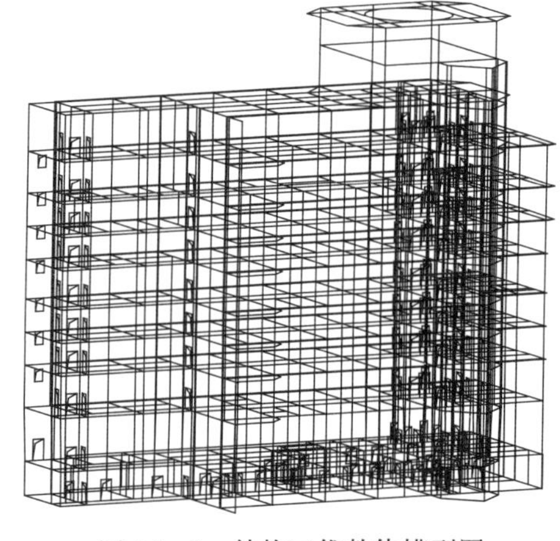

图6.1－1　结构三维整体模型图

二、原结构存在问题

根据现场检测及计算校核，原结构存在如下主要问题：

1. 剪力墙布置较不均匀，墙段最大长度为14.6m，单片剪力墙底部承担水平剪力超过结构底部总水平剪力30%，结构抗侧刚度均匀性较差。

2. 根据《建筑抗震鉴定标准》GB 50023－2009进行抗震鉴定，结果表明原结构在多遇地震作用下，较多框架梁纵筋及箍筋不满足抗震承载力要求，框架梁纵筋实配钢筋量与需配钢筋量之比在0.70～0.95之间，箍筋直径及间距不符合《建筑抗震鉴定标准》规定的梁端箍筋加密区范围内箍筋直径不小于10mm、间距不大于100mm的要求。

3. 框架柱箍筋加密区的体积配箍率不满足规范最小体积配箍率的要求。箍筋直径及间距不满足《建筑抗震鉴定标准》中规定的柱上、下端箍筋加密区范围内箍筋直径不应小于

10mm、间距不大于100mm的要求。

4. 原设计执行78抗震规范，剪力墙两端和洞口两侧均未设置边缘构件，不满足《建筑抗震鉴定标准》规定剪力墙两端及洞口两侧设置边缘构件的要求，剪力墙底部加强区边缘构件纵筋实配钢筋量与需配钢筋量之比为0.2～0.5之间，抗弯承载力相差较多，同时剪力墙底部加强区部分墙肢抗剪承载力也不满足要求。

三、抗震加固目标及方案

1. 抗震加固目标

该教学楼是依据78抗震规范丙类建筑进行设计的，1988年开工，1991年竣工。现因该建筑是供少年活动使用的教育类建筑，根据《建筑工程抗震设防分类标准》GB 50223-2008要求，需要按照乙类建筑进行抗震加固。如果严格按照国家现行有关标准、规范进行加固，则涉及面广，加固工程量大，投资高。经多轮方案比较、论证，最终确定抗震设防目标如下：该建筑的后续使用年限按40年考虑，加固后的结构满足《建筑抗震鉴定标准》关于B类建筑的相关要求。

2. 加固方案

抗震加固的目的是提高房屋抗震承载能力、变形能力和整体抗震性能。选择何种加固方案需要综合考虑功能、美观、经济、安全等多方面因素，就该工程而言，首先对单一方式加固方案进行分析：

（1）不改变结构体系，仅针对构件进行加固，但是加固量巨大，几乎所有梁、柱及剪力墙构件都要加固，改造费用较高。

（2）增设抗侧力构件。原结构体系为板柱-剪力墙结构，需要增设较多剪力墙或支撑才能较为有效地改善原结构的抗震性能，但是此方案对原建筑平面及立面影响较大，对建筑功能及内部交通疏散影响也较多。同时如果增加剪力墙，原有基础无法承担剪力墙带来的竖向荷载及水平荷载，需要对基础进行加固以确保安全。

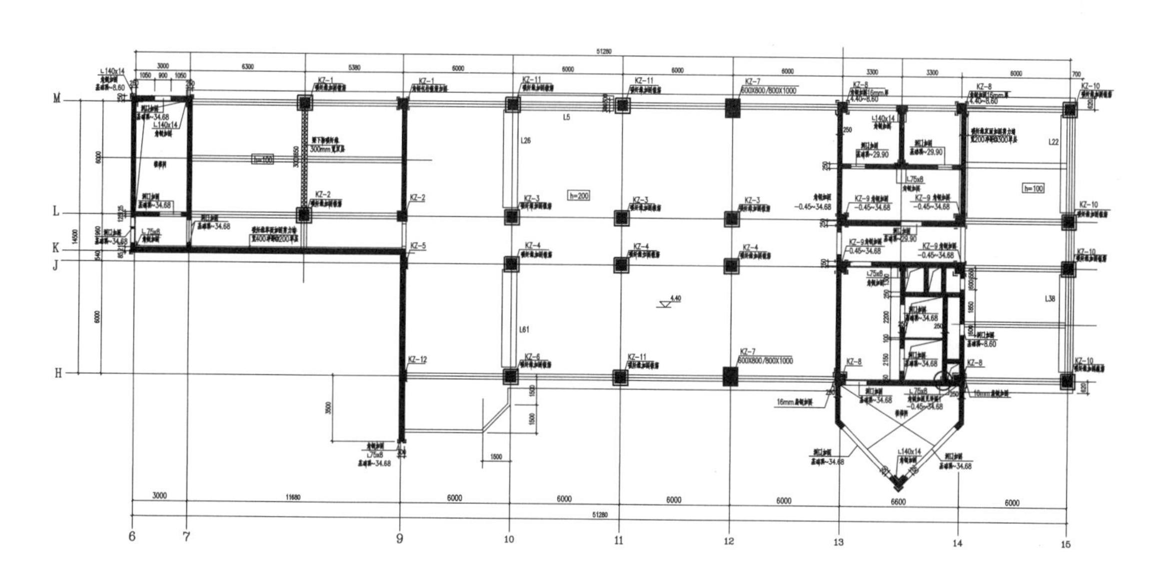

图6.1-2　首层阻尼器平面布置图

（3）增设消能器。在原结构内部增设黏滞消能器相当于提高了整个结构的阻尼比，从而达到减小地震作用的目的。减震设备往往可以工厂制作，现场安装，因而施工方便简单，施工周期短且不改变原有建筑的风貌，同时减震效果显著，再配合其他加固措施可实现结构抗震性能的明显提升。但是经过试算，如果全部采用增设阻尼器方案，阻尼器数量较多，可能导致加固改造费用过高，并且对建筑内部交通疏散影响也较大。

对比上述方案可以看出，如果采用单一加固方案，基本上无法兼顾抗震性能、功能、经济、美观这四个基本要素，因此只有通过综合使用不同的加固方案，彼此取长补短，方能得到较为满意的方案。在满足规范的前提下，加固设计遵循“最小干预”和“可逆”的原则，从性能化抗震加固角度着手，一是通过增设阻尼器办法提高建筑物的整体耗能性能，二是加固主要针对关键构件，而对于普通构件以及耗能构件则仅进行适当补强。

经过多轮试算和比选，最后综合上述各加固方案的优点，采用如下措施进行抗震加固：

（1）从降低结构地震作用效应的角度出发，对结构进行卸载，将原建筑物内黏土砖围护墙及隔墙拆除，换成轻质墙体，减轻重量从而减小地震作用。

（2）消能减震。采用增设消能器的加固方法将建筑由单一抗震结构改变为消能减震结构。选择消能器类型时，主要考虑到原结构体系为板柱－剪力墙结构，侧向刚度较大，如果选用位移型消能器，由于其对位移敏感，在小震作用下较难发挥作用；而速度型消能器，由于其对速度敏感，在小震下就可以迅速发挥作用，在中大震阶段，可以充分耗能减震，有效地提高结构抗震安全性，因此工程最终选择了非线性速度型粘滞消能器。从地下室顶板开始沿结构竖向均匀布置，其中 X 向 13 套阻尼器，Y 向 17 套阻尼器，共使用 30 个黏滞阻尼器，首层阻尼器平面布置图如图 6.1－2 所示，典型轴线阻尼器立面布置如图 3 所示。

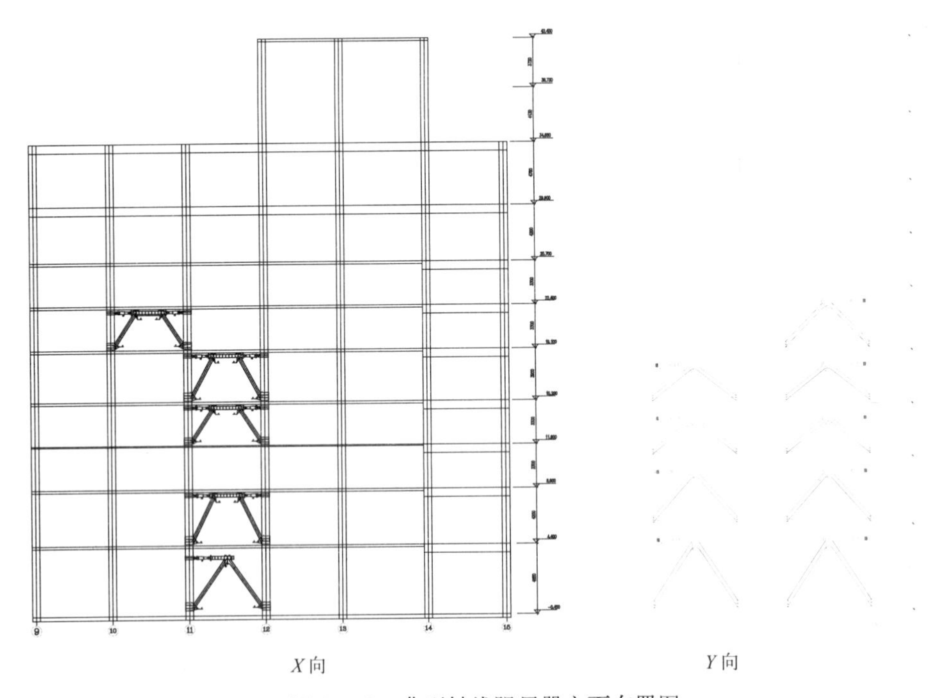

图 6.1－3　典型轴线阻尼器立面布置图

（3）对于抗弯承载力不足且不超过 40% 的框架梁采用梁顶粘贴钢板（负筋不足）和梁底粘贴碳纤维布（正筋不足）的方式进行加固，该方法的优点在于不改变构件外形和使用空间，对建筑功能影响较小。

（4）框架柱加密区范围箍筋不足，通常情况下可采用钢构套方法或者粘贴碳纤维布方式加固，但由于有很多框架柱两个方向的框架梁偏心搁置在柱角，使得钢构套角钢不能上下贯通，因此对框架柱采用粘贴碳纤维布进行加固，环向粘贴碳纤维布构成环向围束作为附加箍筋等代箍筋加密作用，提高框架柱抗剪能力及抗震延性。

（5）加固设计中，对剪力墙两端及洞口两侧未设置边缘构件部位采用增加钢构套方法进行加固；对仅抗剪承载力不足的剪力墙采用粘贴碳纤维布方式进行加固；对于剪力墙底部加强区边缘构件纵筋相差较多的问题，主要通过关键构件外包型钢和增设黏滞阻尼器的办法来解决。

3. 加固前后抗震性能比较

加固设计以楼层剪力为控制对象，通过楼层剪力的变化来控制消能器的减震效果。增设阻尼器前后多遇地震作用下楼层剪力对比如图 6.1－4 所示，从图 6.1－4 可以看出：增设阻尼器后，结构各个楼层剪力均有所降低，X 向楼层剪力最大值降低 26%，Y 向楼层剪力最大值降低 32%；X 向基底剪力、Y 向基底剪力分别降低了 23% 和 26%，阻尼器对主体结构的减震率较高，加固后结构的地震安全性明显提高。而且，阻尼器对结构的保护作用是全面的，除了可以降低结构在地震时的水平地震作用，还对非结构构件有着很好的保护作用。

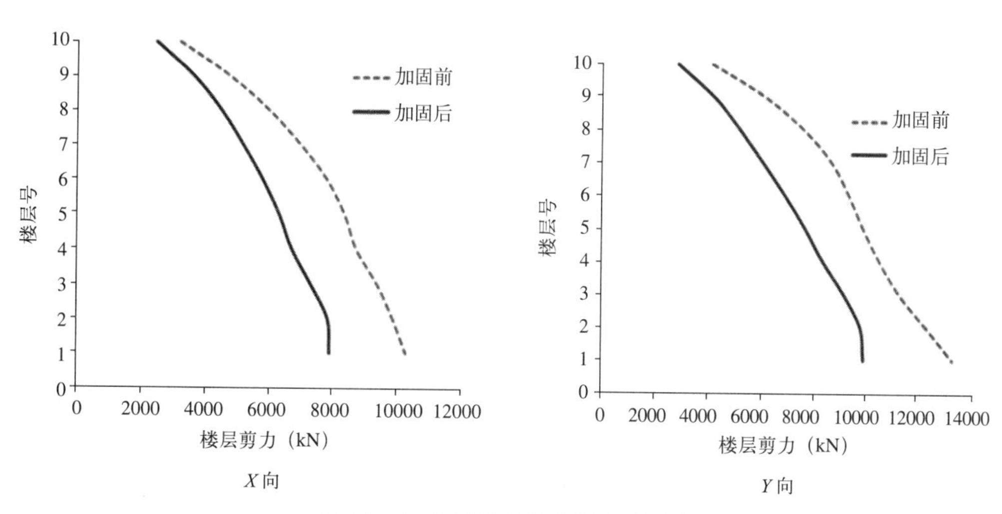

图 6.1－4　加固前后楼层剪力对比图

增设阻尼器前后多遇地震作用下层间位移角对比如图 6.1－5 所示。由图 6.1－5 可知，层间位移角曲线较为平缓，未出现突变，说明阻尼器竖向布置较为合理，未出现明显的薄弱层效应。相比加固前，加固后 X 向层间位移角平均降低了 19%，Y 向平均降低了 36%，说明增设阻尼器以后有效地减少了作用在主体结构上的地震作用，提升了结构整体抗震性能。

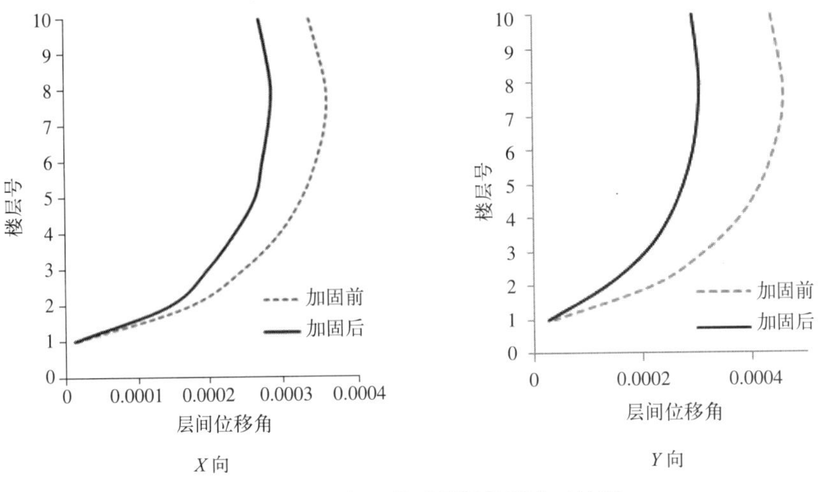

图 6.1–5　加固前后层间位移角对比图

四、结论

针对某重点设防类教学楼，对其进行抗震加固改造，通过对该工程的加固实践，得到如下结论：

1. 对使用年限已经较长的重点设防类教育建筑，进行加固时应对安全、实用、经济进行综合比较分析，确定合理的目标使用年限，根据后续使用年限，确定合理的抗震设防目标，从而根据实际情况适当提高其抗震性能，做到满足《建筑抗震鉴定标准》规定的后续使用年限的应用要求。

2. 抗震加固与减震加固相结合，除了传统的"抗震"以外，还可以从"减震"角度来考虑，采用抗震与减震相结合的办法来提高结构的抗震性能，采用"减震"方法降低结构上的地震作用，采用加固构件的办法提高构件的抗震承载力，从而协调建筑保护与抗震加固之间的关系。随着消能减震技术进入实用阶段，消能减震技术为这类重点设防类既有建筑改造加固提供了一种思路。

参考文献

[1]　民用建筑可靠性鉴定标准 GB 50292–1999[S]. 北京：中国建筑工业出版社，1999.

[2]　建筑抗震鉴定标准 GB 50023–95[S]. 北京：中国建筑工业出版社，1995.

[3]　建筑抗震设计规范 GB 50011–2001[S]. 北京：中国建筑工业出版社，2001.

[4]　混凝土结构加固设计规范 GB 50367–2006[S]. 北京：中国建筑工业出版社，2006.123 ～ 128.

[5]　唐曹明，黄世敏，王亚勇等 . 中国国家博物馆老馆加固改造结构设计 [J]. 建筑结构，2011，41（6）：31 ～ 35.

2. 城市区域震害预测——以西北某城市为例

曾翔　熊琛　许镇　陆新征

清华大学土木工程系，北京，100084

一、概述

本文对位于地震烈度为 8 度区的中国西北某重要城市的一个市辖区内 6 万余建筑进行了震害预测，通过在当地组织现场调查获取建筑数据，采用多自由度剪切层模型作为建筑的计算模型，通过非线性时程分析方法计算建筑的地震响应，并将预测结果与震害矩阵方法进行了对比。

二、目标城市的震害分析

1. 城市建筑信息

目标城市设防烈度为 8 度。通过在当地组织实地调查，共收集 62650 栋建筑的基本数据。这些建筑的场地类别、结构类型分布、建筑层数分布如图 6.2–1 所示。所调查的建筑位于目标城市的某个非中心市辖区，绝大部分建筑为砌体结构，少量为钢筋混凝土框架结构。99% 的建筑层数不超过 6 层，因此适合使用多自由度剪切层模型进行模拟。

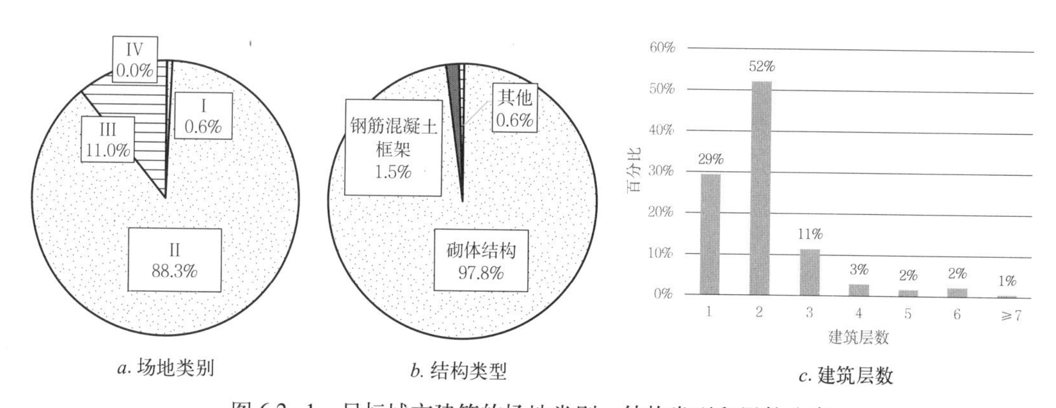

a. 场地类别　　*b.* 结构类型　　*c.* 建筑层数

图 6.2–1　目标城市建筑的场地类别、结构类型和层数分布

2. 震害分析结果及验证

使用 MCS 模型进行区域震害分析具有很高的计算效率，为了减小不同地震动对分析结果带来的离散性，采用了文献和建议的 ATC–63 报告给出的 22 条远场地震动记录，以及 1940 El–Centro 地震动记录，共 23 条地震动进行分析，地面峰值加速度(PGA)设为 0.4*g*，对应 8 度大震水平。在桌面计算机（CPU：Intel i7–2600 @3.4GHz；内存：8GB）上运行分析，共耗时 12.8h，平均每条地震动记录耗时仅约 0.5h。

23 条地震动记录的平均分析结果以及与震害矩阵分析结果的对比如图 6.2–2 所示，图中

“非线性分析”指多自由度非线性时程分析方法的结果，“当地震害矩阵”指目标城市当地的震害矩阵，“尹之潜矩阵”指文献给出的震害矩阵。非线性时程分析结果与当地震害矩阵吻合得较好，但二者给出的震害远远大于文献给出的全国通用的震害矩阵。这说明由于各地建筑抗震性能的差异，一个地区的震害调查统计结果并不一定能很好地预测另一个地区的震害情况。而非线性时程分析方法能考虑当地建筑的特异性，震害模拟结果相对更加准确。

需要说明的是，对于轻微破坏和中等破坏的框架结构，非线性时程分析与当地震害矩阵结果有约 35% 的差别。其原因可能是：震害矩阵数据基于对建筑震害的观察，存在一定主观性，例如对于某些表面看来破坏很轻的框架结构，部分梁柱的破坏可能没有被观察到，从而将原属于“中等破坏”的建筑归类为“轻微破坏”，导致震害矩阵对震害的预测结果偏轻。此外，由于地震动和实际建筑抗力具有较大的变异性，不同分析必然产生不同的结果，但相对于震害矩阵方法，非线性时程分析方法在建模与分析过程中直接考虑了不同建筑结构的特异性和地震动的特异性，从而提高了震害结果的准确性。

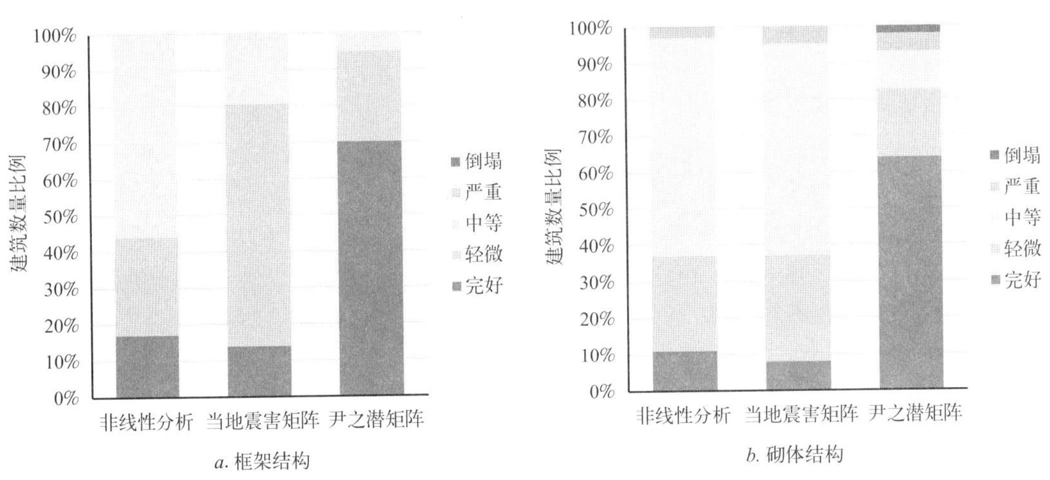

图 6.2-2　目标城市建筑的破坏状态——23 次非线性时程分析的平均模拟结果与震害矩阵的对比

图 6.2-3 所示的是在 El-Centro 地震动作用下，目标城市局部地区的震害情况。图中不仅直观、清晰地展现了区域建筑的破坏状态分布，还能给出各建筑每层的破坏情况。相比震害矩阵方法，不仅震害信息更加丰富，还能详细地反映每个具体建筑的破坏情况。

3. 提高城市整体抗震性能

非线性时程分析显示，在 8 度大震（PGA=0.4*g*）作用下，超过 60% 的建筑将发生中等以上的破坏（图 6.2-3），这将给城市带来巨大的建筑修复负担，影响城市的正常功能。如果提高这些建筑的设防等级，即假定按照 9 度设防的要求进行设计，重新运行非线性时程分析（PGA=0.4*g*），23 条地震动记录的平均分析结果如图 6.2-4 所示。提高设防等级后，城市的震害减轻，将大大提高城市的震后功能恢复能力，缩短恢复时间。而由于当地设防烈度为 8 度，缺乏 9 度设防建筑的历史震害数据，无法形成 9 度设防建筑的震害矩阵。因此，使用当地震害矩阵难以考察提高设防等级后城市的震害情况。若采用尹之潜给出的全国通用震害矩阵，根据分析，这种震害矩阵并不一定能很好地反映当地建筑的震害情况，从而也难以评价设防等级的提高对城市震害的改善情况。此外，通过输入多条地震动，非线性时程分析不仅能得到与震害矩阵相似的统计意义上的结果，同时还能反映各个特定地震动的特征，从而模拟不同地震场景下的城市震害情况。

图 6.2–3　在 El–Centro 地震动作用下，目标城市局部地区的震害情况（PGA=0.4*g*）

提高城市整体抗震性能的一个更高效的措施是，采用非线性时程分析进行区域城市的震害模拟，并根据模拟结果找到破坏较为严重的各个建筑个体，从而有针对性地提高建筑的抗震能力。而震害矩阵方法也难以提供这类详细信息。

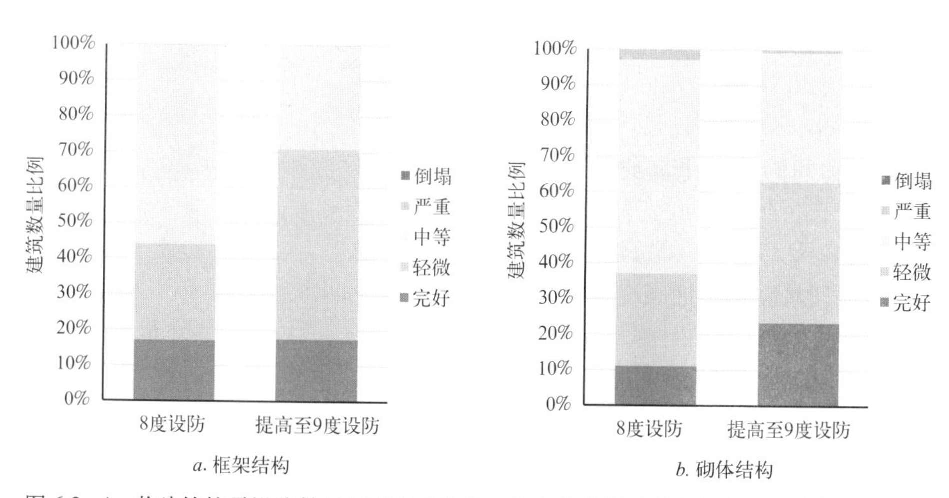

图 6.2–4　将建筑抗震设防等级提高至 9 度后，23 次非线性时程分析的平均震害模拟结果

三、结论

本文使用多自由度集中质量剪切层模型和非线性时程分析方法，对西北某城市的 6 万余栋建筑进行了区域震害预测，并将预测结果与当地震害矩阵和全国通用的震害矩阵进行了对比。结果表明，非线性时程分析方法能考虑当地建筑的特异性，震害模拟结果相对更加准确。此外，非线性时程分析方法能详细地反映每个具体建筑的破坏情况，为决策者提供更丰富的参考信息，以高效地提高城市整体抗震性能。

3. 北京新机场抗风雪风洞试验

李宏海　杨立国　严亚林　陈凯　唐意
中国建筑科学研究院，北京，100013

一、项目概况

北京新机场是超大型国际航空综合交通枢纽，远景按照客流吞吐量1.2亿人次，飞机起降量100万架次的规模建设9条跑道和约140万m^2的航站楼。北京新机场的建设，破解了北京地区饱和的航空硬件能力，推进了京津冀一体化协同发展，引领中国经济新常态，是打造中国经济升级版的重要基础设施支持。

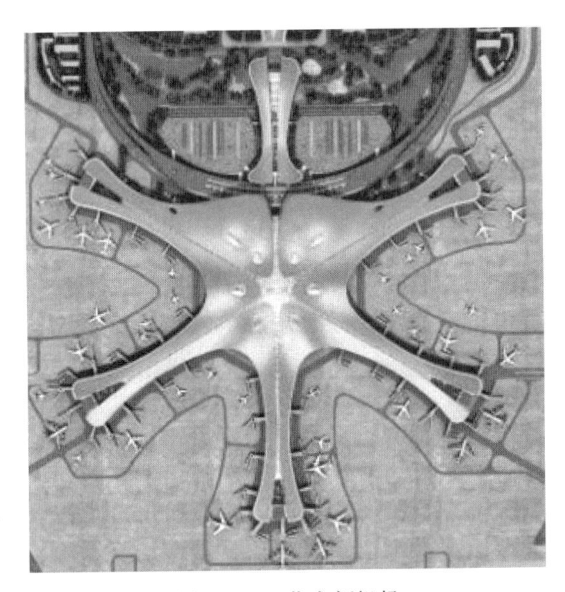

图6.3-1　北京新机场

机场位于北京市大兴区礼贤镇、榆垡镇和河北省廊坊市广阳区之间，天安门以南46km，距离首都机场68.4km。主体航站楼是一座超大型大跨屋盖结构，其平面纵向长近1200m，指廊间的最大距离约为1100m。总体构型包络于一个1200m直径的正圆之内，总占地面积约27万m^2，总建筑面积约78万m^2。航站楼最高点距地高度50m，位于屋顶中心和北挑檐（图6.3-1）。

为了给航站楼的结构设计提供可靠的数据支持，对该项目的主体建筑进行了刚性模型风洞测压试验，分析风致振动问题后给出等效静力风荷载；并通过数值仿真和试验风洞模拟雪荷载分布情况，给出屋面积雪分布系数。

二、风洞测压试验

在中国建筑科学研究院风洞实验室对机场航站楼主体建筑的刚性模型进行了风洞测压试验。可提供的结果数据包括：(1) 建筑表面平均风压系数随风向的变化云图；(2) 50年重现期极值风压的统计值云图。

考虑到风洞阻塞度的要求，以及转盘平台和建筑原型的实际尺寸，为保证试验精度，模型缩尺比确定为1:400。模型根据设计图纸准确模拟了航站楼的外观形状，以反映建筑外形对表面风压分布的影响（如图6.3-2所示）。由于机场周边并没有能够影响航站楼风环境的大型建筑，因此试验中不考虑周边建筑的干扰。根据《建筑结构荷载规范》GB 50009-2012的规定，地貌类别选取为B类标准地貌，在风洞中采用尖劈配合粗糙元的方法模拟得到的相应的风速剖面（如图 6.3–3 所示）。模型表面均匀布设 3842 个测点同步采集试验数据。风洞测压试验时来流风速控制在 16m/s 左右；采样频率为 400.6Hz，采样时间为 30s，样本数据长度为 12020 点。本试验测量了试验模型在不同风向角下的表面压力分布。从 0° 风向开始，每隔 10° 测量一次，获得了模型在 36 个风向角下的表面压力分布情况。图 6.3–4 给出了风向角示意图。

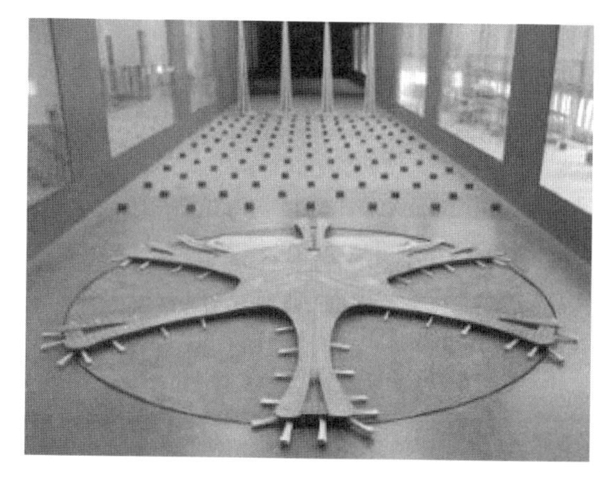

图 6.3–2　风洞测压试验模型

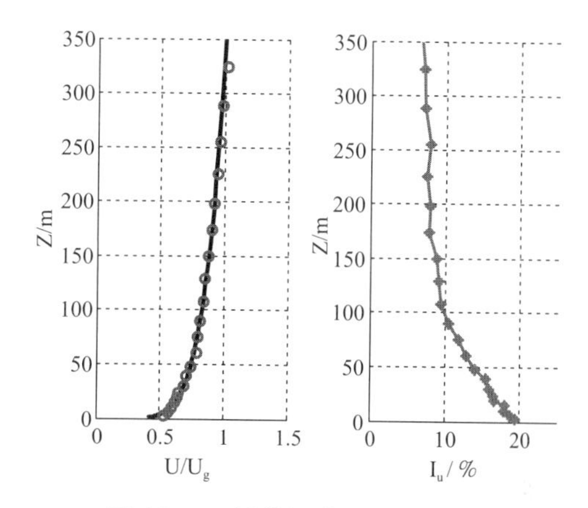

图 6.3–3　试验风速和湍流度剖面

图 6.3–4　风向角示意图

根据风洞测压试验结果，计算得到结构设计所需的相关数据：

1.给出了50年重现期建筑表面最不利的10个风压值测点位置和极值。如表6.3-1所示。

建筑表面最不利的10个风压值测点（单位：kPa）　　表6.3-1

测点编号	50年重现期最不利正压	测点编号	50年重现期最不利负压
ND930	1.26	C433	-2.35
D365	1.25	A561	-2.13
D678	1.19	A16	-2.08
ND925	1.18	A15	-2.07
D768	1.17	A562	-2.07
D359	1.17	C186	-2.04
D276	1.16	A556	-2.04
D350	1.16	A560	-2.03
D280	1.15	A557	-2.02
ND21	1.15	C462	-2.00

2. 给出了不同风向角工况时建筑表面测点的风压系数。结构设计过程中，可选择若干不利风向，取定平均风压系数，再根据规范要求进行计算。图6.3-5给出了0°风向角工况下建筑表面测点风压系数分布图。

3. 给出了建筑表面各个测点在所有风向角工况下出现的50年重现期风致作用的极值。图6.3-6给出了统计结果。

图6.3-5　建筑表面测点风压系数分布图（0°风向角）

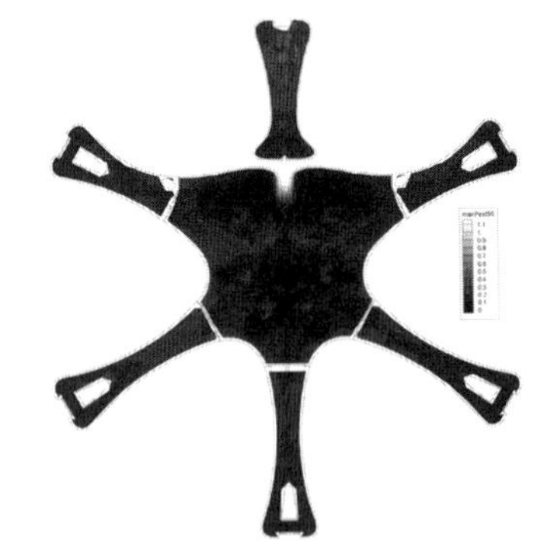

a. 最大值分布

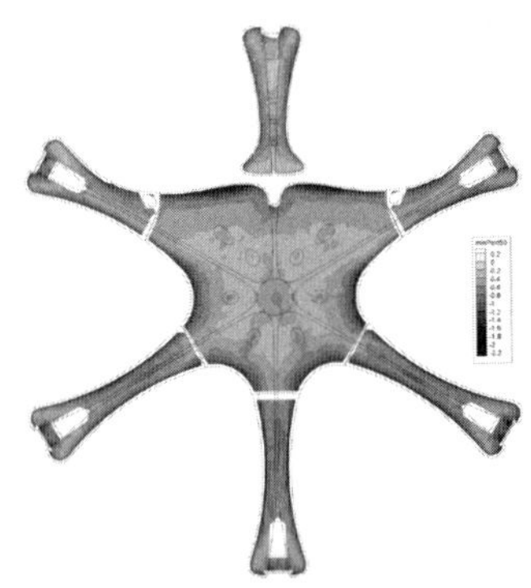

b. 最小值分布

图6.3-6　建筑表面50年重现期极值风压统计

三、等效静力风荷载

大跨屋盖结构体型复杂，风荷载是结构设计的控制荷载之一。此外，在大气边界层中，空气动力作用非常复杂，结构易发生振动。因此，必须对结构进行风致响应和等效静力风荷载的研究。为了获得更为精细的结构响应，在测压试验数据的基础上对结构进行风振分析，通过 CQC（Complete Quadratic Combination）方法分析了结构的顶点位移响应及顶点加速度响应，并结合高阶模态分析获得了结构等效静力风荷载，从而为结构计算提供设计依据。

根据建筑结构的相关设计资料，结构风振响应计算时选取结构阻尼比为 0.02，峰值因子为 2.5。对所有 36 个风向角的响应进行了计算。

根据主体建筑的结构模型，采用有限元软件 Midas 进行模态分析。从模态分析结果来看，结构的前 100 阶频率均在 3Hz 以内。图 6.3–7 给出了主体结构中心区前两阶的振型情况。

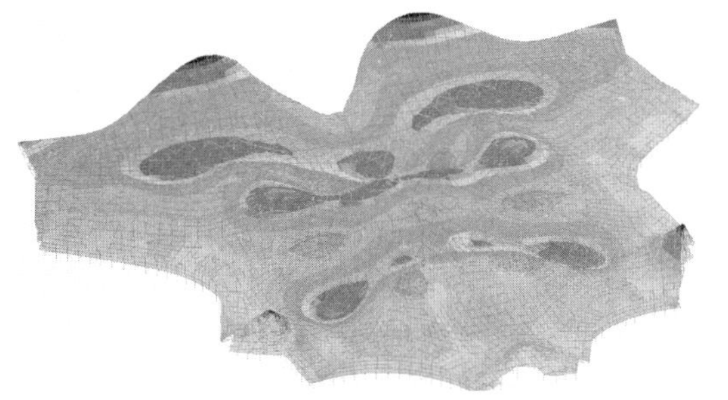

a. 中心区第 1 阶模态（0.83Hz）

b. 中心区第 2 阶模态（0.84Hz）

图 6.3–7　主体结构中心区模态分析结果

本研究进行了全部 36 个风向角下的结构风振响应分析，并基于最不利风向的风振响应计算结果得到了用于整体结构设计的等效静力风荷载。此结果相当于《建筑结构荷载规范》GB 50009–2012 中基本风压、风压高度变化系数、风荷载体型系数以及风振系数相乘的结果。

图 6.3–8 给出了航站楼中心区在 0° 风向角和最不利风向（风向角为 20°）工况下的变形云图和 50 年重现期等效静力风荷载云图。由图可知，中心区的悬挑前檐为变形最大区域，集中出现在前檐位置的较强风吸力是造成较大变形的主要原因。

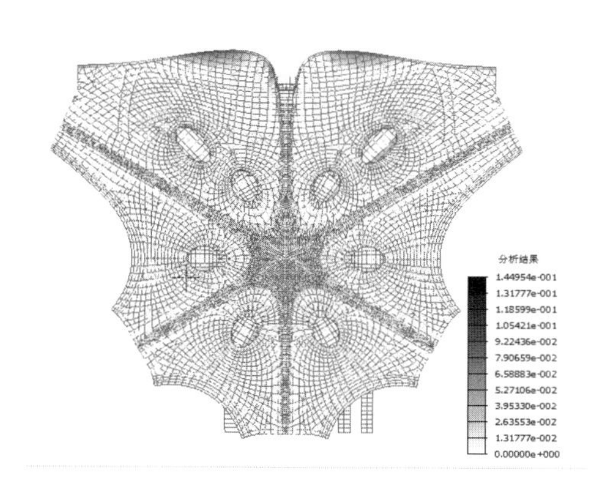

a. 0° 风向角变形云图（单位：m）

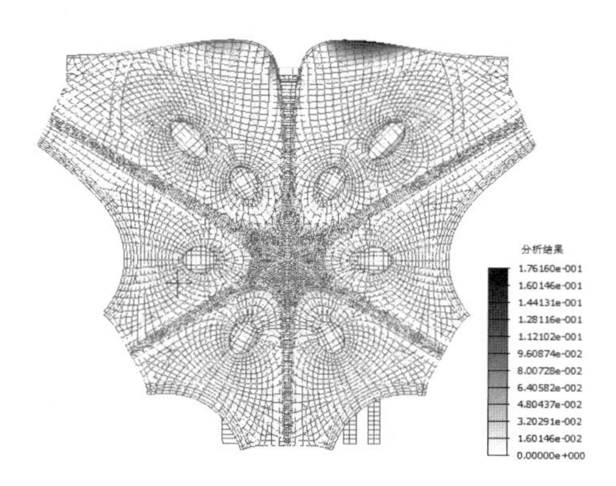

b. 20° 风向角变形云图（单位：m）

图 6.3–8　变形云图和等效静力风荷载分布图（一）

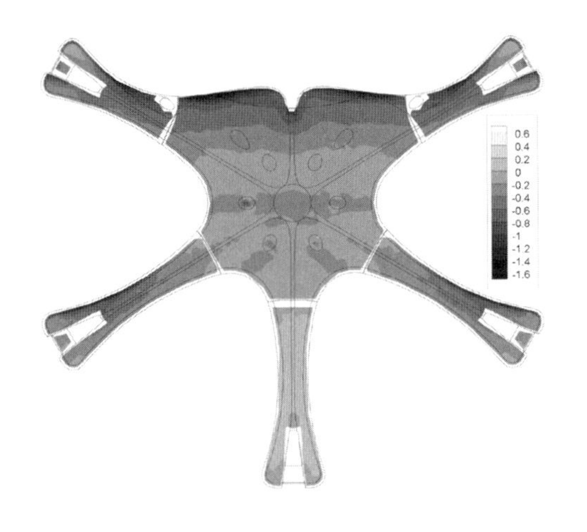

a. 0°风向角等效静力风荷载（单位：kPa）

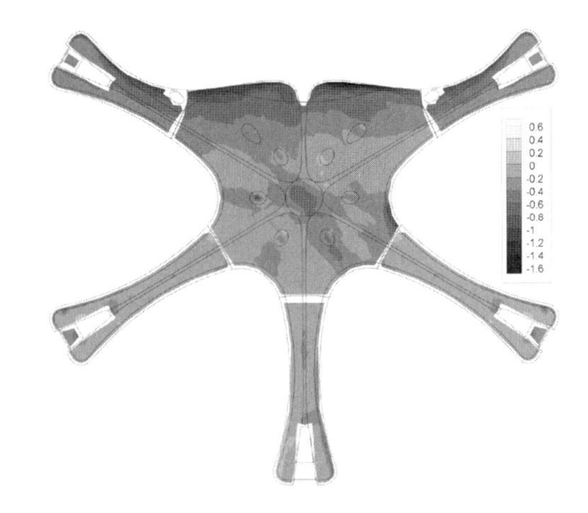

b. 20°风向角等效静力风荷载（单位：kPa）

图 6.3–8 变形云图和等效静力风荷载分布图（二）

四、雪荷载的试验模拟

分析建筑物雪荷载，需要着重考虑风致作用下雪的不均匀分布导致的荷载不均匀性。试验模拟雪荷载时的风速剖面和风向角定义与测压试验一致（如图 6.3–4 所示）。

1. 数值模拟

数值模拟是由同济大学完成的。利用 CFD 技术，在软件平台 FLUENT 上对航站楼主体结构进行了全尺度数值仿真，模拟了 36 个不同风向角工况下屋面的雪荷载分布情况。数值模型的局部放大图如图 6.3–9 所示。整个计算区域的网格数约为 323 万。结合中国荷载规范，计算得到机场航站楼的屋盖表面的屋面积雪分布系数。图 6.3–10 给出了 0°风向角工况下的计算结果。

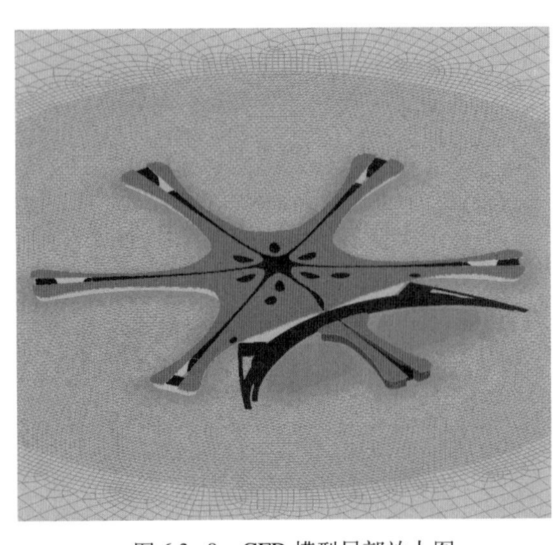

图 6.3–9　CFD 模型局部放大图

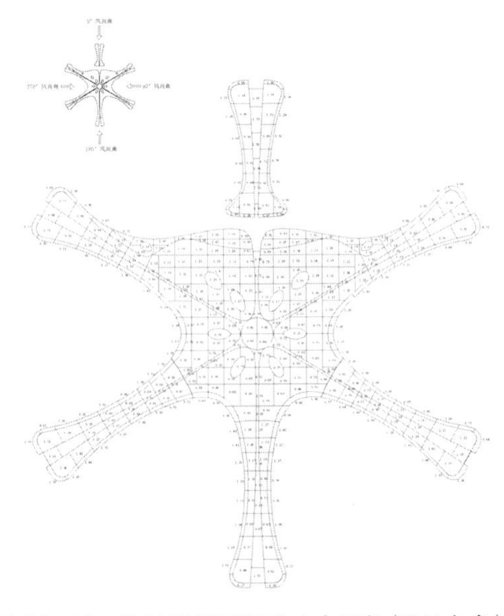

图 6.3–10　航站楼屋面积雪分布系数(0°风向角)

2. 试验模拟

在中国建筑科学研究院风洞实验室进行雪荷载模拟试验，模型的几何缩尺比为1:400，如图6.3–11所示。使用盐作为雪的模拟介质，表6.3–2给出了雪和模拟介质——盐的物理特性参数对照。由表中可以看出，雪的沉降速度与临界摩擦速度之比的变化范围在2.50～6.00，这与雪的沉积时间等因素有关。在常年积雪的区域，由于雪层终年不融，结构密实，雪的密度较高，沉降速度与临界摩擦速度之比一般较低；对于较为疏松的积雪，速度比值则较高。从相似性条件分析，若不考虑Froude数的相似性，盐可满足相似性要求。根据表中所列，盐的沉降速度和临界摩擦速度之比在合理范围内。

图6.3–11　航站楼屋面雪荷载风洞实验模型

天然雪和模拟介质的物理特性　　表6.3–2

参数	雪	盐
平均直径（mm）	0.10～0.50	0.40
相对密度	0.10～0.90	1.80
临界摩擦速度 u^*_t（m/s）	0.10～0.80	0.25
沉降速度 W_f（m/s）	0.30～0.80	1.50
W_f/u^*_t	2.50～6.00	6.00

将实验模型放置在风洞实验室转动平台中心位置。用细孔网筛将盐过滤后均匀铺洒在北京新机场航站楼的屋面上。确定风洞实验工况的角度后锁定风洞实验室转动平台，按照实验风速进行风洞实验。使用游标卡尺分别测量试验前后建筑模型表面各点盐的厚度，根据荷载规范的相关规定，计算得到观测点位置的屋面积雪分布系数。图6.3–12给出了140°风向角工况下屋面雪荷载的分布情况。

图6.3–12　140°风向角工况下屋面雪荷载的不均匀分布

3. 结果分析

将数值仿真与实验模拟得到的航站楼屋盖积雪分布情况对比分析，结果表明：在各个风向角工况下，航站楼屋盖积雪分布系数基本一致；所得结果可以作为建筑结构设计过程中雪荷载的取值依据。

五、结论

为保障北京新机场航站楼在风荷载和雪荷载作用下的安全性能，通过风洞试验为结构抗风设计提供了基础的计算资料。试验和分析的主要结论有：

1. 风洞测压试验结果表明：北京新机场航站楼建筑表面极值风压净值的变化范围为 $-2.35 \sim 1.26\text{kN/m}^2$，极值负压较大。

2. 总体看来，在风荷载作用下北京新机场航站楼建筑中心区位移响应最大，其他区域响应较小。中心区最大竖向位移响应出现在主体结构上部边缘区域，对应风向角为 $20^\circ \sim 40^\circ$ 和 $320^\circ \sim 340^\circ$。根据等效静力风荷载进行结构设计时，应着重关注以上不利风向，同时还应适当考虑竖向风荷载。

3. 为考虑屋盖外形及风荷载对雪颗粒漂移的影响，通过数值模拟和风洞试验得出了不同风向下的屋盖表面雪荷载分布情况。数值模拟和风洞试验结果吻合良好，得出的屋面积雪分布系数可供结构设计使用。

4. 机场航站楼消防安全策略研究

孙旋　袁沙沙　周欣鑫
中国建筑科学研究院建筑防火研究所，北京，100013

引言

航站楼作为机场的标志性建筑物，建筑空间较大，公共空间相互连通，对此项目的基本要求是人员疏散安全、使用便利、建筑美观、结构安全。近几年随着经济高速发展，机场航站楼不断向着大规模、超大规模方向发展，对航站楼的消防设计也提出了新的要求。通常情况下航站楼具有完善的消防设施和较高的消防安全管理水平，很少发生火灾事故，然而，航站楼属于人员密集场所，一旦发生火灾事故，可能造成严重的人员伤亡，也可能造成机场商业运营中断，从而造成较大的社会影响。如 2008 年武汉天河机场 2 号航站楼 B 区机房失火，由于消防部门的及时扑救，火势没有蔓延也没有造成人员伤亡。受火灾影响，B 区工作陷入瘫痪，少数航班延误。

机场中某些运营和设计目标与消防安全设计之间存在潜在的冲突，如安全方面的考虑、建筑设计方面的考虑、保证旅客流动的便捷性、商业运作等。出于对以上运营功能考虑，现有国内防火设计规范不能涵盖机场消防安全设计工作，需采用消防性能化设计方法进行设计。消防性能化设计就是针对机场航站楼本身的建筑特点、人员特点以及火灾危险，设计相应的消防安全系统，保证整栋建筑的安全，也与建筑中的运营需求协调一致。通过进行模拟计算和人员疏散研究，模拟火灾的计算场景、模拟人员疏散并提出针对性的消防安全策略。

一、项目概况

肯尼思·卡翁达国际机场航站楼始建于 1967 年，航站楼建筑面积共 38500m^2，航站楼屋面最高点距地面高度为 27.15m。航站楼剖面设计为二层半式方案。

国际远机位候机层建筑标高：±0.000m，本层主要是布置国际旅客的到达、行李到达与出发以及国际远机位旅客出发，国内旅客及行李的出发与到达，贵宾及行李的出发与到达，国内、国际旅客迎客厅，设备用房及办公用房等，如图 6.4–1 所示。

国际到港层建筑标高：4.000m，本层主要作为国际旅客到达层，包含以下功能：国际旅客到达通廊，以及国际中转安检通道，如图 6.4–2 所示。

国际出港层建筑标高：8.000m，国际候机层建筑标高：8.000m，本层主要包含以下功能：国际旅客出发大厅、国际旅客办票大厅、移民检查区、安检检查区以及办公和航空公司办公用房、国际旅客候机厅、头等舱候机室以及免税店、商业设施，如图 6.4–3 所示。

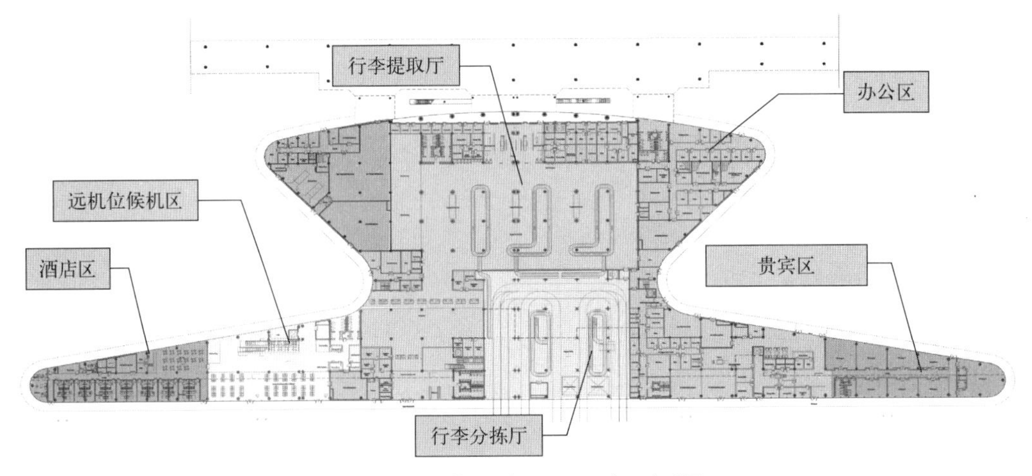

图 6.4-1　首层（±0.000m）平面图

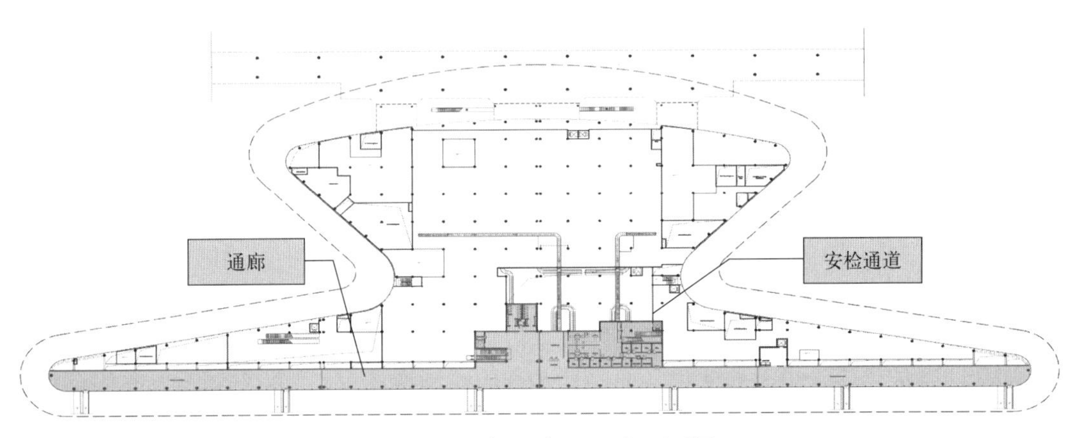

图 6.4-2　夹层（4.000m）平面图

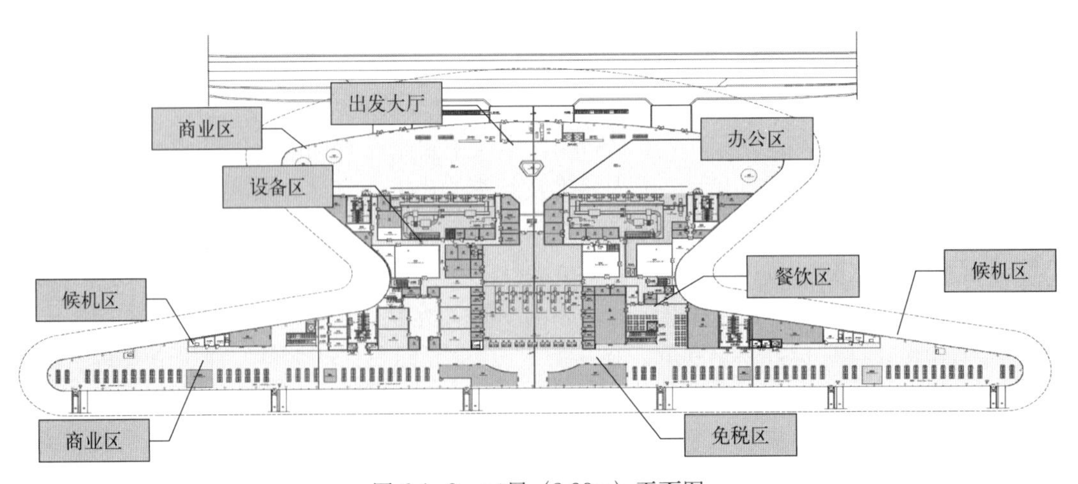

图 6.4-3　二层（8.00m）平面图

二、主要消防问题

首先是防火分区 / 分隔的问题，首层防火分区二（如图 6.4–2 所示）面积是 5899m^2 和二层防火分区五（如图 6.4–3 所示）面积是 16852m^2，无法满足规范中要求的对于耐火等级为一或二级的建筑，每个防火分区的最大允许建筑面积为 2500m^2，设有自动灭火系统的防火分区，其最大允许建筑面积可达 5000m^2 的要求。

其次是安全疏散的问题，《建筑设计防火规范》GB 50016–2006 第 5.3.13 条对民用建筑的疏散距离进行了规定。按一、二级耐火等级建筑的厅室考虑，则室内任何一点至最近安全出口的直线距离不宜大于 30m，在建筑全部设置自动喷水灭火系统时，直线距离不宜大于 37.5m。依照规范，航站楼大空间部分区域疏散距离超过 37.5m 的要求，如图 6.4–6 所示。

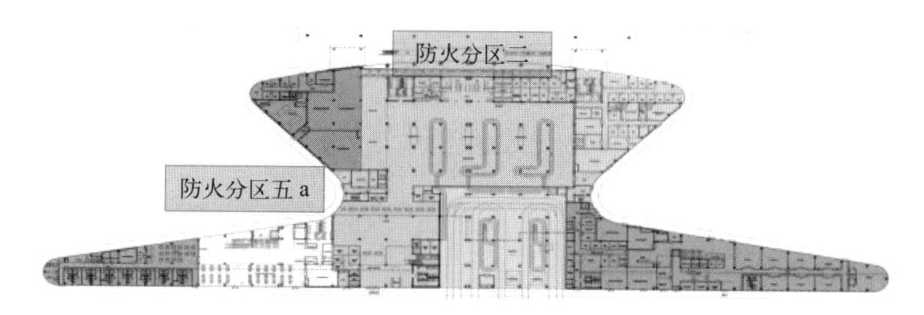

图 6.4–4　一层防火分区二、防火分区五面积超过规范要求

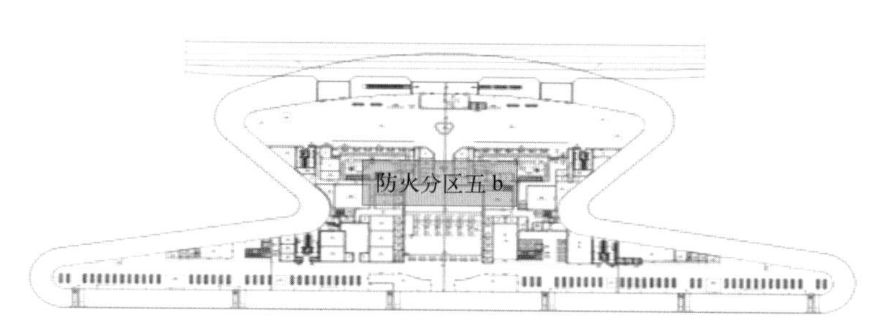

图 6.4–5　二层防火分区五面积超过规范要求

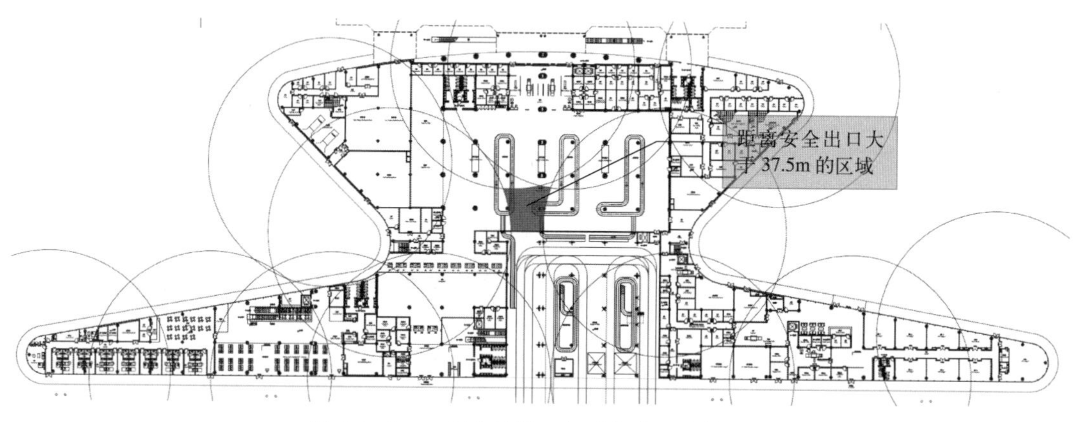

图 6.4–6　一层疏散距离超过规范要求的区域

另外就是防烟分区与烟控设计的问题，本项目办票大厅和候机厅采用大空间设计理念，难以依据规范进行防烟分区划分和烟控设计。大空间消防系统在设置上也有一些问题，本项目办票大厅和候机厅采用大空间设计理念，而规范中无专门针对大空间区域自动灭火和自动火灾报警系统设置的条款。

最后就是塔台指挥中心疏散设计问题，顶部的三层总建筑面积约为200m²，没有满足规范要求设置2个安全出口，连通塔台顶部三层建筑的开敞楼梯踏步也没有满足规范要求。受到塔台有限的建筑空间限制及特殊的作业要求，塔台顶部三层建筑仅设置1部疏散楼梯，且设置了穿越式前室，连通顶部三层建筑空间的开敞楼梯也不能满足相关规范要求，需要进行特殊消防论证。

三、消防安全策略

1. 防火分区 / 分隔

（1）首层

1）将酒店区、办公区、贵宾区、行李分拣厅等按规范划分防火分区，控制每个防火分区（防火分区一、三、四、六、七）的面积不大于5000m²，如图6.4–7所示。

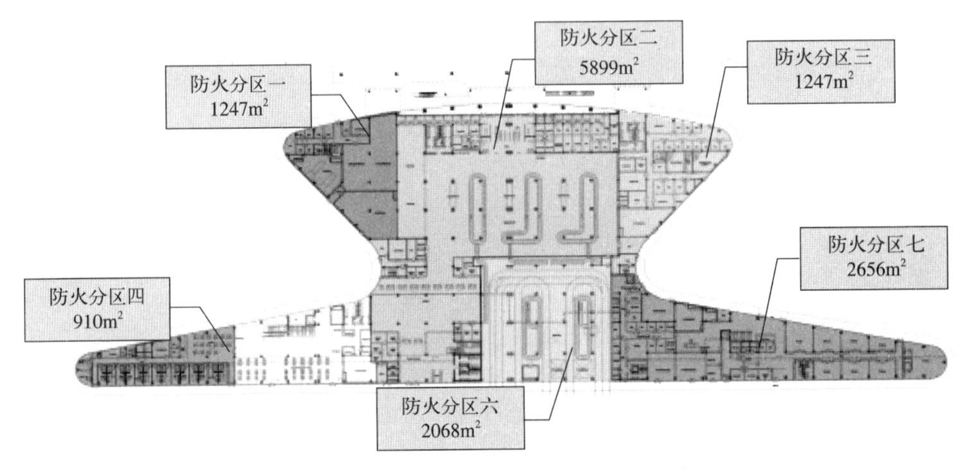

图6.4–7　首层（±0.000m）防火分区示意图

2）防火分区二与上述防火分区采取防火墙和甲级防火门分隔。

3）行李分拣厅采用防火墙与行李提取厅进行分隔，行李传送带穿越防火墙处的洞口采用耐火极限不低于2.0h的防火卷帘分隔，洞口缝隙采用不燃烧材料进行防火封堵。

4）防火分区二布置的办公、设备机房按照防火单元的要求进行设计。

5）远机位候机区通向上层的开敞楼扶梯周围设挡烟垂帘。

（2）夹层

1）将国际旅客到达通廊以及国际中转安检通道作为一个防火分区，与夹层其他空间采取防火墙分隔，与通向上下层的开敞楼扶梯位置设防火卷帘分隔。

2）将国际旅客到达通廊内布置的办公用房按防火单元设计。

3）国际旅客到达通廊以及国际中转安检通道内不得进行商业经营活动，并采取不燃装修、装饰材料。

（3）二层

1）本工程作为一个扩大的防火分区（防火分区五，面积 16852m^2）。

2）公共空间与非公共空间之间采取严格的防火分隔措施：将本层布置的安检用房、包房、办公用房、设备用房、旅客服务用房（卫生间等火灾荷载较小的旅服房间除外）采取防火单元的方式与公共空间进行分隔。

3）本层应划分为若干个防火控制分区，每个防火控制分区面积不应大于 5000m^2。

4）不应布置存放甲、乙类物品的储藏间。储存香水等化妆品商品的房间，应避开人员经常聚集或停留区域，并应靠建筑外墙布置。

2. 烟控系统安全策略

（1）首层

1）防火分区二（行李提取大厅和边检 / 检疫区）设置机械排烟系统，不划分防烟分区，但应划分防烟控制分区，每个防烟控制分区面积不应大于 2000m^2，火灾发生时应能够同时启动 2 个防烟控制分区，每个防烟控制分区的机械排烟量不应小于 1m^3/（m^2·min）。

2）远机位候机区应采取机械排烟方式；当该区域采取自然排烟方式时，应高位设自动自然排烟窗（至少应设在本层该区净高 1/2 位置以上），自然排烟窗有效开启面积不宜小于地面投影面积的 2%，自然排烟窗应具有防失效保护功能、与火灾自动报警系统联动功能、远程控制开启功能和手动开启功能。

3）采取自然补风方式，利用出入口进行自然补风。

（2）夹层

1）采取自然排烟方式。

2）利用出入口进行自然补风。

（3）二层

1）本层公共空间采取自然排烟方式，应高位设置自然排烟窗（至少应设在本层各区域净高 1/2 位置以上）。

2）自然排烟窗有效开启面积不应小于地面投影面积的 2%，可扣除采取机械排烟区域的投影面积。

3）自然排烟窗应具有防失效保护功能、与火灾自动报警系统联动功能、远程控制开启功能和手动开启功能。

4）采取自然补风方式，利用出入口进行自然补风。

5）非公共空间按规范要求设计防排烟系统。

3. 人员疏散安全策略

（1）首层

1）设置通向室外的安全出口。

2）疏散通道上的门禁系统与火灾自动报警系统联动，并保证火灾时能自动解禁。

3）设置应急照明和疏散指示系统，保证疏散走道的地面最低水平照度不低于 10.0lx，供电时间不小于 1h。

4）疏散走道或主要疏散路线上的疏散指示标志设在疏散走道及其转角处的墙面或地面上，当设置在墙面上时，灯光疏散指示标志间距不应大于 10m；当设置在地面上时，灯光疏散指示标志间距不应大于 5m。

5）均匀布置安全出口，公共空间内任一点到达通向室外的疏散通道的距离不应大于40m，通向室外的疏散通道两侧应为防火墙和甲级防火门，通道内采取不燃装修材料，仅作为人员通行功能，顶棚耐火极限不低于1h，如图6.4–8所示。

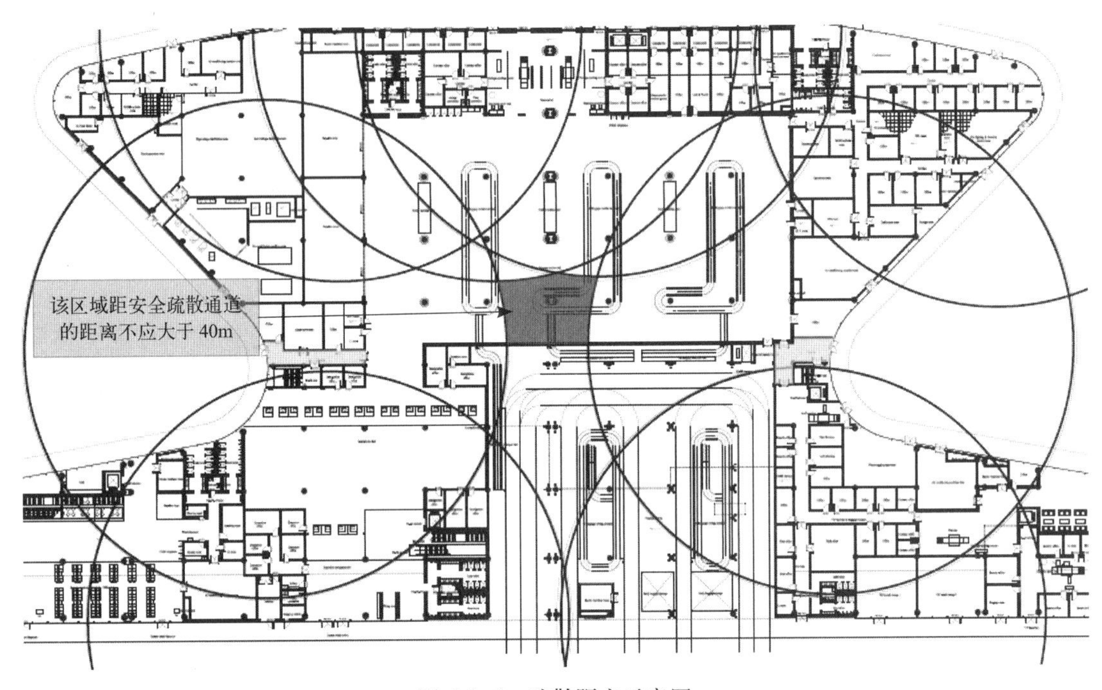

图6.4–8　疏散距离示意图

（2）夹层

登机桥（如图6.4–9所示）作为人员疏散安全出口，应保障出口的门在火灾情况下处于开启状态（采用消防电源控制），登机桥应能够通过室外楼梯到达地面。国际到达通道内人员疏散最远距离不应大于40m。

（3）二层

1）公共区通向登机桥的出口可作为安全出口，但应满足下列要求：登机桥的固定段设置直通地面的楼梯，楼梯的倾斜角度不大于45°，栏杆扶手的高度不小于1.10m，净宽不小于0.9m，梯段和平台均采用不燃材料制作。当楼梯采用钢结构时，需采取防火保护措施使其耐火极限不低于1.5h。

2）应保障登机桥出口的门在火灾情况下处于可开启状态，疏散通道上的门禁系统与火灾自动报警系统联动，并保证火灾时能自动解禁（图6.4–10）。

3）设置应急照明和疏散指示系统系统，保证公共区地面最低水平照度不低于10.0lx，供电时间不小于1h。

4）疏散走道或主要疏散路线上的疏散指示标志设在疏散走道及其转角处的墙面或地面上，当设置在墙面上时，灯光疏散指示标志间距不应大于10m；当设置在地面上时，灯光疏散指示标志间距不应大于5m。

5）采取分阶段疏散策略。

图 6.4–9　登机桥示意图

图 6.4–10　登机口

6）均匀布置安全出口，参照《民用机场航站楼设计防火规范》送审稿，结合国内外已有建筑，如济南机场航站楼，考虑到二层大空间公共区域开敞通透，在设置自动灭火系统的前提下，该层公共区任一点至最近安全出口的最大直线距离可控制在 60 m，其他区域内任一点至最近安全出口的直线距离应控制在 40m。

4. 消防系统设计

本项目消防系统设计见表 6.4–1 所示。

消防系统设计　　　　表 6.4–1

消防设计类别	消防策略	实施依据 / 要求
自动灭火系统	净空高度大于 12m 的公共空间设置消防水炮或大空间自动灭火装置	选用产品应为国家权威机构检测合格产品
	净空高度小于 12m 的公共空间设置自动喷水灭火系统	快速响应喷头 GB 50084–2001（2005 年版）
	登机桥内可不设自动灭火系统 办公及设备用房区域按规范设置自动灭火系统	
其他灭火设施	登机桥内可不设消火栓系统 设置室内消火栓和消防水喉 同时应加强灭火器配置	GB 50016–2006 GB 50974–2014

续表

消防设计类别	消防策略	实施依据 / 要求
火灾自动报警系统	净空高度大于 12m 的公共空间采用线性光束图像感烟火灾探测系统或空气采样系统	本报告
	净空高度不大于 12m 的公共空间设置点型感烟探测器	GB 50116–2013
	办公及设备用房区域采用点型感烟探测器	
应急照明和疏散指示	加强应急照明和疏散指示系统设置	GB 50016–2006
火灾应急广播	设置火灾应急广播系统	GB 50016–2006
内装修	顶棚和墙面 A 级 普通候机区座椅主体应采用不燃材料制作 线缆套管应采用不燃材料 顶棚采光窗应采用燃烧性能不低于 B1 级的材料，并应分散布置（防止连续蔓延）	GB 50222–95（2001 版） 本报告
其他	按现行防火设计规范执行	GB 50016–2006/ TB10063–2007 及其他专业规范

注：当大空间设置的消防水炮或大空间自动灭火装置足以覆盖低于12m的公共空间区域时，低于12m的公共空间可不设自动喷水灭火系统。

5. 塔台指挥中心消防安全策略

在现有的设计疏散条件下，对塔台指挥中心应采取如下消防安全措施以降低火灾发生的可能性并保障该区域人员疏散的安全性：

(1) 塔台一、二层通向楼梯间的入口设置防火门，防止下层烟气通过楼梯间影响上层人员的安全（图 6.4–11）。

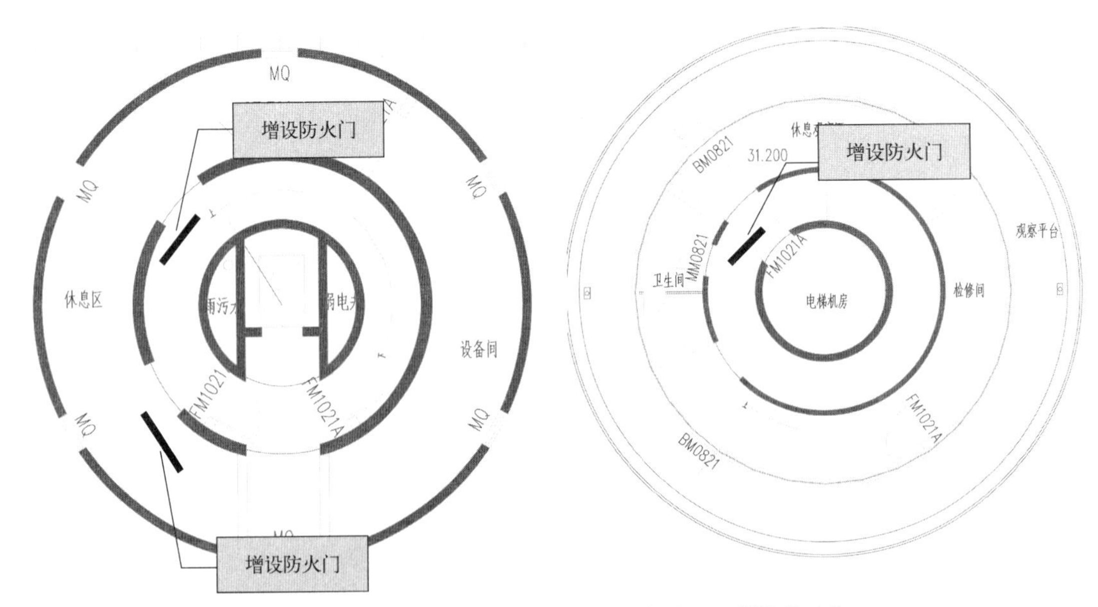

图 6.4–11　塔台一层和二层通向楼梯间的入口增设防火门

（2）二层观察平台作为外部救援平台。

（3）保障疏散路径的畅通，连通各层的疏散楼梯口周边 2m 范围内不得设置固定设施。

（4）设置火灾报警系统及火灾声光报警装置，及时通知建筑内人员处理初期火灾并按预定程序疏散。

（5）设置灭火装置，配置灭火器。

（6）设置疏散指示和疏散诱导系统。

（7）严格内装修要求，地面、墙面采取不燃装修材料，顶棚耐火极限不低于 1.0h。

（8）该区域内的设备机房按防火单元设计（注：因作业要求需开放布置的设备除外）。

（9）设置可开启外窗进行自然排烟（如不具备自然排烟条件，应设置机械排烟系统）。

（10）电梯满足消防电梯要求，火灾时，消防电梯作为工作人员疏散的第二安全出口。

四、结论

本文总结了航站楼火灾危险性特点，并以肯尼思·卡翁达国际机场航站楼为例，指出其面临的消防安全问题，从防火分区 / 分隔、疏散人员及烟控系统和消防系统角度提出了航站楼的消防安全策略方案。

通过本文案例研究发现，为保证机场航站楼的消防安全，在对机场航站楼进行消防安全设计时宜遵循以下几个主要原则：

1. 对于高火灾荷载区域进行必要的防火分隔，人员可以将登机桥、高架路作为疏散路径，主要建筑层面具备水平疏散条件，大空间具有较好的蓄烟能力，人员安全疏散可以得到保障。

2. 合理划分防火分区，并对公共大空间高火灾荷载区域采取防火单元、防火舱和燃料岛等消防策略方案，可将大空间火灾烟气控制在较小范围。

3. 减少火灾对营运的干扰，对航站楼内难以进行防火分区划分的公共空间，根据各区域功能特点、防火分隔条件等因素合理划分防火控制分区，控制每个分区面积不大于 $5000m^2$，并根据火灾可能影响范围采用分级控制方案，采用分阶段引导人员疏散策略。

参考文献

[1] 建筑设计防火规范 GB 50016-2014[S]. 北京：中国计划出版社，2015.

[2] 高层民用建筑设计防火规范 GB 50045-95（2005 年版）[S] . 北京：中国计划出版社，2005.

[3] 李引擎 . 建筑防火工程 [M]. 北京：化学工业出版社，2004.

[4] 田中孝义 . 改定版《建筑火灾安全工学入门》[M]. 日本建筑中心发行 .

[5] NFPA 92B. Guide for Smoke Management Systems in Malls，Atria，and Large Areas（2000）.

[6] CIBSE Guide E. Fire engineering（2003）.

[7] The SFPE Handbook of Fire Protection Engineering，Society of Fire Protection Engineers and National Fire Protection，2nd edition，1995.

5. 泉州某公司厂房火灾后检测鉴定

梁俊桥　杨涛　佟喜宇

北京筑福国际工程技术有限责任公司，北京，100043

一、工程概况

泉州某公司厂房位于泉州市南环路元福南路，建成于2004年。该厂房由两幢建筑平面布置及结构型式完全一样的2号和3号房屋组成，每幢房屋的总建筑面积为14288m^2，地上4层（一到三层为钢筋混凝土框架结构，四层为加建钢结构），无地下室，楼、屋面板均为现浇钢筋混凝土，房屋基础均为桩基础。每幢房屋由3个结构单体组成，各单体之间设置有变形缝，其中2号房屋结构单体自西（1轴）向东（18轴）依次编号为结构A区、结构B区和结构C区，2号和3号房屋立面图见图6.5-1、图6.5-2，结构平面布置图见图6.5-3、图6.5-4。

2015年6月14日，该厂房2号房屋的结构B区、C区以及整个3号房屋发生火灾事故，火灾历时6个小时，造成两幢房屋的结构构件及围护结构较为严重的破坏。

图6.5-1　2号房屋火灾后现状

图6.5-2　3号房屋火灾后现状

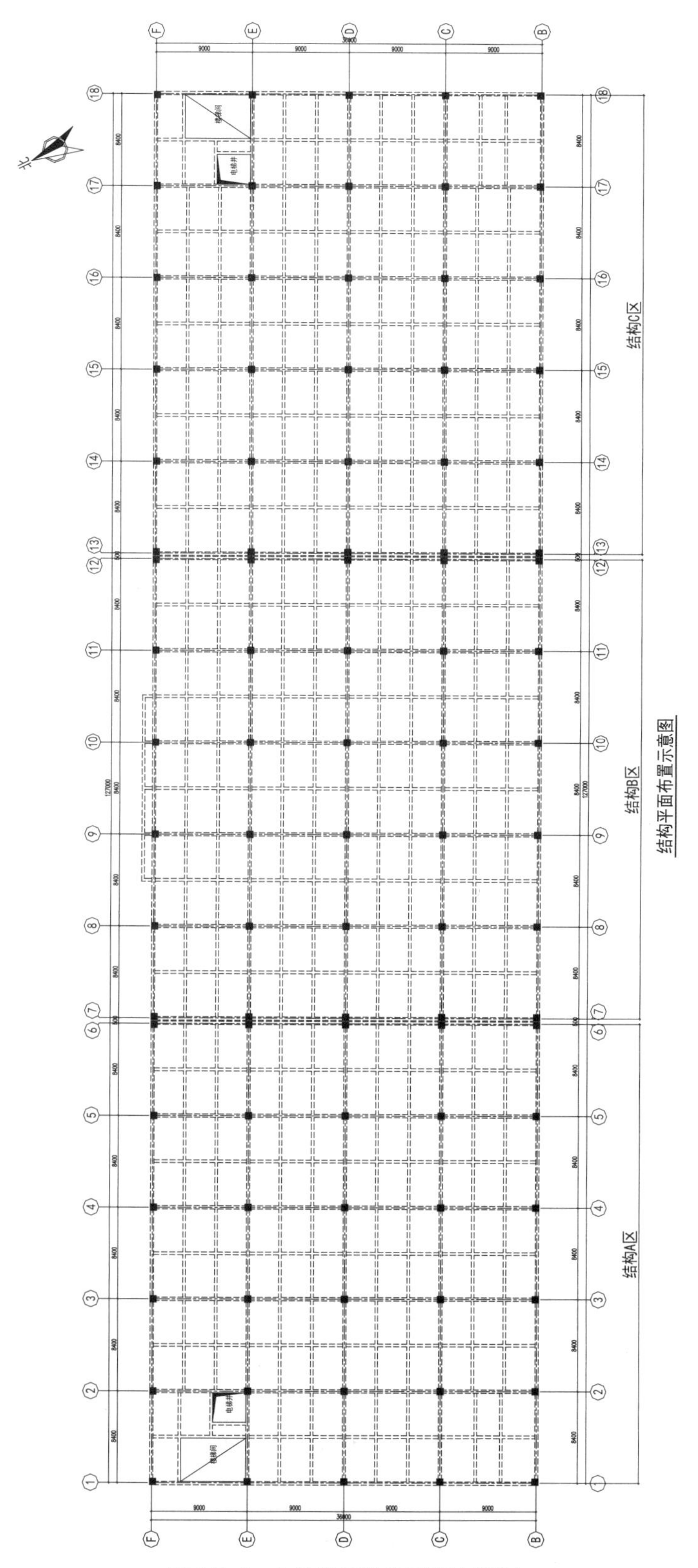

图 6.5-3　2 号房屋结构平面布置图

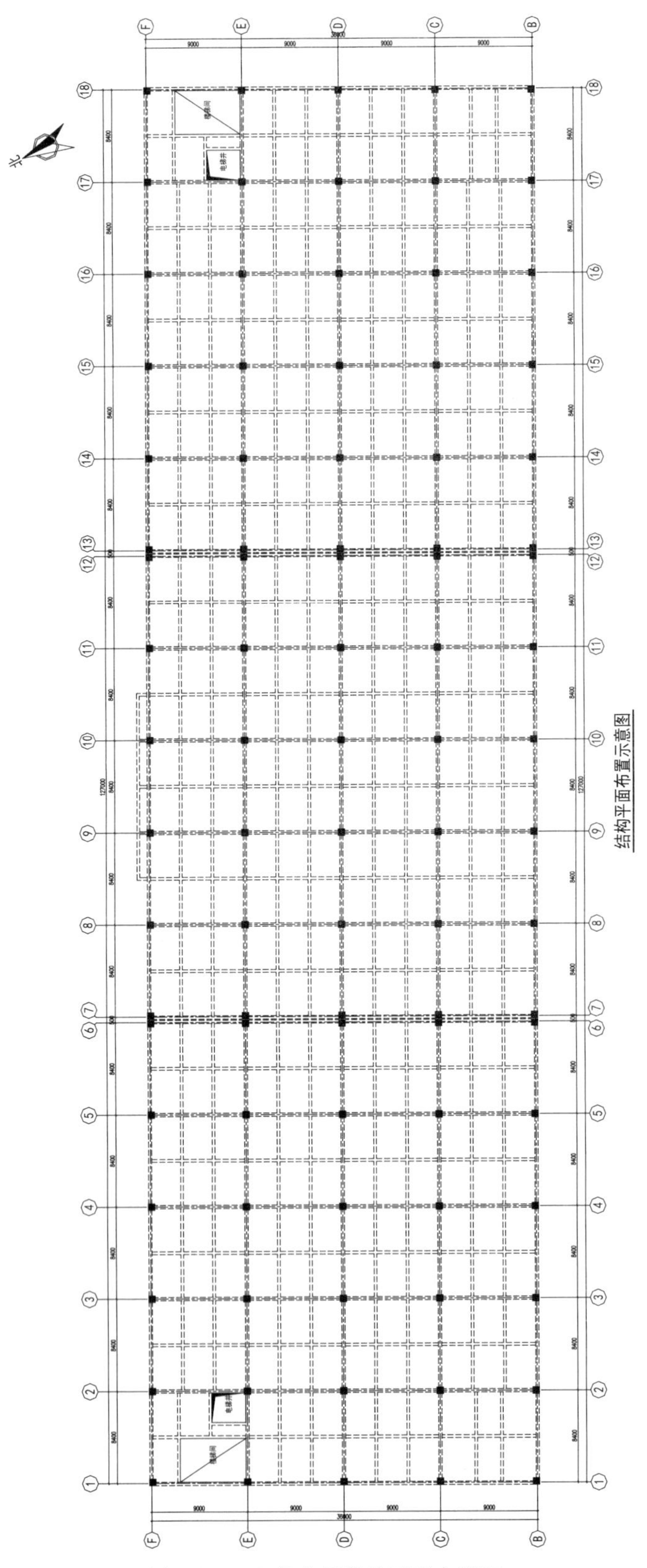

图 6.5-4　3 号房屋结构平面布置图

二、火灾后检测鉴定及存在的主要问题

1. 承重结构检查

对房屋火灾后的钢筋混凝土梁、板、柱以及钢结构等主要承重结构进行检测、检查中发现以下主要问题：

（1）房屋一层大部分钢筋混凝土梁、板和柱等构件过火后损伤状态较严重，主要表现在：1）大部分构件的混凝土颜色改变；2）大部分构件锤击声音发闷，表面留下明显痕迹，锤击后混凝土粉碎；3）大部分构件表面产生裂缝网；4）大部分构件混凝土脱落情况较多；5）部分构件受力钢筋外露，受力钢筋粘结性能降低。

（2）房屋二、三层钢筋混凝土梁、板和柱等构件过火后损伤状态相对较轻，主要表现在：1）构件混凝土颜色基本未变或被黑色覆盖，仅少数构件混凝土颜色呈土黄色；2）大部分构件的锤击声音较响亮；3）仅个别构件表面有轻微裂缝网；4）构件基本未出现混凝土脱落现象。现场情况见图 6.5–5 ～图 6.5–10。

（3）四层钢结构局部受到过火影响，部分钢构件涂装层已碳化，个别钢构件已发生屈曲与扭曲，见图 6.5–11、图 6.5–12。

图 6.5–5　柱混凝土颜色改变、露筋

图 6.5–6　柱混凝土颜色改变、露筋

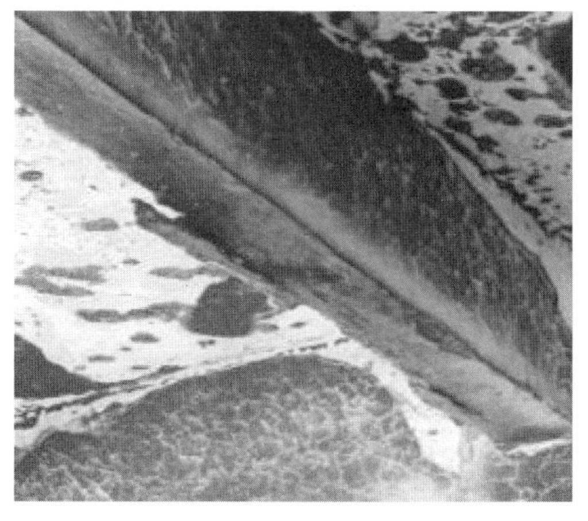

图 6.5–7　梁混凝土颜色改变

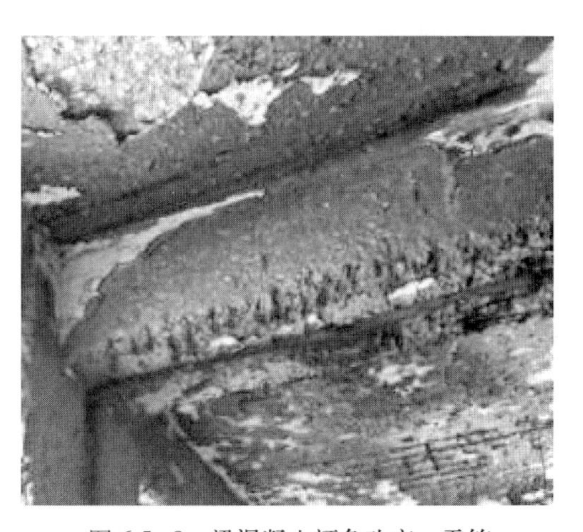

图 6.5–8　梁混凝土颜色改变、露筋

图 6.5-9　板混凝土颜色改变、露筋

图 6.5-10　板混凝土颜色改变、露筋

图 6.5-11　钢梁涂层碳化、构件扭曲

图 6.5-12　钢柱涂层碳化、扭曲

2. 围护结构检查

对房屋外观质量检查发现，部分围护构件由于火灾影响，产生了明显的变形及裂缝，见图 6.5-13、图 6.5-14。

图 6.5-13　房屋楼梯间填充墙裂缝

图 6.5-14　房屋外围护墙裂缝

3. 构件变形不满足要求

根据构件变形检测结果并参考《混凝土结构设计规范》GB 50010－2011 和《混凝土结构工程施工质量验收规范》GB 50204－2002(2011 版) 相应的规定，总结如下：

（1）2 号、3 号房屋一层大部分框架梁挠度测量结果不满足规范要求，见表 6.5－1、表 6.5－2。

2 号房屋各层框架梁挠度测量结果　　表 6.5－1

楼层	序号	构件位置	跨度 (m)	实测跨中挠度值 (mm)	挠跨比 (‰)
一层	1	9/C－D	9.0	32.50	3.61
	2	10/C－D	9.0	35.50	3.94
	3	8－9/D	8.4	38.50	4.58
	4	9/B－C	9.0	53.00	5.89
	5	8/B－C	9.0	30.00	3.33
	6	14/B－C	9.0	85.50	9.50
	7	15/B－C	9.0	77.00	8.56
	8	16/B－C	9.0	68.00	7.56
	9	17/B－C	9.0	32.00	3.56
	10	13－14/B	8.4	45.00	5.36
	11	13－14/C	8.4	37.00	4.40
	12	13－14/D	8.4	35.00	4.17
	13	14－15/B	8.4	34.00	4.05
	14	14－15/C	8.4	40.00	4.76
	15	14－15/D	8.4	29.00	3.45
二层	1	16/B－C	9.0	－3.00	－0.33
	2	15/B－C	9.0	24.00	2.67
	3	14/B－C	9.0	17.00	1.89
	4	13/B－C	9.0	12.50	1.39
	5	12/B－C	9.0	13.00	1.44
	6	11/B－C	9.0	14.00	1.56
	7	16－17/D	8.4	－9.00	－1.07
	8	15－16/C	8.4	3.50	0.42
	9	15－16/D	8.4	5.20	0.62
	10	16－17/C	8.4	－5.00	－0.60

续表

楼层	序号	构件位置	跨度 (m)	实测跨中挠度值 (mm)	挠跨比 (‰)
三层	1	12/B–C	9.0	7.00	0.78
	2	14/B–C	9.0	15.00	1.67
	3	15/B–C	9.0	38.00	4.22
	4	13/B–C	9.0	26.50	2.94
	5	11–12/C	8.4	13.00	1.55
	6	11–12/D	8.4	15.50	1.85
	7	12/C–D	9.0	26.50	2.94
	8	13/C–D	9.0	12.00	1.33
	9	14/C–D	9.0	11.50	1.28
	10	10/C–D	9.0	51.00	5.67

注：挠度值规定向下为正，向上为负。

3 号房屋各层框架梁挠度测量结果　　表 6.5–2

楼层	序号	构件位置	跨度 (m)	实测跨中挠度值 (mm)	挠跨比 (‰)
一层	1	9/D–E	9.0	22.50	2.50
	2	8/D–E	9.0	114.50	12.72
	3	7–8/C	8.4	68.00	8.10
	4	8/B–C	9.0	55.00	6.11
	5	7/B–C	9.0	42.00	4.67
	6	10/B–C	9.0	77.00	8.56
	7	11/B–C	9.0	62.00	6.89
	8	12/B–C	9.0	53.00	5.89
	9	13/B–C	9.0	48.00	5.33
	10	8–9/B	8.4	67.50	8.04
	11	8–9/C	8.4	64.00	7.62
	12	8–9/D	8.4	72.50	8.63
	13	9–10/B	8.4	79.50	9.46
	14	9–10/C	8.4	63.50	7.56
	15	9–10/E	8.4	58.00	6.90
二层	1	4–5/E	9.0	3.50	0.39
	2	3–4/E	9.0	14.50	1.61
	3	5/E–F	8.4	15.50	1.85

续表

楼层	序号	构件位置	跨度 (m)	实测跨中挠度值 (mm)	挠跨比 (‰)
二层	4	13/B–C	9.0	13.50	1.50
	5	11/C–D	9.0	10.00	1.11
	6	10/C–D	9.0	15.00	1.67
	7	14–15/E	8.4	18.50	2.20
	8	14–15/D	8.4	12.00	1.43
	9	14–15/C	8.4	10.00	1.19
	10	15–16/F	8.4	19.00	2.26
三层	1	11/D–E	9.0	6.00	0.67
	2	11/E–F	9.0	9.50	1.06
	3	14/B–C	9.0	15.00	1.67
	4	12/B–C	9.0	16.00	1.78
	5	10–11/E	8.4	20.50	2.44
	6	10–11/F	8.4	7.50	0.89
	7	11/D–E	9.0	12.50	1.39
	8	12/C–D	9.0	9.00	1.00
	9	13/C–D	9.0	15.50	1.72
	10	19/C–D	9.0	8.50	0.94

注：挠度值规定向下为正，向上为负。

（2）3 号房屋部分楼面板出现塌陷、鼓起现象，发生严重扭曲变形。

4. 构件承载力验算不满足要求

竖向承载力计算结果总结如下：

（1）根据 2 号房屋鉴定区域范围内（结构 B 区与结构 C 区）主要承重结构构件（梁、板、柱）的竖向承载力验算结果，评定共计 25 根框架柱级别为 b 级，18 根框架柱级别为 c 级，53 根框架柱级别为 d 级；共计 79 根梁级别为 b 级，97 根梁级别为 c 级，155 根梁级别为 d 级；共计 114 块顶板级别为 b 级，66 块顶板级别为 c 级，180 块顶板级别为 d 级。

（2）3 号房屋整体经初步鉴定已判定为Ⅲ级损伤等级，部分结构构件严重破坏，损伤状态等级甚至达到Ⅳ级，由此判断 3 号房屋结构构件竖向承载力验算均不满足要求。

三、处理建议

1. 对 2 号房屋鉴定区域范围内（结构 B 区与结构 C 区）经初步鉴定评级为Ⅱ a 级的结构构件，应采取提高耐久性的措施；经初步鉴定评级为Ⅱ b 级、Ⅲ级、Ⅳ级或经详细鉴定评级为 b 级、c 级、d 级的结构构件，应采取加固处理措施；对产生裂缝的围护墙体建议拆除，重新砌筑；四层过火范围内的钢构件，经外观检查，均有不同程度的受损，因过火高温后的钢构件，其性能改变较大，不确定因素较多，且四层过火区域面积较小，更换受损构件对整体造价影响不大，建议对四层过火范围内的钢构件进行更换处理。

2. 由于 3 号房屋一至三层大部分结构构件火灾后的损伤状态等级已达到Ⅲ级，部分构件已达到Ⅳ级，依据《火灾后建筑结构鉴定标准》CECS 252：2009 相关要求，评定为Ⅲ级、Ⅳ级的构件应采取加固及拆除更换措施，经分析，该房屋整体加固的费用较高，建议对其进行拆除重建。

四、思考与启示

本文对泉州某公司厂房火灾后的结构进行了详细的鉴定与分析，根据鉴定与分析结果给出了结构或构件单元的损伤等级和处理建议，得出了以下结论：

1. 由于火灾对建筑物造成的影响具有很大的不确定性，与一般建筑物的检测及鉴定相比，火灾后建筑物结构的安全性能很难直接、准确地进行评定。

2. 为了提高对火灾后建筑物结构的安全性能检测鉴定的可靠性，应尽量避免采取单一的评定方法，而是要通过采取多种方法进行检测与鉴定后综合评定结构的安全性能。

3. 建筑结构的加固改造应做到安全、经济、合理、有效和实用，应根据建筑物检测及鉴定情况，确定合理的后续使用年限，既要保证结构安全，又要避免盲目追求使用方面的要求。随着加固技术和材料科学的发展，现今加固施工中很难完成的工序和操作将来定会得到很好的解决。

6. 既有建筑加固工程的微型桩技术

李　湛[1, 2]　滕延京[1, 2]　李钦锐[1, 2]　段启伟[1, 2]　李德志[3]　陶德明[4]
1. 中国建筑科学研究院地基基础研究所，北京，100013；
2. 建研地基基础工程有限责任公司，北京，100013；
3. 中国建筑技术集团有限公司，北京，100013；
4. 北京优博林机械设备有限公司，北京，102400

前　言

目前，由于各种原因需要对既有建筑进行加固改造的工程日益增多，既有建筑加固的市场需求和市场容量巨大[1, 2]。既有建筑加固改造工程，一般首先遇到的就是地基基础的加固问题，一些工程还需要对既有建筑进行地下功能的拓展和开发。既有建筑地基基础加固工程，由于设计要求或者施工条件限制，一般要求加固施工使用的机械设备能够尽可能地紧邻既有建筑或是能够在既有建筑内部施工。因此既有建筑地基基础加固施工对施工设备的性能及施工工艺一般有着特殊的要求，目前岩土工程施工使用的常规设备及施工工艺在地基基础加固工程中往往难以适用。

结合某既有建筑加固改造工程，为了满足结构加固改造设计及地基基础加固设计要求，使用一种新型的微型桩技术。实际工程应用表明，这种新型的微型桩技术对于既有建筑地基基础加固工程具有较好的适用性，特别适用于需紧邻既有建筑或在既有建筑内部进行地基基础加固施工，且具有成桩效率高、成桩质量易于保证的特点。这种新型的微型桩技术可推广应用于既有建筑地基基础加固等类似工程项目。

一、既有建筑加固改造概况

1. 既有建筑概况

某既有建筑设计、建造于20世纪30年代，东西向长约46m，南北向宽约19.1m。既有建筑地上3层，首层办公用，层高约3.66m，二层篮球场（东、西两端为看台），层高约6.4m，三层为坡屋盖，层高约7m；地下1层，层高约3m。

既有建筑地上为钢筋混凝土、砌体混合结构。地下室为素混凝土结构，基础为素混凝土条形基础。既有建筑地下室结构平面详见图6.6–1。

2. 既有建筑加固改造建筑、结构设计概况

根据建设方加固改造要求，既有建筑首层局部进行拆除改造，地下室进行功能改造，拆除地下室内部全部承重墙，提供大跨度地下空间，同时地下室向下增加层高，改造后地下室建筑平面详见图6.6–2，改造后建筑剖面详见图6.6–3。

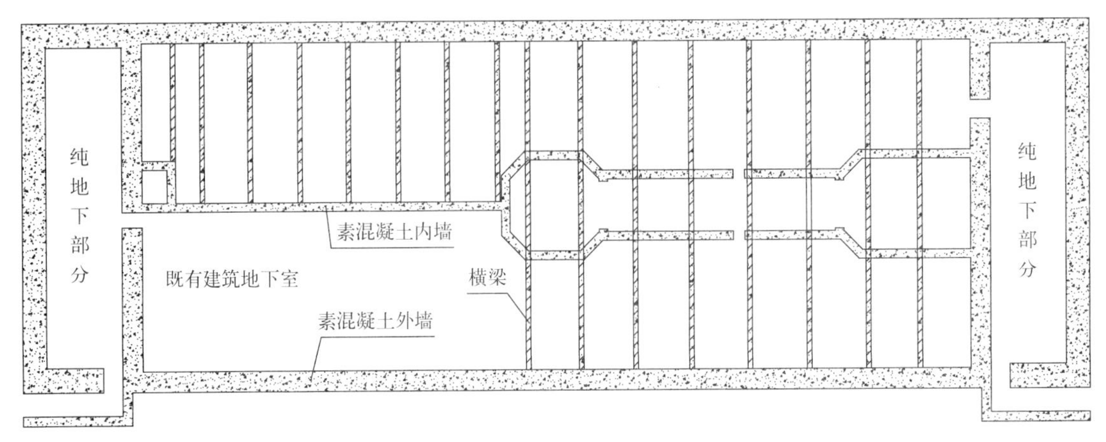

图 6.6-1　既有建筑地下室结构平面图

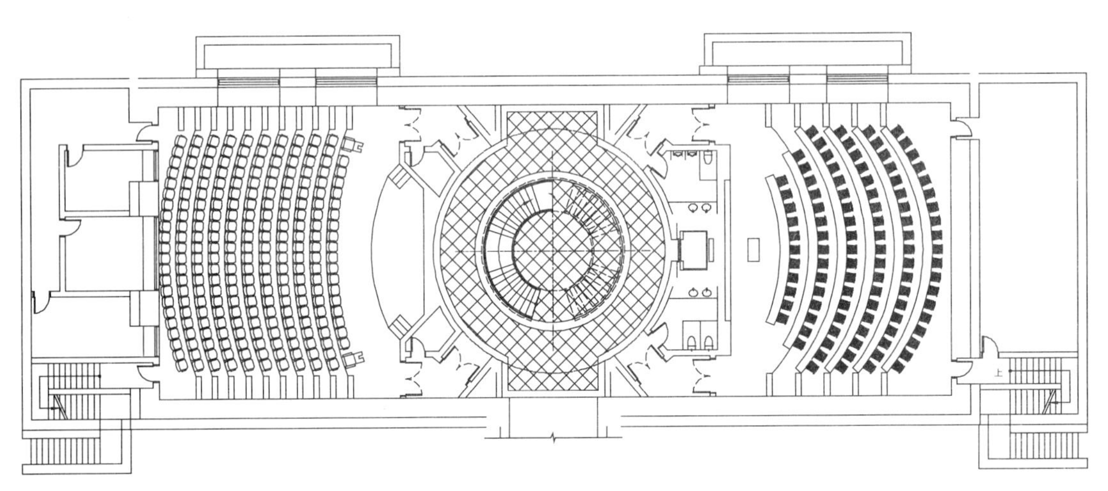

图 6.6-2　改造后地下室建筑平面图

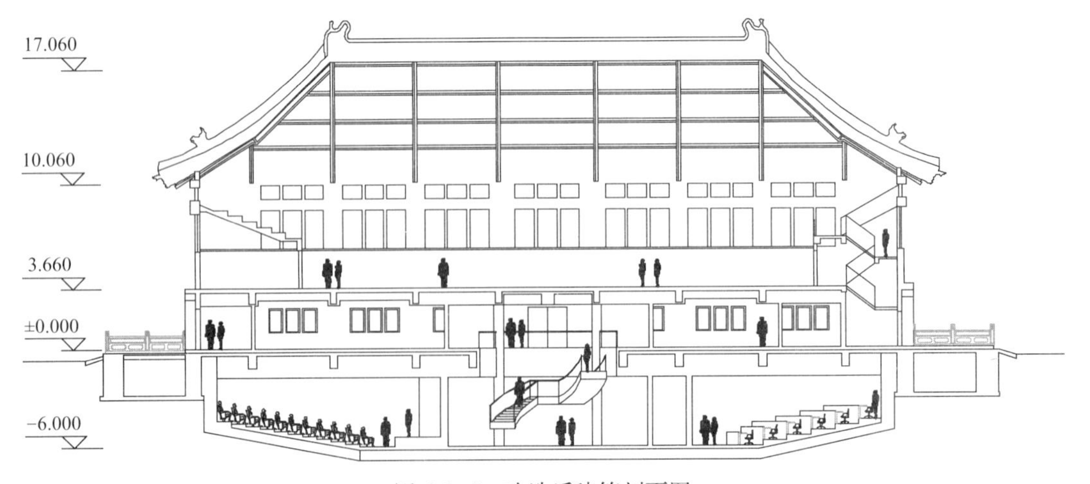

图 6.6-3　改造后建筑剖面图

根据结构设计方案：

（1）原地下室内部全部纵向承重墙、地下室顶板、横梁全部拆除，在原地下室顶板部位新建托换结构（标高 -3.000m 以上、在地下室内部新建的梁、板及墙结构），托换首层部分荷载。

（2）托换结构及首层改造完成后，土方开挖到基底，完成 -3.000m 以下地下室向下加深部分结构的施工。在地下室加深部分结构施工完成后，托换结构及其承担的荷载由新建地下室结构传递到地基基础上。

（3）既有建筑加固改造后建筑 ±0.000m 为原首层室内建筑地面标高，改造后地下室基底相对标高 -5.246 ~ -6.960m。相对原基础底标高，在原基础内侧向下土方开挖深度约 2.3 ~ 4m。

3. 钢管桩设计

根据建设方要求，对原地下室的改造及地基基础加固，均需要在原地下室内部进行，并尽量减少加固结构对地下室内部空间的占用。为满足建设方要求及实现结构设计功能，在原基础内侧设计钢管桩，钢管桩中心距地下室外墙的距离为 0.5m。钢管桩典型剖面如图 6.6-4 所示。

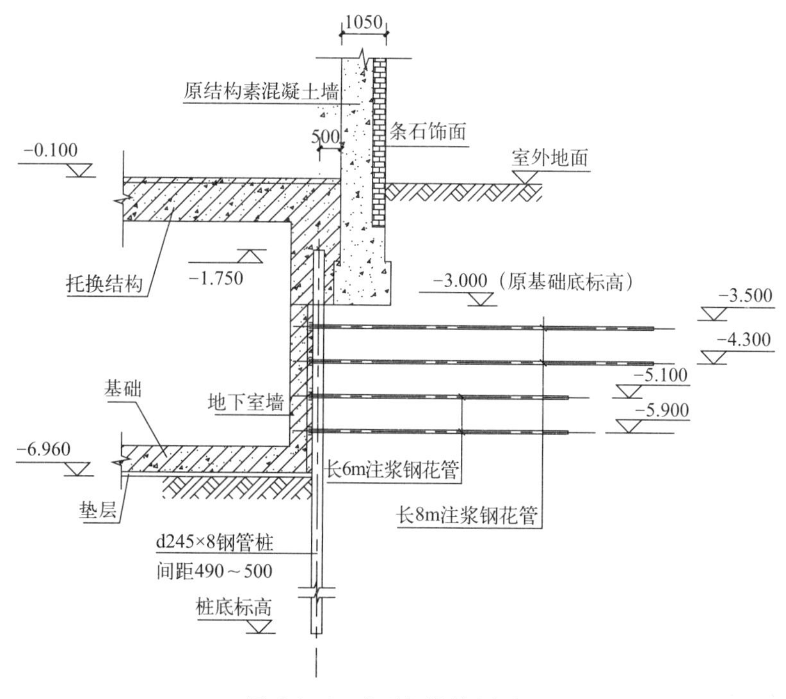

图 6.6-4　典型钢管桩剖面图

根据结构设计及施工的不同阶段，钢管桩需要满足如下两个方面的功能：

（1）地下室内部土方开挖前，荷载托换结构及首层结构改造施工完成，地下室内部承重墙拆除完毕，在这一阶段，荷载托换结构及其所承担的首层结构荷载由钢管桩承担。

（2）地下室内部土方向下开挖到基底，地下室向下加深部分结构施工完成前，钢管桩作为挡土结构，结合拉锚结构，组成支护结构，保证土方开挖过程中结构的安全 [3]。在这一阶段，钢管桩同时还具备第一阶段的功能。

钢管桩设计参数详见表 6.6–1。

钢管桩设计参数　　表 6.6–1

成孔直径（mm）	钢管直径（mm）	桩长（m）
300	245	25.5m[注]
钢管壁厚（mm）	单桩承载力特征值（kN）	钢材牌号
8	250	Q345b

注：钢管桩持力层为卵石⑥层，施工桩长以进入持力层不小于30cm及设计桩长双控。

4. 工程地质及水文地质条件

该场地主要地质分层包括：黏质粉土填土、砂质粉土填土①层；粉质黏土、黏质粉土②层；粉质黏土、黏质粉土③层；粉质黏土、重粉质黏土④层；粉质黏土、重粉质黏土⑤层；卵石⑥层。典型工程地质剖面如图 6.6–5 所示。

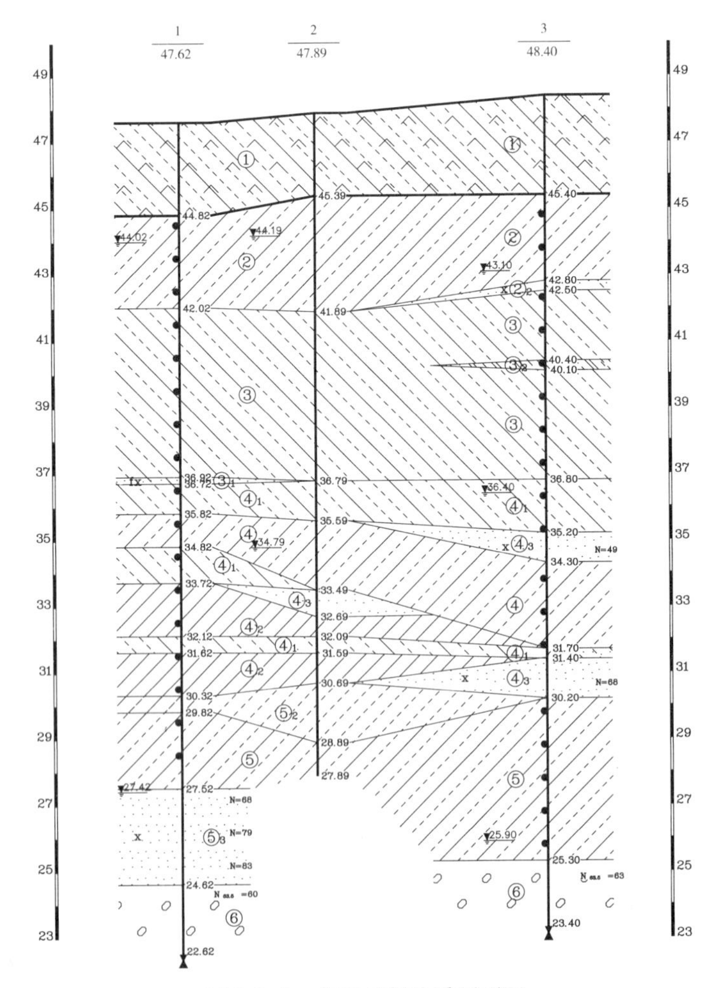

图 6.6–5　典型工程地质剖面图

地下水分布情况详见表 6.6–2。

地下水分布情况 表 6.6–2

序号	类 型	静止水位埋深（m）	静止水位标高（m）
1	潜 水	3.10 ~ 5.30	43.10 ~ 44.70
2	层间水	10.20 ~ 13.10	34.79 ~ 37.57
3	承压水	20.20 ~ 22.50	25.90 ~ 27.42

二、钢管桩施工设备及施工工艺

1. 钢管桩施工设备

地下室通道为宽度 1.2m 的人行楼梯。钢管桩施工前，拆除了原地下室顶板，原地下室梁暂时保留，梁下施工净高 2.2m。为满足施工空间限制及钢管桩施工技术要求，在传统钻机基础上进行设备体量和施工能力的改造，改造的微型钻机由北京优博林机械设备有限公司生产。微型钻机的尺寸、机械性能及施工性能等参数详见表 6.6–3。

微型钻机参数 表 6.6–3

功率（kW）	提升力（kN）	扭矩（kN）
55	100	8 ~ 12
长（mm）	宽（mm）	高（mm）
3000	800	2200
钻杆长度（mm）	成孔深度（m）	成孔直径（mm）
500 ~ 1500注1	20 ~ 30注2	100 ~ 400

注：1. 根据施工空间净高长度可调；
2. 根据地质条件最大成孔深度不同。

根据微型钻机长度方向与墙体距离不同，钻杆中心距离墙体的距离在 0.4 ~ 0.5m。微型钻机体量及施工能力满足地下室的施工条件，成桩能力能够满足钢管桩的设计要求。

2. 钢管桩施工工艺

根据地质条件和施工条件的不同，微型钻机可以采用以下两种成孔工艺：

（1）螺旋钻杆成孔工艺。对于孔壁自立性好、不易塌孔的地层，采用干成孔工艺。对于易塌孔地层，可采用水泥浆护壁工艺，成孔完毕后，下放钢筋笼或钢管。

（2）套管跟进成孔工艺。由于外套管兼作护壁功能，因此对地层的适应性要优于螺旋钻杆成孔工艺，同时也适用于有地下水的情况。成孔完毕后，拔出内管，下放钢筋笼，再拔出外套管。当采用钢管桩时，外套管可直接作为钢管桩桩体，此时，成孔、成桩同步完成。套管跟进工艺的缺点是成孔时内管冲进产生泥浆，需采取措施避免泥浆对地基基础产生不利影响。

根据本工程的特点，经现场试钻对比了上述两种成孔、成桩工艺，套管跟进成孔、成桩工艺在施工功效、成桩质量上要显著优于螺旋钻杆成孔、成桩工艺。因此，在工程桩施工时，选用套管跟进成孔、成桩工艺。钢管桩作为外套管在成孔时随着钻进逐节下放，待达到设计孔深及桩长，拔出内管即可成桩，因此成孔、成桩同时完成，并通过采取地面硬化、集水坑、集浆池等措施保护地基基础不受浸泡。

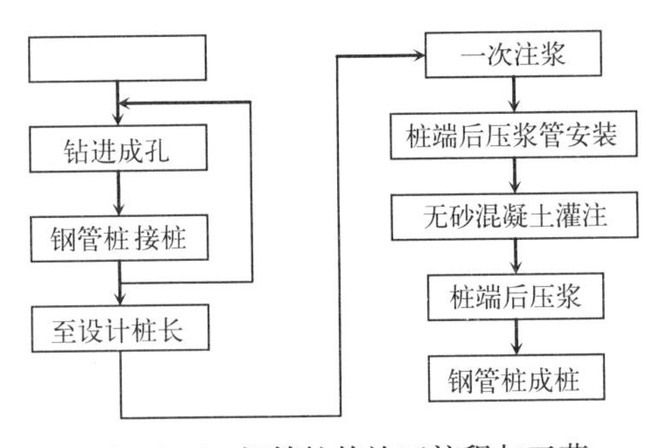

图 6.6–6　钢管桩的施工流程与工艺

根据微型钻机的性能，钢管桩设计参数及地下室施工条件，采用如图 6.6–6 所示的钢管桩的施工流程与施工工艺。

3. 钢管桩接桩

钢管桩接桩一般采用焊接接桩或硫磺胶泥接桩两种形式[2, 4]。根据本工程钢管桩受力特性，可用的接桩方式为焊接接桩。位于地下室横梁下或施工受横梁影响的钢管桩单节长度 1.0m，其他部位 1.2m，一根钢管桩桩节数量 20 ~ 25 个。采用焊接接桩工艺，单个接头焊缝长度约 0.77m，一根钢管桩总焊缝长度 15 ~ 20m，焊接接桩时间需要 1d 左右，且在地下室内部施工，受泥浆影响，接桩质量较难保证。考虑现场施工条件、工期要求、接桩质量等因素，采用工厂定制的连接件（图 6.6–7）进行接桩。

a. 连接件

b. 接桩

图 6.6–7　连接件及接桩示意图

实际接桩施工时，采用连接件接桩具有较高的功效，单个接头接桩时间通常在 1min 左右，一根桩 20 ~ 25 个接头的累计接桩时间远少于采用焊接接桩的时间。

对于接桩连接件，为验证其可靠性及力学性能，在中国建筑科学研究院结构力学试验室进行连接件结构力学试验[5]。连接试件如图 6.6–8 所示，抗拉和抗弯试验各两组，编号 1 号、2 号，3 号和 4 号。

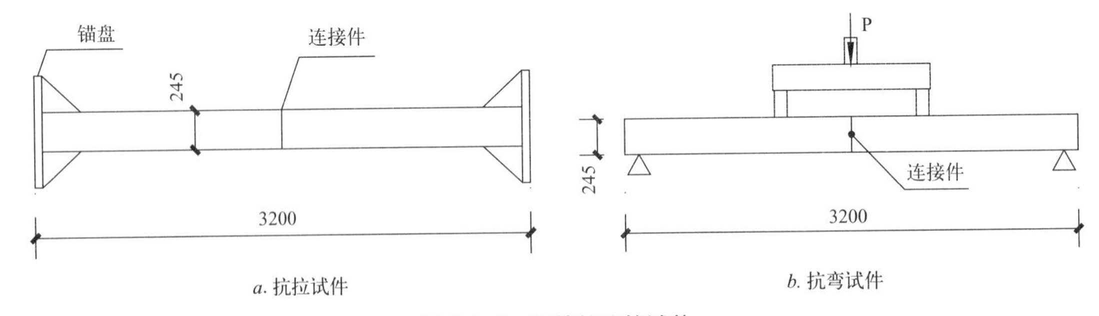

a. 抗拉试件　　*b.* 抗弯试件

图 6.6–8　钢管桩连接试件

连接试件的荷载—变形试验曲线详见图 6.6–9。

桩身钢管车丝后有效壁厚 5mm，抗拉强度设计值为 1168.7kN，抗弯强度设计值为 68.5kN · m。根据图 6.6–9 连接试件试验结果，连接件抗拉和抗弯强度值都大于有效壁厚

5mm 时的设计值，满足设计要求。

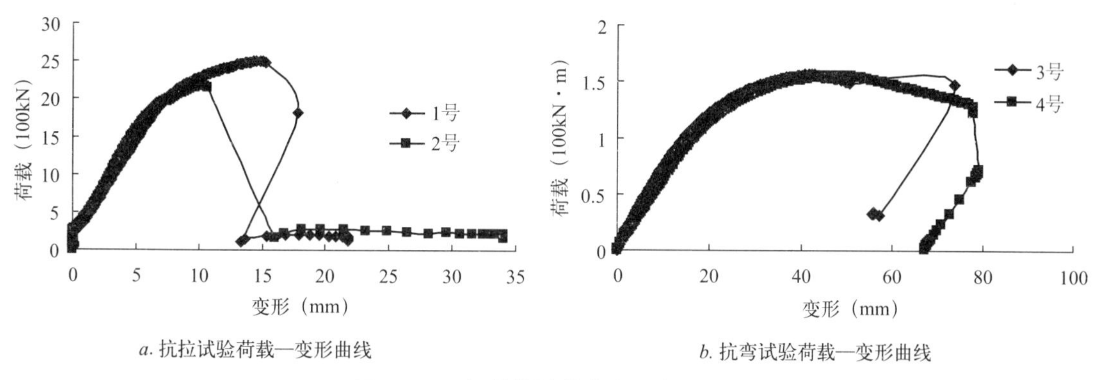

图 6.6–9　钢管桩试件荷载—变形曲线

三、钢管桩抗压静载检验结果

钢管桩正式施工前，在现场施工试验桩 3 根，试验桩 Q–s 曲线详见图 6.6–10[6]。

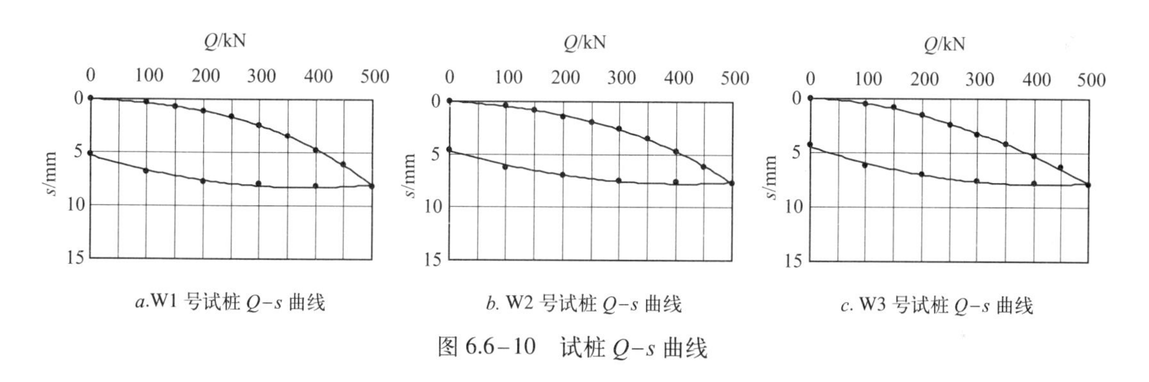

图 6.6–10　试桩 Q–s 曲线

根据图 6.6–10 中 3 根试桩的 Q–s 试验曲线结果，最大加载量 500kN 对应的变形分别为 8.12mm、7.73mm 和 7.88mm。使用荷载 200kN 时，3 根试验桩的沉降分别为 1.1mm、1.4mm 和 1.49mm。试验桩承载力检验满足设计要求。

地下室钢管桩施工时，采用锚桩法对 2 根工程桩进行承载力检测试验[6]，工程桩 Q–s 曲线详见图 6.6–11。

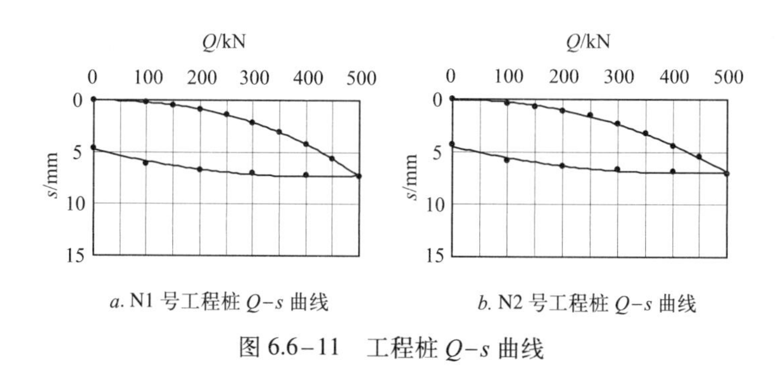

图 6.6–11　工程桩 Q–s 曲线

根据图 6.6–11 所示 2 根工程桩 Q–s 试验曲线结果，最大加载量 500kN 对应的沉降分别为 7.34mm 和 7.0mm。使用荷载 200kN 时，2 根工程桩的沉降分别为 0.84mm、1.08mm。工程桩承载力检验满足设计要求。

四、总结

通过该项目微型桩技术的应用，可以得出如下几点认识：

1. 使用改进的微型钻机，由于体量小，且具备可拆卸、重新组装的特性，具备本项目要求的施工能力，对于该项目具有较好的适用性。

2. 结合本工程施工特点，提出的微型桩施工工艺，具有成桩效率高、成桩质量易于保证的特点。

3. 在既有建筑地基基础加固施工项目中，需要开发新型施工设备、研究新型施工工艺，以满足既有建筑地基基础加固施工的技术需求。

4. 该新型微型桩技术可推广应用于类似工程，特别是受场地影响或设计要求需要紧邻既有建筑或在既有建筑内部进行施工的情况。

参考文献

[1] 滕延京，李湛，李钦锐等 . 既有建筑地基基础改造加固技术 [M]. 北京：中国建筑工业出版社，2012.

[2] 既有建筑地基基础加固技术规范 JGJ 123–2012[S]. 北京：中国建筑工业出版社，2013 .

[3] 建筑基坑支护技术规程 JGJ 120–2012[S]. 北京：中国建筑工业出版社，2012.

[4] 建筑桩基技术规范 JGJ 94–2008[S]. 北京：中国建筑工业出版社，2008.

[5] 中国建筑科学研究院结构力学试验室 . 某既有建筑修缮改造工程——地基基础加固工程：钢管桩连接件抗拉、抗弯试验报告 [R]. 北京，2014.

[6] 国家建筑工程质量监督检验中心 . 某既有建筑修缮改造工程——地基基础加固工程：钢管桩竖向抗压静载检验报告 [R]. 北京，2014.

7. 某小区住宅楼倾斜原因调查与分析

康景文　田强　汪凯　王海洋　薛文坤　邓正宇
中国建筑西南勘察设计研究院有限公司，四川成都，610052

引言

建筑工程的建造必须在确保工程安全的前提下满足使用功能要求，而提供居住的房屋——住宅除满足居住功能要求外，还应满足舒适度要求。国家相关标准[1, 2, 3, 4]中均对此类要求提出了明确的规定，尤其是建筑物的倾斜程度。一般情况下，在设计和施工中按照有关规范或标准执行，均能满足使用要求。但建设场地的地质条件千变万化，工程环境错综复杂，以及设计和施工配合的不密切，使得我们不得不时常面对出现超出标准要求的问题。本文结合某住宅小区工程房屋倾斜问题，通过既有资料查询、状态调查和检测、地基的验证性勘察和综合评价，分析建筑物产生倾斜的原因，并对相关问题进行探讨，以期为今后规避类似工程事故提供借鉴。

一、工程概况

住宅小区占地 1.50 万 m^2，总建筑面积为 3.87 万 m^2，其中地上面积 3.34 万 m^2，地下面积 0.53 万 m^2，由 1 号楼、2 号楼和 3 号楼 3 幢多层和中庭部位纯地下车库组成。1 号楼、2 号楼和 3 号楼分别为 16+1F、16+1F、17+1F，均为剪力墙结构，1200mm 厚筏板基础；纯地下车库一层框架结构，独立基础加抗水板。工程建设分两期进行，一期施工 1 号楼（设一层地下室与纯地下车库连通）和 3 号楼；二期施工 2 号楼和纯地下车库。3 号楼、2 号楼与 1 号楼的平面关系见图 6.7－1，与 2 号楼相邻的纯地下车库外墙与 2 号楼外墙距离 5.5m。

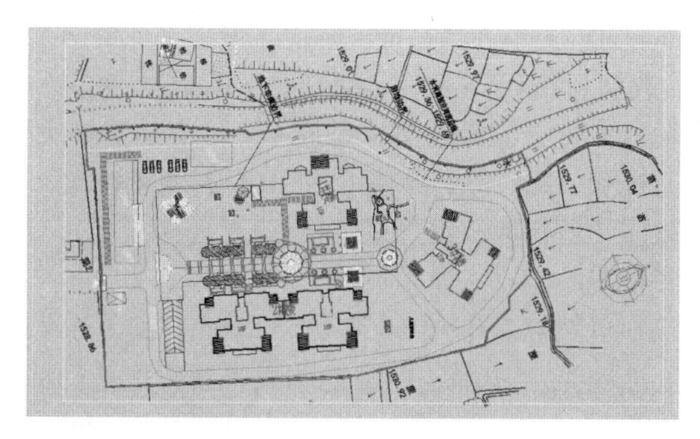

图 6.7－1　居住建筑总平面

2 号楼 2010 年 9 月中旬开始修建。依据沉降观测和验证性监测资料，2 号楼存在不均匀沉降，整体向 1 号楼方向倾斜，处于不稳定状态，并存在继续发展的趋势。

二、倾斜状态调查及评价

1. 工程前期情况调查

2 号楼 16+1 层（局部 17 层），建筑面积 1.59 万 m^2，地面以上高度 46.70m，楼层结构高度为 2.90m，室内外高差为 300mm。2 号楼建筑轴线尺寸约 65.70m×22.10m（1 轴线～ 29 轴线）/22.30m（30 轴线～ 58 轴线），基础外缘尺寸为 67.48m×23.90m。

2 号楼于 2010 年 9 月中旬开工，2011 年 8 月结构封顶，并进行了主体结构验收。沉降监测第一阶段于 2010 年 12 月～ 2012 年 1 月，完成 12 期的沉降观测，结果表明房屋出现向 1 号楼方向的倾斜。

2. 2 号楼图纸及资料查阅

（1）根据该工程设计施工图纸，2 号楼抗震设防烈度 9 度，设计基本地震加速度值为 0.4g，设计地震分组第二组，建筑场地类别 III 类，建筑结构安全等级二级，建筑抗震设防类别丙类，地基基础设计等级乙级，剪力墙抗震等级为一级。

（2）筏板基础埋深 –3.700m（即 ±0.000 下 3.700m，室外地坪下 3.4m）。采用换填垫层法进行地基处理。开挖至粉质黏土层后换填 3:7 级配砂夹石作为基础主要持力层，分层碾压（每层 300 ～ 400mm 厚），换填最小厚度 2.0m（局部 2.3m），换填宽度为较基础边宽 0.8m，设计要求换填后的砂卵石层的地基承载力特征值 f_{spk} ≥ 250kPa，压实系数 ≥ 0.94。

（3）剪力墙、连梁及次梁的混凝土强度等级：1 ～ 9 层为 C45，10 ～ 12 层为 C40，12 层以上为 C35；筏板基础扩出结构外墙宽度 0.75m，混凝土强度等级为 C35；基础垫层混凝土强度等级为 C15；板、楼梯及其他现浇构件混凝土强度等级为 C25。

（4）钢筋采用 HPB235、HRB335、HRB400；受力钢筋混凝土保护层厚度梁 25mm 且不小于钢筋直径，剪力墙保护层厚度 15mm，柱保护层厚度 30mm，分布钢筋保护层 10mm，箍筋保护层 15mm。

（5）基坑支护及降水应由具有相应资质的单位进行设计和施工，基坑和基础施工时人工降低地下水位至基坑底面以下 0.50m，开挖基坑时应注意边坡稳定，并定期观测其对周围道路市政设施和建筑物有无不利影响，非自然放坡开挖时，基坑护壁应专门设计。

（6）基坑及地面、散水、踏步等基础下的回填土，必须分层夯实，每层厚不大于 250mm。

（7）在工程施工阶段应专人定期观测，每施工 2 ～ 3 层作一次沉降观测；施工完毕后一年内每隔 3 ～ 6 个月观测一次，以后每隔 6 ～ 12 个月观测一次，直至沉降稳定为止。

（8）设计要求主楼应预留 50mm 沉降量。

3. 基坑开挖与支护情况

经现场调查，原场地自然标高与 ±0.000（1532.00m）高差约 2.00m。

（1）1 号楼基础设计埋深 –6.00m，地基检测报告表明换填地基平均厚度约 2.6m，基坑开挖深度为 ±0.000 以下 –8.70m，砂卵石换填较基础宽 0.80m；基坑开挖深度按自然地坪计算约 6.70m。

（2）1 号楼基坑，西侧采用排桩支护，南侧及东侧采用放坡喷锚支护，1 号楼与 2 号楼之间的基坑边坡采用自然放坡，按原勘察报告提供的放坡坡率应为 1:1.25，实际坡率为 1:0.5。

（3）2 号楼基础设计埋深 –3.70m，基础持力层为粉质黏土（原勘察报告 f_{ak}=170kPa），采用砂卵石换填地基，地基检测报告表明换填地基平均厚度约 2.6m，基础扩出主体外墙宽度 0.90 ～ 1.00m（局部），砂卵石换填较基础宽 0.80m；换填层底深度为 ±0.000 以下 –6.40m，基坑实际深度按自然地坪计算约 4.40m。

（4）施工顺序为 1 号楼及地下室主体施工完成后施工 2 号楼。采用人工降水，地下水位在基坑底面低 500mm 以下。

4. 地基验槽及检验情况

（1）根据委托方提供的 2 号楼地基验槽记录，各参与验槽单位签字认可结论为：该工程按设计要求开挖至粉质黏土层，局部有超深现象；开挖后，换填人工级配砂夹石碾压夯实至设计基底标高。

（2）根据《换填层密实度及承载力值检测报告》，检测结论为：1）超重型动力触探检测，所检测 22 个点的锤击数经校正后在 2.22 ～ 4.13 击之间，换填砂卵石层的密实度为松散至稍密，平均厚度大于 2.6m，换填厚度满足设计要求；2）场地 6 个点的静载荷试验，换填砂卵石层的承载力特征值为 261kPa，地基承载力特征值满足设计要求。

（3）根据 2 号楼地基处理、地基与基础分部工程质量验收报告及记录，参与验收的各相关单位均签字或盖章认可，表明该房屋地基处理工程质量验收合格。

（4）根据单位工程混凝土试块强度检测报告，该工程 2 号楼混凝土试块强度满足设计要求；根据 2 号楼主要原材料及构配件出厂证明文件、试验单，该工程所用材料满足设计要求。

（5）根据 2 号楼主体结构分部工程质量验收报告及记录，参与验收的各单位均签字或盖章，该房屋主体结构工程质量验收合格。

5. 沉降观测情况

根据第三方监测单位出具的该工程沉降观测监测报告（第一期监测），包括 2010 年 12 月～ 2012 年 1 月 20 日的 16 次监测。

（1）第 6 期（2011 年 2 月）监测报告显示，2 号楼的沉降变化量最大 –34.7mm，最小 –8.1mm，已出现差异沉降；

（2）第 9 期（2011 年 6 月）监测报告显示，2 号楼的累计沉降 –22.0 ～ –83.5mm 之间，最大 –83.5mm，最小 –22.0mm，均匀沉降明显，西侧（临近 1 号楼侧）的变化量大于东侧（远离 1 号楼侧）的变化量；

（3）第 11 期（2011 年 9 月）监测报告显示，2 号楼的累计沉降在 –51.6 ～ –155.2mm 之间，最大 –155.2mm，最小 –51.6mm，沉降不均匀，而且西侧（临近 1 号楼侧）的变化量大于东侧（远离 1 号楼侧）的变化量；

（4）第 12 期（2012 年 1 月）监测报告显示，2 号楼的沉降最大量 –188.9mm，最小 –68.00mm。

（5）2012 年 1 月 20 日～ 2012 年 4 月 3 日 2 号楼各沉降观测点观测结果和个点累计沉降量见表 6.7–1，表中仅列出连续观测点的结果，为表述累计沉降，增设观测点观测结果未纳入。从表中可看出，最大量 –191.7mm，最小 –67.30mm

2 号楼各沉降观测点累计沉降统计表（单位 :mm）　表 6.7–1

测点	2012/1/20	2012/3/19	2012/3/26	2012/3/30	2012/4/3
A3	–123.3	–123.4	–123.8	–123.8	–123.9
A5	–68.0	–67.0	–67.2	–67.2	–67.3
A8	–116.2	–116.1	–116.6	–116.8	–116.9
A10	–153.6	–154.5	–154.9	–155.2	–155.3
A12	–74.0	–73.4	–73.5	–73.7	–74.0
A13	–69.4	–68.6	–68.9	–68.9	–69.1
A14	–69.0	–68.3	–68.5	–68.8	–68.7
A16	–130.9	–131.8	–132.1	–132.4	–132.4
A18	–188.9	–190.9	–191.2	–191.6	–191.7
A20	–164.8	–167.0	–167.4	–167.6	–167.8
A21	–172.1	–174.0	–174.3	–174.7	–174.7
A22	–121.8	–123.6	–123.8	–124.3	–124.3

6. 现场结构调查及检查

现场检查表明，2 号楼上部墙体或梁未见明显的因地基不均匀沉降引起的裂缝或变形现象；房屋墙、梁、板等上部结构表观现象良好，未见明显变形、开裂、挠曲等现象。

由于本工程施工资料基本齐全，故现场对房屋混凝土构件尺寸、材料强度、配筋情况等鉴定检测采用抽检方式进行验证。检测结果表明，混凝土构件尺寸及强度、剪力墙和梁及板钢筋设置及保护层厚度均满足设计要求。

7. 地基验证性勘察及变形观测

（1）根据“2 号楼详细勘察报告”及“2 号楼验证性勘察报告”，基底换填层以下均为粉质黏土，地基承载力特征值 f_{ak} 在 150 ~ 180kPa，临近 1 号楼地层略差于远离 1 号楼地层，与原勘察报告稍有差别。主要表现在原勘察未能反映出临近 1 号楼地层均分布有一层相对较厚且地基承载力较低的含圆砾粉土。

（2）现场整体倾斜观测。根据 2 号楼观测关键棱线结果，2 号楼垂直 1 号楼方向顶层平均水平变形 149.94mm，平行 1 号楼方向顶层平均水平变形 28.19mm。按 2 号楼主体结构高度 46.7m 计算倾斜率，2 号楼垂直 1 号楼方向整体倾斜率 3.21%，平行 1 号楼方向整体倾斜率 0.6%。垂直 1 号楼方向整体倾斜率略超过国家现行规范 3% 标准。

（3）现场楼面板倾斜观测。代表性楼层 B 轴 ~ Q 轴（1 轴 ~ 29 轴之间 22.1m）、A 轴 ~ Q 轴（30 轴 ~ 58 轴之间 23.2m）高差见表 6.7–2。平均倾斜率 3.3%，超过按标准[1]整体倾斜率 3‰推算的楼层倾斜标准。

代表性楼层高差统计表　　表 6.7–2

楼层	B ~ Q 轴高差（1 轴~ 29 轴）(mm)	倾斜率‰	A ~ Q 轴高差（30 轴~ 58 轴）(mm)	倾斜率‰
16	24	1.1	52	2.2
14	69	3.1	34	1.5
11	71	3.2	54	2.3
7	96	4.3	69	3.0
4	116	5.2	108	4.7
2	98	4.4	103	4.4
1	42	1.9	70	3.0
平均值	73.71	3.3	70	3.0

（4）累计沉降统计

依据标准[1]和各点各阶段沉降观测，对比沉降数据（剔除不连续点和异常点），Q 轴线沉降量为 182.8 ~ 191.7mm，平均沉降量 187.25mm；H ~ J 轴线沉降量为 116.9 ~ 194.3mm，平均沉降量 144.56mm；A（B）轴线沉降量为 67.3 ~ 69.1mm，平均沉降量 68.37mm，具体结果详见表 6.7–3。

根据 2012 年 3 月 19 日至 2012 年 4 月 3 日期间 2 号楼各监测点沉降数据可见，15d 内最大累计沉降 0.97mm，最大沉降速率 0.065mm/d，平均沉降速率 0.046mm/d。仅从平均沉降速率判断，沉降速率略超过规范规定的沉降稳定状态判定标准。观测时间虽尚未满足规范的时限，但基本可以确认，沉降仍处于比较缓慢的增加状态。

各测点累计沉降统计表　　表 6.7–3

位置	新测点编号	原测点编号	累计沉降量（m）	平均沉降量（m）
Q 轴（靠近 1 号楼侧）	A18	A2–8	–0.1917	–0.18725
	A22	A2–5	–0.1828	
B 轴（远离 1 号楼侧）	A5	A2–21	–0.0673	–0.06837
	A13	A2–13	–0.0691	
	A14	A2–12	–0.0687	
H ~ J 之间（建筑物中部）	A16	A2–10	–0.1324	–0.14456
	A8	A2–18	–0.1169	
	A10	A2–16	–0.1553	
	A3	A2–23	–0.1239	
	A23	A2–4	–0.1943	

8. 基础沉降核算

根据验证性勘察报告中临近 1 号楼侧典型钻孔和远离 1 号楼侧典型钻孔的地层结构及岩土参数，并按规范压缩模量的当量值取沉降计算经验系数复核 2 号楼换填地基基础沉降，计算结果见表 6.7–4。

（1）临近 1 号楼侧基础计算沉降平均值 221.79mm，扣除设计预留 50mm，计算沉降量为 171.79mm；远离 1 号楼侧基础计算沉降平均值为 178.12mm；计算基础宽度范围的倾斜率 0.002。与目前实测沉降观测平均值相比，临近 1 号楼侧基础实测平均值 114.63mm，尚差 57.16mm；远离 1 号楼侧基础实测平均值 72.15mm，尚差 55.99mm。表明基础仍将继续沉降，但倾斜程度将不再明显增大。

（2）考虑目前 2 号楼的实际荷载尚未达到设计荷载，且沉降观测速率大于国家稳定标准 0.04mm/d 上限，表明基础沉降仍将处于继续缓慢变化的状态。

2 号楼按代表性钻孔地层验算基础沉降量　　表 6.7–4

钻孔	压缩模量当量值	计算基础总沉降量（mm）	按规范沉降计算经验系数	预测总沉降量（mm）
1 号	6.771	285.34	0.7229	206.2723
3 号	6.525	296.09	0.7475	221.3273
5 号	6.276	307.85	0.7724	237.7833
6 号	6.966	286.29	0.7034	201.3764
8 号	7.94	258.52	0.6648	171.8512
10 号	7.96	242.69	0.6640	161.1462

三、原因分析及讨论

1. 勘察原因

（1）2 号楼共布置 14 个钻孔，即 4 个控制性钻孔和 10 个一般性钻孔（15m），钻探孔的数量和深度基本满足规范要求，但由于场地地质条件（高压缩性土层较厚）和临近工程环境条件（临近 1 号楼及地下车库的距离较近，且 2 号楼地基基础对两者之间的土体性状敏感）的特殊性，复核计算表明，压缩层按规范确定的沉降计算深度在 24.5 ~ 25.5m 之间，因此探孔布置范围和深度较浅，对预测基础沉降总量的计算有一定影响，即理论上计算量较实际量小。但此缺陷仅对建筑物沉降预测计算结果与实测结果之间形成偏差，且在沉降计算经验系数选取上可以弥补。因此，此缺陷对 2 号楼本工程不足以构成倾斜或基础差异沉降。但对今后工程建设的设计依据的充分性和工程质量及安全控制是一个很好的警示。

（2）根据原勘察和验证性勘察资料，两者在主要持力层划分层位存在一定差异，主要表现在原勘察报告土层结构划分不够详尽。分析其原因主要为：1）两次勘察采用的测试手段不同，后者为多种手段对比，前者为常规工程方法；2）两次勘察点位不同，且后者场地经过了工程行为改变；3）勘察关注的主要目标不尽相同，前者主要针对满足工程建设常规需要。根据当地的工程经验，多年来按此技术深度完成的类似工程并未出现过任何工程质量问题。因此，此缺陷仅仅是技术深度的问题，对 2 号楼本工程不足以构成倾斜或基础差异沉降，但对当地的勘察技术是一个很好的工程警示。

2. 设计原因

（1）无论是原勘察报告还是验证性勘察报告，均查明基础底标高下存在含圆砾粉土层，但设计文件在换填层技术说明中并未明确强调要求将此层全部换填完，而仅要求“换填厚度≥ 2m”。即使依据原勘察报告地质剖面图，按设计的“换填厚度≥ 2m”换填，在基础素混凝土垫层下局部尚存 0.80 ～ 1.10m 含圆砾粉土层。虽然施工组织设计和检测报告中均表明换填厚度达 2.50 ～ 2.9m，但在换填质量的检测报告中并未对此部分土层判定是否满足换填设计的密实度要求，如此形成换填层下卧层增加了部分基础沉降量。但由于此层较薄，也仅对局部沉降差产生一定的影响，对建筑物整体倾斜不足以构成危害。

（2）由于 1 号楼及地下车库基坑回填土、1 号楼及地下车库与 2 号楼之间回填土质量的重要作用（影响地基承载力、影响地基稳定性——本工程体现在对地基变形约束），设计文件未对此明确提出技术要求，如回填方法、回填时机、压实密度、检测方式及内容，而仅笼统地要求“基坑回填土及位于设备基础、地面、散水、踏步等基础下的回填土，必须分层夯实，每层厚不大于 250mm”。并未明确按标准[1]第 6.3.4 条的具体规定执行，一定程度上削弱了回填土对地基土的深度约束作用。根据通常工程做法及选用的相关设计参数和基坑深度及两基础高差，削弱程度不超过 15%。

（3）由于 1 号楼及地下车库和 2 号楼之间距离较近，设计文件并未明确强调 1 号楼及地下车库基坑开挖必须对 2 号楼地基进行保护，以及 2 号楼设计文件并未考虑 1 号楼及地下车库基坑开挖对 2 号楼地基的扰动的不利影响；尽管此问题并非国家规范有相应的明确规定，属于工程经验问题，理论上应采取措施。由于施工过程并未对 1 号楼及地下车库基坑开挖影响范围内进行相应的变形监测，影响程度较难定量评估。

（4）2 号楼设计文件中对换填范围的要求不够明确，而“换填宽度：较基础边宽 0.8m”，可以有两种理解：1）无论换填厚度如何，换填层顶面较基础宽出 0.8m；2）无论换填厚度如何，换填底面较基础宽 0.8m。根据验证性勘察显示，现场施工极有可能是按 1）执行，导致的结果是：当换填厚度大于 2m 时，即使按 20o 扩散角计算，附加应力已扩散至换填范围之外，尤其换填底部质量并未达到换填要求效果时不利影响更为显著；或按换填顶部较基础宽 0.8m，即使换填深度小于 2m，按标准[2]第 4.2.4 条要求，换填层底部应宽出基础外≥ 2 × 2 × tan20° =1.45m。尽管对 2 号楼本身而言其两侧均存在此问题，但由于 1 号楼及地下车库和 2 号楼之间距离较近，此问题对 2 号楼不均匀沉降影响更为明显。

3. 施工原因

（1）2 号楼靠近 1 号楼及地下车库基坑开挖未设置支护结构，而采用 1:0.5 自然放坡。设计文件明确要求“本工程按照国家现行施工及验收规范和规程进行施工、质检及验收”，标准[3]第 6.1.2 条、第 6.2.3 条、第 7.1.1 条、第 7.1.5 条、第 7.1.7 条的规定，根据 1 号楼及地下车库和 2 号楼两者之间的净间距（基础间净距离不足 4.3m），放坡开挖后必然导致 2 号楼地基土扰动和影响 2 号楼换地基效果。

（2）1 号楼及地下车库和 2 号楼回填土松散，虽然设计文件对此要求不是十分明确，但明确要求“本工程按照国家现行施工及验收规范和规程进行施工、质检及验收”，并未执行标准[4]第 6.3.4 条“填方施工结束后，应检查标高、边坡坡度、压实程度等，检验标准应符合表 6.3.4 的规定”的要求。一定程度上削弱了回填土的密实度等质量要求对 2 号楼地基土的竖向基侧向约束。

（3）虽然基坑支护方案中在 1 号楼及地下车库与 2 号楼之间未布置降水井，但据现场调查，1 号楼及地下车库与 2 号楼之间布置了一口降水井，并在 1 号楼及地下车库基坑开挖和地下室施工期间一直运行，抽水无疑将带走粉质颗粒含量较重土层中的细颗粒，造成附近地基沉陷。但由于现场未进行降水过程中的相关监测（水位下降幅度、抽水含砂量及地面沉陷），无法定量评估其影响程度。

（4）根据原监测资料和验证性变形观测均显示，七层以下与七层以上楼板倾斜程度不一致——下大上小，表明 2 号楼在 7 层以下修建时已有沉降过大和明显不均匀沉降现象，而后续施工过程中除采取不恰当的反向施工偏差的方式进行调整外，并未对其地基基础采取任何防止或加固措施，也未及时与勘察、设计单位进行协商处理方案，形成了目前 2 号楼弯曲明显和整体倾斜超标。

4. 检测原因

（1）换填地基检测报告显示，虽静荷载试验检测换填地基承载力特征值满足设计要求(压板面积较小，影响深度有限)，但从大部分动力触探曲线可看出，在换填层下 2.0 ～ 2.8m 范围内存在一定厚度的相对松散的换填层（靠近 1 号楼及地下车库侧相对比较明显），击数低于换填层下部的原状土（仅有 1 击左右），表明此部分换填质量达不到设计要求，甚至是对原地层明显扰动，检测报告未予以指明，未对此部分土层是否满足换填设计的密实度要求进行判定，也未提出处置措施。此层的存在对基础沉降或局部差异沉降有一定影响。

（2）对 1 号楼及地下车库与 2 号楼之间回填土未进行检测，无法衡量填土质量，影响了对 2 号楼地基基础的变形控制。但此问题并非检测单位的问题，极有可能是委托单位委托范围和监理对检测方案审查不到位所致。

5. 沉降监测原因

依据标准[5]第 3.0.11 条、第 5.5.1 条规定，从工程沉降观测监测报告可见，2 号楼已出现明显的不均匀沉降，而监测报告仅仅在后期监测报告中提出沉降不均匀或沉降量过大，但未明确指出沉降量大小及沉降速度、整体倾斜或局部倾斜大小、是否超过预警值以及须采取预防或处理措施的警示。致使在结构封顶之前未引起相关单位足够的重视或采取有效的处理措施。

6. 监理原因

依据标准[6]第 5.2.1 条、第 5.2.3 条、第 5.4.2 条、第 5.4.4 条、第 5.4.8 条、第 5.4.10 条、第 5.4.11 和第 5.4.12 条规定，本工程监理工作在技术方面存在的问题主要表现在：

（1）1 号楼及地下车库施工组织设计施工前预防措施不到位，未能在工程开工前发现 1 号楼及地下车库基坑开挖缺少控制变形的支护措施、对基坑开挖边坡松动及变形进行监测、缺少对 2 号楼地基影响的控制措施或预加固、未能控制降水井含砂量的控制要求以及 1 号楼及地下车库与 2 号楼之间土体回填质量等方面的方案控制。

（2）2 号楼施工过程控制不到位，尤其在 2 号楼临近 1 号楼及地下车库侧的换填地基质量、1 号楼及地下车库与 2 号楼之间回填土体质量以及对应的检测等方面控制。

（3）换填地基检测、沉降观测资料利用和重视程度不足，未能及时发现换填地基密实度、不均匀沉降、差异沉降显著等现象，并应组织或督促相关各方协商并采取措施。

（4）对 2 号楼出现倾斜的纠倾措施监控失误，未能及时发现沉降异常或发现 2 号楼倾斜，未有效阻止施工单位采取施工偏差纠正的措施或及时通报业主或设计单位，形成 2 号楼弯曲明显和整体倾斜超标。

四、结束语

1. 勘察探孔深度对预测基础沉降总量的计算有一定影响，对工程建设的设计依据的充分性和工程质量及安全起着控制性作用。

2. 设计文件必须明确甚至强调地基处理、基坑开挖以及对地基的不利影响因素的技术要求，不能产生异义，尤其建筑物相邻较近或存在基础埋深高差及可能产生相互影响时更应重视。

3. 基坑开挖应设置必要的支护结构，基坑回填必须满足设计要求，即使设计文件缺少明确规定或要求，也应按照国家现行施工及验收规范和规程进行施工、质检及验收。

4. 在施工过程中，当发现异常情况时，应停工并会同参建各方协商处理，不应擅自采取处理措施，尤其软弱地基的场地，避免产生隐患甚至后期无法纠正的结果。

5. 建设过程中的第三方检测或监测，应及时将获取的成果上报有关单位，并对其进行充分的分析后提出必要的警示以及预防措施的建议。

6. 工程监理应根据工程的实际条件和需要，对各项技术方案进行及时的审查和提出修改的要求，并对现场可能出现或对工程安全可能产生不利影响的现象进行控制和停工整改，规避不良后果出现。

参考文献

[1] 建筑地基基础设计规范 GB 50007–2002[S]. 北京：中国建筑工业出版社，2002.

[2] 建筑地基处理技术规范 JGJ 79–2002、J220–2002[S]. 北京：中国建筑工业出版社，2002.

[3] 建筑地基基础工程施工质量验收规范 GB 50202–2002[S]. 北京：中国建筑工业出版社，2002.

[4] 建筑工程施工质量验收统一标准 GB 50300–2001[S]. 北京：中国建筑工业出版社，2001.

[5] 建筑变形测量规范 JGJ 8–2007[S]. 北京：中国建筑工业出版社，2007.

[6] 建设工程监理规范 GB 50319–2000[S]. 北京：中国建筑工业出版社，2000.

8. 某工程地下结构抗浮失效原因分析及加固

康景文[1] 田强[2] 付彬祯[1] 章学良[1] 苟波[2] 郑立宁[2]

1. 中国建筑西南勘察设计研究院有限公司，四川成都，610052；

2. 中建地下空间有限公司，四川成都，610081

引言

随着城市建设高速发展，高层、超高层建筑数量日益增多，地下空间和开发利用的规模增大，基础埋置深度和开挖范围逐步增加，对基础抗浮稳定性要求增加的同时，抗浮措施的安全性均面临着新的考验。不但要求抗浮设置设计具有一定的安全性，施工完成的成品也需要采取一定的措施加以保护，而且面对抗浮措施失效，还需要采取适宜的加固措施进行处理。本文结合具体的工程抗浮措施失效的实例，采取现状调查、抗浮设计文件查阅和抗浮设计计算复核等方法，对抗浮措施失效原因进行分析，并通过不同抗浮方案的比较确定抗浮加固措施，为抗浮稳定安全提供工程参考。

一、工程概况

项目房屋总长约101.40m，总宽67.40m，工程总建筑面积约6.0万m^2，地上有1号和2号高层住宅主楼，住宅楼之间设置3层地下结构。1号主楼地上27层，建筑高度96.30m；2号主楼地上28层，建筑高度97.20m，均为钢筋混凝土剪力墙结构，基础型式为筏板基础；住宅楼外纯地下结构部分为钢筋混凝土框架结构，柱下独立基础加防水板，并采用抗浮锚杆进行局部抗浮。地下结构层高由下至上分别为3.60m、3.90m、5.40m。根据上部结构荷重，将地下结构分成A和B两个区。

项目工程于2010年10月开工建设，2012年12月完成了纯地下结构抗浮锚杆的施工，2013年5月主体结构完工，随后进行肥槽回填，并顺利通过验收工作；地下结构抗浮锚杆根据A、B两个区间距不同。2013年3月初进入雨季，经历了几场强降雨后，3月12日，在项目降水井全部停止降水（之前在地下结构施工期间已停止部分降水井），3月21日发现A区地下三层D－D轴与3－3轴交界柱处抗水板渗漏。经观测发现，部分区域的抗水板有明显的凸起现象。

二、地质条件和原抗浮锚杆设计及施工

1. 地层岩性和岩土设计参数

根据勘察资料[1]，场地开挖基坑底面以下分布有第四系全新统冲洪积层（Q_4^{al+pl}）卵石层和白垩系灌口组（K_{2g}）泥岩层，其中卵石为灰色、黄灰色，成分系岩浆岩及变质岩类岩石，多呈圆形、亚圆形，一般粒径3～9cm，部分粒径大于12cm，混少量漂石，充填物主要为中砂，混少量砾石和黏性土，含量约15%～35%，以弱风化为主，稍湿、饱和，按卵石土层的密实程度和根据规范[2]，将其划分为稍密卵石、中密卵石和密实卵石三

个亚层；白垩系灌口组(K_{2g})泥岩为紫红色，泥质结构，块状构造，可见灰白色矿物(石膏)斑点、团块及其条带，按其风化程度可划分全风化泥岩、强风化泥岩和中等风化泥岩三个亚层。(1) 全风化泥岩岩石结构已全部份破坏，呈黏土状，岩芯长度 10 ~ 25cm。机动回旋钻进取芯率为 100%。(2) 强风化泥岩岩石结构已大部分破坏，构造层理不清晰，岩芯较完整且小刀易切削，锤击声哑，岩芯长度 5 ~ 25cm，机动回旋钻进取芯率为 95% ~ 100%，岩石质量指标 *RQD* 为 60% ~ 80%。(3) 中等风化泥岩岩面较新鲜，岩体结构部分破坏，构造层理较清晰，可见构造层理和风化裂隙，沿节理面可见次生矿物，岩芯较完整且不易击碎，锤击声脆，岩芯呈中、长柱状，岩芯长度 10 ~ 71cm，机动回旋钻进取芯率为 98% ~ 100%，岩石质量指标 *RQD*98%；场地泥岩顶板埋深 10.70 ~ 12.70m，标高 480.98 ~ 482.92m。场地地基岩土层工程特性指标见表 6.8-1。

土的工程特性指标建议值 表 6.8-1

土名	天然重度 γ (kN/m^3)	承载力特征值 f_{ak} (kPa)	内摩擦角 φ (°)	内聚力 c (kPa)	锚固体极限侧摩阻力标准值 q_{sik} (kPa)
稍密卵石	21.0	320	32	0	80
中密卵石	22.0	600	36	0	100
密实卵石	23.0	900	48		120
全风化泥岩	19.5	200	12	25	30
强风化泥岩	24.0	360			70
中风化泥岩	24.0	1000			90

2. 场地水文地质条件

场地地下水为埋藏于第四系砂卵石层中的孔隙水。大气降水、邻近河水和区域地下水为其主要补给源。砂卵石层为主要含水层，具较强渗透性，含水层厚度约 8.0 ~ 10.0m。渗透系数约为 25m/d。场地稳定水位埋深 3.80 ~ 4.90m，绝对标高为 489.54 ~ 489.82m。场地的地下水位高于邻近河水水位。丰水期正常水位埋藏深度 3.50m 左右，绝对标高 491.00m 左右。

根据区域水文地质资料，场地地区孔隙水位年变化幅度为 1.5 ~ 2.0m。考虑该工程建筑场地距离河较近（距离河道约 40m）等因素，本场地多年丰水期最高水位按埋深 3.00m 左右，即场地的抗浮设计水位按 3.00m 考虑，对应绝对标高 491.50m。

3. 原抗浮锚杆设计

(1) 抗浮锚杆长度确定

按标准[3]中 $L_a \geqslant N_{ak}/\xi_1 \cdot \pi \cdot D \cdot f_{rb}$ 计算确定，其中 L_a 为锚杆有效锚固长度；N_{ak} 为锚杆轴向拉力标准值，设计文件要求 280kN；D 为锚杆锚固体有效直径，根据地方设备条件和工程经验，本工程取 150mm；f_{rb} 为地层与锚固体粘结强度特征值 (kPa)，按表 6.8-1 选用；ξ_1 为锚固体与地层粘结工作条件系数，依据工程经验，本工程取 1.00。

各区域选取选最不利的钻孔地层条件设计计算，中密卵石取 0.8m，全风化泥岩取 1.0m，强风化泥岩取 1.5m，以下为中风化泥岩，设计计算锚杆长度为 7.5m，考虑施工扰动浅层卵石层，因此，抗浮锚杆锚长度取 8.0m。

（2）抗浮锚杆配筋确定

根据标准[3]，锚杆配筋截面按 $A_s \geqslant \gamma_0 \cdot N_a / f_y \xi_2$ 计算确定，其中 A_s 为锚杆钢筋截面面积；ξ_2 为锚杆抗拉工作条件系数，本工程取 0.69；γ_0 为重要性系数，本工程取 1.0；N_a 为锚杆抗浮力设计值，本工程设计文件要求标准值不小于 280kN；f_y 为钢筋抗拉强度设计值，选用Ⅲ级钢筋，取 f_y = 0.36kN/mm²。经计算得 A_s 为 1127mm²，因此，锚孔内配置 2⌀28 钢筋可满足锚杆抗拔力要求。

（3）抗浮锚杆布置及与抗水板连接

根据设计文件及上部结构要求，A 区抗浮锚杆间距按 2.00m × 2.00m 布置，共布置 189 根。设计要求抗浮锚杆施工前须单独施工 3 根试验锚杆进行抗拔基本试验，抗拔试验加载至极限状态。为确保抗浮锚杆有效地发挥作用，涉及要求抗浮锚杆杆筋须锚入抗浮板内不少于 35 倍的钢筋直径，即不少于 980mm。

（4）抗浮锚杆施工和验收试验

采用 XY－1 型液压钻机全断面取芯成孔或者采用 MGJ－50 专业锚杆钻机，以空压机驱动偏心潜孔锤跟套管钻进成孔，终孔提钻后在孔内置入制作好的钢筋拉杆，然后灌注 M30 水泥砂浆，浆液水灰比 1∶1 ～ 0.5∶1，灌浆压力 0.5MPa ～ 1.0MPa。锚固段水泥强度达到 85% 后，进行垫层及底板施工。

施工完成后，经抗拔试验检验。抗浮锚杆承载力满足设计要求。

三、地下结构隆起和开裂调查

2013 年 3 月中旬巡查过程中发现，该建筑物纯地下 A 区 1 ～ 5/A ～ P 轴线范围内地下二层部分框架柱局部出现开裂，地下三层部分框架柱局部出现开裂，防水板部分位置出现隆起、开裂及渗水现象。

1. 框架柱开裂状态

现场检查发现，地下二层部分框架柱，如 2/G 轴柱，在梁柱节点下方 150mm 处出现水平裂缝，经现场检测，裂缝最大宽度 0.15mm；地下三层部分框架柱，如 3/G 轴柱，在梁柱节点下方 200mm 处出现水平裂缝，经现场检测，裂缝最大宽度 0.60mm。

2. 防水板裂缝及分布

经现场检查发现，该工程地下三层（结构标高：－12.90m）E ～ J/2 ～ 3 轴线范围内防水板跨中部附近（距 3 轴为 2.3m）出现平行于 2 轴的裂缝，经现场检测，裂缝最大宽度 0.3mm；H ～ J/2 ～ 3 轴线范围内防水板同样出现多条平行于 2 轴的裂缝，经现场检测，裂缝最大宽度 0.20mm。

为防止纯地下结构 1 ～ 5/A ～ P 轴线范围内出现大量隆起、开裂及渗水，在场地重新采取降水措施，使地下水位降至与防水板底面，同时对防水板采用了钻孔泄水减压措施（每个柱网之间抗水板钻直径 120mm 孔，穿过抗水板至下部防水层顶），使开裂的抗水板张开裂缝回缩和隆起回落。

3. 防水板隆起状态

现场采用全站仪对裂缝范围内地下三层防水板隆起变形进行了观测（E ～ J/2 ～ 3 轴线范围内防水板跨中部）。结果表明，采取降水和泄水减压措施后，最大隆起高度从量测时的约 130mm 恢复到目前的其残余量约 90mm（图 6.8－1 中起始点为量测时基础沉降稳定后的沉降标高，基准点为室内地坪，因此，隆起量为相对值）。

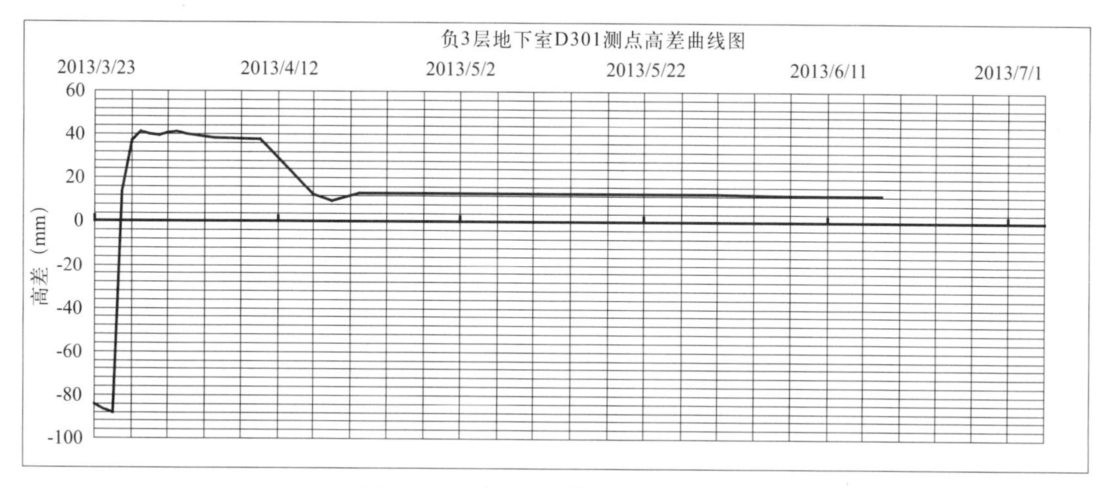

图 6.8－1 地下三层典型测点隆起变形

4. 施工资料查阅

经查阅该工程质量检验资料，A 区地下结构框架柱、基础及抗水板采用 C30 混凝土浇筑，抗水板内配置双层双向（HRB400 级）ϕ 12@140 钢筋网。施工过程中，按规范要求预留混凝土试块进行试压，对钢筋布置等进行了隐蔽工程监理，钢筋材料进行了取样送检。其混凝土试块立方体抗压强度检测报告以及钢筋原材力学性能检测报告证实，该工程混凝土及钢筋原材料强度满足设计施工图纸要求。

5. 现场检测

现场对抗水板厚度进行了抽测，检测结果证实防水板厚度满足设计施工图纸要求。

为验证抗浮锚杆的施工质量和抗拔承载力，现场在抗水板上开洞，检查锚固体质量。

同时抽部分挖出的抗浮锚杆进行抗拔试验，尽管理论上讲此阶段的抗浮锚杆已承受了浮力作用，可能产生了部分变形，对抗拔承载力有一定的减低，但试验结果表明，抽检的抗浮锚杆抗拔承载力仍全部满足设计要求。结合图 6.8－8 锚固体与周边岩体结合良好的情况，一定程度上可推断，抗浮锚干承受的浮力较小，甚至基本为承受浮力荷载。

四、地下结构隆起及开裂原因分析

1. 抗水板结构设计复核

根据该建筑场地岩土工程勘察报告所提供的抗浮设计水位 491.50m 及竣工图中抗水板垫层底标高 482.20m，抗浮设计水头约为 9.3m。采用建科院 SLABCAD（复杂楼板分析与设计软件）对 1 ～ 5/A ～ P 轴线范围内抗水板进行复核验算。结果表明，在岩土工程勘察报告所提供的抗浮设计水位以及抗浮锚杆设计计算资料等前提下，原设计抗水板构造及配筋符合规范要求，由结构总自重及抗浮锚杆提供的抗浮能力满足浮力水头作用下的稳定和裂缝要求；同时还表明：当不考虑抗浮锚杆作用，即柱下独立基础和抗水板直接承受水头浮力时，地下结构自重不足以抵抗水头作用，将导致整体上浮；当同时考虑地下结构和外墙回填土的侧向约束作用下地下结构中间部位抗浮稳定，抗浮锚杆不发挥作用时将导致框架柱偏心受拉开裂，即仅依靠抗水板结构强度不足以抵抗水头直接作用，抗水板隆起、开裂。

比较原抗浮设计、变形观测、现场检查、框架柱等资料及考虑抗水板功能、裂缝部位及形态，及框架柱及防水板裂缝部位、走向、裂缝形态、防水板隆起现状，与验算分析的情况一致，且可以判定：框架柱裂缝及防水板裂缝均为受力裂缝，系抗浮锚杆未发挥作用而引起地下结构重量不足以抵浮力作用，结构构件受拉破损所致。

2. 隆起原因分析

结合抗浮锚杆施工、成品保护及基础施工、场地地质、抗浮锚杆开挖后抗拔试验检验等资料情况进行综合分析，造成地下结构隆起和开裂及破损的原因如下：

（1）场地该层位基岩裂隙发育，裂隙水比较丰富，且本项目西侧紧邻锦江河，河床裂隙与部分基岩裂隙贯通，形成地下水良好的通道，致使基岩中的裂隙水并带有一定的承压性（雨期河水水位高于场地地下水水位），降水的突然停止，地下水位回升过快，而此时上部结构等设计考虑的抗浮有利荷载并未形成，上部荷载较小的地下结构产生隆起变形，柱和抗水板开裂和破损。

（2）根据施工现场记录，完成 A 区抗浮锚杆的施工之后，因工期紧张，在锚杆灌注的水泥浆尚未达到规范要求的凝结时间和设计强度的情况下，使用大型机械多次碾压未完全成品的抗浮锚杆，可能导致锚固体被扰动和倾斜而降低抗拔力甚至失效，同时预留锚固底板的钢筋因多次碾压在弯头容易产生疲劳破坏甚至折断，钢筋抗拉能力明显下降而失效。

（3）根据施工现场记录，肥槽虽按设计密实度完成回填，但地表尚未封闭和纯地下结构顶部覆土未施工，雨期场地汇集的大量地表水下渗，加之降水井部分甚至全部停止运行，不能及时将下渗的上层滞水排走，增加了短期内水头压力，出现施工期不利抗浮稳定性工况。

（4）根据事故后现场破开抗水板发现，抗浮锚杆与抗浮板锚固连接不符合设计要求，抗浮锚杆与抗水板连接存在三个问题：1）未按设计要求将抗浮锚杆的杆筋锚入抗水板；2）改变设计方法，仅采用与抗浮杆筋段部设置锚板的方式与抗浮板连接，且两者连接不紧密；3）抗浮锚杆杆筋仅采用锚固体与抗浮板混凝土交接的方式进行连接，无法全部发挥抗浮锚杆的作用，由此产生的后果严重性可想而知。

五、抗浮加固

针对本工程出现的问题和结构设计的层高实际，结合地区抗浮加固施工经验，若采取抗浮板上部增加配重做成无梁楼盖型式，须增设较厚的重型混凝土而改变地下结构的层高，必然影响地下结构的设计使用功能。而采用在跨中增设抗浮锚固体同时有限增厚抗水板厚度的方式使抗浮板和增设的抗浮锚固体共同抵抗浮力作用是比较适宜的抗浮方式。

为不影响地下结构的设计使用功能，选择采用在抗水板跨中增设抗浮锚固体的抗浮方法，抗浮锚固体可选择抗浮锚杆、抗浮锚索及抗浮桩。抗浮锚杆、抗浮锚索和抗浮桩方案对比见表 6.8–2。

抗浮锚杆、抗浮锚索和抗浮桩方案对比　　　　表 6.8–2

项目	抗浮锚杆	抗浮锚索	抗浮桩
设计方案	长度 12m，单束锚杆 3⏀28，间距 2.0m × 2.0m，共布置 355 根	长度 12m，单锚杆 3⏀15.2，间距 2.0m×2.0m，共布置 355 根	桩径 1.0m，长 7.0m，扩大头直径 2.0m，共布置 84 根，532.5m

续表

项目	抗浮锚杆	抗浮锚索	抗浮桩
质量控制因素	1. 因地下结构层高的限制，锚杆长度上存在多个接头，对锚杆抗拔有影响； 2. 因地下水位较高、基岩中裂隙水较丰富，锚杆在压浆时，锚固体质量难以满足设计要求； 3. 因加固后锚杆间距较小，数量较多，锚杆施工可能会对地基造成不利影响	1. 因地下水位较高及裂隙水较丰富，压浆锚杆下部锚固体质量难以满足设计要求； 2. 因加固后增加锚索与原锚索间距较小，锚杆效应可能会对地基造成破坏而减低抗拔力	1. 施工质量能得到保证； 2. 桩间距较大，桩承担的抗浮荷载较大，避免对抗水板过多损害； 3. 桩与抗水板连接处理简单有效
工期控制因素	锚杆接头较多影响工期	与锚杆相比，锚索施工工序较多对工期影响比较大	桩孔内地下水明排影响工期
施工控制因素	1. 因层高限制，单节锚杆长度须小于 4m 时，杆筋入孔难度大，且费时； 2. 造孔泥浆量很大且无法现场排放，需及时运出场外	1. 与锚杆相比筋材较软，不受层高限制便于入孔； 2. 产生的泥浆量与锚杆相同，需及时运出场外	1. 基岩裂隙水较丰富，需采取有效措施； 2. 土方外运、混凝土浇筑等受条件限制

经多次论证和经济比较，采用抗浮桩加固无论在质量保证还是工程造价方面均优于抗浮锚杆或抗浮锚索，并仅须在原抗水板上增设 300mm 钢筋混凝土现浇层，通过打毛混凝土表面和植筋与原抗水板有效连接。同时，由于现场无法对既有抗浮锚杆进行逐根检验，亦无法定量考虑既有抗浮锚杆的尚存的抗拔承载力，因此，为确保工程安全，在加固设计时不能计入既有锚杆的抗浮作用。

为预防基岩中地下水量过大造成成孔困难和对施工安全性造成影响，通过对 A 区进行局部钻孔掌握地下裂隙水的出水量状况。经钻孔观察，地下水对抗浮桩施工影响不大。

本工程最终采取人工挖孔抗拔桩进行抗浮加固。经过两年多的使用，目前状态良好，实现了预期加固效果，且对地下结构设计使用功能影响较小。

六、结束语

随着建筑基础埋置深度逐步增加，抗浮稳定性和抗浮措施的安全性以及抗浮事故加固是经常面临的问题，值得深入总结和进一步研究。通过本工程的实践，可以得到如下结论：

1. 充分重视场地水文地质。结合勘察资料，详细调查工程环境中地表水系及与地下水的连通性，掌握地下水的状态及对浮力的影响程度，尤其分析最不利抗浮工况的抗浮稳定性。

2. 把控降水停止时机。应充分考虑建筑施工阶段、施加荷载大小、抗浮设计条件以及雨期积水等的不利影响，避免出现因地下水位回升过快，或上部荷重等抗浮有利荷载尚未施加而贸然停止降排水措施。同时，肥槽按设计密实度完成回填后，应及时进行地表封闭，尤其在雨期施工，防止大量地表水汇集下渗增加了短期水头压力。

3. 对设置有抗浮构件的地下结构，在基础施工时应采取措施，对已完成的抗浮构件进行有效保护，不能因工期紧而在锚杆灌注的水泥浆尚未凝结和未达到设计强度时，使用机械设备极易造成锚固体或周边土体扰动、锚固体倾斜、锚固钢筋弯曲疲劳等安全隐患。

4. 抗浮失效后加固，在条件允许时，应充分评价尚存抗浮构件的承载能力。当无法全面和准确掌握既有抗浮构件残余的承载能力时，不应考虑其抗浮作用，以确保工程的抗浮稳定性。

5. 抗浮失效后加固方案，应综合考虑地质条件、水文地质条件、设计使用功能和加固施工的可操作性等因素，以抗浮稳定性为主要设计控制目标进行多方案比较，同时兼顾工程造价和施工安全的有效控制。

参考文献

[1] 成都市勘察测绘研究院“朗基望锦项目勘察报告”[R]

[2] 成都地区建筑地基基础设计规范 DB 51/T 5026－2001[S]．成都：四川科技出版社，2001.

[3] 建筑边坡工程技术规范 GB 50330－2002[S]．北京：中国建筑工业出版社，2002.

[4] 四川省科信建设工程质量检测鉴定有限公司“朗基望锦缘地下室鉴定报告”[R]

[5] 建筑桩基技术规范 JGJ 94－2008[S]．北京：中国建筑工业出版社，2008.

[6] 混凝土结构设计规范 GB 50010－2010[S]. 北京：中国建筑工业出版社，2010.

第七篇　调研篇

我国的防灾减灾领导体制以政府统一领导、部门分工负责、灾害分级管理，属地管理为主。当前灾害防范的严峻性受到各级政府和社会各界的普遍重视，各地不断加强地方管理机构的能力建设，制定并完善地方建筑防灾相关政策规章和标准规范。为配合各级政府因地制宜地做好建筑的防灾减灾工作，各地纷纷成立建筑防灾的科研机构，开展建筑防灾的咨询、鉴定和改造工作，宣传建筑防灾理念，普及相关知识，推广适用技术，分析、整理和汇总技术成果，总结实践经验，开展课题研究并建立支撑平台。

本篇通过对北京、重庆、海南、广东等地区地方特色的建筑防灾方面的调研与总结，向读者展示各地建筑防灾的发展情况，便于读者对全国的建筑防灾减灾发展有一个概括性的了解。

1. 古村镇的防火安全现状及其对策研究

肖泽南
中国建筑科学研究院，北京，100013

一、结构形式对防火性能的影响

我国现存的古村镇，以木结构建筑、砖木结构建筑、土木结构建筑为主。木材在我国大部分地区均较容易获得，具备优良的承重能力，因此木结构建筑在我国历史上分布较为广泛。通过木材支撑的建筑由于有一定弹性而具备优良的抗震性能，在汶川地震后，震区的许多木结构建筑的柱子发生了移动、砖墙或土墙损坏，但是建筑本体没有倒塌，出现了“墙倒屋不塌”的景象（图7.1－1）。但是以木材为主的建筑也有突出的缺点，如防火性能差、易遭受腐蚀、易遭受虫害。这也造成了我国古建筑年代久远的较少，例如唐朝以前的古建筑仅剩山西忻州五台县的南禅寺（782年）、五台山佛国寺（857年）。

图7.1－1 震区内墙壁倒塌后剩余的屋架结构

木材属于易燃材料。古建筑中的木材，又经历了千百年的干燥，更加容易被点燃。在木结构建筑中，除了柱、梁等主体构件为木材，楼板、内隔墙、顶棚、窗户框等构件也为木材（图7.1－2），用木量极大，这就使得这种类型的建筑，结构的主要构件成为重要的火灾荷载。规格高的建筑，木料的用量相对更高，一般民宅的木料用量相对较少。

图7.1－2 主体结构大量采用木材

二、建筑布局对防火性能的影响

古村镇建筑一般采用四合院的形式，有一进、两进、三进之分。院落之间一般毗邻而建，没有防火间距，数个院落构成一个团组（图 7.1–3）。同一院落内，不同房间之间往往共用内隔墙、柱，楼板、地板、屋顶也往往是连续的。一旦失火，这就是火焰向相邻房间直接蔓延的一条重要的途径，很容易形成火烧连营的后果。院落组团之间的小巷，宽度一般不超过 2m，也难以起到防火间距的作用。

图 7.1–3　集中连片布置

三、产权和使用状况

古村镇的建筑在历史上都是私有的，由于我国近现代历史变革剧烈，新中国成立后经历了没收、分配、转卖、出租等种种变化，古村镇建筑的权属状况发生了复杂变化。大量民宅权属仍旧属于私人，并仍旧有人居住，部分建筑由于建筑破损，被逐步废弃；少量重要建筑，由于具有一定的历史价值，被政府通过各种渠道收归国有。

收归国有的建筑，被用于展览、旅游、观光时，一般会清除内部的杂物仅保留典型的家具（图 7.1–4），设置专人管理维护，配备一定的消防设施，因而具备一定的安全性。对于国有的古村镇建筑，通过文物部门、旅游部门以及政府其他部门，已经逐步开始开展各类消防改造，其总体保护前景还是较为乐观的。

图 7.1–4　用于展览的国有住宅建筑

图 7.1–5　仍旧在使用的私有住宅建筑

属于民间的农村民宅，则堆放有大量日常使用的家具杂物，用火、用电条件极为复杂，具有极大的火灾风险。一些地方政府也尝试收购一些有价值的古村镇建筑，以改变其恶劣的保护现状，但随着村民经济意识的过度膨胀，政府已经无力收购保护了。对于这类民宅类的古村镇建筑，政府不能有效介入、保护措施力不从心，主要靠居民自发的维护保养。因而这类古村镇建筑基本不具备任何消防保护措施，甚至连最基本的市政消火栓都不具备。

四、古村镇建筑的火灾荷载调研

所谓火灾荷载量是指在一定范围内可燃物的数量及其发热量，通常以木材的数量及其发热量的所得值来表示，在计算时，一般以木材密度和发热量为基数。某一建筑物火灾危险性的大小，直接取决于可燃物质的数量多少。火灾荷载分为固定火灾荷载与可移动火灾荷载。固定火灾荷包括建筑结构、围护结构等使用材料。可移动火灾荷载包括家具、柴草和日常用品等。现代建筑多采用钢筋混凝土结构，一般火灾荷载量总平均每平方米不超过20kg（木材），即木材的用量不多于 $0.03m^3$（包括其他可燃物折合木材的用量在内）。

私有建筑主要用作居住，以家具和生活用杂物为主，如图 7.1–6 所示仍旧在居住的私有民宅堆放有大量杂物，个别房间火灾荷载达到 $1.1m^3/m^2$。部分有经济意识的农民将房屋出租用于商业，如图 7.1–7 所示，会带来较多的火灾荷载，达到 $0.76m^3/m^2$。公有建筑内杂物较少，布置有典型的家具供参观，主要的火灾荷载来自于木结构。而结构用木量与该建筑的规格有关，规格越高用木量越大。图 7.1–8 所示的建筑属于古村镇中较为高档的建筑、用木量较大，火灾荷载达到 $0.47m^3/m^2$。

图 7.1–6　仍在居住使用的村镇私有住宅建筑

图 7.1–7　用于商业的村镇私有住宅建筑

图 7.1–8　典型国有村镇住宅建筑

五、用火现状

对于村镇建筑，最主要的火灾风险之一，就是用火不慎。木结构建筑最怕的是火，然而民居类建筑又不得不用火，但是长期的使用导致居民对用火缺乏警惕性、麻痹大意。这就导致传统村镇建筑经常会发生大规模火灾。用火的火灾隐患主要体现在这几方面，（图7.1–9）厨房位于主体建筑内，与主体建筑之间没有防火分隔；灶台周边堆满易燃杂物；使用柴草、煤饼的灶具，储存柴草灶具的场所往往也距离厨房较近；厨房内没有任何安全措施。

图 7.1–9　厨房乱象

六、用电现状

近些年，随着经济的发展，各地农村普遍通上了照明电。如果说对于用火的危险性，农民们还存有些许敬畏；对于用电危险，很多偏远落后地区的农民则属于愚昧无知状态。

他们随意私搭乱接电线，采用价廉质次的开关、电线和电器，只顾使用，毫无一点防范心理。因此用电火灾已经上升为与用火至灾并列的最大至灾源之一。

用电火灾隐患主要体现在（图 7.1–10）：1. 民居内存在严重的私拉乱接现象。2. 民居室内使用的开关设备主要为易拉电弧的老旧刀闸开关。3. 大多数居民的开关设备、插座、灯具等电气设备，均安装在木质结构上。4. 大部分民居室内线路未使用任何保护措施，室内电线直接敷设于木质结构，或使用塑料线槽。5. 空调等家用电器老旧现象严重，施工质量较差，布线不规范，周围存在可燃物。

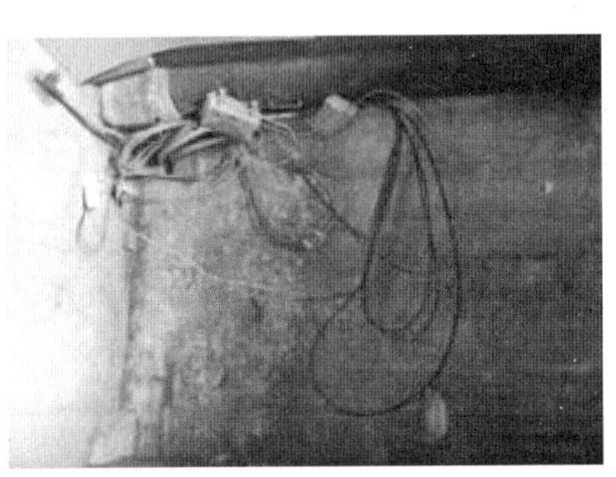

图 7.1–10　用电乱象

七、消防设施设置现状

消防设施包括消防水源、消防给水系统、防排烟系统、自动灭火系统、火灾自动灭火系统。古村镇由于历史原因和经济发展原因，消防设施往往缺失，一般不具备防排烟系统、自动灭火系统、火灾自动灭火系统。但是部分古村镇，缺失基本的消防给水系统，甚至缺乏消防水源。这种古村镇必须要进行消防基础设施的改造，否则必将在未来的某一天因火灾而毁于一旦！即使设置有消防设施的古村镇，由于村民消防意识的淡漠、维护资金的缺失，大部分也被破坏。

消火栓系统存在的主要问题是（图 7.1–11）：水量不足或根本无水、管径不足、栓口锈蚀损坏、密封件老化脱落、水带破损。

a. 消火栓箱设置环境恶劣

b. 室外消火栓栓口断裂

c. 水带严重漏水

d. 密封胶垫老化、脱落，栓口安装方向错误

e. 水带老化、接口缺失

f. 水带破损，充实水柱仅 1.5 米

图 7.1－11　消火栓系统乱象

八、消防救援能力现状

对于村镇建筑，最无奈的是消防救援状况。我国规范要求城市标准型普通消防站责任区面积不应大于 7km^2，小型普通消防站责任区面积不应大于 4km^2。但是对于广大农村，则难以按照上述标准建设消防站。目前我国大部分地区，消防站均设置在县城，该县域范围内的农村均由该消防站来救援。传统村镇或者古村镇，能够保存下来，一般更加偏远，距离消防站的距离就更加遥远了。

即使附近的消防站能够派消防车前往救援，进入村镇后的消防车道也不满足消防车通行的要求。传统村镇和古村镇一般连片布置，建筑院落组团之间的小巷，宽度一般不超过 2m，难以满足普通消防车 4m 宽的通行条件。

九、消防管理的现状

村镇的消防安全管理较为薄弱，村镇政府一般没有专门的消防安全主管部门，由主管治安的部门兼管。由于消防管理的投入过低，因此很多地方的消防管理流于形式，起不到实质性的作用。消防部门虽然有一些宣传点，也有定期的演练，但是村民的参与度不高、积极性不高，村民对火灾的危害、防治仍旧没有从根本上理解和执行。管理的缺失，也造就了村镇的消防认知水平普遍较低的现状。

不过，必须要指出的是仍旧有些古村镇，从血与火的经验中总结出一些朴素的乡规民约，对火灾的预防有一定的作用。例如，湖南怀化的洪江古城就规定只能使用具备 60℃断电功能的电采暖设施，全体村民也必须参加定期消防演练，这些演练由多部门联合组织，每年 1 ~ 2 次。

十、消防对策研究

经过对多地古村镇的消防现状调研和消防安全评估，可以发现大部分古村镇火灾隐患重重，可以预见到这些古村镇如果长期维持现状，必将发生火灾。那么如何改变古村镇的防火安全现状呢？有什么有效措施呢？

1. 彻底改变用火用电的混乱情况

对厨房进行改造。经济发达的地区可以改用电灶具；经济欠发达地区仍旧需要动火时，宜将厨房移出建筑主体之外。难以移出的建筑，则应对厨房的隔墙、顶棚进行防火分隔处理，可以通过防火板来进行改造。同时，应将厨房的可燃物移出。

对电器线路、开关等进行改造。应通过政府资助部分经费、村民自行承担部分费用的方式，更换居民户内的电器线路、合格的开关产品，更换过程应统一施工。

2. 增加消防基础设施

全面布设消防给水系统，对缺水地区设置消防水池。消防水源与自来水厂结合，并采用生活用水与消防用水合用的管网将水送到每个消火栓。

整治道路交通网络，在村镇内部形成环状消防道路，确保消防车抵达后可以尽快抵达火场。

3. 加强消防救援力量

受限于消防队的编制，我们不可能按照城市消防站的设立标准在全国大面积设立消防队。但是我们可以在村镇中发动社会力量建立兼职的、业余消防队。对于重要的古村镇，必须要设立专职的消防岗位、建立兼职的消防队，并配备相应的灭火救援装备。

4. 增加特殊消防救援装备

古村镇建筑难以设置自动喷水灭火系统，消防队的抵达时间又较长，消防道路难以满足普通消防车的通行要求，如何第一时间做到有效的灭火救援呢？可以配备特殊的高压细水雾消防摩托车（图 7.1–12）。该车适用于复杂道路、快速抵达火场出水、水渍损失小，特别适用于具有一定历史价值的古村镇。设置有自来水的院落，也可以设置利用水龙头的简易灭火装置。

图 7.1–12　高压细水雾消防摩托车

5. 提高消防管理水平

村镇的居民素质不高，口号类消防宣传、消防管理难以发挥作用。一方面，应通过实际操作类的消防培训，使村民了解火灾的危害、火灾发生的原因、第一时间的灭火方法；另一方面，应当建立简单、直观、有力的消防奖惩制度，在日常消防监督中，做到有错必纠。

中国建筑科学研究院自筹基金资助项目“传统村镇火灾风险评估及数值模拟技术研究”

2. 北京市海淀区万柳阳春光华社区枫树园应急避难场所现状调研

张培[1]　张靖岩[2]
1 北京建筑大学，北京，100044；2 住房和城乡建设部防灾研究中心

前言

自我国开展《全国综合减灾示范社区》以来，第一批全国综合减灾示范性社区——北京市海淀区万柳泉宗路阳春光华社区枫树园小区，是在 2006 年全国防灾减灾的评比中评选出来的。

根据民政部下达的关于制定社区应急避难场所标准的通知，我们确定了对已建立应急避难场所的社区进行调研的方案，希望通过调研对社区如何规划建立应急避难场所、如何配置避难设施以及如何规划避难疏散线路等有一定的了解，相关的经验与方法也将对我国社区应急避难场所标准的制定有重要的参考价值和意义。

首先与社区服务站的主任及相关负责人就社区应急避难场所的规划、建设指标、日常管理等一系列内容进行交流，然后再实地勘察与参观学习。

调研的基本情况详述

北京市阳春光华是 2000 年开始入住的商品房社区，共分为三个小区：阳春光华枫树园、阳春光华橡树园和新纪元。新纪元小区位于枫树园的西边，橡树园位于新纪元的南边。三个小区共占地面积约 32 万 m^2，共 2013 户约 5000 人口。2006 年全国防灾减灾的评比主要是针对阳春光华枫树园小区进行。枫树园占地面积约 9.8 万 m^2，现有 8 幢楼，两个会所（南会所、北会所），一个广场（带左右两个耳房）、一个儿童游乐园、一个下沉式广场、一个网球场、一个小区花园、一个便民购物店、两个公共厕所，共 992 户约 2700 ~ 2800 人口。

枫树园小区在 2006 年全国综合减灾示范性社区的防灾减灾评比中在以下四个方面表现比较突出：一是应急避难场所按照社区的实际情况进行合理的划分；二是社区内疏散逃生线路标识明确；三是日常防灾减灾的宣传教育工作做得很到位；四是社区不定期组织防灾减灾演练。

在应急避难场所划分方面：首先，该小区将约 2500m^2 的现状广场作为灾后主要临时集中避难地。广场分为两部分：南广场作为 5、6、7、8 幢楼住户居民的疏散集散避难地，北广场作为 1、2、3、4 幢楼住户居民的疏散集散避难地。其次，位于小区西门的地下车库按照人防工程的标准进行建设，并含部分居民的仓库，根据灾害发生的类型，地下车库也可以为居民提供适宜的避难。另外，将广场的南北耳房充分利用，北耳房作为医疗急救站，南耳房作为应急指挥中心。最后，通过与紧邻广场的两家便民商店签订协议，平时正

常营业，灾时作为物资的提供与储备点。除此之外，也将下沉式广场作为灾害发生时救援物资的储放点。

在疏散逃生线路标识方面，每一幢居民楼出入口均设有两个疏散通道，且疏散通道内贴有居民逃生指示牌及逃生路线图。小区的各条道路上均设有通往应急避难场所的路线指示牌，并且在小区的各楼门、小区内各重要的场所都张贴有关防灾避难的常识以及逃生地点、方法等。

在日常防灾减灾的宣传教育方面，社区服务站给每家每户都发放有小区防灾避难指示总图、逃生常识手册，以及灭火毯、口哨等防灾警报工具。将小区广场的北耳房作为宣传室常年开放，供社区居民阅读学习各种防灾减灾的图书以及抗震救灾小常识等。宣传室储存有绳、铁锹、应急灯、录音喊话器、小药箱、斧子等应急物资以备灾时使用。社区还不定期组织居民以及青少年去消防部门学习防灾减灾知识以及简单消防工具的使用方法。

3. 重庆湖广会馆火灾风险调研

王大鹏[1]　李旭彦[2]
中国建筑科学研究院，住房和城乡建筑部防灾研究中心，北京，100013
科学技术部基础研究管理中心，北京，100862

前言

根据公安部、住建部、国家文物局相关文件精神，国家文物局陆续展开了百项工程的消防安全专项规划或设计工作。重庆湖广会馆为百项工程之一，在进行消防安全工程专项设计时，针对其火灾危险源进行了调研，以分析其消防薄弱点，提出有针对性的解决方案。

一、建筑概况

湖广会馆整个会馆建筑群坐西朝东，邻近长江，与江对岸的南山遥遥相望，包括禹王宫、广东公所、齐安公所等古建筑群，占地约 9000m^2。建筑群规模宏大，基地东低西高，建筑从前至后各进建筑依次随地势抬高，布局错落有致。

建筑基本以木结构为主，多为抬梁式单层结构，局部两层。各组建筑群均以戏楼为中心，进而由看厅和厢房（长廊）围绕而成一个封闭院落。琉璃瓦戏楼飞檐翘角，遍布精美雕刻，刻山水、城门、几何图案、戏曲人物、二十四孝故事等。会馆封火山墙墙脊起伏落差大，形成特色景观。

2003 ~ 2005 年，相关部门对会馆建筑群整体进行修缮，在已经完全损毁的区域新建了移民博物馆和商务会所等配套建筑，其外观形式与会馆建筑群一致，内部结构为钢筋混凝土结构。

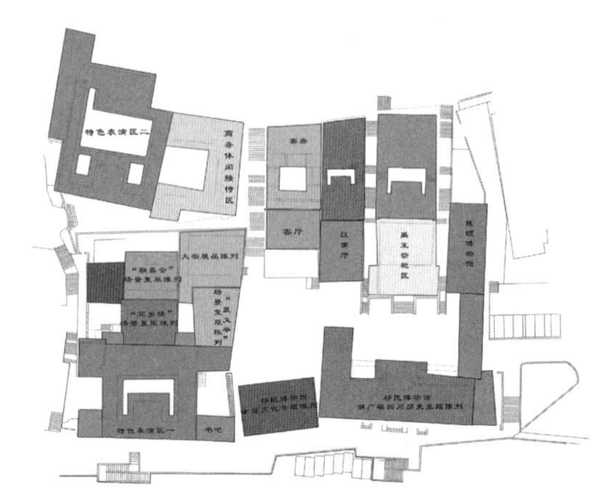

图 7.3－1　建筑概况（一）

图 7.3－1　建筑概况（二）

二、调研情况

调研主要包括火灾风险源、建筑防火、消防供水能力等因素。

1. 火灾危险源

（1）客观因素

湖广会馆国保单位无大型用电设备，游客接待中心存在电视、冰箱等日用电器，移民博物馆旁侧建筑及禹王宫后侧办公建筑有空调；游客接待中心和移民博物馆内设置了大量的发热量比较大的射灯，禹王宫等建筑局部设有热光源射灯。建筑内无锅炉房、发电机房和化学危险品，但商务中心设置了职工食堂，其厨房使用液化气罐做饭。建筑周边无重大火灾危险源。

（2）人为因素

所有建筑的配电线路采用架空线路敷设到各建筑附近，配电箱（电表箱）安装建筑物内外，室内线路明敷，存在如下隐患：

1）配电柜、配电箱布线零乱，有捻接接头，压接多股电源线，电源线未涮锡；

2）配电箱未安装配电箱盖板或盖板与箱体不匹配；

3）电度表断路器直接安装在木质结构上，压接的 RV 电源线未做涮锡处理且未穿管保护；

4）个别位置的电源线温度过高（约 59.06℃），为虚接；

5）电度表箱体内电源线裸露且未压接；

6）插座缺少保护地线，软管与金属管连接未使用专用接线盒；

此外，建筑内食堂的厨房使用液化气罐，存在有焚香、使用蜡烛的情况，建筑群内禁止燃放烟花爆竹，多处设有禁止吸烟的标识，不见随处吸烟、乱扔烟头现象。

a. 建筑内有电冰箱

b. 建筑内有壁挂式电视

c. 建筑内有热光源射灯

d. 建筑内有空调

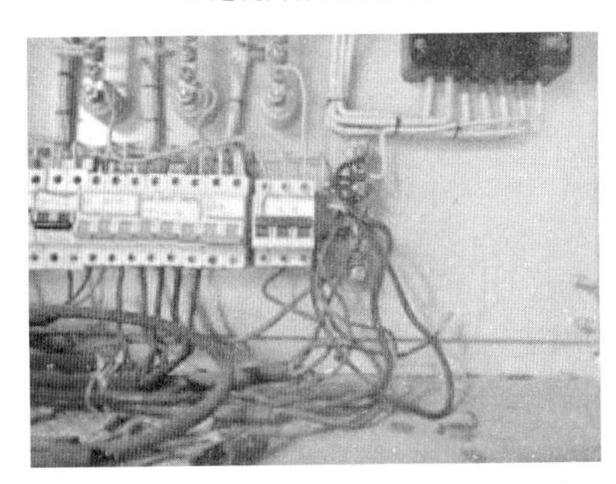

e. 配电柜布线零乱，有捻接接头，压接多股电源线，电源线未涮锡

f. 电度表断路器直接安装在木质结构上

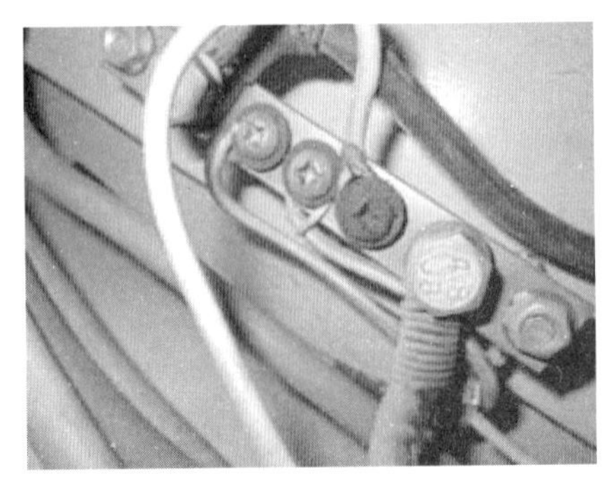

g. 配电箱布线零乱，压接多股电源线，有捻接接头，电源线生锈氧化

h. 插座电源线穿管不到位，线头裸露未包扎，插座电源线未穿管保护，未接保护地线

图 7.3–2　火灾危险源辨识（一）

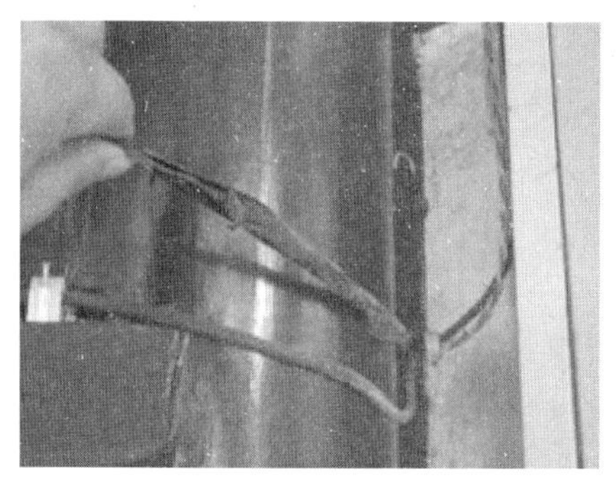

a. 电源线有捻接接头，未穿管保护

b. 插座未固定

c. 焚香、点蜡烛

d. 禁止燃放烟花爆竹标志

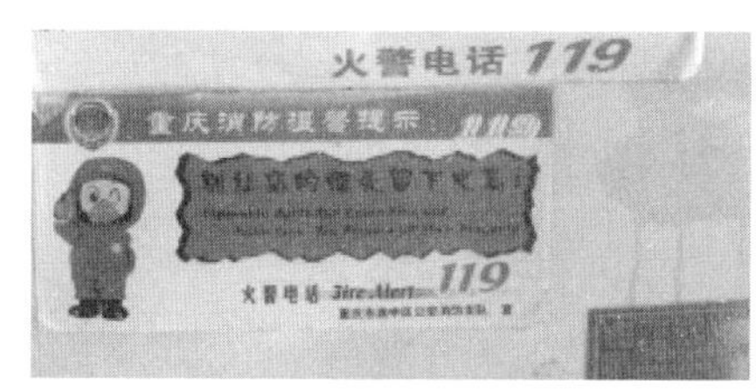

e. 吸烟防火宣传标志

f. 禁止吸烟标志

图 7.3–2　火灾危险源辨识（二）

2. 建筑防火

(1) 建筑参数

项目建筑主体以单层建筑为主，移民博物馆和商务中心等新建建筑为多层。单层建筑净高 6 ～ 11m，禹王宫主殿净高接近 12m，多层建筑层高约 3m，顶层坡屋面净高较高为 6 ～ 8m。

主要建筑的建筑参数　　　　表 7.3–1

建筑	建筑面积（m^2）	建筑层数		建筑室内净高（m）
禹王宫	2270	主殿	单层	11.7
		后院办公建筑	三层	—
		左侧匾额博物馆	单层	—
		右侧客厅、议事厅外廊	单层	8.8
		右后方客房、厨房	单层	7.5

续表

建筑	建筑面积（m²）	建筑层数		建筑室内净高（m）
移民博物馆（历史主题）	—	三层		2.5 ~ 3.0
移民博物馆（文化主题）	—	四层		L1 ~ L3 层：2.5 ~ 3.0 四层坡屋面：5.8m
广东公所	711（除天井）	主体门廊	单层	8.5
		两侧长廊	二层	2.5 ~ 4.7
齐安公所	1600（除天井）	主建筑	单层	10.3
		回廊	单层	6.6 ~ 7.1
		过厅	单层	10.9
商务中心	—	二层		首层：3 二层坡屋面：7.8

（2）火灾荷载

1）局部外墙、隔墙、建筑物两侧的山墙及屋面瓦为不燃，其他大部分建筑构件为木质结构；

2）建筑内的家具、展厅展品也可燃，特别是艺术展厅、蜀绣展厅和特色演出场所的可燃物多，火灾荷载大；

3）建筑内存在可燃性装饰挂件、织物，如经幡、幕布、宣传横幅和灯罩；

4）局部设置了小型商业摊位，移民博物馆内有大量可燃性展品。

各建筑主要构件材料统计 **表 7.3-2**

建筑	建筑构件			
	外墙	内隔断	柱	梁
禹王宫	封火墙、近地面约 1m 为砖石，其他为木质	木质	木质	木质
匾额博物馆	封火墙为砖石，其他为木质	木质	木质	木质
禹王宫右侧客厅、议事厅	封火墙为砖石，其他为木质	木质	木质	木质
禹王宫右后方厨房、客房	封火墙为砖石，其他为木质	木质	木质	木质
齐安公所	封火墙为砖石，其他为木质。	局部为砖石，大部分为木质	木质	木质
广东公所	封火墙为砖石，其他为木质	木质	木质	木质
商务休闲接待区	封火墙为砖石，其他为木质	局部为砖石，大部分为木质	砖石	木质
移民博物馆-历史主题馆	楼板、外墙为砖石，局部外墙、门、窗等为木质	砖石、木质	砖石	砖石为主，有木质结构
移民博物馆-文化展馆	楼板、外墙为砖石，局部外墙、门、窗等为木质	砖石、木质	砖石	砖石为主，有木质结构
游客接待中心	楼板、外墙为砖石，局部外墙、门、窗等为木质	砖石、木质	砖石	砖石为主，有木质结构

a. 外墙为不燃材料

b. 台阶、地面及近地面约 1m 的墙体为不燃材料

c. 梁、柱、椽、雕刻装饰物等 为木质

d. 内部家具、挂件及装饰均可燃

e. 局部设零售店，商品大都可燃

f. 展馆内可燃的丝绸等展品

图 7.3–3　火灾荷载

3. 被动防火措施

（1）扑救条件

湖广会馆坐落于坡地，西北高东南低，会馆四周无环形消防车道，车辆只能到达东北门主入口处，无法进入会馆院落。建筑群内部也为台地，高差较大，台阶遍地，无法通行四轮消防摩托车。

（2）防火间距

湖广会馆建筑群与周边建筑局部贴邻，但使用不燃性外墙分隔，墙体凸出建筑约 0.5 ～ 1.0m，可较好地阻隔周边火灾对会馆建筑影响；建筑群内单体建筑之间通过 2 ～ 3m 的走道和不燃性封火墙可划分为不同的区域，虽然局部设置侧窗，但基本无正对情况。

a. 东北门外广场

b. 院落台阶

图 7.3-4　扑救条件

a. 建筑之间间距约 2m，有封火墙

b. 禹王宫主殿与旁侧建筑局部贴临，有封火墙

图 7.3-5　防火间距

（3）其他

1）湖广会馆主体为木质结构建筑，单体之间以不燃性封火墙分隔，耐火等级为四级。

2）建筑群通过不燃性外墙与周边区域形成有效的防火分隔，内部通过通道、院落及封火墙形成三个消防分区，每个消防分区内又可进一步通过封火墙、通道及院落为防火分隔措施，自然形成 18 个防火控制区。封火墙局部有门窗洞口，但大部分侧墙高位的洞口不正对，可较好地防止火灾蔓延。

a. 建筑群与周边建筑之间的不燃性外墙

b. 不燃性隔墙局部开有小窗，对侧无开口

图 7.3-6　其他被动防火措施（一）

a. 凸出屋檐的封火墙

b. 良好的疏散条件

图 7.3-6　其他被动防火措施（二）

3）湖广会馆内的建筑大都有两个疏散出口，有的房间只有一个出口，但出口宽阔，满足人员疏散需要，整个建筑群疏散条件较好。

4. 主动防火措施

湖广会馆内无火灾自动报警系统、自动灭火系统，内部建筑大多具有开敞、半开敞条件，内部的外窗、内院和天井有利于烟气排出，防烟、排烟条件较好。建筑内设置了大量灭火器。建筑内设置有一定数量的安全疏散标志和消防应急照明灯具，但设置不全面。项目设置了比较完善的避雷设施。

a. 开敞的外廊

b. 大面积的可开启外窗

c. 建筑群内的天井

d. 半开敞的区域

图 7.3-7　主动防火措施（一）

a. 门廊处的灭火器箱

b. 建筑内的消防应急照明灯具

c. 疏散引导器材

d. 户外疏散通道的疏散指示标志

e. 避雷设施

f. 避雷设施

图 7.3–7 主动防火措施（二）

5. 消防救援条件

（1）消防站及消防车通行能力

1）会馆西北方罗汉寺中队距项目约 3km，到场需 6min（不堵车）。消防队配置有水管车 2 辆，供水车 1 辆，云梯车 1 辆，抢险车 1 辆，A 类泡沫车 1 辆。消防人员 36 人；

2）会馆东南方菜园坝中队距本项目约 5km，到场需 10min（不堵车）。消防队配置有消防车 3 辆，消防人员 30 人。

3）消防车仅可以通过滨江路到达湖馆会馆北门广场，会馆其他三侧外围及内部由于地形高差，道路基本都是台阶，无消防车及消防摩托车通行条件，仅能通行便携式灭火装置。北门处设有一处长边为 18.5m × 24m 的梯形停车场，可作为消防车回车场。

（2）消防供水能力

湖广会馆现有生活、消防给水由市政管网直接供水，分别在基地南北两个方向各引

入一个 *DN*100 的市政给水接口，市政给水压力 0.4MPa。总水表后分设 *DN*80 生活给水和 *DN*200 消防给水干管，形成独立的生活给水系统和消防给水系统，管材为涂塑钢管。

a. 北门广场可作为消防车回车场

b. 内部遍布台阶无法通行消防车

图 7.3－8　消防车通行能力

生活给水为枝状管网系统，专门供给会馆内日常生活、经营用水；消防给水系统敷设 *DN*200 的给水干管，在基地内形成 *DN*200 的环状消防给水管网，专门供给室内外消火栓消防用水。

湖广会馆设有室内和室外消火栓。室内消火栓共 53 个，其中大多为明装消火栓箱，箱内配有 *DN*65 消火栓一个，水龙带 25m 一条，ϕ 19 水枪一支，消火栓箱靠墙安装；室外消火栓 13 个，室外消火栓型号为 SS100/65－1.6。

a. 室外消火栓静水压力

b. 室内消火栓静水压力

c. 室内消火栓水压

d. 消火栓被杂物遮挡

图 7.3－9　室内消火栓现场检测

室外消火栓：经现场核实共 13 处地上室外消火栓。对设置及安装情况进行检查，并对禹王宫东侧室外消火栓的静水压力进行测试，结论为：在非用水高峰的下午 2：00 左右，只开一支水枪的情况下，其静水压力数据为 0.60MPa，现有的室外消火栓的布置情况与功能试验情况基本满足使用需求。

室内消火栓：经现场核实共 53 处室内消火栓。对设置及安装情况进行检查，并对 15 处室内消火栓的静水压力、出水压力进行测试，现有的室内消火栓压力基本满足使用需求。

（3）多种形式的消防力量

项目外部由罗汉寺中队（距项目约 3km，到场需 6min）、菜园坝中队（距项目约 5km，到场需 10min），内部设置消防安全责任人、消防安全管理人、兼职消防管理队。

三、调研主要结论及建议

调研主要得到了如下结论：

1. 本项目位于重庆市市区内，位于于典型的台地区域，区域内台阶遍地，无法通行消防车和消防摩托。

2. 建筑多为单层，局部两层，新建建筑为多层建筑（不超过 24m），单层建筑净高 6 ～ 11m，禹王宫主殿净高接近 12m，多层建筑层高约 3m，顶层坡屋面净高较高为 6 ～ 8m。

3. 建筑以木结构为主，内部家具、展品、装饰挂件、织物，如经幡、幕布、宣传横幅和灯罩均可燃，火灾荷载大，且存在诸多客观和人为的火灾危险源。

4. 建筑与周边区域采用不燃性隔墙分隔，内部的不燃性封火墙、通道有利于控制火灾区域蔓延，但内部无火灾自动报警系统，包括新建的移民博物馆等建筑均未设置自动灭火系统。具有一定的消防供水能力，但市政供水接入管管径、消火栓设置位置等不满足灭火需求。

建议在消防设计中对如下方面重点考虑：

1. 进行电路检查，对不规范的局部进行整改，严禁使用高温照明灯具，线路总开关应使用电气防火式保护电器，对电气短路、过负荷、漏电设置可靠保护。插座、开关等采用密闭型。

2. 清理可燃杂物，禁止随处堆放可燃材料，禁止新增可燃装饰装修材料，展台等更换为主体框架为不燃材料制作的产品。

3. 全面设置火灾自动报警系统对火灾做早期预警，移民博物馆等新建建筑内应设置自动喷水灭火系统，提高灭火器配置标准对初期火灾进行控制。

4. 设置消防水池，改造、增设室内外消火栓，确保充实水柱长度满足建筑最高度扑救要求。

5. 设置消防点，合理配置灭火救援设备。

本次调研为全面把握重庆湖广会馆的建筑特点、火灾危险源、防火措施等提供了条件，得到了其火灾风险的重点和消防薄弱点，为其消防专项设计提供了依据。

基金项目：中国建筑科学研究院自筹课题（20150111330730048）

4. 典型干栏式民居承载能力评价及加固措施

张联霞　陶忠　杨淼　李凌旭
昆明理工大学建筑工程学院土木工程系，昆明，650093

一、引言

云南地处祖国西南边陲，位于印度洋板块和欧亚板块之间，是地震多发地区，同时也是农村抗震薄弱的地区。据调查，云南全省有近 20% 的农村民居不符合抗震要求，需重新建设，有 60% 的民居需要进行加固改造，开展农村房屋抗震安保工作迫在眉睫。

本文调查了位于云南省普洱市澜沧县境内的翁基布朗族村寨和糯干傣族村寨的民居现状。傣族和布朗族的典型房屋为干栏建筑，外观见图 7.4–1。该建筑一般分上下两层，桩、楼板、墙壁均采用木或竹，房顶覆以茅草、瓦块，上层住人，下层饲养家畜或堆放农具等杂物，下层见图 7.4–2。本文在调查的基础上，总结了干栏式民居存在的问题，针对该传统木结构民居的不足，在保护干栏民居传统建筑风貌的前提下提出加固及改造意见，对指导当地民居的加固、改造和新建有较重要的意义。

图 7.4–1　传统干栏式民居外观

图 7.4–2　传统干栏式民居底层

二、干栏式民居存在的不足

调研发现传统干栏式民居主要存在以下三个方面的不足。

一是底层空间分割混乱；二层架空，没有完整的围护墙；屋顶低矮，屋面坡度接近 45°，第二层地板到屋檐的高度仅 1.5m。

二是柱下无柱础，柱脚多已腐烂，或柱子与柱础连接偏心导致房屋倾斜，柱脚情况见图 7.4–3。直榫榫头和卯口之间存在较大空隙，多采用三角形的木楔将卯口塞紧，见图 7.4–4。

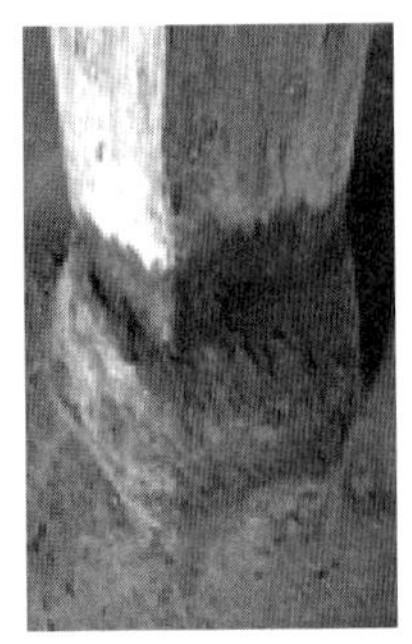

图 7.4-3　传统干栏式民居柱脚

三是房屋年久失修，虫蛀严重，承载能力降低。一二层的贯通柱底层多数被截断，截断后柱与梁用扒钉连接；柱子在底层截断后增大了梁跨度，使梁产生较大的挠度；底层梁大多都是单向布置；枋多偏心穿过柱；屋顶细部构造有待修整。整个结构的传力路径不明确，受力不合理。

图 7.4-4　直榫

三、传统民居的承载能力评价

以景迈芒景景区糯干社傣族村中最古老民居建模进行分析，模型见图 7.4-5。该民居建成于 1982 年，梁柱节点主要采用燕尾榫。木材密度为 0.54g/cm^3，顺纹弹性模量为 9000N/mm^2，横纹弹性模量为 900N/mm^2，泊松比为 0.33。

1. 模态分析和静力分析

用 ETABS 软件建模分析。分析结果表明，第一振型、第二振型、第三振型、第四振型周期分别为 1.4597s、1.2891s、1.1851s、1.0611s。在自重及屋面楼面活荷载共同作用下，柱最大轴力 20.2kN，远小于柱的最大承载力 400kN。

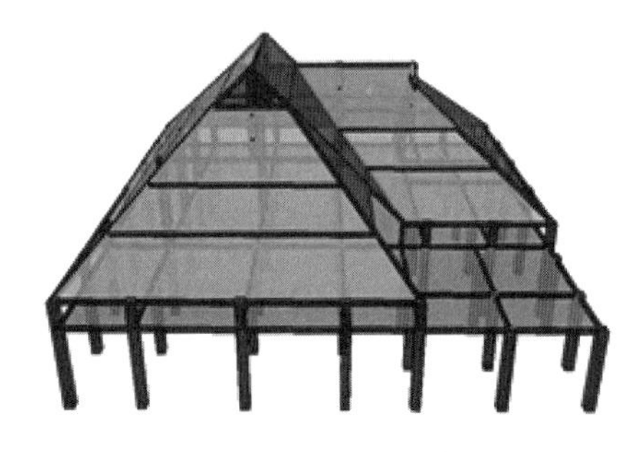

图 7.4-5　ETABS 模型

结构体系不规则，平面为“L”形，质量中心和刚度中心不重合，结构易产生扭转变形。建模分析时，将檩条简化成屋面板直接加在屋架上致使屋面刚度变大，整体性增强，下部柱子的剪力有所增加。在恒载作用下，柱满足承载力要求，但是结构侧向刚度较小，房屋出现轻微倾斜的状况。

结构为单向梁体系，重点考虑 X 方向层间位移角。反应谱分析得出的层间位移角见表 7.4-1，最大层间位移角为 1/37。

反应谱分析的层间位移角　　表 7.4-1

楼层	方向	最大位移角
楼层 4	X	1/193
楼层 3-1	X	1/186

续表

楼层	方向	最大位移角
楼层 3	X	1/92
楼层 2	X	1/49
楼层 1	X	1/37

2. 时程分析

本地区地震烈度 9 度，地震分组为第三组，Ⅱ类场地，特征周期为 0.45s。选取 549ladfn 地震波、LWD_DEL AMO BLVD_90_nor 地震波、CHICHI 地震波、NGA_51SFERN.PVE_FN 地震波、SFERNORR291 地震波及两条人工波，共 7 条地震波进行时程分析，得到的顶点位移最大值见表 7.4–2。模型为单向梁体系，仅在 Y 方向有梁，故 X 方向较 Y 方向薄弱而导致其顶点位移较 Y 方向大。

顶点位移最大值 **表 7.4–2**

地震波	X 方向（mm）	Y 方向（mm）
549ladfn	39.25	15.91
LWD_DEL AMO BLVD_90_nor	36.58	14.62
CHICHI	53.13	25.22
NGA_51SFERN.PVE_FN	44.83	26.43
SFERNORR291	38.71	12.96
人工波 1	40.96	20.45
人工波 2	44.86	17.93
平均值	42.62	19.07

四、加固建议

针对传统干栏式民居存在的问题，采取以下几条措施进行加固。

1. 完善结构体系。在单向梁结构的另一方向加梁，使其由单向承重转变为双向承重；截断的柱子用木柱重新连接，并用扒钉固定，增强支撑能力。

2. 在柱底部加柱础，将柱础石开槽，柱子立于槽里，增强其抗滑移能力。

3. 增设屋架斜撑，见图 7.4–6。立柱与屋架端部用扁铁连接，屋架各构件节点及脊檩与屋架上弦均用双面扒钉连接，以此提高屋架的整体刚度和承载力。

4. 用楔子将过大的卯口填充密实，增加节点刚度。

5. 穿枋在接头处采用巴掌榫搭接，并用铁套或铁件将接头处连接牢固。

6. 新建房屋节点尽量采用燕尾榫。在节点处采取安装连接扁铁的方法提高节点刚度。

图 7.4–6　屋架斜撑

五、加固后承载力评价

按照上述的加固方案进行加固。加固前后，层间位移角变化见表 7.4–3，顶点 *X* 方向及 *Y* 方向的最大位移变化见表 7.4–4。

结构加固前后层间位移角 表 7.4–3

楼层	方向	加固前	加固后
楼层 4	*X*	1/193	1/493
楼层 3–1	*X*	1/186	1/498
楼层 3	*X*	1/92	1/454
楼层 2	*X*	1/49	1/105
楼层 1	*X*	1/37	1/372

加固前后 *X*、*Y* 方向顶点最大位移 表 7.4–4

地震波	加固前		加固后	
	X 方向（mm）	*Y* 方向（mm）	*X* 方向（mm）	*Y* 方向（mm）
549ladfn	39.25	15.91	4.294	7.858
LWD_DEL AMO BLVD_90_nor	36.58	14.62	2.996	10.86
CHICHI	53.13	25.22	4.480	8.035
NGA_51SFERN.PVE_FN	44.83	26.43	3.987	8.959
SFERNORR291	38.71	12.96	4.212	8.610
人工波 1	40.96	20.45	3.489	8.741
人工波 2	44.86	17.93	3.293	8.038
平均值	42.62	19.07	3.822	8.729

加固后结构的最高点 *X*、*Y* 方向位移平均值分别为 3.8mm、8.7mm，相对于加固前明显减少，说明此加固方案取得了较好的效果。

加固前后底层最大层间位移角对比 表 7.4–5

分析方法		最大层间位移角	
		加固前	加固后
反应谱		1/37	1/372
时程分析	549ladfn	1/43	1/619
	LWD_DEL AMO BLVD_90_nor	1/43	1/571
	CHICHI	1/34	1/351
	NGA_51SFERN.PVE_FN	1/36	1/364
	SFERNORR291	1/50	1/348
	人工波 1	1/38	1/582
	人工波 2	1/30	1/396

加固前后层间位移角明显减小，结构顶点位移明显减小，说明此加固方式效果较好。

六、不同设防烈度区干栏式民居加固方案对比

前述加固方案主要针对9度设防地区的传统民居，为了使其更具普遍性，建立单跨双层干栏式民居结构模型，设置不同抗震设防烈度区的参数，加固并分析。该建筑总高度3.97m，材料属性与前文讨论的模型相同。

不同烈度区结构加固前后底层层间位移角对比　　表7.4-6

设防烈度	分析方法		加固前	加固后
7度	反应谱		1/663	1/940
	地震波	ACC1	1/405	1/546
		elcentroEW	1/335	1/518
		USER8312	1/122	1/612
8度	反应谱		1/470	1/1472
	地震波	CPC_TOPANGA CANYON_16_nor	1/262	1/499
		USER8313	1/139	1/578
		ACC2	1/98	1/483
9度	反应谱		1/697	1/1774
	地震波	NGA_1763HECTOR.0515c_FN	1/82	1/740
		TRC1-69	1/104	1/503
		ACC1	1/345	1/614

不同烈度区房屋加固方案　　表7.4-7

设防烈度	加固前构件尺寸	加固方案
7度	柱子：100mm×100mm 梁：80mm×50mm 板厚：25mm	底层梁柱节点处加80mm×50mm的支撑
8度	柱子：100mm×100mm 梁：80mm×50mm 板厚：25mm	柱子：150mm×150mm 梁：100mm×80mm 梁柱节点处加80mm×50mm的斜撑
9度	柱子：200mm×200mm 梁：100mm×120mm 板厚：25mm	屋架处加“X”形100mm×120mm支撑 底层梁柱节点处施加100mm×120mm斜撑

七、结论

1. 本文在调研的基础上，总结了传统干栏式民居存在的问题，并提出了相应的加固方案，经分析加固后结构底层最大层间位移角从加固前的 1/37 减小至 1/372，证明所提出的加固方案取得了良好的效果。

2. 为了使结论更具普遍性，建立了一个单跨双层干栏式民居结构模型，将模型置于不同抗震设防烈度区进行分析，并提出相应的加固方案，经计算加固方案可行。

5. 海南省城乡建设抗震减灾发展规划纲要编制

林健[1]，朱立新[2]，罗开海[3]
1. 海南省住房和城乡建设厅，海口，570208
2. 住房和城乡建设部防灾研究中心，北京，100013
3. 中国建筑科学研究院工程抗震研究所，北京，100013

一、前言

根据《中华人民共和国防震减灾法》、《国家防震减灾规划》（2006 ~ 2020 年）、《城乡建设防灾减灾“十二五”规划》、《海南省防震减灾条例》、《海南省“十二五”防震减灾规划》等法律法规和政策性文件的要求，为进一步落实国家的抗震防灾政策，指导海南省各市县住房和城乡建设主管部门开展和推进抗震防灾工作，制定了《海南省城乡建设抗震防灾发展规划纲要》（2014–2020）。

本纲要内容涵盖城市抗震防灾规划、城镇和乡村房屋建筑抗震防灾、市政公用设施抗震防灾、灾前应急和灾后恢复重建等方面，明确提出各市县城乡建设抗震防灾的目标和要求，是各市、县级住房城乡建设主管部门履行公共服务职能、制定抗震防灾政策、安排抗震防灾工作的依据。

抗震防灾是社会性、基础性公益事业，是国家公共安全的重要组成部分，事关人民群众生命财产安全和经济社会的可持续发展。加快抗震防灾事业发展，对于推进海南国际旅游岛建设、全面建设小康社会、构建社会主义和谐社会具有十分重要的意义。

《海南省城乡建设抗震防灾发展规划纲要》（2014–2020）由海南省住房和城乡建设厅、住房和城乡建设部防灾研究中心、中国建筑科学研究院工程抗震研究所共同编制。编制过程中，对海南省的抗震防灾工作现状进行了全面了解，现场调研了各市、县相关工作的开展情况，在进行归纳、总结和全面分析的基础上，完成了纲要的编制工作。下文就纲要的主要内容做出简要介绍。

二、海南省抗震防灾现状与面临的形势

1. 现状

海南省的行政区域包括海南岛、西沙群岛、中沙群岛、南沙群岛的岛礁及其海域，是全国面积最大的省。全省陆地（主要包括海南岛和西沙、中沙、南沙群岛）总面积 3.54 万平方公里，海域面积约 200 万平方公里。

在行政区划方面，目前海南省设有 3 个地级市（包括 8 个市辖区）、6 县级市、4 个县、6 个自治县，2 个开发区。3 个地级市分别为海口市（包括秀英区、龙华区、琼山区、美兰区）、三亚市（包括吉阳区、崖州区、天涯区、海棠区）、三沙市；6 个县级市分别为儋州市、五指山市、文昌市、琼海市、万宁市、东方市；4 个县分别为定安县、屯昌县、澄迈县、临高县；

6个自治县分别为琼中黎族苗族自治县、保亭黎族苗族自治县、白沙黎族自治县、昌江黎族自治县、乐东黎族自治县、陵水黎族自治县；2个开发区分别为洋浦经济开发区和海南国际旅游岛先行试验区（黎安镇）。

海南岛地处北纬18° 10′～20° 10′，东经108° 37′～111° 03′之间，位于我国东南沿海地震带的西南端和红河断裂东缘的交汇处，具有发生强震的构造背景。海南岛及邻近区域是华南地区强震区之一，历史上曾发生过1605年琼州71/2级大地震，20世纪90年代中期，在北部湾发生过6.1级和6.2级地震。

根据《中国地震动参数区划图》GB 18306－2001的规定，海南省抗震设防区涉及海南岛的19个市（含地级市）、县，其中，海口市（包括龙华区、秀英区、琼山区、美兰区）抗震设防烈度为8度、设计基本地震加速度值为0.30g，是全国省会城市中抗震设防烈度和基本地震加速度最高的城市。

2. 抗震防灾工作开展情况

海南省建设行政主管部门在“十五”、“十一五”期间坚持“预防为主、防御与救助相结合”的方针，积极开展城乡建设抗震防灾体制、机制建设工作，推进抗震防灾的各项工作，为保护人民生命财产安全和保障经济社会发展发挥了重要作用。

（1）基本建立了抗震防灾管理机构、初步形成了上下联动的管理机制。

从省到各市县建设行政主管部门，各级城乡建设抗震防灾工作的机构基本建立；各市县的住房和城乡建设局根据具体情况专门设置了镇（乡）派出机构，逐步将村镇居民自建房屋纳入城乡建设监管体系。

（2）加强抗震防灾立法工作，出台了一系列抗震防灾管理的政策性文件。

海南省住房和城乡建设厅积极参与了《海南省防震减灾条例》的修订工作。为落实《海南省防震减灾条例》中提出的防震减震工作目标和要求，海南省住房和城乡建设厅于2007年8月发布了《〈海南省防震减灾条例〉实施意见》（琼建设[2007]162号），对城乡建设系统抗震防灾工作的各个方面提出了针对性要求，并作出了工作部署。

为加强建设工程抗震设防管理工作，积极推进城乡建设系统抗震防灾工作的开展，海南省住房和城乡建设厅结合省内的实际情况，制定并发布了一系列城乡建设抗震防灾相关的管理文件。

（3）积极推进城市抗震防灾专项规划的编制工作。

海口市的抗震设防烈度为8度（0.30g），是我国省会城市中抗震设防要求最高的城市。为了提高海口市的城市抗震防灾能力，最大限度地减轻地震灾害，海口市建设局按照住房和城乡建设部关于编制城市抗震防灾规划的总体要求，组织了新一轮《海口市抗震防灾规划》的修订，并于2009年8月通过审查。

（4）加强对新建工程抗震设防质量的管理。

“十二五”期间，开展新建筑工程设防检查3次，检查项目12个，建筑面积720万m^2。认真组织超限高层建筑工程抗震设防专项审查，严格执行住房和城乡建设部《超限高层建筑工程抗震设防专项审查技术要点》。“十二五”期间超限高层审查项目共计33项。积极学习兄弟省市的抗震防灾经验，推广应用减隔震技术。

（5）全面开展既有建设工程抗震安全隐患排查工作。

2008年海南省住房和城乡建设厅先后发布了《关于开展建设工程抗震安全隐患排查

工作的通知》（琼建设 [2008]110 号）、《关于开展学校、医院等公共建筑工程抗震安全隐患自查的紧急通知》（琼建设函 [2008]102 号），对全省建设工程抗震安全隐患排查进行了总体部署。排查范围和对象包括全省 19 个市县（含洋浦开发区、农垦系统）城市、乡镇、农村的所有已建、在建房屋建筑工程和市政工程。

历经 3 年时间，全省重要建筑、公共设施的抗震排查工作顺利完成，省住房和城乡建设厅会同相关部门，对排查情况分别进行了总结，形成成果报告。报告对排查情况进行了详细汇总，从技术角度总结了各类重要建筑抗震安全方面存在的问题，多方面分析了抗震安全隐患存在的主要原因，并进一步提出提高抗震安全的建议和措施。

（6）积极推进村镇抗震防灾管理工作。

为了切实提高海南省农村居住建筑的防灾减灾能力，结合海南省村镇民居建筑的实际情况，省住房和城乡建设厅组织编制了村镇农居抗震防灾的地方标准《海南省农村居住建筑抗震防风规程》，并于 2009 年 6 月 1 日起实施。

（7）积极推进应急救援工作制度化建设。

进一步完善应急管理组织和责任体系建设，加强应急队伍建设。“十二五”期间海南省 11 个县市制定了地震应急预案。部分市县建设了避难疏散场所。

3. 存在的薄弱环节

在海南省政府的支持和省住房和城乡建设厅的努力下，海南省的城乡建设抗震防灾工作取得了很大成效，但部分市县的工作基础还比较薄弱，与全省经济社会发展的需求存在一定差距，一些薄弱环节需要切实加强。

（1）防灾意识需进一步加强，抗震防灾工作的落实和抗震防灾行政管理工作开展情况不均衡。

（2）抗震防灾经费投入不足。抗震防灾相关项目和研究均属于公益性项目，由于抗震防灾经费投入不足，城市抗震防灾规划编制等项目难以顺利开展和落实。

（3）城市抗震防灾规划的编制和实施仍存在较大缺口，目前仅海口市编制了城市抗震防灾规划。

（4）村镇抗灾防灾能力建设需进一步加强。对村镇抗震建设的管理、技术指导力度不足，与当前社会主义新农村建设和新型城镇化建设要求有一定差距。

（5）部分市县抗震行政管理人员的业务水平需要提高，面向群众的抗震防灾科普宣传需要加强。

（6）住房和城乡建设部门的地震应急预案尚不完备。

（7）抗震防灾相关科技创新和成果转化仍待加强。

4. 面临的形势

（1）地震形势

海南岛及邻近地区是华南强震区之一，历史上曾发生过 1605 年琼州 7.5 级大地震，造成 72 个村庄沉陷海底，死亡 330 余人，是华南有记载以来破坏最为严重的地震之一。20 世纪，海南岛及邻近地区发生 5.75 ~ 6.75 级强震 6 次，平均几年就发生 1 次中强地震。海南岛及邻近区域具有发生强震的构造背景，海南岛北部是全国地震重点监视防御区（2006–2020 年）之一。

根据海南省地震部门对海南岛及邻近地区地震活动时空特征的分析结果，未来 100 年有可能发生 6 级左右地震，海南岛北部的地震强度高于南部，北部的地震强度可能在 6 级以上。

（2）海南省防震减灾的总体目标要求

《国家防震减灾规划（2006 ～ 2020 年）》提出的总体目标是：到 2020 年，我国基本具备综合抗御 6.0 级左右，相当于各地区地震基本烈度的地震的能力，大中城市和经济发达地区的防震减灾能力达到中等发达国家水平。根据《海南省“十二五”防震减灾规划》的目标要求，到 2015 年，全省综合防震减灾能力达到同期国内先进水平，即在遭遇 6 级左右，相当于各地区地震基本烈度的地震时，做到“房屋基本不倒，社会保持稳定，灾情降至最低”。这对海南省城乡建设的抗震防灾工作提出了高要求，为全省城乡建设抗震防灾工作的推进和开展提供了新的机遇和挑战。

（3）海南国际旅游岛发展战略要求

根据《国务院关于推进海南国际旅游岛建设发展的若干意见（国发〔2009〕44 号）》（以下简称《意见》），海南国际旅游岛建设发展的总体要求是构建海南特色的经济结构和更具活力的体制机制，逐步将海南建设成为生态环境优美、文化魅力独特、社会文明祥和的开放之岛、绿色之岛、文明之岛、和谐之岛。根据《意见》，海南省未来的发展战略定位为我国旅游业改革创新的试验区、世界一流的海岛休闲度假旅游目的地、全国生态文明建设示范区、国际经济合作和文化交流的重要平台、南海资源开发和服务基地、国家热带现代农业基地。

按海南国际旅游岛建设战略部署，到 2020 年，要初步建成世界一流的海岛休闲度假旅游胜地，全省人均生产总值、城乡居民收入和生活质量达到国内先进水平，综合生态环境质量保持全国领先水平。这对生态文明建设、城乡一体化建设、基础设施建设、公共服务系统建设等均提出了严格的要求，也对城乡建设的综合抗震防灾能力提出了新的要求。

三、指导思想、基本原则和规划目标

1. 指导思想

认真贯彻党的十八大精神，以城乡抗震防灾规划制定和实施为先导，以房屋建筑和市政公用设施抗震设防监管为主线，以应急基础设施建设为重点，以城乡建设抗震防灾法律法规、标准体系为依据，以应急管理队伍建设和抗震防灾技术进步为支撑，进一步完善城乡建设抗震防灾管理体系。坚持群众路线，坚持依法办事，依法行政，依靠省内外的科技力量，依靠各市县建设行政主管部门，依靠全社会各阶层的力量，逐步实现我省抗震防灾工作由点到面的全面提升，不断提高全省城乡的综合抗震防灾能力，最大限度地避免和减轻地震灾害中因房屋建筑、市政公用设施破坏造成的人员伤亡和经济损失。

2. 基本原则

贯彻“预防为主，防、抗、避、救相结合”的方针；坚持以人为本，城乡统筹，推动城市综合防御和村镇全面设防；坚持预防为主，平震结合，做到抗震防灾常态管理与灾时应急管理并重；坚持科学防灾，实行科学决策，提高防灾实效。

3. 规划目标

（1）防灾规划编制。各市县、特别是位于全国地震重点监视防御区（2006–2020）的市县应基本完成城市抗震设防规划的编制。鉴于台风、暴雨、地质灾害等自然灾害相对较多的特点，部分市县应结合实际情况开展城镇综合防灾规划编制试点工作；有条件的市县开展村镇防灾规划的编制试点工作。

（2）防灾避难场所建设。开展城市绿地系统防灾避险规划编制或修订完善；完成位于全国地震重点监视防御区和灾害风险较高地区城镇中心城区的防灾避难场所和避难通道的规划和建设，其他地区开展防灾避难场所建设试点工作。

（3）房屋建筑抗震设防。全省各市县城镇新建、改建和扩建房屋建筑工程的抗震设防率达到100%，超限高层建筑工程抗震设防专项审查率达到100%，新建农房基本达到当地抗震设防要求。

（4）市政公用设施抗灾设防。各市县的城市、及镇（乡）、村的市政公用设施抗灾设防率达到100%。

（5）重要建筑抗震设防。新建学校、医院和大型公共建筑100%按照《建筑工程抗震设防分类标准》及相关规范进行抗灾设计和建设，指导完成存在隐患的学校、医院和大型公共建筑的抗震加固，建设依托学校、医院和大型公共建筑的防灾避难场所试点。

四、主要任务

为保障2020年海南省城乡建设抗震防灾发展规划目标的实现，考虑海南省抗震防灾工作的现状，确定以下主要任务，各级住房和城乡建设主管部门应积极协调、配合相关部门开展工作。

1. 加强法规、制度建设

（1）加强法律法规建设。根据海南省实际情况，省住房和城乡建设厅牵头组织、制定与国家抗震防灾法律法规相配套的地方法规；在海南省其他地方性法规（条例）的制定中强化有关工程抗震设防的内容。

（2）建立城乡建设抗震防灾工作机制和绩效考核制度。落实各级建设行政主管部门抗震防灾工作的人员安排，明确责任；建立绩效考核制度，明确各级住房和城乡建设行政主管部门在抗震防灾工作中的岗位责任，形成上下联动的管理体系。

（3）建立和完善城乡建设抗震防灾监管制度。进一步贯彻超限高层建筑工程抗震设防管理制度和技术政策，加强超限高层建筑抗震设防管理；结合住房和城乡建设部的工作部署，适时启动超限市政公用设施抗震设防论证工作。

（4）建立抗震防灾规划的实施监管制度。城市抗震防灾规划、城镇综合防灾规划作为城、镇总体规划的专项规划，应与总体规划同时编制同时实施；明确城乡防灾规划的强制性内容和监管要求，并在城乡规划审批、实施中严格审查把关；组织开展城乡防灾规划强制性内容执行情况的监督检查，促进和保障城乡防灾规划按计划实施。

2. 构建海南省区域防灾体系

由于海南省的地理位置特殊性，灾害发生后跨省域的救助与协作难度较大，因此，做好海南岛内城乡防灾救灾工作的协调尤为重要。构建海南省区域防灾体系对提高海南省综合防灾能力，减轻灾害、灾后及时有序的救援意义重大。

3. 开展城镇防灾规划编制工作

按计划开展省内各市县的抗震防灾规划及综合防灾规划的编制工作，并使防灾规划的管理采用数字化信息管理系统，以便于防灾规划的实施、管理、辅助决策与修订等工作。

各项防灾相关规划完成后，应建立切实可行的管理对策和机制。在城市建设的详细规划阶段，对防灾规划中灾害防御要求、城区建设与改造的灾害设防标准、避难场所建设、次生灾害防御等措施等应切实落实。

4. 开展防灾避难场所的建设

结合城市抗震防灾规划和绿地系统防灾避险规划的编制和实施，开展防灾避难场所的建设，完善防灾避难和灾后安置体系，提高城市应急救灾能力。

防灾避难场所的建设应满足防灾功能的要求，在建设中严格工程质量监管；建立和完善日常管理制度，确保防灾避难场所的保障能力；结合城镇详细规划和社区建设，开展防灾避难场所和疏散道路整治，以及高密度城区防灾据点设置和建设。

建立以城镇人均防灾避难场所有效疏散面积为主要考核指标的评价体系，确保各类防灾避难场所的规划布局、服务范围、用地规模和道路、给水、电力、排水等配套基础设施满足城镇应急避难需要。

5. 加强城市生命线系统抗震设防

城市生命线系统包括供水、供电、交通、燃气、医疗卫生、消防、通信、物资保障系统等，这些系统能否维持基本正常运行，直接关系到震时应急、救灾和震后重建工作的进行。各级建设行政主管部门要依据《市政公用设施抗灾设防管理规定》（中华人民共和国住房和城乡建设部令 第 1 号）的要求，加强对城市市政基础设施抗灾设防的管理，增强城市市政基础设施抗灾设防水平和综合防灾能力，主要任务有：

（1）提高新建生命线系统工程的抗震防灾能力。

在立项、选址和方案论证阶段，研究和明确抗震防灾措施；在初步设计阶段进行抗震设防的专项审查或论证，对属于重大建设工程的生命线工程，应按《海南省防震减灾条例》的要求进行地震安全性评价；在施工图审查中把抗震设防质量作为审查的重要内容；在施工阶段加强工程质量监管，提高工程质量安全水平。

（2）提高现有生命线系统的抗震防灾能力。

建立市政公用设施等生命线工程的定期防灾安全评价制度，及时维护、鉴定、维修；定期开展重点地区城镇道路、给排水、燃气等市政公用设施的抗震防灾能力的安全排查工作；对早期建设的抗震设防标准偏低的市政公用设施进行改造升级，按照国家有关标准进行抗震设防。

（3）加强生命线系统强灾后应急能力的建设。

各级住房和建设行政主管部门应积极协调和组织各生命线工程的主管部门，编制破坏性地震应急预案，提出切实可行的应急措施，保障灾后应急处置的能力；加强灾后应急设施的建设，研发灾后应急抢修和紧急恢复技术，提高灾后紧急应对能力。

6. 推进既有建设工程抗震排查、鉴定与加固工作

各级建设行政主管部门要积极配合教育、卫生、交通等部门做好既有建设工程抗震安全隐患排查工作，对排查中发现存在隐患的建筑工程和市政公用设施，应根据《建筑工程抗震设防分类标准》划分的重要程度和现状情况，结合旧城改造进度，区分轻重缓急，安排抗震鉴定和加固，使此类工程（设施）的总体抗震能力达到现行国家相关标准的要求。除上述公共建筑和市政公用设施外，鼓励对其他不满足抗震要求的建设工程进行抗震鉴定和加固。

各级建设行政主管部门应将既有建筑工程的鉴定与加固纳入工程建设监管体系，按照鉴定（检测）、设计、施工图审查、施工、验收的流程进行监督和管理，确保工程的

抗震设防质量。

7. 推广和应用减隔震技术

各级建设主管部门要根据《关于房屋建筑工程推广应用减隔震技术的若干意见（暂行）》（建质 [2014]25 号）文件的精神，积极推进减隔震技术在房屋建筑工程中的应用，加强技术指导和政策支持。

今后，海南省海口、文昌和定安等 8 度抗震设防地区的新建学校、幼儿园、医院等人员密集公共建筑，以及其他地区的承担应急救援任务的医院、疾病预防与控制中心以及应急避难场所等防灾救灾建筑应优先采用减隔震技术进行设计。鼓励重点设防类、特殊设防类建筑和位于抗震设防烈度 8 度（含 8 度）以上地区的其他建筑采用减隔震技术。对抗震安全性或使用功能有较高需求的标准设防类建筑提倡采用减隔震技术。

8. 开展历史保护建筑和民族特色建筑的抗震防灾与保护对策研究

海南省有多个少数民族自治县，具有历史保护价值的建筑和民族特色建筑较多，作为传承历史文化和民族特色的载体应着重加以保护。为切实提高此类建筑的抗震防灾能力，加强保护力度，应依据海南的实际情况，按照风貌保护、尊重民族特色和当地习俗的原则，开展对此类建筑抗震防灾与保护的专题技术研究，并进行推广应用。

9. 开展海南地区村镇住房抗震防灾技术对策专项研究

由于经济、技术等原因，海南省绝大部分村镇住房都没有考虑抗震设防，抗震防灾能力低下，是城乡建设领域抗震防灾的薄弱环节。为提高村镇住房的抗震能力，应广泛宣传房屋建筑抗震防灾知识，提高农民的抗震防灾意识。同时，结合海南地区地质、气候等自然条件、经济水平和技术条件，以及镇、乡、村居民和少数民族群众的生活习惯等因素，研究和推广适用于海南地区民居的抗震建筑方案，引导农民修建“抗震、适用、经济、美观”的新型建筑。

10. 推进村镇抗震防灾管理的创新与示范

省住房和城乡建设厅应着手部署，首先由海口、三亚、万宁（创建智慧城市）、保亭、国际旅游岛先行试验区（黎安镇）等条件较好的地区，开展为期三年左右的村镇抗震防灾管理（包括完善村庄防灾规划、完善农村房屋报建和房产证发放制度等）创新的探索和示范，之后根据上述各地村镇抗震防灾管理创新的实践经验，2020 年前推广全省，以期从根本上改变村镇居民自建房监管不到位的局面，切实提高村镇的防灾减灾能力。

11. 进行海南地区地表断裂的工程影响评价及工程处理对策研究

海南岛及周边地区的地震地质构造复杂，岛内地震断裂带（系）分布广泛，这给海南岛的工程建设，尤其是大型基础设施建设带来了困难。鉴于此，建议从 2015 年开始，由省住房和城乡建设厅牵头，联合省地震局、国土资源厅、交通厅等单位开展海南地区地表断裂的工程影响评价及工程处理对策研究，主要工作包括：

（1）调查并明确海南省、特别是琼北地区地表断裂的分布情况，准确给出各断裂的地表地理定位坐标；

（2）对各断裂的性状及工程影响范围和程度进行专题研究，给出工程影响评价；

（3）进一步研究在断裂附近进行工程建设的技术处理对策，包括房屋建筑等单体工程的避让距离、近断层的设计措施以及大型桥梁、隧道、长输管线等工程跨越断层的设计对策等。

12. 组织编制各级住房和城乡建设部门的破坏性地震应急预案

省住房和城乡建设厅应根据《海南省破坏性地震应急预案》和《住房和城乡建设部破坏性地震应急预案》对省级建设行政主管部门应急反应要求，2015 年启动《海南省住房和城乡建设系统破坏性地震应急预案》的编制工作，力争在 2016 年年底颁布实施。

各市县住房和城乡建设行政主管部门应根据本市（或县）人民政府的破坏性地震应急预案和海南省住房和城乡建设系统破坏性地震应急预案的安排，结合本地具体情况，2017 年年底应完成本部门的破坏性地震应急预案的制定工作。

2018 年，全省各级住房和城乡建设主管部门应完成本部门的破坏性地震应急预案，建立组织机构，明确组成部门和人员职责，编制工作流程，确定应急决策机制。

全省各级住房和城乡建设主管部门的破坏性地震应急预案发布后，应定期组织应急演习，明确并熟悉应急工作程序、层级管理职责和联动机制，做到临震不乱，决策科学，行动迅速，处置有力。

13. 开展三沙市工程建设防灾减灾对策研究

三沙市位于我国南海疆域，成立于 2012 年 7 月，战略位置非常重要，涉及国家的领土、领海权益，工程建设的时间紧迫、标准要求高、实施难度大。但在我国现行的工程建设标准中，关于三沙市的灾害（地震、台风、雷电、洪水等）设防参数与标准，多数仍处于空白，工程建设的防灾没有确切的依据可循。鉴于此，省住房和城乡建设厅应联合三沙市相关部门，委托国内相关科研单位，尽快开展对三沙市的抗震、防台风、防洪和防雷电等相关工程建设标准的研究，同时结合三沙市城市总体规划的编制进程，及时启动三沙市综合防灾规划的编制工作。

14. 开展抗震防灾知识的普及、教育和培训

从 2015 年起，由省住房和城乡建设厅负责牵头，组织并实施全省抗震防灾知识的普及、教育和培训工程，力争用 5 年左右的时间，从根本上扭转抗震防灾观念意识淡薄的问题。

（1）积极开展对各级领导干部和管理人员的抗震防灾和应急管理培训，提高广大管理干部的认识水平和管理水平。

（2）住房城乡建设系统从业人员抗震防灾知识培训，定期组织相关业务学习和演练。

（3）加强注册执业技术人员，尤其是注册城市规划师、注册建造师、注册建筑师等非结构专业执业技术人员，继续教育中的抗震防灾内容的培训。

（4）组织农村建筑工匠定期进行工程抗震技术培训，每年不少于一次。

（5）开展面向群众的、多种多样的抗震知识科普教育，普及抗震防灾意识和应急自救知识。

五、保障措施

按照国家及省政府提出的抗震防灾目标，全省在“十二五”期间至 2020 年的抗震防灾任务相当繁重，从抗震防灾规划、建设工程抗震、城市重要基础设施抗震到村镇抗震防灾，涉及面广，管理对象多样，工作重点需要相互兼顾，因此，制定有效的保障措施极为重要，是完成全省抗震防灾工作目标的基础和前提。主要内容包括：

1. 建立健全抗震防灾管理机制，加大行政管理力度

（1）加强省、市、县各级建设行政主管部门抗震防灾工作机构的建设，完善城乡建设抗震防灾工作制度。落实各级政府抗震防灾行政首长负责制；完善住房城乡建设系统抗震

防灾的工作制度，保障人员、经费、设备等工作条件。

（2）加强抗震防灾管理部门依法行政的管理力度。各级建设行政主管部门应加大依法行政的管理力度，履行社会管理和公共服务的职责。加强对市、县抗震管理机构的工作考核，对有法不依、有章不循的违法违规行为要追究有关责任人的责任，形成各级齐心协力、上下互动的管理体制，保障全省抗震防灾战略目标的实现。

2. 加强抗震防灾队伍建设，提高抗震防灾的技术水平

（1）成立、组建海南省抗震防灾专家委员会，建立有效的专家参与抗震防灾的工作机制，充分发挥抗震防灾专家的辅助决策和指导作用。

（2）做好抢险抢修和应急鉴定队伍的建设。通过整合省内的设计、施工、质检、高校和科研等单位的技术力量，建立平震结合的房屋建筑应急鉴定专家队伍；建立机动灵活、装备精良的市政公用设施抢险抢修专业队伍；通过技术培训和应急演练，提高应急鉴定和抢险抢修队伍的技术水平和快速反应能力。

3. 建立多渠道投入机制，提高抗震防灾的投入保障

（1）加大政策支持力度，争取财政投入。各级建设行政主管部门要积极争取当地政府加大对抗震设防工作的经费投入，按照事权范围纳入各级财政预算。

（2）积极探索与经济社会发展相协调的城乡建设防灾减灾投入机制。研究、探索建立应急评估和工程抢险的激励政策和投入补偿机制；研究应用隔震减震等抗灾新技术的激励政策，提高行业采用新技术的积极性；创建乡村自建房屋抗震防灾建设的推进机制和约束机制；配合相关部门推行地震灾害保险机制，提高社会对地震灾害的承受能力。

4. 加强科技研发，推进抗震防灾的合作与交流

（1）加强抗震防灾的科技研发，提高抗震防灾的技术水平。鉴于全省自然灾害种类多、黎族和苗族等少数民族居住集中的特点，通过与省内外科研院所合作，积极探索和开展各类因地制宜地、合适可行的抗震新技术、新材料、新工艺的研发和应用，借助于科技手段，在保持传统民居特色的前提下，努力提高其抗震防灾能力。

（2）加强抗震防灾的合作与交流。积极开展与云南、四川、广东等地的交流，学习兄弟省市抗震防灾的好经验与好方法，加强与国家相关科研院所的交流与合作，及时了解国际国内抗震领域的发展动态，学习和借鉴先进的抗震防灾新技术和管理方法，以提高海南省抗震防灾工作的技术和管理水平。

6. 台风“苏迪罗”对福建省沿海村镇房屋破坏情况调研

霍林生　王银坤　李永鑫　李钢　李宏男
大连理工大学建设工程学部，辽宁大连，116024

引言

福建省沿海地区是台风的易发地带，我国历史上有多次台风曾在此登陆。如“苏力”、“西马仑”、“潭美”、“菲特”、“麦德姆”以及 2015 年 8 月 8 日 22 时在福建莆田登陆的第 13 号台风“苏迪罗”等等，这些台风均造成了大量的房屋破坏和倒塌，除了房屋之外，由于台风“苏迪罗”在福建莆田登陆后最大风力达到 13 级（38m/s），对沿途事物也造成了巨大的破坏，如树木、广告牌等（图 7.6–1），可见此次台风风力极强，造成的经济损失巨大。

为了深入了解福建省沿海地区村镇房屋受台风“苏迪罗”的灾害情况，本课题组于 2015 年 8 月对福建省宁德市周宁县和莆田市秀屿区月塘乡的部分地区进行调研，并对房屋的破坏情况和破坏机理进行了总结和分析，在此基础上提出有利沿海村镇房屋抗风的规划建设和构造措施方面的建议。

a. 树木被风吹倒

b. 广告牌被风吹坏

图 7.6–1　台风对沿途事物造成的破坏

一、受灾地区房屋破坏情况

1. 木结构房屋

该类结构房屋大多是 1 ～ 2 层旧民房，由木骨架承重，而围墙大多采用生土夯筑或土坯砌筑。其木构架用卯榫连接（图 7.6–2），纵、横向的连接均非常薄弱；部分房屋是分层设置木柱，没有设置通柱（图 7.6–3）；有的房屋上部木结构柱脚直接搁置在下部砖或石砌基础上，两者没有可靠的连接（图 7.6–4）；围护墙体与木构架之间没有任何连接措施，未形成一个稳固的整体，同时墙体自身的整体性也较差；再加上结构老化和年久失修的原因，导致围护墙体破坏（图 7.6–5）、卯榫连接破坏（图 7.6–6）、承重木骨架倾斜甚至倒塌（图 7.6–7）。

图 7.6–2　木构架的卯榫连接

图 7.6–3　房屋分层设柱

图 7.6–4　柱脚直接放置在石砌基础上

图 7.6–5　木结构房屋围墙破坏

图 7.6–6　木结构卯榫连接破坏

图 7.6–7　木结构承重骨架倾斜

2. 生土结构房屋

生土结构房屋是由土墙构成主要承重体系，木檩条搭在土墙上，然后在檩条上面铺设椽子，最后在椽子上面搁置小青瓦屋面。由于木檩条简单地搁置在土墙上，与墙体缺少刚性连接，且小青瓦屋面重量轻，很容易被吹坏。而土墙经过雨水的长时间冲刷和浸湿后，强度和承载力会急剧下降，再加上台风的破坏作用，致使墙体破坏倒塌，如图 7.6–8 所示。墙体破坏时，会导致整个房屋丧失承载能力而倒塌（图 7.6–9）。此次“苏迪罗”台风造成的大面积房屋坍塌，其中大部分为生土结构房屋。

图 7.6–8　生土结构墙体倒塌

图 7.6–9　生土结构房屋坍塌

3. 砖木结构房屋

福建沿海地区的低层砖木结构，是由砖墙承重，房屋屋面仍为木檩条小青瓦屋面。由于这种类型房屋的屋盖木檩条也只是简单地搁置在墙体上，与竖向墙体之间缺乏可靠的刚性连结，故而对竖向墙体发生平面外的失稳不能起到有效的控制作用 [1]。而小青瓦在台风中经常被风吹落，这样屋盖檩条与竖向墙体之间的拉结就几乎完全丧失。加上墙体在各层内采用一斗到顶的砌法，纵横墙之间未采取构造柱和拉接筋等构造措施，整体性也很差，且外墙没有进行任何防护措施，也未用砂浆护面，长期受自然作用的风化侵蚀而强度降低，最终致使墙体在台风中倒塌，屋面塌陷（图 7.6–10）。

图 7.6–10　砖木结构房屋破坏

4. 石砌筑房屋

图 7.6–11 为石砌筑房屋，多为单层结构，这类房屋建造年代较早，但抗风能力较好。石砌筑房屋的承重墙体和基础均由石块砌成，墙体具有很高承载力和抗剪强度；房屋屋面坡度较小，将檩条端部深入墙体内部，檩条与墙体相互约束以加强两者之间连接；采用密铺的小红瓦屋面，屋面与瓦片之间用砂浆等材料进行粘结，确保了屋面的整体性；红瓦上面压着很多砖块，对屋面起到了一定的保护作用；在台风中此类房屋破坏的形式主要是屋面瓦或屋面覆盖物与檩条或屋架之间缺乏有效连接，而被台风吹走，但其他部位基本完好，破坏不多。

图 7.6–11　石砌体房屋基本完好

5. 钢结构房屋

在福建沿海村镇地区，一些工业厂房采用钢结构体系，这种类型的结构在台风作用下主要是轻钢屋面和屋架产生破坏。图 7.6–12 是一个石料加工厂房，结构比较简单，周围没有围墙，屋面是一些比较薄的轻型钢板。因为没有围墙，台风会使得屋面上下气压差增大，对屋面产生向上的很大压力，再加上屋面铺设的型钢板与下部主体构架连接不够结实，因而使得屋面板被吹落，屋架破坏（图 7.6–12 和图 7.6–13）。

图 7.6–12　钢结构屋面板吹落

图 7.6–13　钢结构屋架被吹坏

6. 其他类型房屋

除此之外，周宁县还有一些其他类型的房屋，如混凝土框架房屋、砖混结构房屋等，但这些类型的房屋在台风中几乎未见有破坏现象。混凝土框架房屋、砖混结构房屋都设置了圈梁，这使得房屋的刚度和整体性都得到了很大改善；混凝土框架房屋角部设置的构造柱也使得房屋构成了统一的整体；同时混凝土现浇屋盖也取代了传统的小青瓦屋面，从而减少了屋面的风致破坏。这些类型的房屋抗风力比较好，受台风破坏不很明显，如图 7.6–14 和图 7.6–15 所示。

图 7.6–14　混凝土框架房屋整体完好

图 7.6–15　砖混结构房屋无明显破坏

虽然混凝土框架结构和砖混结构的房屋在台风中结构体系基本没有破坏，但是许多屋面形式为坡屋面挂瓦。台风中，许多坡屋面上的瓦片被台风吹掉，台风过后，村民对此类破坏形式的房屋屋面都会进行及时修补（图 7.6–16）。

图 7.6–16　房屋屋面的瓦片被吹走（已被修补）

7. 房屋破坏情况总结

通过比较台风中房屋破坏情况可以发现，宁德市周宁县在台风中倒塌和损坏的房屋要远远多于莆田市。这主要是由于周宁县是经济欠发达地区，其房屋的结构形式以木结构和土木结构为主，自身质量比较差，而莆田市秀屿区是经济相对比较发达地区，其房屋的质量较好，而且防御措施做得比较好。但这些在风灾中破坏的房屋却有着结构上的共同特点，即为小青瓦屋面，整体性差，刚度小，结构老化，连接处薄弱，纵向无抗侧力体系等[1]。

从房屋的破坏情况中也可以发现，台风中房屋的破坏不只是风荷载的单独作用，台风登陆后，会带来持续的大暴雨，而大暴雨又会引发泥石流和山体滑坡等地质灾害，也会使处于低洼地区的村民房屋遭受洪涝灾害。洪涝、泥石流等次生灾害具有强大的破坏力，其破坏是毁灭性的，应尽量避免。如果房屋长期遭受雨水的冲刷和和洪水浸泡会使得其强度和承载力急剧下降，最终致使房屋倒塌，这也是设计中应该考虑的问题。

按照房屋的结构形式、基础形式、所建年代、墙体类型及所处的地理位置等，可以把房屋的抗风能力分为较好、一般和较差三类。在实地调查中发现，当地破坏和倒塌的房屋大多都是抗风能力一般和较差的房屋。

抗风能力较好的房屋大都是混凝土框架结构，上部设有圈梁和构造柱，下部是钢筋混凝土基础。此种结构的房屋整体性和稳定性好，承载能力和抗剪强度也较好，即使屋面和表面围护结构遭到破坏，主体结构会依然完好；屋面大多采用混凝土浇筑的平顶屋面，平顶屋面较坡屋面有一定的优势，可以减少屋面的风致破坏。

抗风能力一般的房屋大部分是砖混结构，下部是钢筋混凝土基础。此种砖混结构的房屋比混凝土框架结构房屋的建造年代要早一些，因为房屋的建造年代越久，其整体性以及各构件间的连接就会变差，抗风能力也相应变差；一般仅设有圈梁，但仅设置圈梁的多层砌体房屋，还不足以抵抗台风荷载作用，只有圈梁和构造柱结合才能使房屋获得较大延性，从而增强房屋变形和耗能能力；一般采用的是坡屋面，较平顶屋面可能不利于抗风。

抗风能力较差的房屋主要是砖木结构、生土结构和木结构房屋，这些类型的房屋是风灾中最容易受到破坏的房屋。基本属小青瓦屋面，而屋面的小青瓦很容易被台风刮走，进而导致屋架或山墙的倒塌。除此之外，有一部分砖混结构房屋抗风能力也较差。此类砖混结构房屋大部分建造年代比较早，所以抗风能力较差；有的建造年代虽然晚一些，但是房屋建成后，墙面没有采取任何防护措施，也没有经过粉刷，墙体暴露在外面长期受自然作用的风化侵蚀而强度降低；且这种砖混结构实为砖砌体结构，大都无圈梁和构造柱，整体性和稳定性差，因而是台风中容易遭到破坏的房屋类型。

二、当地房屋的抗风措施以及建造中存在的问题

1. 当地房屋的抗风措施

福建沿海地区村镇的居民普遍采用在屋面上用砖头压瓦的方法来防止台风把瓦片吹走（图 7.6–17），虽然在屋面上采取砖头压瓦的临时措施，在一定程度上能减轻屋面的风致破坏，但是经过计算[1]，屋面上任一处放置的砖头在发生台风时都有可能被风吹起，进而生成重量很大的风致飞行物，这样也会产生很大的危害，比如容易砸伤路人、砸坏房屋和汽车等。而且当台风较大时，屋面的砖头被风吹走后，屋面的覆盖物也会相继被破坏（图 7.6–18）。

除此之外，有的村民还在窗户外加设木板，在台风来临时可以封住窗户，防止窗户被风致飞行物打破，同时也能避免房屋内的内压过大，而使屋面被台风掀起，进而引起更大的破坏。

a. 小青瓦屋面

b. 小红瓦屋面

图 7.6–17　砖头压瓦

图 7.6–18　屋面覆盖物被破坏

2. 当地房屋建造中存在的问题

这次台风“苏迪罗”对福建沿海村镇低矮房屋造成的巨大破坏，除了是因为台风强大的风力作用以及它所产生的次生灾害以外，当地房屋的结构外形以及建造过程中也存在一些的问题，总结如下：

（1）从台风受灾地区的实地调查情况来看，当地大量的低矮房屋，尤其是以砖木结构为主的房屋，在房屋体型选择上对抗风不利，存在很大问题。这些房屋的长宽比和高宽比通常比较大，且层高过大，往往又缺少纵墙的支撑。作为承重墙的侧墙稳定性也较差，且受风面积大，在台风中极易发生失稳破坏。除此之外，有的房屋屋盖、墙体抗剪强度和刚度不足，圈梁、构造柱设置不当 [2]，甚至没有圈梁和构造柱等，也是造成房屋严重破坏的原因。

（2）由于农村建房基本上都是就地取材，材料质量难以保证，给住房带来质量隐患；使用的砂浆强度不达标，石灰含量较大，经雨水浸泡后，其强度大幅降低，削弱了墙体的抗剪能力；房屋建造中，施工人员未经培训，都是根据很老的经验，没有经过精心设计和计算，也没有正规设计图纸，因而施工质量也难以保证 [2]。

（3）有些房屋的选址不当。其中不少房屋处于地势低洼地段，容易遭受台风和洪水的同时袭击；还有不少房屋建在开阔的野外或山谷口，极易遭受台风的正面强力袭击；还有一些房屋处于地质灾害多发地段，很容易由于台风对主体的袭击和暴雨洪涝对基础的破坏作用而使房屋破坏和倒塌。

（4）在很多经济不发达地区的乡镇，村民为了节省房屋造价，外墙采用的是生土等廉价建筑材料；且房屋建成，外墙没有进行任何防护措施。墙体长期暴露在空气中，墙体的强度会降低，尤其是在台风来临时，由于暴雨的冲刷和浸泡，墙体的承载力也大大降低，造成墙体在台风中破坏，从而导致房屋的屋面塌陷，甚至造成更大的破坏。

（5）部分村民没有经过科学指导就对已经建成的房屋随意加层、打墙、开洞和更改用途，不合理地改变房屋结构特性或加大荷载 [2]，使房屋一直处在危险中，居民安全无法得到保障。

三、沿海村镇建筑抗风规划建设及构造措施的建议

1. 沿海村镇房屋抗风规划建设的建议

根据以上在实地调查研究中所发现的问题，提出了沿海村镇低矮房屋在规划建设中应该注意的几个方面 [3]：

（1）在房屋规划选址时，尽量不要在对抗风不利的风口、山口、河口等地段，以及不

稳定斜坡或滑坡、山洪、泥石流威胁区等对场地稳定性构成直接威胁的地带建设房屋。

（2）房屋尽量不要分散建设，避免位于村镇外围或成为孤立房屋，从而避开台风的正面作用，以免增加台风对其造成的强力破坏。

（3）应合理规划施工日期和施工进度，避免在台风季节形成未完工或刚完工的房屋，这样更易受台风作用的影响而破坏。

（4）合适的建筑体型对于增强建筑物的抗台风能力具有十分重要的作用，对房屋的长宽比、高宽比、层高以及屋面形式等应进行合理优化。同时低矮房屋体型宜对称分布，层数不宜过高，一般不要超过 4 层，避免单幢房屋突出于周边房屋，成为台风首当其冲的作用对象，并殃及周围住宅。

2. 沿海村镇房屋的抗风构造措施的建议

根据上述台风对房屋的破坏机理，可采取相应的对策和构造措施来改善房屋抗风能力，以保障人民的生命和财产安全。提高房屋的整体性和刚度可以提高其抗风性能。在台风作用下，加强低矮房屋各构件之间的连接，提高结构的整体性，对于提高房屋的抗风能力十分重要。在实地调研中也了解到，相当一部分房屋的破坏倒塌是由于其整体刚度不够造成的，所以提高结构的刚度也能改善低矮房屋的抗风能力。同时，加设一些构造措施也能在一定程度上改善房屋的抗风性能。下面分别总结了提高房屋整体性、刚度和强度的一些措施，以及在屋面上加设的一些构造措施。

（1）提高房屋整体性的措施[4]

1）加强屋面系统自身的整体性。采取措施加强屋面板或屋面瓦片与檩条之间，檩条与檩条之间，檩条与屋架之间的连接和支撑，提高屋面整体性，避免屋面的某一部分在台风中轻易被破坏，使屋面系统成为一个坚实的整体。

2）加强屋面系统与其承重结构物的连接。对于自重较轻的屋面系统，台风引起的屋面升力有时会大于屋面的自重，从而使屋面与墙体的连接处产生拉力，这样极易导致屋面因整体向上移位而倒塌。因此可以在四周外墙的顶部设置圈梁，圈梁箍住屋盖，并与墙体连为一体，可抵抗与墙体走向垂直的水平力作用；同时加强圈梁与下部墙体的拉结作用，以便使屋顶的升力通过圈梁传递给下部墙体。

3）加强墙体自身以及墙体与圈梁、构造柱的连接。低矮房屋的外墙会受到台风较大的横向水平风荷载的直接作用，因此其强度和稳定性很重要。对此可设计圈梁和构造柱，墙体应与圈梁可靠连接，另外外墙中构造柱的间距不应过大，构造柱和圈梁之间的单块墙体面积也不应过大，从而能保证整个墙体的整体性和稳定性。

4）保证风荷载的可靠传递。低层房屋风荷载的传力路径为“风荷载—屋面—檩条—屋架—承重墙—基础”[5]，要保证此路径的连续可靠性，将上部所受的力全部传递给基础，从而保证上部结构的安全和整个房屋的整体性。

（2）保证结构刚度和强度的措施[4]

1）控制墙体的高厚比，保证墙身的稳定性，不宜采用空斗墙；

2）在房屋外墙四角、纵墙与横墙交接处以及较大洞口两侧等结构薄弱部位设置构造柱；

3）砌体房屋的每层设置圈梁，墙角、门窗洞位置应按照构造要求实砌；

4）楼板尽量采用混凝土现浇板、多孔板等整体性好、水平刚度大的构件；

5）处于低洼地区的房屋墙脚、墙基部分应采取防水和防潮措施，以防止墙体被水浸泡而强度降低，进而被破坏以致倒塌；

6）使用质量和强度合格的建筑材料，提高房屋结构的刚度。

四、屋面构造措施

实地调查中发现，台风中低层房屋的破坏和倒塌更多的是从屋面的破坏开始的。除了因为屋面的强度不足，与下部结构连接性不够外，屋面在台风作用下易损的又一原因是屋面几何外形突变位置多，如屋檐、转角、屋脊等处，气流流经时常产生流动分离与再附着现象，风吸力大且变化剧烈。对此可以在屋面上设置一些细部构造来减少屋面的破坏。

1. 在屋面设置屋脊和出山。屋脊和出山的共同作用可以大大减小屋面的风荷载，相对于无屋脊出山屋面，有屋脊出山屋面对减小屋面升力、减小屋面敏感区域的峰值负压有着得天独厚的优势[6]。

2. 加设悬挑女儿墙。在屋檐四周加设悬挑女儿墙能降低此处的高负压峰值以及平均风吸力以达到为屋面减卸风荷载的目的[7]。

3. 设置挑檐和檐沟也能在一定程度上提高屋面的抗风能力[8]。

4. 华侨大学彭兴黔教授在低矮房屋的抗风研究中曾提出以“导风设计”代替“抗风设计”，简称以“导”代“抗”的基于气动措施的抗风防风理念[9]。具体来说就是不过分地追求屋面的强度来抵御强风，而是通过设置女儿墙、房屋倒角和导流孔（开洞）等气动措施将强风卸载，减小风荷载对结构的作用效应。

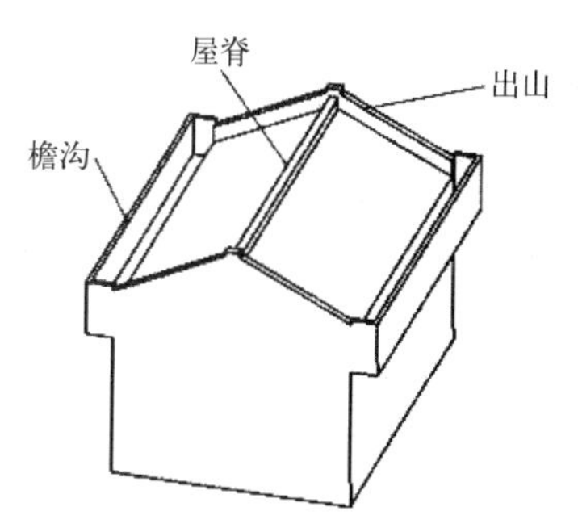

图 7.6－19　屋面细部构造示意图

除了上述构造措施之外，基于结构减振控制技术，开发适合于屋面的消能元件，如阻尼耗能抗风装置等，也是保证台风中屋面系统不被破坏的有效措施。

五、结语

通过对我国福建省沿海地区农村房屋受台风“苏迪罗”的灾害情况和房屋抗风情况的调查研究，可得到以下结论：

1. 台风中破坏房屋的共同特点是：小青瓦屋面，整体性差，刚度小，结构老化，连接处薄弱，纵向无抗力体系等。

2. 抗风能力较好的房屋绝大多数是建造年代不久，上部多为框架或砖混结构，屋面多为混凝土现浇板；而抗风能力较差的房屋大多数建造年代比较早，上部结构多为木结构、生土结构、砖木结构或构造措施较差的砖混结构，且屋面多为小青瓦屋面。

3. 调查中发现，除了因体型选择不当而导致结构主体破坏的情况外，台风中低层房屋的破坏更多的是从屋面的破坏开始的，进而引起墙体破坏，甚至房屋整体坍塌。

4. 房屋的破坏不只是台风的单独作用，台风所带来的降雨等次生灾害的破坏性也很大，在提高抗风能力的同时也应采取措施来抵御其他次生灾害对房屋造成的破坏。

5. 根据台风中房屋的破坏情况，给出了一些沿海地区村镇房屋在规划建设和构造措施方面的建议。对于经常遭受台风灾害的地区，可根据这些建议来优化自己的房屋，以达到提高房屋抗风能力的目的。

参考文献

[1] 黄鹏，陶玲，全涌等. 浙江省沿海地区农村房屋抗风情况调研 [J]. 灾害学，2010，25（4）：90 ~ 95，138.

[2] 袁静，占毅. 浙江省村镇房屋抗风性能调查分析及抗风设防的几点建议 [J]. 浙江省建筑设计研究院，2008，25（12）：15 ~ 20.

[3] 张廷瑞，项建国，毛玉红. 浙江东南地区台风建筑灾害机理研究分析 [J]. 四川建筑科学研究，2010，36（3）：86 ~ 89.

[4] 赵群雄. 东南沿海低层房屋抗风研究 [D]. 上海：同济大学，2007.

[5] 梁方. 我国村镇低矮房屋风压数值模拟及抗风设计研究 [D]. 天津：河北工业大学，2006.

[6] 陶玲，黄鹏，全涌等. 屋脊和出山对低矮房屋屋面风荷载的影响 [J]. 工程力学，2012，29（4）：113 ~ 121，127.

[7] 周显鹏. 水平悬挑女儿墙对低矮双坡屋面风压的影响 [D]. 泉州：华侨大学，2008.

[8] 黄鹏，陶玲，全涌等. 檐沟对低矮房屋屋面风荷载的影响 [J]. 工程力学，2013，30（1）：248 ~ 254.

[9] 彭兴黔. 基于气动措施的低矮房屋抗风设计——门式刚架房屋结构的导风设计研究 [D]. 上海：同济大学，2006.

7. 广东番禺、佛山龙卷风灾破坏情况调研

白凡[1,2]　田村幸雄[1,2]　曹曙阳[3]　杨庆山[1,2]　杨娜[1,2]

1. 北京交通大学土木建筑工程学院，北京，100044

2. 北京市结构风工程与城市风环境重点实验室，北京，100044

3. 同济大学土木工程学院，上海，200092

引言

广东番禺、佛山地区是龙卷风的易发地带，据佛山气象台统计，从2006年到2015年，佛山共出现20次龙卷风，年均约1.6天，共夺走21人的生命，造成严重的经济损失。其中，2011年4月17日，雷雨大风天气裹挟龙卷风，袭击了佛山多个地方，造成14人死亡，百余人受伤，同年5月7日，龙卷风等极端天气再度袭击佛山南海，导致4人死17人受伤。2015年10月4日14时，强台风“彩虹”在广东省湛江市坡头区沿海地区登陆，受台风“彩虹”影响，广州番禺及佛山顺德地区先后出现陆龙卷，共造成6人死亡，210人受伤。经佛山市龙卷风研究中心初步认定，此次龙卷风破坏程度应在F2 ~ F3级之间，属强龙卷风，估计风速达51 ~ 70m/s，相当于16级大风。

为了深入了解广东省番禺及佛山地区受龙卷风引起的灾害情况，本课题组于2015年10月对广东省广州市番禺区南村镇珠江灯光有限公司区域、南村镇余荫山房区域及佛山市世龙工业区进行了调研，对龙卷风路径、对房屋破坏情况及破坏机理进行了总结和分析。

一、广州番禺区龙卷风受灾地区房屋破坏情况

如图7.7-1所示，番禺区龙卷风由较为空旷的珠江灯光科技有限公司区域产生，向房屋较为密集的南村镇余荫花园区域行进，对两区域房屋，树木及高压电塔等基础设施造成了严重破坏，两区域距离约为1km。

图7.7-1　番禺区龙卷风路径

1. 珠江灯光有限公司区域

图 7.7-2 中 1 号区域所示为珠江灯光有限公司工业厂房及办公楼，2 号区域所示是一个高压电塔，3 号区域是一个样品展示厅。珠江灯光有限公司区域场地空旷，利于龙卷风在此形成，龙卷风在此形成后对上述区域均造成了严重破坏。

图 7.7-2　珠江灯光有限公司区域破坏建筑示意图

图 7.7-3 显示是 1 号区域珠江灯光有限公司工业厂房及办公楼损伤图，办公楼总共 5 层，1 至 4 层均受到不同程度的损坏，第 5 层主体结构为轻钢结构，在本次龙卷风灾害中发生倒塌。如图 7.7-4 所示，倒塌原因为其柱脚基础与楼板焊接薄弱，无法承受龙卷风荷载而发生倾覆倒塌。

图 7.7-3　珠江灯光有限公司办公楼受灾图

图 7.7-4　珠江灯光有限公司办公楼 5 层轻钢结构倒塌情况

图 7.7–5 所示为珠江灯光厂办公区域内大部分临时构造设施被吹坏，一楼食堂门窗均被龙卷风吹坏，导致建筑结构内部风致内压增大，致使吊顶发生损伤，在现场观测到风致飞掷物撞击痕迹。

图 7.7–5　珠江灯光有限公司室外及一层食堂破坏情况

图 7.7–6 所示为珠江灯光厂内树木被龙卷风扭断情况，图 7.7–7 所示为珠江灯光有限公司 2 号区域高压电塔等基础设施被吹坏的情况，其中高压电塔整体完全倒塌，图 7.7–7b 所示为在龙卷风灾后，电网公司抢修新建的高压电塔。

图 7.7–6　珠江灯光有限公司室外树木损坏情况

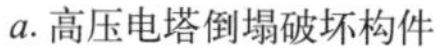

a. 高压电塔倒塌破坏构件　　*b*. 新建高压电塔

图 7.7–7　珠江灯光有限公司区域高压电塔构筑物损坏情况

图 7.7–8 所示为珠江灯光有限公司 3 号区域展览厅损坏情况，龙卷风引起了 wind–debris 效应，带起较多的泥土、砖石等飞掷物，向展览厅外墙撞击造成了一定损伤。另外展览厅的屋盖被龙卷风掀起，导致展览厅屋盖整体发生整体破坏，部分檩条失稳，使用功能完全丧失。

图 7.7–8　珠江灯光有限公司展览厅损坏情况

2. 余荫山房区域龙卷风灾损失情况

调研组又对龙卷风途径区域损伤较大的余荫山房区域进行了调研，余荫山房区域隶属于番禺区南村镇，是当地一处较有影响力的旅游景区，内部有一些古建筑，周围是村镇建筑，有些建筑年代久远，在龙卷风作用下损伤破坏很大。如图 7.7–9 所示，调研组主要在此区域调研了 5 处，其中 1、3、4、5 均为村镇砖房结构建筑，而 2 为余荫山房古建筑。

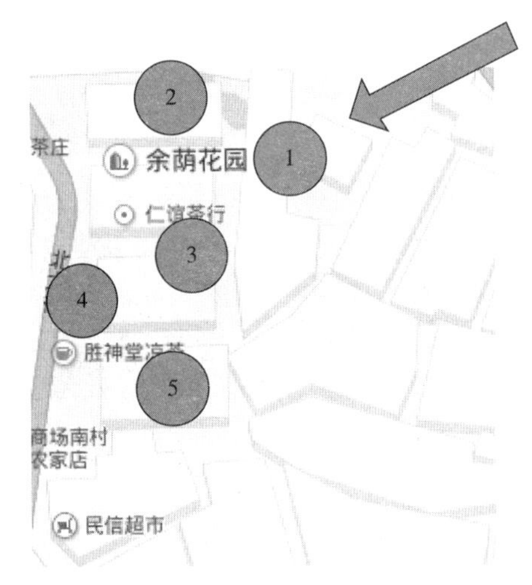

图 7.7–9　余荫山房区域房屋损坏示意图

图 7.7–10 所示为房屋群 1 屋顶在龙卷风经过后受灾情况，部分房屋结构屋顶发生损伤，但基本没有房屋倒塌。图 7.7–11 所示为余荫山房 2 号区域即余荫山房古建筑群在龙卷风灾作用下的损伤情况，可以看出大部分树木被吹倒，但古建筑除屋面瓦片脱落外，未有倒塌破坏等严重损伤情况。

图 7.7–12 所示为房屋 3 所示为一处砖石结构单层房屋在龙卷风过后倒塌情况，由于房屋周围有两栋楼房，通过图 c 房屋外侧的铁皮破坏形式，可以推测出龙卷风来流方向，并且直观地反映了龙卷风产生了向上的作用力，由此可见，龙卷风穿过楼房到达砖房时，风速变大，导致了房屋所受风荷载较大，而此房屋建造年代已有 30 余年，屋盖为在房屋两端搭接屋盖，抗风能力较差，如图 7.7–12 所示，由于屋盖与墙体之间并无有效连接，龙卷风将屋盖由下侧卷起并掀开，使得屋盖倒塌，造成房屋损坏。

图 7.7-10　余荫山房 1 号区域房屋损坏示意图

图 7.7-11　余荫山房 2 号区域房屋损坏示意图

a. 房屋倒塌内部图 1

b. 房屋倒塌内部图 2

c. 房屋外侧铁皮卷起图

d. 房屋倒塌俯视图

图 7.7-12　余荫山房 3 号区域房屋损坏示意图

图 7.7-13 所示为南村镇北大街在龙卷风过后损失图，可以看出，部分构筑物遭受了损坏，龙卷风经由房屋群 1、2、3 区域行进至 4、5 区域，并造成了 5 区域房屋一处民房倒塌，

如图 7.7–14 所示。

图 7.7–13　余荫山房 4 号区域房屋损坏示意图

图 7.7–14　余荫山房 5 号区域房屋损坏示意图

二、佛山顺德区龙卷风受灾地区房屋破坏情况

10 月 4 日 15 时顺德区勒流、伦教、乐从和北滘等四街镇出现龙卷风吹袭，龙卷风途径佛山顺德世龙工业区，对工业区内厂房造成了较大损失，本调研组在 10 月 10 日下午调研了顺德世龙工业区龙卷风灾破坏情况。

图 7.7–15 所示为佛山顺德世龙工业区调研区域，其中 1 号建筑为一办公楼，2、3、4、5 号建筑均为轻钢工业厂房，从图 7.7–16b 中 1 号建筑楼顶瓦片在龙卷风作用下留着屋顶的移动痕迹可以判断出龙卷风来流方向。

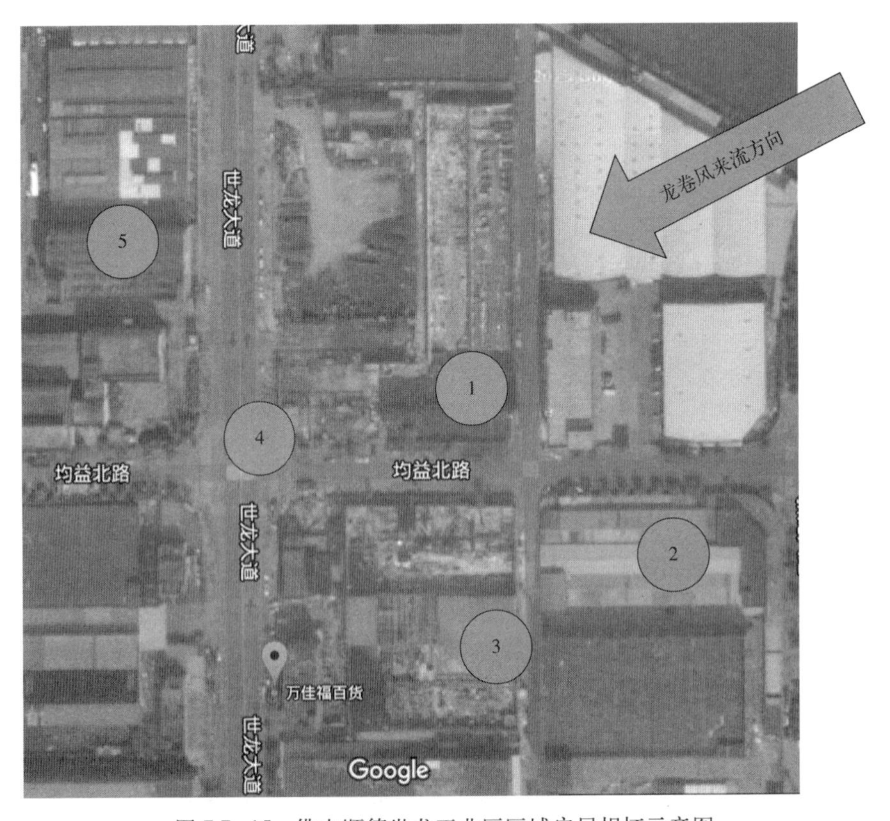

图 7.7–15　佛山顺德世龙工业区区域房屋损坏示意图

a. 1 号建筑办公楼

b. 办公楼顶瓦片痕迹

图 7.7-16　佛山顺德世龙工业区区域 1 号房屋

图 7.7-17 ~ 图 7.7-20 所示为佛山顺德世龙工业区调研区域轻钢工业厂房损伤状况，从图中压型钢板被卷起的方向也可以判断龙卷风来流方向。另外，通过调研发现，龙卷风对轻钢工业厂房的损伤也主要集中于屋面及墙面系统，未造成轻钢工业厂房主体受力构件发生倒塌、倾覆等严重破坏。

图 7.7-17　佛山顺德世龙工业区区域 2 号厂房损坏示意图

图 7.7-18　佛山顺德世龙工业区区域 3 号厂房损坏示意图

图 7.7-19　佛山顺德世龙工业区区域 4 号厂房损坏示意图

图 7.7-20　佛山顺德世龙工业区区域 5 号厂房损坏示意图

三、结语

通过对我国广东省番禺及佛山地区受龙卷风的灾害情况和房屋抗风情况的调查研究，可得到以下结论：

1. 龙卷风破坏力强大，难以预测及捕捉，常在附近沿海地区有台风登陆时被诱发，并多数形成于空旷地带，对龙卷风行进路线上及周边的工业厂房、民用建筑、古建筑、电塔等构筑物造成严重损伤破坏。

2. 针对房屋结构，龙卷风对工业民用建筑的破坏主要集中于屋面及墙面系统，对于部分房屋结构久远，结构抗侧力体系弱的房屋则可能导致倒塌破坏，带来巨大人员和财产损失。

3. 同台风中引起的 wind-debris 效应类似，龙卷风同样会引起 wind-debris 作用，卷起物体砸向建筑物表面，造成建筑物表面损伤，沿海及龙卷风多发地区的相关防控部门应对龙卷风易形成及可能的行进路线周边的建筑物提出针对性的防范措施。

致谢

本次龙卷风灾调研收到了广州市番禺区南村镇政府以及珠江灯光有限公司的大力支持，特此致谢，本研究受国家自然科学基金重大研究计划集成项目“重大建筑与桥梁强/台风灾变的集成研究”（91215302）资助。

参考文献

[1] Hiroshi Niino，Tokunosuke Fujitani，A Statistical Study of Tornadoes and Waterspouts in Japan from 1961 to 1993[J]. Journal of Climate，1997（10）：1730 ~ 1752.

[2] 汤卓，张源，吕令毅 . 龙卷风风场模型及风荷载研究 [J]，建筑结构学报，2012（33）：104 ~ 108.

[3] 肖玉凤，基于数值模拟的东南沿海台风危险性分析及轻钢结构风灾易损性研究 [D]，哈尔滨工业大学，2011.

[4] G N Boughton，D J Henderson，J D Ginger，J D Holmes，G R Walker，G J Leitch，L R Somerville，U Frye，N C Jayasinghe and P Y Kim. Tropical Cyclone Yasi Structural Damage to Buildings[R]，CTS Technical Report NO 57，2011，4.

[5] D Henderson，J Ginger，C Leitch，G Boughton，and D Falck.Tropical Cyclone Larry Damage to Buildings in the Innisfail Area[R]. TR51，2006，9.

8. 台风“彩虹”对广东湛江公共及工业建筑灾害调研

白凡[1,2]　田村幸雄[1,2]　曹曙阳[3]　杨庆山[1,2]　杨娜[1,2]
1. 北京交通大学 土木建筑工程学院，北京，100044
2. 北京市结构风工程与城市风环境重点实验室，北京，100044
3. 同济大学土木工程学院，上海，200092

引言

广东湛江地区是台风易发地带，历史上有多次台风在此登陆，造成了大量工业、民用建筑房屋损伤破坏，并造成沿途构筑物如灯塔、电杆等发生倒塌损失，带来人员伤亡，造成巨大的经济损失。2015 年 10 月 4 日，强台风“彩虹”在广东湛江坡头区登陆，登陆时中心附近最大风力有 15 级（50m/s），中心最低气压为 940 百帕。本次台风对湛江市造成了人员及财产损失，并造成大量房屋结构损伤破坏。为了深入了解广东省湛江市公共及工业建筑受台风引起的灾害情况，本课题组于 2015 年 10 月 11 日至 13 日对广东省湛江市坡头区奥体中心及附近工业厂区进行了调研，对台风致大跨结构屋面损伤情况及破坏机理进行了总结和分析。

一、台风“彩虹”背景信息

台风“彩虹路径”，在菲律宾附近形成热带风暴后逐渐增强并向西北方向移动，10 月 4 日 12 时至 14 时登陆中国广东沿海湛江地区，登陆时中心最低气压为 940 百帕。表 7.8-1 及表 7.8-2 提供了湛江市坡头区湛江海湾大桥及奥体中心气象自动站的风速资料，其中湛江海湾大桥气象站海拔 53m，奥体中心气象站距离地面 1.5m，从表中可以看出，风速在 4 日逐渐增大，在 12 至 14 时达到顶点，10min 平均值最大风速分别达到 48.7m/s 及 33.9m/s，而极大风速则分别达到 64.8m/s 及 50m/s。

图 7.8-1　台风登陆区域地形图

图 7.8–2 奥体中心及海湾大桥气象观测站地形图

湛江海湾大桥气象自动站风资料（站号：G7521）（2015 年 10 月 4 日） 表 7.8–1

时间	最大风速（m/s）	极大风速（m/s）	时间	最大风速（m/s）	极大风速（m/s）
1 时	9.5	12.3	13 时	缺测	缺测
2 时	9.5	12.7	14 时	48.7	64.8
3 时	10.3	13.2	15 时	48.7	64.8
4 时	11.7	14.6	16 时	48.7	64.8
5 时	12.5	16.5	17 时	48.7	64.8
6 时	13.2	17.4	18 时	48.7	64.8
7 时	14.7	19.6	19 时	48.7	64.8
8 时	16.3	22.1	20 时	10.4	17.3
9 时	19.1	24.3	21 时	10.4	17.3
10 时	23.1	31.0	22 时	10.4	17.3
11 时	27.9	38.0	23 时	10.4	17.3
12 时	48.7	64.8	24 时	10.4	17.3

湛江奥体中心气象自动站风资料（站号：G7521）（2015 年 10 月 4 日） 表 7.8–2

时间	最大风速（m/s）	极大风速（m/s）	时间	最大风速（m/s）	极大风速（m/s）
1 时	4.3	7.7	10 时	8.7	16.4
2 时	4.3	7.7	11 时	10.6	20.8
3 时	4.3	8.8	12 时	15.2	25.5
4 时	5.0	8.8	13 时	31.8	48.2
5 时	5.9	11.0	14 时	33.9	50.0
6 时	5.9	11.0	15 时	33.9	50.0
7 时	6.3	13.7	16 时	33.9	50.0
8 时	6.9	13.7	17 时	33.9	50.0
9 时	7.9	14.1	18 时	33.9	50.0

续表

时间	最大风速（m/s）	极大风速（m/s）	时间	最大风速（m/s）	极大风速（m/s）
19 时	33.9	50.0	22 时	9.0	14.1
20 时	33.9	50.0	23 时	9.0	14.1
21 时	9.0	14.1	24 时	9.0	14.1

台风对湛江市各种建筑物及构筑物均造成了一定的损坏，图 7.8–3 为沿途施工塔吊、灯塔及广告牌出现的损坏。其中 7.8–3a 为部分施工工地塔吊受台风作用而在中部发生部分折断，图 7.8–3b 所示为湛江市路边灯塔被拦腰折断，且一系列灯塔均出现了类似问题，7.8–3c、d 所示为两个广告牌出现的损伤，一个广告塔未倒，但上端铁皮脱落，已失去使用功能，而另一个广告塔则完全倒塌。

a. 塔吊损坏

b. 灯杆折断

c. 广告塔破坏

d. 广告塔倒塌

图 7.8–3　湛江市部分建筑及构筑物受灾图

二、台风致湛江奥体中心损伤破坏情况

湛江奥体中心地址位于广东省湛江市坡头区海湾大桥桥头北侧，由一场三馆及周边配套道路工程两部分组成，包括体育场（含训练场）、体育馆、综合球类馆、室外工程、周边配套工程等。上述建筑结构在本次台风中均遭受了不同程度的破坏。

图 7.8–4 所示为奥体中心“一体三馆”屋面损伤状况，图中框内 D 代表损伤区域，可以看出除综合球类馆损伤较小外，体育场、主体育馆及球类馆屋面系统均损伤较大。

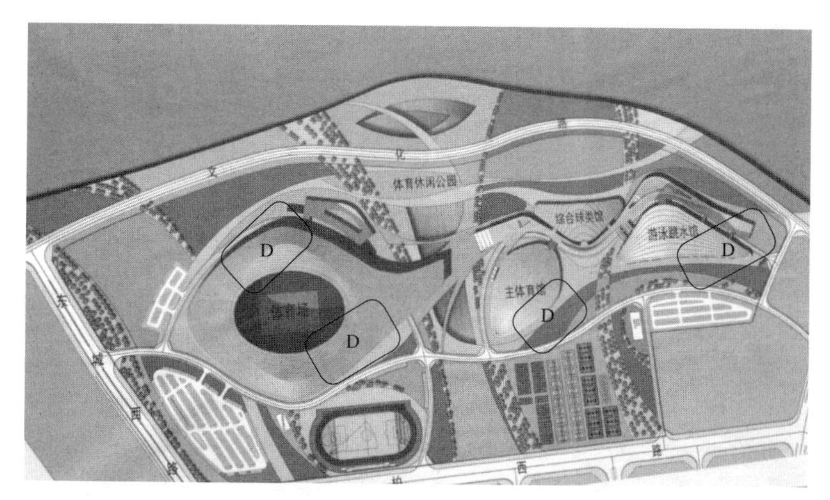

图 7.8–4　奥体中心各场馆屋面系统损伤示意图

湛江奥体中心“一体三馆”采用直立锁边屋面系统，最上层是装饰板，通过龙骨与其他装饰板以及下层压型钢板连接，压型钢板通过直立锁边固定在屋面檩条上。图 7.8–5、图 7.8–6 所示为奥体中心“一体三馆”屋面损伤状况实际图，台风先将局部屋面装饰板掀起，而装饰板由轻钢龙骨连接，导致屋面发生连锁反应，使得更多的屋面板以及压型钢板被掀起，从而增大了损伤屋面的有效受风面积，使得更多的风荷载作用在破坏屋面上，最后将屋面层层卷起，导致大规模的破坏。

图 7.8–5 “一体三馆”屋面系统典型损伤图

图 7.8–6 奥体中心体育场馆屋面装饰板及压型钢板损伤图

图 7.8–7 所示为奥体中心屋面系统上连接装饰板与屋面板的连接件损伤图，可以看出部分 T 马连接件发生了断裂，而角马连接件则由于龙骨受到强烈的弯扭作用而发生了不可恢复的扭转破坏。

图 7.8–7 屋面系统连接件损伤图

图 7.8–8 所示为奥体中心体育场馆外侧被台风带起的飞掷物撞击（Wind–debris）产生的破坏，在本次调研中发现 Wind–debris 效应对各个体育场馆都有发生，造成一定的损伤。

图 7.8–8　台风致飞掷物对体育场馆造成的损伤

台风除了对奥体中心外部造成了损伤外，也对体育场馆内部造成了损伤。图 7.8–9a 所示为奥体中心体育场内侧横梁被外侧在台风作用下飞落的压型钢板等撞击而产生的损伤破坏，图 7.8–9b 所示为奥体中心体育馆内，由于台风作用将安全门损坏，之后风进入体育场内，造成馆内风致内压增大，使得内部吊顶发生了严重损伤。

a. 屋面板下方损伤

b. 体育馆内部损伤

图 7.8–9　奥体中心体育馆内部构损伤图

图 7.8–10 所示为奥体中心体育场走廊内吊顶受台风作用的损伤情况，吊顶下侧装饰板被掀开，内侧轻钢龙骨受风吸力发生弯扭失稳破坏，使得屋面装饰板无受力支撑，最终导致檩条与吊顶屋面板一起损伤破坏而脱落。

图 7.8–10　体育场走廊吊顶破坏

图 7.8－11 所示为奥体中心附属项目中轻钢板房在台风中发生的损伤破坏，大部分完全倒塌，说明轻钢板房是风灾易损结构，无法承受台风荷载。

图 7.8－11　奥体中心附近轻钢板房损伤情况

图 7.8－12a 所示为奥体中心附近树木被连根拔起，图 7.8－12b 所示为奥体中心一处灯杆倾覆，可见台风对奥体中心附近构筑物也造成了严重损伤。

a. 树木被连根拔起

b. 灯杆倾覆

图 7.8－12　奥体中心附近树木及灯杆等构筑物损伤情况

三、湛江轻钢工业厂房损伤破坏情况

除公用建筑外，调研组还对奥体中心附近一处工业厂房受灾情况进行了调研，该厂房长约 55m，宽约 30m，高约 8.5m，墙面及屋面围护系统均采用檩条压型钢板自攻钉体系，如图 7.8－13a 所示，厂房墙面围护系统三侧受损，其中两侧损伤较大，几乎全部压型钢板脱落，墙面檩条全部失稳破坏，而另一侧墙面部分脱落，檩条保持完好。如图 7.8－13b 及

图 7.8－13　台风致轻钢工业厂屋面及墙面系统损伤图

图 7.8–14 所示，屋面系统也遭受了较大破坏，每跨中间的压型钢板均被掀起，檩条发生局部屈曲及弯扭失稳，拉条被拉断。

图 7.8–14　台风致屋面檩条及压型钢板构件损伤图

四、结语

通过对我国广东省湛江地区公用建筑及工业建筑受台风“彩虹”的灾害情况和房屋抗风情况的调查研究，可得到以下结论：

1. 大跨空间结构的屋面系统是台风易损结构，在台风中损伤破坏严重，台风中无论工业建筑还是公用建筑，屋面系统损伤最为严重。

2. 台风作用引起的 wind–debris 效应也是造成建筑物外部损伤的很重要的一个因素，在风灾预防中应引起注意。

3. 在台风作用中，建筑结构门窗破坏，会导致台风进入建筑内部，造成建筑内部风压增大，使得结构从内部发生破坏，在风灾预防中也应引起注意。

致谢

调研组在调研过程中，得到了奥体中心有关部门、CCDI 设计公司以及湛江市气象局的大力协助，特此致谢。本研究受国家自然科学基金重大研究计划集成项目“重大建筑与桥梁强 / 台风灾变的集成研究”（91215302）资助。

参考文献

[1] 金玉芬，杨庆山，李启 . 轻钢房屋围护结构的台风灾害调查与分析 [J]. 建筑结构学报（增刊 2），2010：197 ~ 201.

[2] 宋芳芳 . 几类风灾易损建筑台风损伤估计与预测 [D]. 哈尔滨工业大学，2010.

[3] 肖玉凤 . 基于数值模拟的东南沿海台风危险性分析及轻钢结构风灾易损性研究 [D]. 哈尔滨工业大学，2011.

[4] G N Boughton，D J Henderson，J D Ginger，J D Holmes，G R Walker，G J Leitch，L R Somerville，U Frye，N C Jayasinghe and P Y Kim. Tropical Cyclone Yasi Structural Damage to Buildings[R]，CTS Technical Report NO 57，2011，4.

[5] D Henderson，J Ginger，C Leitch，G Boughton，and D Falck.Tropical Cyclone Larry Damage to Buildings in the Innisfail Area[R]. TR51，2006，9.

9. 成都地区泥质软岩地基主要工程特性及利用研究

康景文[1]　田强[2]　颜光辉[1]　章学良[1]　苟波[2]
1. 中国建筑西南勘察设计研究院有限公司，四川成都，610052
2. 中建地下空间有限公司，四川成都，610081

引言

近年来成都地区超高层建筑日益增多，对地基承载能力的高要求已成为制约超高层建筑安全建造与正常使用的关键。成都地区地层浅部卵石层，低矮建筑基础可直接置于其中；但超高层建筑因地下空间利用致使基础逐渐深入下部软质泥岩，而不同风化程度的软岩承载特征差异较大，且对水的敏感性较强，同时具有不同程度的溶蚀现象，如何合理利用软岩的承载和变形等工程特性，如何防治溶蚀带来的工程隐患，已成为工程师关注问题[1, 2]。

针对上述问题，通过大量现场和室内试验及理论分析，对成都地区软岩工程特性及其利用进行深入研究，以期积累工程资料、指导工程应用。

一、成都地区泥质软岩工程地质特征

1. 成都地区泥质软岩基本情况

成都地区分布的软岩为白垩系中统灌口组（k_{2g}）泥岩，按风化程度一般分成三类：

（1）强风化泥岩：紫红色，中厚层构造，矿物成分为黏土质矿物，局部夹有少量砂岩；风化裂隙发育，岩体破碎，遇水易软化；镐可挖掘，干钻可进，层厚几米至十几米不等。因全风化泥岩一般厚度较薄，通常归并为强风化层中。

（2）中等风化泥岩：紫红色，层理清晰，矿物成分为黏土质矿物，局部夹有少量砂岩；风化裂隙较发育，巨厚层构造，整体结构；镐难挖掘，岩芯钻可钻，岩芯采取率达 90% 以上；岩体较完整，等级为Ⅳ级，层厚十几米至几十米不等。

（3）微风化泥岩：紫红色，层理清晰，矿物成分为黏土质矿物；风化裂隙不发育，巨厚层构造，整体结构，局部充填白色方解石；镐难挖掘，岩芯钻可钻，岩芯采取率达 100%；岩体完整，等级为Ⅳ级；一般勘察不会揭穿。

2. 地下水

地下水主要为贮存于基岩层中的裂隙水。一般埋藏在强风化及中等风化层内，主要受邻区地下水侧向补给，无统一的自由水面；水量主要受裂隙发育程度、连通性及裂隙面充填特征等因素的控制；总体上看，水量一般不大。由于其埋藏较深，对桩基方案会造成一定影响。

3. 化学成分

根据化学分析结果，泥岩样品中 SiO_2 含量约 60%，Al_2O_3 含量约 10%，Fe_2O_3 含量约 3%，CaO 含量约 5%，游离氧化物 Fe_2O_3 含量约 0.4%。泥岩及其风化物为红色，主要缘于其成

分中含有 Fe_2O_3 在风化过程中氧化环境的变化，并与水相互作用，致使一部分铁离子与氧离子结合被破坏，游离 Fe_2O_3 含量减少以及部分被水搬运流失；另外，其不同的组合构成了以蒙脱石、伊利石为主的片状黏土矿物，泥岩较粉砂质泥岩片状黏土矿物含量高，成层性更强，各向异性特征更明显，且结构更疏松，胶结程度更低。

二、成都地区泥岩主要力学性质研究

1. 单轴抗压试验

对成都地区 70 组强风化岩样、133 组中风化岩样和 172 组微风化岩样进行室内单轴抗压试验。试验得到天然抗压及饱和抗压强度指标数据统计结果见表 7.9–1。

泥岩的单轴抗压指标统计成果表　　表 7.9–1

岩石名称	指标	单轴抗压强度		
		天然状态（MPa）	饱和状态（MPa）	烘干状态（MPa）
强风化泥岩	统计数量（组）	22	24	24
	最大值	1.99	1.95	11.94
	最小值	0.50	0.59	2.49
	平均值	1.48	1.28	8.04
	标准值	1.29	1.15	7.26
中等风化泥岩	统计数量（组）	54	48	31
	最大值	7.60	5.56	26.72
	最小值	3.06	2.09	8.11
	平均值	4.99	3.49	16.92
	标准值	4.73	3.27	15.35
微风化泥岩	统计数量（组）	60	61	51
	最大值	21.6	13.3	44.5
	最小值	7.3	5.0	11.2
	平均值	11.82	8.31	26.71
	标准值	11.07	7.77	24.92

由表 7.9–1 可知，强风化泥岩的饱和抗压强度为 0.59 ～ 1.95MPa，平均值 1.28MPa，软化系数为 0.13 ～ 0.22，平均值为 0.18；中等风化泥岩的饱和抗压强度为 2.09 ～ 5.56MPa，平均值 3.49MPa，软化系数为 0.15 ～ 0.33，平均值为 0.21；微风化泥岩的饱和抗压强度为 5.0 ～ 13.3MPa，平均值 8.31MPa，软化系数为 0.19 ～ 0.50，平均值为 0.31。无论强风化泥岩还是微风化泥岩均属于极软岩和软化岩石。

2. 抗剪强度试验

利用角模法对成都地区 22 组强风化岩样、36 组中风化岩样和 30 组微风化岩样进行剪切试验，试验结果见表 7.9–2。

泥岩的抗剪强度指标统计成果表　　表 7.9–2

岩石名称	指标	天然抗剪		饱和抗剪	
		C（MPa）	φ（°）	C（MPa）	φ（°）
强风化泥岩	统计数量（组）	11	11	11	11
	最大值	0.35	36.3	0.22	31.9
	最小值	0.16	26.6	0.07	23.3
	平均值	0.25	32.4	0.16	27.5
	标准值	0.20	30.2	0.13	26.0
中等风化泥岩	统计数量（组）	18	18	16	16
	最大值	0.66	38.6	0.32	34.3
	最小值	0.27	34.2	0.11	23.7
	平均值	0.38	35.7	0.22	31.0
	标准值	0.34	35.2	0.19	29.7
微风化泥岩	统计数量（组）	15	15	14	14
	最大值	0.78	39.8	0.50	36.1
	最小值	0.42	36.6	0.15	26.2
	平均值	0.60	38.2	0.38	34.6
	标准值	0.55	37.7	0.33	33.3

由表 7.9–2 可知，强风化泥岩的天然抗剪强度指标：内摩擦角 30.2°、黏聚力 200kPa，饱和抗剪强度指标：内摩擦角 26.0°、黏聚力 130kPa；中风化泥岩的天然抗剪强度指标：内摩擦角 35.2°、黏聚力 340kPa，饱和抗剪强度指标：内摩擦角 29.7°、黏聚力 190kPa；微风化泥岩的天然抗剪强度指标：内摩擦角 37.7°、黏聚力 550kPa，饱和抗剪强度指标：内摩擦角 33.3°、黏聚力 330kPa。

3. 点荷载试验

点荷载试验可测定岩石的单轴抗压强度、抗拉强度、抗剪强度、弹性模量、软化系数和岩石强度各向异性指数等。为了确定岩石（特别是难以取得满足室内单轴抗压强度试验样品尺寸的强风化泥岩）的天然抗压强度，对成都地区 131 组岩块进行点荷载强度试验，其指标统计结果见表 7.9–3。

岩块点荷载强度试验成果统计表　　表 7.9–3

统计项目 试验内容	统计数量（次）	最大值（MPa）	最小值（MPa）	平均值（MPa）	标准差（MPa）	变异系数	统计修正系数	标准值（MPa）
强风化泥岩	34	1.93	0.60	1.36	0.38	0.29	0.91	1.24
中等风化泥岩	47	6.85	2.37	4.22	1.24	0.29	0.93	3.90
微风化泥岩	50	20.06	6.70	13.77	3.54	0.26	0.93	12.90

由表 7.9–3 可见，强风化泥岩点荷载强度标准值为 1.24MPa，与室内单轴抗压试验饱和抗压强度平均值 1.28MPa 相比低 3.3%；中风化泥岩点荷载强度标准值为 3.9MPa，与室内单轴抗压试验的饱和抗压强度平均值 3.49MPa 相比高 11.75%；微风化泥岩点荷载强度标准值为 12.9MPa，与室内单轴抗压试验的饱和抗压强度平均值 8.31 MPa 相比高 55.24%。

4. 声波波速试验

采用RSMSY5声波仪对某工程场地26组岩样进行声波波速测试，试验结果见表7.9–4。

某场地岩石（体）的声波波速试验成果统计表 表 7.9–4

岩样编号	采样位置（m）	岩体风化状态	岩体声波速度 V_{pm}（m/s）	岩样声波速度 V_{pr}（m/s）	完整性指数 K_v	完整性评价
TL01	39.0 ~ 41.0	中风化	2594	3123	0.65	较完整
	49.0 ~ 51.0	微风化	2863	3341	0.72	较完整
	61.0 ~ 63.0	微风化	2934	3463	0.72	较完整
	70.0 ~ 72.0	微风化	3040	3568	0.73	较完整
TL03	40.0 ~ 42.0	中风化	2688	3186	0.71	较完整
	45.0 ~ 47.0	中风化	2881	3342	0.74	较完整
	58.0 ~ 60.0	中风化	2556	3127	0.67	较完整
	64.0 ~ 66.0	中风化	2580	3068	0.71	较完整
TL07	37.0 ~ 39.0	中风化	2654	3164	0.70	较完整
	42.0 ~ 44.0	中风化	2813	3289	0.73	较完整
	55.0 ~ 57.0	微风化	2926	3568	0.67	较完整
	66.0 ~ 68.0	微风化	2872	3452	0.69	较完整
TL09	45.0 ~ 47.0	中风化	2893	3368	0.71	较完整
	55.0 ~ 57.0	微风化	2893	3368	0.71	较完整
	63.0 ~ 65.0	微风化	3161	3687	0.74	较完整
TL12	40.0 ~ 42.0	中风化	2914	3503	0.69	较完整
	52.0 ~ 54.0	微风化	2987	3486	0.73	较完整
	60.0 ~ 62.0	微风化	3003	3496	0.74	较完整
	66.0 ~ 68.0	微风化	3024	3519	0.74	较完整
TL22	39.0 ~ 41.0	中风化	2738	3238	0.71	较完整
	46.0 ~ 48.0	微风化	3058	3568	0.73	较完整
	54.0 ~ 56.0	微风化	3240	3765	0.74	较完整
TL29	40.0 ~ 42.0	中风化	2633	3517	0.69	较完整
	46.0 ~ 48.0	中风化	2873	3351	0.74	较完整
	53.0 ~ 55.0	微风化	3067	3598	0.73	较完整
	56.0 ~ 58.0	微风化	3125	3625	0.74	较完整

由表 7.9−4 可知，中等风化泥岩岩体的声波波速均值为 2767.5m/s，岩块的声波波速均值为 3304.8m/s，完整性指数在 0.65 ～ 0.74 之间；微风化泥岩岩体的声波波速均值为 3002.5m/s，岩块的声波波速均值为 3524.4m/s，完整性指数为 0.67 ～ 0.74 之间。

三、成都地区泥岩变形特性研究

1. 单轴压缩试验

采用电阻应变仪法对成都地区 71 组不同风化程度泥岩进行单轴压缩试验，以 0.5MPa/s ～ 1.0 MPa/s 速度逐级加荷直至破坏。试验结果见表 7.9−5。

泥岩的变形指标统计成果表　　表 7.9−5

指标	强风化泥岩		中等风化泥岩		微风化泥岩	
	弹性模量 E（MPa）	泊松比 μ	弹性模量 E（MPa）	泊松比 μ	弹性模量 E（MPa）	泊松比 μ
数量（组）	6	9	10	12	16	18
最大值	90.0	0.39	260.00	0.37	670.0	0.34
最小值	50.0	0.33	110.00	0.27	270.0	0.25
平均值	73.33	0.38	161.00	0.33	388.13	0.29
标准值	59.85	0.36	134.46	0.31	342.67	0.28

由表 7.9−5 可知，强风化泥岩的弹性模量为 59.85MPa，泊松比为 0.36；中风化泥岩的弹性模量为 134.46MPa，泊松比为 0.31；微风化泥岩的弹性模量为 342.67MPa，泊松比为 0.28。

2. 动三轴试验

采用动三轴压缩仪对不同风化程度泥岩的动力学参数进行测试。试验成果见表 7.9−6 ～ 表 7.9−8。

全风化泥岩动剪切模量比与动阻尼比测试成果表　　表 7.9−6

孔号	围压（kPa）	饱和密度（g/cm³）	天然含水率（%）	参数	剪应变 γ_d（10^{-4}）							
					0.05	0.1	0.5	1	5	10	50	100
TL03−2	300	2.02	20.99	G_d/G_{max}	0.990	0.944	0.689	0.515	0.170	0.093	0.020	0.010
				λ_d	0.023	0.029	0.067	0.098	0.126	0.156	0.202	0.213
	320	2.00	21.30	G_d/G_{max}	0.987	0.972	0.865	0.761	0.387	0.240	0.059	0.031
				λ_d	0.028	0.034	0.075	0.098	0.131	0.161	0.209	0.220
	340	2.03	25.36	G_d/G_{max}	0.997	0.993	0.966	0.934	0.738	0.585	0.220	0.124
				λ_d	0.030	0.037	0.088	0.140	0.169	0.209	0.267	0.274
TI09−4	360	2.08	24.78	G_d/G_{max}	0.997	0.995	0.974	0.949	0.789	0.652	0.273	0.158
				λ_d	0.025	0.031	0.065	0.096	0.128	0.158	0.205	0.216
	380	2.02	24.55	G_d/G_{max}	0.996	0.992	0.962	0.927	0.718	0.561	0.203	0.113
				λ_d	0.030	0.037	0.077	0.113	0.150	0.186	0.241	0.249
	400	2.04	20.04	G_d/G_{max}	0.995	0.991	0.954	0.912	0.676	0.510	0.172	0.094
				λ_d	0.021	0.024	0.048	0.065	0.136	0.168	0.221	0.226

强风化泥岩动剪切模量比与动阻尼比测试成果表 表 7.9–7

孔号	围压（kPa）	饱和密度（g/cm^3）	天然含水率（%）	参数	剪应变 γ_d（10^{-4}）							
					0.05	0.1	0.5	1	5	10	50	100
QL03–1	330	2.05	20.12	G_d/G_{max}	0.998	0.996	0.982	0.965	0.845	0.732	0.353	0.214
				λ_d	0.014	0.018	0.037	0.054	0.075	0.093	0.120	0.127
	420	2.01	20.95	G_d/G_{max}	0.999	0.997	0.987	0.974	0.881	0.787	0.425	0.270
				λ_d	0.011	0.014	0.028	0.042	0.055	0.068	0.088	0.092
	440	2.07	19.06	G_d/G_{max}	0.999	0.999	0.995	0.990	0.951	0.906	0.658	0.490
				λ_d	0.010	0.013	0.026	0.039	0.052	0.064	0.083	0.087
TL03–3	480	1.97	22.25	G_d/G_{max}	0.998	0.995	0.976	0.953	0.802	0.669	0.288	0.168
				λ_d	0.016	0.019	0.040	0.059	0.079	0.098	0.127	0.130
	500	1.98	10.40	G_d/G_{max}	0.999	0.997	0.986	0.973	0.877	0.781	0.416	0.263
				λ_d	0.010	0.013	0.026	0.037	0.049	0.061	0.080	0.085
	520	2.08	16.24	G_d/G_{max}	0.999	0.998	0.989	0.979	0.902	0.822	0.479	0.315
				λ_d	0.010	0.013	0.026	0.038	0.049	0.061	0.079	0.080

中等风化泥岩动剪切模量比与动阻尼比测试成果表 表 7.9–8

孔号	围压（kPa）	饱和密度（g/cm^3）	天然含水率（%）	参数	剪应变 γ_d（10^{-4}）							
					0.05	0.1	0.5	1	5	10	50	100
QL09–7	600	2.28	5.44	G_d/G_{max}	0.999	0.999	0.995	0.991	0.956	0.916	0.685	0.520
				λ_d	0.007	0.009	0.021	0.034	0.043	0.048	0.062	0.064
	620	2.29	4.12	G_d/G_{max}	0.999	0.998	0.990	0.980	0.906	0.827	0.599	0.396
				λ_d	0.008	0.010	0.020	0.029	0.038	0.047	0.061	0.062
	640	2.25	5.36	G_d/G_{max}	0.999	0.999	0.994	0.988	0.943	0.893	0.624	0.454
				λ_d	0.008	0.010	0.021	0.031	0.040	0.046	0.061	0.064
TL03–4	660	2.28	6.44	G_d/G_{max}	0.999	0.999	0.996	0.992	0.960	0.924	0.707	0.547
				λ_d	0.008	0.009	0.022	0.032	0.040	0.049	0.063	0.067
	680	2.24	4.77	G_d/G_{max}	0.999	0.999	0.996	0.992	0.961	0.924	0.844	0.626
				λ_d	0.015	0.017	0.035	0.050	0.064	0.073	0.098	0.101
	700	2.31	7.36	G_d/G_{max}	0.999	0.998	0.983	0.966	0.915	0.814	0.684	0.518
				λ_d	0.017	0.021	0.040	0.062	0.080	0.099	0.126	0.130

通过室内动三轴试验，得到成都地区泥岩的动剪切模量比与动阻尼比较符合一般规律。

四、成都地区泥岩特殊工程性质研究

1. 含膏泥岩物质成分

从某代表性工程现场取4组泥岩试样进行全矿粉晶X射线衍射分析和扫描电镜及能谱分析，取样深度分别为：1号样15.5m ~ 15.8m；2号样22.5m ~ 22.8m；3号样28.8m ~ 29.2m；4号样33.6m ~ 34.0m。分析结果见表7.9–9。

某工程泥岩物质成分分析成果表　　表7.9–9

编号	取样深度（m）	全矿粉晶X射线衍射分析	扫描电镜及能谱分析
1	15.5 ~ 15.8	石英、正长石、方解石、伊利石、石膏	伊利石、方解石、铁白云石、正长石
2	22.5 ~ 22.8	正长石、石英、高岭石、伊利石、方解石	伊利石、方解石、铁白云石、正长石
3	28.8 ~ 29.2	石英、正长石、高岭石、伊利石、方解石、石膏	方解石、伊利石、正长石、氧化铁胶结物
4	33.6 ~ 34.0	正长石、石英、石膏、伊利石、高岭石	石膏、伊利石、正长石、石英

另一工程17组泥岩全矿X射线粉晶衍射分析成果列于表7.9–10。7个钻孔不同深度泥岩样矿物成分主要为伊利石、石英、正长石、方解石、绿泥石、蒙脱石，部分泥岩中含石膏、白云石。可见，石膏层在地表浅层泥岩中的石膏含量较少，多在下部分布。

某工程泥岩全矿X射线粉晶衍射分析成果　　表7.9–10

序号	岩样编号	取样深度（m）	试件名称	矿物含量（%）								
				蒙脱石	伊利石	高岭石	绿泥石	石英	正长石	方解石	白云石	石膏
1	7号–14	17.0	泥岩	4	10		7	12	3	64		1
2	7号–14	19	泥岩	4	7		3	3	1		4	78
3–3	7号–20	23.1	砂岩	3	18		13	15	11	39		2
6–1	7号–21	–	泥岩		28		16	38	15	3		
3	7号–24	4.5	泥岩	7	27		13	29	10	15		
7–2	7号–24	5.5	泥岩		31		14	17	10	28		
4	7号–24	8.6	泥岩	6	22		12	34	17	9	6	22
5	7号–24	14.5	泥岩		7		4	13	4	72		
5–1	7号–25	11.0	泥岩	3	41		19	26	9	2		
6	7号–25	14.5	泥岩	4	29		14	26	9	18		
7	7号–26	5.0	泥岩	7	31		13	18	8	23		
8	7号–26	6.9	泥岩	3	21		10	13	6	46		
4–3	7号–26	10.0	泥岩	3	43		18	21	7	9		
9	7号–26	11.0	泥岩	5	31		12	27	11	13		
1–1	7号–31	12.0	泥岩	3	23		13	23	8	30		
10	7号–31	12.5	泥岩	3	16		7	19	5	46	4	
11	7号–31	13.4	泥岩	2	3		3	2	1	3	4	83

2. 含膏泥岩溶蚀洞穴分布特征

（1）典型工程Ⅰ：场地基桩施工过程中发现桩孔内泥岩结构裂隙发育，岩土破碎，并发育大量的溶蚀空洞，施工勘察共钻孔 167 个，可见空洞钻孔共 99 个，见洞率为 59.3%。

钻孔经全景摄像孔壁的岩状及结构（表 7.9–11）。通过对全景图像的逆变换算还原真实的钻孔孔壁，形成钻孔孔壁的数字柱状三维图像。

钻孔壁成像解释成果图表 **表 7.9–11**

孔深位置（m）		地质现象	备注
起点（m）	终点（m）		
8.00	9.10	其他弱结构面	
9.22	10.18	溶蚀面	轻微溶蚀
10.57	10.98	溶蚀面	轻微溶蚀
11.35	11.57	溶蚀面、弱结构面	轻微溶蚀
12.27	12.35	溶蚀面	严重溶蚀
12.45	12.63	溶蚀面	严重溶蚀
13.07	13.18	溶蚀面	轻微溶蚀
13.43	13.77	溶蚀面	严重溶蚀
14.03	14.41	溶蚀面	轻微溶蚀
14.86	15.10	溶蚀面	轻微溶蚀
16.41	16.62	溶蚀面	严重溶蚀
17.75	17.88	其他弱结构面	

空洞数量累计 142 个，空洞不明显的记录 25 处；此外部分有漏水、掉钻等。主要集中在 6m 深基坑下 5 ～ 15m 范围内强风化层，占空洞总数 87%；洞径在 2 ～ 4m 之间，小于 2m 的空洞约占 73.74%，小于 3m 的空洞占 85.86%，小于 4m 的空洞占 93.94%。

（2）典型工程Ⅱ：在勘察钻探过程中多个钻孔发现泥岩中发育有溶蚀空洞（图 7.9–1 ～图 7.9–2）。

图 7.9–1　某钻孔岩芯

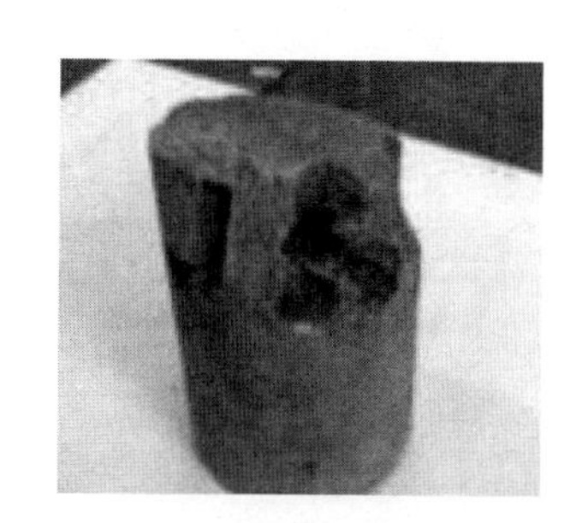

图 7.9–2　某钻孔岩芯溶蚀空洞

3. 含膏泥岩岩体浸水试验

为深入分析与评价含膏泥岩与环境水的相互作用进行了浸水模拟试验，主要研究在静水环境下，含膏岩体中可溶成分流失程度及其对环境水腐蚀性的影响。分别进行：(1) 不同深度含膏泥岩蒸馏水环境浸泡（静态）21d 过程中环境水腐蚀性的变化规律试验；(2) 配置硫酸水（pH 值 1.09）、碳酸水（pH 值 8.56）和蒸馏水三类环境水，浸泡（静态）含膏泥岩 6 个月，分析其形成的环境水中 pH 值（环境水中酸碱度）和电导率（环境水中矿化度）的变化规律试验。

(1) 浸水 21d。在典型工程 I 取不同深度含膏泥岩试样，浸泡在蒸馏水中 21d，每 7d 取水样一次进行水质分析同时测试其 pH 值和电导率。浸泡后溶液的 SO_4^{2-}(mg/L) 浓度随深度变化曲线表明，随着试样深 1 度的增加，环境水中的硫酸根离子浓度变化显著，尤以深度 34m 处的四号试样其硫酸离子浓度大于 1500mg/L 达到了弱腐蚀程度，说明深处岩体中的石膏含量显著增加，可能引起的环境水腐蚀问题更加严重。

四种试样溶液的矿化度也出现了显著的变化，尤以四号试样可溶成分流失严重，使得原来的蒸馏溶液的矿化度显著增加，虽未达到腐蚀标准，但可能对岩石的结构和强度产生影响。

环境水 pH 值（图 7.9–3)、硫酸根离子浓度（图 7.9–4)、电导率（图 7.9–5)、矿化度（图 7.9–6）等测试参数随着浸泡时间的变化，呈现出缓和趋势。

各项试验结果都表明，浸泡初期蒸馏水水质参数变化显著而剧烈，7d 后，水质参数逐渐趋于稳定，但与 7d 时的参数值相差不大。

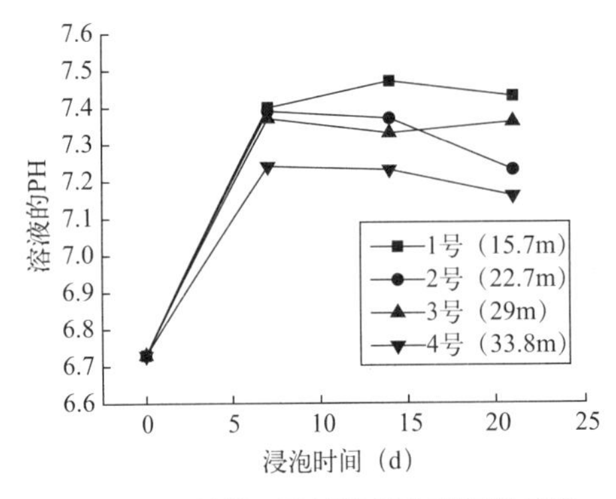

图 7.9–3　溶液 pH 值随浸泡时间的变化

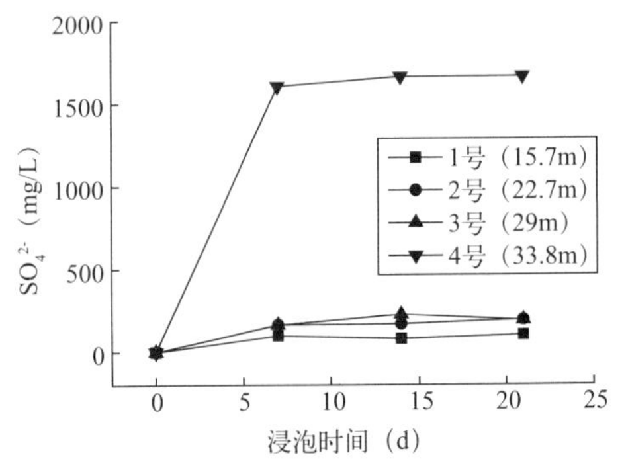

图 7.9–4　溶液 SO_4^{2-}浓度随浸泡时间的变化

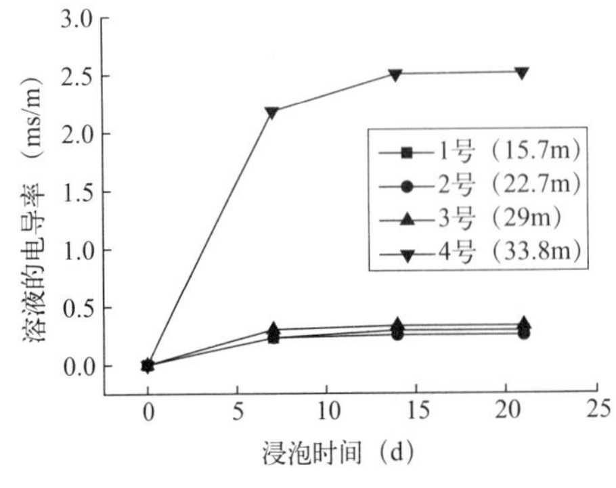

图 7.9–5　溶液电导率随时间变化

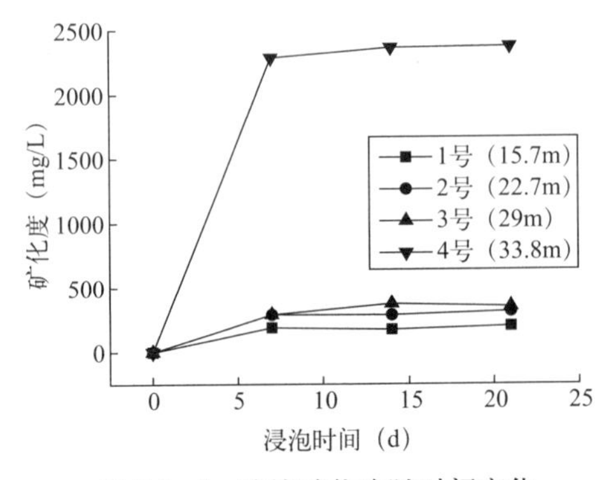

图 7.9–6　溶液矿化度随时间变化

（2）浸水 6 个月。图 7.9–7 是岩样浸泡 6 个月后试验结果。图 7.9–7a 为岩样浸泡试验装置，图 7.9–7b 为浸泡 6 个月的岩样。

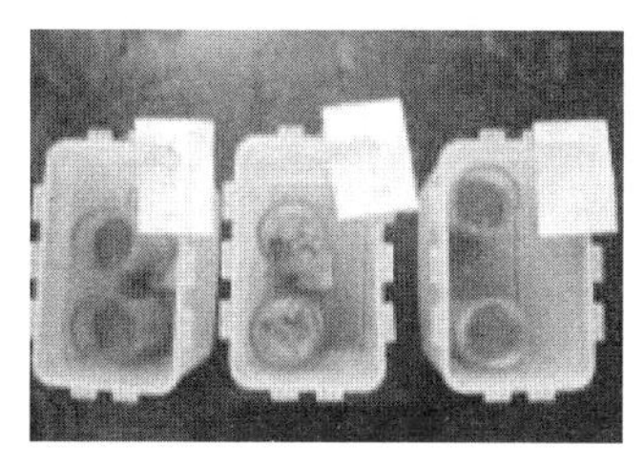

a. 岩样浸泡试验装置

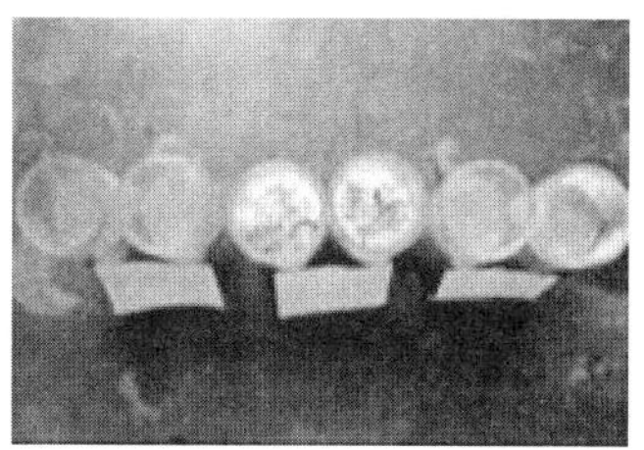

b. 岩样浸泡后试验结果

图 7.9–7 浸泡试验

观察发现，蒸馏水浸泡试样表面变化不明显；硫酸水浸泡试样表面变化明显，岩样表面出现白色石膏硬壳，并有明显的鼓胀现象，表面细粒成分流失，颗粒松散，腐蚀厚度约 1 ～ 2cm；碳酸水浸泡试样表面零星白色晶体为碳酸钙。试验结果表明，在蒸馏水作用下化学效应不明显，在酸性环境水的浸泡下化学效应显著，在碳酸水作用下肉眼可以观察到化学效应现象。

4. 含膏岩体溶蚀试验

对成南高速、达成铁路等地段的现场调查，图 7.9–8a 公路路堤边坡挡墙排水孔中结晶析出的白色碳酸钙固体，几十个排水孔均出现了类似的堵塞现象；图 7.9–8b 铁路隧道附近岩石边坡表面渗流结晶出的白色条带，经现场鉴别为白色芒硝和石膏；图 7.9–8c 公路涵洞顶板渗出碳酸钙晶体，已形成小型的钟乳石；图 7.9–8d 公路涵洞地面的碳酸钙固体，打开后呈现结核状。

调查表明，在长期水的溶解、淋蚀、渗流等作用下，泥岩中的易溶盐、石膏、碳酸钙等成分均出现了不同程度的流失、溶蚀现象；淋溶作用使边坡表面的石膏层被溶蚀殆尽，岩体呈中至强风化状态。

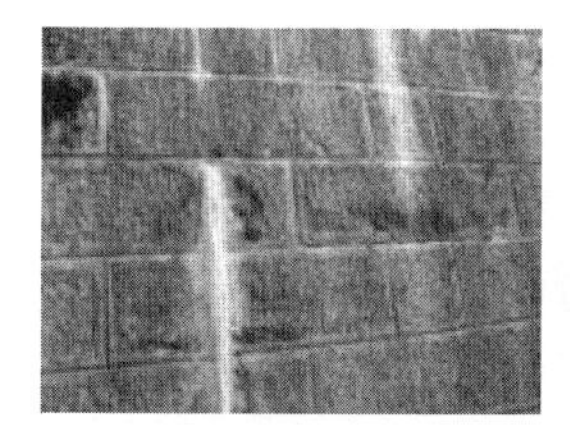

a. 排水管中碳酸钙粉末

b. 岩层中渗出芒硝和石膏

c. 涵洞顶板渗出碳酸钙晶体

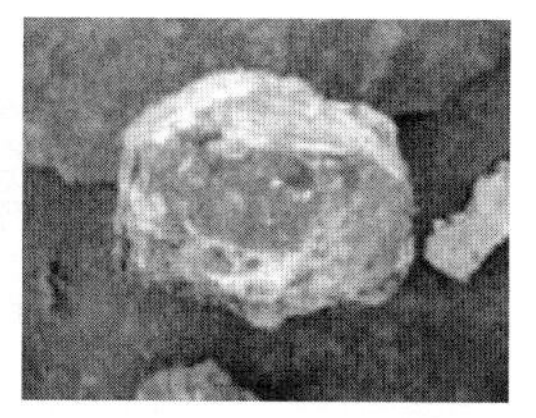

d. 涵洞地面碳酸钙固体

图 7.9–8 溶蚀效应现场调查

对应室内试验结果表明（图 7.9–9），泥岩遇到酸性溶液腐蚀严重，图 7.9–9a 为被 5mol/l 硫酸腐蚀后，在没有打开有机玻璃管可以看到试样两端呈现明显的松散状态，管壁附着细粒的黏粒粉末；图 7.9–9b 为打开有机玻璃管后的状态，试样的腐蚀从端部逐渐向内部侵蚀，试样端部松散，孔隙大，结构疏松，中部有少部分仍保留原岩状态（缘于因硫酸量较少而未与岩石完全反应）；室内试验结果重现了现场调查现象，表明泥岩在酸性水环境中将会产生显著的溶蚀现象。

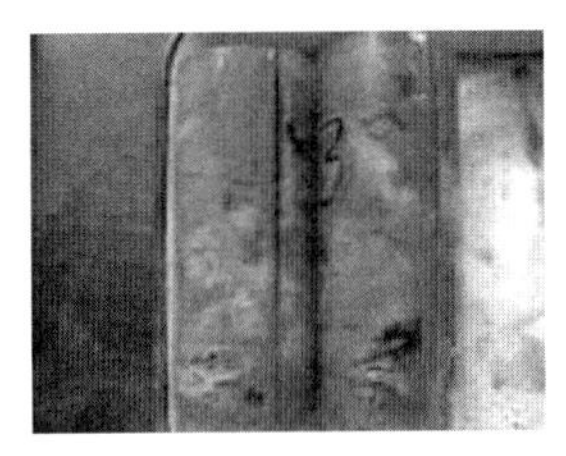

a. 硫酸溶液腐蚀后岩样

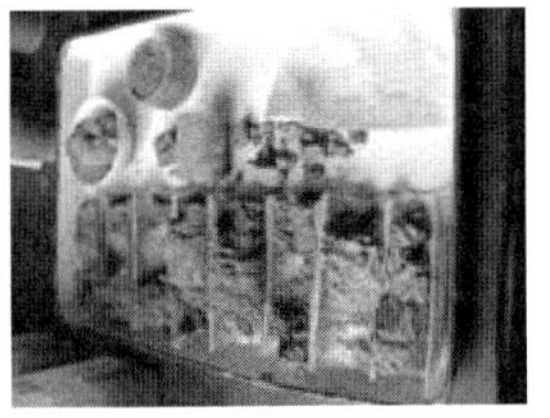

b. 腐蚀后状态

图 7.9-9　室内溶蚀试验结果

五、工程利用

目前，由中建西勘院发明的软岩大直径（直径大于 0.80m）素混凝土桩复合地基在成都地区已拥大量成功的工程实例，但是对于软岩大直径素混凝土桩复合地基承载特性与承载机理的研究还并不多见，特别是其沿用现行规范复合地基设计理论的合理性等问题缺乏深入的研究[3-7]。为此，对某工程软岩采用大直径素混凝土桩复合地基中的素混凝土桩桩身轴力和桩间土应力进行了长期的现场测试，以分析桩—土中的应力分布特征、复合地基顶面桩—土荷载分担比例及复合地基中荷载传递过程。

测试项目为地上 34 层、地下 2 层的框架—剪力墙结构，筏形基础，设计基底压力约 700kPa。基底地层为强风化泥岩和中风化泥岩，基础置于强风化泥岩上。采用大直径素混凝土桩正方形布桩，桩径 1.1m，桩中心间距 2.3m，桩端进入中风化泥岩 0.5m，桩身混凝土强度等级为 C20，基底下设置厚 300mm 碎石褥垫层。场地内地层结构及布桩示意剖面图 7.9-10。

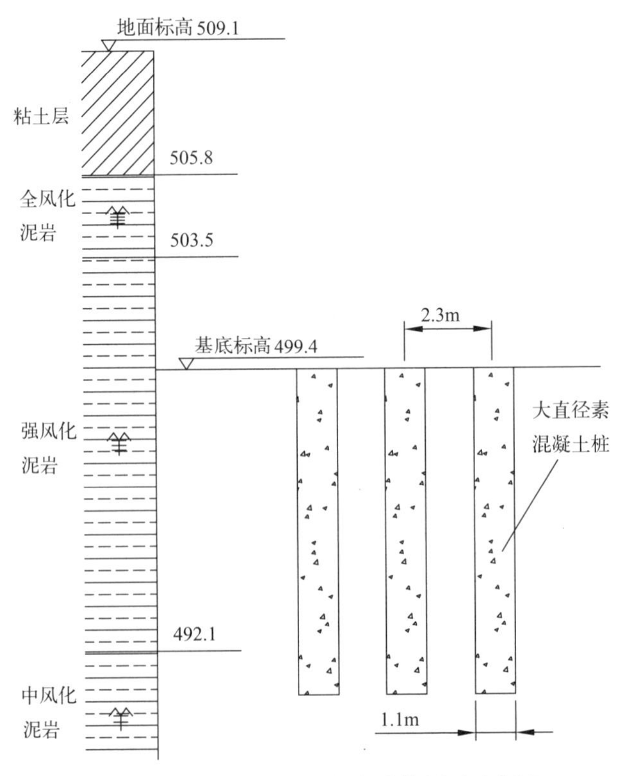

图 7.9-10　地层结构及复合地基剖面示意图

1. 桩身轴力测试结果

根据施工过程中桩顶压力盒与桩身应变计测试结果，代表性 22 号、77 号桩身轴力随楼层变化的曲线图 7.9−11 和图 7.9−12。从图中可以看出，桩身轴力随楼层的增多而增大，在桩顶下 2m 范围内桩身轴力从持续增加并达到最大，之后桩身轴力随着深度增加而减小。主体结构封顶后测得桩顶压力分别为 1024kN、1260kN，深度 2m 时桩身轴力最大，分别为 1347kN、1527kN，桩底压力分别为 879kN、581kN。

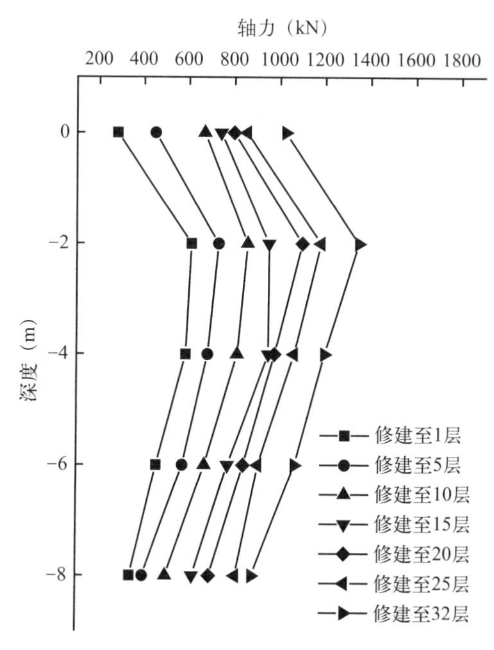

图 7.9−11　22 号桩桩身轴力随楼层变化曲线

图 7.9−12　77 号桩桩身轴力随楼层变化曲线

2. 桩间土应力测试结果

根据施工过程中桩间土压力测试结果，绘制出随楼层变化的桩间土应力曲线图 7.9−13、图 7.9−13。图 7.9−13 中 1 号和 3 号压力盒与桩中心距离为 0.6m，5 ~ 7 号压力盒与桩中心距离为 1.15m；主体结构封顶后，1 号和 3 号压力盒测得的桩间土应力在 170 ~ 200kPa 之间，5 ~ 8 号压力盒测得的桩间土应力在 470 ~ 540kPa 之间。图 7.9−14 中 1 ~ 3 号压力盒与桩中心距离约 0.85m，5 ~ 8 号压力盒与桩中心距离约 1.98m；主体结构封顶后，1 ~ 3 号压力盒测得的桩间土应力在 160 ~ 176kPa 之间，5 ~ 8 号压力盒测得的桩间土应力在 321 ~ 526kPa 之间。

3. 软岩大直径素混凝土桩复合地基承载特性分析

软岩大直径素混凝土桩复合地基桩身轴力测试结果表明，桩身轴力随着深度的增加呈现出先增大后减小的特征，即软岩大直径素混凝土桩复合地基与一般的刚性桩复合地基承载机理基本相同，其设计可以沿用现行规范复合地基设计理论。

软岩大直径素混凝土桩复合地基基底应力测试结果表明，桩间土应力随着与桩中心距离的增大而增大。从桩—土应力比随楼层的变化曲线图 7.9−15 可以看出，随着楼层的增加，桩—土应力比变化大致表现为先增大后逐渐趋于稳定的规律；桩—土应力比基本在 3 ~ 4.5

之间，表明软岩大直径素混凝土桩复合地基中对桩间土（软岩）的承载力利用较为充分。

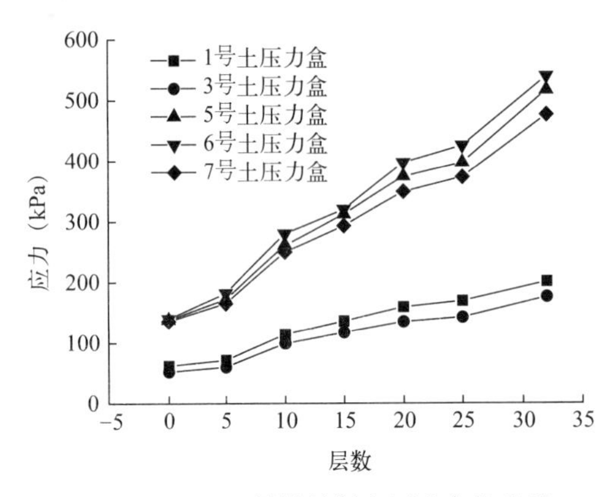

图 7.9–13　22 号桩桩间土压力变化曲线

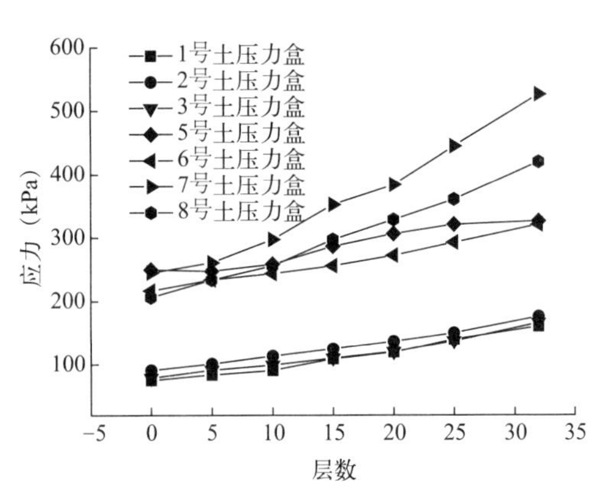

图 7.9–14　77 号桩桩间土压力变化曲线

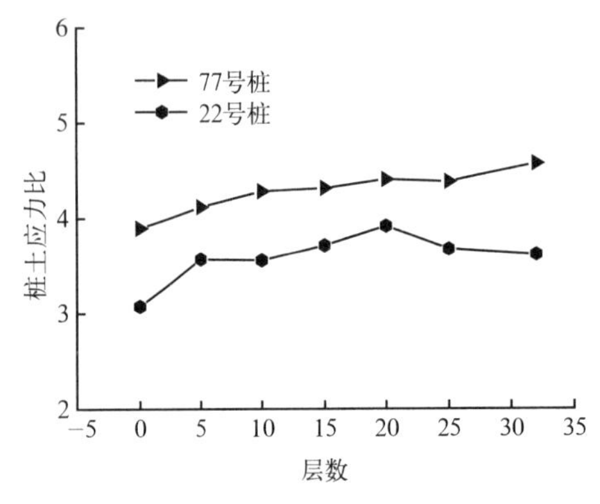

图 7.9–15　桩土应力比随楼层变化曲线

六、结论

通过系列试验和现场测试，获得成都地区泥岩的工程特性和利用经验。

1. 强风化泥岩饱和抗压强度 0.59 ~ 1.95 MPa，软化系数 0.13 ~ 0.22；中等风化泥岩饱和抗压强度 2.09 ~ 5.56MPa，软化系数 0.15 ~ 0.33；微风化泥岩饱和抗压强度 5.0 ~ 13.3 MPa，软化系数 0.19 ~ 0.50，均属于极软岩和软化岩石。

2. 强风化泥岩天然抗剪强度指标：内摩擦角 30.2°、黏聚力 200kPa，饱和抗剪强度指标：内摩擦角 26.0°、黏聚力 130kPa；中风化泥岩天然抗剪强度指标：内摩擦角 35.2°、黏聚力 340kPa，饱和抗剪强度指标：内摩擦角 29.7°、黏聚力 190kPa；微风化泥岩天然抗剪强度指标：内摩擦角 37.7°、黏聚力 550kPa，饱和抗剪强度指标：内摩擦角 33.3°、黏聚力 330kPa。

3. 强风化泥岩点荷载强度为 1.24 MPa，中风化泥岩点荷载强度为 3.9MPa，微风化泥岩点荷载强度为 12.9MPa。

4. 中风化泥岩岩体波速均值为 2767.5m/s，岩块波速均值为 3304.8m/s，完整性指数为 0.65 ~ 0.70；微风化泥岩岩体波速均值为 3002.5m/s，岩块波速均值为 3524.4m/s，完整性指数 0.72 ~ 0.74。

5. 场地岩土和环境水具有弱至中等的腐蚀性，尤其是含膏泥岩及其环境水的腐蚀性显著增强，对深基础结构强度将产生重要影响，应采取必要的防腐措施，或避让富含石膏层位。

6. 基坑开挖形成局部地下水的径流条件，使得含膏红层岩土赋存水环境剧烈变化，浸泡、流动侵蚀等作用强烈，将导致环境水腐蚀性增强、岩土强度降低等，应采取预防措施。

7. 软岩大直径素混凝土桩复合地基承载机理与一般刚性桩复合地基承载机理相似，在基底压力的作用下，复合地基中桩间土（软岩）可以承担部分基底荷载，并可沿用现行规范复合地基设计理论。

参考文献

[1] 建筑地基基础设计规范 GB 50007－2011 [S].

[2] 建筑地基处理技术规范 JGJ 79－2012[S].

[3] 龚晓南 . 广义复合地基理论及工程应用 [J]. 岩土工程学报，2007，29（1）：1－12.

[4] 王丽娟 . 成都地区大直径素混凝土桩复合地基受力特性研究 [D]. 成都：西南交通大学，2013.

[5] 闫明礼，张东刚 . CFG 桩复合地基技术及工程实践 [M].

[6] 陈耀光，连镇营，彭芝平，杨军 . 大直径桩复合地基的工程实践 [J]. 建筑科学，2006，22（5）：66 ～ 67.

[7] 彭柏兴，刘颖炯，王星华 . 红层软岩地基承载力研究 [J]. 工程勘察，2008（S1）：65 ～ 69.

第八篇　附录篇

科学的灾情报告统计，为相关决策提供了有效的依据和参考，对于我们今天的建筑防灾减灾工作具有重要的借鉴意义。面对近年来我国自然灾害频发的严峻趋势，为及时、客观、全面地反映自然灾害损失及救灾工作开展情况，基于住房和城乡建设部、民政部和国家统计局等相关部门发布的灾害评估权威数据，本篇主要收录了住房和城乡建设部抗震防灾 2014 年工作总结和 2015 年工作要点，民政部、国家减灾办发布的 2015 年全国自然灾害基本情况、2015 年全国十大自然灾害事件。此外，2015 年度内建筑防灾减灾领域的研究、实践和重要活动，以大事记的形式进行了总结与展示，读者可简洁阅读大事记而洞察我国建筑防灾减灾的总体概况。

1. 建筑防灾机构简介

一、住房和城乡建设部防灾研究中心

1. 中心简介

住房和城乡建设部防灾研究中心（以下简称防灾中心）1990 年由建设部批准成立，机构设在中国建筑科学研究院。防灾中心以该院的工程抗震研究所、建筑防火研究所、建筑结构研究所、地基基础研究所、建筑工程软件研究所的研发成果为依托，主要任务是研究地震、火灾、风灾、雪灾、水灾、地质灾害等对工程和城镇建设造成的破坏情况和规律，解决建筑工程防灾中的关键技术问题；推广防灾新技术、新产品，与国际、国内防灾机构建立联系，为政府机构行政决策提供咨询建议等。

目前，防灾中心设有综合防灾研究部、工程抗震研究部、建筑防火研究部、建筑抗风雪研究部、地质灾害及地基灾损研究部、灾害风险评估研究部、防灾信息化研究部、防灾标准研究部。

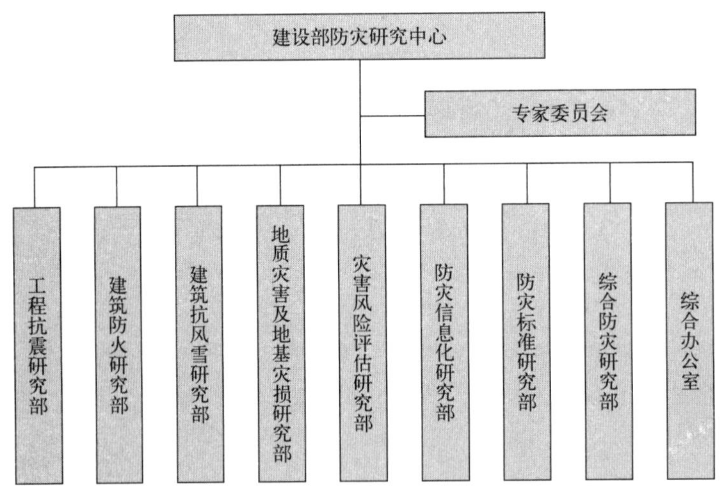

图 1　防灾研究中心组织机构图

近年来，防灾中心紧紧围绕促进科技发展，提高创新能力，增强核心竞争力，继续保持在全国建筑防灾减灾领域的领先地位，在“十一五”国家科技支撑项目、863 项目、973 项目、国家自然科学基金项目、科研院所科技开发专项和标准规范项目、国家重点实验室建设等方面开展了有效的工作。截至 2015 年，中心累计共完成科研成果 130 余项，完成标准规范制修订项目等 140 余项，其中国家和行业标准制修订项目 80 项，荣获国家科技进步奖、国家自然科学奖、全国科学大会奖等 40 余项，为推动我国建筑防灾减灾事业的科技进步作出了应有的贡献。

2. 防灾中心主要任务

(1)开展涉及建筑的震灾、火灾、风灾、地质灾害等的预防、评估与治理的科学研究工作；

(2)开展标准规范的研究工作，参与相关标准规范的编制和修订；

(3)协助住房和城乡建设部进行重大灾害事故的调查、处理；

(4)协助建设部编制防灾规划，并开展专业咨询工作；

(5)编写建筑防灾方面的著作、科普读物等；

(6)协助建设部收集与分析防灾减灾领域最新信息，编写建筑防灾年度报告；

(7)召开建筑防灾技术交流会，开展技术培训，加强国际科技合作。

3. 防灾中心各机构联系方式

机构名称	电话	传真	邮箱
综合防灾研究部	010－64517751	010－84273077	bfr@dprcmoc.cn
工程抗震研究部	010－64517202 010－64517447	010－84287481 010－84287685	eer@dprcmoc.cn
建筑防火研究部	010－64517751	010－84273077	bfr@dprcmoc.cn
建筑抗风雪研究部	010－64517357	010－84279246	bws@dprcmoc.cn
地质灾害及地基灾损研究部	010－64517232	010－84283086	gdr@dprcmoc.cn
灾害风险评估研究部	010－64517315	010－84281347	dra@dprcmoc.cn
防灾信息化研究部	010－64693468	010－84277979	idp@dprcmoc.cn
防灾标准研究部	010－64517856	010－64517612	dps@dprcmoc.cn
综合办公室	010－64517305	010－84273077	office@dprcmoc.cn

4. 防灾中心机构与专家委员会成员

住房和城乡建设部防灾研究中心主要领导名单

姓名	职务／职称	工作单位
主任		
王清勤	教授级高工	住房和城乡建设部防灾研究中心
副主任		
李引擎	研究员	住房和城乡建设部防灾研究中心
王翠坤	研究员	住房和城乡建设部防灾研究中心
黄世敏	研究员	住房和城乡建设部防灾研究中心
高文生	研究员	住房和城乡建设部防灾研究中心
总工程师		
金新阳	研究员	住房和城乡建设部防灾研究中心

住房和城乡建设部防灾研究中心专家委员会委员名单

姓名	职务 / 职称	工作单位
主任		
李引擎	研究员	住房和城乡建设部防灾研究中心
副主任		
金新阳	研究员	住房和城乡建设部防灾研究中心
宫剑飞	研究员	住房和城乡建设部防灾研究中心
综合防灾		
王佳	教授	北京建筑大学
张靖岩	主任 / 研究员	住房和城乡建设部防灾研究中心
金路	教授级高工	北京城建设计研究院
夏令操	教授级高工	北京市建筑设计研究院
黄晓家	教授级高工	中元国际工程设计研究院
程志军	处长 / 研究员	住房和城乡建设部防灾研究中心
杜翠凤	教授	北京科技大学
苗启松	副总工 / 研究员	北京市建筑设计研究院
黄友谊	副总建筑师 / 研究员	中国建筑技术集团有限公司
穆为	副总工程师 / 高工	华东建筑设计研究总院第一结构设计院
吕振纲	副所长 / 研究员	中国建筑科学研究院
建筑防火		
白孝林	总经理	四川普瑞救生设备有限公司
李宏文	研究员	中国建筑科学研究院
邱仓虎	研究员	中国建筑科学研究院
张向阳	研究员	中国建筑科学研究院
陈南	教授	中国人民武装警察学院
赵克伟	高工	北京市消防局
韩林海	教授	清华大学
王广勇	副主任 / 高工	住房和城乡建设部防灾研究中心
刘文利	主任 / 研究员	中国建筑科学研究院
孙旋	主任 / 高工	住房和城乡建设部防灾研究中心
纪杰	副教授	中国科学技术大学
沈纹	处长	公安部消防局
季广其	研究员	国家建筑工程质量监督检验中心
郑实	副总建筑师 / 教授级高工	北京建筑设计研究院有限公司
仝玉	高工	中国建筑科学研究院

续表

姓名	职务 / 职称	工作单位
工程抗震		
马东辉	教授	北京工业大学
叶列平	教授	清华大学
吕西林	教授	同济大学
杨沈	主任 / 研究员	住房和城乡建设部防灾研究中心
郑文忠	副院长 / 教授	哈尔滨工业大学
唐曹明	副主任 / 研究员	住房和城乡建设部防灾研究中心
黄世敏	副总工程师 / 研究员	住房和城乡建设部防灾研究中心
程绍革	副所长 / 研究员	中国建筑科学研究院
曾德民	副所长 / 研究员	中国建筑标准研究院
薛彦涛	研究员	中国建筑科学研究院
朱炳寅	副总工	中国建筑设计研究院
刘航	副主任 / 研究员	北京市建筑科学研究院
杨润林	副教授	北京科技大学
曹万林	教授	北京工业大学
潘鹏	教授	清华大学
吴保光	教授级高工	北京筑福国际工程技术有限责任公司
杨涛	技术副总	北京筑福国际工程技术有限责任公司
抗风雪灾害		
刘庆宽	主任 / 教授	石家庄铁道大学
杨庆山	副院长 / 教授	北京交通大学
肖从真	副总工程师 / 研究员	中国建筑科学研究院
陈凯	主任 / 高工	住房和城乡建设部防灾研究中心
顾明	教授	同济大学
钱基宏	副主任 / 研究员	中国建筑科学研究院
魏庆鼎	教授	北京大学
地基基础		
王曙光	副总工程师 / 研究员	中国建筑科学研究院
孙毅	教授级高工	建设综合勘察研究设计研究院有限公司
张建青	副总工程师 / 研究员	中航勘察设计研究院有限公司
康景文	教授级高工	中国建筑西南勘察设计研究院有限公司
章伟民	教授级高工	中国市政工程西北设计研究院有限公司
衡朝阳	工程部经理 / 研究员	中国建筑科学研究院

续表

姓名	职务 / 职称	工作单位
朱磊	教授级高工 / 副总工程师	黑龙江省寒地建筑科学研究院
刘明保	高工	中国建筑科学研究院
殷跃平	研究员	国土资源部地质灾害应急技术指导中心
李显忠	研究员	中国建筑科学研究院
灾害评估		
朱立新	研究员	住房和城乡建设部防灾研究中心
江静贝	教授级高工	中国建筑科学研究院
周铁钢	主任 / 教授	西安建筑科技大学
葛学礼	研究员	中国建筑科学研究院
潘文	总工 / 教授	昆明理工大学
肖泽南	研究员	中国建筑科学研究院
戴慎志	教授	同济大学
郭小东	副教授	北京工业大学
宋波	教授	北京科技大学
朱伟	副研究员 / 副主任	北京城市系统工程研究中心
信息化		
王毅	副主任 / 研究员	住房和城乡建设部信息中心
杜劲峰	副主任 / 高工	中国建筑第二工程局有限公司
李永录	所长 / 研究员	中冶建筑研究总院有限公司
张健清	教授	顿楷国际物流信息化公司
周耀明	副主任 / 副研究员	中国建筑科学研究院
郭春雨	副主任 / 研究员	住房和城乡建设部防灾研究中心
雷娟	副主任 / 高工	中国建筑科学研究院
袁宏永	教授 / 副院长	清华大学公共安全研究院
房玉东	研究员	安监总局信息中心
翟国方	教授 / 副院长	南京大学
李刚	高级规划师 / 所长	天津城市规划设计研究院
唐海	高工	中国建筑科学研究院
王三明	董事长	南京安元科技股份有限公司
李红臣	副总工程师	国家安全生产监督管理总局通信信息中心
许镇	副教授	北京科技大学

二、国家减灾中心

中华人民共和国民政部国家减灾中心于 2002 年 4 月成立，2009 年 2 月加挂“民政部卫星减灾应用中心”牌。

职能和目标：围绕国家综合减灾事业发展需求，认真履行减灾救灾的技术服务、信息交流、应用研究和宣传培训等职能，为政府减灾救灾工作提供政策咨询、技术支持、信息服务和辅助决策意见。努力将中心建设成为我国减灾救灾工作的信息交流中心、技术服务中心和紧急救援辅助决策中心，发展为减灾领域国内外合作交流的窗口，展示减灾工作的宣传窗口。

主要职责：承担国家减灾委员会专家委员会和全国减灾救灾标准化技术委员会秘书处的日常工作，承担重大减灾项目的规划、论证和组织实施工作；承担“国家自然灾害数据库”和“全国灾情管理信息系统”的建设、维护与管理，负责灾情的收集、整理、分析等工作；负责自然灾害风险评估和灾情预警，承担自然灾害灾情评估及开展重大自然灾害现场调查工作；负责灾害遥感监测、评估和产品服务工作；承担国内外多星资源调度、各级各类遥感数据获取与重大自然灾害遥感应急协调工作；承担“国际减灾宪章”(CHARTER 机制) 工作；承担环境减灾星座的建设、运行与维护，负责卫星业务运行系统的基础设施保障与建设工作；承担灾害现场、信息传输和救灾应急通信技术保障工作，开展减灾救灾装备的研发、应用和推广工作，承担中心业务网站和国家减灾网站的开发、维护和管理；参与有关减灾救灾方针、政策、法律法规、发展规划、自然灾害应对战略和社会响应政策研究；承担 UN–SPIDER 北京办公室和国际干旱减灾中心的日常工作，参与减灾救灾国际交流与合作；承担减灾社会宣传和培训工作，负责《中国减灾》杂志采编和发行工作。

地 址：北京市朝阳区广百东路 6 号院

邮 编：100124

三、国家减灾委员会

国家减灾委员会（简称“国家减灾委”），原名中国国际减灾委员会，2005 年，经国务院批准改为现名，其主要任务是：研究制定国家减灾工作的方针、政策和规划，协调开展重大减灾活动，指导地方开展减灾工作，推进减灾国际交流与合作。国家减灾委员会的具体工作由民政部承担。

国家减灾委专家委员会是国家减灾委员会领导下的专家组织，为我国的减灾工作提供政策咨询、理论指导、技术支持和科学研究。其主要职责包括：对国家减灾工作的重大决策和重要规划提供政策咨询和建议；对国家重大灾害的应急响应、救助和恢复重建提出咨询意见；对减灾重点工程、科研项目立项及项目实施中的重大科学技术问题进行评审和评估；开展减灾领域重点专题的调查研究和重大灾害评估工作；研究我国减灾工作的战略和发展思路；参加减灾委组织的国内外学术交流与合作。

现任国家减灾委专家委员会由 38 位委员和若干位专家组成，分为应急响应、战略政策、风险管理、空间科技与信息、宣传教育和减灾工程 6 个专家组，基本涵盖防灾减灾领域的所有专业，具有广泛的代表性。

国家减灾委专家委员会委员名单

主 任	秦大河	中国科学院院士
副主任	闪淳昌	国务院参事
	史培军	北京师范大学教授
	陈 颙	中国科学院院士
	樊 纲	中国经济体制改革研究基金会教授
	郑功成	中国人民大学教授
名誉顾问	马宗晋	中国科学院院士
	王希季	中国科学院院士
委 员	王 浩	中国工程院院士
	王昂生	中国科学院大气物理研究所研究员
	尹伟伦	中国工程院院士
	卢耀如	中国工程院院士
	刘先林	中国工程院院士
	刘连友	北京师范大学教授
	许志琴	中国科学院院士
	孙九林	中国工程院院士
	李 京	北京师范大学教授
	李立明	中国医学科学院教授
	李泽椿	中国工程院院士
	李德仁	中国科学院院士
	吴孔明	中国农业科学研究院研究员
	位梦华	中国地震局地质研究所研究员
	应松年	国家行政学院法学教研部教授
	宋学家	国家海洋环境预报中心研究员
	张 侃	中国科学院心理研究所研究员
	张秀兰	北京师范大学教授
	陈 军	国家测绘局国家地理信息中心教授
	陈东琪	国家发改委宏观经济研究院研究员
	陈志恺	中国工程院院士
	范一大	民政部国家减灾中心研究员
	范维澄	中国工程院院士
	金一南	国防大学战略教研部研究员
	周锡元	中国科学院院士
	胡鞍钢	清华大学国情研究中心教授
	宫辉力	首都师范大学教授
	姚有志	中国军事科学院研究员
	葛全胜	中国科学院地理科学与资源研究所研究员
	童庆禧	中国科学院院士

四、全国超限高层建筑工程抗震设防审查专家委员会

1. 委员会简介

超限高层建筑工程是指超出国家现行有关规范、规程等技术标准所规定的适用高度和适用结构类型的高层建筑工程，体形特别不规则的高层建筑工程和超长大跨度建筑工程。由于这些结构超出了现行有关规范、规程的适用范围，再用规范规定的相关要求进行设计，势必会带来极大的抗震安全隐患，必须根据建筑物超限的具体情况提出高于规范要求的设计标准，以充分保证建筑物的抗震安全。超限高层建筑暨大跨结构抗震设防专项审查的目的是：加强超限高层建筑工程抗震设防的管理，提高超限高层建筑工程抗震设计的可靠性安全性，保证超限高层建筑工程抗震设防的质量。

全国超限高层建筑工程抗震设防审查专家委员会自 1998 年按照建设部第 111 号部长令的要求成立以来，已历五届。十多年来，在建设行政主管部门的领导下，超限高层建筑工程抗震设防专项审查的法规体系逐步完善，建设部发布了第 59 号及 111 号部长令并列入国务院行政许可范围；出台了相关的委员会章程、审查细则、审查办法和技术要点等文件，明确了两级委员会的工作职责、行为规范、审查程序；建立健全了超限高层建筑工程抗震设防专向审查的技术体系，对规范各地的抗震设防专项审查工作起到了积极的指导作用，使超限高层建筑工程抗震设防专项审查工作顺利进行。截至目前，专家委员会已审查了包括中央电视台新主楼、上海环球金融中心、上海中心、北京国贸三期等地标性建筑在内的几千栋高度 100m 以上的超限高层建筑。

随着建筑高度越来越高、建筑体形、平面布置日趋复杂，特别是来自非地震区、缺乏抗震设计经验的境外设计师所作的体型特别不规则的设计方案，对抗震设计特别不利，所有这些因素都使我们的超限审查面临新的挑战。同时，通过超限高层建筑工程抗震设防专向审查，提高了建筑结构的抗震安全性；促进了建筑工程领域的科技进步，包括推动新材料、新技术、新工艺的发展；为相关规范标准的不断改进提高和修订积累了经验。

全国超限高层建筑工程抗震设防审查专家委员会下设办公室，负责委员会日常工作，办公室设在中国建筑科学研究院工程抗震研究所。以全国超限高层建筑工程抗震设防审查专家委员会名义进行的审查活动由委员会办公室统一组织。

2. 委员会成员

全国超限高层建筑工程抗震设防审查专家委员会第五届委员名单

主任委员		
徐培福	中国建筑科学研究院	研究员
顾问（以姓氏拼音为序）		
崔鸿超	上海中巍结构设计事务所有限公司	教授级高工
方小丹	华南理工大学建筑设计研究院	教授级高工
刘树屯	中国航空规划建设发展有限公司	设计大师
莫庸	甘肃省超限高层建筑工程抗震设防审查专家委员会	教授级高工
容柏生	广东容柏生建筑结构设计事务所	工程院院士、设计大师

顾问（以姓氏拼音为序）		
王立长	大连市建筑设计研究院有限公司	教授级高工
王彦深	深圳市建筑设计研究总院有限公司	教授级高工
魏琏	深圳泛华工程集团有限公司	教授级高工
徐永基	中国建筑西北设计研究院有限公司	教授级高工
袁金西	新疆维吾尔自治区建筑设计研究院	教授级高工
委员（以姓氏拼音为序）		
曹玉生	内蒙古工大建筑设计有限责任公司	教授
曾凡生	中国建筑西北设计研究院有限公司	教授级高工
陈星	广东省建筑设计研究院	教授级高工
戴国莹	中国建筑科学研究院	研究员
戴雅萍	苏州设计研究院股份有限公司	教授级高工
邓小华	重庆市设计院	教授级高工
丁洁民	同济大学建筑设计研究院（集团）有限公司	研究员
丁永君	天津大学建筑设计研究院	研究员
范峰	哈尔滨工业大学	教授
范重	中国建筑设计研究院	教授级高工
方泰生	云南省设计院集团	教授级高工
冯远	中国建筑西南设计研究院有限公司	教授级高工
傅学怡	悉地国际设计顾问（深圳）有限公司	设计大师
甘明	北京市建筑设计研究院有限公司	教授级高工
郭明田	建设综合勘察研究设计院有限公司	教授级高工
郝贵强	河北建伟工程设计咨询有限公司	教授级高工
侯荣军	新疆维吾尔自治区建筑设计研究院	教授级高工
黄锐	甘肃省建筑设计研究院	教授级高工
黄世敏	中国建筑科学研究院	研究员
黄兆纬	天津市建筑设计院	教授级高工
江欢成	上海江欢成建筑设计有限公司	工程院院士、设计大师
金如元	江苏省建筑设计研究院有限公司	教授级高工
柯长华	北京市建筑设计研究院有限公司	设计大师
赖庆文	贵州省建筑设计研究院	研究员
赖忠毅	山西省建筑设计研究院	教授级高工

续表

委员（以姓氏拼音为序）		
李霆	中南建筑设计院股份有限公司	教授级高工
李庆纲	辽宁省建筑设计研究院	教授级高工
李亚明	上海市建筑设计研究院有限公司	教授级高工
李英民	重庆大学	教授
林树枝	厦门市建设与管理局	教授级高工
刘琼祥	深圳市建筑设计研究总院有限公司	教授级高工
娄宇	中国电子工程设计院	设计大师
卢伟煌	福建省建筑设计研究院	教授级高工
吕西林	同济大学	教授
聂建国	清华大学	工程院院士
齐五辉	北京市建筑设计研究院有限公司	教授级高工
钱稼茹	清华大学	教授
任庆英	中国建筑设计研究院	设计大师
任学斌	海南省建筑设计研究院	教授级高工
沈顺高	中国航空规划建设发展有限公司	研究员
沈小克	北京市勘察设计研究院有限公司	勘察大师
沈祖炎	同济大学	工程院院士
施祖元	浙江省建筑设计研究院	教授级高工
陶晞暝	中国建筑西北设计研究院有限公司	教授级高工
汪大绥	华东建筑设计研究院有限公司	设计大师
王俊	中国建筑科学研究院	研究员
王昌兴	北京清华同衡规划设计研究院有限公司	教授级高工
王立军	中冶京诚工程技术有限公司	教授级高工
王亚勇	中国建筑科学研究院	设计大师
吴汉福	中国中元国际工程有限公司	教授级高工
吴一红	中国建筑东北设计研究院有限公司	教授级高工
肖从真	中国建筑科学研究院	研究员
许秋华	江西省建筑设计研究总院	教授级高工
杨德民	河南省城市规划设计研究总院有限公司	教授级高工
杨红卫	吉林省阳光建设工程咨询有限公司	研究员
于海平	山东省建筑设计研究院	研究员

续表

委员（以姓氏拼音为序）		
郁银泉	中国建筑标准设计研究院	设计大师
张建	昆明有色冶金设计研究院股份公司	教授级高工
张惠江	中冶京诚工程技术有限公司	教授级高工
张友亮	中机国际工程设计研究院有限责任公司	教授级高工
章一萍	四川省建筑设计研究院	教授级高工
赵基达	中国建筑科学研究院	研究员
周福霖	广州大学	工程院院士
周建龙	华东建筑设计研究院有限公司	教授级高工
朱兆晴	安徽省建筑设计研究院有限责任公司	教授级高工
朱忠义	北京市建筑设计研究院有限公司	教授级高工
左江	南京市建筑设计研究院有限责任公司	教授级高工

五、全国城市抗震防灾规划审查委员会

1. 委员会简介

为贯彻《城市抗震防灾规划管理规定》（建设部令第117号），做好城市抗震防灾规划审查工作，保障城市抗震防灾安全，建设部于2008年1月决定成立全国城市抗震防灾规划审查委员会。

全国城市抗震防灾规划审查委员会（以下简称“审查委员会”）是在住房和城乡建设部领导下，根据国家有关法律法规和《城市抗震防灾规划管理规定》，开展城市抗震防灾规划技术审查及有关活动的机构。审查委员会第一届委员会设主任委员1名、委员36名，主任委员、委员由建设部聘任，任期3年。审查委员会下设办公室，负责审查委员会日常工作。全国城市抗震防灾规划审查委员会办公室设在中国城市规划学会城市安全与防灾学术委员会，以全国城市抗震防灾规划审查委员会名义进行的活动由审查委员会办公室统一组织。

审查委员会的宗旨是：通过审查委员会的工作，加强对各地城市抗震防灾规划编制工作的指导，提高我国城市抗震防灾规划的编制水平，推动各地城市抗震防灾规划的实施，发挥城市抗震防灾规划对城市合理建设与科学发展的促进作用。

2. 委员会成员

第二届全国城市抗震防灾规划审查委员会组成人员名单

一、主任委员		
陈重	住房城乡建设部	总工程师
二、副主任委员		
苏经宇	北京工业大学	研究员

续表

三、顾问		
叶耀先	中国建筑设计研究院	教授级高工
刘志刚	中国勘察设计协会抗震防灾分会	高级工程师
乔占平	新疆维吾尔自治区地震学会	高级工程师
李文艺	同济大学	教授
张敏政	中国地震局工程力学研究所	研究员
周克森	广东省工程防震研究院	研究员
董津城	北京市勘察设计研究院	教授级高工
蒋溥	中国地震局地质研究所	研究员
四、委员		
于一丁	武汉市城市规划设计研究院	教授级高工
马东辉	北京工业大学	研究员
王正卿	四川省住房和城乡建设厅	高级工程师
王晓云	中国气象局大气探测技术中心	研究员
冯启民	中国海洋大学	教授
叶列平	清华大学	教授
叶燎原	云南工业大学	教授
左美云	中国人民大学	教授
毕兴锁	山西省建筑科学研究院	教授级高工
江静贝	中国建筑科学研究院	教授级高工
乔润卓	石家庄市城市规划设计研究院	教授级高工
任爱珠	清华大学	教授
朱思诚	中国城市规划设计研究院	教授级高工
狄载君	苏州市抗震办公室	教授级高工
苏幼坡	河北省地震工程研究中心	教授
宋波	北京科技大学	教授
汪彤	北京市劳动保护科学研究所	研究员
张久慧	吉林省住房和城乡建设厅	研究员
张耀	西部建筑抗震勘察设计研究院	教授级高工
李刚	天津市城市规划设计研究院	高级规划师
李杰	同济大学	教授

续表

四、委员		
李彪	安徽省建设工程勘察设计院	教授级高工
祁皑	福州大学	教授
辛鸿博	中冶建筑研究总院有限公司	教授级高工
陈龙珠	上海交通大学	教授
范继平	徐州市城乡建设局抗震设防处	高级工程师
陆鸣	中国地震局地壳应力研究所	研究员
罗翔	重庆市规划设计研究院	高级工程师
杨明松	中国城市规划设计研究院	研究员
杨保军	中国城市规划设计研究院	研究员
赵振东	中国地震局工程力学研究所	研究员
金磊	北京市建筑设计研究院	研究员
郭小东	北京工业大学	教授
郭迅	中国地震局工程力学研究所	研究员
葛学礼	中国建筑科学研究院	研究员
韩阳	河南工业大学	教授
谢映霞	中国城市规划设计研究院	研究员
曾德民	中国建筑标准设计研究院	研究员
裴友法	江苏省住房和城乡建设厅	教授级高工
廖河山	厦门市建设与管理局	高级工程师
潘文	昆明理工大学	教授
颜茂兰	四川省建筑科学研究院	教授级高工
戴慎志	同济大学	教授

3. 委员会办公室

（1）办公室主任

马东辉　中国城市规划学会城市安全与防灾规划学术委员会副秘书长、北京工业大学研究员

（2）办公室副主任

谢映霞　中国城市规划学会城市安全与防灾规划学术委员会副秘书长、中国城市规划设计研究院研究员

郭小东　北京工业大学教授

（3）办公室工作电话：010－67392241

六、中国消防协会

中国消防协会是 1984 年经公安部和中国科协批准，并经民政部依法登记成立的由消防科学技术工作者、消防专业工作者和消防科研、教学、企业单位自愿组成的学术性、行业性、非营利性的全国性社会团体。经公安部和外交部批准，中国消防协会于 1985 年 8 月正式加入世界义勇消防联盟。2004 年 10 月正式加入国际消防协会联盟，2005 年 6 月被选为国际消防协会联盟亚奥分会副主席单位。公开出版的刊物:《中国消防》（半月刊）、《消防技术与产品信息》(月刊)、《消防科学与技术》(双月刊)、《中国消防协会通讯》(内部刊物)。2006 年 4 月，召开了第五次全国会员代表大会，选举孙伦为第五届理事会会长。

下属分支机构包括：

学术工作委员会、科普教育工作委员会、编辑工作委员会

建筑防火专业委员会、石油化工防火专业委员会、电气防火专业委员会、森林消防专业委员会、消防设备专业委员会、灭火救援技术专业委员会、火灾原因调查专业委员会

耐火构配件分会 消防电子分会 消防车、泵分会 防火材料分会 固定灭火系统分会

专家委员会

2. 住房城乡建设部抗震防灾 2014 年工作总结和 2015 年工作要点

住房和城乡建设部办公厅

建办质 [2015]7 号

住房城乡建设部办公厅关于印发抗震防灾 2014 年工作总结和 2015 年工作要点的通知

各省、自治区住房城乡建设厅，直辖市建委，新疆生产建设兵团建设局：

现将《住房城乡建设部抗震防灾 2014 年工作总结和 2015 年工作要点》印发给你们，请结合本地实际安排好今年抗震防灾工作。

中华人民共和国住房和城乡建设部办公厅

2015 年 3 月 2 日

一、2014 年主要工作

2014 年，我国内地共发生 22 次 5 级以上地震，略高于历史年均水平，其中新疆于田 7.3 级、云南鲁甸 6.5 级、景谷 6.6 级和四川康定 6.3 级地震造成较大人员伤亡和财产损失。按照国务院统一部署，我部切实抓好城乡建设抗震防灾管理，开展了以下工作。

（一）加强法规制度和标准体系建设。

一是开展《建设工程抗震管理条例》起草研究。二是修订《房屋建筑工程抗震设防管理规定》和《市政公用设施抗灾设防管理规定》。三是研究起草《城乡建设防灾减灾“十三五”规划》，完成框架草案。四是研究建立震害调查制度，完成《房屋建筑震害调查管理办法》、《房屋建筑震害调查示范文本》初稿。五是批准发布《工业企业电气设备抗震鉴定标准》、《构筑物抗震鉴定标准》、《约束砌体与配筋砌体结构技术规程》和《建筑机电工程抗震设计规范》，组织《村镇建筑抗震鉴定与加固技术规程》、《非结构构件抗震设计规程》、《建筑抗震设计规范》和《城市社区应急避难场所建设标准》制订或修订。

（二）加强新建建筑抗震设防。

一是开展全国超限高层建筑工程抗震设防审查专家委员会换届工作，完成《超限高层建筑工程抗震设防专项审查技术要点》、《全国超限委抗震设防专项审查办法》、《超限高层建筑工程施工图设计文件审查要点》征求意见稿，组织研发超限审查信息平台。二是继续在轨道交通工程质量安全检查中对重大市政公用设施抗震专项论证情况进行督查。三是印发《关于房屋建筑工程推广应用减隔震技术的若干意见（暂行）》，完成《减隔震工程质量管理办法》、《减隔震工程质量检测机构条件和检测要求》、《隔震工程标识》、《隔震工程使用说明书示范文本》初稿，组织减隔震技术推广应用现场会。

（三）推进既有建筑抗震设防。

一是使用中央补助资金 230 亿元，支持全国 266 万贫困农户改造危房，推动农房结构优化，提升建筑质量和抗震性能。二是会同发展改革委下达中央预算内投资 4 亿元，专项用于喀什市老城区危旧房改造配套基础设施建设等。三是会同有关部门测算全国 7 度以上地震活跃地区抗震设防不达标农房数量，提出统筹实施农房抗震改造的意见。

（四）强化城市综合防灾。

一是组织编制《防灾避险公园规划设计导则》、《海绵型城市建设技术指南》，指导各地推进防灾避险公园、集雨型绿地建设，完善绿地防灾避险、蓄洪排涝综合功能。二是组织《城市防地质灾害规划规范》、《城市抗震防灾规划标准》、《城市地下空间规划规范》、《城市工程管线综合规划规范》制订或修订。

（五）积极应对地震灾害。

一是对年内多次破坏性地震均及时启动应急响应，协调人员、技术和物资保障，配合、指导地方开展震后房屋建筑安全应急评估、抢险抢修抢通、应急供水、生活及建筑垃圾处理等工作。二是组织农房建设和村镇规划专家现场指导灾区农房重建和规划编制，印发《住房城乡建设部关于做好鲁甸地震灾区农房重建工作意见的函》，支持开展农村建筑工匠和村镇规划编制培训。三是研究起草《房屋建筑震后安全应急评估技术指南》、《房屋建筑震后安全应急评估管理办法》，组织国家震后房屋建筑应急评估专家队以及地震高烈度区有关专家的技术培训。

二、2015 年工作要点

2015 年，我部将继续以法规和标准体系建设为核心，以新建工程抗震设防为重点，推进农村危房改造和城市抗震防灾规划编制，推动城市抗震危房加固改造，强化震后应急制度建设，进一步提高工程抗震能力、城市抗震防灾能力和地震应急处置能力。

（一）继续加强法规制度和标准体系建设。

一是编制《城乡建设防灾减灾“十三五”规划》。二是做好《建设工程抗震管理条例》研究起草工作。三是初步建立震害调查制度，出台《房屋建筑震害调查管理办法》和《房屋建筑震害调查示范文本》。四是进一步梳理我国抗震防灾技术标准体系，修订《镇（乡）村建筑抗震技术规程》。

（二）继续加强新建工程抗震设防管理。

一是加强震后恢复重建工作，支持云南省地震灾区棚户区改造和公共租赁住房建设。二是继续实施农村危房改造，统筹实施农房抗震改造，指导和督促各地完善分类补助标准，加强质量安全技术指导与监管。三是加强超限工程抗震设防专项审查管理，启用超限审查信息平台，出台《超限高层建筑工程抗震设防专项审查技术要点》，更新全国市政公用设施抗震专项论证专家库。四是加强减隔震工程管理，制定减隔震工程质量检测机构条件和检测要求，出台《隔震工程标识》、《隔震工程使用说明书示范文本》，建立减隔震工程库和减隔震专家库，开展典型减隔震工程案例研究。

（三）继续加强城市抗震防灾规划编制工作。

一是在国务院审批城市总体规划工作中加强有关城市抗震设防等规划内容的审查，严格抗震防灾标准。二是完善城市地下空间规划编制办法和相关规范，提高城市防灾设施水平。三是指导地方在城市规划编制工作中完善并落实城市抗震防灾、应急避难等相关规划标准要求。四是推动城市防灾避险公园建设，提升城市绿地系统防灾避险功能。

（四）继续加强地震应急处置能力建设。

出台《房屋建筑震后安全应急评估技术指南》、《房屋建筑震后安全应急评估工作管理办法》，指导各地做好应急评估的物资和技术储备。

3. 民政部国家减灾办发布 2015 年全国自然灾害基本情况

近日，民政部、国家减灾委员会办公室会同工业和信息化部、国土资源部、交通运输部、水利部、农业部、卫生计生委、统计局、林业局、地震局、气象局、保监会、海洋局、总参谋部、总政治部、中国红十字会总会、中国铁路总公司等部门对 2015 年全国自然灾害情况进行了会商分析。经核定，2015 年，各类自然灾害共造成全国 18620.3 万人次受灾，819 人死亡，148 人失踪，644.4 万人次紧急转移安置，181.7 万人次需紧急生活救助；24.8 万间房屋倒塌，250.5 万间不同程度损坏；农作物受灾面积 21769.8 千公顷，其中绝收 2232.7 千公顷；直接经济损失 2704.1 亿元。

综合来看，2015 年全国灾情总体偏轻。与 2014 年相比，因灾死亡失踪人口、倒塌房屋数量偏少 4 成以上；与 2000 ~ 2014 年均值（不含 2008 年）相比，倒塌房屋数量偏少 8 成以上、因灾死亡失踪人口偏少 6 成以上。

2015 年，全国自然灾害主要呈现以下特点：

一是灾害发生频次偏少，灾情总体明显偏轻。2015 年，全国 31 个省（自治区、直辖市）的近 2500 个县（市、区）不同程度受到自然灾害影响，受灾县数约占全国县级行政区总数的 90%，与 2009 年以来基本持平，但灾害发生频次为 2009 年以来次低值（2014 年为最低值），其中东北、西南和西北地区为最低值。2015 年全国灾情较常年明显偏轻，受灾人口、因灾死亡失踪人口、农作物受灾面积、倒损房屋数量均为 2000 年以来最低值。与 2009 年以来同期相比，国家扶贫开发重点县因灾死亡失踪人口为次低值（2011 年为最低值），其余主要灾情指标均为最低值；全国九大农区县（市）农作物受灾面积和绝收面积均为最低值；全国经济区县直接经济损失减少 2 成以上。

二是南涝北旱格局显著，受灾地区较为集中。2015 年全国降水量时空差异明显，呈“南多北少”态势。汛期全国共出现 36 次强降水过程，其中南方地区 33 次，福建福州、贵州长顺和江苏常州等地日降水量达到或突破历史极值，上海、南京、深圳、武汉等多个大中城市发生严重内涝。此外，11 月中旬，江南、华南强降水天气过程导致江西、湖南和广西 3 省（自治区）遭遇罕见冬汛，逾百万人受灾。据统计，安徽、福建、江西、湖北、湖南、广西、四川、贵州和云南 9 省（自治区）洪涝和地质灾害损失较重，人员受灾和房屋倒损情况以及直接经济损失均占全国总数的 60% 以上。2015 年，我国旱情发展主要经历了冬春旱和夏伏旱两个阶段，其中冬春旱主要发生在河北、河南、山西、山东、陕西、甘肃等北方冬麦区，夏伏旱主要发生在内蒙古、辽宁、吉林、河北、山西、山东等北方地区。据统计，河北、山西、内蒙古、辽宁和山东 5 省（自治区）灾情较重，农作物受灾面积、绝收面积占全国总数的 60% 以上。

三是地震活动水平不高，西藏新疆受灾较重。2015 年，我国大陆地区共发生 5 级以上地震 14 次、6 级以上地震 1 次，集中在云南、西藏和新疆等 6 省（自治区）。其中，4 月 25 日，尼泊尔发生 8.1 级地震，随后发生 3 次 7.0 级以上强余震；同日西藏定日县发生 5.9

级地震，次日西藏聂拉木县发生 5.3 级地震；上述系列地震对西藏日喀则等地造成较大影响。7 月 3 日，新疆皮山县发生 6.5 级地震，造成新疆喀什、和田地区 15 个县（市）和兵团 20 个团（场）受灾。上述地震灾区均位于少数民族地区，灾贫叠加、损失严重，共有 6.1 万间房屋倒塌，29.4 万间不同程度损坏，交通、电力等基础设施受损，给灾区群众生产生活造成严重影响，倒损房屋数量和直接经济损失均占全国总数的 60% 以上。

四是台风登陆强度大，浙江广东损失严重。2015 年，西北太平洋和南海有 27 个台风生成，较常年同期（25.5 个）偏多、偏强，其中有 6 个登陆我国，较常年同期（7.2 个）略偏少，但有 4 个登陆强度达到台风级别以上。“灿鸿”7 月 11 日登陆浙江舟山时风力达 14 级，为 1949 年以来同期登陆浙闽地区的最强台风；“苏迪罗”8 月 8 日登陆福建莆田时风力达 13 级，是 2015 年造成死亡失踪人数最多的台风；“彩虹”10 月 4 日登陆广东湛江时风力达 15 级，为 1949 年以来同期登陆我国的最强台风。据统计，台风灾害共造成 11 个省份受灾，浙江和广东 2 省各项灾情指标均占全国总数的 4 成以上，其中，因灾死亡失踪人口占 8 成以上，农作物绝收面积和直接经济损失占 7 成左右。

五是风雹、低温冷冻和雪灾影响局地。2015 年，风雹灾害发生次数偏少、受灾范围偏小，分别为 2009 年以来的最低值和次低值，风雹灾情总体偏轻，因灾死亡失踪人口和倒塌房屋数量均为 2000 年以来的最低值。全国共出现 5 次较大的低温雨雪天气过程，年初中东部雨雪天气给全国春运带来一定影响；4 ～ 5 月两次降温天气对南方和西北地区的农作物造成轻微影响；11 月下旬，中东部持续遭受低温雨雪天气，山东等地损失较为严重；入冬以后，内蒙古、新疆等地持续降雪给当地群众生产生活造成较大影响。总体来看，低温冷冻和雪灾损失偏轻，因灾死亡失踪人口、农作物受灾面积和绝收面积均为 2000 年以来最低值。

4. 国家减灾委办公室公布 2015 年全国十大自然灾害事件

由国家减灾委办公室主办的“2015 年中国年度十大自然灾害事件推选活动”已落下帷幕。该活动从 2015 年 12 月 22 日起在民政部门户网站和国家减灾网同步推出，在 20 余天的时间里网络投票逾 3 万张，引起社会公众对自然灾害的广泛关注。通过对投票的严格甄选，结合国家减灾委专家打分，最终推选出 2015 年十大自然灾害事件。

据悉，“年度全国十大自然灾害事件推选活动”已连续举办 3 届。国家减灾委办公室通过举办该活动，旨在进一步增强公众对重大灾害事件的关注和了解，提升全民防灾减灾意识。

2015 年全国十大自然灾害事件包括：

1. “4·25”西藏地震灾害（受尼泊尔地震影响）。
2. 第 13 号台风“苏迪罗”。
3. 6 月初湘鄂黔等南方地区洪涝风雹灾害。
4. “8·12”陕西山阳滑坡灾害。
5. 6 月下旬四川等地洪涝风雹灾害。
6. “7·3”新疆皮山 6.5 级地震灾害。
7. 北方地区夏伏旱灾害。
8. 第 22 号台风“彩虹”。
9. 5 月中下旬江西福建等地洪涝风雹灾害。
10. “11·13”浙江丽水滑坡灾害。

5. 大事记

2015 年 12 月 16 日，国家减灾委第三届专家委员会在北京召开第二次全体会议。会议通报了 2015 年全国灾情和救灾工作情况，传达学习了中共中央政治局第 23 次集体学习重要精神，总结了专家委员会 2015 年工作，审议了专家委员会 2016 年工作计划和《国家综合防灾减灾规划（2016–2020 年）》思路草案。

2015 年 11 月 17 日，住房城乡建设部通报表彰了 2014 ～ 2015 年度中国建设工程鲁班奖（国家优质工程）获奖单位。经中国建筑业协会组织评选，总后礼堂整体改造和地下车库、九江长江公路大桥、重庆国际博览中心等 200 项工程获 2014 ～ 2015 年度中国建设工程鲁班奖（国家优质工程）。

2015 年 11 月 11 ～ 12 日，第八次上海合作组织成员国紧急救灾部门领导人会议在四川省成都市召开。会议期间，各方介绍了自 2013 年 9 月第七次上合组织成员国紧急救灾部门领导人会议召开以来本国发生的重大紧急情况以及开展的救灾和应对工作，就进一步加强上合组织框架下紧急救灾领域合作交换了意见。

2015 年 11 月 5 日，“全国混凝土标准化技术委员会换届暨二届第一次工作会议”在北京召开。第一届标委会在重点领域标准体系建设、关键技术标准研究、重要标准制定和咨询服务、国际标准化工作、建章立制等方面取得了显著成效。在第二届任期内将以国务院《深入标准化工作改革方案》等重要文件为指导，继续积极开展各项标准化工作，加强对外交流，进一步充实我国混凝土标准化工作基础，为混凝土产业的科学、健康发展提供了坚实可靠的技术支撑。

2015 年 10 月 28 日，第四届中日韩灾害管理部门部长级会议在日本东京召开，民政部副部长窦玉沛率中国代表团出席会议。会议由日本内阁府主办，日本内阁府防灾担当大臣河野太郎、韩国公共安全部副部长李圣浩分别率代表团出席会议，中日韩三国合作秘书处官员也应邀出席。

2015 年 10 月 24 ～ 26 日，第六届亚太地区非饱和土学术会议（The 6th Asia–Pacific Conference on Unsaturated Soils）在广西桂林举办。会议由土力学及岩土工程分会非饱和土与特殊土专业委员会、中国力学学会岩土力学专业委员会、桂林理工大学、中科院武汉岩土力学研究所等主办，得到了国际土力学及岩土工程学会非饱和土技术会员会的支持。陈正汉和韦昌富担任组委会主席。

2015 年 10 月 21 ～ 23 日，由住房和城乡建设部防灾研究中心、中国城市规划学会城市安全与防灾规划学术委员会联合主办的“第三届全国建筑防灾技术交流会”在北京召开。来自相关科研机构、高校、企事业单位的 120 余位领导和专家学者参加了会议。

2015 年 10 月 21 ～ 23 日，第四届岩土本构关系高层论坛在中南大学召开。论坛由土力学及岩土工程分会土本构关系及强度理论专业委员会主办，中南大学承办。姚仰平、殷建华、赵成刚、黄茂松、孙德安、陈仁朋、盛岱超、罗强、冷伍明、杨果林、吴伟（奥地利）、Scott Sloan（澳大利亚，Rankine Lecturer）等 90 余人出席了论坛。

2015 年 10 月 17 ～ 18 日，城市地下空间开发利用前沿论坛在杭州召开。论坛由中国工程院土木、水利与建筑工程学部、中国土木工程学会土力学及岩土工程分会、浙江大学滨海和城市岩土工程研究中心、浙江省城市化发展研究中心、北京交通大学共同主办。东南大学等单位协办。290 余名代表出席会议。

2015 年 10 月 14 ～ 16 日，第十二届全国桩基工程学术会议在重庆召开。会议由中国土木工程学会土力学及岩土工程分会桩基础学术委员会、中国工程建设标准化协会地基基础专业委员会和重庆市土木建筑学会岩土工程分会主办，中国人民解放军后勤工程学院承办。会议以科技创新为主题，对我国近年来桩基工程领域的最新研究成果和工程经验进行广泛深入的学术交流。300 余位代表出席会议。

2015 年 9 月 25 日，“十二五”国家科技支撑计划项目“城镇要害系统综合防灾关键技术研究与示范”在北京召开了项目启动会暨课题实施方案论证会。“十二五”国家科技支撑计划“城镇要害系统综合防灾关键技术研究与示范”项目是中国建筑科学研究院首次承担的“公共安全”领域项目。通过本项目的研究，力争进一步强化建研院在城镇防灾领域的优势地位，促进防灾减灾这一交叉学科的进一步发展。

2015 年 9 月 9 ～ 11 日，第八届亚太全球综合地球观测系统（AP-GEOSS）国际研讨会在北京召开，来自亚洲和大洋洲的地球观测组织（GEO）的 14 个成员国和 4 个参加组织，以及美国、英国、德国、意大利等 32 个国家 200 余位代表和专家参加会议。GEO 联合主席、科技部副部长曹健林，国家测绘地理信息局副局长李朋德，GEO 秘书处主任 Barbara Ryan，日本 GEO 代表、日本文部省副司长 Akinori Mori 分别致辞。科技部国际合作司尹军参赞，国家遥感中心主任廖小罕、总工程师李加洪，国家测绘地理信息局卫星测绘应用中心主任王权、副主任唐新明等参加会议。

2015 年 9 月 7 日，建筑工业化产业技术创新战略联盟成立大会暨理事会第一次会议在中国建筑科学研究院召开。会议的成功召开标志着联盟各项工作全面开展。联盟的成立，将有利于凝聚行业优势力量，促进技术创新在建筑工业化发展中的支撑和引领作用，并为我国建筑业的产业结构调整、转型升级及可持续发展贡献力量。

2015年8月31日，民政部、发展改革委、财政部、国土资源部、住房城乡建设部、交通运输部、商务部、质检总局、食品药品监管总局9部委（局）联合印发《关于加强自然灾害救助物资储备体系建设的指导意见》（以下简称《指导意见》），提出未来一段时间内全国救灾物资储备体系建设的指导思想、主要目标和任务以及保障措施。《指导意见》围绕救灾物资管理体制机制、储备网络、主体责任、储备方式、调运时效、信息化管理、质量安全以及储备库管理等重要环节，指导各地推动建立符合我国国情的“中央－省－市－县－乡”五级救灾物资储备体系，同时，从加强领导、相互协同和多元参与等方面提出保障措施，明确9部门在体系建设中的具体职责。

2015年8月31日～9月1日，第六届日中岩土工程研讨会（The Sixth Japan - China Geotechnical Symposium）于在日本札幌召开。这是继前五届北京（2003年）、上海（2005年）、长江客轮（2007年）、冲绳（2010年）、峨眉山（2013年），由中国土木工程学会土力学及岩土工程分会和日本地盘工学会共同主办的系列会议。本次研讨会由日方Takeshi Katsumi和中方张建民、姚仰平担任组委会主席。研讨会吸引了100余位参会代表，包括中方代表40余人，日方代表50余人。

2015年8月12日，天津港瑞海公司危险品仓库发生火灾爆炸事故。截至13日18时，事故已造成50人死亡；住院治疗701人，其中重症伤员增加到71人。事故发生后，党中央、国务院高度重视。中共中央总书记、国家主席、中央军委主席习近平立即作出重要指示，要求天津市组织强有力力量，全力救治伤员，搜救失踪人员；尽快控制消除火情，查明事故原因，严肃查处事故责任人；做好遇难人员亲属和伤者安抚工作，维护好社会治安，稳定社会情绪；注意科学施救，切实保护救援人员安全。

2015年8月2～7日，第12届亚洲与太平洋地球科学学会（AOGS）年会在新加坡召开。AOGS成立于2003年，旨在促进地球科学发展以造福人类，通过科学、社会和技术方法的研究加深人们对灾害成因的理解。AOGS举行年度会议以交流科学进展，这是一个独特的学术界、研究机构和公众之间讨论重要地球科学问题的国际场合。

2015年6月26日，由中国混凝土与水泥制品协会预制混凝土构件分会、北京预制建筑工程研究院有限公司联合主办，厦门市建筑科学研究院集团股份有限公司、中铁一局集团厦门建设工程有限公司、福建建超建设集团有限公司承办的第五届中国（国际）预制混凝土技术论坛在厦门隆重召开。

2015年6月9日，第二届全国减灾救灾标准化技术委员会成立大会在北京召开。全国减灾救灾标准化技术委员会是减灾救灾领域从事全国标准化工作的技术组织，负责减灾救灾领域标准化技术归口工作，秘书处设在民政部国家减灾中心。第二届标委会由国内涉灾和标准化领域33名专家学者组成，是推动国家减灾救灾标准化工作的一支重要力量。

2015 年 6 月 3 日，民政部救灾司、国家减灾中心在部机关举行“移动报灾 APP 应用软件上线”启动仪式。该软件主要提供乡村级报灾用户通过手机报灾，正式上线后，将在北京、天津、河北等 17 个省（自治区、直辖市）推广使用。此次上线的 APP 共有 4 个版本，分别为乡、村级的业务版和培训版，主要实现乡村两级灾害现场数据与基于位置的灾情图片的即时报送，将显著提高一线灾情信息报送的时效性。

2015 年 6 月 2 日，由民政部主办，民政部国家减灾中心承办，UN–SPIDER、UNESCAP 合作举办的亚专资项目“东亚峰会空间信息技术在重大自然灾害监测评估中的应用研讨会”在杭州开幕。本次会议的举办，将在东亚峰会合作框架下，推进参会国灾害管理部门之间的积极对话，增进参会国在重大自然灾害空间信息技术应用领域的技术交流，促进区域减灾国际合作机制的建立，进一步发挥其信息桥梁和交流平台的作用。

2015 年 5 月 11 日，全国首个地方性防灾减灾建设标准《城镇社区防灾减灾指南》在上海“防灾减灾宣传周”活动启动仪式上首发。该指南由上海市民政局历时三年编制而成，旨在统筹协调全市各区域防灾减灾能力建设，促进城乡社区防灾减灾标准化、规范化与专业化的发展。

2015 年 5 月 7 日，第六届国家综合防灾减灾与可持续发展论坛在北京举行。论坛旨在分析当前防灾减灾形势，研究推进防灾减灾救灾体制改革举措，交流第三届世界减灾大会成果，分享防灾减灾科研成果，探讨今后我国防灾减灾的政策建议。本届论坛由国家减灾委专家委员会主办、民政部国家减灾中心承办，来自防灾减灾领域的专家学者和灾害管理人员等 200 余人参加了论坛。

2015 年 4 月 28 日，中日韩第三届灾害管理桌面推演在北京举行。此次桌面推演由中国政府主办，中日韩三国合作秘书处协办。场景假定为中国大陆西部某省发生里氏 7.8 级强烈地震，造成大量民房等建筑物倒塌、重大人员伤亡以及火灾、爆炸和危险化学品泄漏等次生灾害，灾区道路、通信、电力、供水等基础设施严重受损中断，山体崩塌形成大型堰塞湖威胁下游居民人身财产安全。由于本国救援力量有限，中国政府请求邻近的日本和韩国政府提供跨国紧急救灾援助。

2015 年 4 月 25 日，尼泊尔发生 8.1 级强震，波及尼泊尔、中国、印度、孟加拉等国。中国地震局根据灾情、实地调查数据、观测数据、卫星遥感震害解译和全球有关机构数据，参照《中国地震烈度表》GB/T 17742–2008，对此次地震烈度分布进行了评估。此次地震灾区最高烈度为Ⅸ度及以上，等震线长轴总体呈北西西走向，Ⅵ度区及以上总面积约为 214700 平方千米，造成尼泊尔、中国、印度、孟加拉等国受灾。

2015 年 3 月 18 日，第三届世界减灾大会在日本仙台市闭幕，会议通过了 2015 年后的减灾框架计划。大会呼吁世界各国增加投入，加强能力建设，减少自然灾害带来的损失。新框架设定了包括到 2030 年大幅降低灾害死亡率、减少全球受灾人数及直接经济损失等全球性目标。大会在审议《兵库行动框架》执行情况的基础上，交流了世界各国、各地区减灾工作的经验，包括灾后重建、运用科技进行减灾决策等，以及减灾在经济方面的影响。

2015 年 1 月 15 ~ 16 日，由住房和城乡建设部防灾研究中心举办的“建筑工程减隔震技术应用讲座”在北京召开。住房和城乡建设部防灾研究中心李引擎副主任、工程抗震研究部薛彦涛研究员、唐曹明研究员、综合防灾研究部张靖岩主任等出席讲座。来自科研机构、高校、建筑减震隔震相关企业的 60 余位学员参加了本次活动。

2015 年 1 月 12 日和 14 日，住房和城乡建设部防灾研究中心连续组织两场《建筑设计防火规范》GB 50016－2014 编制情况介绍讲座，特邀请到建筑防火领域权威专家李引擎研究员主讲，中心主任、中国建筑科学研究院副院长王清勤主持了会议。举办此次讲座，使有关人员了解了新版国标的修订背景、编制过程，以及实施中应重点关注的有关条文规定与要求。

2015 年 1 月 8 ~ 9 日，中国地震局召开国家防震减灾示范城市验收会，对广东省深圳市、阳江市及河北省唐山市创建国家防震减灾示范城市进行验收，上述 3 个城市也成为首批通过中国地震局验收的国家防震减灾示范城市。